U0147090

自然珍藏系列

世界菇類圖鑑

全新美耐版

貓頭鷹

自然珍藏系列

世界菇類圖鑑

全新美耐版

萊梭◎著
弗萊徹◎攝影
拉特◎編輯顧問

貓頭鷹

A Dorling Kindersley Book
www.dk.com

世界菇類圖鑑（全新美耐版）
（初版書名：蕈類圖鑑）

Original title : Mushrooms

作者　萊梭（Thomas Læssøe）
名詞審訂　周文能／翻譯　葉萬音
執行編輯　陳穎潔／封面設計　董子琛
出版者　貓頭鷹出版
發行人　涂玉雲
發行　英屬蓋曼群島商家庭傳媒股份有限公司
城邦分公司
104 台北市中山區民生東路二段141號2樓
劃撥帳號　19863813 書虫股份有限公司
購書服務信箱　service@readingclub.com.tw
購書服務專線　02-25007718~9
24小時傳真專線　02-25001990~1
香港發行所　城邦（香港）出版集團
電話：852-25086231　傳真：852-25789337
馬新發行所　城邦（馬新）出版集團
電話：603-90563833　傳真：603-90562833
印製廠　宏玖國際有限公司
初版　1999年1月／二版1刷　2006年4月／
三版1刷　2008年5月
定價　新台幣550元
ISBN　978-986-6651-17-5

讀者服務信箱　owl@cph.com.tw
貓頭鷹知識網　http://www.owls.tw
全新美耐版・吳氏總經銷

國家圖書館出版品預行編目資料

世界菇類圖鑑 / 萊梭（Thomas Læssøe）著；葉萬音譯. -- 三版. -- 台北市：貓頭鷹出版：家庭傳媒城邦分公司發行，2008.05
面；公分. --（自然珍藏系列全新美耐版；23）
含索引
譯自：Mushrooms
ISBN 978-986-6651-17-5（平裝）
1. 菇類　2. 圖錄
379.1025　　97006055

城邦讀書花園
www.cite.com.tw

目錄

序論 6
如何使用本書 9
蕈類的定義 10
子實體的形狀 12
蕈傘的特徵 14
孢子和孢子的傳播 16
蕈類的生活型態 18
蕈類的棲息地 20
採集蕈類 22
鑑定 24

蕈褶延生的傘菌 28
漏斗形且具纖維質菌肉 28
具凸圓形蕈傘及纖維質菌肉 37
易碎的菌肉會滲出乳液 43

蕈褶隔生至直生的傘菌 56
肉質且不具明顯的蕈幕 56
具有蛛網狀蕈幕 69
具有蕈環或蕈環帶 78
具有纖維狀蕈傘及暗色孢子 98
中型且蕈傘平滑 103
具有易碎的菌肉 120
極小型且蕈傘平滑 132
極小型且蕈傘不平滑 142

蕈褶離生的傘菌 145

具蕈托及／
或蕈傘上有蕈幕鱗片 145

具有蕈環或蕈環帶 156

不具蕈幕 171

隨著成熟而化為墨汁 174

蕈褶連著蕈環 177

蕈柄偏離中央或闕如的傘菌 178

具有管孔的傘菌 184

具有柔軟的菌肉 184

具有強韌的菌肉 202

蕈傘呈蜂窩、腦或馬鞍狀 207

托架狀或皮狀 211

具有管孔 211

底面起皺或平滑 228

皮狀、平展或殼狀 232

具刺的真菌 234

棍棒狀的真菌 240

平滑或毛茸的 240

表面有疙瘩或呈粉狀 244

陰莖狀 246

叉角至珊瑚狀的真菌 248

圓球形的真菌 253

在地面上 253

在地面下 258

梨至杵形的真菌 260

杯至盤形的真菌 264

不具「卵球」 264

杯形含有「卵球」 274

喇叭形的真菌 275

星形及籠狀的真菌 277

耳或腦狀的膠質真菌 281

孢子圖表 284

名詞釋義 293

英漢對照索引 295

中文索引 315

致謝 335

序論

真菌界範圍龐大，涵括了生長在全世界各種棲息地中的真菌。以體型來看，有從肉眼看不見的酵母到巨大多肉的蘑菇，以生活型態來看亦是包羅萬象，有些與植物形成互利關係，有些則會削弱甚至殺死寄主。在支配地球上生命的過程中，真菌扮演著相當重要的角色。

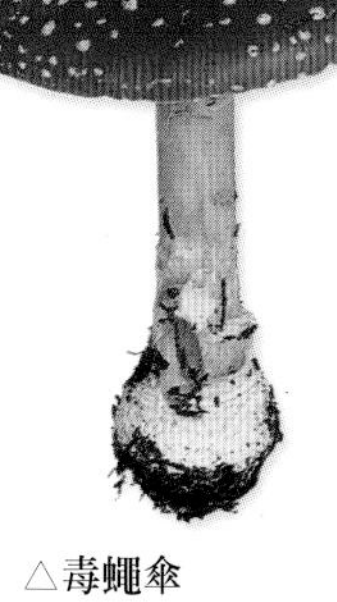

△毒蠅傘
AMANITA MUSCARIA
炫麗卻有毒的毒蠅傘可能是世界上最有名的真菌之一。

研究眞菌界的學科稱作眞菌學。一直到最近，眞菌都還被視爲低等植物，而歸類爲植物學的一部分。眞菌往往受到質疑，因爲它們常在下過雨後，莫名其妙地出現。這或許就是爲什麼有那麼多眞菌還沒被記錄，雖然物種眞正的數量十分龐大也是重要的原因。據估計，目前眞菌界中的物種數目將近150萬種，相較於只有25萬種的顯花植物，數量顯然多太多了。因此眞菌學家相信，曾發表在文獻上的8萬種眞菌，事實上不到總數的百分之五。至於迄今尚無記錄的物種，其中有許多可能棲息在物種變異極大且難以觀察的熱帶雨林區，但即使是在非常容易到達的地方，例如已有過相當嚴密研究的北歐，仍不斷有新種出現，而且不乏體型大而多肉者。

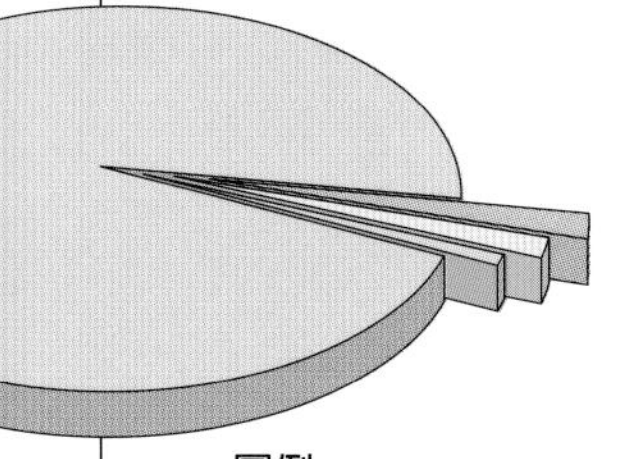

眞菌總數
這張圓形圖代表世界上的150萬種真菌。其中的「切片」表示目前已鑑定出來的物種：28,700種大真菌(指形成明顯子實體的)，24,000種銹菌、黑粉菌與黴菌，以及13,500種地衣。

圖例
- 大真菌
- 銹菌、黑粉菌、黴菌
- 地衣
- 尚無記錄

神秘的生命

多數的人對蘑菇和毒菌較爲熟悉，它們主要在秋天出現於樹木繁茂的地方，但很少人知道它們只是部分眞菌生活史中的「子實體」，眞正的有機體體積更爲龐大，隱匿在土壤、木材或其他物質(基質)之內，而子實體即從中長出。子實體的作用在於傳播孢子，以利眞菌繁殖。話說回來，也

地衣 ▷
地衣是一種複合的有機體，由一種真菌和一種藻類共生構成。地衣靠空氣中濾出的養分，加上藻類夥伴行光合作用而互利共存。它們還能吸收空氣污染物，因此可作為空氣品質的指標。右圖是十分普遍的黃鱗地衣(*Xanthoria parietina*)。

有用的眞菌 ▷
真菌在我們的生活中不可或缺，在許多地方扮演著重要的角色，可用來作為食物、調味品，並製造酒精。抗生素也是由真菌製成，而其所含的酵素亦可用於清潔劑中。

清潔劑
洗衣粉的清潔成份中，含有粹取自真菌的酵素。

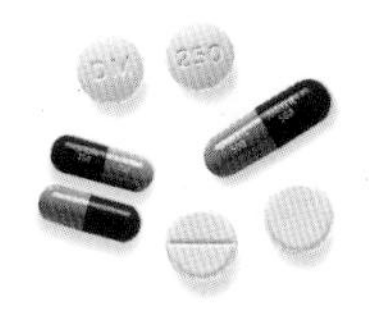

青黴素
盤尼西林青黴能產生一種殺死細菌的化學物質，而被用在抗生素中。

藍乳酪
藍乳酪中的調味料是由婁地青黴(*Penicillium roqueforti*)產生的。

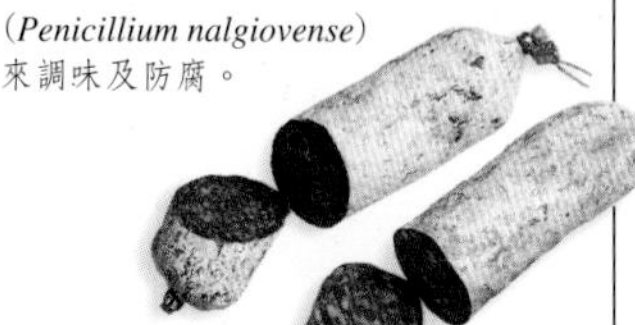

義大利臘腸
義大利臘腸用納地青黴(*Penicillium nalgiovense*)來調味及防腐。

啤酒
啤酒是用卡爾酵母(*Saccharomyces carlsbergensis*)之類的酵母醱酵的。

麵包
做麵包的生麵團因為酵母菌(*Saccharomyces*)的作用而膨脹。

有許多種類並不產生子實體，它們大多爲黴菌，常可在不新鮮的麵包等食物上見到。

大真菌

本書只有介紹多少有些顯眼子實體的眞菌，眞菌學家把它們歸類爲「大眞菌」，其中大多數一般稱作蘑菇、蕈類或毒菌。它們的形狀繁多，從我們最熟悉的具柄傘形，到子實體形狀有如擱板或平伏生長者不等(詳見第12-13頁)。雖然變化多端，但有些親緣關係密切的眞菌子實體看起來可能非常類似，因此需要仔細檢查才能作出正確的鑑定。本書將對眞菌的辨別提供指引，讓你深入了解並欣賞這個多采多姿的眞菌世界。

可食用的真菌

雖然不是所有文化的共通現象，但自古以來人類即採集真菌作為食物。香菇(*Lentinula edodes*)在中國和日本已栽培了數百年之久；而長久以來，歐洲也種植洋菇(*Agaricus bisporus*)為交易貨物。今天，世界各地已廣泛地栽培蠔菇(側耳屬，第178-179頁)和其它若干蕈類，而大量的羊肚菌、雞油菌和牛肝菌則自野外採來販賣。

在食用採自野外的蘑菇之前，務必確實鑑定它是否可食用(詳見第13頁)。如果中毒，請趕快找醫生，同時記得把該真菌帶在身邊。

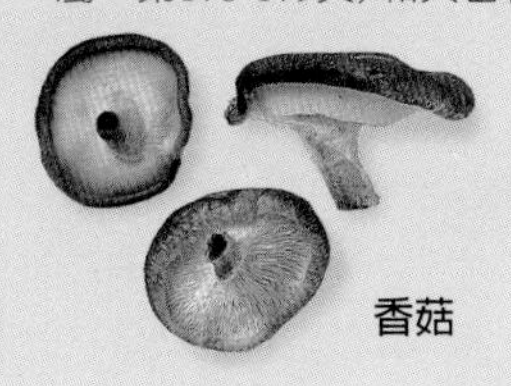

香菇

洋菇

蠔菇

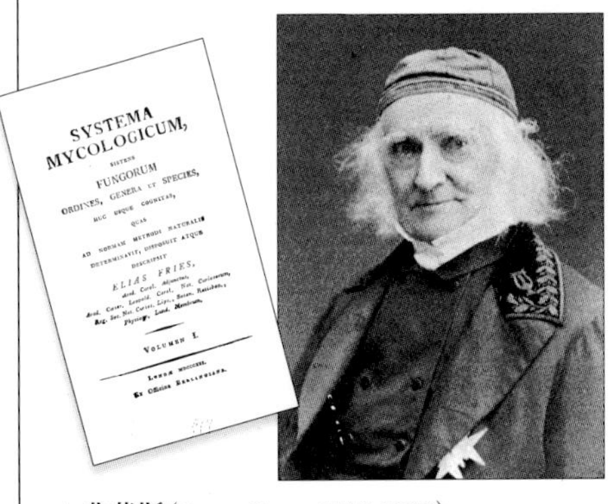

SYSTEMA
MYCOLOGICUM,
SISTENS
FUNGORUM
ORDINES, GENERA ET SPECIES,
HUC USQUE COGNITAS,
QUAS
AD NORMAM METHODI NATURALIS
DETERMINAVIT, DISPOSUIT ATQUE
DESCRIPSIT
ELIAS FRIES,

VOLUMEN I.

△弗萊斯(ELIAS FRIES 1794-1878)
弗萊斯是早期一位傑出的真菌學家。他寫的《系統真菌學》奠定了現代分類系統的基礎。

食取野生真菌

本書的物種介紹，除了可使蕈類的鑑定更爲簡單，還列有各種蕈類的食用性。不過在此處仍要鄭重勸告初學者，如果想採集野外的蘑菇來吃，最好跟著有經驗的採菇人走，因爲許多眞菌都可能有毒，而有些可食用的種類長得和有毒的種類非常相像(詳見第23頁)。在眞菌入門事項中特別提出有關各種眞菌的危險性。吃下有毒蘑菇會產生從胃部不適到嚴重時甚至喪命的肝臟損傷等結果，所以千萬不要輕易嘗試。

◁ 致命物種
鱗柄鵝膏和毒鵝膏兩者都有劇毒，如果不慎吃下，將造成嚴重的肝臟損傷，甚至喪命等結果。

真菌的分類

為了便於了解和研究自然界，我們將之分為五大界，真菌界就是其中之一。每一界又進一步區分，將各單位區分成更多更小的類群。

真菌界分為三門(詳見第11頁)。門再分成綱，然後是目。在目當中，根據真菌相同的特徵又依序歸入科和屬，後者聯合了近緣的物種。每個區分單位都有專門的學名(拉丁文)；各個物種的名稱則由屬名加上形容物種特性的種名構成。許多常見的物種還有其他名稱，就是所謂的俗名。

舉個例子，雞油菌(*Cantharellus cibarius*)完整的科學分類如下所示：

界 真菌界
Fungi

門 擔子菌門
Basidiomycota

綱 層菌綱
Hymenomycetes

目 雞油菌目
Cantharellales

科 雞油菌科
Cantharellaceae

屬 雞油菌屬
Cantharellus

種 雞油菌
Cantharellus cibarius

雞油菌▷

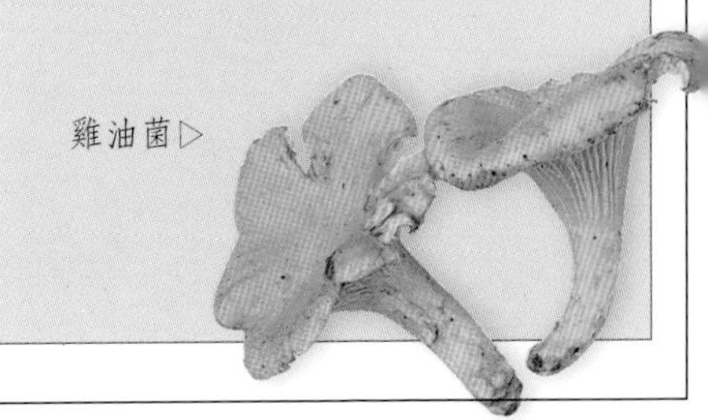

如何使用本書

本書中的眞菌是根據它們最明顯的視覺特徵，分別編排在16個主要章節中(詳見第24-27頁)。爲了使鑑定工作更容易進行，較大的章節又根據較細微的特性而分成許多小節。書中所展示的眞菌尺寸大都比實物稍微小一點；少數則經過放大處理以呈現更多的細節。

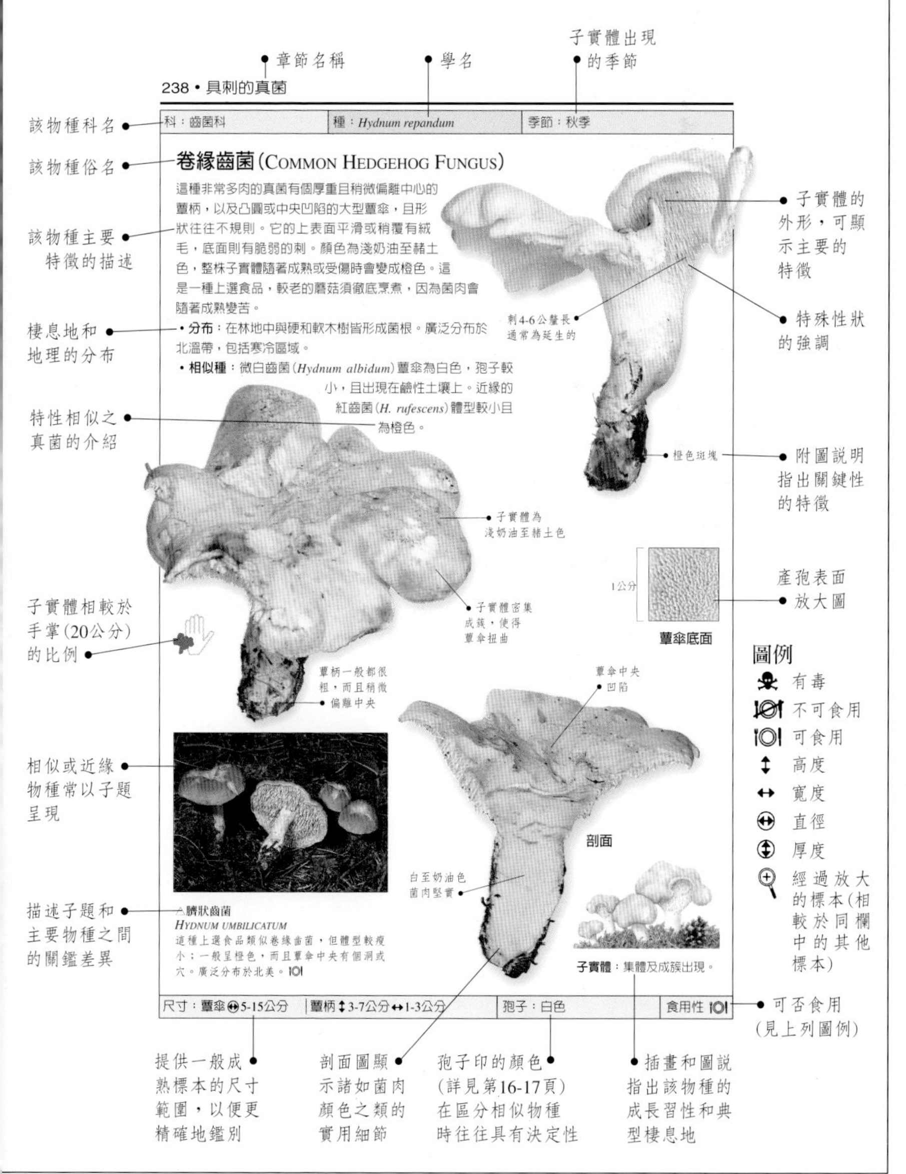

子實體出現的季節
章節名稱
學名
238 • 具刺的真菌
該物種科名
科：齒菌科
種：Hydnum repandum
季節：秋季
該物種俗名
卷緣齒菌(COMMON HEDGEHOG FUNGUS)
該物種主要特徵的描述
這種非常多肉的真菌有個厚重且稍微偏離中心的蕈柄，以及凸圓或中央凹陷的大型蕈傘，且形狀往往不規則。它的上表面平滑或稍覆有絨毛，底面則有脆弱的刺。顏色為淺奶油至赭土色，整株子實體隨著成熟或受傷時會變成橙色。這是一種上選食品，較老的蘑菇須徹底烹煮，因為菌肉會隨著成熟變苦。
棲息地和地理的分布
• 分布：在林地中與硬和軟木樹皆形成菌根。廣泛分布於北溫帶，包括寒冷區域。
• 相似種：微白齒菌(Hydnum albidum)蕈傘為白色，孢子較小，且出現在鹼性土壤上。近緣的紅齒菌(H. rufescens)體型較小且為橙色。
特性相似之真菌的介紹
子實體的外形，可顯示主要的特徵
刺4-6公釐長通常為延生的
特殊性狀的強調
橙色斑塊
附圖說明指出關鍵性的特徵
子實體為淺奶油至赭土色
產孢表面放大圖
1公分
蕈傘底面
子實體密集成簇，使得蕈傘扭曲
子實體相較於手掌(20公分)的比例
蕈柄一般都很粗，而且稍微偏離中央
蕈傘中央凹陷
圖例
有毒
不可食用
可食用
高度
寬度
直徑
厚度
經過放大的標本(相較於同欄中的其他標本)
相似或近緣物種常以子題呈現
剖面
白至奶油色菌肉堅實
描述子題和主要物種之間的關鑑差異
臍狀齒菌
HYDNUM UMBILICATUM
這種上選食品類似卷緣齒菌，但體型較瘦小；一般呈橙色，而且蕈傘中央有個洞或穴。廣泛分布於北美。
子實體：集體及成簇出現。
尺寸：蕈傘 5-15公分
蕈柄 3-7公分 1-3公分
孢子：白色
食用性
可否食用(見上列圖例)
提供一般成熟標本的尺寸範圍，以便更精確地鑑別
剖面圖顯示諸如菌肉顏色之類的實用細節
孢子印的顏色(詳見第16-17頁)在區分相似物種時往往具有決定性
插畫和圖說指出該物種的成長習性和典型棲息地

蕈類的定義

在一般的習慣用語中，蕈類是指能產生明顯子實體的眞菌。子實體往往是觀察眞菌時唯一看得見的部分，形狀從我們所熟悉的具柄傘形(如下圖所示)，到第12-13頁中所列舉的多種樣式不等。它們的作用是產生有性孢子，眞菌學家即根據產孢方式(詳見第11頁)將之分爲三類，或稱門。本書介紹的蕈類大部分都屬於擔子菌門，其餘的多半屬於子囊菌門。接合菌門則舉兩種蕈類寄生物作代表。

子實體的構造

每種眞菌，包括其子實體，都是由稱作菌絲的成團細絲所構成。隱匿在基質中的菌絲會先形成菌絲體，當環境適合的時候，便從表面長出子實體。所有子實體都有一片具繁殖力的區域，也就是產生孢子的組織，稱作子實層，它通常被一種多肉的構造支撐著，例如蕈柄上的蕈傘。

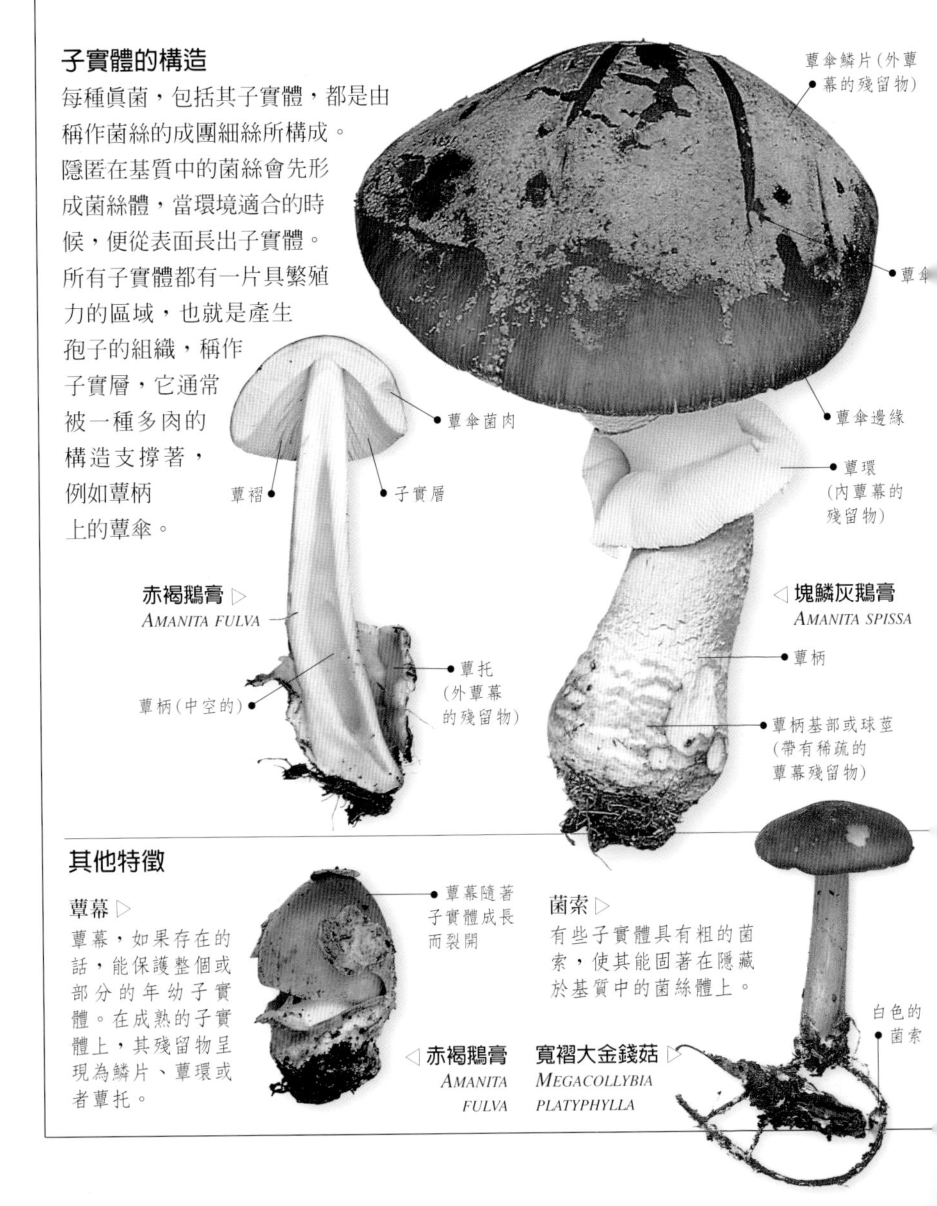

蕈傘鱗片(外蕈幕的殘留物)
蕈傘菌肉
蕈褶
子實層
蕈傘邊緣
蕈環(內蕈幕的殘留物)
赤褐鵝膏 ▷
AMANITA FULVA
◁ 塊鱗灰鵝膏
AMANITA SPISSA
蕈托(外蕈幕的殘留物)
蕈柄(中空的)
蕈柄
蕈柄基部或球莖(帶有稀疏的蕈幕殘留物)
蕈幕隨著子實體成長而裂開
◁ 赤褐鵝膏
AMANITA FULVA
寬褶大金錢菇 ▷
MEGACOLLYBIA PLATYPHYLLA
白色的菌索

其他特徵

蕈幕 ▷

蕈幕，如果存在的話，能保護整個或部分的年幼子實體。在成熟的子實體上，其殘留物呈現為鱗片、蕈環或者蕈托。

菌索 ▷

有些子實體具有粗的菌索，使其能固著在隱藏於基質中的菌絲體上。

子囊菌門

子囊菌的孢子形成於微小的囊狀構造(子囊)中，每個子囊產生8個孢子，並位於子實層內。有些子實層位在子實體外，例如羊肚菌；或散布在子實體內部，例如塊菌。但亦有許多子囊菌不產生子實體，而是透過無性孢子來繁殖(分生孢子)。

羊肚菌 ▷
MORCHELLA ESCULENTA
其孢子是從襯在一種類似蕈傘的蜂窩構造內的子囊中形成。

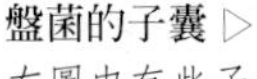

盤菌的子囊 ▷
右圖中有些子囊的孢子已經釋出，而其他還沒成熟的子囊則仍含有孢子。

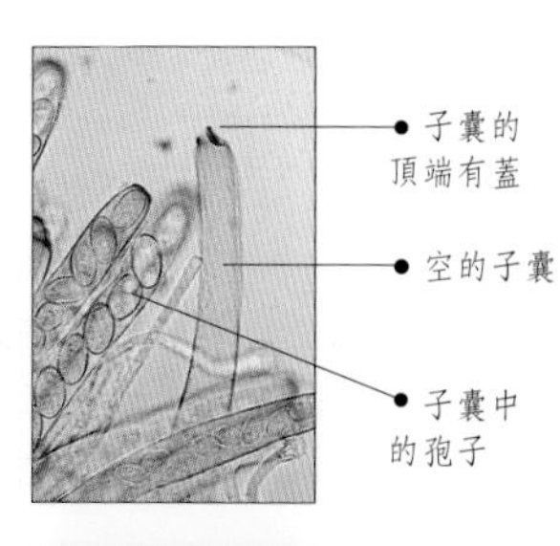
子囊的頂端有蓋
空的子囊
子囊中的孢子

假核菌的子囊 ▷
這些假核菌子囊中的孢子一但成熟，就會從頂端的開口散逸至外界。

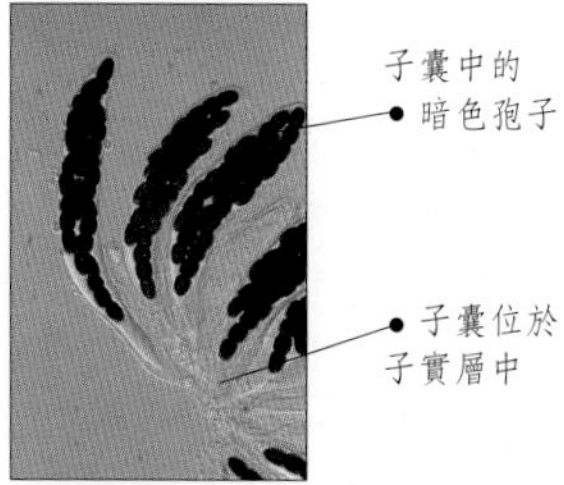
子囊中的暗色孢子
子囊位於子實層中

擔子菌門

幾乎所有的擔子菌都產生子實體。子實層由先端長出小梗(擔孢子梗)的棍棒狀細胞(擔子)構成，孢子便在梗上形成。每個擔子上通常有4個擔孢子梗，每支梗產生一個孢子。許多擔子菌還可由其菌絲之間的扣子體來和其他眞菌進一步區分。

馬勃 ▷
網紋馬勃(*Lycoperdon perlatum*)在子實層內的擔子上形成孢子。其子實層位於子實體的頂部裏面。

蕈褶表面 ▷
在這張蕈褶表面上的擔子柄上，有許多處於不同成熟階段的孢子。

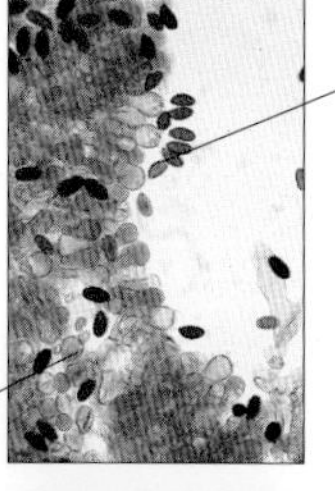
擔子柄上有4個成熟孢子
子實層

菌索 ▷
菌絲之間的扣子體是許多擔子菌的典型特徵。

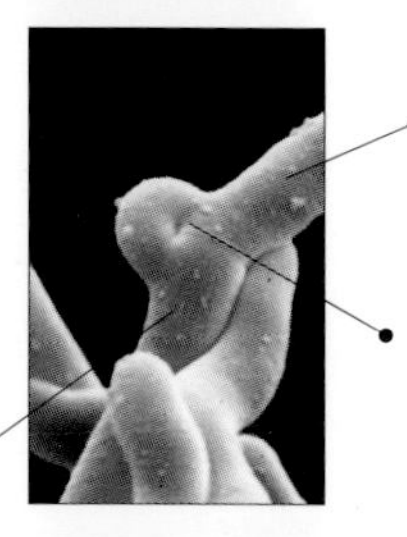
菌絲
扣子體
菌絲

接合菌門

接合菌沒有子實體，其有性孢子(接合孢子)壽命很長，能夠等到環境條件適合才萌發。接合菌的無性孢子形成於位在線狀孢囊梗末端稱作孢子囊的構造中。常出現在食物或糞便上的灰黴大概都是接合菌。

紡綞孢傘菌黴 ▷
SPINELLUS FUSIGER
這種真菌由成團的線狀孢囊梗構成。

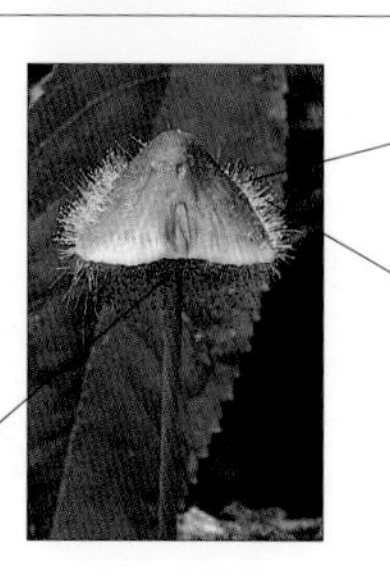
孢囊梗
孢子囊含有無性孢子
長在小菇上的傘菌黴

子實體的形狀

眞菌子實體的形態變化多端，其產生孢子的子實層亦以數種不同的方式呈現。不僅可在子實體的蕈褶內、菌管中或光滑的表面上發現它們；有些眞菌甚至將之隱藏在內部。子實體成熟之後，孢子會主動或被動地傳播開來(詳見第16-17頁)。由子實體的形狀，我們可以知道孢子散布的方法，例如地表下的塊根狀圓球形子實體(詳見第258-259頁)即擁有被動傳播的內部孢子。

具蕈傘和蕈柄▷
子實層襯在蕈傘底下的蕈褶側面，孢子主動釋出。

蕈柄偏離中央或無蕈柄▷
子實層襯在蕈傘底下的蕈褶上，孢子主動釋出。

馬鞍狀蕈傘▷
子實層襯在馬鞍狀蕈傘的皺褶內，孢子主動釋出。

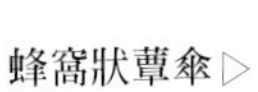

蜂窩狀蕈傘▷
子實層襯在蕈傘的空穴中，孢子主動釋出。

托架狀▷
托架底面光滑或有襯著子實層的菌管，孢子主動釋出。

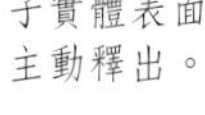

皮狀、平展或殼狀▽
子實層覆蓋大部分子實體表面，孢子主動釋出。

◁**棍棒狀**
子實層或者覆蓋在表面，或者埋在肉質的瓶狀子實殼中，孢子主動釋出。

陰莖狀▷
子實層先在卵形構造中形成，然後再由蕈柄舉高，黏性孢子團藉由蠅類傳播。

◁叉角狀
子實層覆蓋著大部分表面，孢子主動釋出。

珊瑚狀▷
子實層覆蓋大部分表面，孢子主動釋出。

圓球形▷
子實層形成於子實體內部或瓶狀子實殼中，孢子被動或主動釋出。

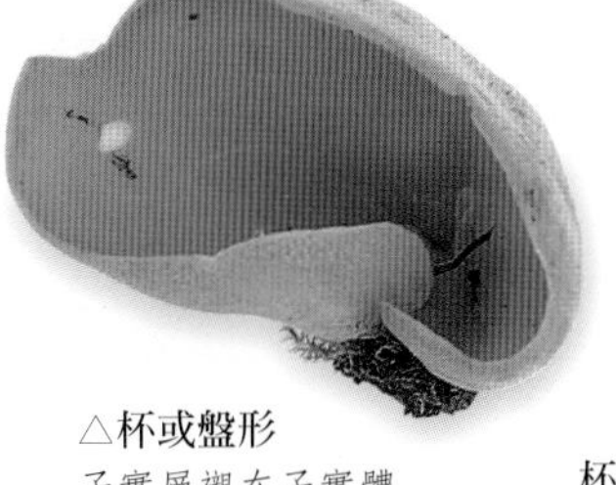

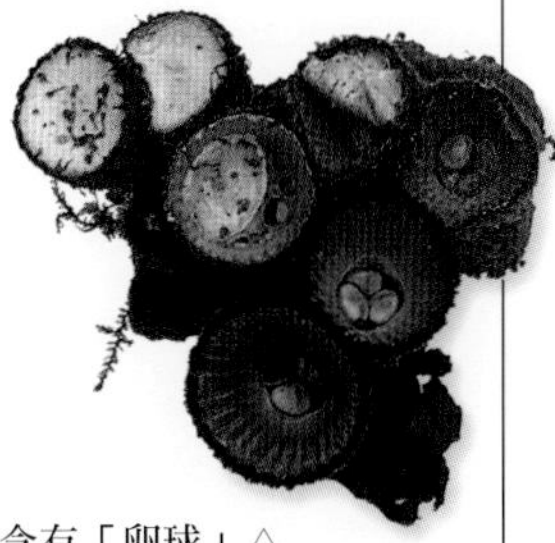

◁梨或杵形
子實層形成於內部，孢子往往藉由雨滴被動釋出。

△杯或盤形
子實層襯在子實體內側或頂面，孢子主動釋出。

杯形含有「卵球」△
「卵球」內具有子實層，整個「卵球」藉著雨水飛濺而推進。

◁喇叭形
子實層位在光滑至起皺的外表面上，孢子主動釋出。

星形▷
子實層形成於一種封閉而後會裂開的構造中，孢子由飛濺的雨水或蠅類傳播。

籠狀▷
子實層位於一種裂成網狀的構造中。孢子透過昆蟲傳播。

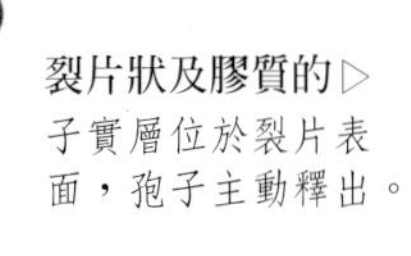

耳狀▷
子實層位於耳朵狀的表面，孢子主動釋出。

裂片狀及膠質的▷
子實層位於裂片表面，孢子主動釋出。

蕈傘的特徵

蕈傘能提供許多鑑別物種時所需的線索。其整體形狀以及表面特性，諸如鱗片或邊緣的絲線(即蕈幕殘留物)都很重要。檢索的主要特徵包括蕈傘底面的任何構造，諸如蕈褶或管孔，以及它們與蕈柄連接的情形。

蕈傘的形狀和表面

蕈傘的形狀和表面紋理會隨著子實體的成熟而改變，因此必須多檢查幾個標本。通常黏性表面在乾燥氣候中可能會變得不黏滑。這可用濕潤的下唇接觸(「接吻」試驗)來測試。如果它黏住嘴唇，那麼在較潮溼的情況中它將會是黏滑的。

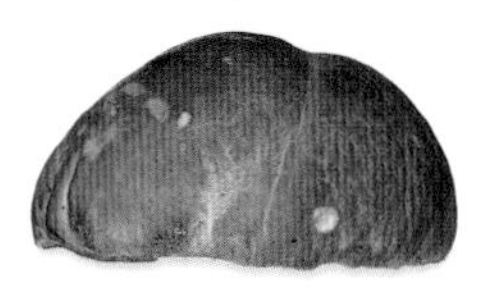

凸圓形
蕈傘大致呈圓麵包的形狀

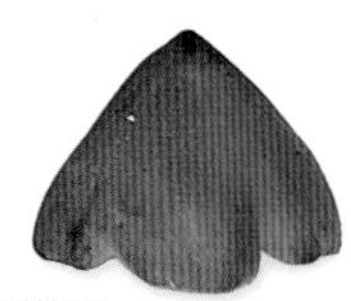

圓錐形
蕈傘呈圓錐或接近圓錐形

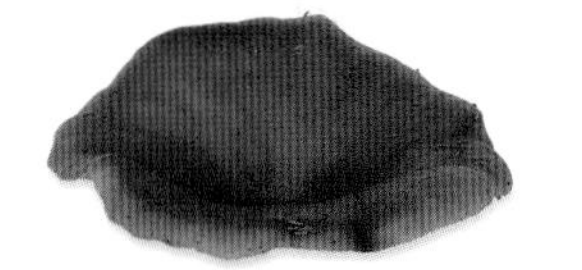

漏斗形
蕈傘中央凹陷

具臍凸的
蕈傘中央有隆起的疙瘩

鬆散的鱗片
蕈幕鱗片可移動

褶狀的
蕈傘表面放射狀地折疊成褶

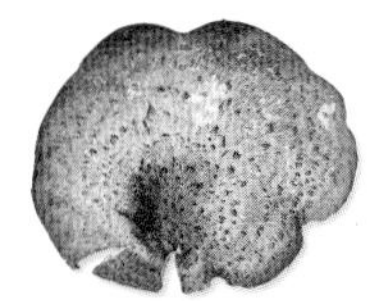

有鱗片的
蕈傘表皮覆蓋著固定的鱗片

具條紋的
條紋是透過蕈傘表皮見到的蕈褶

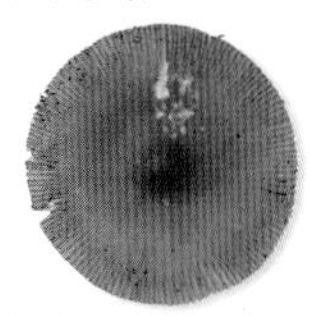

邊緣有溝紋
蕈傘邊緣有明顯的放射脊

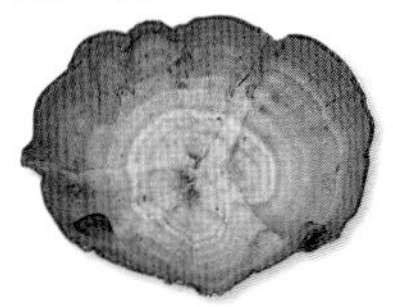

同心環帶
顏色不同的環帶

粗毛的
蕈傘上有長纖維鱗片構成的稠密層

黏性的
蕈傘為黏滑的(可能會乾掉)

邊緣內捲
蕈傘邊緣向內包捲，特別是年幼時

皺褶的
整個蕈傘由許多肉質的皺褶構成

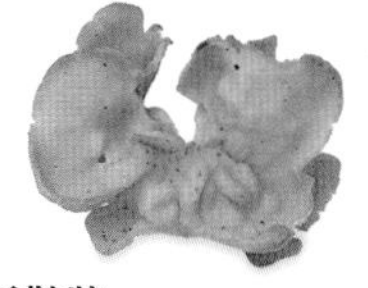

馬鞍狀
蕈傘多少有些折疊，其形狀像個馬鞍

蜂窩狀
蕈傘具有凹進的小室，類似蜂窩

蕈褶的剖面

用一把銳利的小刀將蕈傘剖開，可了解其中是否有明顯的蕈褶，或它們是否連接著蕈柄，如果有的話，又如何連接。離生的蕈褶並不連在蕈柄上，經過擰轉，它們往往會脫離蕈柄。如果蕈褶只有極窄的一部分延伸到蕈柄上，通常稱作帶齒延生。

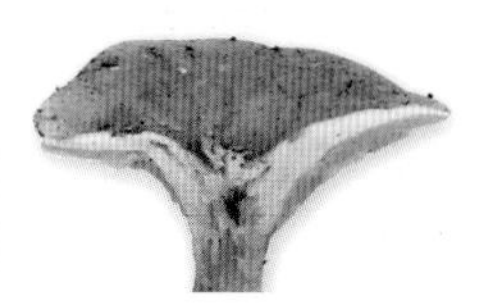

延生的
蕈褶稍微或明顯地延伸到蕈柄上

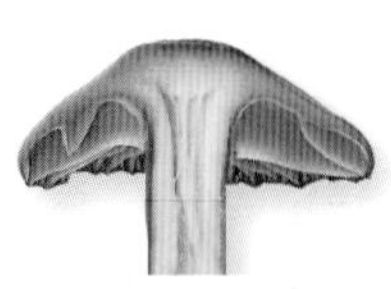

直生的
蕈褶寬廣地著生

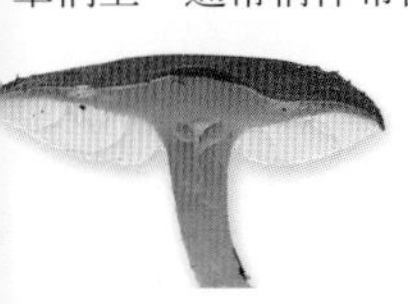

附著的
狹窄著生的蕈褶近乎分離

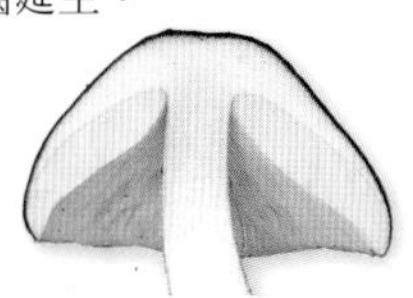

離生的
蕈褶不連接蕈柄而可以移動

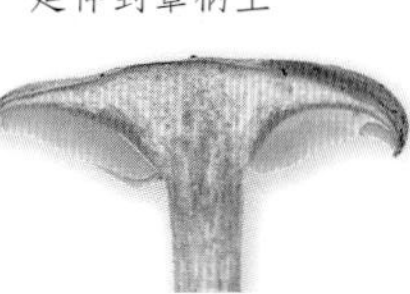

彎生的
蕈褶在接近蕈柄處彎曲凹進

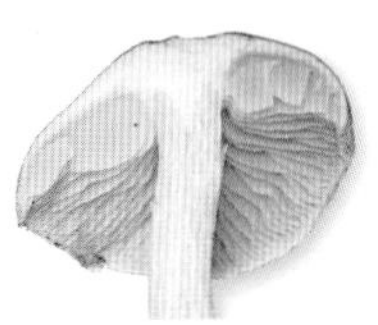

波狀彎生的
蕈褶在接近蕈柄處彎曲且凹進

從底面看蕈褶

在鑑別中記錄蕈傘的底面特徵是很有用的。例如長蕈褶和短蕈褶的比例就是一個重要的特徵，還有蕈褶的數目以及個體間距等。

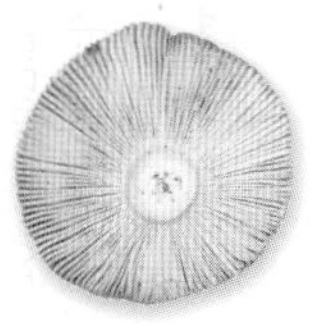

相等的
所有的蕈褶都伸及蕈柄，而且長度相同

不相等的
長的蕈褶中間雜有較短者

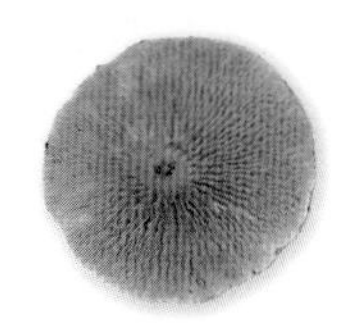

叉狀的
蕈褶分出一或數歧

緊密的
蕈褶排列得非常貼近彼此

寬鬆的
蕈褶彼此之間分得很開

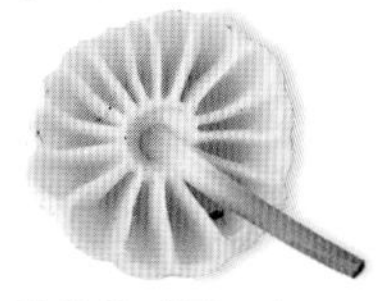

連接著項圈
蕈褶在項圈處接合而未伸及蕈柄

放射的
蕈褶從蕈傘的邊緣放射開來

其他產孢表面

有些傘菌和托架菌沒有蕈褶，它們的子實層是鋪在平滑乃至起皺、鋸齒狀不等的表面上或菌管中。子實體底面的圓形至多角形管孔即表示子實層係位於菌管中。

褶狀脈紋
子實層覆蓋在底面的褶層和皺紋上

具管孔的菌管
子實層襯在菌管中，直立的菌管具有孔狀開口

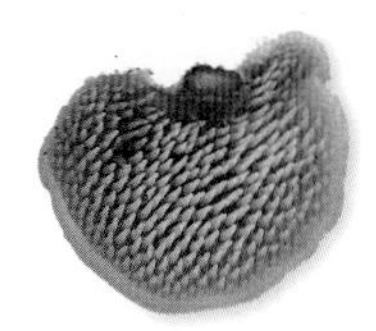

刺
子實層垂直分布在刺狀構造上

孢子和孢子的傳播

眞菌所產生的孢子可以在適當的基質上繁殖，且一株子實體就可以產生幾十億個孢子。孢子分無性和有性兩種。無性孢子(分生孢子)會產生獨立的菌絲體，而後能各自成長。而有性孢子有時也會先長出獨立的菌絲體，但通常它們必須和另一個獨立菌絲體融合之後，才能繼續生長。

孢子如何傳播

孢子有被動及主動兩種傳播方式。被動的傳播有賴於動物、風或水；主動釋放者的子實體具備特殊機制，當孢子成熟時可將之噴出或推出。

噴射
在核菌中，包括這種炭角菌，成熟的子囊從其微小的子實體中穿過開口將孢子噴得老遠。

藉助動物
當昆蟲食取這種鬼筆上黏稠的孢子團時，有些孢子便沾在昆蟲身上而被帶走。

藉助水和風
當雨滴落在馬勃的子實體上時，因為壓力使得孢子逸出，然後再由風吹送開來。

孢子印

利用孢子印的顏色可以確定某種眞菌歸於哪一屬。採取蘑菇的孢子印很簡單，而且可以獲得不錯的結果，因爲它會顯現出蕈褶的圖案和孢子的顏色。步驟是先從新鮮的標本上切下蕈傘，然後蕈褶朝下置於紙上。黑紙可襯托出淺色的孢子印；對於不詳的顏色，可將蕈傘的一半放在白紙上，另一半放在黑紙上。

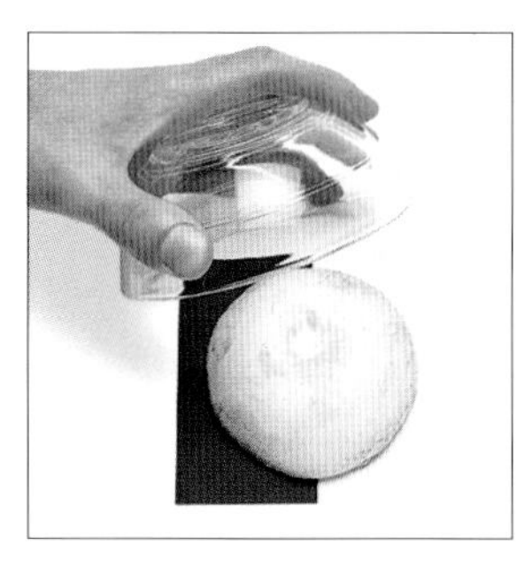

1 蓋上蕈傘
去除蕈柄，將蕈傘的蕈褶面朝下放在紙上。滴一滴水在其頂端以保持溼潤。然後用玻璃碗或杯子蓋起來，安置數小時或一個晚上。

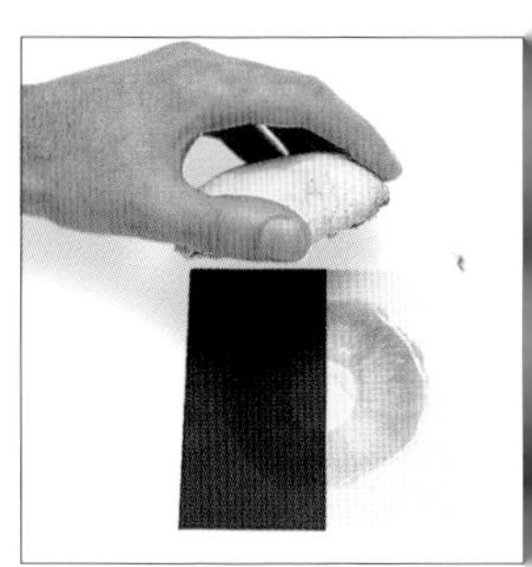

2 移開蕈傘
在小心地拿走玻璃碗和蕈傘之後，孢子印就露出來了。印痕愈厚，就愈能確定孢子的顏色。印痕應該在自然的光線下觀察。

孢子顏色

一般同屬物種的孢子印顏色大致都相同，所以一個標本可由其孢子顏色來判定歸於哪一屬。例如，所有的蘑菇都擁有暗褐色孢子。有些屬，如紅菇屬（120-131頁），其孢子顏色還可用來區分相似種。孢子印通常呈黑色、白至奶油色，或紅色、紫色，暗褐色。比較罕見的如綠褶菇（166頁），其孢子印為綠色。

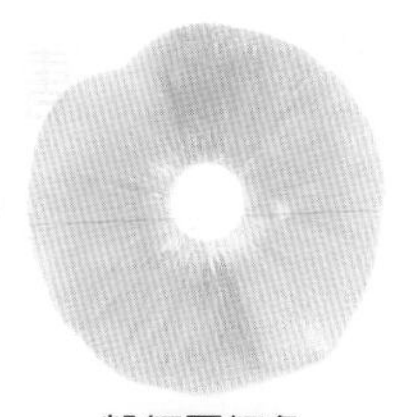

粉紅至紅色

赭土至黏土色

黑色

白至奶油色

紫褐色

銹褐色

孢子的形狀和大小

孢子的形狀和大小是物種分類的最後確認中，非常重要的一點。大多數孢子的長度或寬度都在20微米之內，有許多更是小於5微米，但也有些直徑可達2公釐。它們的形狀依據其傳播方式而有不同：主動釋出的孢子一般都不對稱，而由被動方式傳播者則有對稱的傾向。第284-292頁的孢子圖表列有本書中所有物種的孢子形狀、平均大小，及其他細節。

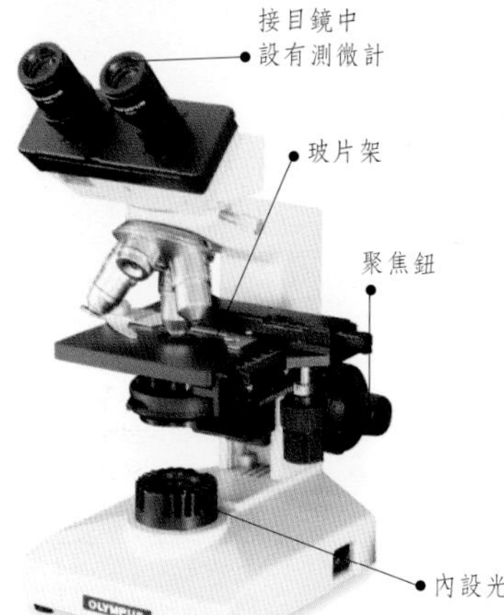
接目鏡中
設有測微計
玻片架
聚焦鈕
內設光源
OLYMPUS

◁ **顯微鏡**
要確認孢子的形狀和大小，你將需要一台品質好，但不一定昂貴的顯微鏡。它最好能放大到1,000倍，但最佳效果大概出現在400倍。內設光源會更好用。

這些都是放大2,000倍的實物尺寸

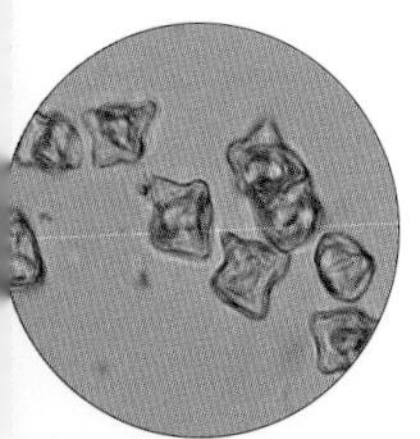

星孢粉褶蕈
ENTOLOMA CONFERENDUM
粉褶蕈的孢子都有稜角，星孢粉褶蕈的孢子呈星形，而且有許多小面。

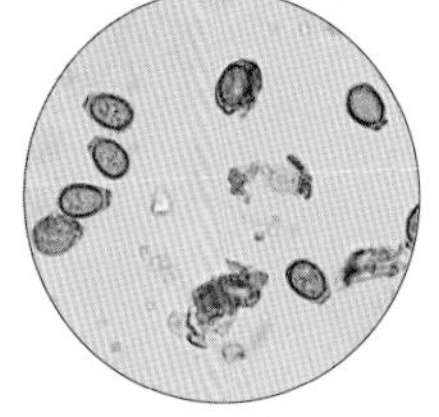

樹舌
GANODERMA APPLANATUM
樹舌的孢子質感粗糙，一端呈截形，並且具雙層表皮。

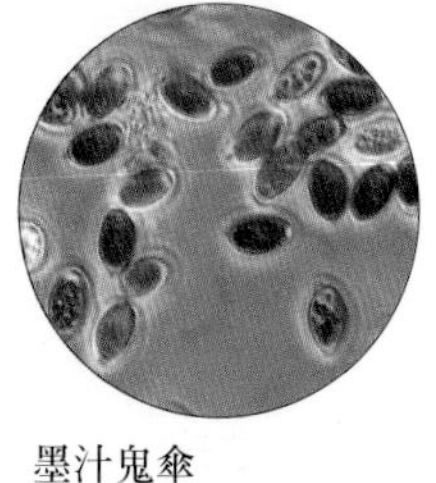

墨汁鬼傘
COPRINUS ATRAMENTARIUS
和許多鬼傘一樣，這種鬼傘的黑色孢子上有一個小孔，菌絲即從中萌發出來。

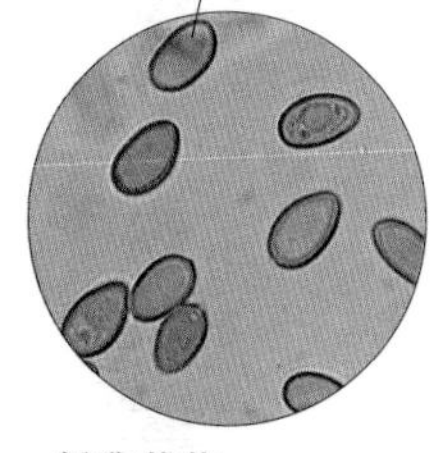

粉孢革菌
CONIOPHORA PUTEANA
粉孢革菌的橢圓形孢子表面平滑，且呈黃褐色。

蕈類的生活型態

蕈類一旦形成菌絲體且定居下來之後，就必須找出繼續成長和生活的途徑。型態不同的眞菌生存方法也不同。許多眞菌必須和活的夥伴，諸如一棵樹，建立互利的(稱作菌根)關係，而使雙方都得以存活。有些所謂的腐生眞菌可以分解死亡的物質，還有一些眞菌會殺死植物或動物，這則稱爲死體營養。又因爲能夠分解死亡物質，或提供適當的生長條件給其他生物，眞菌在環境的生態平衡上扮演著非常重要的角色。

◁寄主樹

單單一種樹就可以供給不同真菌生存所需的物質。左圖中的雲杉能夠與菌根菌共生，腐生真菌則依賴其殘枝敗葉生活，而死體營養者將會殺死它，然後再靠其遺骸維生。

菌根

菌根結合了樹木和眞菌之間的緊密利益關係，在這當中，樹木給與眞菌糖分，而眞菌則提供水和養分。當眞菌(如某些蘑菇和大多數牛肝菌)的菌絲穿入某棵適合的活樹根時，菌根關係便形成了。

寄主植物是雲杉

真菌夥伴是毒蠅傘

頂端分叉

松樹的根

淺色分叉的外膜為松樹菌根的特徵

特殊關係 ▷

這些毒蠅傘(146頁)長在雲杉附近，它們可能已經形成菌根。其他像樺樹和櫟樹，也會和真菌形成菌根。

地表下 ▷

在形成菌根處，真菌圍著最細的樹根長出一層外膜，並在外層根細胞間結成菌絲網。養分則透過複雜的化學途徑在夥伴之間交換。

腐生菌

許多死亡的有機物質，包括眞菌和動物，在腐生眞菌分泌至外界的酵素作用下，得以分解。有些腐生眞菌，如右圖中的可食球果菌，僅見於一種基質上，在此例爲雲杉球果；有些的範圍則較廣。甚至有些眞菌在活的植株上並不活躍，它們等植物死了之後才開始活動。

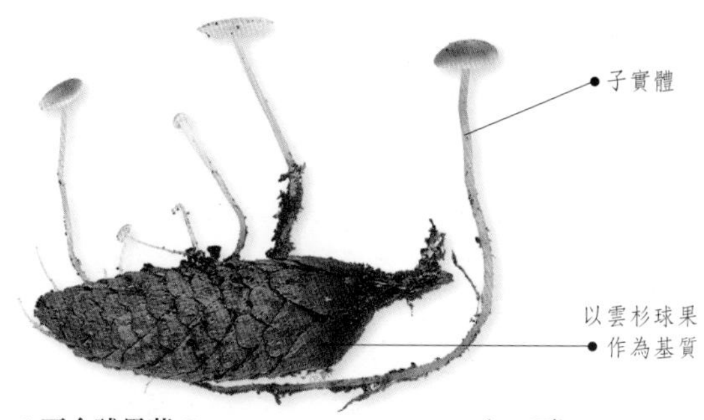
子實體
以雲杉球果
作為基質

△可食球果菌 *STROBILURUS ESCULENTUS*（133頁）
這種特化的腐生真菌只分解雲杉的落果。從基質中獲取所需養分後，就會長出子實體。

死體營養菌

死體營養眞菌依靠活體生存，最後則將之殺死。有些藉由菌絲或特別產生的酵母狀細胞阻塞或破壞植物輸導水分和養分的系統，以致寄主死亡；有些則利用毒素。殺死植物之後，死體營養眞菌會像腐生菌一樣，將植物分解作爲基質。死體營養眞菌包括木蹄層孔菌（219頁），以及蜜環菌屬眞菌。

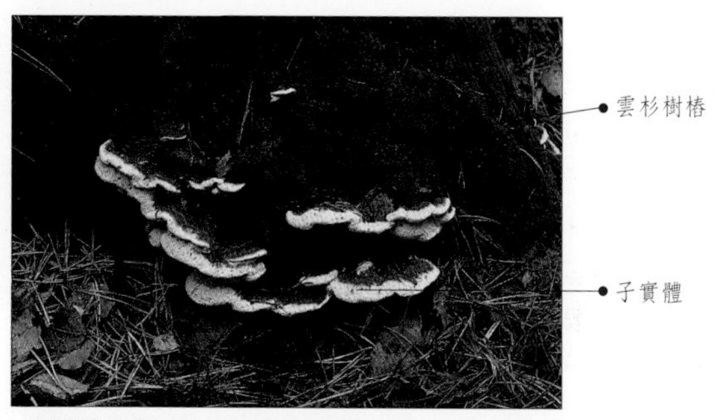
雲杉樹樁
子實體

△異擔孔菌 *HETEROBASIDION ANNOSUM*（222頁）
這種真菌經由菌根在樹與樹之間傳播，因而損害大片雲杉林，樹木死亡之後，木材被真菌分解並長出托架菌體。

活體營養菌

和菌根菌一樣，活體營養的眞菌如銹菌和霉菌，必須依靠活的寄主。但是這種情況對寄主並沒有好處。眞菌往往產生特殊的菌絲，穿透寄主細胞，將養分送回給眞菌。雖然植物沒有被殺死，但生理機能卻大受影響。例如，其孢子會污染種子，並在幼苗中萌發。

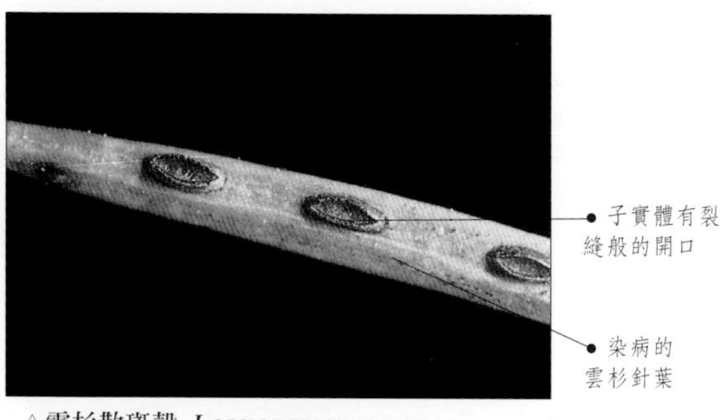
子實體有裂
縫般的開口
染病的
雲杉針葉

△雲杉散斑殼 *LOPHODERMIUM PICEAE*
這種真菌會在雲杉的針葉上產生黑色斑點。其他散斑殼屬真菌能使松樹和其他樹嚴重落葉。

蕈類的棲息地

世界各地都有眞菌存在，但本書所介紹的大多數種類則見於北溫帶。有些分布很廣，在北美、歐洲和亞洲都可見到；有些則限於某塊大陸，或者十分局部的區域。大多數眞菌已適應於非常特定的環境中，所以辨認主要的棲息地相當重要，這包括其固有的植物，以及產於其間的蕈類。

林地

各式各樣的林地培育出不同型態的眞菌。以梣樹佔優勢的鹼性土壤中大多爲非菌根眞菌，如環柄菇。生長著山毛櫸和樺樹的酸性泥煤土壤中則有高比例的菌根眞菌，如牛肝菌、口蘑和紅菇。位於道路兩側或溝渠旁邊富含礦物質的土壤中則長出環柄菇、小脆柄菇和盤菌，它們只需相當少的有機物質就能長得很繁盛。

△松樹林地

砂質松樹林地是許多牛肝菌，如乳牛肝菌(200頁)，以及紅菇(第120-29頁)的大本營。較潮溼且生苔的松樹林中也有很多真菌。

△乳牛肝菌
SUILLUS BOVINU

◁櫟樹林地

菌根真菌和腐生真菌，如牛排菌，生存在櫟樹間。有些牛排菌還跟甜板栗共生。

◁肝色牛排菌
FISTULINA HEPATICA

軟木樹

大部分軟木樹(或針葉樹)都和眞菌形成重要的菌根關係。許多眞菌僅見於某一類針葉樹之下，所以知道樹的名稱將會使眞菌的鑑定更精確。右邊是幾種最重要的針葉樹。

落葉松(*LARIX*)

雲杉(*PICEA*)

松(*PINUS*)

草原

草原有許多類型，從單一作物的小麥和大麥田，到肥沃的牧草地，或近乎自然、未施肥到經啃食或割刈的草地。這些棲息地中的蕈類與草地上的植物有直接的關連，它們也可能是糞生真菌，生長在該處食草動物的糞便上。土壤成分也很重要，非常酸的和較中性或非常鹼性的草地上，真菌種類皆不相同。

△肥沃的牧草地

肥沃的牧草地上一般都放牧著牲畜，除了草之外，植物種類相當有限，是許多蘑菇、鬼傘和斑褶菇生長的棲息地，它們都喜歡富含糞便的環境。

△蘑菇
Agaricus campestris

◁未經施肥的草地

這種草地充滿各種植物和蕈類。佔優勢的真菌包括珊瑚菌、粉褶蕈和濕傘，它們在肥沃的牧草地上並不茂盛，可能是因為競爭不過那些適合高沃度的真菌。

◁紅紫濕傘
Hygrocybe punicea

硬木樹

菌根關係常存在於真菌和右圖所示的硬木樹(或落葉樹)之間。另外還有幾種重要的硬木樹，包括梣、榆和槭，它們和真菌的關係比較不直接。

樺(*Betula*)

山毛櫸(*Facus*)

櫟(*Quercus*)

採集蕈類

搜尋眞菌時，記得留幾朵子實體在原處，好讓它們繼續成長；且研究過後，請把殘餘物扔在堆肥堆上，或者放回林地中。另外，在採集食用眞菌之前，先檢查一下其中是否有蛆。

裝備

銳利的小刀、籃子，或有區隔的採集箱是採集者不可缺少的裝備。鑷子可用來夾取微小的標本，便攜式放大鏡則能呈現小細節。照相機和筆記本在記錄重要發現時會用上。

扁平的籃子

有區隔的採集箱

小刀

鑷子

便攜式放大鏡

具大鏡頭的照相機

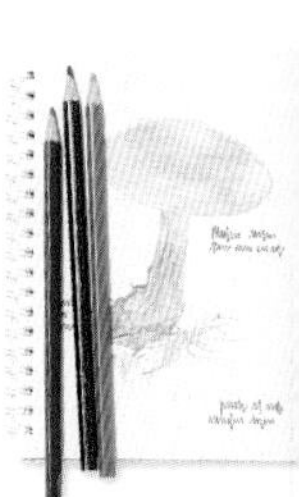

筆記本和鉛筆

如何摘取

雖然大部分標本都能用小刀來摘取，但採集長在樹枝或木材上的標本時，或許要用到修枝剪或鋸子。將摘下來的眞菌放進密閉容器中，這樣重要的特徵才不致受損，而且不會乾掉。打開容器時先用鼻子嗅一嗅，檢查有沒有特殊氣味。在取下標本之前先做個初步鑑定，避免摘取有毒或瀕臨絕種的物種。

用小刀切取

在摘起蕈類時，用小刀劃過蕈柄基部。如果不是絕對必要，儘量不要觸摸標本，因為這會傷害或破壞有用的鑑別特徵。

注意事項

- **著色** 用指甲掐一下，測試顏色的轉變。
- **質地** 用手指揉搓菌肉，感覺其質地。
- **氣味** 聞聞看有沒有獨特香氣。
- **味道** 品嚐一小片樣品，然後吐掉。
- **化學試驗** 加入當地真菌社團以便進行所需的化學試驗，這將對鑑定非常有用。

測量

此處說明不同型態眞菌的標準測量法。雖然蕈類的大小不一，而且它們在完全成熟之前的成長空間仍相當地大，但測量資料對鑑定還是非常有幫助。描述物種的尺寸是依據測量成熟標本的平均值而定。

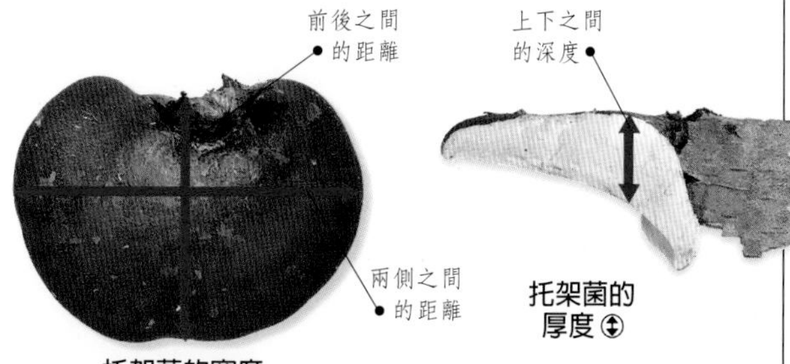
前後之間
的距離
兩側之間
的距離
上下之間
的深度

托架菌的寬度和深度 ↔

托架菌的厚度 ↕

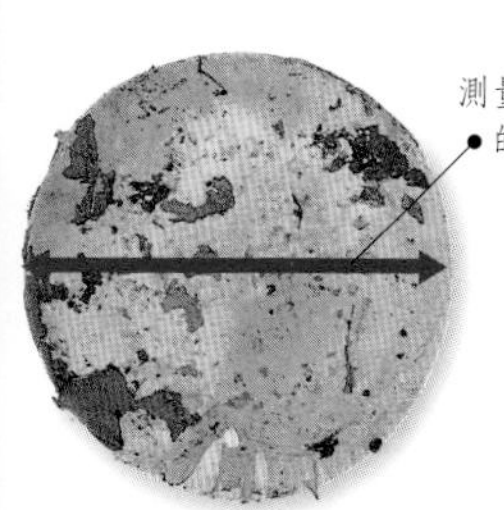
測量最大
的直徑

蕈傘直徑 ↔

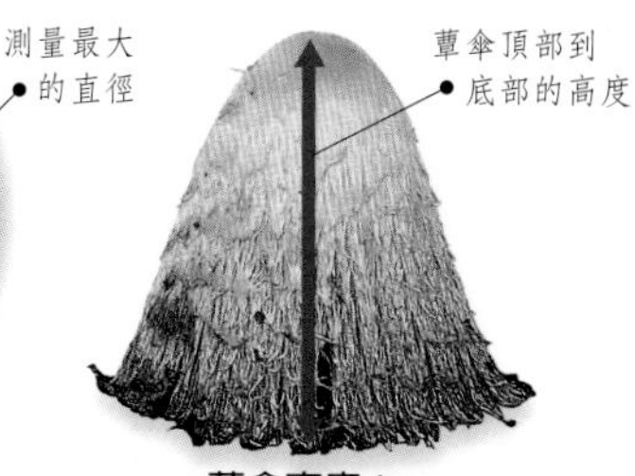
蕈傘頂部到
底部的高度

蕈傘高度 ↕

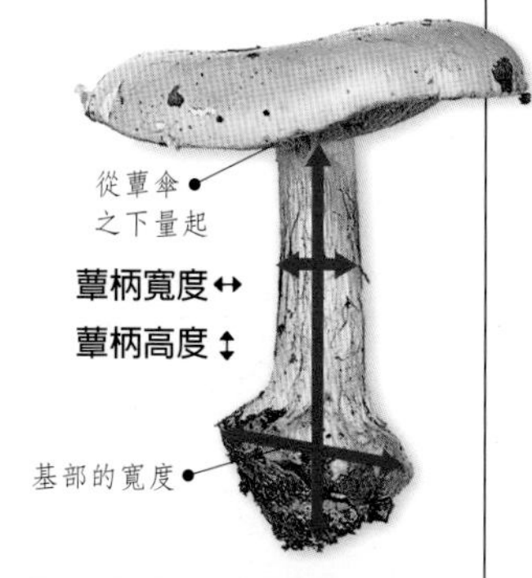
從蕈傘
之下量起
基部的寬度

蕈柄寬度 ↔

蕈柄高度 ↕

有毒的還是可食用的？

有些有毒蕈類看起來就像可食真菌一樣，因此，在這裡要極力忠告採集者務必熟悉危險的物種。千萬不要吃無法確實鑑定的真菌。如果感覺自己中毒時，趕快帶著真菌樣品去找醫生。本欄展示的真菌中，豹斑鵝膏可能致命；黃斑蘑菇和瑪莉紅菇的毒性居次。其餘的請詳見：帶紅色絲膜菌（72頁）和山絲膜菌（73頁）、鱗柄鵝膏（150頁）、毒鵝膏（151頁）。

豹斑鵝膏
Amanita pantherina
（149頁）

赭蓋鵝膏
Amanita rubescens
（147頁）

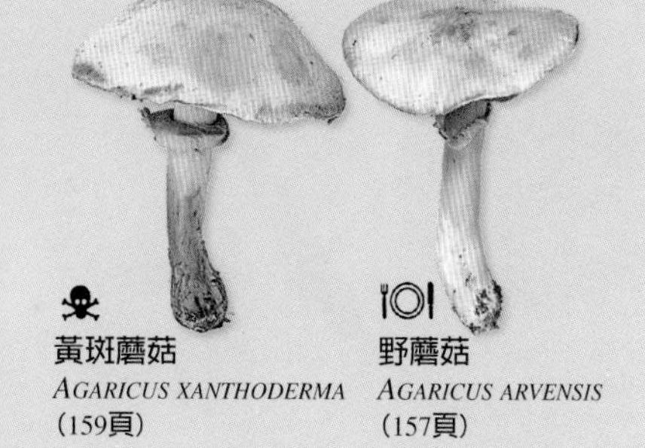

瑪莉紅菇
Russula mairei
（129頁）

黃孢紅菇
Russula xerampelina
（127頁）

黃斑蘑菇
Agaricus xanthoderma
（159頁）

野蘑菇
Agaricus arvensis
（157頁）

鑑定

要鑑定某種蕈類，可利用下面幾頁的檢索法來找出它屬於哪一型，以及在哪個章節中有描述其特徵與特性。先回答右邊的簡單問題，然後隨著指示和說明一直到結尾。如果在某一點你覺得「行不通」了，那麼請回到起點，重新核對每一項特徵。切記，除非經過你絕對肯定的鑑定，否則千萬不要吃下任何蕈類。

有無蕈傘和蕈柄？

有

詳見下欄 ▽

沒有

詳見第26頁▷▷

具蕈傘和蕈柄的真菌：主要型態

檢查蕈傘，特別是底面，然後從下列圖例中選出最類似者以便進行下一步。如果底面有蕈褶，判斷它們是延生的、附著至直生的、或是離生的。做個剖面能使這些細節看得更清楚。如果底面是管孔或刺(詳見第15頁)，那就選別的圖例。同時檢查蕈柄是否位於中央。注意：下列的圖解只是範例，你的標本顏色或形狀可能有所不同。

具有延生的蕈褶
詳見第25頁

具有附著至直生的蕈褶
詳見第25頁

具有離生的蕈褶
詳見第25頁

蕈柄偏離中央
詳見第178頁

具有管孔
詳見第25頁

蕈傘呈蜂窩、腦或馬鞍狀
詳見第207頁

具有刺
詳見第234頁

具蕈傘和蕈柄的真菌：其他特徵

在本書中，帶有蕈褶或管孔的傘菌又區分爲下列所示的各節。從其中選出最接近你手邊子實體的圖例和描述，然後再翻到提示頁碼所在。子實體如果不止符合其中一節，那麼請重頭再來過。孢子顏色和尺寸在鑑定的確認中往往是重要的線索。

延生的蕈褶

漏斗形且
具纖維質菌肉
詳見第28頁

具凸圓形蕈傘
及纖維質菌肉
詳見第37頁

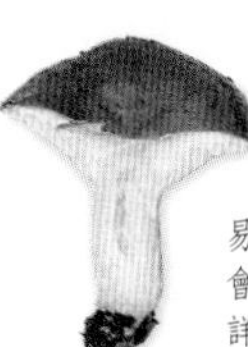

易碎的菌肉
會滲出乳液
詳見第43頁

隔生至直生的蕈褶

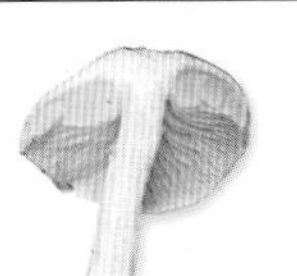

肉質且不具
明顯的蕈幕
詳見第56頁

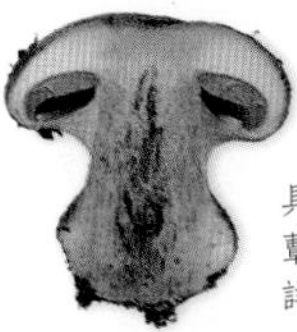

具有蛛網狀
蕈幕
詳見第69頁

具有蕈環
或蕈環帶
詳見第78頁

具有纖維狀蕈傘
和暗色孢子
詳見第98頁

中型且
蕈傘平滑
詳見第103頁

具有易碎
的菌肉
詳見第120頁

極小型且
蕈傘平滑
詳見第132頁

極小型但
蕈傘不平滑
詳見第142頁

離生的蕈褶

具有蕈托和/
或蕈幕鱗片
詳見第145頁

具有蕈環
或蕈環帶
詳見第156頁

不具蕈幕
詳見第171頁

隨著成熟而
化為墨汁
詳見第174頁

蕈褶連著蕈環
詳見第177頁

具有管孔

具有柔軟的菌肉
詳見第184頁

具有強韌的菌肉
詳見第202頁

其他真菌：主要型態

此部分真菌的檢索特徵在於它們並不兼具蕈傘和蕈柄，而且大都不呈傳統的「蘑菇」形。鑑別它們的最佳線索是先斷定其形狀和外觀，然後是諸如質地或生長地點(詳見第27頁)之類的其他特性。將你的標本和下面圖例逐一比對之後，選出最接近的範例。記住，現實中存在許多變異，其中有些或許會列在27頁檢索的結尾部分。不要期望你找到的蕈類會和此處的圖例一模一樣，也不要推諉其顏色和細節方面的差異。翻到提示的頁碼所在，從每個章節中去了解形狀和大小的變化。

托架狀或皮狀
詳見第27頁

只有蕈傘而沒有蕈柄
詳見第178頁

棍棒形
詳見第27頁

叉角至珊瑚狀
詳見第248頁
叉角至珊瑚狀而且帶刺
詳見第239頁

圓球形
詳見第27頁

梨至杵形
詳見第260頁

杯至盤形
詳見第27頁

喇叭形
詳見第275頁

星形
詳見第277頁

籠狀
詳見第277頁

腦或耳狀
詳見第281頁

其他真菌：其他特徵

在本書中，型態種類較多的章節又進一步劃分爲許多小節。那些在我們熟悉的傘形眞菌之外者，便列於下面各節中。選出最接近你手邊子實體的圖例和描述，然後翻到提示的頁碼所在。用放大鏡檢查托架菌底面，看是平滑的還是具有上千個小管孔，這將有助於鑑別。注意：此處的插圖比例不一。

托架狀或皮狀

具有管孔
詳見第211頁

底面起皺或平滑
詳見第228頁

皮狀、平展或殼狀
詳見第232頁

棍棒形

平滑或毛茸的
詳見第240頁

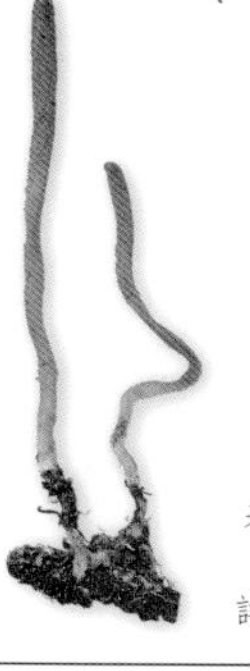

表面有疙瘩
或呈粉狀
詳見第244頁

陰莖狀
詳見第246頁

圓球形

在地面上
詳見第253頁

在地面下
詳見第258頁

杯至盤形

不具「卵球」
詳見第264頁

杯形含有「卵球」
詳見第174頁

蕈褶延生的傘菌

具備蕈傘、蕈柄，且蕈傘下有蕈褶的真菌，一般稱為傘菌或蘑菇。本章所介紹的傘菌皆具有「延生的」蕈褶，即蕈褶會一直延伸到蕈柄上。另外，具有蕈褶般下延脈紋的雞油菌也在此處一併介紹。

延生的蕈褶延伸到蕈柄上

漏斗形且具纖維質菌肉

本節所介紹的傘菌，其蕈傘呈漏斗至凹陷形，並有顯著的纖維質菌肉，故與菌肉易碎的乳菇(詳見第43-55頁)或紅菇(詳見第120-131頁)完全不同。其他兼具纖維質菌肉和漏斗形蕈傘者，也可在親緣關係疏遠的科別中發現。

科：雞油菌科	種：*Cantharellus cibarius*	季節：夏季至秋季

雞油菌(COMMON CHANTERELLE)

顏色變化不一，但多為黃色略帶紅色，此種蕈類大部分聞起來都有乾杏仁味，而且可做成好吃的食物。蕈傘中央凹陷，邊緣常呈波浪狀；具有延生的褶狀粗脈紋。淺色的蕈傘菌肉受傷時呈橘至紅色。

• **分布**：與雲杉、松樹以及櫟木之類的硬木樹形成菌根。廣泛分布於北半球的冷和暖溫帶；極常見至罕見。

• **相似種**：桔黃擬蠟傘(29頁)並不形成菌根。奧爾類臍菇(29頁)具發光的特性，而且生長在枯木上。

蕈傘邊緣呈波浪形

實心而平滑的蕈柄漸漸縮窄

剖面

蕈傘中央凹陷

堅實的淺色菌肉有杏仁味

子實體：集體長在排水良好的土壤上。

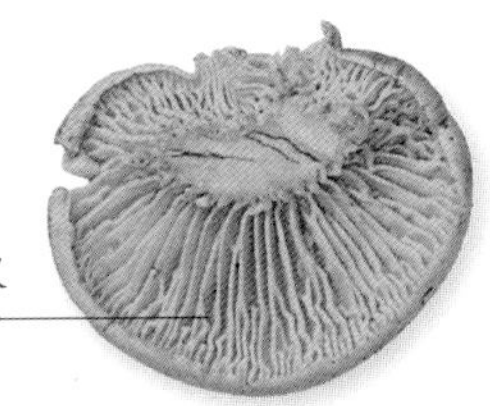
延生的分叉褶狀脈紋

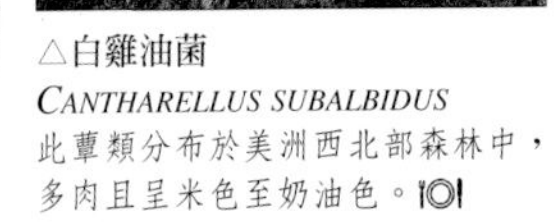

△白雞油菌
CANTHARELLUS SUBALBIDUS
此蕈類分布於美洲西北部森林中，多肉且呈米色至奶油色。

尺寸：蕈傘 ↔ 2-12公分	蕈柄 ↕ 2-10公分 ↔ 0.4-1.5公分	孢子：淺奶油色	食用性

科：椿菇科	種：*Omphalotus olearius*	季節：夏季至秋季

奧爾類臍菇(JACK O'LANTERN)

這種鮮橙色蕈類的蕈褶生長在黑暗中。蕈傘明顯凹陷呈漏斗形，且發亮平滑。蕈柄顏色較淺，菌肉為淺黃色。含有劇毒。熱帶和亞熱帶近緣種的奧爾類臍菇也具有發光的特性。

• **分布**：見於死亡或枯萎的樹木或殘株上，特別是橄欖樹或櫟木，引起白腐。常和其他近緣種一起出現，主要分布在北溫帶的南部，以及熱帶地區。

• **相似種**：多種可食用的雞油菌(28, 30, 275-276頁)，通常會形成菌根，且有較粗的脈狀「蕈褶」。

子實體：成簇長在枯木或掩蔽的根上。

發亮的蕈褶呈金至橙色

間隔中等、顯著延生的蕈褶

橙至橙褐色蕈傘呈漏斗形

蕈柄色較淺，越近基部越細

蕈傘表面乾燥、光亮、平滑

尺寸：蕈傘 ⊕6-14公分	蕈柄 ↕6-15公分 ↔0.8-2公分	孢子：米色	食用性 ☠

科：椿菇科	種：*Hygrophoropsis aurantiaca*	季節：夏季至冬季

桔黃擬蠟傘 (FALSE CHANTERELLE)

這種蕈貌似雞油菌，橙黃至紅橙色的蕈傘呈凸圓至凹陷形，表面覆有細絨毛，邊緣常內捲。顏色相近的蕈柄則會隨著成熟而變黑。菌肉薄，白色至淺褐色；帶有「蘑菇」氣味。其他類型：一種體型較大者具有褐色蕈傘鱗片；另一種的蕈褶近乎白色。

• **分布**：生長在針葉堆、腐朽的木頭或鋸木屑中。廣泛分布且常見於北溫帶。

• **相似種**：雞油菌(28頁)、奧爾類臍菇(上欄)。

蕈傘表面覆有細絨毛
蕈傘呈橙黃至紅橙色

菌肉薄而軟，呈白至淡橙色

中空的蕈柄相當細

蕈褶柔軟且延生

蕈柄隨著成熟變黑

淺或暗橙色的蕈褶呈分叉狀且排列十分緊密

剖面

子實體：少數聚集或集體出現在樹林中。

尺寸：蕈傘 ⊕2-8公分	蕈柄 ↕2-5公分 ↔ 3-8公釐	孢子：米色	食用性 🍴

科：雞油菌科	種：*Cantharellus cinnabarinus*	季節：夏季至秋季

紅雞油菌
(CINNABAR CHANTERELLE)

這種蕈顏色非常鮮豔，寬闊凸圓的蕈傘在成熟時會變為漏斗狀，且波浪狀的邊緣會顯著內捲；顏色則會由朱紅色轉為粉紅至紅色。粉紅至紅色的蕈柄相當短。延生的粉紅色褶狀脈紋會隨著邊緣增厚而分叉。可食的纖維質菌肉在蕈傘部分相當薄，呈紅至米色；白色的蕈柄則較厚。

• **分布**：經常和櫟樹形成菌根，往往出現在苔蘚中。廣泛分布且常見於北美東部。

• **相似種**：舟濕傘（*Hygrocybe cantharellus*）具有相當銳利的邊緣以及不分叉的蕈褶。

朱紅色蕈傘成熟時呈粉紅至紅色
蕈傘表面有蓬亂的纖毛
凸圓的蕈傘漸變成漏斗形
波浪形的蕈傘邊緣往內捲
延生的「蕈褶」邊緣厚且分叉

子實體：顯著的子實體大量地出現在樹林步道兩旁的土壤上。

尺寸：蕈傘 ⊕1-4公分	蕈柄 ↕1.5-4公分 ↔0.3-1公分	孢子：奶油粉紅色	食用性 🍴

科：雞油菌科	種：*Cantharellus tubaeformis*	季節：秋季至冬季

管形雞油菌（TRUMPET CHANTERELLE）

這種蕈的蕈傘幼時為圓頂狀，長大後則呈漏斗形且邊緣為波浪狀。在顏色上，蕈傘呈深淺不一的褐色；而蕈柄則為鉻黃至黃色，在成熟後褪為暗黃色。具蕈褶狀脈紋。菌肉薄，味道稍苦，但氣味芬芳。由於色彩黯淡，所以相當不容易尋獲，但是發現的話通常數量會很多，可以採回家大快朵頤。

• **分布**：常與硬木和軟木樹形成菌根，特別是在較年長的雲杉林中。廣泛分布於整個北溫帶。

• **相似種**：變黃雞油菌（275頁）的底面沒有脈紋。

蕈傘邊緣呈不規則波浪狀
成熟的蕈傘為漏斗形
蕈柄多少有些中空
延生的淺灰色脈紋
鉻黃色蕈柄會褪為暗黃色
剖面

蕈傘呈深淺不一的褐色
起皺且分叉的脈紋

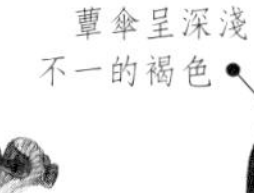

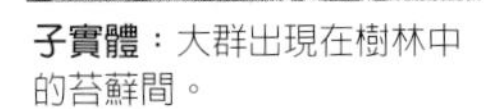

子實體：大群出現在樹林中的苔蘚間。

尺寸：蕈傘 ⊕1-6公分	蕈柄 ↕3-8公分 ↔3-8公釐	孢子：奶油色	食用性 🍴

科：口蘑科	種：*Lepista flaccida*	季節：夏季至早冬

柔弱香蘑(TAWNY FUNNEL-CAP)

這種蕈的蕈傘接近漏斗形，邊緣內捲，呈茶褐色，且會漸漸長出暗色斑點。明顯延生的蕈褶延伸至蕈柄，蕈柄平滑或有細纖毛。可以食用但味道不佳。

• **分布**：樹林中，特別是靠近軟木樹處。廣泛分布且常見於歐洲；世界分布不詳。

• **相似種**：和大多數香蘑屬蕈類一樣，要區別外貌相似的杯傘屬(31, 33-34, 39-40頁)和口蘑屬(59-64, 81頁)真菌，最好的方法是透過顯微鏡所觀察到的特徵，如外壁凹凸不平的孢子來判斷。中凸蓋杯傘(下欄)菌肉較少，且孢子印色較淺。淡黃香蘑(*Lepista gilva*)顏色較黃，且邊緣有顯著的斑點。

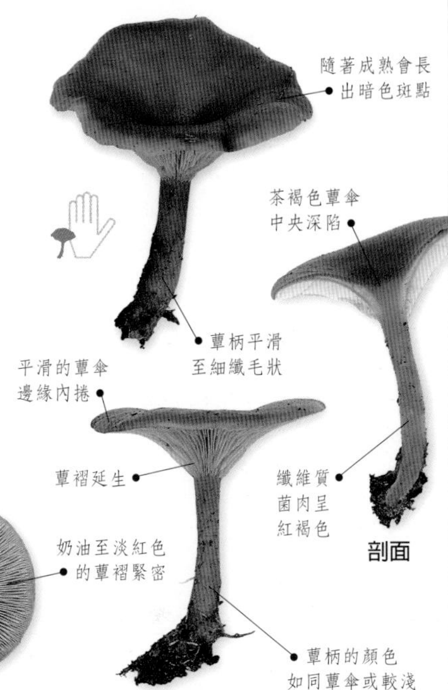
隨著成熟會長出暗色斑點
茶褐色蕈傘中央深陷
蕈柄平滑至細纖毛狀
平滑的蕈傘邊緣內捲
蕈褶延生
纖維質菌肉呈紅褐色
剖面
奶油至淡紅色的蕈褶緊密
蕈柄的顏色如同蕈傘或較淺

子實體：在樹林的殘枝敗葉上集體出現或形成蕈圈。

尺寸：蕈傘 ⊕ 4-12公分	蕈柄 ↕ 3-7公分 ↔ 0.5-1公分	孢子：奶油色	食用性

科：口蘑科	種：*Clitocybe gibba*	季節：晚夏至晚秋

中凸蓋杯傘(COMMON FUNNEL-CAP)

這種蕈的蕈傘呈淺皮褐色，略帶粉紅色。中央顯著下凹，有時會出現一個小臍突。蕈柄平滑，顏色較蕈傘淺。明顯延生的蕈褶幾乎為純白色。雖可食用，但並不推薦，因為它很容易和該屬(詳見相似種)其他成員混淆。

• **分布**：見於範圍極廣的樹林棲息地，從低地到高山均可發現。廣泛分布且常見於北溫帶。

• **相似種**：柔弱香蘑(上欄)。淡黃香蘑(*Lepista gilva*)菌肉較多且色較淺，蕈傘邊緣有斑點。

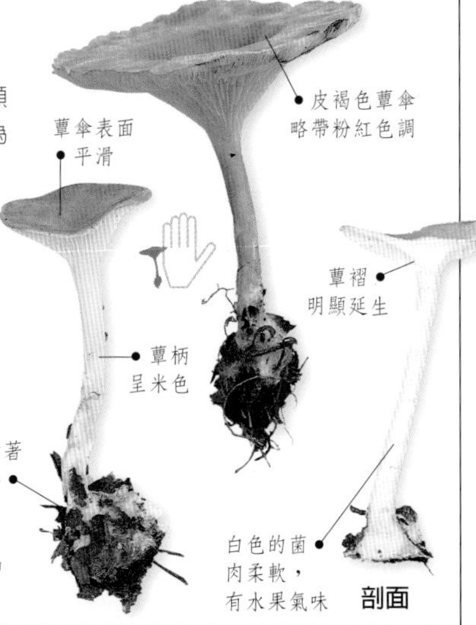
皮褐色蕈傘略帶粉紅色調
蕈傘表面平滑
蕈褶明顯延生
蕈柄呈米色
落葉碎屑附著在蕈柄基部
淺色的蕈褶間隔緊密
白色的菌肉柔軟，有水果氣味
剖面

子實體：集體出現在樹林的殘枝敗葉上。

尺寸：蕈傘 ⊕ 3-8公分	蕈柄 ↕ 2.5-6公分 ↔ 0.5-1公分	孢子：白奶油色	食用性

科：口蘑科 | 種：*Pseudoclitocybe cyathiformis* | 季節：晚秋至早冬

假杯傘(THE GOBLET)

這種蕈非常獨特，其蕈傘就像漏斗一般，顏色很暗，且蕈柄長。蕈傘為暗灰褐色，乾燥後呈淺灰皮褐色，且邊緣內捲。菌肉芳香，味道溫和；雖可食用但不推薦。假杯傘屬和杯傘屬(31, 33-34, 39-40頁)的差別在於其孢子遇到碘劑會呈藍色反應(即含澱粉質)。

• **分布**：在林地、公園及籬牆的高草叢中，或腐朽的硬木殘枝上。廣泛分布於北溫帶；相當常見。

• **相似種**：其他假杯傘屬的蕈類，大致說來體型較小且色較淺，往往見於較空曠的棲息地中。亞臍菇屬(36頁)的蕈類也比較小。

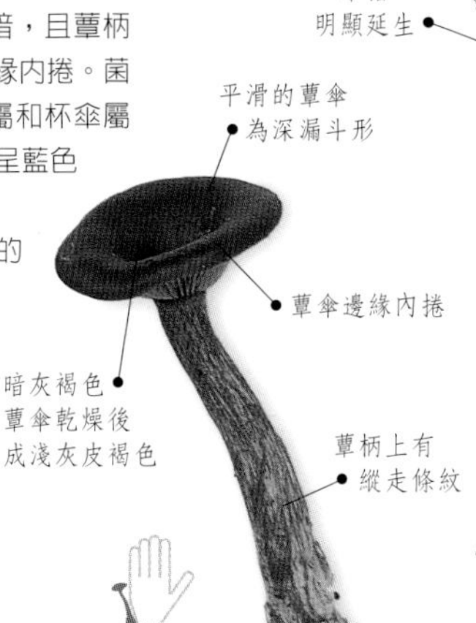
蕈褶明顯延生
平滑的蕈傘為深漏斗形
蕈傘邊緣內捲
暗灰褐色蕈傘乾燥後成淺灰皮褐色
蕈柄上有縱走條紋
剖面
蕈柄為圓柱至棍棒形
灰奶油色蕈褶相當緊密，成熟時呈淺褐色

子實體：單獨或集體出現在多種棲息地中。

尺寸：蕈傘 ⊕ 3-7公分 | 蕈柄 ↕ 6-10公分 ↔ 0.5-1公分 | 孢子：白奶油色 | 食用性 🍽

科：口蘑科 | 種：*Leucopaxillus giganteus* | 季節：晚夏至秋季

大白樁菇(GIANT FUNNEL-CAP)

這種蕈的特點，是其漏斗形的大蕈傘在幼時為平坦狀。蕈傘、蕈褶、菌肉和相當短的蕈柄呈米色至奶油色。孢子在碘劑中呈藍色(含澱粉質)，這是所有白樁菇共同的特性。它可以食用，但可能引起胃部不適。

• **分布**：可能從幾百歲的菌絲體中長出。子實體見於草原、公園以及林間空地中。廣泛分布於歐洲，世界分布不詳。

• **相似種**：肉色杯傘(33頁)的蕈柄較長。

邊緣幼時內捲，而後漸漸裂開
巨大的漏斗形蕈傘直徑可達40公分
緊密且延生的奶油色蕈褶
髒白色至奶油色的蕈傘成熟時呈淺褐色
短蕈柄隱藏在草叢中

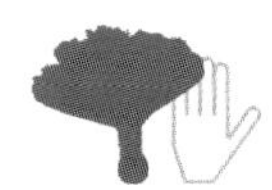

子實體：成環狀排列出現，環可能很大，大多見於營養豐富的草原上。

尺寸：蕈傘 ⊕ 12-40公分 | 蕈柄 ↕ 4-8公分 ↔ 2-4公分 | 孢子：白奶油色 | 食用性 🍽

科：口蘑科	種：*Clitocybe geotropa*	季節：秋季至早冬

肉色杯傘（RICKSTONE FUNNEL-CAP）

漏斗形且相當多肉的淺皮褐色蕈傘中央具臍突，蕈柄長，大都為環狀分布，因此這種可食用的蕈非常容易辨認。這在杯傘屬頗不尋常，因為該屬通常都有鑑定的困擾。

• **分布**：大多產於林地。在有些地方，它們主要生長在硬木樹下，但有些類型也在軟木樹林中繁衍。廣泛分布且常見於歐洲，但較寒冷的區域不存在。世界分布不詳。

• **相似種**：煙雲杯傘（40頁）常見於相同的樹林棲息地中，但顏色較灰且蕈傘呈圓麵包形。大白樁菇（32頁）的蕈柄較短，且大多在養料豐富的草原上長出子實體。

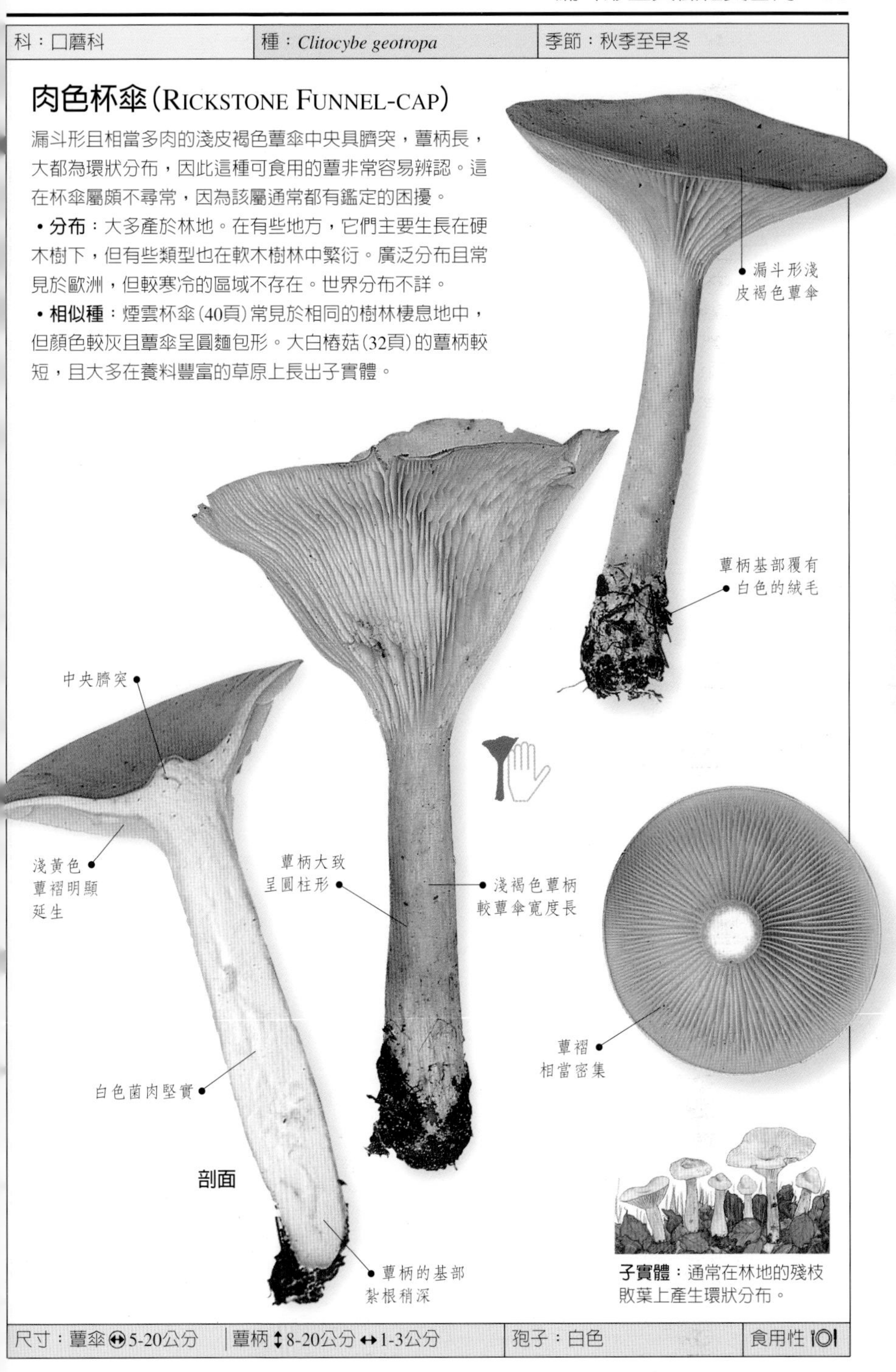
漏斗形淺
皮褐色蕈傘
蕈柄基部覆有
白色的絨毛
中央臍突
淺黃色
蕈褶明顯
延生
蕈柄大致
呈圓柱形
淺褐色蕈柄
較蕈傘寬度長
蕈褶
相當密集
白色菌肉堅實
剖面
蕈柄的基部
紮根稍深

子實體：通常在林地的殘枝敗葉上產生環狀分布。

尺寸：蕈傘 ↔ 5-20公分	蕈柄 ↕ 8-20公分 ↔ 1-3公分	孢子：白色	食用性 🍴

科：口蘑科	種：*Clitocybe metachroa*	季節：秋季至冬季

變色杯傘(GREY-BROWN FUNNEL-CAP)

和許多小型杯傘一樣，這種淺灰褐色的蕈類很難確認。它的氣味非常淡，不像其他杯傘，或許這就是其最明顯的特徵。蕈傘平坦至深陷，會漸漸乾燥，中央仍保持較暗的顏色，邊緣則出現條紋。

• **分布**：見於硬木和軟木樹林的落葉堆中。廣泛分布且常見於整個歐洲，世界分布不詳。

• **相似種**：受傷杯傘(*Clitocybe vibecina*)有明顯的餿麥粉氣味和味道。

蕈傘邊緣薄
且有條紋
蕈傘乾燥後
呈現較淺的
褐色調
平滑的蕈柄
基部有非常毛茸
的白色菌絲體

剖面

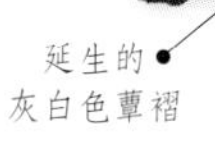
延生的
灰白色蕈褶
蕈柄有
幾分中空
白色菌肉
氣味稀薄

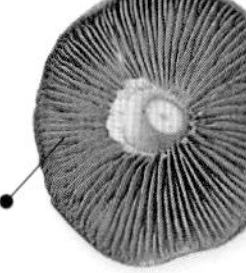
蕈褶緊密

子實體：集體出現在貧脊及較肥沃的土壤上。

尺寸：蕈傘⊕2.5-6公分	蕈柄↕3-6公分↔3-7公釐	孢子：米色	食用性☠

科：口蘑科	種：*Clitocybe dealbata*	季節：夏季至秋季

白霜杯傘(LAWN FUNNEL-CAP)

這種真菌含有劇毒，有時會被分為兩種：環帶杯傘(*Clitocybe rivulosa*)呈褐色；白霜杯傘則幾近純白色。凸圓至漏斗形的蕈傘表面呈粉狀，常帶有暗色斑點形成同心環，在龜裂及乾燥後顏色會更淡。蕈柄呈米色至淺褐色。菌肉呈白色至淺黃褐色，聞起來有點像麥粉。

• **分布**：多草的地區，包括公園、草坪和運動場；有可能和可食用的硬柄小皮傘(117頁)長在一起，不過後者可由隔生至幾乎離生的蕈褶來辨別。廣泛分布於北溫帶。

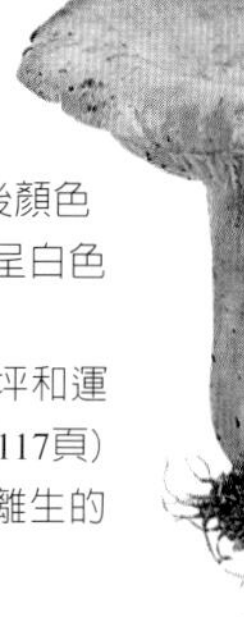
蕈傘表面薄且
會出現裂紋
蕈柄米
至淺褐色

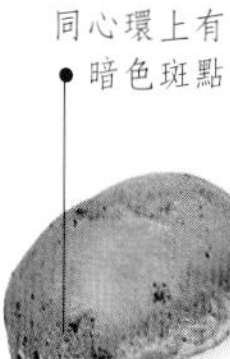
蕈傘表面的
同心環上有
暗色斑點

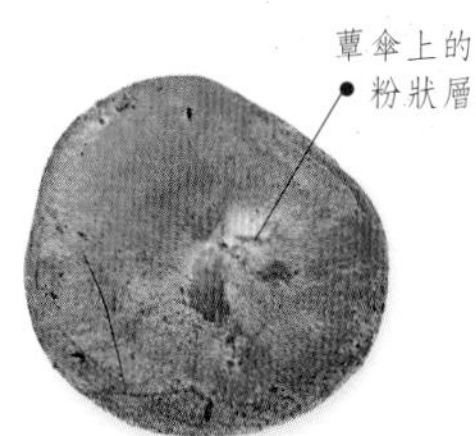
蕈傘上的
粉狀層

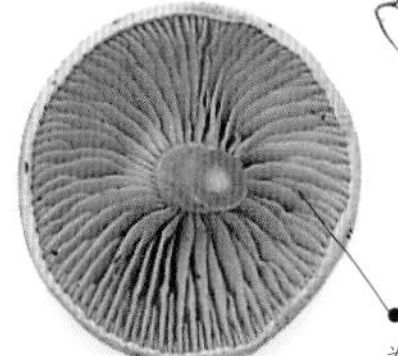
延生的蕈褶
為白至淺灰色

子實體：常在草叢中形成環狀分布。

尺寸：蕈傘⊕2-6公分	蕈柄↕1.5-4公分↔3-6公釐	孢子：白色	食用性☠

科：樁菇科	種：*Paxillus involutus*	季節：夏季至秋季

卷邊樁菇（Brown Roll-rim）

黃至紅褐色的蕈傘明顯內捲、邊緣具絨毛、中央稍凹陷，是這種極常見的有毒蕈類最明顯的指標。而另一明顯指標，是其柔軟密集的黃色蕈褶在受傷處及被小尖刀削掉的地方會變褐色。蕈柄短且有絨毛，顏色如同蕈傘；菌肉呈淺黃至淺褐色，在切口處顏色會變深。

• **分布**：見於林地、公園和花園中，大都與軟木樹和樺木形成菌根。分布廣且較常見於北溫帶。

• **相似種**：絲狀樁菇（*Paxillus filamentosus*）的邊緣較不捲曲，菌肉黃色，見於赤楊樹下。

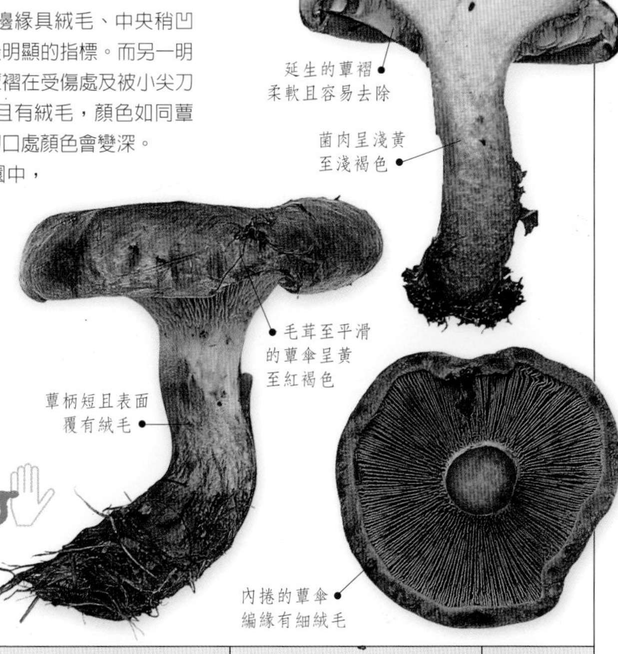
剖面
延生的蕈褶
柔軟且容易去除
菌肉呈淺黃
至淺褐色
毛茸至平滑
的蕈傘呈黃
至紅褐色
蕈柄短且表面
覆有絨毛
內捲的蕈傘
編緣有細絨毛

子實體：集體、成圈或少數聚在樹下。

尺寸：蕈傘 ↔ 6-15公分	蕈柄 ↕ 4-8公分 ↔ 1-2公分	孢子：黃褐色	食用性 ☠

科：多孔菌科	種：*Lentinus tigrinus*	季節：夏季至秋季

虎皮香菇（Tiger Saw-gill）

這種蕈的蕈傘為漏斗形、米色，中央具有褐色鱗片，邊緣內捲。蕈柄也是米色帶有褐色鱗片，有的會出現條紋。蕈褶為米色，強韌且延生。當中有一種蕈類，其蕈褶上的蕈幕無法張開，看起來像是被黴菌寄生一般。

• **分布**：長在硬木樹上，造成白腐。廣泛分布且常見於歐洲及北美東部。

• **相似種**：潔麗香菇（*Lentinus lepideus*）一般係單獨或成小簇出現在軟木樹上，且會產生易碎的褐腐。

漏斗形的蕈傘為米色
蕈褶邊緣呈鋸齒或撕裂狀
蛛網狀的厚蕈幕可能黏在蕈褶上
蕈傘邊緣內捲
米色蕈柄上有成條的鱗片

子實體：成簇長在老枝或圓木上，特別是水邊的白楊和柳樹。

尺寸：蕈傘 ↔ 1-10公分	蕈柄 ↕ 1.5-7.5公分 ↔ 0.5-1公分	孢子：白色	食用性 🍴

科：口蘑科	種：*Omphalina umbellifera*	季節：春季至晚秋

傘狀亞臍菇(Turf Navel-cap)

這種小型蕈類的蕈傘呈黃褐色，中央凹陷，具輻射狀條紋，每條條紋代表其下有一蕈褶。蕈柄細而平滑，亦呈黃褐色，頂部則略帶紫灰色。菌肉非常薄，為米色至赭土色。

• **分布**：雖然是蕈類，但它同時也是一種的和藻類共生地衣。能量由藻類透過光合作用產生，因此得以生存在嚴苛的環境中，如酸性高地、石南地以及某些酸性的森林地區。出現於草地或水蘚中，通常在海拔較高之處，但低地也可發現。廣泛分布於北溫帶較冷的地區。

• **相似種**：高山亞臍菇(*Omphalina alpina*)見於高山和北極區，呈較鮮豔的黃色。

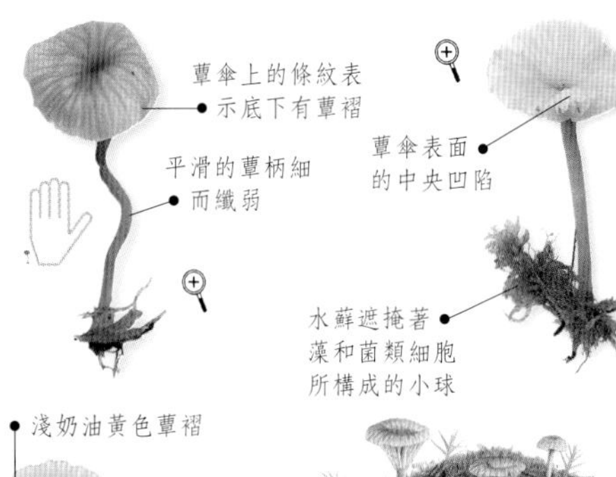
蕈傘上的條紋表示底下有蕈褶
平滑的蕈柄細而纖弱
蕈傘表面的中央凹陷
水蘚遮掩著藻和菌類細胞所構成的小球
淺奶油黃色蕈褶
延生的蕈褶間隔分明

子實體：單獨或少數聚集出現。

尺寸：蕈傘 0.5-1.5公分	蕈柄 1-2公分 ↔1-2公釐	孢子：白色	食用性

科：口蘑科	種：*Rickenella fibula*	季節：夏季至秋季

絲狀里肯菇(Orange Navel-cap)

這種微小的蕈類呈橙至淺黃色，蕈傘為半球形，中央凹陷，具有輻射狀條紋，不過條紋會隨著乾燥而漸漸消失。蕈柄長而細，蕈褶明顯延生。從放大鏡中可看到整個子實體上都覆滿了細毛。本種和剛毛里肯菇(*Rickenella setipes*, 本欄右圖)為該屬最常見的兩種蕈類。里肯菇屬的物種以前曾歸在小菇屬(*Mycena*)、亞臍菇屬(*Omphalina*)和老傘屬(*Gerronema*)中。

• **分布**：寄生在某些多草棲息地的苔蘚上，為典型的草地蕈類。分布廣且常出現於北溫帶。

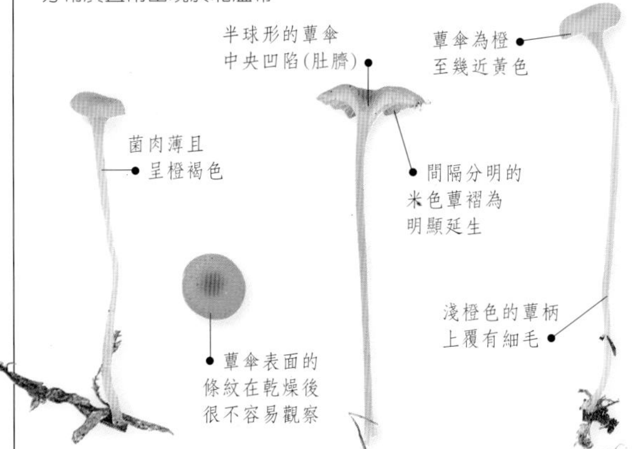
半球形的蕈傘中央凹陷(肚臍)
蕈傘為橙至幾近黃色
菌肉薄且呈橙褐色
間隔分明的米色蕈褶為明顯延生
淺橙色的蕈柄上覆有細毛
蕈傘表面的條紋在乾燥後很不容易觀察

剛毛里肯菇
Rickenella setipes
這種小型蕈類呈淺灰至灰褐色；蕈傘中央(肚臍)近乎黑色。蕈柄頂端略帶暗紫色。不可食用。

子實體：單獨或成小群，甚至大群出現。

尺寸：蕈傘 0.3-1公分	蕈柄 3-5公分 ↔1-2公釐	孢子：白色	食用性

具凸圓形蕈傘及纖維質菌肉

本節介紹的蕈類擁有半球形、凸圓形或具臍突的蕈傘以及纖維質的菌肉。和第28-36頁中的蕈類所不同的地方，是在於其蕈傘中央幾乎都不凹陷；而第43-55頁中的蕈類雖然蕈傘形狀與本節的蕈類蕈傘相似，但其乳酪般的菌肉很容易碎。

科：鉚釘菇科	種：*Chroogomphus rutilus*	季節：秋季

淺紅釘色菇 (PINE SPIKE-CAP)

這種傘菌有個凸圓狀或具臍突的銹褐色蕈傘，略帶酒紅色暈，和近緣的鉚菇屬蕈類(38頁)的不同之處在於：它只有在潮溼的天氣中才顯得油滑。銹橙色的蕈柄上有殘留的絲線狀紅褐色蕈幕環帶，蕈柄基部的菌肉為橙至酒紅或鉻黃色；沒有顯著的味道或氣味。

• **分布**：在樹林和造林地中和松樹形成菌根。分布廣且常見於北溫帶。

子實體：成小群出現在沙質土壤上。

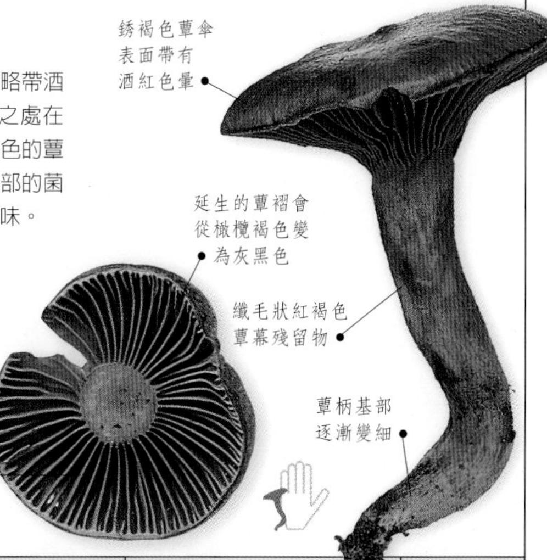
銹褐色蕈傘表面帶有酒紅色暈
延生的蕈褶會從橄欖褐色變為灰黑色
纖毛狀紅褐色蕈幕殘留物
中度間隔的蕈褶相當寬
柔軟的蕈褶可能會脫離蕈傘的菌肉
蕈柄基部逐漸變細

尺寸：蕈傘 ⊕4-8公分	蕈柄 ↕4-12公分 ↔0.5-1.5公分	孢子：幾近黑色	食用性

科：蠟傘科	種：*Hygrophorus hypothejus*	季節：晚秋至早冬

次硫蠟傘 (HERALD OF WINTER)

這種較晚結實的蕈類，其褐至橄欖色蕈傘為凸圓形至漏斗形，與蕈柄皆帶有黏性。延生的蕈褶呈黃色。有種橙色類型稱作金蠟傘(*Hygrophorus aureus*)，時常可以見到。

• **分布**：與松樹形成菌根，喜好沙質土壤；一般見於第一次降霜之後。廣泛分布於北溫帶，局部常見。

• **相似種**：木蠟傘(*H. lucorum*)為鮮黃色且和落葉松共生。其他幾種蠟傘也和松樹一同出現，可由其不同的顏色與次硫蠟傘作區別。

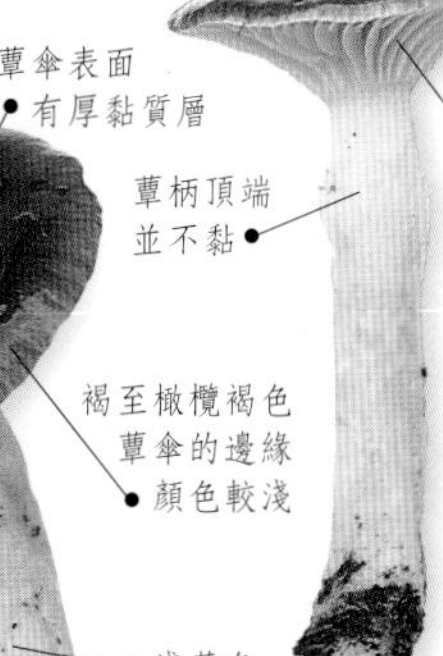
蕈傘表面有厚黏質層
蕈柄頂端並不黏
褐至橄欖褐色蕈傘的邊緣顏色較淺
淺黃色蕈柄有黏性
明顯延生的蕈褶
淺至深黃色蕈褶間隔分明

子實體：成小群出現在苔蘚和地衣當中。

尺寸：蕈傘 ⊕3-5公分	蕈柄 ↕4-7公分 ↔0.5-1公分	孢子：白色	食用性

科：鉚釘菇科	種：*Gomphidius roseus*	季節：晚夏至秋季

玫瑰紅鉚釘菇(ROSY SPIKE-CAP)

這種蕈的珊瑚紅色蕈傘呈凸圓形，邊緣幼時內捲，而後慢慢展平，不會錯認。蕈柄呈紡錘形，殘留有黏質的無色蕈幕，常被掉落的孢子染黑。米色菌肉略帶珊瑚紅色，沒有獨特的氣味或味道。因其數量稀少，故雖可食用但並不推薦。

• **分布**：見於松樹下沙質土壤上的苔蘚、地衣和松樹殘敗枝葉當中。廣泛分布於北溫帶。

△黏鉚釘菇
GOMPHIDIUS GLUTINOSUS
這種灰褐色蕈類覆有無色的黏質蕈幕。蕈柄上有不明顯的蕈環帶，常被孢子染黑，基部呈檸檬黃色。與雲杉形成共生菌根。🍽

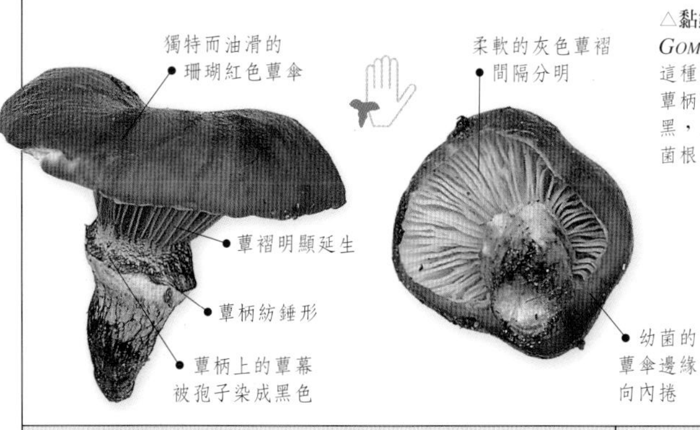
獨特而油滑的
珊瑚紅色蕈傘
柔軟的灰色蕈褶
間隔分明
蕈褶明顯延生
蕈柄紡錘形
蕈柄上的蕈幕
被孢子染成黑色
幼菌的
蕈傘邊緣
向內捲

子實體：少數幾個和乳牛肝菌(200頁)一起出現。

尺寸：蕈傘 ⟷ 1.5-5公分	蕈柄 ↕ 2-4公分 ↔ 0.5-1公分	孢子：幾近黑色	食用性 🍽

科：蠟傘科	種：*Hygrocybe pratensis*	季節：整個秋季

草地濕傘(BUFF WAX-CAP)

這種橙色蕈類的蕈傘多肉、乾燥且油滑，凸圓形的外形會在成熟後展平。邊緣呈波浪狀，有時還有個中央臍突。蕈柄略具條紋，顏色較蕈傘淺，且會朝基部逐漸變細。相當堅硬的淺黃色菌肉帶有「蘑菇」味，十分鮮美好吃。連同潔白濕傘(39頁)常被歸在拱頂菌屬(*Camarophyllus*)或杯褶菌屬(*Cuphophyllus*)中。

• **分布**：見於未耕種的草地中，很少見於潮溼的林地裏。分布廣且常見於北溫帶。

• **相似種**：谷生蠟傘(*Hygrophorus nemoreus*)的蕈傘乾燥，且生長在櫟木林中。

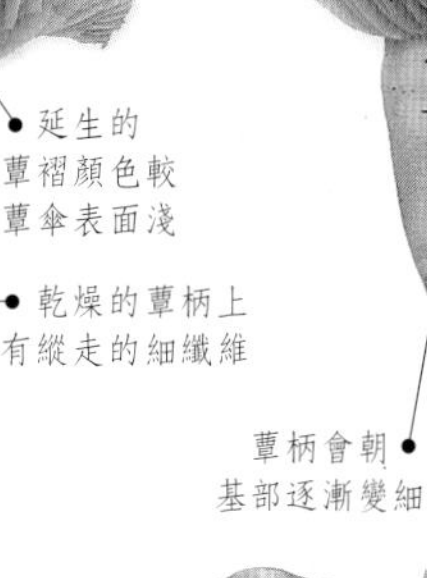
蕈傘油滑
延生的
蕈褶顏色較
蕈傘表面淺
乾燥的蕈柄上
有縱走的細纖維
蕈柄會朝
基部逐漸變細

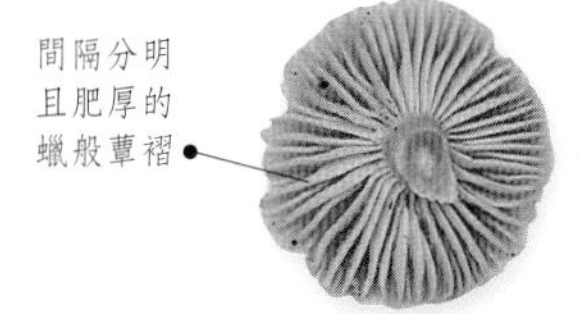
間隔分明
且肥厚的
蠟般蕈褶

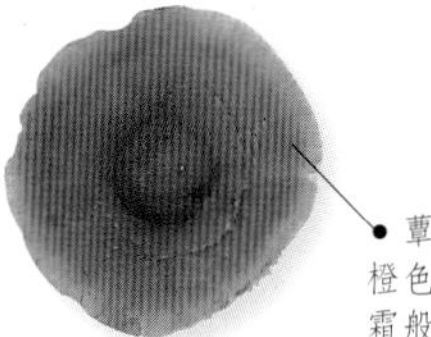
蕈傘一致為
橙色，或稍帶
霜般的白色

子實體：成群或成圈出現在苔蘚和雜草中。

尺寸：蕈傘 ⟷ 2.5-6 公分	蕈柄 ↕ 2.5-6公分 ↔ 0.5-1.5公分	孢子：白色	食用性 🍽

科：蠟傘科	種：*Hygrocybe virginea*	季節：秋季

潔白濕傘（Snowy Wax-cap）

多變異但最明顯的特徵是不具黏質。象牙白色蕈傘乾燥至油滑，邊緣有半透明的條紋，延生的蕈褶間隔分明。蕈柄白色，基部常因感染而呈粉紅色，會發出椰子氣味。有兩種變種存在：變暗變種潔白濕傘（var. *fuscescens*）的蕈傘中央呈黃至赭土色至褐色；淡赭變種潔白濕傘（var. *ochraceopallida*）的蕈傘則為淺皮褐色。小型個體有時會被歸類為雪白濕傘（*Hygrocybe nivea*）。

• **分布**：草原中，易受到現代農業耕作的傷害；罕見於樹林。分布廣。

• **相似種**：紅革質濕傘（*H. russocoriacea*）聞起來像皮革、檀香或削鉛筆味，端視個人主觀感覺而定。分布亦廣。

蕈傘凸圓至平坦，常有肚臍或小臍突

象牙白色的蕈傘表面不具黏性

白至奶油色的蕈褶間隔分明，蠟質厚、為延生的

白色蕈柄乾燥堅硬

剖面

子實體：集體或成環狀分布出現在草叢中。

尺寸：蕈傘 ⊖1.5-5公分	蕈柄 ↕2-7公分 ↔0.3-1公分	孢子：白色	食用性

科：口蘑科	種：*Clitocybe odora*	季節：夏季至秋季

香杯傘（Blue-green Funnel-cap）

這種蕈的蕈傘呈凸圓形或具臍突，很少呈漏斗狀，顏色會從藍綠色漸漸轉為灰或灰褐色。另外還有一種罕見的類型呈全白色。直生或稍延生的蕈褶在該屬中並不常見，但具條紋的菌肉有明顯的大茴香味，倒是多種杯傘共通的特性。可以食用，但請參閱相似種。

• **分布**：出現在硬或軟木樹林的殘敗枝葉中。廣泛分布於北溫帶。

• **相似種**：有數種氣味相似的蕈類，包括芳香杯傘（*Clitocybe fragrans*），外型一般較小，呈白或皮褐色，蕈褶為延生的。它們都不能吃。

蕈傘邊緣內捲

直生至稍微延生的蕈褶

菌肉具花條紋

藍綠色蕈傘表面隨著成熟變褐

剖面

覆有細絨毛的白色菌絲體

蕈褶緊密，顏色較蕈傘或蕈柄淺

子實體：集體出現在土壤上；喜好肥沃的土壤。

尺寸：蕈傘 ⊖3-6公分	蕈柄 ↕3-6公分 ↔0.4-1公分	孢子：暗粉紅色	食用性

科：口蘑科	種：*Clitocybe nebularis*	季節：秋季至早冬

煙雲杯傘（CLOUDED FUNNEL-CAP）

蕈傘呈暗灰褐至灰色，外型為凸圓至平坦或微凹，表面覆有細絨毛，邊緣內捲。蕈柄略朝基部膨大，顏色較蕈傘淺。菌肉厚，有明顯的香味，可食用，但大多數人吃了會胃部不適；請參閱相似種。

• **分布**：在某些樹木多的棲息地中，分布廣且最常見於北溫帶。

• **相似種**：波狀粉褶蕈（68頁），具毒性。

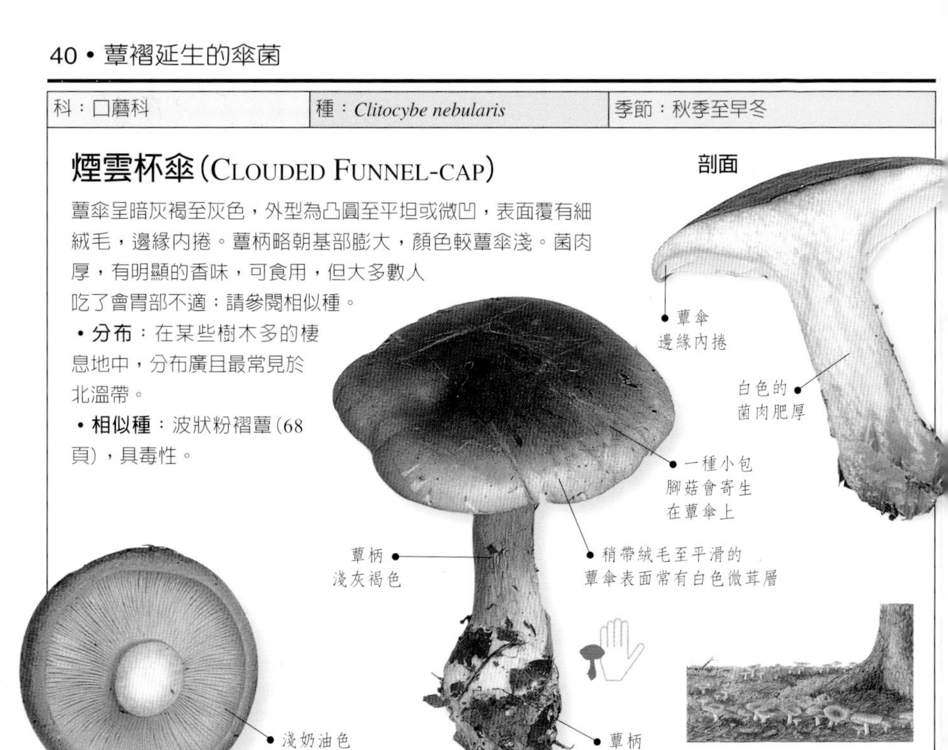

剖面
蕈傘
邊緣內捲
白色的
菌肉肥厚
一種小包
腳菇會寄生
在蕈傘上
蕈柄
淺灰褐色
稍帶絨毛至平滑的
蕈傘表面常有白色微茸層
淺奶油色
蕈褶緊密，
稍微延生
蕈柄
基部稍
微膨大

子實體：大多在肥沃的土壤上形成環狀分布。

尺寸：蕈傘 ⊕ 8-20公分	蕈柄 ↕ 5-10公分 ↔ 1.5-4公分	孢子：奶油色	食用性 🍽

科：口蘑科	種：*Clitocybe clavipes*	季節：晚夏至秋季

棒柄杯傘（CLUB-FOOTED FUNNEL-CAP）

這種蕈可由膨大的基部逐漸朝頂端變細的棍棒形蕈柄、以及寬大柔軟的奶油色蕈褶來區別。蕈傘幾近平坦，感覺油滑，呈灰褐色，常帶有顏色淺而明顯的邊緣。白至奶油色的菌肉有種明顯的甜香，柔軟且呈海綿質；子實體含藏大量水分。雖然可食用，但可能引起胃部不適。

• **分布**：主要出現在軟木樹下，但也見於硬木樹林中，一般是在樺木樹下。分布廣且最常見於北溫帶。

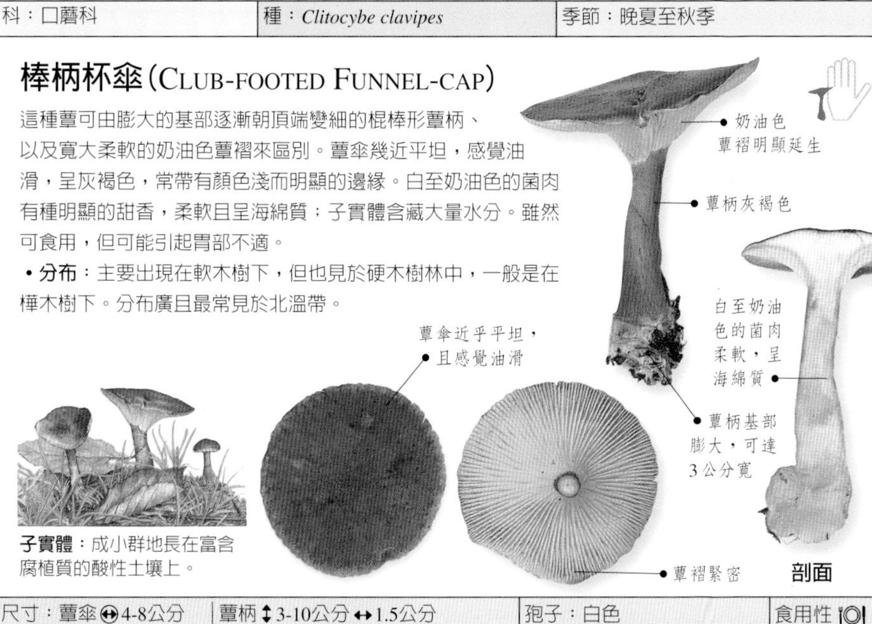

奶油色
蕈褶明顯延生
蕈柄灰褐色
白至奶油
色的菌肉
柔軟，呈
海綿質
蕈傘近乎平坦，
且感覺油滑
蕈柄基部
膨大，可達
3公分寬
蕈褶緊密
剖面

子實體：成小群地長在富含腐植質的酸性土壤上。

尺寸：蕈傘 ⊕ 4-8公分	蕈柄 ↕ 3-10公分 ↔ 1.5公分	孢子：白色	食用性 🍽

科：粉褶蕈科	種：*Clitopilus prunulus*	季節：秋季

斜蓋傘(THE MILLER)

這種蕈的蕈傘呈淺灰白色，呈凸圓至漏斗形；蕈褶為淺粉紅色且延生，帶有強烈的新鮮溼麥粉的氣味。蕈柄位於中央或偏離中心，顏色和蕈傘一樣。這種蕈的菌肉白且柔軟，為上選食物，但其相似種卻具毒性，請參閱相似種。

• **分布**：大都出現在酸性林地中，也見於空曠多草、近樹木的地方。分布廣且於北溫帶相當常見。

• **相似種**：杯傘屬(*Clitocybe*)和粉褶蕈屬(*Entoloma*)的蕈類外觀與之非常相似，且具有毒性。

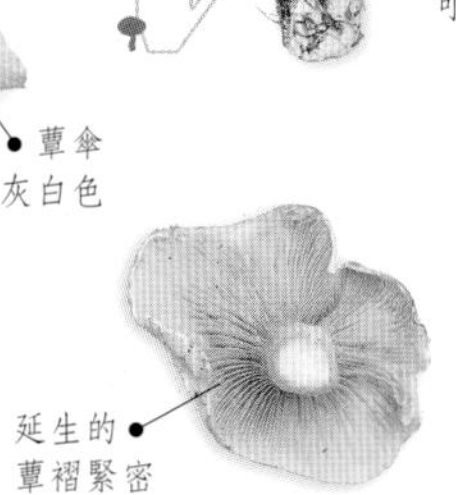

蕈傘表面乾燥而粗糙
凸圓至漏斗形的蕈傘，其邊緣可能會內捲
蕈褶呈淺粉紅至粉紅灰色
剖面
蕈傘灰白色
蕈柄米色
延生的蕈褶緊密

子實體：少數或集體出現在富含腐植質的土壤上。

尺寸：蕈傘 ⊕3-9公分	蕈柄 ↕2-6公分 ↔0.4-1公分	孢子：淺粉紅色	食用性

科：口蘑科	種：*Lyophyllum decastes*	季節：秋季，大都在晚秋

荷葉離褶傘(CLUSTERED GREY-GILL)

此蕈為數種多肉的離褶傘之一，與其他多肉的離褶傘親緣關係很近，外型也難以區分。灰褐色蕈傘呈凸圓至平坦狀，邊緣平滑，會漸漸變成波浪形。蕈柄呈米色或淺灰褐色，延生且相當緊密的蕈褶亦然。沒有獨特的味道或氣味，不過卻是可口的食物。

• **分布**：於林地步道旁、花園和公園中，但與樹木卻無直接關連。分布廣且常見於北溫帶。

• **相似種**：煙色離褶傘(*Lyophyllum fumosum*)的蕈柄融合成一個幹狀基部。

油滑至乾燥的蕈傘邊緣平滑
剖面
白至淺灰色蕈褶稍微延生
纖維質的菌肉呈淺灰褐色
蕈柄淺灰或米色

子實體：因為蕈柄融合而形成密叢。

尺寸：蕈傘 ⊕5-10公分	蕈柄 ↕4-10公分 ↔0.5-2.5公分	孢子：白色	食用性

科：口蘑科	種：*Lyophyllum connatum*	季節：秋季

合生離褶傘(WHITE GREY-GILL)

這種白色真菌的蕈傘為凸圓形，邊緣常呈波浪狀，蕈柄朝基部逐漸收縮。蕈肉呈白色，緊密的蕈摺稍微延生，呈白色至淺灰色。此蕈在接觸到固體或溶解的鐵鹽(硫酸鐵$FeSO_4$)時，會被染成紫色。

• **分布**：大多見於林地邊緣被翻動過的土壤上。廣泛分布於北溫帶，包括高山地區。

• **相似種**：有些杯傘屬(*Clitocybe*)蕈類在外觀上與合生離褶傘相當近似，但因它們不會被硫酸鐵染色而得以區別。

凸圓形蕈傘的邊緣為波浪形
延生的白色至淺灰色蕈褶

子實體：單獨或成簇的出現在林地道路旁邊。

尺寸：蕈傘 ⊕3-10公分	蕈柄 ↕5-12公分 ↔0.5-1.5公分	孢子：白色	食用性 ☠

科：口蘑科	種：*Armillaria tabescens*	季節：秋季

發光蜜環菌(RINGLESS HONEY FUNGUS)

這種蕈的黃褐色乾燥蕈傘呈凸圓至平坦或凹陷狀，中央有豎起的褐色鱗片。米色蕈柄為纖維質，基部常為多枚聚合在一起，基質上會出現黑色菌絲體束。米色菌肉經細心烹調後可以食用。

• **分布**：著生在樹木根部或附近。罕見於歐洲較溫暖的地區，但分布廣且常見於北美東部。

• **相似種**：蜜環菌(80頁)的蕈柄上有蕈環。杯傘屬(31, 33-34, 39-40頁)蕈類沒有蕈傘鱗片和黑色菌絲體束。

蕈傘中央有豎起的褐色鱗片
纖維質的蕈柄為米色

子實體：成群出現在櫟木等樹木附近的地面上；它會殺死寄主樹。

尺寸：蕈傘 ⊕2.5-10公分	蕈柄 ↕7.5-20公分 ↔0.5-1.5公分	孢子：淺奶油色	食用性 🍴

科：牛肝菌科	種：*Phylloporus rhodoxanthus*	季節：夏季至秋季

紅黃褶孔菌(GILLED BOLETE)

這種蕈有個紅褐色的乾燥蕈傘，蕈柄為紅至紅黃色。屬於有蕈褶的牛肝菌，但因它會產生菌管層，因此親緣比較接近如牧草牛肝菌(192頁)之類的具管孔的牛肝菌，而非傘菌。蕈褶很容易脫離黃至紅色調的菌肉。

• **分布**：與櫟木形成菌根，在針葉樹下也可發現。分布廣且常見於北溫帶，但極北區除外。

• **相似種**：白絲褶孔菌(*Phylloporus leucomycelinus*)的基部有白色菌絲體。

蕈傘呈凸圓至平坦或凹陷狀

鮮黃色的蕈褶受傷後呈綠或藍色

延生的蕈褶具有連結的脈紋

子實體：單獨或散成小群出現。

尺寸：蕈褶 ⊕2.5-7.5公分	蕈柄 ↕4.5-10公分 ↔0.5-1公分	孢子：赭土至黃色	食用性 🍴

易碎的菌肉會滲出乳液

本節的蕈類都屬於乳菇屬(*Lactarius*)，蕈褶略微延生，蕈傘形狀不一，而且幾乎都會從切口或受傷處滲出白色或有顏色的液體。這種「乳液」一經暴露，顏色立即改變，因此是一種很好的鑑別特性；最好方法是沾一、兩滴在白色手帕上觀察。

科：紅菇科	種：*Lactarius piperatus*	季節：夏季至早秋

辣乳菇(Peppery Milk-cap)

這種大型、菌肉易碎的蕈類，其子實體呈米色，蕈褶非常緊密，蕈傘幾近平滑，中央則凹陷。白色的乳液乾掉後呈橄欖綠色，味道非常辣，撒過鹽再浸泡在滷汁中即可食用，也可以用油煎久一點，以去除辣味。

• **分布**：樹林中或排水良好的土壤上，與硬木或軟木樹都能形成菌根。廣泛分布且相當常見於北溫帶。

• **相似種**：變綠乳菇(*Lactarius glaucescens*)的乳液乾燥後呈灰藍綠色。有近緣種，如絨白乳菇(44頁)可由其帶絨毛的蕈傘，以及間隔較寬的綠色蕈褶加以區別。

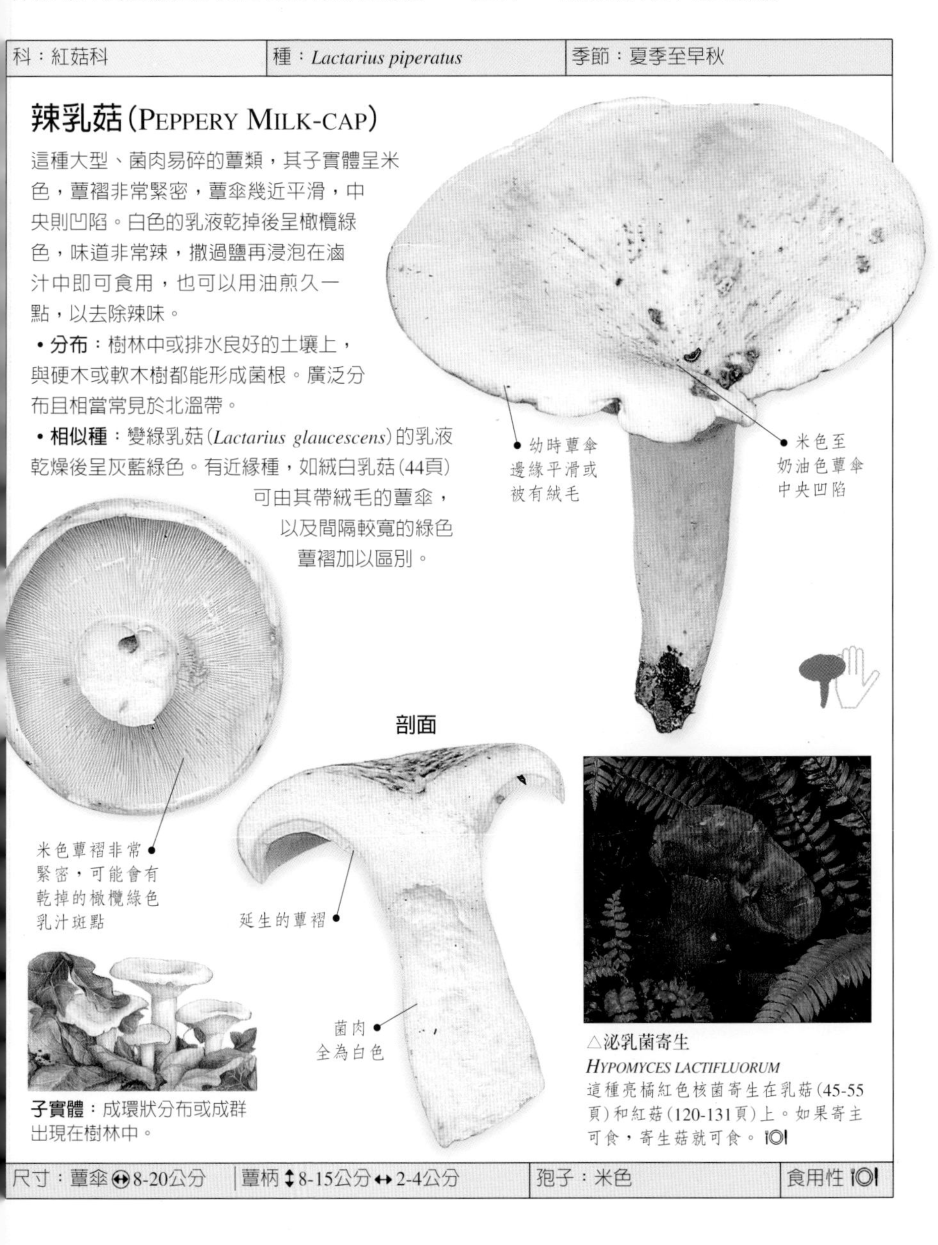

幼時蕈傘邊緣平滑或被有絨毛
米色至奶油色蕈傘中央凹陷
剖面
米色蕈褶非常緊密，可能會有乾掉的橄欖綠色乳汁斑點
延生的蕈褶
菌肉全為白色

子實體：成環狀分布或成群出現在樹林中。

△**泌乳菌寄生**
HYPOMYCES LACTIFLUORUM
這種亮橘紅色核菌寄生在乳菇(45-55頁)和紅菇(120-131頁)上。如果寄主可食，寄生菇就可食。

尺寸：蕈傘 ↔ 8-20公分	蕈柄 ↕ 8-15公分 ↔ 2-4公分	孢子：米色	食用性

科：紅菇科	種：*Lactarius vellereus*	季節：秋季

絨白乳菇(FLEECY MILK-CAP)

這種蕈的體型非常大，蕈傘呈白至奶油色，被有濃密的絨毛，中央則明顯凹陷。蕈褶呈奶油色且相當緊密；錐形的蕈柄顯得較短。從其易碎的白色菌肉滲出的白色乳液量很多，乾掉後在蕈褶上呈現褐色；不會被氫氧化鉀(KOH)染上顏色。

• **分布**：與硬木樹形成菌根，諸如山毛櫸，但也發現其與多種軟木樹共生。確切的範圍不詳，但廣泛分布於北溫帶。

• **相似種**：貝迪羅乳菇(*Lactarius bertillonii*)的乳汁會被氫氧化鉀染成黃色之後再變為橙色，而且有辣味。辣乳菇(43頁)可由較密集的蕈褶、較長的蕈柄和平滑的蕈傘與其他相似種區別。

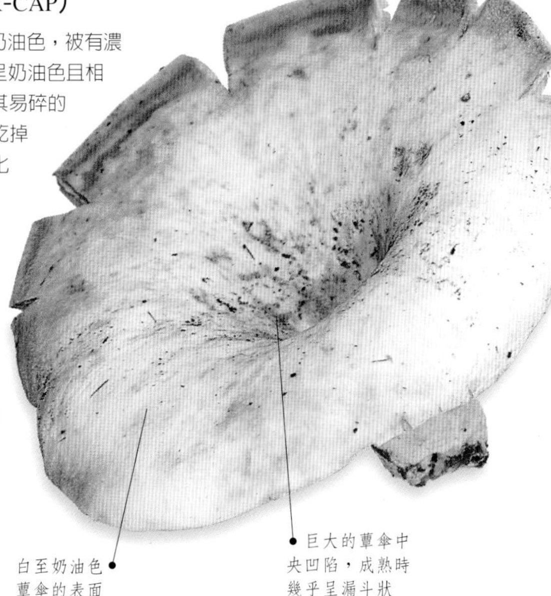

白至奶油色蕈傘的表面覆有絨毛
巨大的蕈傘中央凹陷，成熟時幾乎呈漏斗狀

奶油色蕈褶為延生的
平滑的蕈柄短而粗
蕈褶相當緊密
乳汁幾乎沒有味道，但菌肉是辣的
乳汁乾掉後在蕈褶上呈現褐色

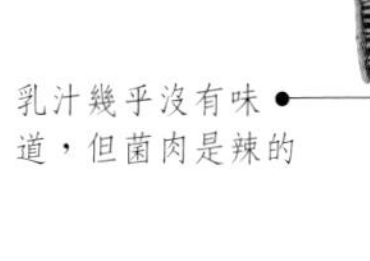

子實體：在樹下的落葉堆中成環狀分布或成群出現。

尺寸：蕈傘 ⊕10-25公分	蕈柄 ↕4-8公分 ↔2-5公分	孢子：米色	食用性

科：紅菇科	種：*Lactarius controversus*	季節：秋季

白楊乳菇(WILLOW MILK-CAP)

這種真菌可由其鮭魚粉紅色的蕈褶和其他乳菇區分。凸圓至凹陷的蕈傘呈米色，具有淺灰色或粉紅色環帶。短蕈柄為白色或略帶粉紅至灰色；易碎的菌肉會滲出大量白色乳液，乾掉後顏色不變。

• **分布**：與柳樹和白楊兩者形成菌根，出現在樹林和沙丘中。廣泛分布在北溫帶，但不十分常見。

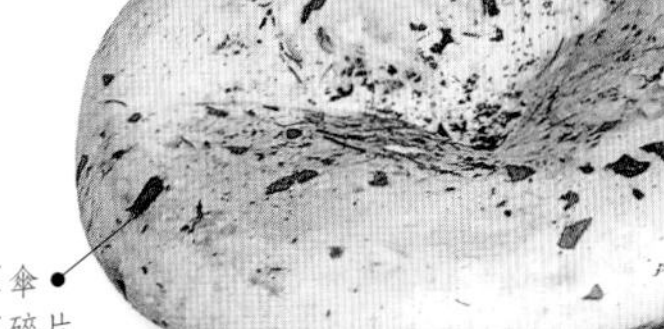

黏質蕈傘覆有碎片

蕈柄短，往往呈錐狀

蕈褶稍微延生

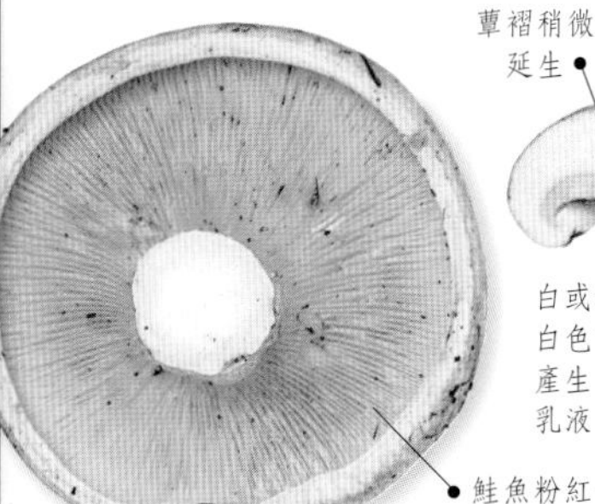

白或粉紅白色菌肉產生白色乳液

鮭魚粉紅色蕈褶分叉且緊密

剖面

子實體：單獨、成群或成環狀分布出現。

尺寸：蕈傘 ⊖ 7-20公分	蕈柄 ↕ 2-7公分 ↔ 1.5-4公分	孢子：米色	食用性

科：紅菇科	種：*Lactarius torminosus*	季節：夏季至秋季

疝疼乳菇(WOOLLY MILK-CAP)

這種蕈的蕈傘明顯地凹陷，表面被有長而粗的毛，邊緣內捲。米色至淺粉紅色的緊密蕈褶稍微延生。其易碎的白色菌肉會產生非常辣的白色乳液，滴在白色手帕上呈淺黃色，乾掉後顏色不變。加鹽醃漬後即可食用。

• **分布**：和樺木形成菌根，常見於空曠多草的地方。分布廣且常見於北溫帶部分地區。

• **相似種**：絨邊乳菇(*Lactarius pubescens*)顏色較淺，蕈傘的粗毛較少，且環帶也較模糊。暗色乳菇(*L. scoticus*)顏色亦較淡，且體型較小。

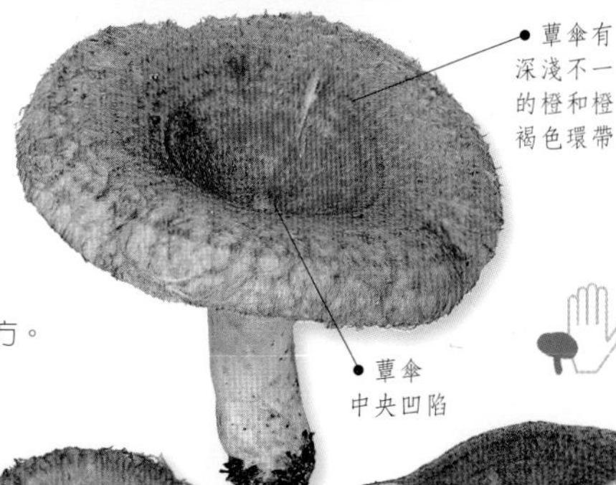

蕈傘有深淺不一的橙和橙褐色環帶

蕈傘中央凹陷

蕈傘表面被有長毛，特別在內捲的邊緣

棍棒形的平滑短蕈柄會隨時間而逐漸中空

剖面

子實體：在潮溼的地面上成環狀或成群出現。

尺寸：蕈傘 ⊖ 5-15公分	蕈柄 ↕ 3-6公分 ↔ 1-3公分	孢子：淺奶油黃色	食用性

科：紅菇科	種：*Lactarius deliciosus*	季節：晚夏至秋季

松乳菇（DELICIOUS MILK-CAP）

這種褐橙色的蕈具備凹陷的蕈傘，上面有模糊的同心環帶及內捲的邊緣；蕈柄短且帶有橙色凹痕。淺黃色菌肉厚而易碎，會產生如胡蘿蔔色般的橘色乳液。美味乳菇可說是上選食物，不過吃了卻有個無害、但令人有些擔心的結果，就是會使尿變紅。

• **分布**：與松樹形成菌根，常出現在沙質鹼性土壤上。普及於北溫帶，但分布狀態不清楚。

• **相似種**：緩汁乳菇（左下圖）。半藍乳菇（*Lactarius hemicyaneus*）蕈傘中有藍色的菌肉和乳液，生長在冷杉下。橙紅乳菇（*L. salmonicolor*）和冷杉生長在一起，體型較大。血紅乳菇（右下圖）。

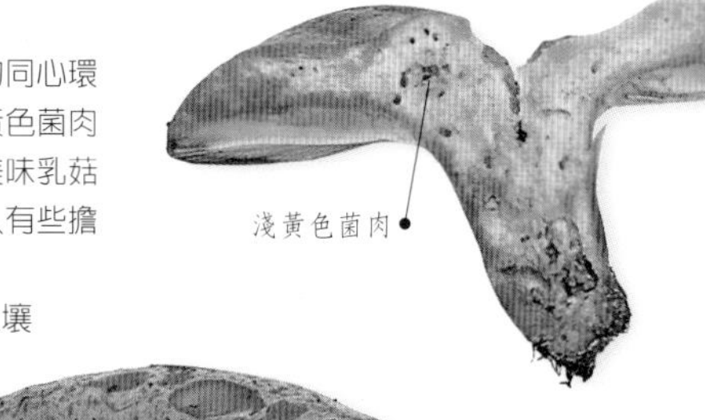
淺黃色菌肉

剖面

蕈傘上有模糊的褐橙色環帶

橙色凹痕是短蕈柄上的特別標誌

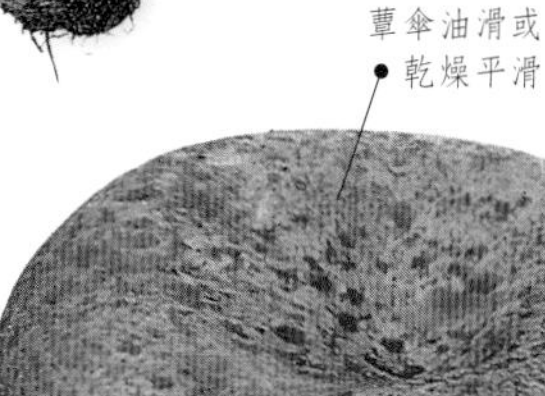
蕈傘油滑或乾燥平滑

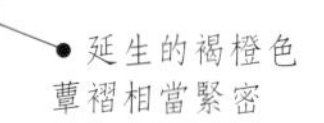
延生的褐橙色
蕈褶相當緊密

蕈傘邊緣內捲

△緩汁乳菇
LACTARIUS DETERRIMUS
和雲杉一起出現，這種蕈具有光滑的蕈柄，會滲出綠色乳液。分布廣且常見於歐洲。🍽

△血紅乳菇
LACTARIUS SANGUIFLUUS
這種蕈很多人喜歡吃，特別在西班牙。具有血紅色的乳液，乾掉後呈綠色。它和松樹形成菌根。🍽

子實體：成群出現在草叢或松針堆中。

尺寸：蕈傘 ↔ 5-15公分	蕈柄 ↕ 3-7公分 ↔ 1-3公分	孢子：米色	食用性 🍽

科：紅菇科	種：*Lactarius necator*	季節：夏季至秋季

致死乳菇(UGLY MILK-CAP)

這種蕈以其暗橄欖綠色的外觀獨樹一格，黏質的蕈傘中央凹陷，邊緣具絨毛，幼時邊緣內捲。易碎的白色菌肉產生大量白色乳液，乾掉後在米色至淺綠色的蕈褶上留下綠褐色斑點。雖然東歐人以鹽醃或浸泡滷汁的方式吃它，但它可能會致癌。

• **分布**：與樺木和雲杉形成菌根，出現在樹林、公園和花園中。廣泛分布於歐洲至東亞；北美則沒有發現。

• **相似種**：黏乳菇(下欄)和液汁乳菇(*Lactarius fluens*)顏色較淡，其蕈傘上的環帶或斑點往往較明顯。

發亮的蕈傘呈暗橄欖綠色

短蕈柄的顏色大多比蕈傘淡

緊密的狹窄蕈褶稍微延生

子實體：單獨、少數或集體出現。

尺寸：蕈傘 ⊕6-15公分	蕈柄 ↕4-7公分 ↔1-2.5公分	孢子：米色	食用性 ☠

科：乳菇科	種：*Lactarius blennius*	季節：夏季至秋季

黏乳菇(SLIMY MILK-CAP)

這種蕈的蕈傘平滑，中央凹陷。色調變化多，通常為褐、綠和橄欖色混雜，在傘緣附近通常有暗色斑點構成的環。堅實的白色菌肉產生白色乳液，乾掉後在白色蕈褶上呈現灰橄欖色。雖然此蕈一般認為不可食用，但也有人在烹煮或鹽醃後吃它。

• **分布**：與山毛櫸形成菌根。分布廣且十分常見於歐洲和鄰近的亞洲地區。

• **相似種**：小環乳菇(*Lactarius circellatus*)只生長在鵝耳櫪樹下，其赭土色蕈褶較暗。液汁乳菇(*L. fluens*)較大且較綠，具奶油色蕈褶、有環帶的蕈傘、以及近乎白色的傘緣。花園乳菇(48頁)，常見乳菇(49頁)。

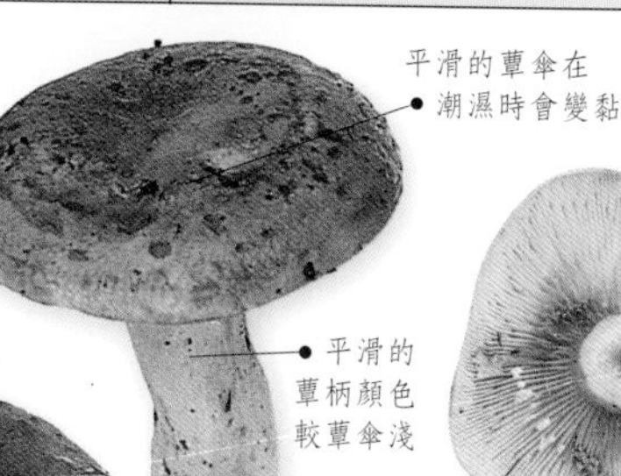

平滑的蕈傘在潮濕時會變黏

平滑的蕈柄顏色較蕈傘淺

緊密蕈褶上的乳液斑點

稍微延生的白色蕈褶

剖面

子實體：大都集體出現在山毛櫸落葉堆中。

尺寸：蕈傘 ⊕4-9公分	蕈柄 ↕3-7公分 ↔1-2.5公分	孢子：淡黃色	食用性

科：紅菇科	種：*Lactarius fuliginosus*	季節：秋季

暗褐乳菇(SOOTY MILK-CAP)

這種蕈有個中央凹陷且有些柔軟的褐色蕈傘，淺褐至近乎白色的錐形蕈柄。堅實的米色菌肉經暴露後會變成粉紅褐色。由菌肉滲出的白色乳液會在菌肉上逐漸轉為粉紅色。而赭土色蕈褶受傷後呈粉紅褐色。孢子為球形，具雞冠狀突起和網狀的表面。

• **分布**：在樹林中與硬木樹如櫟木、樺木等形成菌根。見於歐洲，世界分布不詳。

• **相似種**：其他的褐色乳菇屬蕈類，可由其白色乳液轉為粉紅色的速率、蕈傘顏色和孢子花紋作為鑑別依據：頂乳菇(*Lactarius acris*)為淺色且染色迅速；黑色乳菇(*L. lignyotus*)見於針葉林中，具暗色絨毛且染色反應慢；翼孢乳菇(*L. pterosporus*)的蕈傘顏色較淺且孢子具翅。

蕈傘呈暗褐色
米色菌肉經暴露後呈粉紅褐色
淺褐至近乎白色的蕈柄，基部呈白色
剖面
蕈傘表面具絨毛
蕈褶僅些微延生
蕈褶間隔分明
幼時邊緣內捲

子實體：子實體單獨或少數聚集出現。

尺寸：蕈傘 ⊕6-10公分	蕈柄 ↕4-7公分 ↔1-1.5公分	孢子：淺赭土色	食用性

科：紅菇科	種：*Lactarius hortensis*	季節：夏季至秋季

花園乳菇(HAZEL MILK-CAP)

這種蕈的蕈傘呈淺灰褐色，邊緣常呈波浪狀，中央凹陷，圍有模糊的同心環帶，表面稍微油滑。蕈褶呈赭土色，間隔十分分明，在乳菇屬中相當少見。由易碎的菌肉滲出的一小滴白色乳液，就能令人產生持續數小時的灼熱味覺。

• **分布**：在樹林或花園中與榛木形成菌根。分布廣且常見於歐洲及鄰近的亞洲地區。

• **相似種**：小環乳菇(*Lactarius circellatus*)生長在鵝耳櫪樹下，蕈褶較緊密，蕈傘上的環帶也較濃密顯著。凋萎狀乳菇(*L. vietus*)生長在樺木下，色澤較紫灰，環帶較小，黃白色蕈褶會隨著成熟而出現灰色斑點，乳液為白色，乾掉後呈鉛灰色。

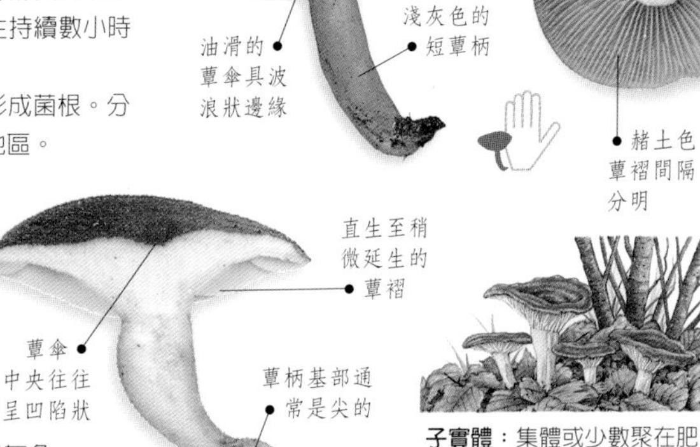

蕈傘表面有模糊的環帶
淺灰色的短蕈柄
油滑的蕈傘具波浪狀邊緣
赭土色蕈褶間隔分明
直生至稍微延生的蕈褶
蕈傘中央往往呈凹陷狀
蕈柄基部通常是尖的
剖面

子實體：集體或少數聚在肥沃的土壤上。

尺寸：蕈傘 ⊕4-10公分	蕈柄 ↕3-7公分 ↔0.5-2公分	孢子：淺赭土至黃色	食用性

科：紅菇科	種：*Lactarius trivialis*	季節：夏季至秋季

常見乳菇(PICKLE MILK-CAP)

這種蕈的蕈傘大而多肉，往往佈有斑點或模糊的同心環帶。呈紫至灰黃色不等。易碎的白色菌肉滲出白色的辣乳液，乾掉後在蕈褶上呈綠灰褐色。經過鹽醃或醋漬後非常好吃。

• **分布**：與軟木樹和樺木形成菌根，往往見於潮溼的樹林中。分布廣且局部常見於北溫帶。

• **相似種**：波緣乳菇(*Lactarius flexuosus*)的蕈褶較不緊密，且蕈柄一般較胖較緻密。

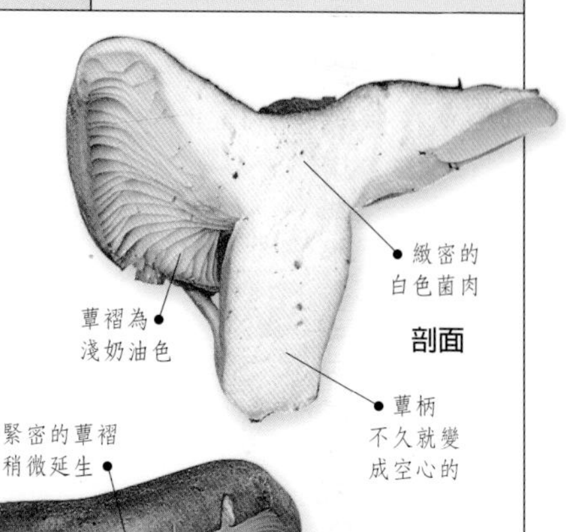
緻密的白色菌肉
蕈褶為淺奶油色
剖面
蕈柄不久就變成空心的

緊密的蕈褶稍微延生

蕈傘的中央凹陷

蕈傘邊緣內捲

蕈柄的色調和蕈傘一樣

平滑油潤的蕈褶會隨著成熟而褪色

蕈柄可能相當長

子實體：集體或少數聚集在一起。

尺寸：蕈傘 ⊕6-20公分	蕈柄 ↕4-10公分 ↔1-3公分	孢子：淺黃色	食用性

科：紅菇科	種：*Lactarius pallidus*	季節：秋季

蒼白乳菇(PALLID MILK-CAP)

蕈傘和蕈柄呈淺黃色略帶點粉紅色。蕈傘有非常模糊的同心環帶，中央凸圓至凹陷不等。其大量的白色乳液並不會染色，白色的厚菌肉味道溫和或稍帶點苦味。氣味非常淡。

• **分布**：在樹林和公園中與山毛櫸形成菌根。廣泛分布於歐洲；北美罕見。

• **相似種**：黏乳菇(47頁)。短乳菇(*Lactarius curtus*)具有辣味乳液。霉臭乳菇(*L. musteus*)顏色稍暗，而且長在軟木樹下。

蕈傘凸圓至稍微凹陷不等
蕈柄平滑

淺黃色蕈傘

直生或延生的蕈褶相當緊密

淺黃色蕈褶可能帶點粉紅至褐色

子實體：大都為少數子實體聚集出現。

尺寸：蕈傘 ⊕5-12公分	蕈柄 ↕3-8公分 ↔0.5-2公分	孢子：淡赭土色	食用性

科：紅菇科	種：*Lactarius mitissimus*	季節：秋季

細質乳菇(MILD MILK-CAP)

這種小型的乳菇具有凸圓的橙色蕈傘，中央會漸漸凹陷。易碎的淺黃橙色菌肉味道溫和，會產生大量但不會染色的白色乳液。

• **分布**：與軟木和硬木樹形成菌根，往往和苔蘚一起出現。廣泛分布於歐洲；相似類型見於其他北溫帶。

• **相似種**：尺寸相似的近緣種大多顏色較暗，較不呈鮮橙色，或者乳液有幾分辣味。靈液乳菇(*Lactarius ichoratus*)體型稍大，呈紅橙色，有種令人作嘔的臭氣。多汁乳菇(54頁)體型較大。

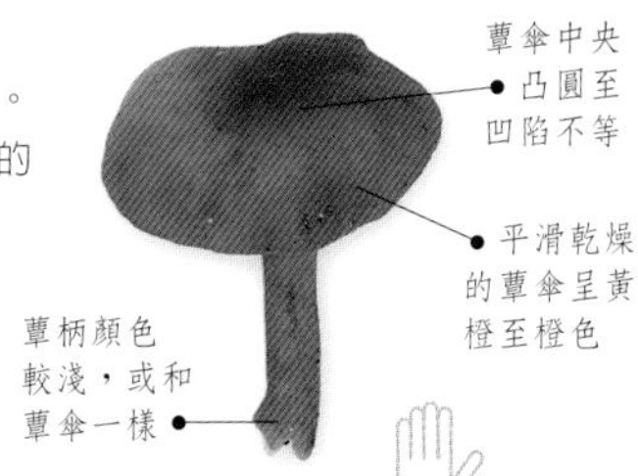
蕈傘中央凸圓至凹陷不等
平滑乾燥的蕈傘呈黃橙至橙色
蕈柄顏色較淺，或和蕈傘一樣
米色蕈褶稍微延生
菌肉淺黃橙色
蕈褶的間隔中等
剖面

子實體：一般為少數子實體一起出現。

尺寸：蕈傘 ⊕ 2-6公分	蕈柄 ↕ 2-5公分 ↔ 3-8公釐	孢子：奶油粉紅色	食用性

科：紅菇科	種：*Lactarius theiogalus*	季節：秋季

硫磺汁乳菇(YELLOW-STAINING MILK-CAP)

帶點淺橙色調的灰褐色蕈傘具中央臍突，邊緣往往有溝紋。淺色的薄菌肉味道溫和，白色乳液在30秒左右會將白色手帕染黃。蕈柄相當長，顏色和蕈傘相同。體型較大、皺紋較多的有時會另被歸為「易爛乳菇」(*Lactarius tabidus*)。

• **分布**：與軟木和硬木樹形成共生菌根，往往見於潮溼、酸性的落葉堆中。分布廣且常見於北溫帶的許多地區。

• **相似種**：坑狀乳菇(*L. lacunarum*)也會將手帕染黃，但蕈傘皺紋較少，不具條紋，顏色較暗。

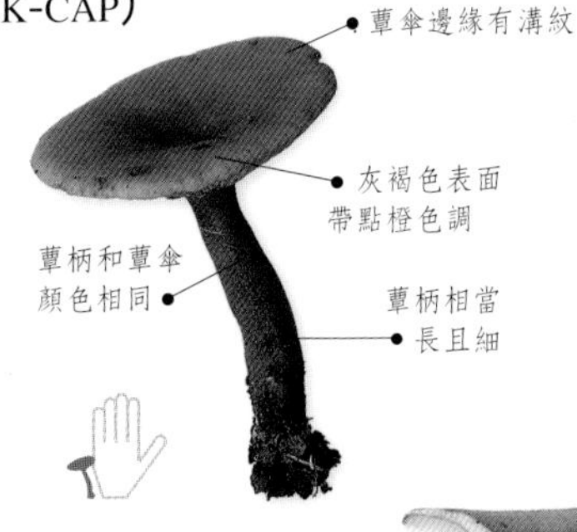
蕈傘邊緣有溝紋
灰褐色表面帶點橙色調
蕈柄和蕈傘顏色相同
蕈柄相當長且細
白色乳液會著為黃色
蕈褶有些延生
淺色菌肉薄而脆弱
蕈褶緊密
蕈褶呈米色至奶油色

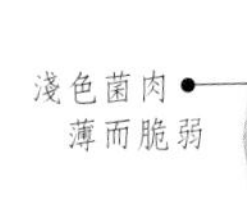

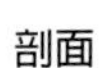
剖面

子實體：集體或少數子實體聚在一起。

尺寸：蕈傘 ⊕ 2-5公分	蕈柄 ↕ 3-8公分 ↔ 0.4-1公分	孢子：米色，略帶粉紅色	食用性

科：紅菇科	種：*Lactarius hepaticus*	季節：秋季

肝色乳菇（LIVER MILK-CAP）

肝色乳菇的蕈傘平滑，中央凹陷或有點突起，呈陰暗的肝褐色。蕈柄顏色相似或較淺。易碎的菌肉為奶油至淺褐色，滲出的白色乳液會變為黃色。菌肉有辣味，並不適合食用。

• **分布**：在林地和造林地中非常酸的沙質土壤上，與松樹形成菌根；因為酸雨增加的緣故，它變得越來越常見。分布廣且常見於北溫帶地區。

• **相似種**：栗褐血紅乳菇（*Lactarius badiosanguineus*）顏色更亮且為紅褐色，乳液呈微弱的黃色反應。噴紅乳菇（53頁）常見於相同的棲息地中，具有不變色的乳液。硫磺汁乳菇（50頁）顏色比肝色乳菇淺，也有相同的黃色乳液反應。

暗肝褐色蕈傘有時帶點橄欖綠光澤

蕈傘平滑且中央凹陷或稍具臍突

蕈柄呈圓柱形

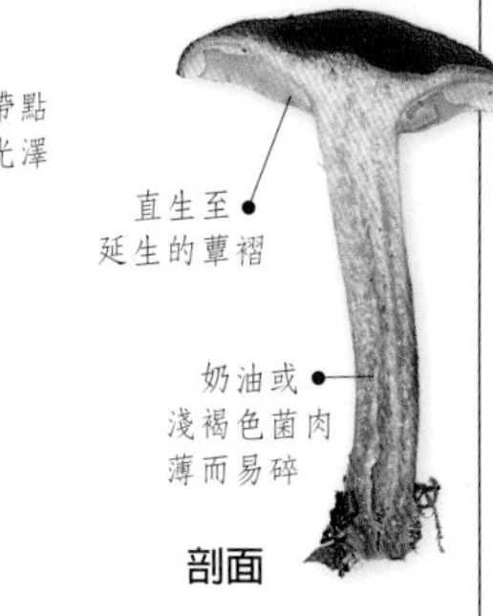
直生至延生的蕈褶
奶油或淺褐色菌肉薄而易碎

剖面

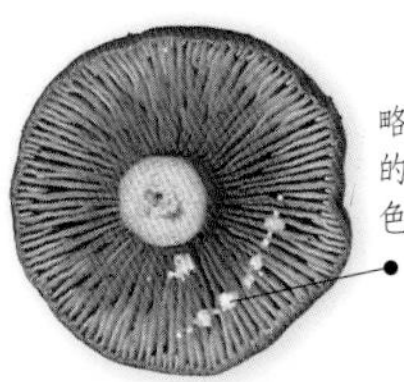
略帶粉紅色的褐或赭土色蕈褶相當緊密

子實體：成小群或集體出現在松針堆上。

尺寸：蕈傘 ↔ 3-6公分	蕈柄 ↕ 4-6公分 ↔ 0.6-1公分	孢子：奶油色	食用性

科：紅菇科	種：*Lactarius subdulcis*	季節：夏季至秋季

微甜乳菇（DULL MILK-CAP）

這種乳菇最容易根據其「否定」的特徵鑑定出來，例如它的白色乳液並不會變黃，白色薄菌肉也沒有辣味。淺黃至暗褐色的蕈傘呈凸圓形，中央可能稍微凹陷或具臍突。蕈柄顏色和蕈傘一樣。稍微延生的蕈褶起初為米色，而後漸漸變成淺褐色。

• **分布**：與硬木樹形成菌根，主要是山毛櫸。分布廣且常見於歐洲。

淺黃至淺褐色的蕈柄越接近基部顏色越暗

剖面

淺褐色蕈褶稍微延生
菌肉薄且呈白色

子實體：一般為少數子實體聚在一起出現。

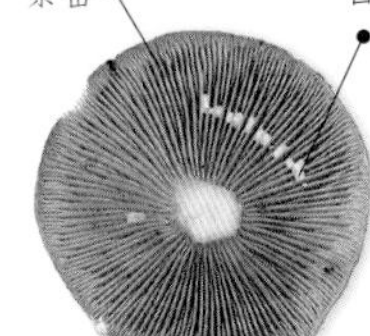
蕈褶相當緊密
白色乳液不會變色

凸圓形蕈傘可能稍微凹陷或具臍突

尺寸：蕈傘 ↔ 3-7公分	蕈柄 ↕ 3-6公分 ↔ 0.5-1公分	孢子：奶油至粉紅奶油色	食用性

科：紅菇科	種：*Lactarius hygrophoroides*	季節：夏季至秋季

濕乳菇(DISTANT-GILLED MILK-CAP)

這種橙褐色的蕈有個凸圓至平坦或凹陷的蕈傘，不具任何環帶。蕈傘和蕈柄表面皆乾燥。易碎的白色菌肉會滲出大量不變色的白色乳液，味道溫和。

• **分布**：於樹林地區，特別是會和櫟樹形成菌根。分布廣且常見於北美東部，歐洲則沒有發現。

• **相似種**：皺皮乳菇(*Lactarius corrugis*)的蕈傘為紅褐色，邊緣有皺紋，蕈褶為赭土色，乳液則會將手帕染成褐色；還有多汁乳菇(54頁)。兩者均為上選食物，這三種蕈都見於相同的地區且在相同的時間生長。

奶油色蕈褶間隔分明
乾燥的橙褐色蕈傘凸圓至平坦
蕈褶為延生的
蕈柄乾燥且呈橙褐色

子實體：通常為零散分布，但在林間的空地上往往大量集體出現。

尺寸：蕈傘 3-10公分	蕈柄 ↕3-5公分 ↔0.5-1.5公分	孢子：白色	食用性

科：紅菇科	種：*Lactarius quietus*	季節：夏季至秋季

油味乳菇(OAK MILK-CAP)

這種數量豐富的蕈類具有多變化的環帶，以及成熟時會稍微凹陷的暗灰至紅褐色蕈傘。易碎的淺褐色菌肉會滲出稀少而不變色的奶油色乳液。其特有的油味就像盾背椿象的氣味。

• **分布**：只和櫟樹形成菌根，大多出現在酸性林地中。十分常見於歐洲和鄰近的亞洲地區。

• **相似種**：黃汁乳菇(*Lactarius chrysorrheus*)也和櫟樹形成菌根，但顏色較淺且較黃，而且大量白色乳液很快會變成硫磺色。水液乳菇(*L. serifluus*)氣味相同甚至更強，蕈傘顏色較深。

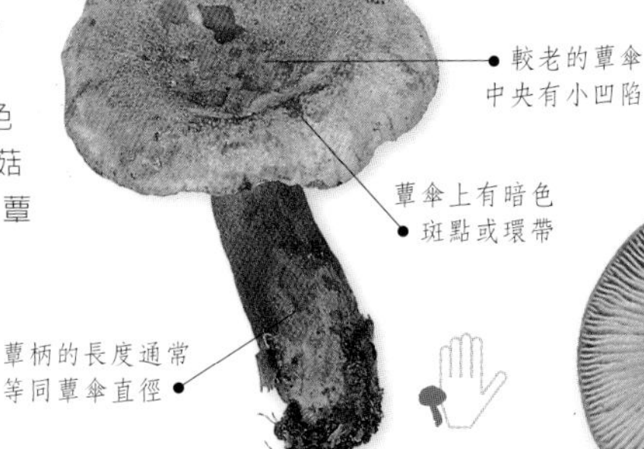
直生至稍微延生的蕈褶
淺褐色菌肉滲出的乳液稀少
較老的蕈傘中央有小凹陷
剖面
蕈傘上有暗色斑點或環帶
蕈柄的長度通常等同蕈傘直徑
蕈柄基部呈棍棒形
中度間隔的淺褐色蕈褶，隨著成熟逐漸變紅

子實體：子實體集體出現。

尺寸：蕈傘 4-8公分	蕈柄 ↕3-7公分 ↔0.5-1.5公分	孢子：奶油至粉紅色	食用性

科：紅菇科	種：*Lactarius camphoratus*	季節：秋季

濃香乳菇(CAMPHOR-SCENTED MILK-CAP)

這種蕈呈暗紅褐色，蕈傘中央凹陷或具臍突，蕈柄相當細，基部為紫褐色。在乾燥時會發出明顯的化學或香料氣味，令人想到樟腦或獨活草；在新鮮時，它的氣味很像顏色較淺且具環帶的油味乳菇(52頁)。易碎的淺銹褐色菌肉有種令人不悅的苦餘味。乳液為水白色，不會變色。

• **分布**：與軟木或硬木樹形成菌根，喜好酸性排水良好的土壤，有時見於長苔的腐朽殘株上。分布廣且常見於北溫帶。

• **相似種**：淡黃乳菇(55頁)具有相似的氣味。

蕈傘邊緣有溝紋

蕈傘呈暗紅褐色，中央凹陷或具臍突

蕈柄基部為紫褐色

中度間隔的延生
蕈褶相當厚
淺紅褐色的
蕈褶隨著成熟
出現銹色斑點

乾燥的蕈傘表面有些皮垢

子實體：集體或成小群出現在樹下。

尺寸：蕈傘 ⊕ 3-6公分	蕈柄 ↕ 3-6公分 ↔ 4-8公釐	孢子：白至奶油色	食用性

科：紅菇科	種：*Lactarius rufus*	季節：夏季至秋季

噴紅乳菇(RUFOUS MILK-CAP)

這種蕈的蕈傘中央大多凹陷且具一個臍突。子實體呈紅褐色，蕈褶為淺褐色。淺褐色菌肉易碎且會滲出不變色的白色乳液。嚐過菌肉30秒後，會感覺非常辣，但加鹽並醃漬之後就可以吃了。

• **分布**：與軟木樹及樺木形成菌根，多見於酸性土壤上。在許多地方，它是人們最熟悉的乳菇之一。分布廣且常見於北溫帶許多區域。

• **相似種**：肝色乳菇(51頁)滲出白色乳液，在乾燥後變成黃色。

乾燥的紅褐色蕈傘由於表面有纖維而帶銀色光澤

蕈傘直徑等於或略小於蕈柄長度

蕈柄基部為白色

子實體：集體或少數子實體聚在一起。

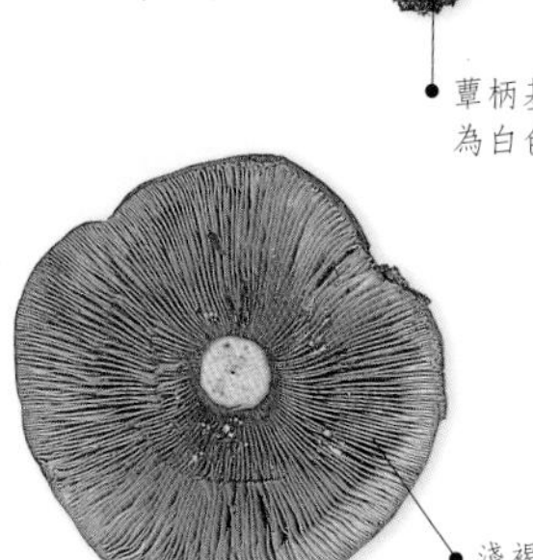
淺褐色蕈傘
相當緊密

直生至延生的蕈褶

剖面

淺褐色菌肉

尺寸：蕈傘 ⊕ 3-10公分	蕈柄 ↕ 5-10公分 ↔ 0.5-2公分	孢子：米色	食用性

科：紅菇科	種：*Lactarius glyciosmus*	季節：夏季至秋季

香乳菇(COCONUT-SCENTED MILK-CAP)

這種蕈的氣味像是剛烤好的椰子餅乾，顏色會呈現細緻的灰至赭土色，蕈褶則為略帶粉紅色調的淺奶油色。蕈傘中央可能凹陷，邊緣則向上展。白色的薄菌肉會產生少量溫和或有點辣味的白色乳液，暴露在空氣中不會變色。

• **分布**：與樺木形成菌根，通常見於潮溼的地方。分布廣且常見於北溫帶許多地區。

• **相似種**：乳突乳菇(*Lactarius mammosus*)較罕見，也具有相同的椰子香氣，但顏色暗多了，而且生長在軟木樹下。

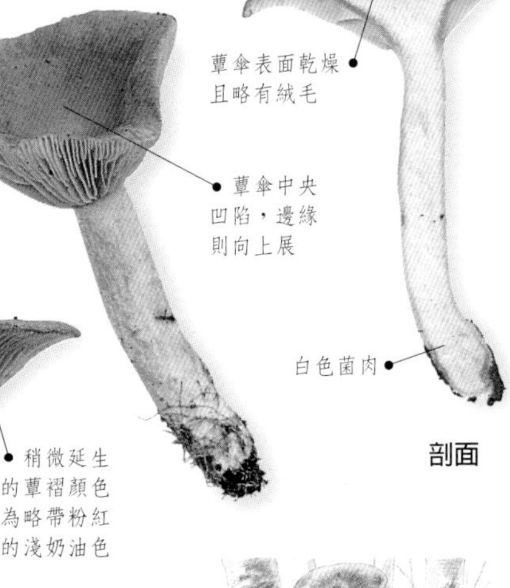
蕈傘表面乾燥且略有絨毛
蕈傘中央凹陷，邊緣則向上展
白色菌肉
剖面

稍微延生的蕈褶顏色為略帶粉紅的淺奶油色

蕈柄細長，色調較蕈傘淺

蕈褶相當緊密

子實體：子實體集體出現在落葉堆中。

尺寸：蕈傘 ⊕2-6公分	蕈柄 ↕2-7公分 ↔0.5-1公分	孢子：淺黃色	食用性

科：紅菇科	種：*Lactarius volemus*	季節：秋季

多汁乳菇(TAWNY MILK-CAP)

這種非常多肉且表面粗糙的橙色乳菇，其凸圓蕈傘上有層龜裂的薄表皮，淺橙色蕈柄粗大，表面有絨毛。切開後，米色菌肉會產生大量白色乳液，並會染色成淺褐色。氣味獨特，會令人立即聯想到蝦蟹，特別是成熟的乳菇。緊密而略微延生的蕈褶呈淡金黃色。味道溫和。

• **分布**：主要和硬木樹形成菌根。廣泛分布於北溫帶，但大多數地區不常見。

• **相似種**：細質乳菇(50頁)及其他近緣種的體型較小，而且沒有龜裂的蕈傘表皮或具絨毛的蕈柄表面。

凸圓形不光滑的橙色蕈傘表皮薄且龜裂
緊密的蕈褶略微延生
粗大的蕈柄呈淡橙色

子實體：集體或少數聚集在硬木樹下，但在針葉樹下較罕見。

尺寸：蕈傘 ⊕6-12公分	蕈柄 ↕4-12公分 ↔1-4公分	孢子：米色	食用性

科：紅菇科	種：*Lactarius helvus*	季節：夏季至秋季

淡黃乳菇（LIQUORICE MILK-CAP）

這是一種赭土至灰褐色蕈類，它會散發出類似咖哩、當歸或葫蘆巴等強烈香料的氣味。體型相當大，成熟時會變成漏斗形，中央有個臍突。易碎的菌肉呈黃、白或淺粉紅色，乳液的味道溫和，較大部分乳菇稀少且多水。

• **分布**：與樺木、松樹和雲杉形成共生菌根，往往生長在水蘚當中。廣泛分布於北溫帶。

• **相似種**：水汁乳菇（*Lactarius aquifluus*）外貌非常相似，產於北美。

大而凸圓的蕈傘會隨著成熟而變成漏斗形
平滑的蕈柄顏色較蕈傘稍淺，或略帶點紅色
蕈褶略微延生
剖面
乾燥且具絨毛的蕈傘表面上有個中央臍突
從蕈褶及菌肉滲出的乳液稀少而水分多
蕈柄可能隱沒在草或水蘚中
中度間隔的蕈褶為黃至赭土色，略帶點粉紅色

子實體：集體出現於樹下潮溼、呈酸性之地。

尺寸：蕈傘 ↔ 5-16公分	蕈柄 ↕ 5-13公分 ↔ 0.7-3公分	孢子：淺黃至粉紅色	食用性 ☠

蕈褶附著至直生的傘菌

本章所介紹的傘菌其蕈褶著生在蕈柄，而著生的部分從非常窄(附著的)到非常寬(寬廣直生的)不等。有些蕈褶在靠近蕈柄處突然凹進去，這稱為彎生的(詳見第15頁)。蕈褶邊緣可能是筆直的，或彎曲的(波狀的)。

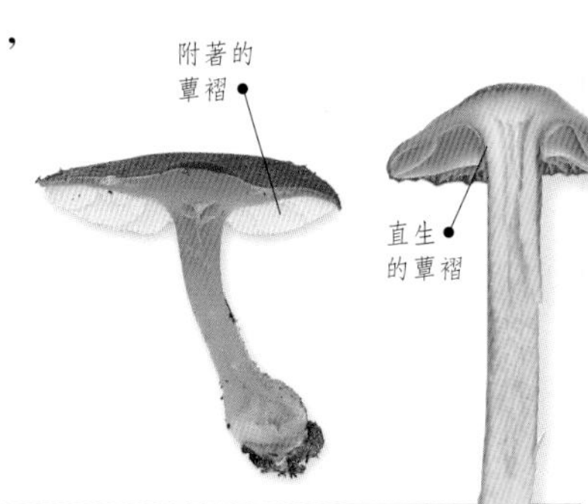
附著的蕈褶
直生的蕈褶

肉質多且不具明顯的蕈幕

本節的列舉的傘菌不但蕈褶爲附著至直生，其子實體肉質亦相當多，但與其他肉質蕈類不同的是，不管是蕈傘、傘緣或蕈柄上都沒有明顯的蕈幕殘留物(第69-97頁)。其中包括帶盾環柄菇、大多數形成共生菌根的口蘑，及其他多種蕈類。

科：蠟傘科	種：*Hygrocybe punicea*	季節：秋季

紅紫濕傘(Crimson Wax-cap)

這種大型肉質真菌的蕈傘呈寬圓錐形至平坦、稍微潮溼的猩紅色，蕈褶為淺猩紅至橙色。黃色蕈柄略帶紅暈，表面乾燥並覆有縱走的長纖維。味道和氣味都不特別。不可食用。

• **分布**：未經耕種的草地，經常和其他蕈類如濕傘、地舌菌和擬瑣瑚菌在一起。廣泛分布但局部見於北溫帶，某些地方已瀕臨絕滅。

• **相似種**：緋紅濕傘(105頁)。閃亮濕傘(*Hygrocybe splendidissima*)呈較鮮明的朱砂紅色，蕈傘乾燥，氣味甜且膩。數量亦已逐漸減少。

剖面

蕈褶為附著的

蠟質厚蕈褶間隔分明

潮溼的猩紅色蕈傘表面隨著成熟而變暗

白、黃或淺紅色菌肉

子實體：成小群或集體出現。

尺寸：蕈傘 ⊕4-12公分	蕈柄 ↕5-12公分 ↔0.5-2.5公分	孢子：白色	食用性

科：口蘑科	種：*Lepista irina*	季節：秋季

彩虹香蘑
(Strong-scented Blewit)

這種蕈整體呈灰褐色，成熟的蕈褶則帶有粉紅色。凸圓形蕈傘隨著成長而平坦，蕈柄表面為纖毛狀。香味濃郁的米色菌肉可以食用，但必須靠經驗才能辨認出來。

• **分布**：一般見於鹼性土壤的累積落葉堆中，有時大量出現在晚秋。廣泛分布且常見於歐洲；世界分布不詳。

• **相似種**：紫丁香蘑(下欄)及偽裝香蘑(58頁)大小差不多，具有藍紫或淡紫色，且氣味較淡。

被孢子
染成粉紅色
淺灰褐色
蕈傘
覆有纖毛的
圓柱狀蕈柄

蕈褶緊密

直生、
彎生的蕈
褶呈波狀

剖面

芳香的
菌肉為米色

凸圓形蕈傘
往往有波浪
狀邊緣

子實體：通常在軟或硬木樹林中形成環狀分布。

尺寸：蕈傘 ⊕5-15公分	蕈柄 ↕5-10公分 ↔1-2公分	孢子：污粉紅色	食用性

科：口蘑科	種：*Lepista nuda*	季節：主要在秋季

紫丁香蘑(Wood Blewit)

藍紫褐色蕈傘相當容易辨認，為上選食物，剛冒出時顏色黯淡且呈圓麵包形，之後慢慢變成凸圓形，然後平坦；其顏色會因蕈傘乾燥而從邊緣淡化。纖毛狀蕈柄的棍棒形基部同樣為藍紫褐色，但波狀蕈褶為較鮮明的藍紫色，再漸漸變成淺黃褐色；芳香堅實的菌肉具條紋淺藍紫色。紫丁香蘑已經商業化栽培，但仍非廣泛可得。

• **分布**：營養豐富的林地和花園棲息地，諸如堆肥和厚落葉堆中。廣泛分布且常見於北溫帶。

• **相似種**：偽裝香蘑(58頁)。污色香蘑(*Lepista sordida*)體型較小，亦可食用。似紫羅蘭色麗傘(116頁)。

蕈傘色彩
可能較圖示
中更藍

堅實的菌肉
為條紋淺
藍紫色

蕈傘表面
纖毛狀

剖面

棍棒形的
蕈柄基部

暗色的
幼小蕈傘
呈圓麵包狀

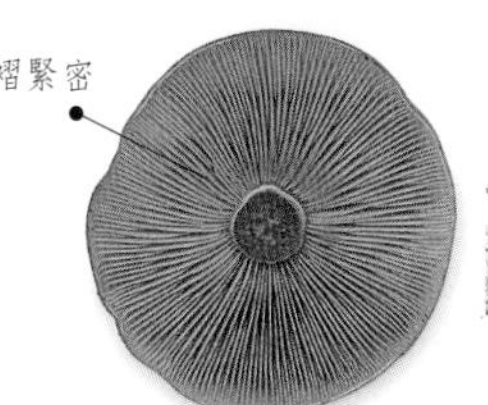
蕈褶緊密

子實體：成小群或環狀分布出現。

尺寸：蕈傘 ⊕5-20公分	蕈柄 ↕4-10公分 ↔1.5-3公分	孢子：污粉紅色	食用性

科：口蘑科	種：*Lepista personata*	季節：秋季

偽裝香蘑（BLUE LEGS）

這種多肉的蘑菇有個凸圓且邊緣平滑的淺皮褐色蕈傘，會隨著成長而平坦；纖毛狀蕈柄為明亮的紫色。芳香堅實的菌肉帶有淺紫色。為受歡迎的食品，且容易辨認。

• **分布**：於相當肥沃的鹼性土壤上，主要分布於開闊的草地，道路兩旁和公園中，但也會在樹林的裸露土壤上出現。廣泛分布且相當常見於歐洲和北美。

• **相似種**：紫丁香蘑（57頁）整體上較不那麼矮胖，且喜好樹林棲息地。

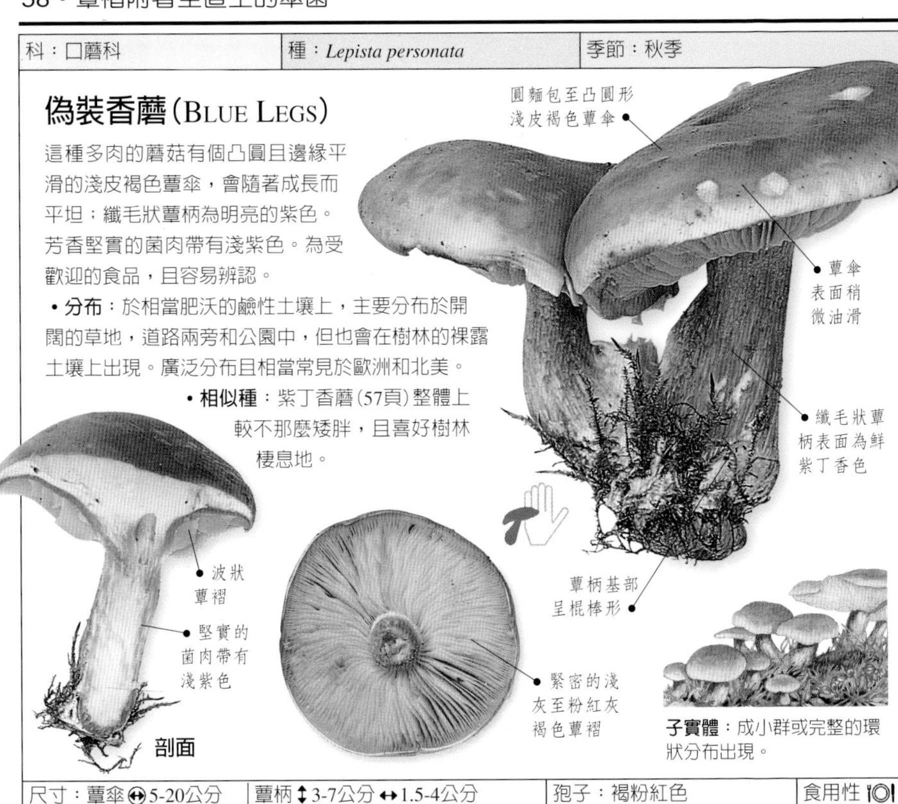
圓麵包至凸圓形
淺皮褐色蕈傘
蕈傘表面稍微油滑
纖毛狀蕈柄表面為鮮紫丁香色
波狀蕈褶
堅實的菌肉帶有淺紫色
剖面
緊密的淺灰至粉紅灰褐色蕈褶
蕈柄基部呈棍棒形

子實體：成小群或完整的環狀分布出現。

尺寸：蕈傘 ⊕ 5-20公分	蕈柄 ↕ 3-7公分 ↔ 1.5-4公分	孢子：褐粉紅色	食用性 🍴

科：口蘑科	種：*Calocybe gambosa*	季節：晚春至夏季

大柄基麗傘（ST GEORGE'S MUSHROOM）

此種肉質真菌通常為奶油白色，然而還有一種淺褐至橙褐色的類型存在。多肉的圓形至凸圓形蕈傘有稍微內捲的邊緣。蕈柄平滑，附著的蕈褶緊密。堅實的菌肉有強烈的麥粉氣味和味道，是種高評價的食物。

• **分布**：在草地、樹籬、樹林中，也常見於花園和公園。廣泛分布且局部常見於歐洲和鄰近亞洲地區。世界分布不詳。

• **相似種**：在春天形成子實體的白色粉褶蕈（*Entoloma* sp.）可由粉紅色孢子印和粉紅色成熟蕈褶加以區別。

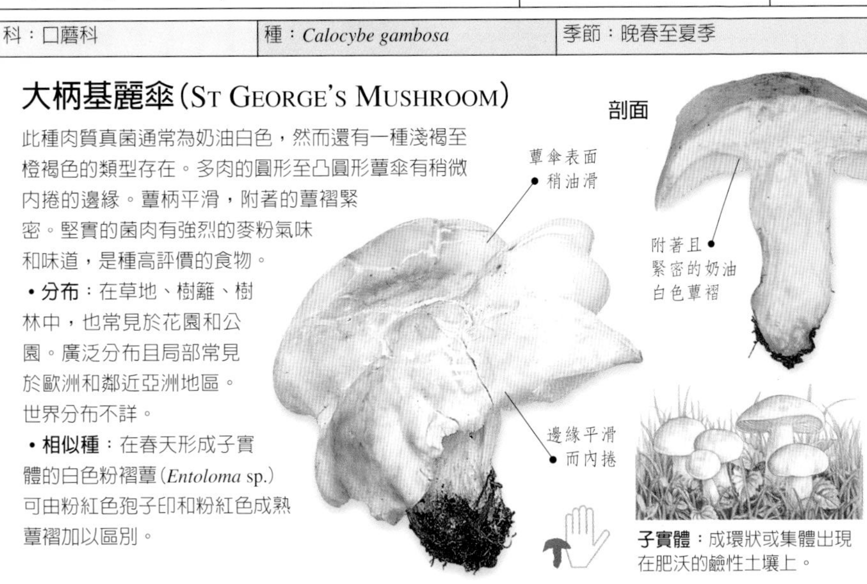
剖面
蕈傘表面稍油滑
附著且緊密的奶油白色蕈褶
邊緣平滑而內捲

子實體：成環狀或集體出現在肥沃的鹼性土壤上。

尺寸：蕈傘 ⊕ 3-12公分	蕈柄 ↕ 2-7公分 ↔ 1-2.5公分	孢子：奶油白色	食用性 🍴

科：口蘑科	種：*Tricholoma terreum*	季節：秋季

棕灰口蘑（GREY KNIGHT-CAP）

棕灰口蘑的色彩完全巧妙地和土壤融成一片。具臍突的蕈傘為暗灰色，平滑的邊緣帶有放射狀纖維，灰白色蕈柄被有細絹毛。淺灰色蕈褶為波狀彎生的；其與雕紋口蘑（下欄）不同之處在於它們不會漸漸變黃。淺色菌肉氣味和味道都很溫和。是有價值的食物，但請參閱相似種。

• **分布**：在肥沃的鹼性土壤上和軟木樹形成菌根。廣泛分布且常見於北溫帶。

• **相似種**：豹斑口蘑（60頁）體型較大，具鱗片，有麥片氣味；具輕微毒性。雕紋口蘑（下欄）。

乾燥的暗灰色蕈傘具中央臍突

波狀彎生的蕈褶

蕈柄短而壯

剖面

子實體：子實體成群出現在殘敗的針葉堆中。

纖毛狀蕈傘其邊緣平滑

淺灰色蕈褶間隔適中

尺寸：蕈傘 ↔ 3-7公分	蕈柄 ↕ 2-5公分 ↔ 0.5-1.5公分	孢子：白色	食用性

科：口蘑科	種：*Tricholoma scalpturatum*	季節：早夏至晚秋

雕紋口蘑（YELLOW-STAINING KNIGHT-CAP）

這種淺色真菌屬於一種複合近緣種群，所以很難鑑定；有些專家把顏色較淺的種類歸為銀蓋口蘑（*Tricholoma argyraceum*）。凸圓至具臍突的淺色蕈傘有灰色鱗片平伏在表面上（緊貼的）。米色至淺灰色蕈柄大致呈纖毛狀；蕈褶為波狀彎生的。各個部分皆隨著成熟而黃化。可食用，但請參閱相似種。

• **分布**：與硬和軟木樹形成菌根，通常是樹林和公園中的樺木。廣泛分布且常見於歐洲；世界分布不詳。

• **相似種**：有毒的豹斑口蘑（60頁）。棕灰口蘑（上欄）。

淺色蕈傘上有緊貼的灰色鱗片

凸圓至具臍突的蕈傘

纖維質淺色菌肉聞起來像麥片或小黃瓜

剖面

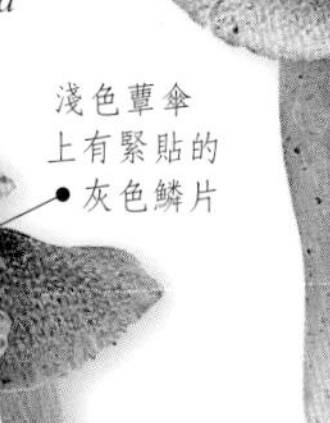

白至淺灰色蕈褶染有黃色

子實體：往往有數百個子實體成群出現。

尺寸：蕈傘 ↔ 2-8公分	蕈柄 ↕ 3-7公分 ↔ 0.5-1公分	孢子：白色	食用性

科：口蘑科	種：*Tricholoma atrosquamosum*	季節：秋季至晚秋

暗鱗口蘑
(DARK-SCALED KNIGHT-CAP)

有個凸圓至具臍突的淺灰色蕈傘，表面有放射狀排列且朝上翻的暗色線狀纖維質鱗片，邊緣內捲。淺色蕈柄覆有黑色鱗片，纖維質淺色菌肉有類似天竺葵般的濃郁香味。由於難以鑑定(詳見相似種)，所以最好不要食用。

• **分布**：與軟和硬木樹形成菌根。廣泛分布但局部見於歐洲，世界分布不詳。

• **相似種**：歐瑞倫口蘑(*Tricholoma orirubens*)染有綠色和粉紅色。豹斑口蘑(本欄右下圖)有毒。翹鱗口蘑(*T. squarrulosum*)的鱗片更多。

淺灰色波狀彎生蕈褶的邊緣或附近呈黑色

剖面

蕈褶間隔適中

淺色菌肉有香料氣味

蕈柄基部棍棒狀

子實體：單獨或成小群出現在鹼性土壤上。

淺灰色的蕈傘表面有暗色放射狀纖維和鱗片

蕈柄上有黑色毛狀鱗片

△豹斑口蘑
TRICHOLOMA PARDINUM
蕈傘覆有黑色鱗片，菌肉有麥粉氣味和味道。同時出現在硬木和軟木樹。

尺寸：蕈傘 ⟷ 3-12公分	蕈柄 ↕ 4-8公分 ↔ 0.5-1.5公分	孢子：白色	食用性

科：口蘑科	種：*Tricholoma sciodes*	季節：秋季

陰生口蘑(FLECK-GILL KNIGHT-CAP)

部分米色蕈傘被平伏在表面(緊貼)的暗色鱗片所隱蔽；有個相當顯眼的臍突。蕈褶有獨特的黑斑，大致呈圓柱狀的淺色蕈柄覆有毛狀灰色鱗片；兩者可能略帶粉紅色暈。菌肉聞起來有土氣且味道刺激，不適於食用。

• **分布**：與硬木樹形成菌根，通常是肥沃土壤上的山毛櫸。廣泛分布且常見於歐洲，除了北極至針葉林地區之外。

• **相似種**：歐瑞倫口蘑(*Tricholoma orirubens*)染色後為綠色和粉紅色。條紋口蘑(*T. virgatum*)見於軟木樹林中，為銀灰色，且呈圓錐狀。

米色蕈傘表面有貼緊的暗色鱗片

蕈傘中央的臍突

子實體：少數子實體聚在落葉堆中。

波狀彎生的蕈褶相當緊密

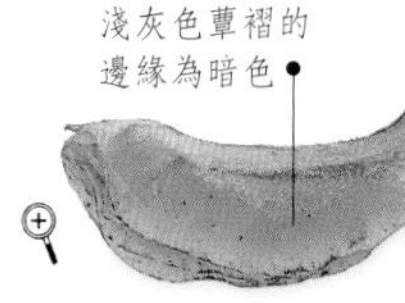

淺灰色蕈褶的邊緣為暗色

纖維質淺色菌肉帶有土氣

剖面

尺寸：蕈傘 ⟷ 4-8公分	蕈柄 ↕ 4-10公分 ↔ 1-2公分	孢子：白色	食用性

科：口蘑科	種：*Tricholoma saponaceum*	季節：晚夏至晚秋

皀膩口蘑(Soap-scented Knight-cap)

皀膩口蘑變異極多，常分成好幾個變種，所有的類型不但多肉，亦有強烈的肥皀氣味。蕈褶為奶油至灰綠色，隨著成長有些個體會染成的暗紅或淺綠色。平坦至具臍突的蕈傘在此處為灰綠色，但實際上變化多端，而且缺少如灰口蘑(下欄)或絲蓋口蘑(63頁)的條紋。其表面在潮溼時為油滑的，乾燥時會成鱗片狀。

• **分布**：與硬木樹形成菌根，也見於軟木樹附近。遍布整個北溫帶。

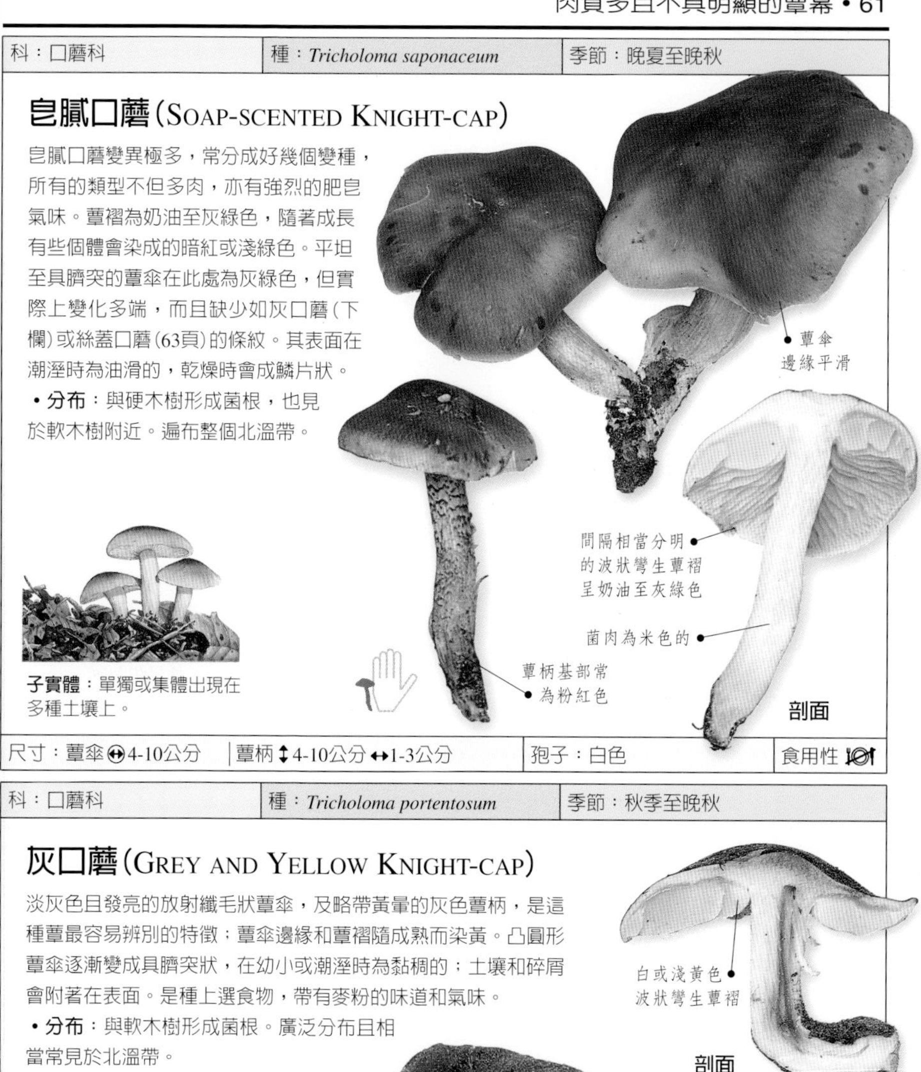
蕈傘
邊緣平滑
間隔相當分明
的波狀彎生蕈褶
呈奶油至灰綠色
菌肉為米色的
蕈柄基部常
為粉紅色
剖面

子實體：單獨或集體出現在多種土壤上。

尺寸：蕈傘 ⊕4-10公分	蕈柄 ↕4-10公分 ↔1-3公分	孢子：白色	食用性

科：口蘑科	種：*Tricholoma portentosum*	季節：秋季至晚秋

灰口蘑(Grey and Yellow Knight-cap)

淡灰色且發亮的放射纖毛狀蕈傘，及略帶黃暈的灰色蕈柄，是這種蕈最容易辨別的特徵；蕈傘邊緣和蕈褶隨成熟而染黃。凸圓形蕈傘逐漸變成具臍突狀，在幼小或潮溼時為黏稠的；土壤和碎屑會附著在表面。是種上選食物，帶有麥粉的味道和氣味。

• **分布**：與軟木樹形成菌根。廣泛分布且相當常見於北溫帶。

• **相似種**：絲蓋口蘑(63頁)的蕈傘有綠色或褐色色彩。

白或淺黃色
波狀彎生蕈褶

剖面

蕈傘表面
常覆蓋著土壤

乾燥或稍黏
的灰色蕈傘覆
有放射狀纖毛

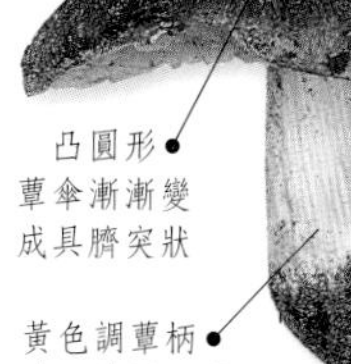
凸圓形
蕈傘漸漸變
成具臍突狀
黃色調蕈柄
表面為纖毛狀

子實體：單獨或集體，往往出現在沙質土壤上。

尺寸：蕈傘 ⊕5-12公分	蕈柄 ↕5-10公分 ↔1-3公分	孢子：白色	食用性

科：口蘑科	種：*Tricholoma ustale*	季節：秋至晚秋

褐黑口蘑（BURNT KNIGHT-CAP）

缺少獨特的鑑別特徵。褐色蕈傘由凸圓形逐漸平坦，潮溼時呈油膩狀；淺褐色蕈柄帶有紅褐色花紋；米色蕈褶隨著成熟會染著紅褐色。

• **分布**：在中性至鹼性土壤上與硬木樹形成菌根—通常在肥沃的土壤上與山毛櫸一起出現。廣泛分布且常見於整個歐洲溫暖地區。

• **相似種**：黃楊口蘑（*Tricholoma populinum*）外貌相似，但與白楊共生。似褐黑口蘑（*T. ustaloides*）蕈柄頂端有一道明顯的淺色帶。

△橘黃口蘑
TRICHOLOMA AURANTIUM
大都與軟木樹一起出現，這種橙色蕈的蕈柄上帶有白色。蕈傘黏稠或覆滿絨毛端視天氣而定。

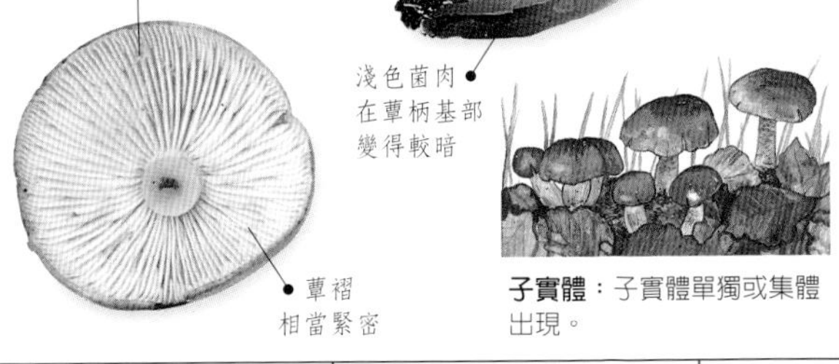

平坦的褐色蕈傘其邊緣平滑
蕈傘表面在潮溼的天氣中顯得油滑
波狀彎生的蕈褶隨成熟而染為紅褐色
淺色蕈柄帶有紅褐色花紋
剖面
蕈褶為米色
淺色菌肉在蕈柄基部變得較暗
蕈褶相當緊密

子實體：子實體單獨或集體出現。

尺寸：蕈傘 ↔ 3-10公分	蕈柄 ↕ 4-10公分 ↔ 0.5-2公分	孢子：白色	食用性

科：口蘑科	種：*Tricholoma lascivum*	季節：秋至晚秋

慾望口蘑（OAK KNIGHT-CAP）

此種小至中型的口蘑可由其偏好的某種特殊棲息地，及其香甜或麥粉至瓦斯般的氣味（有些人喜歡，有些人則否）加以辨認。淺皮褐色蕈傘由凸圓形而逐漸平坦，堅實的圓柱狀米色蕈柄會變成淺褐色。可能有毒。

• **分布**：在樹林中與櫟木、山毛櫸和鵝耳櫪形成菌根。廣泛分布且常見於整個歐洲。

• **相似種**：在其他的淺色口蘑當中，白口蘑（*Tricholoma album*）幾乎為純白色，且僅與樺木共生。大柄基麗傘（58頁）大多出現在春季。

白色至淺褐色彎生蕈褶緊密
蕈傘邊緣平滑
白色菌肉濃郁芳香
剖面
灰至淺皮褐色蕈傘
堅硬的圓柱狀蕈柄
蕈柄為白色或與蕈傘同色

子實體：集體出現在酸性至中性土壤上。

尺寸：蕈傘 ↔ 4-8公分	蕈柄 ↕ 5-8公分 ↔ 1-1.5公分	孢子：白色	食用性

科：口蘑科	種：*Tricholoma sejunctum*	季節：秋季

絲蓋口蘑(DECEIVING KNIGHT-CAP)

潮溼的綠或褐色蕈傘呈圓頂狀，而後會漸漸平坦。表面有暗色纖維，在潮溼天氣中為油滑的。白色蕈柄隨著成熟會顯出黃暈，菌肉為米色，蕈傘表皮之下略帶黃色。可食用，但可能導致胃部不適；請參閱相似種。

• **分布**：與山毛櫸等硬木樹及軟木樹形成菌根。見於樹林或造林地中，通常在酸性土壤上；山毛櫸類型出現在鹼性土壤上。廣泛分布於整個北溫帶地區。

• **相似種**：灰口蘑(61頁)。有毒的毒鵝膏(151頁)可由其蕈托、蕈環和分離的蕈褶來區別。

淺褐色蕈傘具有放射狀暗色纖維
蕈柄基部削尖
白至奶油色波狀彎生蕈褶
蕈傘表面在潮溼時為油滑的
圓頂狀蕈傘會漸漸平坦
米色菌肉堅實
白色蕈柄隨著成熟顯出黃暈
剖面

子實體：成小群或集體出現。

尺寸：蕈傘 ⊕5-10公分	蕈柄 ↕5-8公分 ↔1-1.5公分	孢子：白色	食用性

科：口蘑科	種：*Tricholoma auratum*	季節：秋季至早冬

鍍金口蘑(SANDY KNIGHT-CAP)

這種蕈分成數類，又稱為油口蘑(*Tricholoma equestre*)。皆呈黃色，具有展開的凸圓形蕈傘和淺黃色蕈柄，但子實體大小不一，視其生長環境而不同。菌肉為淺黃色，帶有微弱至強烈的麥粉氣味，隨不同類型而異，與松樹共生者(右圖所示)氣味最強。為上選食物，但松樹類型可能因為和砂石結在一起而不好清洗。

• **分布**：形成菌根：粗壯的種類產於松樹林；纖細的種類大多見於雲杉和白楊樹下。廣泛分布且常見於整個北溫帶。

間隔適中的波狀彎生蕈褶
展開的凸圓蕈傘呈黃褐色
髒東西黏在蕈傘和蕈柄上
蕈柄淺黃色
鮮黃色蕈褶

子實體：集體出現：不同種類分別見於沙質土壤的松樹，或者雲杉及白楊下。

尺寸：蕈傘 ⊕5-14公分	蕈柄 ↕5-10公分 ↔1.5-2.5公分	孢子：白色	食用性

科：口蘑科	種：*Tricholoma sulphureum*	季節：秋至晚秋

硫色口蘑(GASWORKS KNIGHT-CAP)

這種有毒的蕈可由其硫磺色子實體及散發出的噁心氣味辨認出來。那類似煤氣廠的氣味是由一種稱作糞臭素的化合物所產生。蕈傘凸圓至具臍突狀，邊緣平滑。蕈柄表面稍微覆有纖毛，米色基部可能膨大。有些真菌學家區分出一個較小的種：蟾蜍口蘑(*Tricholoma bufonium*)，其蕈傘中央呈紅褐色，氣味則與之相似。

• **分布**：與硬及軟木樹皆形成菌根。廣泛分布於北溫帶。

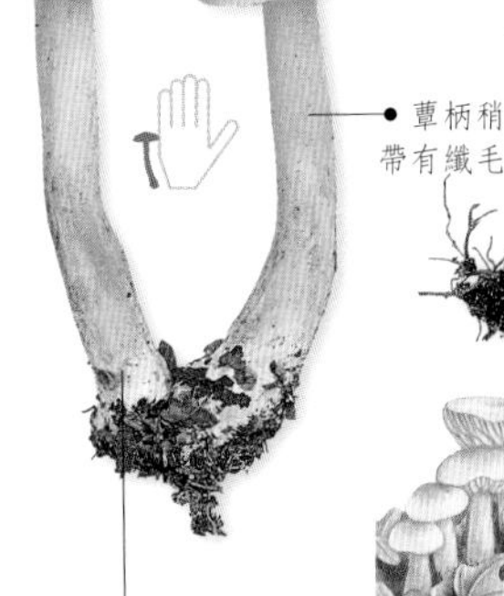

蕈傘為凸圓至具臍突狀
硫磺黃色蕈傘表面乾燥
硫磺黃色菌肉有瓦斯氣味
蕈柄稍帶有纖毛
剖面
蕈傘邊緣平滑
間隔分明的波狀彎生蕈褶
蕈柄基部為米色，且大多膨大

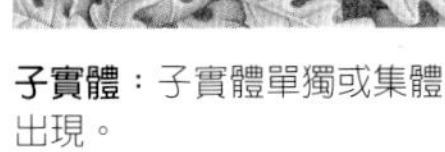

子實體：子實體單獨或集體出現。

尺寸：蕈傘 ↔ 2-8公分	蕈柄 ↕ 4-10公分 ↔ 0.5-2公分	孢子：白色	食用性 ☠

科：口蘑科	種：*Tricholoma fulvum*	季節：秋季

黃褐口蘑 (BIRCH KNIGHT-CAP)

這是一種高大的蕈，可以很容易由其暖橙褐色外表及鮮黃色菌肉來做鑑別。嚐起來有苦味，聞起來則有麥粉般氣味。蕈傘凸圓具臍突，邊緣有溝紋。波狀彎生蕈褶是口蘑屬的特徵，又淺黃色蕈褶會漸漸現出褐色斑點。可能有毒。

• **分布**：與樺木形成菌根，也可能和雲杉共生。廣泛分布於整個北溫帶。

• **相似種**：白棕口蘑(*Tricholoma albobrunneum*)見於軟木樹下，菌肉為白色或略帶褐色。褐黑口蘑(62頁)。

蕈傘中央略有臍突
平滑乾燥的蕈傘表面在潮溼時顯得油滑
黃褐色蕈柄
黃色菌肉有苦味，聞起來像麥粉
淺黃色波狀彎生蕈褶
剖面

子實體：集體出現，大多在潮溼的地面上。

尺寸：蕈傘 ↔ 4-10公分	蕈柄 ↕ 7-15公分 ↔ 1-2.5公分	孢子：白色	食用性 🍴

科：口蘑科	種：*Melanoleuca polioleuca*	季節：秋季

灰白黑囊蘑(COMMON CAVALIER)

這種真菌的暗灰褐色蕈傘具有臍突，蕈柄呈暗色粉狀，與白至淺灰色蕈褶形成對比。白色菌肉從蕈柄基部向上逐漸染為極暗的褐色。因為氣味和味道獨特，並不適合食用。

• **分布**：在土壤上；大量出現在花園、公園或林地道路的兩旁。廣布且常見於北溫帶。

• **相似種**：黑白黑囊蘑(*Melanoleuca melaleuca*)曾被歸為同一種，現在則被認為是該屬中較罕見的成員。大都和松樹生長在一起。其他還有許多相似的黑囊蘑蕈類。

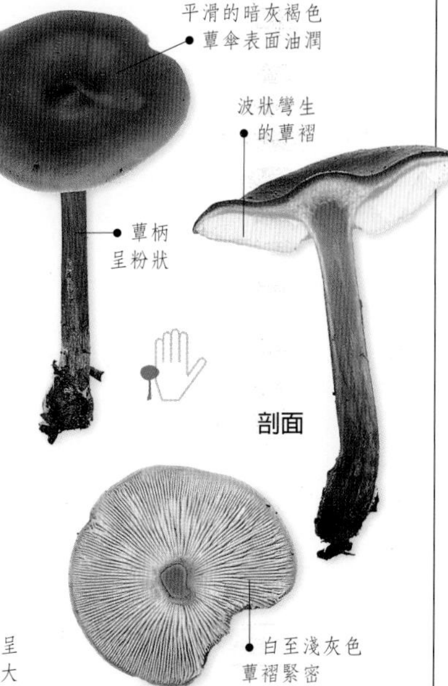
平滑的暗灰褐色
蕈傘表面油潤
波狀彎生
的蕈褶
蕈柄
呈粉狀
剖面
白至淺灰色
蕈褶緊密

平坦的
蕈傘上有
個寬臍突
蕈傘
邊緣平滑
蕈柄上有
縱走的纖毛
基部稍呈
球莖狀膨大

子實體：集體出現在翻動過的土壤上。

尺寸：蕈傘 ⊕4-7公分	蕈柄 ↕3-8公分 ↔0.5-1公分	孢子：極淺的奶油色	食用性

科：口蘑科	種：*Melanoleuca cognata*	季節：春季至秋季

黑囊蘑(OCHRE-GILLED CAVALIER)

通常出現在春天，其他具蕈褶的蘑菇則很少在此時長出子實體，加上其多少帶些粉紅色暈的黃至赭土色蕈褶，都有助於鑑別。黑囊蘑屬蕈類在野外可能很難區分，但透過顯微鏡觀察會較有幫助。幾乎該屬所有的種都有具臍突的蕈傘，及狹窄著生的蕈褶；也都能食用，或至少是無毒的，但並不適宜用於烹調。

• **分布**：林地或公園內裸露的土壤上、草叢中或落葉堆間。廣泛分布且相當常見於北溫帶。

蕈傘具
臍突
多變異的
蕈傘通常
呈暖褐色
蕈柄(此處所示
為斷裂的)基部
常呈球莖狀膨大

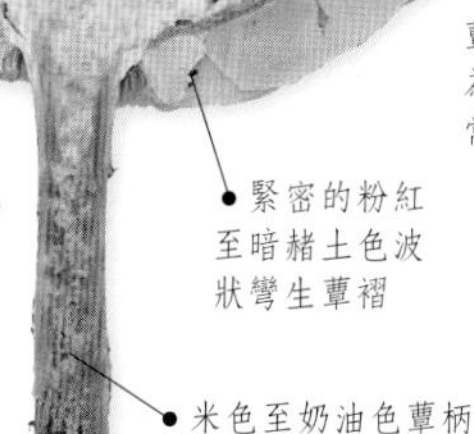
緊密的粉紅
至暗赭土色波
狀彎生蕈褶
米色至奶油色蕈柄
菌肉中帶有銹色
剖面

子實體：子實體集體出現在土壤上。

尺寸：蕈傘 ⊕5-12公分	蕈柄 ↕3-8公分 ↔0.5-1.2公分	孢子：白色	食用性

科：口蘑科	種：*Megacollybia platyphylla*	季節：夏季至秋季

寬褶大金錢菇
(BROAD-GILLED AGARIC)

中至淺褐色蕈傘為凸圓至具臍突狀，蕈褶寬闊，淺褐色蕈柄有縱走的纖維。在蕈柄的基部有強韌的粗線狀假根，深且廣地伸展到基質中。具有苦味，氣味不顯著，會引起胃部不適。

• **分布**：埋在樹林底部的硬木樹枝和殘株上；子實體常出現在落葉堆上，或在非常腐朽的硬木殘株上。廣泛分布且常見於整個北溫帶。

• **相似種**：金錢菇屬(67, 111-113頁)蕈類體型較小，且缺乏粗假根。

中至淺褐色蕈傘呈凸圓至具臍突狀

直生或彎生的蕈褶間隔適中

淺褐色蕈柄上具縱走的纖維

白色菌肉強韌

空洞的蕈柄中心

剖面

乾燥蕈傘表面上的放射狀纖維

蕈柄基部有強韌的粗假根

子實體：子實體單獨出現或由假根連成小群。

尺寸：蕈傘 ⊕6-15公分	蕈柄 ↕5-12公分 ↔1-2.5公分	孢子：淺奶油色	食用性

科：口蘑科	種：*Tricholomopsis rutilans*	季節：晚夏至晚秋

紅橙擬口蘑(PLUMS-AND-CUSTARD)

可立即由其黃色蕈傘，紫色粗條紋，對比著卵黃色蕈褶而辨認出來。凸圓蕈傘中央凹陷。中空的蕈柄呈粉狀，被有紫至紫黃色細小鱗片。

• **分布**：與類似的菌根口蘑不同，紅橙擬口蘑導致軟木樹腐朽。見於樹林和造林地中，通常偏好松樹。廣泛分布且常見於北溫帶。

• **相似種**：漂亮擬口蘑(*Tricholomopsis decora*)在大多數地區都較罕見，黃色蕈傘上有黑色細毛。

凸圓蕈傘帶有密集的紫色纖維

黃色的底色勉強可見

蕈柄為紫或黃紫色

纖維質的深黃色菌肉

剖面

卵黃色波狀彎生蕈褶

子實體：小簇子實體出現在朽木上。

尺寸：蕈傘 ⊕5-10公分	蕈柄 ↕4-10公分 ↔1-2.5公分	孢子：白色	食用性

科：口蘑科	種：*Collybia maculata*	季節：秋季

斑蓋金錢菇（SPOTTED TOUGH-SHANK）

子實體剛出現時為純白至米色，且非常堅韌。隨著成長，在平滑的凸圓形蕈傘和蕈柄上會逐漸顯出銹褐色斑點。它的個子與其他大多數金錢菇都不像，反而較類似口蘑。這一點再加上其奶油橙色孢子印，有人因此提議將其及少數其他相似種一併重歸於紅金錢菇屬（*Rhodocollybia*）。

• **分布**：樹林中硬和軟木樹下腐植質豐富的酸性土壤上。能產生大量子實體，多到其間見不到其他的東西。廣泛分布且常見於北溫帶。

• **相似種**：長金錢菇（*Collybia prolixa*）和扭柄金錢菇（*C. distorta*）個子相似，但蕈傘較暗。白口蘑（*Tricholoma album*）菌肉較軟且氣味強烈。

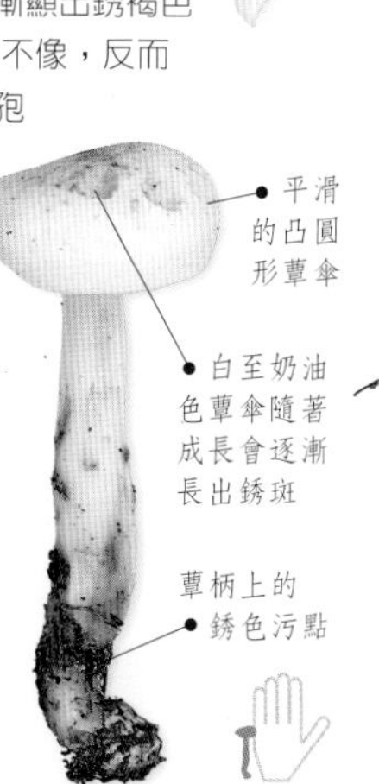

平滑的凸圓形蕈傘
白至奶油色蕈傘隨著成長會逐漸長出銹斑
蕈柄上的銹色污點

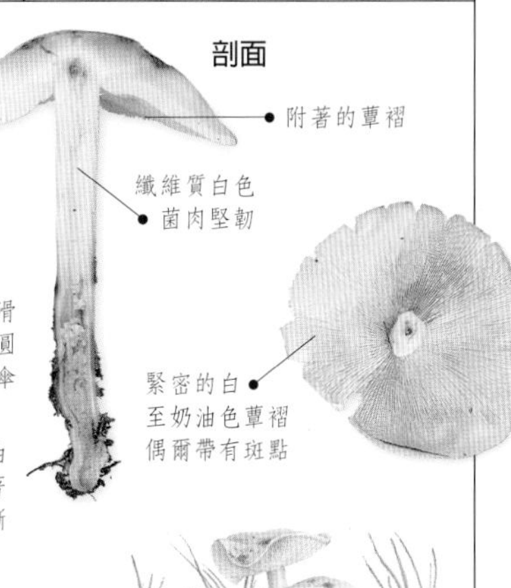

剖面
附著的蕈褶
纖維質白色菌肉堅韌
緊密的白至奶油色蕈褶偶爾帶有斑點

子實體：子實體通常成大群出現。

尺寸：蕈傘 ⊕4-10公分	蕈柄 ↕6-12公分 ↔1-2.5公分	孢子：奶油橙色	食用性

科：絲膜菌科	種：*Hebeloma crustuliniforme*	季節：夏季至秋季

大毒黏滑菇（WEEPING FAIRY CAKE）

凸圓形淺黃色蕈傘有些許肉質。蕈柄為米色，表面呈粉狀，朝基部逐漸加寬。從蕈褶邊緣會滲出透明液滴，成熟的孢子即融入其中，而在蕈褶邊緣造成暗色斑點。白色的厚菌肉帶有蘿蔔氣味，有毒。

• **分布**：與硬木樹和軟木樹皆形成菌根，見於公園和樹林中。它和近緣種廣泛分布並常見於北溫帶。

• **相似種**：諸如可食黏滑菇（*Hebeloma edurum*）、白肉黏滑菇（*H. leucosarx*）和大黏滑菇（*H. sinapizans*）等親緣種有相似的蘿蔔氣味，有時又會帶點可可氣味；可由孢子大小和形狀，或與碘劑的反應，以及在尺寸、蕈傘顏色和生態方面的細微差異來加以區別。

蕈傘表面淡黃色
蕈傘邊緣近乎白色
米色蕈柄上覆有粉狀物
蕈柄在基部稍微加寬

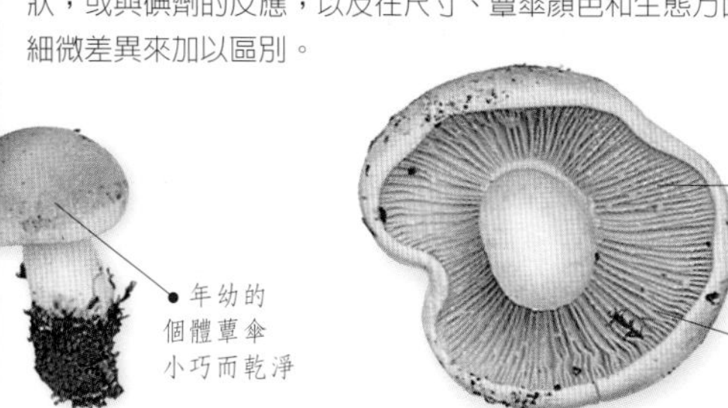

年幼的個體蕈傘小巧而乾淨
直生的灰或灰褐色蕈褶
蕈褶上的液滴隨著乾燥而變暗

子實體：集體成環狀排列，通常見於草叢中。

尺寸：蕈傘 ⊕4-9公分	蕈柄 ↕3-8公分 ↔0.8-2公分	孢子：褐色	食用性 ☠

科：粉褶蕈科	種：*Entoloma sinuatum*	季節：秋季

波狀粉褶蕈（LEAD POISONER）

凸圓形蕈傘為淺灰褐至赭土或奶油色，具有中等間隔波狀彎生的蕈褶，後者在幼時呈淺黃色，隨著成熟會逐漸轉為一般粉褶蕈典型的粉紅色，這些都是辨識的最佳指標。此外，還具有白至灰色蕈柄，並帶有麥粉至令人作嘔的氣味。認識這種貌似香蘑的蕈類非常重要，因為有相當高比例的真菌中毒都是由它引起的。

• **分布**：成熟的硬木林地中，常見於黏土上。廣泛分布但局部出現在歐洲。北美及東亞則由一近緣種取代。

• **相似種**：彩虹香蘑（57頁）具有強烈的香味，且其灰褐色蕈柄呈纖毛狀。

間隔適中的波狀彎生蕈褶

淺灰褐色至赭土或奶油色蕈傘

凸圓形蕈傘具有中央臍突

子實體：子實體成小群出現，通常見於硬木樹下，如櫟木、山毛櫸等樹林中。

尺寸：蕈傘 ⊕ 8-20公分	蕈柄 ↕ 10-18公分 ↔ 2-4公分	孢子：淡粉紅色	食用性 ☠

科：粉褶蕈科	種：*Entoloma rhodopolium*	季節：秋至晚秋

赤灰粉褶蕈（WOODLAND PINK-GILL）

這種變化多端的蕈很難鑑定。灰或灰褐色凸圓形蕈傘具有臍突，或微凹陷。灰色蕈柄通常細而長，菌肉淺灰至淺褐色。或者沒有氣味，或者帶有硝石氣味。後者外形細長，曾一度被歸為臭粉褶蕈（*Entoloma nidorosum*）。所有的類型都有毒。

• **分布**：硬木林地中，特別是山毛櫸樹林，肥沃的土壤上。廣泛分布且局部常見於北溫帶；世界分布不詳。

• **相似種**：數種相似種在色彩及不同的顯微特徵上有細微的差異。

波狀彎生的蕈褶相當寬厚

蕈傘邊緣可能有放射狀條紋

細長的絹狀灰色蕈柄上有縱走的纖維

菌肉柔軟並呈現淺灰至淺褐色

剖面

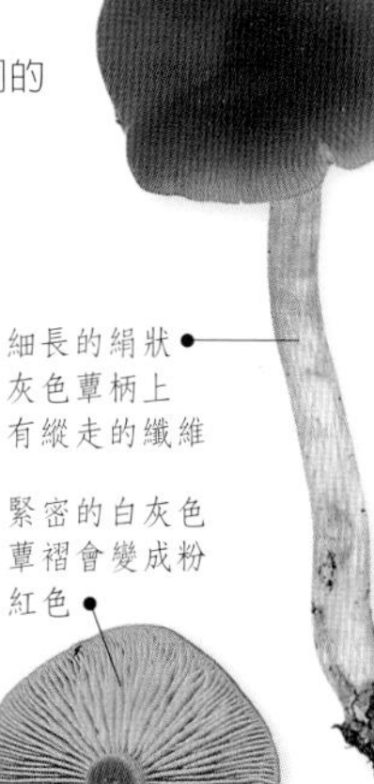

緊密的白灰色蕈褶會變成粉紅色

△晶蓋粉褶蕈
ENTOLOMA CLYPEATUM
這種在春天結體的灰褐色粉褶蕈，具白色略帶褐色的蕈柄，波狀彎生的淺灰色蕈褶會漸漸變成粉紅色。🍽

子實體：子實體成群出現在落葉堆當中。

尺寸：蕈傘 ⊕ 4-12公分	蕈柄 ↕ 6-15公分 ↔ 0.5-2公分	孢子：污粉紅色	食用性 ☠

科：粉褶蕈科	種：*Entoloma porphyrophaeum*	季節：夏季至秋季

斑紅褐粉褶蕈
(Porphyry Pink-gill)

很容易從其灰紫色的高個體，加上草地棲息地辨認出來。蕈傘具臍突，會逐漸變成圓錐形。菌肉為白色，沒有獨特氣味，可能有毒。

• **分布**：未耕種過的草地，常與蠟傘科和珊瑚菌科蕈類生長在一起，也見於高山地區和灌木或雜木林中。廣泛分布但不常見於歐洲，由於現代的牧場耕種作業使用商業肥料而將之趕盡殺絕；世界分布不詳。

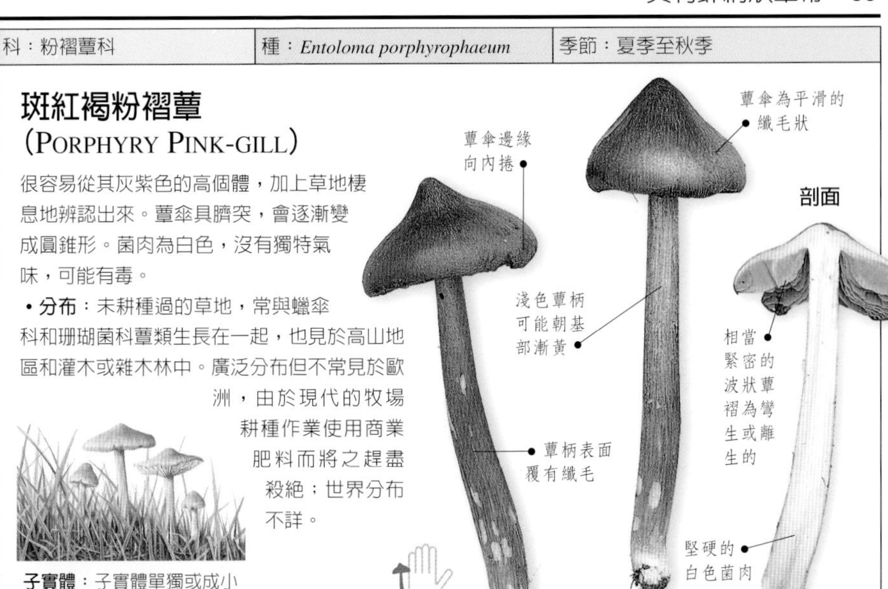

蕈傘為平滑的纖毛狀
蕈傘邊緣向內捲
剖面
淺色蕈柄可能朝基部漸黃
相當緊密的波狀蕈褶為彎生或離生的
蕈柄表面覆有纖毛
堅硬的白色菌肉

子實體：子實體單獨或成小群出現。

尺寸：蕈傘 ⊕4-8公分	蕈柄 ↕7-14公分 ↔0.5-2公分	孢子：淡粉紅色	食用性

具有蛛網狀蕈幕

絲膜菌屬(*Cortinarius*)蕈類是本節的主角。它們的子實體大小和形狀變化多端，但都擁有局部的蕈幕，且看來就像個精巧的蜘蛛網，用來保護未成熟的蕈褶。它們還具備銹褐色的孢子印，常被誤認爲蕈幕殘留物上的銹垢。

科：絲膜菌科	種：*Cortinarius bolaris*	季節：秋季

擲絲膜菌
(Red-dappled Web-cap)

獨特的紅色鱗片覆蓋在蕈傘和蕈柄上，所以很容易鑑別。相當短的蕈柄使其顯得健壯，多肉的蕈傘寬闊凸圓，邊緣有細線般的蕈幕殘留物。蕈傘內的米色厚菌肉朝蕈柄基部漸次變成黃至橙色。

• **分布**：與硬木樹形成菌根，特別是櫟木和樺木，見於略酸土壤上。廣泛分布於北溫帶，局部相當常見，但某些區域不存在。

灰至肉桂褐色蕈褶上有紅色斑點
邊緣可見到蕈幕殘留物
寬闊凸圓的蕈傘
菌肉朝蕈柄基部漸呈黃至橙色
剖面
蕈柄上的紅色鱗片和環帶

子實體：大多成小群出現在混生林中。

尺寸：蕈傘 ⊕3-6公分	蕈柄 ↕3-6公分 ↔0.8-1.5公分	孢子：銹褐色	食用性 ☠

科：絲膜菌科	種：*Cortinarius pholideus*	季節：秋季

鱗片絲膜菌（SCALY WEB-CAP）

其特徵為覆著褐色鱗片的蕈傘和圍有褐色蕈幕環帶的蕈柄。蕈傘幼時大致呈凸圓形，成熟時則平坦且具中央臍突。直生的蕈褶在幼時呈藍紫色；而後隨著孢子的成熟漸漸變成藍紫褐至銹褐色。從略帶藍紫色的淺褐色菌肉散發出微弱的氣味，令人想到新鮮的橘子。

• **分布**：一般與樺木形成菌根，但在混生林中也會發現它和其他樹共生。喜好酸性土壤。廣泛分布且常見於北溫帶。

子實體：成小群出現在生苔的土壤上。

蕈傘上有薄而尖的褐色鱗片

蕈褶為藍紫至藍紫褐色

蕈柄上有纖維質褐色環帶

蕈傘呈尖至具臍突狀

蕈柄頂端為藍紫色

堅硬的蕈柄擁有藍紫褐色菌肉

剖面

尺寸：蕈傘 3-8公分	蕈柄 ↕ 5-12公分 ↔ 0.5-1公分	孢子：銹褐色	食用性

科：絲膜菌科	種：*Cortinarius semisanguineus*	季節：秋季

半血紅絲膜菌（RED-GILLED WEB-CAP）

均一的紅褐色個體和血紅色蕈褶最有助於鑑別這種蕈。凸圓形橄欖至紅褐色蕈傘會漸漸變成臍突狀；顏色較淺的蕈柄襯托出線狀蕈幕殘留物。蕈傘菌肉的顏色較蕈柄淺。是一種絕佳的染料來源，常用於羊毛染色。

• **分布**：幾乎只與軟木樹形成共生菌根，在雲杉造林地的樹苗下往往大量出現。廣泛分布於北溫帶。

• **相似種**：緋紅絲膜菌（*Cortinarius phoeniceus*）蕈傘較紅，蕈柄周圍的紅色蕈幕環帶也較顯著。

剖面

血紅色蕈褶相當緊密

直生的波狀蕈褶

蕈柄表面顏色較蕈傘淺

蕈柄菌肉的暗紅褐色較蕈傘的暗

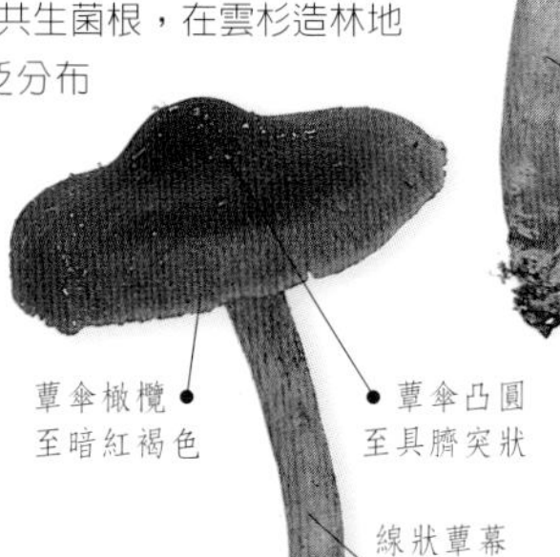

蕈傘橄欖至暗紅褐色
蕈傘凸圓至具臍突狀
線狀蕈幕殘留物

子實體：集體出現在軟木樹下，通常在苔蘚中。

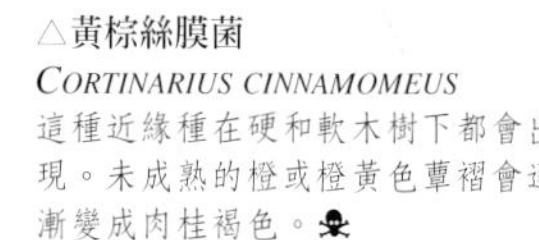

△黃棕絲膜菌
CORTINARIUS CINNAMOMEUS
這種近緣種在硬和軟木樹下都會出現。未成熟的橙或橙黃色蕈褶會逐漸變成肉桂褐色。

尺寸：蕈傘 2-7公分	蕈柄 ↕ 4-10公分 ↔ 0.5-1公分	孢子：銹褐色	食用性

科：絲膜菌科	種：*Cortinarius paleaceus*	季節：夏季至秋季

粗糠絲膜菌（PELARGONIUM WEB-CAP）

其最明顯的特徵，是在具臍突或尖形的暗褐色蕈傘上，覆蓋著白至米色的蕈幕細鱗片，帶有天竺葵的芳香。然而有些個體幾乎沒有鱗片，或者蕈傘邊緣會出現線條。邊緣通常可見到蕈幕殘留物，纖細的蕈柄上有細蕈環，往往還有白色蕈幕（蕈柄上呈淡紫色的類型有時另外歸為淡絲膜菌［*Cortinarius paleifer*］）。蕈褶間隔寬，未成熟時可能略帶藍紫色，而後漸漸變成肉桂褐色。

• **分布**：主要在潮溼的樹林中與軟木樹形成菌根，但也見於多種林地棲息地的硬木樹下。廣泛分布於北溫帶。

• **相似種**：有相當多的小型絲膜菌屬蕈類在整個外觀上非常相似。

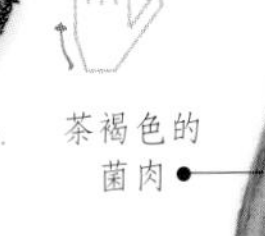
具臍突的暗褐色蕈傘乾燥後呈淺褐色
蕈柄上的細蕈環
寬而彎生的蕈褶隨著成熟變成肉桂色
茶褐色的菌肉
蕈傘表面細而尖的米色蕈幕鱗片
蕈傘邊緣的蕈幕殘留物
剖面

子實體：集體出現，通常在苔蘚和松針堆當中。

尺寸：蕈傘 ⊕1-3公分	蕈柄 ↕4-7公分 ↔3-5公釐	孢子：銹褐色	食用性

科：絲膜菌科	種：*Cortinarius violaceus*	季節：夏季至秋季

堇紫絲膜菌（VIOLET WEB-CAP）

由深藍紫色的個體即可辨認出此蕈。蕈傘為凸圓至具臍突狀，具有放射形細纖維；蕈柄在縱走的纖維頂部附有蛛網狀的蕈幕殘留物。附著且相當寬厚的蕈褶會隨銹褐色孢子的成熟而變成藍紫褐色。有兩種類型存在，可由其菌根共生關係（詳見分布）加以區別。雖然可以食用，但因兩者數量稀少，所以並不推薦。

• **分布**：與硬和軟木樹都形成菌根；見於軟木樹的類型有時歸為另一種：荷西尼絲膜菌（*Cortinarius hercynicus*）。廣泛分布但局部出現在北溫帶。

乾燥的藍紫色蕈傘上覆有放射狀細纖維
蕈柄上的纖維和蕈幕殘留物混合在一起
剖面
蕈傘邊緣的蛛網狀白色蕈幕
蕈柄深藍紫色
蕈柄基部棍棒形
蕈柄基部的菌肉較淺

子實體：成小群出現在潮溼的樹林中或沼澤邊。

尺寸：蕈傘 ⊕6-15公分	蕈柄 ↕6-14公分 ↔1-2.5公分	孢子：銹褐色	食用性

科：絲膜菌科	種：*Cortinarius armillatus*	季節：夏季至秋季

環絲膜菌（RED BANDED WEB-CAP）

有個大而凸且菌肉肥厚的橙褐色蕈傘，表面覆有細纖維。高而健壯的蕈柄圍有明顯的肉桂紅色蕈幕殘留帶狀物。蕈傘邊緣也殘留有蕈幕。

• **分布**：在潮溼的樹林及沼澤區與樺木，可能還有其他樹種形成菌根。廣泛分布且常見於北溫帶。

• **相似種**：近俗麗絲膜菌（*Cortinarius paragaudis*）稍小一點，蕈柄環帶顏色較污紅。與軟木樹共生。

剖面

直生的蕈褶呈淺褐色，隨成熟而變暗

蕈傘表面覆有細小的鱗片和纖維

淺褐色菌肉堅實

凸圓形蕈傘

蕈傘邊緣有紅色蕈幕殘留物

蕈柄基部棍棒狀

蕈柄上的肉桂紅色蕈幕環帶

有些蕈柄會在基部接合

子實體：集體或少數聚在一起出現。

尺寸：蕈傘 ⊕5-12公分	蕈柄 ↕7-15公分 ↔1-3公分	孢子：銹褐色	食用性

科：絲膜菌科	種：*Cortinarius rubellus*	季節：夏季至秋季

帶紅色絲膜菌（FOXY-ORANGE WEB-CAP）

這種具有致死劇毒的絲膜菌聞起來有蘿蔔味，尖而具臍突的蕈傘為紅橙色，被覆有小纖維。圓柱至棍棒形橙褐色蕈柄上有淺黃至赭土色環帶，為蕈幕殘留物。中等間隔、附著至直生的蕈褶為淺土褐色，隨著成熟漸變成深銹褐色。

• **分布**：大多在酸性土壤上，並與軟木樹形成菌根。廣泛分布且局部常見於歐洲和部分亞洲。

• **相似種**：檸檬形絲膜菌（*Cortinarius limonius*）也有毒，呈更鮮豔的橙色。山絲膜菌（73頁）的蕈傘較不呈圓錐形，且長在硬木樹旁。

尖而具臍突的蕈傘上有小纖維

橙褐色蕈柄上的淺色蕈幕環帶

蕈柄基部寬達2公分

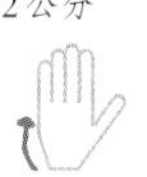

子實體：子實體單獨或集體出現在酸性土壤上。

尺寸：蕈傘 ⊕3-8公分	蕈柄 ↕5-11公分 ↔0.8-1.5公分	孢子：銹褐色	食用性 ☠

科：絲膜菌科	種：*Cortinarius orellanus*	季節：秋季

山絲膜菌(COFFIN WEB-CAP)

這是一種具有致死毒性的蕈，有個具臍突至平坦的紅褐色蕈傘，表面覆著濃密的纖毛。附著至直生的厚蕈褶為銹黃色，間隔分明；圓柱狀的蕈柄則為淺黃褐色。蕈柄上附有較暗的線狀外蕈幕遺跡，但沒有環帶，這一點和帶紅色絲膜菌(72頁)不同。攝取山絲膜菌會嚴重損傷腎臟；症狀一般在吃下一段長時間之後才會出現。

• **分布**：大多在酸性土壤上，和諸如櫟之類的硬木樹共生。廣泛分布於歐洲較暖的溫帶地區，但北美並不存在。

具臍突至平坦的蕈傘其表面呈纖毛狀
蕈傘表面為橙紅色
附著至直生的蕈褶呈銹黃色
圓柱狀蕈柄會朝基部逐漸削尖
蕈柄的基部為黃橙色，沒有明顯的環帶

子實體：子實體主要成小群出現在大多為酸性土壤的硬木樹下。

尺寸：蕈傘 3-6公分	蕈柄 ↕4-9公分 ↔1-2公分	孢子：銹褐色	食用性 ☠

科：絲膜菌科	種：*Cortinarius alboviolaceus*	季節：秋季

白紫絲膜菌(SILVERY VIOLET WEB-CAP)

凸圓至臍突狀肉質蕈傘呈銀藍紫色。扭曲且多為棍棒形的蕈柄也呈銀藍紫色，有時在蕈幕環帶周圍會被堆積的孢子染成銹褐色。相當寬的波狀彎生蕈褶間隔中等，呈淺灰藍至肉桂褐色。

• **分布**：通常與硬木樹形成菌根，但也見於軟木樹下，大多在酸性土壤上。廣泛分布且局部常見於北溫帶。

• **相似種**：圓孢絲膜菌(*Cortinarius malachius*)蕈傘稍覆有鱗片。與軟木樹共生，如同樟絲膜菌(*C. camphoratus*)和山羊絲膜菌(*C. traganus*)，它們都以刺鼻的氣味著稱，前者令人想到半腐爛的馬鈴薯，後者則甜膩而噁心。

子實體：單獨或成小群出現在落葉堆中。

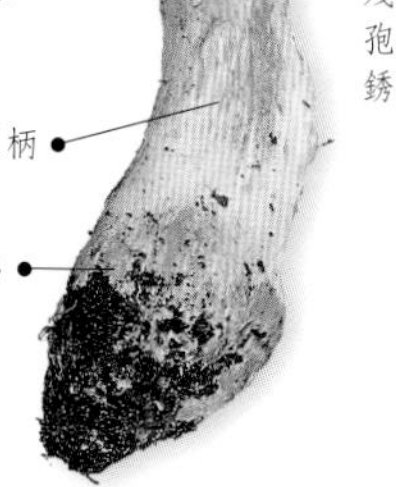
凸圓乾燥的銀紫羅蘭色蕈傘
剖面
淺灰藍色或肉桂褐色蕈褶
米色菌肉略帶藍紫色
白色蕈幕殘留物常被孢子染成銹褐色
扭曲的銀藍紫色蕈柄
蕈柄基部為棍棒形
蕈褶間隔中等

尺寸：蕈傘 5-8公分	蕈柄 ↕5-12公分 ↔1-2公分	孢子：銹褐色	食用性

科：絲膜菌科	種：*Cortinarius torvus*	季節：秋至晚秋

野絲膜菌
(SHEATHED WEB-CAP)

由其相當淺的色彩，蕈柄上的「長襪」，及多肉蕈傘上的寬間隔蕈褶，都可用以鑑別這種菌。圓麵包形蕈傘為灰褐色，邊緣帶有白色蕈幕殘留物(幼時呈紫羅蘭色)，表面上有放射狀纖維。淺黃褐色菌肉在蕈柄上半部可能略帶紫色。

• **分布**：在多種土壤類型的樹林中，主要與山毛櫸形成菌根。廣泛分布於歐洲和北美東部。

• **相似種**：似野絲膜菌(*Cortinarius subtorvus*)顏色較暗，而且和柳樹及山區的木本多年生植物水楊梅(*Dryas*)生長在一起。另外還有幾種相似種，大多在色彩及棲息地上存在著差異。

圓麵包形灰褐色蕈傘

波狀彎生蕈褶厚而堅實

蕈柄上的「長襪」邊緣

寬間隔的紫羅蘭色蕈褶會漸成銹褐色

蕈柄基部呈棍棒形

剖面

子實體：單獨或少數聚在落葉堆當中。

尺寸：蕈傘 4-8公分	蕈柄 ↕4-9公分 ↔0.5-1.5公分	孢子：銹褐色	食用性

科：絲膜菌科	種：*Cortinarius anserinus*	季節：秋季

似鵝絲膜菌
(PLUM-SCENTED WEB-CAP)

這種多肉的蕈有個凸圓形黃褐色蕈傘，健壯的蕈柄基部呈球莖狀膨大。如其英文俗名，它帶有李子氣味。不能食用，淡紫至米色菌肉味道溫和，但蕈傘表皮味苦。

• **分布**：在鹼性土壤上與山毛櫸形成菌根。廣泛分布且局部常見於歐洲。世界分布不詳。

• **相似種**：一群近緣種，如托柄絲膜菌(下圖)存在相似的棲息地中。

△托柄絲膜菌
CORTINARTUS CALOCHROUS
有個中央暗色的黃或綠黃色蕈傘，淡紫色蕈褶以及蕈柄球莖。蕈傘表皮和菌肉味道溫和。

蕈傘中肥厚堅實的菌肉呈米色

附著的蕈褶

灰藍色或淡紫色蕈褶會漸漸變成銹灰褐色

蕈柄中的淺紫色菌肉

剖面

蕈傘邊緣可見到蕈幕殘留物

蕈柄頂部較基部白

蕈幕殘留物使蕈柄球莖帶有赭土色

子實體：單獨或成小群出現。

尺寸：蕈傘 6-12公分	蕈柄 ↕6-12公分 ↔1-2.5公分	孢子：銹褐色	食用性

科：絲膜菌科	種：*Cortinarius triumphans*	季節：夏季至秋季

勝利絲膜菌 (YELLOW-GIRDLED WEB-CAP)

有個油滑的凸圓形橙黃色蕈傘，邊緣往往帶著蕈幕殘留物，健壯的蕈柄上則有明顯的黃色蕈幕環帶。肥厚的奶油黃色菌肉嚐起來味苦，但氣味清淡好聞。

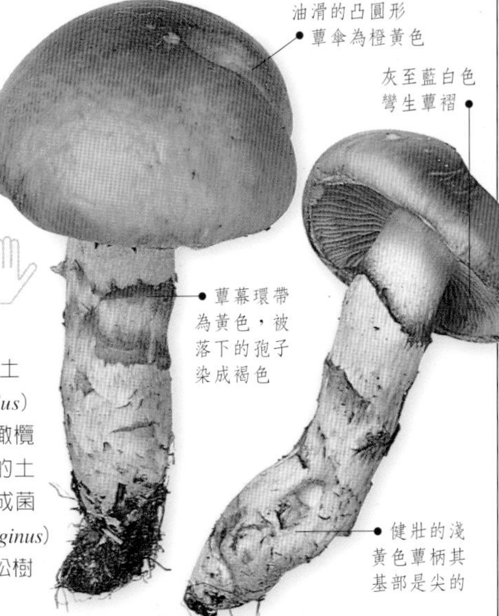
油滑的凸圓形蕈傘為橙黃色
灰至藍白色彎生蕈褶
蕈幕環帶為黃色，被落下的孢子染成褐色
健壯的淺黃色蕈柄其基部是尖的

• **分布**：公園中的樹林及潮溼的草坪上，與樺木形成菌根。廣泛分布但局部出現在歐洲和亞洲；北美東北部亦有記錄。

• **相似種**：克利度絲膜菌（*Cortinarius cliduchus*）蕈傘較暗，生長在硬木樹之間的鹼性土壤。臭絲膜菌（*C. olidus*）具備較暗的蕈傘和橄欖褐色蕈幕，有強烈的土味，但不和樺木形成菌根。大絲膜菌（*C. saginus*）蕈傘較紅，生長在松樹林之間。

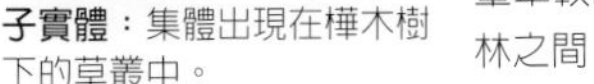

子實體：集體出現在樺木樹下的草叢中。

尺寸：蕈傘 ⊕ 8-15公分	蕈柄 ↕ 10-15公分 ↔ 1-3公分	孢子：銹褐色	食用性

科：絲膜菌科	種：*Cortinarius mucosus*	季節：夏季至秋季

黏絲膜菌 (ORANGE SLIME WEB-CAP)

暗紅至橙褐色凸圓蕈傘具有的波浪形邊緣，健壯的白色蕈柄，都是辨識的最佳指標。蕈傘和白色蕈柄都覆蓋在黏質蕈幕殘留物中。菌肉厚，呈白色；蕈褶則為灰至肉桂褐色。

• **分布**：與二葉松形成菌根，常見於沙質土壤上。廣泛分布且局部常見於北溫帶。

• **相似種**：黏柄絲膜菌（*Cortinarius collinitus*）和雲杉一起出現，其蕈柄上有略帶藍色的黏液。其他相似種生長在不同的寄主樹下。

凸圓或邊緣波浪狀的蕈傘

直生的波狀蕈褶為灰至肉桂褐色

黏糊的蕈幕覆蓋白色蕈柄

肥厚的白色菌肉

蕈傘表面極黏稠

蕈傘中央的顏色加深

剖面

子實體：單獨或少數聚集在松樹下。

尺寸：蕈傘 ⊕ 6-10公分	蕈柄 ↕ 7-12公分 ↔ 1-2.5公分	孢子：銹褐色	食用性

科：絲膜菌科	種：*Cortinarius sodagnitus*	季節：秋季

蘇打絲膜菌（BITTER LILAC WEB-CAP）

凸圓蕈傘為鮮藍紫色，纖長的蕈柄亦同，且基部有明顯的球莖。色彩隨著成熟從蕈傘中央漸變成赭土至淡黃色。蕈傘表皮味苦，菌肉則溫和，最好不要食用這種蕈。

• **分布**：主要與山毛櫸形成菌根，廣泛分布但局部常見於北溫帶。

• **相似種**：雙染色絲膜菌（*Cortinarius dibaphus*）體型稍大，甚至更富色彩。分布狀況相似。

鮮紫羅蘭色蕈傘會出現赭土至淺黃色斑點

蕈柄上覆有細纖維

蕈柄球莖寬達3公分，邊緣清爽

蕈傘菌肉為白至淡紫色

彎生蕈褶

剖面

蕈柄下半部的菌肉略帶赭土色

蕈褶為淡紫色，而後變成銹褐色，邊緣大多為淡紫色

子實體：單獨或少數聚集在鹼性土壤上。

尺寸：蕈傘 ⊕4-10公分	蕈柄 ↕6-10公分 ↔0.5-1.5公分	孢子：銹褐色	食用性

科：絲膜菌科	種：*Cortinarius rufoolivaceus*	季節：秋季

紫紅絲膜菌（RED AND OLIVE WEB-CAP）

這種大型蕈歸入黏絲膜菌亞屬（*Phlegmacium*），可由其獨特的顏色組合加以鑑別：凸圓至具臍突狀的蕈傘呈豔銅色，邊緣為大黃粉紅或橄欖綠色。蕈柄一般細長但呈球莖狀膨大，具有許多色彩；蕈褶略帶橄欖綠或淡紫色。白色菌肉在蕈傘和蕈柄上半部染有紫色。

• **分布**：形成菌根，特別是與山毛櫸及櫟木。廣泛分布但局部出現在歐洲；世界分布不詳。

• **相似種**：其他數種黏絲膜菌亞屬呈橄欖色，包括暗黃綠絲膜菌（*Cortinarius atrovirens*），其暗橄欖色蕈傘肉質多，蕈柄為硫磺色，蕈褶則為橄欖至銹褐色。

△藍絲膜菌
CORTINARIUS CAERULESCENS
多肉並具有灰藍色蕈傘，蕈柄上有白色蕈幕碎片，蕈褶紫色。成熟時呈黃至赭土色。

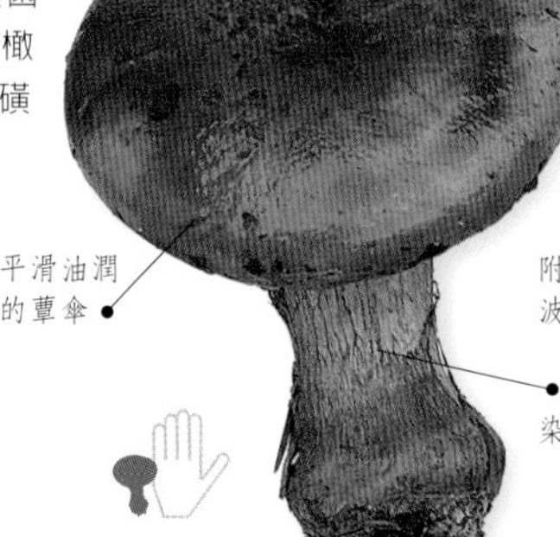

平滑油潤的蕈傘

蕈柄球莖寬達3公分

剖面

附著的波狀蕈褶

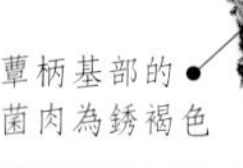

蕈幕殘留物染有銹褐色

蕈柄基部的菌肉為銹褐色

子實體：成小群出現在鹼性土壤的落葉堆中。

尺寸：蕈傘 ⊕6-10公分	蕈柄 ↕7-12公分 ↔1.5-2公分	孢子：銹褐色	食用性

科：絲膜菌科	種：*Cortinarius splendens*	季節：秋季

華美絲膜菌（SPLENDID WEB-CAP）

這種醒目的蕈有個波浪狀邊緣的凸圓形黃色蕈傘。蕈柄上有纖維質硫磺色蕈幕殘留物，及球莖狀膨大的基部。氫氧化鉀（KOH）會將其黃色菌肉轉為深粉紅色。是黏絲膜菌亞屬中體型較小的成員。

• **分布**：往往與山毛櫸形成菌根。廣泛分布且局部常見於歐洲；世界分布不詳。

• **相似種**：橘黃絲膜菌（*Cortinarius citrinus*）整體為淡黃綠色。外表相似，可以食用的口蘑屬蕈類（63-64頁）具備白色的孢子印，且不具蛛網狀蕈幕。

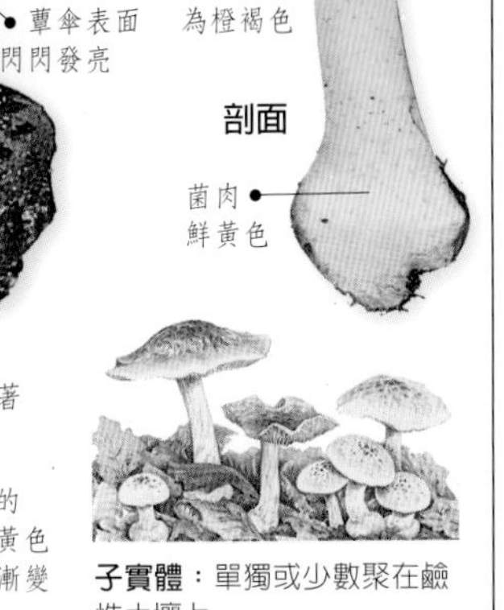
蕈傘表面
閃閃發亮
蕈傘中央
為橙褐色
剖面
菌肉
鮮黃色
蕈柄
球莖顯著
附著的
波狀鮮黃色
蕈褶會漸漸變
成銹黃色

子實體：單獨或少數聚在鹼性土壤上。

尺寸：蕈傘 ↔ 3-7公分	蕈柄 ↕ 4-9公分 ↔ 0.7-1.4公分	孢子：銹褐色	食用性 ☠

科：絲膜菌科	種：*Cortinarius eleganissimus*	季節：秋季

雅緻絲膜菌（ELEGANT WEB-CAP）

其凸圓形橙黃色蕈傘和其他黏絲膜菌亞屬中的成員一樣油滑。蕈柄平滑，呈黃色，但覆有蕈幕殘留下來的線條。菌肉呈極淺的黃色，蕈柄上半部略帶藍色，球莖狀膨大的蕈柄基部則為較暗的黃色。菌肉和蕈傘表皮有水果氣味，且味道溫和。

• **分布**：與山毛櫸形成菌根，廣泛分布但局部出現在歐洲；世界分布不詳。

• **相似種**：其他黏絲膜菌亞屬相似的蕈類包括香柄絲膜菌（*C. osmophorus*）和金黃絲膜菌（*Cortinarius aureofulvus*），其氣味、味道及綠色蕈傘都有所不同。

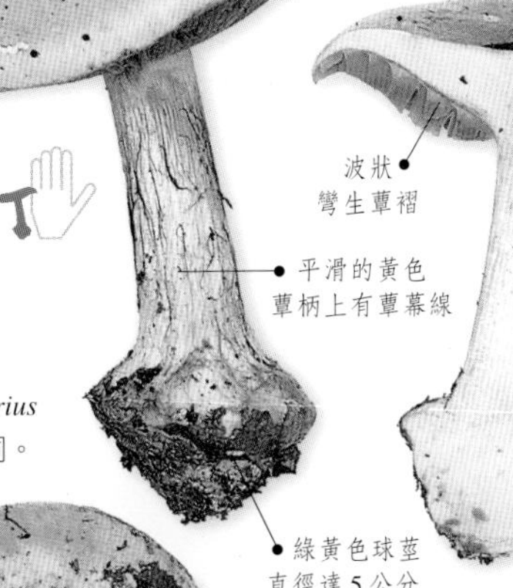
凸圓形蕈傘
橙黃色
剖面
波狀
彎生蕈褶
平滑的黃色
蕈柄上有蕈幕線
綠黃色球莖
直徑達5公分

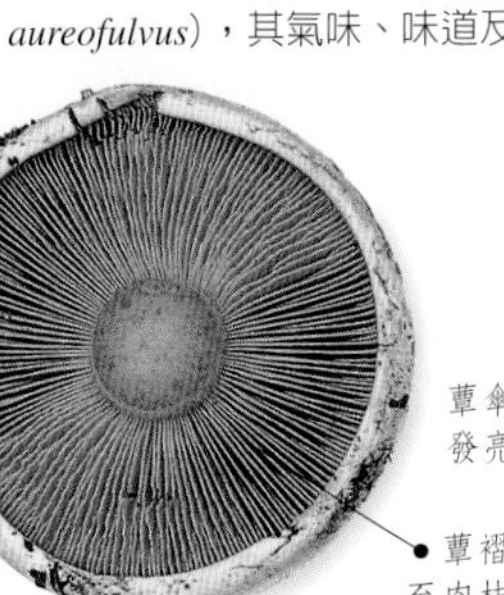
蕈傘表面
發亮而油滑
蕈褶鮮黃
至肉桂色

子實體：單獨或少數聚集在鹼性土壤上。

尺寸：蕈傘 ↔ 6-10公分	蕈柄 ↕ 6-10公分 ↔ 2-3公分	孢子：銹褐色	食用性 ☠

具有蕈環或蕈環帶

本節介紹的眞菌具有蕈幕，能保護未成熟的蕈褶。當蕈傘擴展到成熟尺寸時，蕈幕(或其一部分)殘留物會附著在蕈柄上，有的圍繞蕈柄形成顯著的蕈環，有的則形成纖毛狀的蕈環帶。(請參閱69-77頁，具有蛛網狀蕈幕殘留物的蕈類)蕈環和蕈環帶往往會被掉落的孢子染污，因此在成熟的標本上很難見到蕈幕眞正的顏色。具備這些特徵的傘菌包括：孢子主要爲白色的口蘑科，以及孢子爲彩色的球蓋菇科、絲膜菌科和鬼傘科。

科：球蓋菇科	種：*Pholiota aurivellus*	季節：秋季，少數在春季

金毛鱗傘(GOLDEN SCALE-HEAD)

鮮黃色黏糊蕈傘呈凸圓至具寬闊臍突，其上有醒目的暗銹褐色蕈幕鱗片花紋，內捲的邊緣也帶有蕈幕殘留物。蕈柄同樣黏糊且具鱗片。菌肉不能食用但氣味好聞，蕈傘顏色極淺，蕈柄顏色較暗。

• **分布**：一般高高地生長在活著但受傷的硬木樹上，例如樹枝折斷之處。偏好山毛櫸，但也出現在椴樹和柳樹上。廣泛分布於北溫帶。

• **相似種**：約翰鱗傘(*Pholiota jahnii*)其尖端黑色的蕈傘鱗片更往上翻，而且孢子較小(5.5 ×3.5微米，金毛鱗傘為9 ×5.5微米)檸檬黃鱗傘(*P. limonella*)的孢子也較小(7 ×4.5微米)。

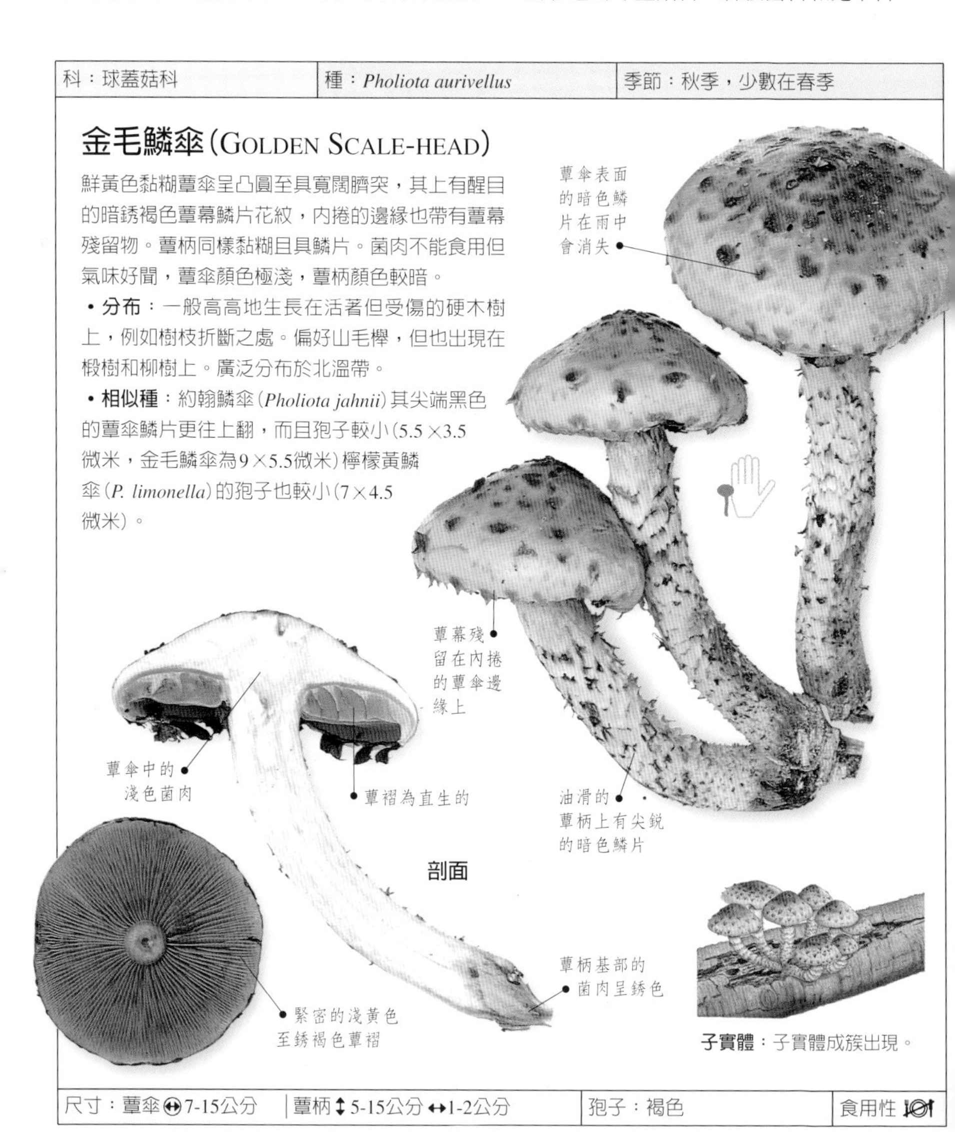

蕈傘表面的暗色鱗片在雨中會消失
蕈幕殘留在內捲的蕈傘邊緣上
蕈傘中的淺色菌肉
蕈褶為直生的
油滑的蕈柄上有尖銳的暗色鱗片
剖面
蕈柄基部的菌肉呈銹色
緊密的淺黃色至銹褐色蕈褶

子實體：子實體成簇出現。

尺寸：蕈傘 7-15公分	蕈柄 ↕ 5-15公分 ↔ 1-2公分	孢子：褐色	食用性

科：球蓋菇科	種：*Pholiota squarrosa*	季節：秋至早冬

鱗傘（SHAGGY SCALE-HEAD）

是種表皮乾燥且容易辨認的蕈，在凸圓至臍突狀的蕈傘上覆有濃密、上翻的鱗片。蕈傘邊緣則可看到蕈幕殘留物。淺黃色菌肉的氣味和味道不特別，或者類似蘿蔔味。

• **分布**：見於建築區以及樹林內，在如榆或花楸等硬木樹下。廣泛分布於北溫帶。

• **相似種**：較小且顏色較淺的尖鱗傘（*Pholiota squarrosoides*），鱗片底下非常黏稠。也出現在硬木樹上，但在歐洲很罕見，北美較常見。羅神裸傘（83頁）見於相同的棲息地中，缺乏獨特的蕈傘鱗片。

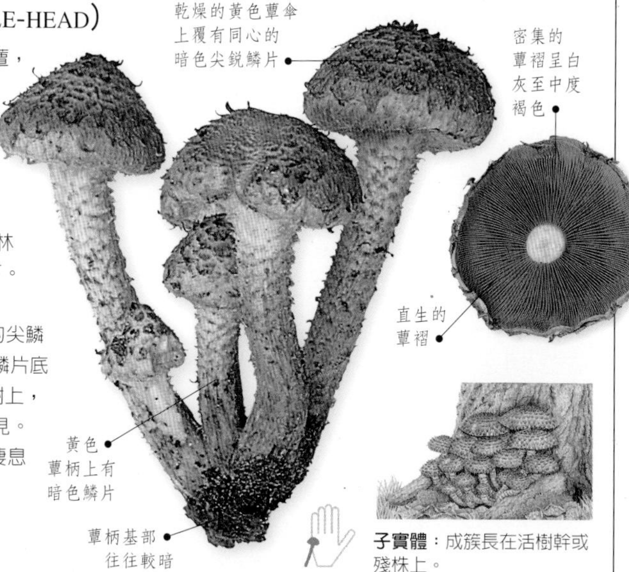

乾燥的黃色蕈傘上覆有同心的暗色尖銳鱗片
密集的蕈褶呈白灰至中度褐色
直生的蕈褶
黃色蕈柄上有暗色鱗片
蕈柄基部往往較暗

子實體：成簇長在活樹幹或殘株上。

尺寸：蕈傘 ⊕5-15公分	蕈柄 ↕6-15公分 ↔1-2公分	孢子：褐色	食用性

科：口蘑科	種：*Oudemansiella mucida*	季節：秋季，少數在夏季

霉狀小奧德菇（PORCELAIN FUNGUS）

這種蕈不可能被誤認，不但有又厚又黏稠的凸圓形淺灰至象牙白色蕈傘，米色蕈柄上還有一道顯眼的灰至灰褐色蕈環。在蕈環之上的蕈柄乾燥；之下則為黏質的，且通常呈灰色。這些特徵加上其棲息地，很容易就能鑑別出。可食用，但不值得。

• **分布**：山毛櫸或比較罕見於櫟木上。它通常高高地出現在活樹的受傷處，例如樹枝折斷的地方。廣泛分布於溫帶和亞熱帶，但北美並沒有發現。

寬闊直生的波狀蕈褶

剖面

黏稠的蕈傘呈淺灰至象牙白色

蕈環以上的蕈柄是乾燥的

蕈柄基部呈球莖狀膨大

堅韌的白色蕈褶間隔適中至分明

蕈環顯著，其下方呈灰色

蕈傘表面有厚黏液

子實體：成簇或單獨長在站立或倒地的樹上。

尺寸：蕈傘 ⊕2-15公分	蕈柄 ↕3-8公分 ↔0.3-1公分	孢子：淡奶油色	食用性

科：口蘑科	種：*Armillaria mellea*	季節：秋季

蜜環菌（HONEY FUNGUS）

這種大型傘菌擁有凸圓、平坦或者波浪形略帶橄欖色的淡黃褐色蕈傘，中央較暗，且佈有稀疏的淺色鱗片。淺赭土至黃色蕈柄細長而尖，附有帶黃邊的白色蕈環；成群的蕈柄基部緊密地結合在一起。間隔分明的直生蕈褶起初為白色，漸變成粉紅褐色，通常會帶些暗色斑點。蜜環菌一度包含許多特徵相似的物種，但現在已分別重新歸類（見蔥柄蜜環菌，下欄）。肥厚的白色菌肉雖然可食，但可能會引起胃部不適。

• **分布**：見於樹林地區，主要與山毛櫸在一起，通常在倒地的殘株上。廣泛分布但局部出現於北溫帶。

細長的淺赭土至黃色蕈柄逐漸收隘
蕈傘的中央較邊緣暗褐
淺黃褐色蕈傘略帶赭土色
成群的蕈柄在基部結合
白色的蕈環飾有黃邊
蕈傘為凸圓、平坦或波浪形

子實體：發現時幾乎總是長成密叢，因為蕈柄基部連結在一起。

尺寸：蕈傘 ⊕ 3-10公分	蕈柄 ↕ 8-10公分 ↔ 1-2公分	孢子：白色	食用性

科：口蘑科	種：*Armillaria cepistipes*	季節：秋季

蔥柄蜜環菌（FINE-SCALY HONEY FUNGUS）

健壯的纖維質蕈柄上有道下垂的白至淺灰色薄菌環，凸圓至具臍突狀的茶至赭土色蕈傘上，佈有稀疏的纖維質鱗片。直生的蕈褶呈淺黃至淺黃褐色，間隔分明。有些相似的物種（現已分別歸類），連同此蕈，都曾經歸屬於蜜環菌（上欄）。可以食用，但可能引起胃部不適。

• **分布**：大多見於死亡或正在枯萎的硬木樹上，但也出現在軟木樹上，樹林、公園和花園均可發現。廣泛分布且常見於北溫帶。

• **相似種**：橡樹蜜環菌（*Armillaria gallica*）未成熟的蕈傘中央色淺，且蕈環為白色至黃色。歐斯特蜜環菌（*A. ostoyae*）蕈柄較粗，基部變成褐色，有道帶褐邊的大蕈環，以及粗糙的蕈傘鱗片。

子實體：成簇或散布在硬木樹的樹上或旁邊。

茶至赭土色蕈傘上有細而尖的暗色鱗片

白至淺灰色的薄蕈環下垂而壽命短

蕈柄基部膨大

剖面

白色菌肉肥厚

尺寸：蕈傘 ⊕ 3-12公分	蕈柄 ↕ 4-12公分 ↔ 1-3公分	孢子：白色	食用性

科：口蘑科	種：*Tricholoma caligatum*	季節：晚夏至秋季

靴口蘑(BROWN MATSUTAKE)

乾燥、凸圓至平坦的蕈傘表面上覆有褐色鱗片。蕈柄纖細，外展的蕈環之上呈白色，之下則有褐色的蕈幕環帶和碎片。菌肉為白色。該英文俗名實際上包含多種非常相似的蘑菇，從香料芬芳、具堅果風味的上選食物，到氣味難聞且難吃的類型不等。

• **分布**：真正的靴口蘑見於南歐和北非的北非雪松(*Cedrus atlantica*)樹下。在北美東部，出現在硬木樹下，在太平洋西北岸則與軟木樹一起生長。廣泛分布於北美北部。

褐色鱗片之下的蕈傘表面呈淺奶油色
凸圓至平坦的蕈傘表面乾燥
緊密的波狀彎生蕈褶每片都有一齒
在蕈環之上的蕈柄呈白色
蕈柄包覆著向外開展的白色蕈環
在蕈環之下有褐色的環帶和碎片

子實體：子實體單獨或少數聚集在硬和軟木樹下。

尺寸：蕈傘 ⊕ 5-12.5公分	蕈柄 ↕ 5-10公分 ↔ 2-3公分	孢子：白色	食用性 🍴

科：口蘑科	種：*Tricholoma magnivelare*	季節：晚夏至秋季

具大環口蘑(WHITE MATSUTAKE)

這是一種上選食物，其堅實的白色菌肉帶有獨特的肉桂和松樹氣味。凸圓形白色蕈傘邊緣內捲，潮溼時膠黏。隨著成熟會逐漸平坦，並長出黃至銹褐色鱗片和斑點。外展的蕈環包繞著蕈柄，蕈環之上為白色，之下則會漸漸變成淡褐色。

• **分布**：見於軟木樹下，廣泛分布且常見於北美北部及洛磯山脈之南；最常見於太平洋西北岸。

• **相似種**：諸如史密斯鵝膏(148頁)的鵝膏屬蕈類缺少香料氣味，且蕈褶為離生的。它們的蕈傘上還有鬆散的蕈幕碎片。

蕈傘邊緣有棉片般的線狀蕈幕殘留物
蕈柄上的蕈環顯著且向外開展
白色蕈褶隨著成熟而染成粉紅褐色
緊密的彎生蕈褶
白色蕈傘覆有淺褐色鱗片

子實體：子實體單獨或少數成群聚在軟木樹下。

尺寸：蕈傘 ⊕ 5-20公分	蕈柄 ↕ 5-15公分 ↔ 2-4公分	孢子：白色	食用性 🍴

科：絲膜菌科	種：*Hebeloma radicosum*	季節：秋季

根黏滑菇(Rooting Fairy Cake)

這是一種大型黏滑菇，其奶油至淺黃褐色蕈傘為凸圓形，表面有顯著的褐色鱗片，平伏在表面上(緊貼的)。同樣被覆著鱗片的蕈柄具有「根」，可深深紮入地下。醒目的蕈環在該屬中顯得不尋常。堅實的白色菌肉有非常強烈的杏仁糖或苦扁桃氣味，味道稍苦，這兩點皆有助於鑑別。

• **分布**：硬木林地排水良好的土壤中與樹形成菌根，但也生長在地下野鼠窩和廁所裏。廣布於北溫帶，但並非常見於各處。

• **相似種**：有些體型較小、不具鱗片的黏滑菇，包括淡色黏滑菇(*Hebeloma pallidoluctuosum*)，帶著香甜的氣味。鱗傘屬(78-79, 91-92頁)蕈類外貌相似，但不具杏仁糖氣味，且皆與枯死的樹木共生。

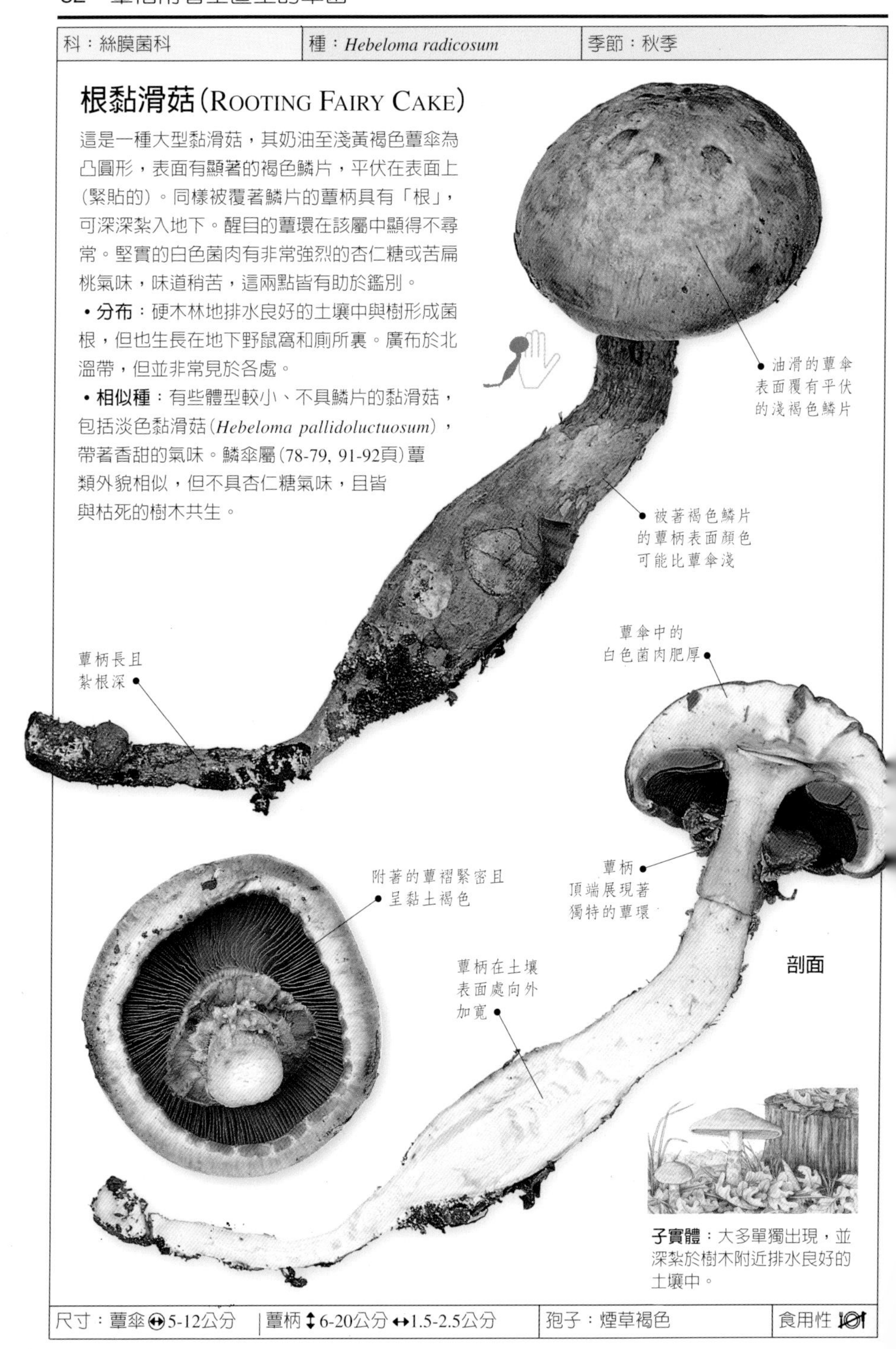
油滑的蕈傘
表面覆有平伏
的淺褐色鱗片
被著褐色鱗片
的蕈柄表面顏色
可能比蕈傘淺
蕈傘中的
白色菌肉肥厚
蕈柄長且
紮根深
附著的蕈褶緊密且
呈黏土褐色
蕈柄
頂端展現著
獨特的蕈環
蕈柄在土壤
表面處向外
加寬
剖面

子實體：大多單獨出現，並深紮於樹木附近排水良好的土壤中。

尺寸：蕈傘 ↔ 5-12公分	蕈柄 ↕ 6-20公分 ↔ 1.5-2.5公分	孢子：煙草褐色	食用性

科：口蘑科	種：*Phaeolepiota aurea*	季節：夏季至秋季

金褐傘（GOLDEN CAP）

這種大型金黃色傘菌帶有苦扁桃氣味，凸圓形蕈傘具有縫狀邊緣和顆粒狀表面。蕈環外展，其下的蕈柄皺紋很多。緊密的附著蕈褶呈米色，漸會變成枯葉褐色。因為具備赭土至褐色孢子印之故，有時它會被歸在絲膜菌科。文獻記錄可食用，但可能引起胃部不適。

- **分布**：樹林地區，沿著道路兩旁或其他人為影響的地點，往往和蕁麻共生；偏好肥沃的土壤。廣泛分布且局部常見於北溫帶。
- **相似種**：羅神裸傘（下欄）出現在腐朽的木材上，其蕈傘和蕈柄上有條紋。

金黃色蕈傘表面呈顆粒狀
蕈傘邊緣綴有蕈幕殘留物
外展的大型蕈環被掉落的孢子染成褐色

子實體：子實體大群出現在養分豐富的土壤上。

尺寸：蕈傘 ⊕10-25公分	蕈柄 ↕10-30公分 ↔1.5-4公分	孢子：赭土至褐色	食用性 🍴

科：絲膜菌科	種：*Gymnopilus junonius*	季節：秋季

羅神（高貴）裸傘（GIANT FLAME-CAP）

成簇的習性、顯著的蕈環、凸圓至具臍突的蕈傘邊緣附有線狀蕈幕，這些特徵都有助鑑別這種多變異的真菌。乾燥的橙黃色蕈傘其邊緣附有線狀蕈幕；纖毛狀蕈柄顏色相同，但蕈環附近被掉落的孢子染成深色。這種肉質最多的裸傘味苦而不能吃，含有致幻成份。

- **分布**：生長在腐朽的硬木樹上，軟木樹上罕見，常見於殘株上或枯萎的樹木周圍。廣泛分布於北溫帶。
- **相似種**：金褐傘（上欄）具有粉末至顆粒狀被覆物，且出現在土壤上。鱗傘（79頁）也一樣。

凸圓至具臍突狀橙黃色蕈傘乾燥且具有放射狀條紋

蕈環靠近蕈柄頂端

彎生至直生的緊密蕈褶為黃色，隨著成熟變成銹褐色

菌肉呈淺黃色

成簇生長，但也單獨出現

蕈柄基部稍微加寬

剖面

子實體：成簇長在死亡的木頭上，大多位於土壤表面。

尺寸：蕈傘 ⊕5-15公分	蕈柄 ↕5-15公分 ↔1-3.5公分	孢子：銹褐色	食用性 ☠

科：球蓋菇科	種：*Psilocybe cubensis*	季節：整年

古巴裸蓋菇（San Isidro Liberty-cap）

這是一種大型裸蓋菇，有個鐘形至臍突狀的黏質黃褐色蕈傘，表面可能覆有由蕈幕殘留的白色小鱗片。米色蕈柄上繞著下垂的蕈環，但不久後就會被掉落的孢子染成黑色。白色至奶油色菌肉受傷後呈藍色。相當緊密的直生蕈褶為紫褐色，成熟時會帶白邊。是一種危險的迷幻藥。

• **分布**：亞熱帶至熱帶放牧動物的草地。廣泛分布且常見於加勒比海與北美沿墨西哥灣的海岸地區，及其他熱帶地方。已被引進歐洲可栽培之處。

• **相似種**：半卵形斑褶菇（95頁）不會染成藍色。

暗紫褐色
蕈褶飾著
白邊
鐘形至
臍突狀
蕈傘
表面有白色
蕈幕鱗片
米色蕈柄
上有下垂
的蕈環

子實體：單獨或成小群出現在草地中的牛、馬糞上。

尺寸：蕈傘 ⊕ 2-12公分	蕈柄 ↕ 5-15公分 ↔ 0.5-1.2公分	孢子：暗紫褐色	食用性 ☠

科：球蓋菇科	種：*Psilocybe squamosa*	季節：秋至晚秋

鱗裸蓋菇（Scaly-stalked Psilocybe）

短暫存在的同心蕈傘鱗片及獨特的蕈環，均為此種相對較大的裸蓋菇特色。鐘形至臍突狀的黃白色蕈傘飾有白邊，蕈褶為灰或紫褐至幾乎黑色；覆著鱗片的米色蕈柄會漸漸變成黃褐色。不可食用；淺褐色菌肉具有淡淡的香味，味道溫和至稍苦。

• **分布**：林地中，從掩埋或半掩埋的硬木殘枝、木材碎片或鋸木屑中長出。廣泛分布且相當常見於北溫帶。

• **相似種**：球蓋菇屬（88-90頁）蕈類在顯微特徵方面有所不同。

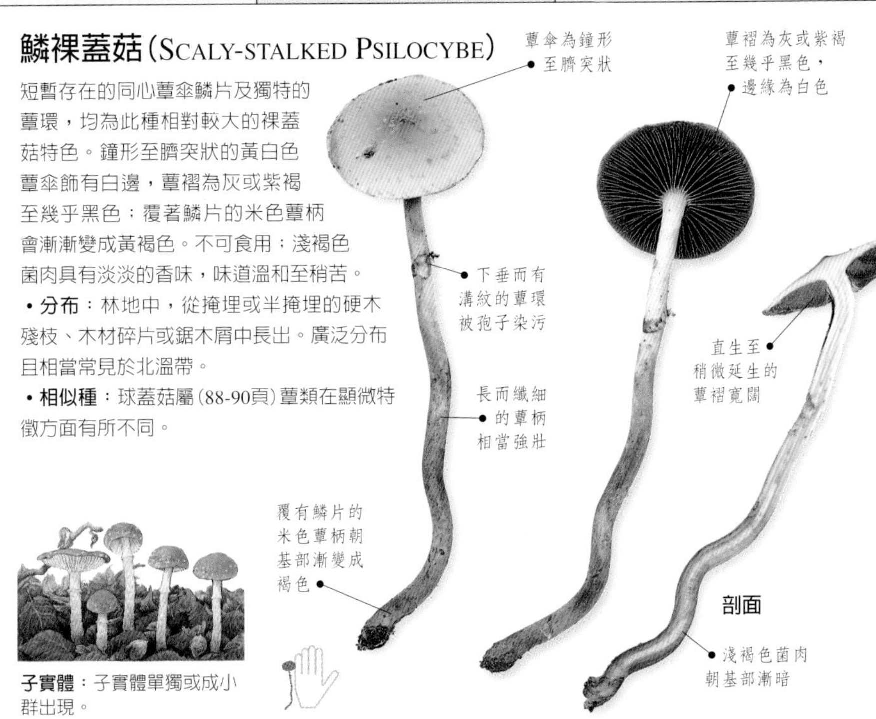
蕈傘為鐘形
至臍突狀
蕈褶為灰或紫褐
至幾乎黑色，
邊緣為白色
下垂而有
溝紋的蕈環
被孢子染污
直生至
稍微延生的
蕈褶寬闊
長而纖細
的蕈柄
相當強壯
覆有鱗片的
米色蕈柄朝
基部漸變成
褐色
剖面
淺褐色菌肉
朝基部漸暗

子實體：子實體單獨或成小群出現。

尺寸：蕈傘 ⊕ 2-5公分	蕈柄 ↕ 10-15公分 ↔ 3-5公釐	孢子：紫褐色	食用性 🍽

科：糞傘科	種：*Agrocybe cylindracea*	季節：晚春至秋季

柱狀田頭菇（POPLAR FIELD-CAP）

多肉且具凸圓形稍帶土黃色的白色蕈傘，其光滑表面在天氣乾燥時會龜裂。蕈柄上有發達的蕈環，會漸由米色變成褐色。在南歐被廣泛地栽培和食用，淺色菌肉有相當強的麥粉氣味和味道。而台灣所栽培的菌種是由日本引進，又稱柳松菇。

• **分布**：在死亡或被修剪的柳樹和白楊樹上或內部。廣泛分布於世界各地。

• **相似種**：早田頭菇（下欄）生長在木材碎片上或草叢中，而且體型通常較小。

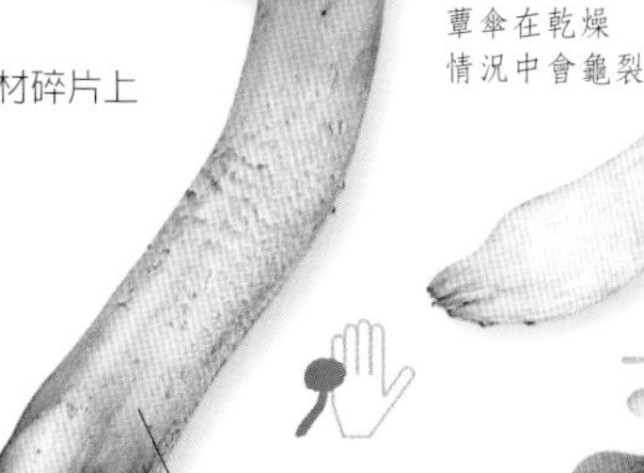

大型且下垂的蕈環
平滑的凸狀蕈傘在乾燥情況中會龜裂
剖面
淺灰褐色蕈褶直生至稍微延生
邊緣可能有蕈幕殘留物
蕈柄上有少許條紋，在蕈環之上最明顯

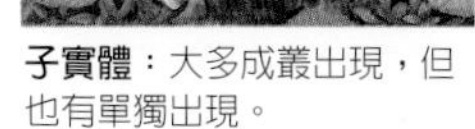

子實體：大多成叢出現，但也有單獨出現。

尺寸：蕈傘 ⊕6-15公分	蕈柄 ↕8-15公分 ↔1-3公分	孢子：黏土褐色	食用性

科：糞傘科	種：*Agrocybe praecox*	季節：春至夏季

早田頭菇（SPRING FIELD-CAP）

這種高度變異的田頭菇通常都有蕈環，但有時蕈幕會附著於蕈傘邊緣。凸圓至臍突狀蕈傘乾燥得十分迅速，而由淡褐色變成黃灰白色；平滑的表面則會龜裂。帶麥粉氣味的淺色菌肉可以食用，但味道稍苦。

• **分布**：樹林、公園和花園中，腐爛的木材碎片或草叢中。廣泛分布且常見於北溫帶。

• **相似種**：微高田頭菇（*Agrocybe elatella*）較雅緻，生長在沼澤間。

附著至直生的蕈褶，每片都有一個延生的齒

褐色蕈傘乾燥後呈黃灰白色

蕈褶淺灰至褐色

剖面

下垂的蕈環被孢子染成褐色

蕈柄十分堅硬

蕈傘邊緣有蕈幕殘留物

沿著纖細蕈柄的條紋

菌肉白至淡黃色

剖面

子實體：子實體成小群或集體出現。

尺寸：蕈傘 ⊕3-7公分	蕈柄 ↕4-10公分 ↔0.6-1公分	孢子：菸草褐色	食用性

科：球蓋菇科	種：*Hypholoma capnoides*	季節：整年

煙色垂幕菇（CONIFER TUFT）

凸圓形蕈傘為黃橙色，乾燥後變成淺橙褐色，在淺色邊緣上可發現蕈幕殘留物。潮溼時呈油滑狀。蕈柄頂端為淺黃色，底部為銹褐色。其淺黃色菌肉味道溫和。

• **分布**：這是少數幾種除了寒冷的冬天外，幾乎整年均可發現的蘑菇之一，它們出現在嚴重腐朽的軟木樹殘株上。廣泛分布且常見於北溫帶。

• **相似種**：多根垂幕菇（*Hypholoma radicosum*）出現在相同的地點，但更為罕見。具備生根的蕈柄，而且有強烈的芳香氣味。

蕈傘黃橙至淺橙褐色

潮溼時蕈傘顯得油滑且較暗

蕈褶為淺灰色至紫褐色

蕈傘邊緣有蕈幕殘留物

緊密而直生的蕈褶

子實體：子實體成簇或單獨出現。

尺寸：蕈傘 ⊕ 3-7公分	蕈柄 ↕ 5-8公分 ↔ 0.5-1公分	孢子：酒褐色	食用性

科：球蓋菇科	種：*Hypholoma fasciculare*	季節：溫和地區全年可見

簇生垂幕菇（SULPHUR TUFT）

這種普遍的林地蘑菇可從兩項特徵來鑑別：大多簇生在死亡的木頭上，同時蕈褶呈綠黃色。凸圓形蕈傘呈淺黃色，且中央通常較暗，蕈柄顏色相似。蕈傘邊緣可能看得見白色蕈幕殘留物。硫磺色菌肉有「蘑菇」般氣味，但不能食用；味道極辣是另一項鑑別特徵，嚐起來並不好受。

• **分布**：腐朽的硬木樹，如殘株及掘翻的根上，軟木樹上罕見。廣泛分布且常見於北溫帶。

緊密的直生蕈褶

綠黃至橄欖褐色蕈褶上有綠色光澤

凸圓形蕈傘為淡黃色，中央較為暗橙

子實體：成小或大簇出現。

淺黃色蕈柄朝基部漸呈橙褐色

蕈柄表面上有細纖維

尺寸：蕈傘 ⊕ 3-7公分	蕈柄 ↕ 4-10公分 ↔ 0.3-1公分	孢子：紫褐色	食用性

科：球蓋菇科	種：*Hypholoma sublateritium*	季節：秋至晚秋

紅垂幕菇(BRICK TUFT)

這種大型蕈類最容易由其尺寸、蕈褶中缺少綠色及顯著的磚紅色蕈傘鑑別出來。蕈傘為凸圓形，纖維質蕈柄的頂端呈淺黃色，基部呈紅褐色。黃至紅褐色菌肉有種好聞的氣味，但嚐起來卻有討厭的苦味。

- **分布**：林地或公園的硬木樹殘株或根部上面。廣泛分布於北溫帶。
- **相似種**：有些體型更小且較雅緻的蕈類諸如濕垂幕菇(*Hypholoma udum*)和長垂幕菇(*H. elongatum*)出現在沼澤區，有時則在水鮮中。緣垂幕菇(*H. marginata*)大群出現在針葉堆上或死軟木樹上。

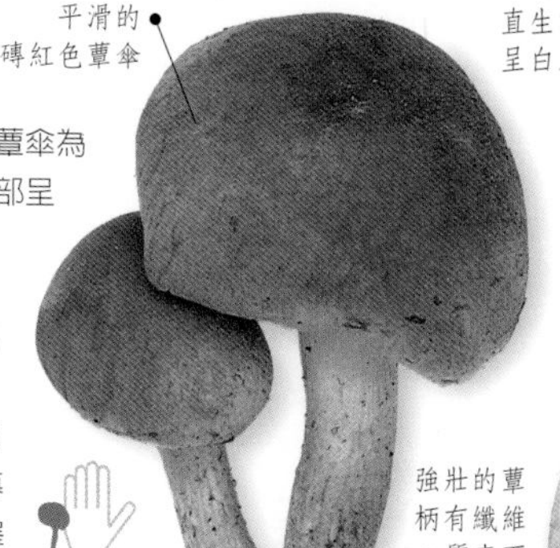
平滑的
磚紅色蕈傘
強壯的蕈
柄有纖維
質表面
蕈柄基部
為紅褐色
年幼的蕈傘邊緣有白色
蕈幕，被孢子染成黑色

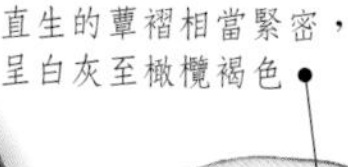
直生的蕈褶相當緊密，
呈白灰至橄欖褐色
剖面

子實體：子實體成簇出現。

尺寸：蕈傘 ⊕ 5-10公分	蕈柄 ↕ 5-10公分 ↔ 0.5-1.5公分	孢子：紫褐色	食用性

科：絲膜菌科	種：*Rozites caperatus*	季節：夏至秋季

皺褶羅鱗傘(GYPSY)

這種蕈剛冒出時呈卵形，而後蕈傘逐漸變成凸圓至臍突狀。黃褐色表面有溝紋或皺紋，中央則有白至淡紫色蕈幕殘留物。平滑的蕈柄上顯著地包覆著一道狹窄的蕈環。

- **分布**：最常見其與軟木樹形成菌根，但也出現在硬木樹下，通常是山毛櫸。廣泛分布於北溫帶某些地區，其他地區則不存在。
- **相似種**：絲膜菌屬(69-77頁)蕈類有親屬關係，但不具真正的蕈環，且孢子為銹褐色。

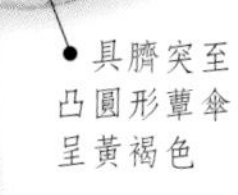
具臍突至
凸圓形蕈傘
呈黃褐色
蕈柄上的
蕈環狹窄而
包覆
蕈傘中央帶
有淺色蕈幕
殘留物
蕈傘表面
有溝紋或皺紋
中等間隔的
蕈褶為附著的

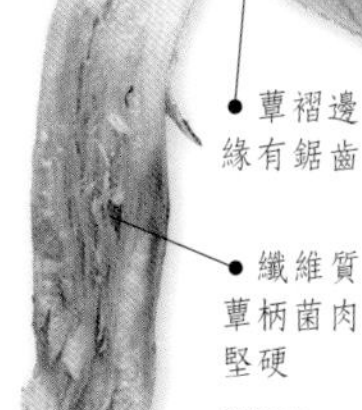
蕈褶邊
緣有鋸齒
纖維質
蕈柄菌肉
堅硬
剖面

子實體：集體或成小群出現在酸性土壤上。

尺寸：蕈傘 ⊕ 5-12公分	蕈柄 ↕ 5-15公分 ↔ 1-2公分	孢子：淺褐色	食用性

科：球蓋菇科	種：*Stropharia cyanea*	季節：秋季

暗藍球蓋菇（BLUE-GREEN SLIME-HEAD）

可由其較淺的褐色孢子印及不具白邊的蕈褶，與其他藍綠色的球蓋菇加以區別。凸圓形油滑的蕈傘為藍綠色，不久即褪色並出現黃色斑點，邊緣有淺色蕈幕殘留物，但蕈環在鱗片的纖維質藍綠色蕈柄上並不顯眼。米色菌肉的氣味清淡。

• **分布**：大多在肥沃林地土壤上的落葉堆中；常見於鹼性土壤的山毛櫸樹林中。廣泛分布於北溫帶。

• **相似種**：銅綠球蓋菇（*Stropharia aeruginosa*）孢子較暗，較暗的蕈褶飾有白邊。假暗藍球蓋菇（*S. pseudocyanea*）有顯著的新鮮黑胡椒粉氣味。

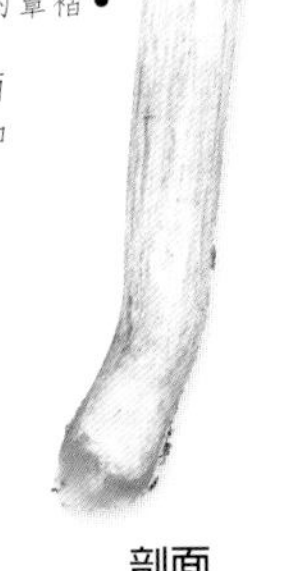
直生的蕈褶
蕈柄表面有纖維和鱗片
蕈柄藍綠色
剖面

子實體：子實體成小群或單獨出現。

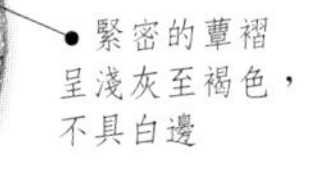
未成熟的菌蕾
白色菌索
邊緣有白色蕈幕殘留物
緊密的蕈褶呈淺灰至褐色，不具白邊

尺寸：蕈傘 ⊕3-7公分	蕈柄 ↕4-8公分 ↔0.4-1公分	孢子：暗褐色	食用性

科：球蓋菇科	種：*Stropharia aurantiaca*	季節：夏至秋季

橘黃球蓋菇（ORANGE SLIME-HEAD）

這種獨特的蕈最容易從其強壯且鮮橙色蕈傘的子實體，及其出現在木材碎片上辨認出來。蕈傘由凸圓而平坦。米色蕈柄表面為纖維質，常是空心的。米色菌肉有時帶點橙色調，氣味清淡；食用性不詳。

• **分布**：大多出現在腐朽的木材碎片或混合著土壤的鋸屑上。廣泛分布且至少現在分布於歐洲。

• **相似種**：橙色的變種鱗裸蓋菇（*Psilocybe squamosa* var. *thrausta*）更雅緻，蕈傘具臍突狀，而且菌肉較薄。

蕈褶飾有白邊
直生至附著或彎生的蕈褶
剖面
鮮橙紅色黏質蕈傘
蕈傘邊緣可能看得見淺色蕈幕殘留物
纖維覆蓋在米色蕈柄表面
蕈柄基部往往膨大

子實體：往往集體出現在護蓋的花床上。

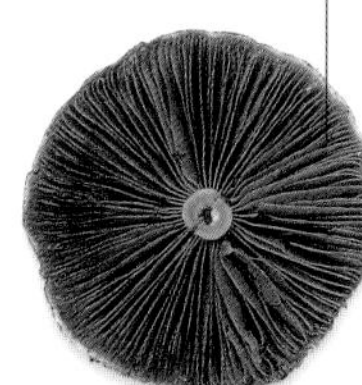
中等間隔的蕈褶呈奶油至橄欖或紫褐色

尺寸：蕈傘 ⊕1.5-6公分	蕈柄 ↕2-6公分 ↔2-8公釐	孢子：紫褐色	食用性

科：球蓋菇科	種：*Stropharia rugoso-annulata*	季節：春季和秋季

皺環球蓋菇 (BURGUNDY SLIME-HEAD)

平滑乾燥的蕈傘呈紅至黃褐色，視曝露於光線的程度而定，形狀會由鐘形漸變成凸圓形以至平坦。米色蕈柄上有一道蕈環，其上飾有暗色線紋，其下則具齒狀構造。蕈柄基部加寬或呈球莖狀膨大，並連有明顯的索狀白色菌絲體。菌肉為白色，在幼嫩時食用風味絕佳。

• **分布**：木材碎片覆蓋物中。廣泛分布於南歐，較北處則罕見；也出現在北美。

• **相似種**：橘黃球蓋菇(88頁)體型較小且較鮮橙紅。蘑菇屬(156-163頁)蕈類具有離生的蕈褶。

齒狀構造位於蕈環底面
蕈環頂部有孢子形成的暗紋
鐘形至凸圓形而後平坦的蕈傘呈紅至黃褐色
紫灰色蕈褶相當緊密
堅實的蕈柄呈米色

子實體：在木材碎片覆蓋物上大團大團出現；有兩個明顯的產孢季節。

尺寸：蕈傘 ⊕5-15公分	蕈柄 ↕10-15公分 ↔1-2公分	孢子：紫灰黑色	食用性

科：球蓋菇科	種：*Stropharia coronilla*	季節：秋季

冠狀球蓋菇 (GARLAND SLIME-HEAD)

這種相當小但強壯的蕈具有極厚的白色菌肉，特別是在赭土至黃色凸圓蕈傘中。狹窄的蕈環寬鬆地附著在白色蕈柄上。灰藍紫色蕈褶會漸漸變成暗紫褐色。有強烈的蘿蔔氣味。最近來自北美的報告認為它可能有毒。

• **分布**：常見於地勢較乾燥的多草區域，包括花園、公園、石南地和沙丘。廣泛分布於北溫帶。

• **相似種**：有些類型具備不同的孢子尺寸和顏色，而被歸為另外的種，如喜鹽球蓋菇(*Stropharia halophila*)和黑孢球蓋菇(*S. melasperma*)。

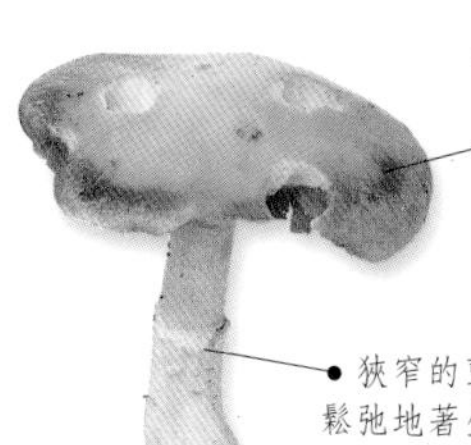

赭土至黃色蕈傘表面在天氣潮溼時顯得油滑
狹窄的蕈環鬆弛地著生白色蕈柄上
蕈傘中的白色菌肉極肥厚
蕈褶飾有白邊
蕈柄的白色菌肉堅硬
剖面

子實體：單獨或少數聚在草叢中或沙質土壤上。

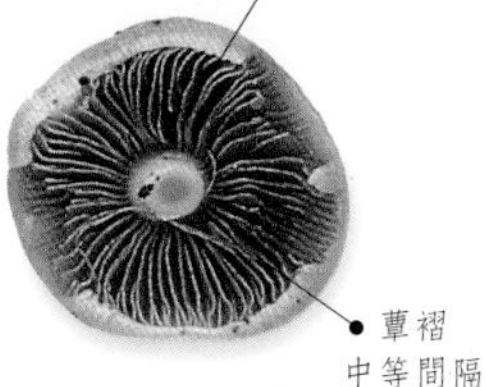

蕈褶灰紫羅蘭至紫褐色
蕈褶中等間隔

尺寸：蕈傘 ⊕1.5-6公分	蕈柄 ↕2.5-4公分 ↔0.4-1公分	孢子：暗紫褐色	食用性

科：球蓋菇科	種：*Stropharia semiglobata*	季節：晚春至秋季

半球蓋菇
(DUNG SLIME-HEAD)

這種雅緻的蕈大小不一，淺黃色的平滑蕈傘通常呈半球形，黏質的米色蕈柄細而長。和許多近緣種一樣，其蕈傘在潮溼時顯得油滑，且擁有一道不明顯的細蕈環，且常被堆積的孢子染黑。不能食用，淺色的薄菌肉有麥粉氣味。

• **分布**：草地和牧場的馬、牛和羊的陳舊糞便上。有一系列真菌在不同腐化階段的草食動物糞便上產孢。廣泛分布於北溫帶和其他地方。

• **相似種**：近臍突球蓋菇(*Stropharia umbonatescens*)蕈傘中央有個疙瘩或臍突，擔子為2孢型；而半球蓋菇則為4孢型。

平滑的蕈傘表面在潮溼的天氣中顯得油滑
剖面
凸圓形或半球形蕈傘
橄欖灰色蕈褶飾有白邊
中等間隔的寬闊蕈褶為直生的
中空的蕈柄
蕈柄細而長
蕈柄基部稍微膨大

子實體：子實體成小群出現在糞便上。

尺寸：蕈傘 0.5-4公分	蕈柄 ↕ 2-8公分 ↔ 2-5公釐	孢子：褐黑色	食用性

科：球蓋菇科	種：*Kuehneromyces mutabilis*	季節：幾乎全年

庫恩菇(TWO-TONED WOOD-TUFT)

臍突狀的蜂蜜褐色至皮黃色蕈傘從中央開始乾燥，而產生一種顯著的雙色調效果。蕈柄顏色較蕈傘淺，蕈環明顯，往往被掉落的孢子染成赭土至褐色；蕈環之下的蕈柄覆有尖銳的鱗片。為上選食物，但請參閱相似種。

• **分布**：樹林和公園腐朽的硬木樹上，軟木樹上罕見。廣泛分布且常見於北溫帶。

• **相似種**：一群有毒的盔孢傘屬(*Galerina*)蕈類與它相似；單色盔孢傘(91頁)和具緣盔孢傘(*G. marginata*)的蕈環之下有纖維而無鱗片。

雙色調的蕈傘從中央開始乾燥
寬闊直生至延生的蕈褶
中等間隔的蕈褶為淺至銹褐色
在蕈環之上的蕈柄顏色淺而平滑
淺褐色菌肉氣味芳香
剖面
蕈環之下的蕈柄色暗且覆有鱗片

子實體：個別或成簇且密集地出現。

尺寸：蕈傘 2-7公分	蕈柄 ↕ 3-7公分 ↔ 0.4-1公分	孢子：赭土至褐色	食用性

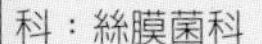

科：絲膜菌科	種：*Galerina unicolor*	季節：夏至冬季

單色盔孢菇(WOOD-LOVING PIXIE-CAP)

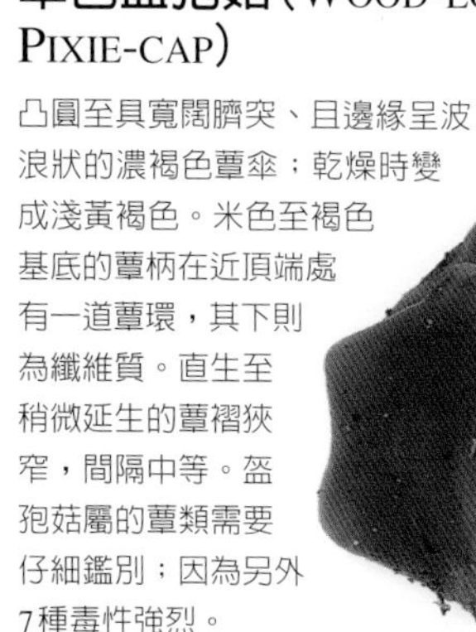

凸圓至具寬闊臍突、且邊緣呈波浪狀的濃褐色蕈傘；乾燥時變成淺黃褐色。米色至褐色基底的蕈柄在近頂端處有一道蕈環，其下則為纖維質。直生至稍微延生的蕈褶狹窄，間隔中等。盔孢菇屬的蕈類需要仔細鑑別；因為另外7種毒性強烈。

• **分布**：枯死及腐朽的殘株和樹幹上，常見於潮溼的泥沼硬木樹林苔蘚和落葉堆上。廣泛分布於北溫帶。

• **相似種**：可食的庫恩菇(90頁)外貌相似，但蕈環之下覆有鱗片而非纖維。

蕈傘邊緣大致呈波浪形
蕈褶淺灰至銹褐色
蕈環明顯，位於其下的蕈柄呈纖維質
蕈柄可能連結在一起

子實體：大都密集成群出現。

尺寸：蕈傘 ⊕1-5公分	蕈柄 ↕3-7公分 ↔3-7公釐	孢子：銹褐色	食用性 ☠

科：球蓋菇科	種：*Pholiota alnicola*	季節：秋季

赤楊鱗傘 (ALDER SCALE-HEAD)

黃色蕈傘(或者間雜些許綠色)及密集成簇的習性為其兩大鑑別特徵。該屬一般在蕈傘上都覆有鱗片，但此蕈及某些成員的鱗片並不十分顯著，通常在年幼個體上看得較清楚，即位於蕈傘邊緣的蕈幕鱗片。波浪狀的蕈柄近乎平滑，基部較多纖維。淺色菌肉氣味好聞，味道也溫和。

• **分布**：死亡或枯萎的硬木樹如赤楊和樺樹上，軟木樹上罕見；通常在潮溼處。精確的分布不詳，但廣泛分布於北溫帶。

• **相似種**：赤楊鱗傘的三種類型有時被分別歸為三種：柳生鱗傘(*Pholiota salicicola*)長在柳樹上，味道苦；黃鱗傘(*P. flavida*)和松生鱗傘(*P. pinicola*)生長在軟木樹上。

油滑的蕈傘表面通常有銹褐色斑點
乾草黃至銹褐色蕈褶直生至稍微延生
剖面
蕈柄朝頂端漸呈黃色
蕈褶中等間隔
蕈柄乾燥至堅韌
蕈柄朝基部漸呈銹褐色

子實體：子實體成簇出現。

尺寸：蕈傘 ⊕3-7公分	蕈柄 ↕8-15公分 ↔0.6-1公分	孢子：褐色	食用性

科：球蓋菇科	種：*Pholiota gummosa*	季節：秋至晚秋

樹膠鱗傘（OCHRE-GREEN SCALE-HEAD）

鑑別這種蕈的關鑑在於：凸圓而平坦的蕈傘稍覆有鱗片，表面為乾草黃色，略帶淺赭土至綠色暈；蕈褶黃至褐色；具鱗片的蕈柄呈污黃色至米色。蕈傘只有在潮溼時才顯得黏糊，且乾得很快。白至黃色菌肉在蕈柄基部變成銹褐色。沒有顯著的氣味或味道。

• **分布**：通常沿道路兩旁，大多從木材生出。廣泛分布於北溫帶。

• **相似種**：曲柄鱗傘（*Pholiota scamba*）體型較小，且生長在軟木樹上。

蕈褶直生或具一個延生的齒

乾草黃色蕈傘略帶點綠色

乾燥的蕈柄往往細而長，覆有米色鱗片

天氣潮溼時蕈傘呈油滑狀乾燥迅速

剖面

蕈褶中等間隔

蕈褶呈淺黃褐至褐色

子實體：在掩埋的木頭上大團或成簇出現。

尺寸：蕈傘 ↔ 2-6公分	蕈柄 ↕ 4-9公分 ↔ 0.4-1公分	孢子：褐色	食用性

科：球蓋菇科	種：*Pholiota lenta*	季節：晚秋

柔軟鱗傘（BEECH-LITTER SCALE-HEAD）

淺黃至褐色蕈褶，油滑的蕈傘散佈著白色蕈幕鱗片，天氣潮溼時黏糊，這些都是柔柄鱗傘的最佳指標。凸圓形蕈傘呈米色、淺黃色或淺灰色，在正常情況下表面完全平滑。淺色菌肉不可食用，帶有乾草氣味，味道則溫和。

• **分布**：木材碎屑上，一般見於山毛櫸樹林，但也出現在其他硬木樹，或者偶爾在軟木樹下。廣泛分布於北溫帶。

天氣潮溼時蕈傘非常黏稠，其上有白蕈幕殘留物

剖面

蕈褶直生或彎生至稍微延生
不明顯的蕈幕殘留物位於稍微內捲的蕈傘邊緣
蕈柄頂部呈粉狀
蕈柄基部往往呈棍棒形
纖維質蕈柄具有鱗片
淺黃至褐色蕈褶相當緊密

子實體：單獨或成小群出現在落葉堆間。

尺寸：蕈傘 ↔ 4-8公分	蕈柄 ↕ 5-8公分 ↔ 0.7-1.2公分	孢子：褐色	食用性

科：球蓋菇科	種：*Pholiota highlandensis*	季節：幾乎全年

蘇格蘭高地鱗傘 (CHARCOAL SCALE-HEAD)

除了位於火燒地點的獨特棲息地外，這種引人注目的真菌還具有相當多肉的橙褐色子實體。黏質的蕈傘為凸圓至有些波浪狀。蕈柄乾燥，且越近基部越呈纖維質。淺黃至銹褐色菌肉不可食用，味道溫和，氣味也不特殊。

• **分布**：林地和造林地中火燒過的地點。廣泛分布於北溫帶。

• **相似種**：其他具蕈褶且見於火燒地的蕈類有乳柄小菇（137頁）喜火燒生灰傘和（*Tephrocybe anthracophilum*），體型通常較小；暗黏臍菇（*Myxomphalia maura*）的顏色較暗。

蕈傘黃褐至暗橙褐色
邊緣色較淺
潮溼時
表面黏稠而
乾燥時發亮
蕈柄表面乾燥
蕈柄下半部
覆有纖維質
的綿狀物
淺灰褐至
褐色蕈褶的
間隔中等

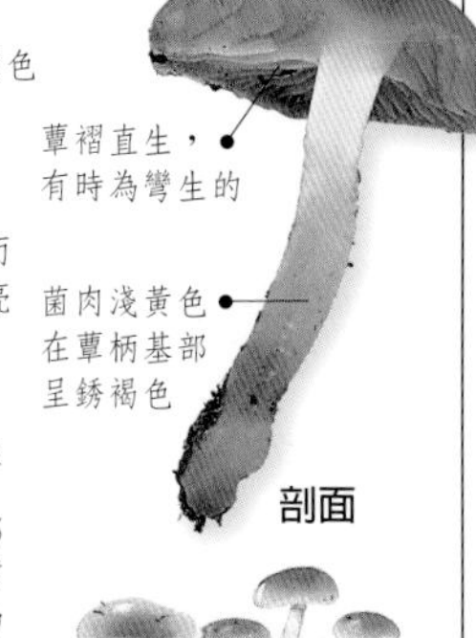

蕈褶直生，
有時為彎生的
菌肉淺黃色
在蕈柄基部
呈銹褐色
剖面

子實體：成群或小簇出現。

尺寸：蕈傘 2-6公分	蕈柄 ↕2-6公分 ↔0.4-1公分	孢子：褐色	食用性

科：絲膜菌科	種：*Hebeloma mesophaeum*	季節：秋至晚秋

中暗黏滑菇 (VEILED FAIRY CAKE)

有個凸圓形至具寬闊臍突的灰褐色蕈傘，邊緣的顏色較淺，蕈柄呈淺褐色。歸於黏滑菇屬中具有蕈幕的類群，其蕈幕以米色細線或碎片出現在蕈傘邊緣和蕈柄上半部。菌肉為淺褐色，和大多數黏滑菇一樣，其氣味令人想起蘿蔔。

• **分布**：在混生林地、公園和花園中與樹木形成菌根；有時出現在燒過的地面上。廣泛分布且十分常見於北溫帶。

• **相似種**：諸如絹白黏滑菇（*Hebeloma candidipes*）之類的近緣種最好是從顯微鏡的觀察來加以辨別。

蕈傘表面乾燥
或稍微油滑
圓柱狀淺褐色
蕈柄帶有白色
蕈幕纖維

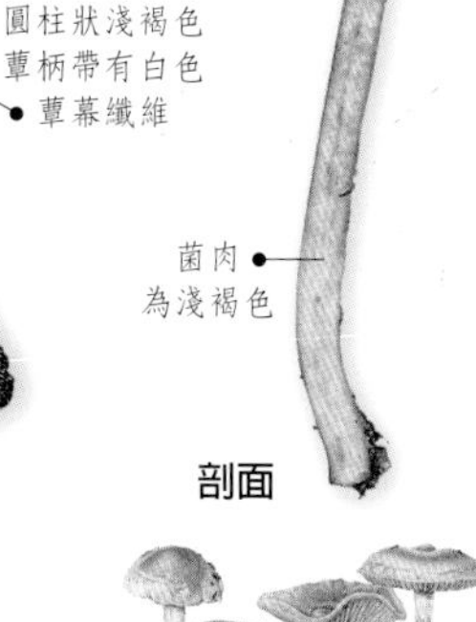

蕈褶
淺褐色
菌肉
為淺褐色
剖面

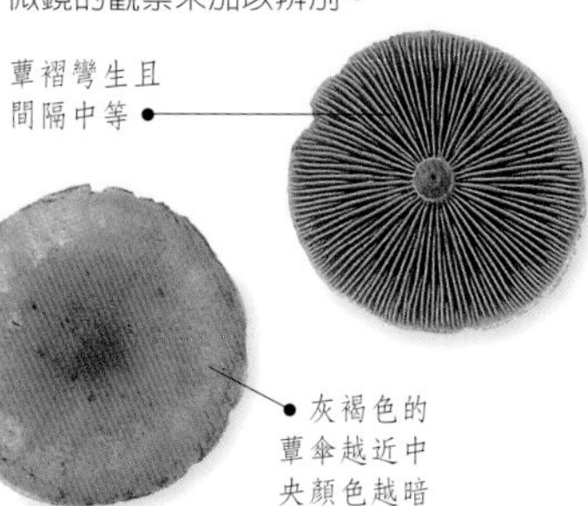

蕈褶彎生且
間隔中等
灰褐色的
蕈傘越近中
央顏色越暗

蕈傘邊緣
有白色蕈幕
殘留物

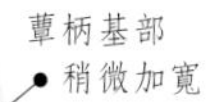

蕈柄基部
稍微加寬

子實體：集體出現在硬和軟木樹下。

尺寸：蕈傘 2-5公分	蕈柄 ↕2-6公分 ↔3-7公釐	孢子：菸草褐色	食用性

科：絲膜菌科	種：*Gymnopilus penetrans*	季節：秋季

滲透裸傘(FRECKLED FLAME-CAP)

凸圓至平坦或具臍突的蕈傘呈橙褐色且相當均一，蕈柄顏色較淺且附著著不明顯的蕈環。淺黃色蕈褶有銹色斑點。有時候被分成兩種：雜裸傘(*Gymnopilus hybridus*)和樅裸傘(*G. sapineus*)。所有裸傘屬蕈類都生長在死亡的木材或植物遺體上，而不像近緣的絲膜菌(69-77頁)那樣形成菌根。

• **分布**：林地和造林地的死亡木材上，大多見於軟木樹。廣泛分布於北溫帶。

• **相似種**：毒裸傘(*G. picreus*)具有暗色蕈柄和鮮黃色蕈褶。

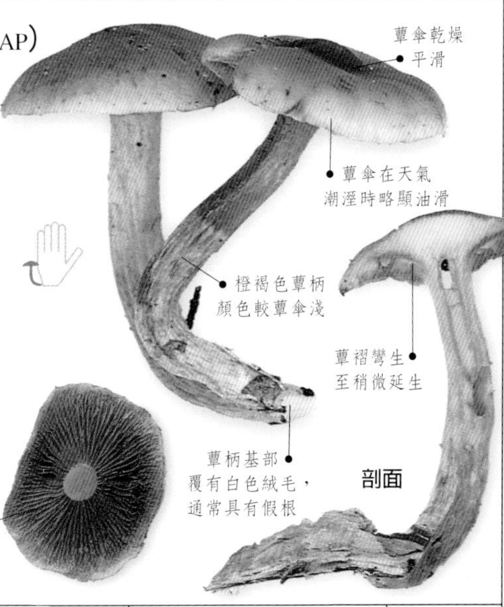

蕈傘乾燥平滑
蕈傘在天氣潮溼時略顯油滑
橙褐色蕈柄顏色較蕈傘淺
蕈褶彎生至稍微延生
蕈柄基部覆有白色絨毛，通常具有假根
剖面
淺黃色蕈褶漸漸變成肉桂褐色且帶有銹斑

子實體：大多成小群或單獨出現。

尺寸：蕈傘 3-8公分	蕈柄 ↕4-7公分 ↔0.4-1公分	孢子：銹褐色	食用性

科：絲膜菌科	種：*Psathyrella piluliformis*	季節：秋季

藥丸形小脆柄菇 (COMMON STUMP BRITTLE-HEAD)

小脆柄菇這個大屬主要是由小型褐色蘑菇組成(簡稱作LBMs)，而在這個彼此之間難以區分的大屬中，這種蕈具備一些可辨別的特徵：成簇生長；蕈傘邊緣的白色蕈幕明顯，被孢子染成褐色。凸圓至鐘形蕈傘在潮溼時呈暗紅褐色，乾燥後呈較淺的黃褐色。諸如孢子大小等細節可更正確地加以確認。

• **分布**：林地中腐朽的硬木樹上，軟木樹上罕見，通常出現於殘株上。廣泛分布且常見於北溫帶。

凸圓至鐘形蕈傘
紅褐色蕈傘乾燥時轉為黃褐色
白色蕈柄近乎平滑
附著的蕈褶邊緣色淺
米色至紅褐色蕈褶相當緊密
蕈柄中空但相當強壯
剖面

子實體：在硬木樹殘株上及周圍密集成簇。

尺寸：蕈傘 1.5-6公分	蕈柄 ↕3-10公分 ↔3-9公釐	孢子：暗紫褐色	食用性

科：鬼傘科	種：*Psathyrella candolleana*	季節：晚春至秋季

黃蓋小脆柄菇(WHITE BRITTLE-HEAD)

是一種產孢早的真菌，大概是這類難辨認的小型褐色蘑菇中最常見者。具有凸圓至具臍突的黃褐色蕈傘，很快地乾燥成為象牙白色，線狀蕈幕會隨成熟而消失，留下近乎平滑的表面。子實體在乾燥時極容易碎。當孢子成熟時，蕈褶會由白色先變成丁香紫，最後成為褐色。

• **分布**：花園、公園和林地中，出現在腐朽的硬木樹附近。廣泛分布且常見於北溫帶。

• **相似種**：顏色較暗的棗褐灰小脆柄菇(*Psathyrella spadiceogrisea*)沿著林道生長，於晚春和早夏出現在相似地點。

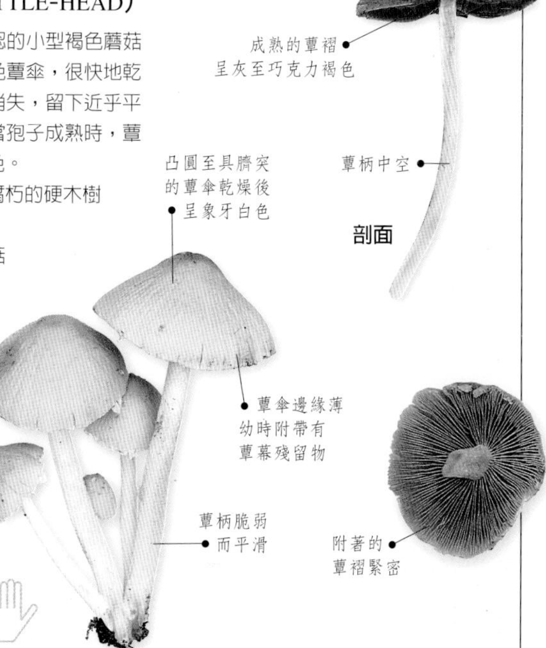

成熟的蕈褶
呈灰至巧克力褐色
凸圓至具臍突
的蕈傘乾燥後
呈象牙白色
蕈柄中空
剖面
蕈傘邊緣薄
幼時附帶有
蕈幕殘留物
蕈柄脆弱
而平滑
附著的
蕈褶緊密

子實體：集體出現在腐爛的木頭周圍。

尺寸：蕈傘 ⊖1.5-7公分	蕈柄 ↕3-9公分 ↔2-6公釐	孢子：褐紫色	食用性

科：鬼傘科	種：*Panaeolus semiovatus*	季節：晚春至秋季

半卵形斑褶菇(SHINY MOTTLE-GILL)

其區別特徵在其蕈傘，潮溼時為黏稠狀，乾燥時則發亮，往往還有皺紋；呈象牙或灰褐色，卵至鐘形，邊緣平滑或具白色蕈幕殘留物。蕈柄上有白色蕈環，一般會被掉落的孢子染黑。白至淺乾草黃色菌肉可能含有致幻成份。

• **分布**：沿海牧場的糞便或混著乾草的糞便上。廣泛分布於北溫帶。

• **相似種**：安替列斯斑褶菇(*Panaeolus antillarum*)在外觀上相似，但缺少蕈環。

子實體：單獨或少數出現在每堆糞便上。

年幼
個體的蕈
傘呈卵形

蕈傘邊緣
平滑或具有
蕈幕殘留物
鐘形蕈傘在
潮溼時黏稠，
乾燥時發亮
白色蕈環
先豎立而後
下垂，往往
被孢子染黑
脆弱的
灰褐色蕈柄
直生的寬闊
蕈褶駁雜著
黑白兩色
蕈柄
基部白色
剖面

尺寸：蕈傘 ⊖1-6公分	蕈柄 ↕6-10公分 ↔3-5公釐	孢子：黑色	食用性

科：糞傘科	種：*Conocybe arrhenii*	季節：晚夏至晚秋

阿瑞尼錐蓋傘(RINGED CONE-CAP)

這是稱作小鱗傘亞屬(*Pholiotina*)中最常見的成員之一，通稱為錐蓋傘。該群成員彼此都很相似，因此最好從它們的孢子來區別。它們的蕈傘邊緣或蕈環上有鱗狀蕈幕殘留物。蕈環大都鬆弛而易脫落。附著的蕈褶相當緊密，通常飾有白邊。所有的成員都可能有毒。

• **分布**：一般在翻動過且富含養份的土壤上。常和其他錐蓋傘及環柄菇和小脆柄菇屬蕈類一起出現。廣泛分布於亞洲和歐洲；世界分布不詳。

• **相似種**：鐘形錐蓋傘(*Conocybe blattaria*)和密生錐蓋傘(*C. percincta*)的擔子為2孢型，而阿瑞尼錐蓋傘為4孢型。

蕈傘中央起初為磚紅色，乾燥後呈淺赭土色
潮溼時蕈傘邊緣會出現條紋
袖扣狀白色蕈環的頂部有條紋
蕈柄基部為淺褐色，越近頂端色越淺

子實體：往往單獨或少數幾個子實體沿道路兩旁出現。

尺寸：蕈傘 ⊕1-3公分	蕈柄 ↕1.5-5公分 ↔1.5-3公釐	孢子：銹褐色	食用性 ☠

科：口蘑科	種：*Cystoderma terrei*	季節：秋季

棕灰囊皮傘(CINNABAR POWDER-CAP)

凸圓至具臍突的磚紅色蕈傘擁有粉狀表面，棍棒形蕈柄的下半部覆有紅色鱗片，這些是其主要特徵。附著的淺色蕈褶相當緊密。用放大鏡檢視時，可見到蕈褶呈流蘇狀。在顯微鏡下則可見到蕈褶邊緣有隔胞(特殊的不育細胞)。

• **分布**：各種林地區域和造林地腐植質豐富的酸性土壤上。世界分布不詳，但它廣布於歐洲，也見於日本。

• **相似種**：在相似的棲息地中可發現數種相似的囊皮傘。顆粒囊皮傘(*Cystoderma granulosum*)顏色呈較髒的銹褐色。近緣的合葉囊皮傘(*C. adnatifolium*)不具隔胞，且色彩較鮮明。

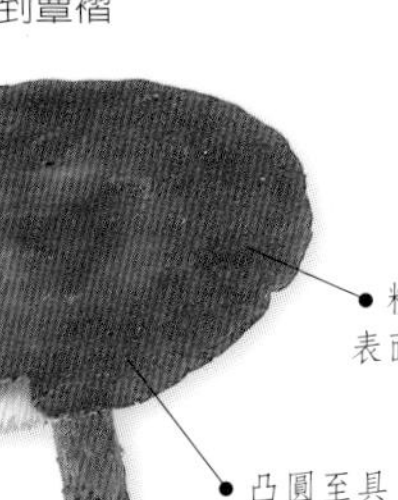
淺色蕈褶的邊緣呈流蘇狀(透過放大鏡才看得見)
菌肉淺粉紅色至橙色
剖面
粉狀蕈傘表面為磚紅色
凸圓至具臍突的蕈傘
蕈柄基部膨大
蕈柄下半部覆有紅色小鱗片

子實體：單獨或少數幾個一起出現。

尺寸：蕈傘 ⊕2-8公分	蕈柄 ↕3-7公分 ↔4-8公釐	孢子：米色	食用性 🍴

科：口蘑科	種：*Cystoderma amianthinum*	季節：秋季

皺蓋囊皮傘
(SAFFRON POWDER-CAP)

這種鮮赭土至黃色蕈類擁有鐘形至平坦的蕈傘，表面為粉狀，邊緣有縫毛。蕈環壽命短暫，其下的蕈柄表面呈粉狀或顆粒狀，緊密而附著的蕈褶為白色，隨著成熟會變成奶油黃色；淺黃色的菌肉薄且帶有霉臭味。鑑別囊皮傘屬蕈類最好透過顯微鏡比較孢子大小來加以確認：皺蓋囊皮傘平均為6×3微米。

• **分布**：位於多種地點——林地的苔蘚中、柳樹下，或與草、羊齒在一起。廣泛分布且常見於北溫帶。

• **相似種**：傑生囊皮傘(*Cystoderma jasonis*)色較暗，蕈傘表面較粗糙；孢子較大(7×4微米)。其他相似種可由較強韌持久的蕈環，或蕈柄頂部呈現的丁香紫色來加以區別。

蕈環之下的蕈柄表面呈粉狀或顆粒狀
赭土至黃色蕈傘其邊緣飾有縫毛
蕈傘鐘形至平坦，有粉狀的表面

子實體：單獨或少數子實體聚在潮溼酸性林地中的苔蘚之間。

尺寸：蕈傘 ⟷ 1-4公分	蕈柄 ↕ 2.5-6公分 ↔ 3-7公釐	孢子：米色	食用性

科：口蘑科	種：*Cystoderma carcharias*	季節：秋至晚秋

鋸齒囊皮傘
(PINK-GREY POWDER-CAP)

除了蕈傘和蕈柄都呈粉紅灰色外，這種蕈還有個特徵，就是具持久的袖扣狀粉紅灰色蕈環。蕈傘和蕈柄表面亦為粉狀，和囊皮傘屬其他成員一樣。附著的白色蕈褶間隔中等。白色菌肉有難聞的臭油氣味。

• **分布**：硬和軟木樹林地和石南地。廣泛分布於北溫帶部分地區，但不像皺蓋囊皮傘(上欄)那樣出現在大部分地方。

• **相似種**：蟲道囊皮傘(*Cystoderma ambrosii*)的子實體近乎純白色，隨著成熟會變成淺褐色。幻覺囊皮傘(*C. fallax*)的子實體為黃褐色。

粉紅灰色蕈傘中央具臍突
獨特的袖扣狀蕈環
白色的附著蕈褶間隔中等
蕈傘具有縫狀邊緣
粉紅灰色蕈柄呈粉狀，特別是蕈環之下

子實體：一般成小群或單獨出現，通常見於酸性土壤及腐植質上的落葉堆和苔蘚之間。

尺寸：蕈傘 ⟷ 2-5公分	蕈柄 ↕ 4-8公分 ↔ 2-7公釐	孢子：米色	食用性

具有纖維狀蕈傘及暗色孢子

本節所介紹的傘菌除了擁有直生至附著的蕈褶(詳見第56頁)外，其蕈傘表面爲顯著纖維狀或覆蓋著鱗片。這些蕈類的孢子印都呈深淺不一的褐色，而不是銹色(詳見第69-77頁，具有銹褐色孢子的蕈類)。本節中的蕈類均爲絲蓋傘屬(*Inocybe*)或垂齒菌屬(*Lacrymaria*)中的成員；有些具備蕈幕，有些則否。絲蓋傘屬蕈類不具備蕈幕，但整個蕈柄覆滿了極細的毛。須透過放大鏡來觀察這些稱作囊狀體的毛狀細胞。

科：絲膜菌科	種：*Inocybe haemacta*	季節：秋季

血紅絲蓋傘
(GREEN AND PINK FIBRE-CAP)

這種蕈的子實體帶綠色，在該屬色彩大多陰暗的種類中顯得稀罕。灰至綠褐色的蕈傘呈凸圓形至具臍突狀，中央為纖維質或具鱗片。蕈傘和淺灰色菌肉皆會隨著成熟而變紅。綠灰色蕈柄愈靠近基部纖維愈多，頂部則有顏色較淺的粉狀覆蓋物。氣味類似尿或馬廏。

• **分布**：公園和樹林中或路邊的肥沃土壤上，與硬木樹形成菌根。廣泛分布但局部以至罕見於歐洲；世界分布不詳。

• **相似種**：角絲蓋傘(*Inocybe corydalina*)有種果汁的氣味，蕈傘上有時帶點綠色。

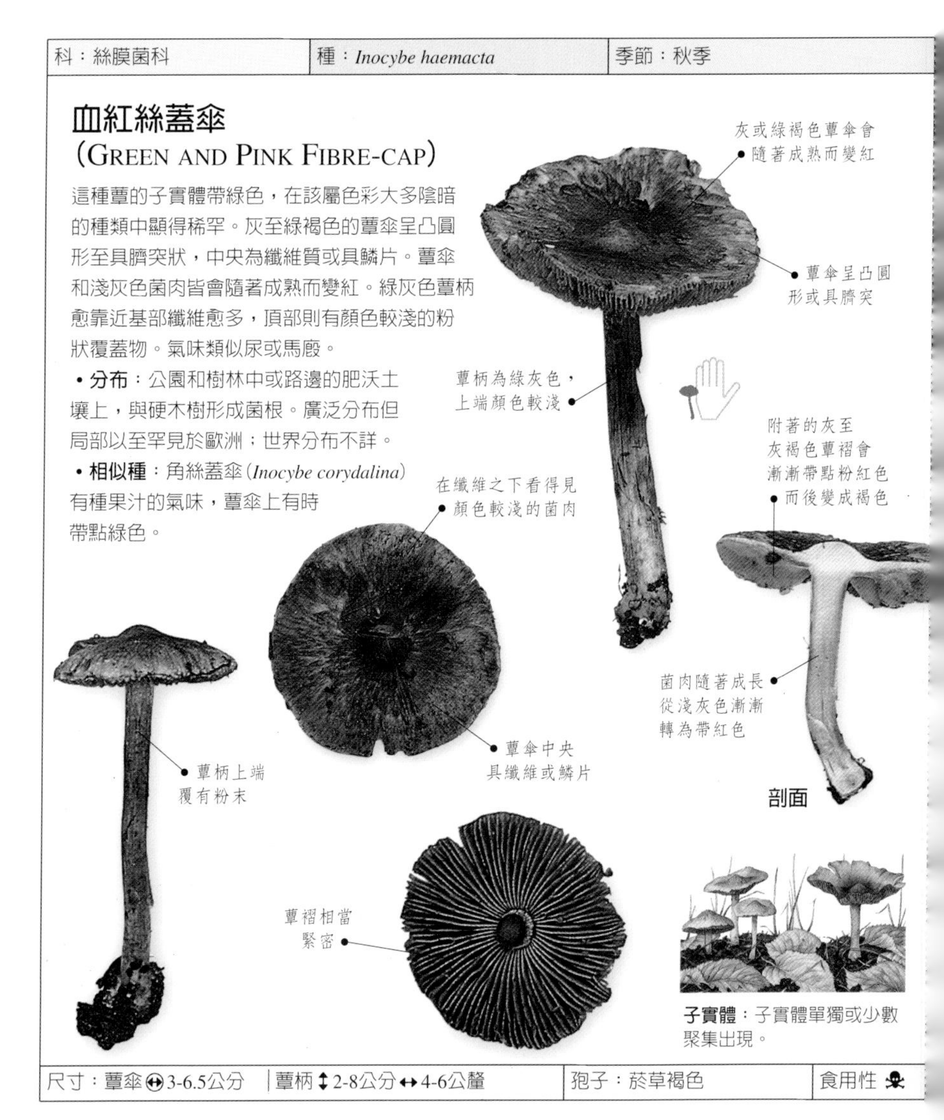

灰或綠褐色蕈傘會
隨著成熟而變紅
蕈傘呈凸圓
形或具臍突
蕈柄為綠灰色，
上端顏色較淺
附著的灰至
灰褐色蕈褶會
漸漸帶點粉紅色
而後變成褐色
在纖維之下看得見
顏色較淺的菌肉
菌肉隨著成長
從淺灰色漸漸
轉為帶紅色
剖面
蕈柄上端
覆有粉末
蕈傘中央
具纖維或鱗片
蕈褶相當
緊密

子實體：子實體單獨或少數聚集出現。

尺寸：蕈傘 ↔ 3-6.5公分	蕈柄 ↕ 2-8公分 ↔ 4-6公釐	孢子：菸草褐色	食用性 ☠

科：絲膜菌科	種：*Inocybe erubescens*	季節：春至秋季

變紅絲蓋傘(REDDISH FIBRE-CAP)

這種肉質蕈類最值得注意的特點，是其幼蕈可能導致中毒(見相似種)，事實上，較成熟或經過觸摸的子實體會染著成紅色。蕈傘為鐘形至寬圓錐形，或具臍突，表面有顯著的放射狀纖維，這在該屬中相當常見。蕈柄矮胖而強壯，高度很少超過蕈傘直徑，表面覆有粉末。

• **分布**：與山毛櫸和椴木等樹形成菌根，出現在黏土或鹼性土壤上。分布廣但只產於歐洲特定地區及亞洲部分地區。

• **相似種**：變紅絲蓋傘曾被誤認為是可食用的真菌，如大柄基麗傘(58頁)。薔薇色絲蓋傘(*Inocybe pudica*)也會染著成紅色，但外型較纖細，子實體也較白。

蕈傘邊緣通常內捲

蕈柄上端覆有粉末

幾乎離生的蕈褶為米色至污橄欖褐色

蕈褶上有紅色傷痕

白色菌肉在被切割或受傷處會變紅色

剖面

子實體：子實體集體出現在肥沃土壤上。

尺寸：蕈傘 ⊕3-9公分	蕈柄 ↕4-7公分 ↔1-2公分	孢子：鼻煙褐色	食用性 ☠

科：絲膜菌科	種：*Inocybe godeyi*	季節：秋季

哥迪絲蓋傘(WHITE AND RED FIBRE-CAP)

圓錐至鐘形的蕈傘呈奶油白至淡赭土色，不久即轉成鮮橙紅色。米色蕈柄覆有細粉末，基部膨大如球莖，並會因成熟而漸呈現紅色調。菌肉會發出微弱的香氣。

• **分布**：與硬木樹形成菌根，特別是山毛櫸，見於鹼性土壤上。分布廣，但只常出現在歐洲特定地區；世界分布不詳。

• **相似種**：薔薇色絲蓋傘(*Inocybe pudica*)也是白色，而後漸漸呈現粉紅色，但蕈柄沒有球莖。

蕈傘漸漸變成橙紅色

蕈褶附著

白色菌肉會染著有紅色

剖面

圓錐至鐘形蕈傘為奶油色

蕈柄覆有細粉

蕈柄基部呈膨大的球莖狀

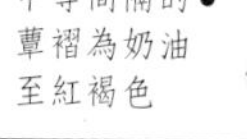

中等間隔的蕈褶為奶油至紅褐色

子實體：少數聚集在步道兩旁的土壤上。

尺寸：蕈傘 ⊕1.5-5公分	蕈柄 ↕2-7公分 ↔3-6公釐	孢子：菸草褐色	食用性 

科：絲膜菌科	種：*Inocybe geophylla*	季節：秋季

土味絲蓋傘（WHITE FIBRE-CAP）

這種蕈有強烈的精液氣味，蕈傘具絲緞般的光澤且有條紋，外型呈圓錐狀至具臍突。蕈柄上半部有粉狀覆蓋物；下半部纖維較多，基部不具球莖。有兩種主要顏色：白色型有時略帶赭土色，淡紫色型則配有褐色蕈褶。此蕈是最常見的絲蓋傘之一。

• **分布**：與硬木和軟木樹形成菌根，通常見於地表裸露、受人為影響的松樹之間或肥沃的土壤上，如溝渠或道路旁。分布廣且常見於北溫帶。

• **相似種**：薄棉絲蓋傘（*Inocybe sindonia*）也是白色，但較強健，出現在軟木樹下。其他淺色種類的體型不是都較大，就是蕈傘具更多纖毛或覆有鱗片。

具臍突的蕈傘上覆有如絲緞般條紋的放射狀纖維

剖面

蕈柄上半部有粉狀覆蓋物

附著的蕈褶為淺灰至灰褐色

蕈柄下半部為纖維質

白色菌肉水分稍多，有精液般的氣味

淡紫色型

淡紫色蕈傘上的臍突

蕈褶相當緊密

白色型

子實體：少數聚集或集體出現在樹下。

尺寸：蕈傘 ⊕1-4公分	蕈柄 ↕2-5公分 ↔3-5公釐	孢子：褐色	食用性 ☠

科：絲膜菌科	種：*Inocybe rimosa*	季節：夏至秋季

裂絲絲蓋傘（STRAW-COLOURED FIBRE-CAP）

這是一種常見而變異多的絲蓋傘，其蕈傘尖銳，上有粗糙的放射狀纖維，同時其上翻的邊緣極易因成熟而裂開。子實體大致呈黃色。蕈柄上半部覆有細粉；基部較寬但不至膨大如球莖。蕈褶一般帶有黃色暈。

• **分布**：大多與硬木樹形成菌根，在林道兩旁較肥沃且通常翻動過的土壤上。分布廣且常見於北溫帶。

• **相似種**：同樣常見的斑點絲蓋傘（*Inocybe maculata*）具有較暗的紅褐色蕈傘，上綴有米色蕈幕碎片。淺色蕈柄可能有個小基部球莖。其他數百種絲蓋傘必須透過非常專業的文獻才能確實鑑別其種類。

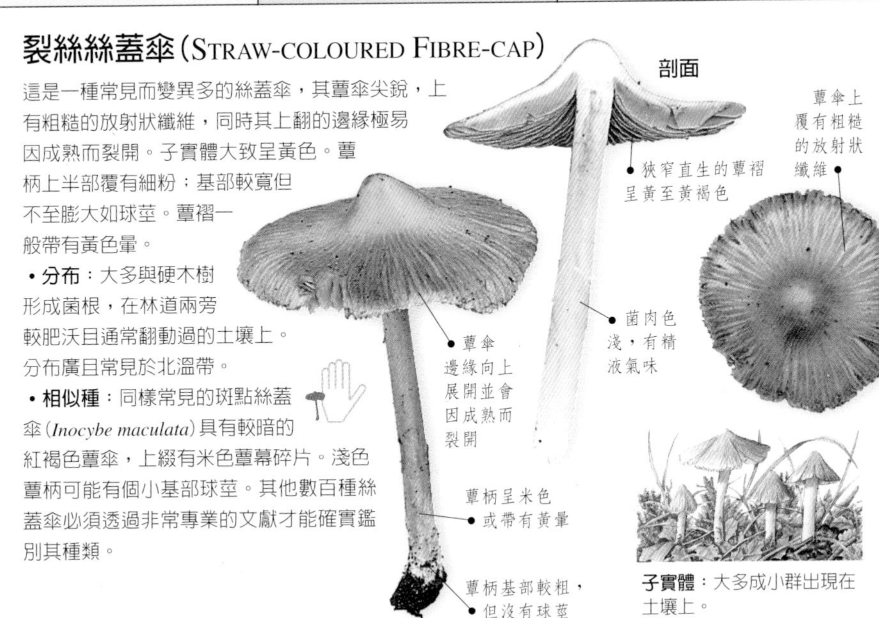
剖面
蕈傘上覆有粗糙的放射狀纖維
狹窄直生的蕈褶呈黃至黃褐色
菌肉色淺，有精液氣味
蕈傘邊緣向上展開並會因成熟而裂開
蕈柄呈米色或帶有黃暈
蕈柄基部較粗，但沒有球莖

子實體：大多成小群出現在土壤上。

尺寸：蕈傘 ⊕3-7公分	蕈柄 ↕6-10公分 ↔0.5-1公釐	孢子：菸草褐色	食用性 ☠

科：絲膜菌科	種：*Inocybe griseolilacina*	季節：秋季

淡灰紫絲蓋傘（GREY AND LILAC FIBRE-CAP）

此蕈的蕈傘呈凸圓形赭土褐色，上覆有褐色小鱗片。纖維質蕈柄具有鱗片，呈淺丁香紫色。此外，蕈傘上也可能出現淡紫色暈。基部沒有球莖。

• **分布**：在較肥沃的土壤上，與硬木樹形成菌根；和其他近緣種一樣，皆常見於道路旁邊。廣泛分布於北溫帶，但確實分布狀況不詳。

• **相似種**：卷曲絲蓋傘（*Inocybe cincinnata*）具有較暗的蕈傘，淡紫色的蕈柄越近頂部色彩越濃。葡西絲蓋傘（*I. pusio*）蕈柄也呈淡紫色，但蕈傘上鱗片較少。

剖面

凸圓形蕈傘上有褐色小鱗片

鱗片之下的蕈傘顏色淺

淺色菌肉可能略帶淡紫色暈

被覆鱗片的纖維質蕈柄表面帶有淡紫色

蕈傘呈赭土至褐色，有時邊緣有淡紫色

蕈柄顏色越近基部越暗

直生的赭土至淡褐色蕈褶飾有白邊

子實體：集體或成小群出現。

尺寸：蕈傘 ⊕0.8-4公分	蕈柄 ↕4-7公分 ↔2-6公釐	孢子：褐色	食用性 ☠

科：絲膜菌科	種：*Inocybe lacera*	季節：春至秋季

撕裂絲蓋傘（TORN FIBRE-CAP）

這種黯淡褐至暗褐色的蕈類，其凸圓形的蕈傘上覆有細纖維和鱗片。幼蕈的蕈傘邊緣可見到蕈幕。褐色纖維質蕈柄沒有基部球莖。菌肉有精液氣味。蕈傘內一般為淺色，越靠近蕈柄基部顏色越暗。這種蕈變異多，透過顯微鏡可見到平滑的圓柱狀孢子和厚壁囊狀體，因而可幫助辨別。

• **分布**：與多種樹形成菌根，包括柳樹和軟木樹。分布廣且常見於北溫帶。

• **相似種**：棉毛絲蓋傘（*Inocybe lanuginosa*）蕈柄更呈棉毛狀，且孢子有小瘤。

蕈傘表面覆有鱗片和細纖維

菌肉在蕈傘內的顏色較淺

蕈柄表面有褐色纖維

菌肉在蕈柄基部的顏色較暗

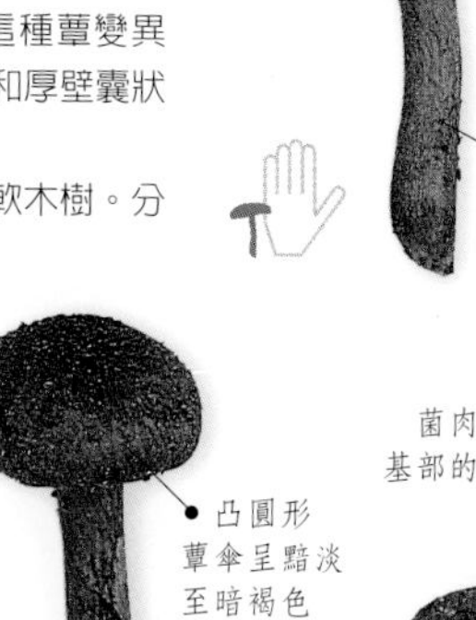
凸圓形蕈傘呈黯淡至暗褐色

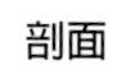
剖面

附著的灰褐色蕈褶具有白邊

子實體：少數聚集或集體出現，往往於貧脊的土壤上可見到。

尺寸：蕈傘 ⊕1-4.5公分	蕈柄 ↕2.5-6公分 ↔2-6公釐	孢子：菸草褐色	食用性 ☠

科：絲膜菌科	種：*Inocybe asterospora*	季節：秋季

星孢絲蓋傘
(STAR-SPORED FIBRE-CAP)

這種蕈的特徵，是其纖細且覆著粉末的蕈柄基部有個獨特而扁平的球莖，稍具臍突的淺色蕈傘上厚厚地覆蓋著放射狀的暗紅褐色粗糙纖維。透過顯微鏡可見到星形孢子（絲蓋傘屬蕈類的孢子大多平滑或具有小瘤，星形孢子算是後者的極端類型。）

• **分布**：與硬木樹形成菌根，特別是榛木或山毛櫸，通常長在裸露的土壤上。廣泛分布於北溫帶，但其狀況在許多區域仍然不詳。

• **相似種**：珍珠孢絲蓋傘（*Inocybe margaritispora*）具有星形孢子，但蕈傘顏色較淡、較黃。耐比絲蓋傘（*I. napipes*）球莖較不顯著、形體也較小，擁有較平常的具瘤孢子。

稍具臍突的蕈傘在纖維之下的顏色較淺
蕈傘菌肉的顏色較淺，蕈柄中則較暗
蕈傘上有放射狀的暗紅褐色粗糙纖維
蕈柄基部有扁平而帶邊的球莖
剖面
整個蕈柄呈粉狀
附著的蕈褶呈菸草褐色

子實體：單獨或少數子實體聚集出現。

尺寸：蕈傘 ⊕ 3-7公分	蕈柄 ↕ 4-9公分 ↔ 0.5-1.2公分	孢子：菸草褐色	食用性 ☠

科：鬼傘科	種：*Lacrymaria velutina*	季節：秋季

絲絨狀垂齒菌 (WEEPING WIDOW)

這種蕈的蕈傘為凸圓形或具臍突，顏色呈褐灰至赭土色，表面覆有絨毛。色彩相同的蕈柄呈纖毛狀且脆弱。直生的蕈褶會由灰色變成黑色，間隔分明。幼蕈可在蕈褶邊緣見到乳狀液滴，這就是其英文俗名「哭泣的寡婦」的由來。這些小滴充滿孢子，乾燥後即形成黑色斑點。

• **分布**：腐生的，見於養分豐富、受人為影響的土壤上。廣泛分布於北溫帶。

• **相似種**：存在若干相似種，包括礫生垂齒菌（*Lacrymaria glareosa*）和火毛垂齒菌（*L. pyrotricha*）。它們可由尺寸、蕈傘顏色及孢子特徵加以區別。

稍呈波形的蕈傘邊緣具有條紋
蕈傘呈凸圓或具臍突
褐灰色至赭土色的蕈傘覆有絨毛
灰色蕈褶的邊緣有小液滴
直生的蕈褶間隔分明

子實體：子實體成大團沿著馬路和步道出現，往往靠近蕁麻。

尺寸：蕈傘 ⊕ 2-10公分	蕈柄 ↕ 4-12公分 ↔ 0.5-2公分	孢子：黑色	食用性 🍴

中型目蕈傘平滑

在本節，分類是根據其大小及蕈傘特徵，而將直生、附著或彎生的蕈褶(詳見第15和56頁)歸納在一起。「中型」的意思是指該子實體的蕈傘直徑在1.5-6公分的範圍內。蕈傘表面平滑是最容易見到的特徵之一。列舉於此處的蕈類，其孢子印顏色皆變化多端，有白色(多見於濕傘)、奶油色(見於金錢菇)、粉紅色(粉褶蕈所產生)以及黑色(發生在許多小脆柄菇上)不等。

科：蠟傘科	種：*Hygrocybe calyptraeformis*	季節：整個秋季

帽形濕傘(Pink Wax-cap)

這是一種罕見蕈類，其雅緻、脆弱、帶黑粉紅色的外觀讓人很難錯認。蕈傘一開始呈圓錐形，成熟時會完全展開，最後則呈放射狀分裂。蕈柄十分易碎，且很難自基質中拔出。粉紅色至白色的菌肉味道溫和，但因顧及保育，且事實上其食用性也未完全考證，所以不建議食用。

• **分布**：沒有施用過商品肥料的草原地區，通常是在鹼性土壤上。廣泛分布於整個歐洲，包括北大西洋的島嶼。

• **相似種**：檸檬綠濕傘(*Hygrocybe citrinovirens*)形狀相似但呈黃綠和橙色，亦十分罕見。其他濕傘屬的蕈類都擁有圓錐形蕈傘，但不似帽形和檸檬綠濕傘會分裂得如此極端。緋紅濕傘(105頁)會隨成熟變黑。棗褐色濕傘(*H. spadicea*)具備暗色蕈傘和黃色蕈褶，它不會黑化。

完全張開的成熟蕈傘呈放射裂片狀

粉紅色蕈傘表面

蕈柄頂部為粉紅色

脆弱的蕈柄呈白粉紅色

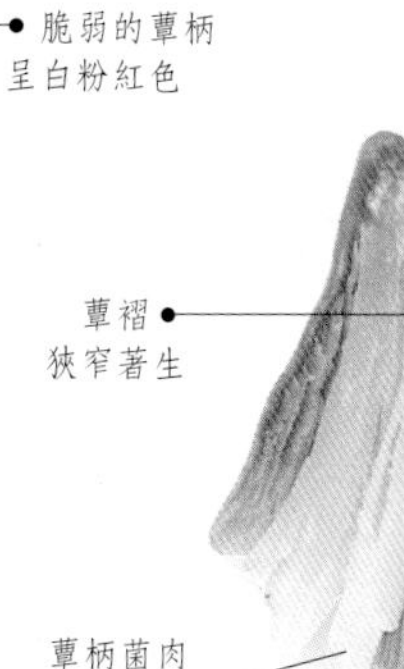
蕈褶狹窄著生
蕈柄菌肉為白色

剖面

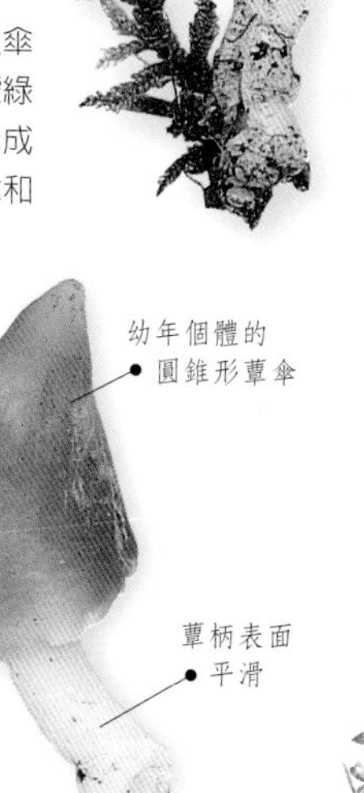
幼年個體的圓錐形蕈傘
蕈柄表面平滑

粉紅色蠟質多肉的蕈褶間隔分明

蕈褶很容易破

子實體：成小群出現在草叢和苔蘚之中。

尺寸：蕈傘 ⊕3-7公分	蕈柄 ↕5-10公分 ↔0.5-1公分	孢子：白色	食用性

科：蠟傘科	種：*Hygrocybe conica*	季節：夏至晚秋

變黑濕傘 (Blackening Wax-cap)

這種多變異的真菌，蕈傘乾燥而具纖毛，且大致成圓錐形。蕈柄呈黃至紅色，飾有縱向條紋。該菌的色彩、尺寸和形狀變化不一，在濕傘屬當中，它的棲息地範圍可說是最廣的(有些真菌學家因此提出它是一系列變種的意見)。它會隨著成熟或經過觸摸而變黑。可能稍微有毒。

• **分布**：在多草區域，但施有重肥之處除外。分布廣且常見於北溫帶。

• **相似種**：持久濕傘(*Hygrocybe persistens*)往往具備更光亮的蕈傘，而且不會變黑。

剖面

蕈褶呈淺灰至紅色

緊密的蕈褶呈波狀，幾乎離生至附著的

蕈傘為黃至紅色

蕈傘表面大多乾燥且呈纖毛狀

蕈柄基部顏色較淺，除非被染為黑色

子實體隨著成熟或經過觸摸會變黑

蕈柄上有縱向纖維

蕈柄為黃至紅色

子實體：大多成小群出現。

尺寸：蕈傘 ⊕ 1-5公分	蕈柄 ↕ 2-10公分 ↔ 0.4-1.5公分	孢子：白色	食用性 ☠

科：蠟傘科	種：*Hygrocybe chlorophana*	季節：秋至晚秋

硫磺濕傘 (Golden Wax-cap)

這是一種相當大的濕傘，呈現鮮豔的橙黃色至深淺不一的淺黃色，黏滑的凸圓形至平坦狀蕈傘會漸漸變成灰黃色，且邊緣多少有些條紋。蕈柄可能黏滑，但頂部大多呈粉狀。淺黃色菌肉可以食用，味道溫和，但並不推薦。

• **分布**：在各種未經耕種的草原中，大多和其他濕傘並存。分布廣且常見於北溫帶。

• **相似種**：蠟質濕傘(*Hygrocybe ceracea*)體型較小且蕈傘較不黏，蕈褶直生或延生。黏濕傘(*H. glutinipes*)體型更小，蕈傘和蕈柄都非常黏，具備直生或延生的蕈褶。

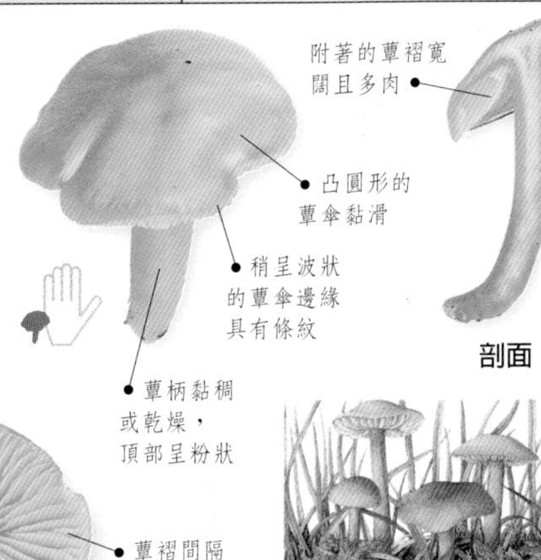
附著的蕈褶寬闊且多肉
凸圓形的蕈傘黏滑
稍呈波狀的蕈傘邊緣具有條紋
蕈柄黏稠或乾燥，頂部呈粉狀
蕈褶間隔分明，顏色較蕈傘淺
剖面

子實體：集體和成蕈圈出現。

尺寸：蕈傘 ⊕ 1.5-7公分	蕈柄 ↕ 2.5-10公分 ↔ 3-8公釐	孢子：白色	食用性 🍴

科：蠟傘科	種：*Hygrocybe coccinea*	季節：晚夏至晚秋

緋紅濕傘（Scarlet Wax-cap）

這種真菌和其他紅色濕傘的不同處，是在於此蕈的蕈傘呈鐘形、表面佈有少許顆粒、乾燥但天氣潮溼時會變黏，且蕈褶直生。可以食用，但非上選，因它不論聞起來或吃起來的味道都淡而無味。較小且顏色更橙的緋紅濕傘可能較難區別，需根據非常專業的文獻且透過顯微鏡研究才能鑑定。

• **分布**：各類未經耕種的草原中。分布廣且相當常見於北溫帶。

• **相似種**：紅紫濕傘（56頁）和閃亮濕傘（*Hygrocybe splendidissima*）肉質較多且具備附著的蕈褶。後者蕈柄幾乎平滑，而氣味則令人想到蜂蜜。

蕈傘為猩紅色

剖面

著生範圍寬的猩紅色蕈褶

乾燥的蕈柄大部分呈紅色

蕈傘表面佈有少許顆粒

蕈傘乾燥時變成灰色調

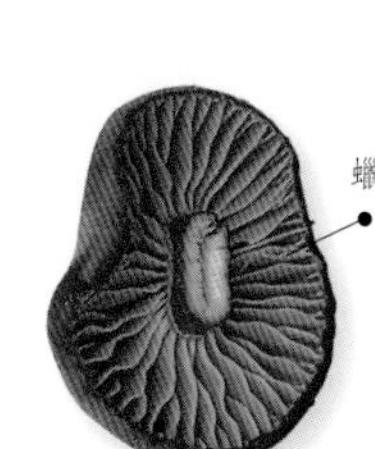
蠟質的厚蕈褶間隔分明

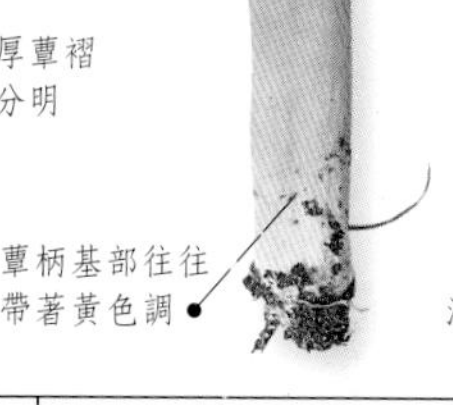
蕈柄基部往往帶著黃色調

纖維質淺黃色菌肉

子實體：子實體集體或成小群出現。

尺寸：蕈傘 ⊕1.5-6公分	蕈柄 ↕4-8公分 ↔0.4-1公分	孢子：白色	食用性

科：蠟傘科	種：*Hygrocybe psittacina*	季節：夏至晚秋

鸚鵡濕傘（Parrot Wax-cap）

這種值得一見的蕈類可能很難鑑別，因為其個體會隨著成熟而呈現各種不同的色彩。幼時的凸圓或鐘形蕈傘為深綠色，而後漸變成紫、橙和黃色。蕈柄為黃色，帶有藍綠色調。子實體表面黏糊，特別在幼小時，幾乎沒有氣味。不可食用。

• **分布**：未經耕種的草地、路旁和樹林中肥沃的土壤上，與地舌菌（242頁）和擬瑣瑚菌（240頁）及其他珊瑚菌科成員一同出現。分布廣且常見於北溫帶。

• **相似種**：鸚鵡濕傘變種（*Hygrocybe psittacina* var. *perplexa*）有時完全被賦予種的地位，其子實體不具綠色調，而大致呈磚紅色。

黏稠的綠至橙色蕈傘

蕈柄的頂部通常帶藍綠色

幼小個體的蕈傘為深綠色

蕈柄黏滑呈黃或綠色

附著的綠至橙黃色蕈褶

脆弱的菌肉呈白色，略帶淺綠和黃色調

剖面

子實體：大多成小群出現在草地中。

尺寸：蕈傘 ⊕1-4公分	蕈柄 ↕3-7公分 ↔4-8公釐	孢子：白色	食用性

科：蠟傘科	種：*Hygrophorus eburneus*	季節：秋至早冬

象牙白蠟傘(SATIN WAX-CAP)

這種蕈的蕈傘呈凸圓至平坦狀，顏色為閃爍發光的白色，在天氣潮溼時會滴下黏液。白色蕈柄也是黏糊的。兩者都會隨著成熟而稍微變黃。蕈褶厚且為蠟質，白色菌肉有好聞的芳香氣味，但不值得食用。

• **分布**：在肥沃土壤上與山毛櫸形成菌根。廣泛分布於北溫帶的山毛櫸生長之處。世界分布不詳。

• **相似種**：黃盤蠟傘(*Hygrocybe discoxanthus*)染為深橘色。

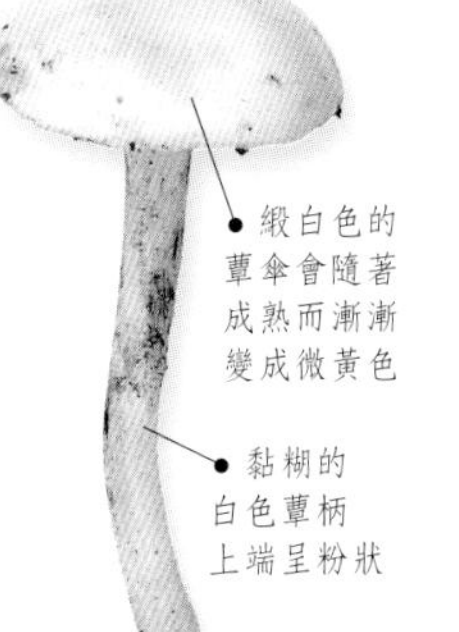
緞白色的
蕈傘會隨著
成熟而漸漸
變成微黃色
黏糊的
白色蕈柄
上端呈粉狀

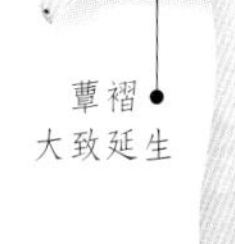
蕈褶
大致延生
剖面
白色菌肉
氣味芳香

子實體：成小簇出現在落葉堆間的土壤上。

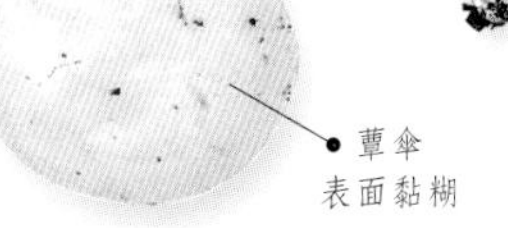
蕈傘
表面黏糊

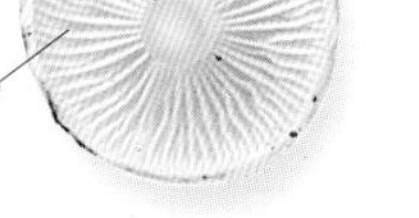
厚蠟質的
白色蕈褶
間隔中等

尺寸：蕈傘⊕3-8公分	蕈柄↕4-10公分↔0.5-1公分	孢子：白色	食用性

科：糞傘科	種：*Agrocybe pediades*	季節：夏至秋季

平田頭菇(COMMON FIELD-CAP)

這種蕈沒有什麼特異之處，它的蕈傘為黃赭土色，表面完全平滑，形狀稍呈凸圓，沒有蕈幕。圓柱形蕈柄堅硬筆直，菌肉色淺，帶有麥粉的味道。有些專家將平田頭菇又分成若干種，主要是根據其棲息地和顯微鏡所觀察到的特徵，如孢子大小而定。

• **分布**：一般在草坪或牧草原中，但也可能生長在含有馬糞的護根上。分布廣且常見於北溫帶。

• **相似種**：野地田頭菇(*Agrocybe arvalis*)具短茸毛的蕈柄從黑色菌核中長出。近緣的硬田頭菇(*A. dura*)顏色較淺且肉較多，蕈傘邊緣有蕈幕。

凸圓形的赭土
黃色蕈傘在潮溼
時變得油滑
平滑的蕈傘
表面在乾燥狀
況中會龜裂
生長在
草地中
直生的
褐色蕈褶
堅硬的蕈柄表面
覆有少許絨毛
剖面

子實體：子實體單獨或集體出現。

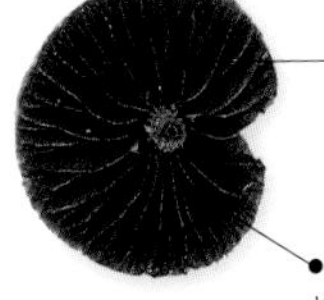
蕈褶間隔
分明
蕈褶有
米色邊緣

尺寸：蕈傘⊕1-3.5公分	蕈柄↕2.5-5公分↔3-5公釐	孢子：菸草褐色	食用性

科：鬼傘科	種：*Panaeolus papilionaceus*	季節：夏至晚秋

蝶形斑褶菇 (FRINGED MOTTLE-GILL)

這種斑褶菇的特徵，在於其蕈傘邊緣有三角形的蕈幕殘留物。它的蕈傘呈凸圓或鐘形，顏色從暗灰至褐灰色不等，較成熟個體蕈傘的顏色會較淺。由於孢子的成熟先後不一，使蕈褶呈花條紋狀，這在斑褶菇中很普遍。蕈柄的菌肉為暗褐色，蕈傘的則較淺，氣味不顯著。另外有一類型的蕈傘具明顯脈紋，以前被歸為另一種：粗網斑褶茹(*Panaeolus retirugis*)。由於有關毒性的報告彼此矛盾，所以最好不要食用。

• **分布**：在舊糞上或施肥的草地中。廣泛分布於北溫帶及別處。

子實體：單獨或少數聚在肥料上或附近。

凸圓或鐘形的蕈傘表面平滑

剖面

蕈傘邊緣恰可看到三角形蕈幕殘留物

寬闊直生的蕈褶夾雜著黑和灰色

灰色至暗褐色蕈柄相當脆弱

蕈柄是中空的

蕈傘呈淺褐灰色，表示這是較成熟的個體

間隔中等，近乎黑色的蕈褶飾有白邊

尺寸：蕈傘 ⊕1-4公分	蕈柄 ↕4-10公分 ↔2-3公釐	孢子：黑色	食用性 ☠

科：球蓋菇科	種：*Psilocybe cyanescens*	季節：秋至早冬

變暗藍裸蓋菇 (BLUE-RIMMED LIBERTY-CAP)

這種能導致幻覺的傘菌具有平坦的蕈傘，邊緣呈波浪狀；它最初為略帶紅的淺黃色，乾燥後會呈奶油赭土色，觸摸時則會出現暗藍色污斑。在潮溼的天氣中會變得油滑。米色至灰色蕈柄也染有藍色，不具蕈環。若干蕈柄常常在基部結合。白色菌肉有種淡淡的麥粉氣味。

• **分布**：大多見於受人為影響過的地方，諸如護蓋著含有木材碎片(特別自軟木碎片)的花床。分布廣但只在北溫帶的特定地區常見。

• **相似種**：天藍蓋裸蓋菇(*Psilcybe caerulipes*)孢子為橢圓體；變暗藍裸蓋菇為扁平橢圓體。毋忘我草垂幕菇(*Hypholoma myosotis*)則不具色塊。

直生至稍微延生的蕈褶

剖面

淺色菌肉和蕈柄表面染有藍色

蕈傘邊緣可能呈波形，成熟時則上翻
蕈傘邊緣的藍色最顯著
絲質纖毛狀蕈柄呈米色至灰色

子實體：集體或成簇出現在經人為影響的地點。

蕈褶間隔相當分明
蕈褶為白灰至暗紫褐色，飾有白邊

子實體：集體或成簇出現在經人為影響的地點。

尺寸：蕈傘 ⊕2-4公分	蕈柄 ↕3-6公分 ↔3-8公釐	孢子：暗紫褐色	食用性 🍴

科：口蘑科	種：*Macrocystidia cucumis*	季節：晚夏至秋季

大囊傘（Cucumber-scented Toadstool）

這種傘菌有種強烈的腐臭味，令人想起黃瓜或醃鯡魚。另一個特徵是其暗褐或橙褐色蕈傘飾有淡黃色邊緣和天鵝絨般的表面。相當堅韌的蕈柄也覆有濃密的絨毛；其基部顏色暗，越近上端色越淺。暗銹赭土色的孢子印在該科中並不常見。

• **分布**：花園或公園中，或沿著林地溝渠，在混合著殘葉或鋸木屑的肥沃土壤上。分布廣但只在北溫帶特定地區相當常見；在歐洲分布廣泛，但北美則限於局部地方。

子實體：少數子實體聚集或集體出現。

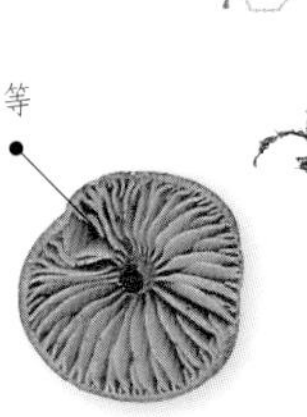

附著的蕈褶為淺奶油至淺紅褐色

蕈傘表面覆著細絨毛，可能具有條紋

剖面

黃色蕈傘邊緣

蕈褶相當緊密，中等至非常寬

蕈傘可能為凸圓、圓錐或鐘形

蕈傘基部黑至暗褐色

尺寸：蕈傘 ↔ 0.5-5公分	蕈柄 ↕ 3-7公分 ↔ 2-5公釐	孢子：銹赭土或米色	食用性

科：鬼傘科	種：*Psathyrella multipedata*	季節：秋季

多足小脆柄菇（Tufted Brittle-head）

這是一種成簇生長的蕈類，灰或紅褐色蕈傘為鐘形至圓錐形，具有從一半延伸到中央的線條。乾燥後呈淡黃褐色，不具明顯蕈幕。多達80枚平滑蕈柄在基部結合成簇，並像根一般深深紮入土中。有別於其他大部分小型褐色傘菌（LBMs），尤其是在種類極少的小脆柄菇中，多足小脆柄菇具備了清晰的鑑別特徵。

• **分布**：往往見於都市地區，諸如道路兩旁和市立公園中的肥沃壤土或黏土上。廣泛分布於歐洲；世界分布不詳。

• **相似種**：藥丸形小脆柄菇（94頁）。其他見於空曠區域的成簇傘菌包括荷葉離褶傘（41頁），還有其他的離褶傘（132頁），其孢子印均為白色。

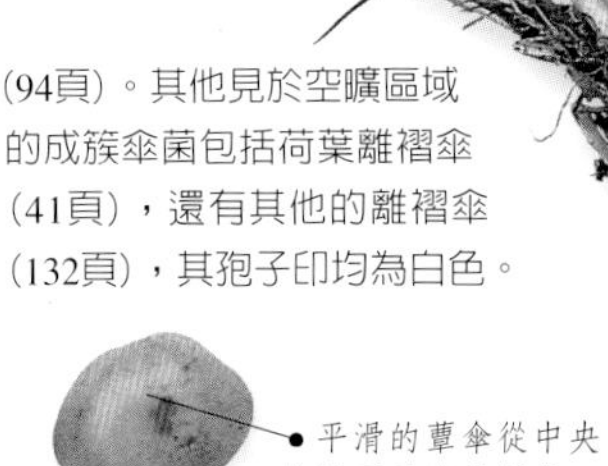

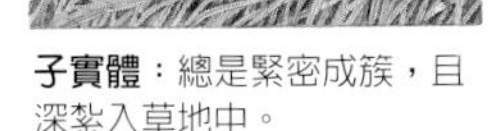

子實體：總是緊密成簇，且深紮入草地中。

潮溼的灰或紅褐色蕈傘其邊緣具條紋

蕈柄中空

剖面

淺灰至暗紫褐色蕈褶飾有白邊

平滑的蕈傘從中央乾燥而呈淡黃褐色

附著的蕈褶緊密而狹窄

尺寸：蕈傘 ↔ 0.8-4公分	蕈柄 ↕ 8-14公分 ↔ 2-4公釐	孢子：褐黑色	食用性

科：鬼傘科	種：*Psathyrella conopilus*	季節：晚夏至晚秋

錐蓋小脆柄菇 (CONE BRITTLE-HEAD)

以其優雅的身段及暗紅褐色蕈傘而知名，蕈傘乾燥後呈淡赭土至黃色，這是一種獨特但脆弱的小脆柄菇。圓錐形蕈傘平滑，邊緣具條紋。置於顯微鏡下檢查時，可在蕈傘表面上和薄菌肉內看到厚壁的暗毛，此為該屬特有的特徵。

• **分布**：沿著道路兩旁，林間步道和公園中翻動過的土壤上，特別是在木頭破片和碎屑當中。廣泛分布且常見於歐洲；世界分布不詳。

• **相似種**：有些相似種體型較小，色較淺而且往往帶有粉紅色調。在沙丘中，最常見的傘菌之一為不定形小脆柄菇(*Psathyrella ammophila*)，它生長在濱草上。

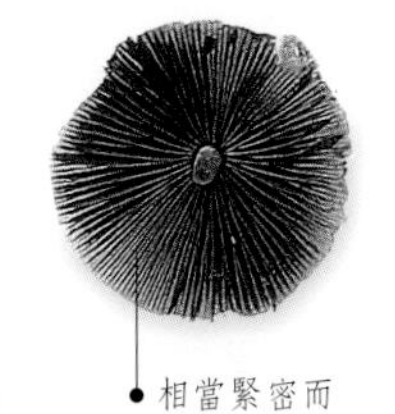

圓錐形蕈傘其邊緣具條紋但沒有蕈幕
附著的蕈褶飾有白邊
剖面
相當緊密而脆弱的蕈褶為灰至黑色
中空的白色蕈柄非常高而脆弱
基部寬達5公釐色彩如同蕈傘
橙褐色蕈傘乾燥後呈淺赭土至黃色

子實體：子實體散布或集體出現。

尺寸：蕈傘 ⊕ 2-6公分	蕈柄 ↕ 9-19公分 ↔ 2-3公釐	孢子：黑色	食用性

科：粉褶蕈科	種：*Entoloma cetratum*	季節：早夏至晚秋

蜜色粉褶蕈 (HONEY-COLOURED PINK-GILL)

這種美麗的蕈可由其溫暖的蜂蜜褐色、蕈傘上清晰的條紋以及細長體型來鑑別。蕈傘呈鐘形至凸圓形，蕈柄具纖毛。在顯微鏡下檢查可見到2孢型的擔子。此蕈以及其他貌似金錢菇的粉褶蕈有時也會被歸到另外一屬或亞屬：丘傘屬(*Nolanea*)。

• **分布**：見於軟木樹下富含腐植質的土壤上，也出現在酸性硬木林地、石南地上及泥沼中。分布廣且常見於歐洲；世界分布不詳。

• **相似種**：毛柄粉褶蕈(*Entoloma lanuginosipes*)和蒼白粉褶蕈(*E. pallescens*)可由表面覆著厚粉的蕈柄及4孢型的擔子來區辨。

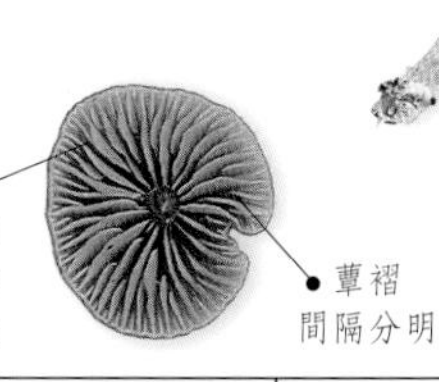

蜂蜜褐色蕈傘表面的中央顏色較暗
蕈傘邊緣的線條
剖面
蕈柄幼時上端呈粉狀
細纖維縱貫蕈柄
附著的蜂蜜色調蕈褶隨著成熟變成粉紅色
蕈褶間隔分明
淺色菌肉薄而脆弱

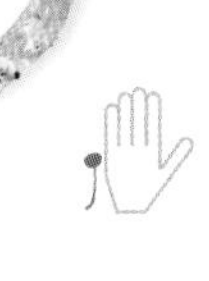

子實體：少數子實體一起或單獨出現。

尺寸：蕈傘 ⊕ 0.5-3公分	蕈柄 ↕ 5-8公分 ↔ 2-4公釐	孢子：淡粉紅色	食用性 ☠

科：粉褶蕈科	種：*Entoloma conferendum*	季節：春至晚秋

星孢粉褶蕈(STAR-SPORED PINK-GILL)

△絹毛粉褶蕈 *ENTOLOMA SERICEUM*
蕈柄短，蕈傘呈墨褐至角灰色，這種歐洲常見的蕈類有非常強烈的餿麥粉氣味。孢子為多角形而非星形。☠

即使體態優雅而且有個顯著纖毛狀的銀色蕈柄，這種蕈仍不容易辨認。必須透過顯微鏡才能見到主要鑑別特徵：星形孢子。紅褐至灰褐色蕈傘大多呈圓錐形，隨著成熟而變成凸圓或具臍突狀；顏色較暗的條紋在乾燥成淺灰褐色時會消褪。直生的蕈褶緊密，淺色菌肉有麥粉味道。

• 分布：大都出現在公園和運動場中多草的地方，但也見於林間空地的草叢和苔蘚中。分布廣且常見於北溫帶。

• 相似種：有若干種粉褶蕈在外觀上相似，諸如蜜色粉褶蕈(109頁)呈較溫暖的蜜褐色；以及絹毛粉褶蕈(右上圖)。它們的孢子全有稜角但非星形。

蕈傘由紅褐或灰褐色乾燥為淺灰褐色
淺灰色蕈褶後來會呈粉紅色調
潮溼時邊緣有較暗的條紋
優雅的蕈柄上覆有銀色細纖維
蕈傘幼時為圓錐形
蕈柄基部稍微膨大而且顏色較淺

子實體：單獨或成小群出現。

尺寸：蕈傘 ⊖ 2-4公分	蕈柄 ↕ 3-6公分 ↔ 3-7公釐	孢子：淡粉紅色	食用性 ☠

科：粉褶蕈科	種：*Entoloma nitidum*	季節：秋季

光亮粉褶蕈(STEEL-BLUE PINK-GILL)

這是極少數的藍色粉褶蕈之一，體型相當大而且多肉。呈非常暗的灰藍色，蕈傘呈凸圓至具臍突狀，表面由平滑乃至覆著纖毛，蕈柄扭曲。直生的蕈褶為白色，間隔分明，會隨著成熟而變成淺粉紅色。白色的蕈傘菌肉在近表皮處略帶藍色。氣味清淡，不過不能食用。

• 分布：潮溼的酸性軟木樹林或造林地中的苔蘚當中。廣泛分布但大多見於北歐及鄰近的亞洲部分；世界分布不詳。

• 相似種：博拉斯粉褶蕈(*Entoloma bloxamii*)肉質較多且偏好鹼性草地。本色粉褶蕈(*E. euchroum*)體型較小，顏色較藍，且生長在硬木樹上。

暗灰藍色蕈傘呈平滑至纖毛狀
凸圓至具臍突的蕈傘
間隔分明的白色蕈褶會漸漸變成粉紅色
纖細且扭曲的蕈柄為暗灰藍色

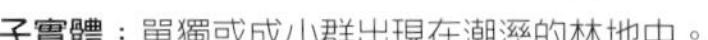

子實體：單獨或成小群出現在潮溼的林地中。

尺寸：蕈傘 ⊖ 1-2.5公分	蕈柄 ↕ 2-6公分 ↔ 2-4公釐	孢子：淡粉紅色	食用性 🍴

科：口蘑科	種：*Collybia fusipes*	季節：夏至秋季

紡錘柄金錢菇(SPINDLE-SHANK)

此蕈的特徵，在於其成簇的習性和紮根深的蕈柄上有縱向的扭曲纖維，故必須使用挖掘工具才能將整個蕈柄取出。紅褐色蕈傘形狀變化很多，從凸圓形至具臍突狀或不規則形。蕈柄呈狐褐色，上端顏色較淺，非常堅韌；纖維質菌肉顏色淺，味道溫和，氣味不明顯。

• **分布**：為弱勢寄生物，著生在公園或古老樹林中掩埋的樹根上，主要為老櫟樹。於歐洲長有櫟樹的區域相當常見。

凸圓形的紅褐色蕈傘往往具有暗色斑點，在潮溼時會變暗
蕈傘表面平滑而油潤
附著、彎生至稍微延生的蕈褶具齒
剖面
淺色纖維質菌肉
蕈柄深入土壤的部分
厚的蕈褶間隔相當分明，為奶油色帶有銹褐色斑點

子實體：成簇出現在櫟樹根部，少見於山毛櫸。

尺寸：蕈傘 ⊕4-8公分	蕈柄 ↕4-8公分 ↔0.5-1.5公分	孢子：白色	食用性

科：口蘑科	種：*Collybia dryophila*	季節：夏至早秋

櫟金錢菇(RUSSET TOUGH-SHANK)

這種蕈有些油滑，凸圓至平坦狀的淡皮褐色蕈傘可能因膠質的突米菲克利斯菌(*Christiansenia tumefaciens*)寄生而歪曲。平滑的蕈柄顏色與蕈傘相同，越接近上端顏色越淺。雖然可以食用，但菌肉薄，味道普通，氣味也不明顯。

• **分布**：大多於林地或空曠草地的落葉堆或腐植質豐富的土壤上。分布廣且常見於北溫帶。

• **相似種**：濕性金錢菇(*Collybia aquosa*)具有淡粉紅色假根；而歐色金錢菇(*C. ocior*)蕈傘相當暗，蕈褶為淡黃色。兩者多在晚春至夏季產孢。硬柄小皮傘(117頁)成圈出現在草叢中。

蕈褶附著或幾乎離生

剖面

蕈褶白至奶油色

黃褐色蕈傘乾燥後呈淡皮褐色

緊密的蕈褶相當寬

蕈柄基部有白色假根

子實體：集體出現在落葉堆和腐植質上。

尺寸：蕈傘 ⊕2-6公分	蕈柄 ↕3.5-7公分 ↔3-5公釐	孢子：奶油色	食用性

科：口蘑科	種：*Collybia erythropus*	季節：秋至晚秋

紅柄金錢菇
(RED-STEMMED TOUGH-SHANK)

奶油至淺皮褐色蕈傘呈突圓至平坦狀，在其邊緣多少有些條紋，表面則稍微油潤。平滑的蕈柄為狐褐色。蕈傘的菌肉為白色，蕈柄中央為紅褐色。其氣味和味道不顯著，故不值得食用。

• **分布**：硬木樹林中，生長在佈著苔蘚的樹幹上，或從半掩埋的朽木上冒出。相當常見且廣泛分布於歐洲；也可能廣泛分布於世界各地。

• **相似種**：堆金錢菇(*Collybia acervata*)成簇生長在軟木樹上或樹下。櫟金錢菇(111頁)。小皮傘屬(114, 117, 138, 177頁)蕈類也很類似。

相當寬的蕈褶往往彼此連結

蕈傘平滑，呈奶油至淺皮褐色，稍微油潤

蕈傘邊緣有條紋

平滑的狐紅色蕈柄

蕈傘中的菌肉較淺

附著的白色至奶由色蕈褶

剖面

子實體：子實體成簇出現，或偶爾單獨出現。

尺寸：蕈傘 ↔ 1-4公分	蕈柄 ↕ 3-7公分 ↔ 2-5公分	孢子：淺奶油色	食用性

科：口蘑科	種：*Collybia butyracea*	季節：晚夏至早冬

乳酪狀金錢菇
(BUTTERY TOUGH-SHANK)

這種蕈的辨認方式，在於其油潤、具臍突的蕈傘在乾燥時會改變顏色而產生明暗相間的環帶，蕈柄基部明顯呈棍棒形。菌肉堅韌且為纖維質，蕈柄內則為中空或具柔軟的髓；雖然可以食用但並不值得嘗試。

• **分布**：硬木林地內，大多見於腐植質豐富的土壤上或落葉堆中。廣泛分布且於北溫帶十分多見。

• **相似種**：有一種顏色較暗的類型生長在酸性林地中，有時會被歸為另一種：線狀金錢菇(*Collybia filamentosa*)。

蕈傘表面油潤

稍具條紋的蕈傘為暗褐至角灰色

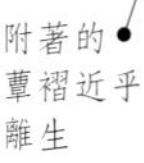

附著的蕈褶近乎離生

纖毛狀蕈柄基部呈棍棒形

緊密的白色蕈褶

纖維質菌肉堅韌

剖面

子實體：集體出現在落葉堆和土壤上。

尺寸：蕈傘 ↔ 3-6公分	蕈柄 ↕ 4-7公分 ↔ 0.5-2公分	孢子：淺奶油色	食用性

科：口蘑科	種：*Collybia confluens*	季節：秋季

群生金錢菇（TUFTED TOUGH-SHANK）

這種蕈的子實體密集成簇，柄高而纖細，被覆著灰白色絨毛，並有個色澤極淡的灰白色圓形蕈傘，尺寸較大多數金錢菇都小。它有種清淡好聞的香氣和味道，但並不值得食用，因為菌肉很少。

• **分布**：於硬木和軟木林地的厚落葉堆上；或許在肥沃的土壤上更常見。廣泛分布於北溫帶。

• **相似種**：堆金錢菇（*Collybia acervata*）也成簇生長，但它呈紅色調，蕈柄僅下半部覆有絨毛，而且通常和軟木樹共生。

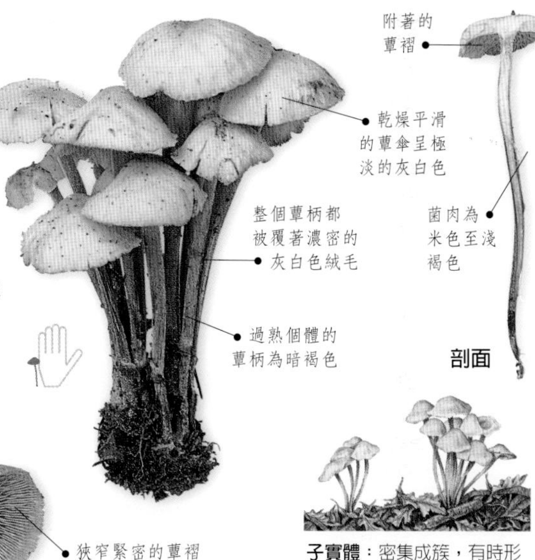

附著的蕈褶
乾燥平滑的蕈傘呈極淡的灰白色
整個蕈柄都被覆著濃密的灰白色絨毛
菌肉為米色至淺褐色
過熟個體的蕈柄為暗褐色
剖面
狹窄緊密的蕈褶為白至奶油色

子實體：密集成簇，有時形成環狀分布。

尺寸：蕈傘 ⊕1-3公分	蕈柄 ↕ 5-9公分 ↔ 3-7公釐	孢子：淺奶油色	食用性

科：口蘑科	種：*Collybia peronata*	季節：秋至晚秋

靴狀金錢菇（WOOD WOOLLY-FOOT）

這種蕈的皮褐色蕈傘呈鐘形至幾乎平坦，具有放射狀但不規則的暗褐色條紋。主要區別特徵在於其蕈柄和味道：淡黃色蕈柄在基部覆有毛茸的黃色纖維，越近頂端毛越短；味道非常酸而不能食用的菌肉呈白至硫磺色，堅韌且多纖維。還有一項鑑別特徵是其蕈褶相當分明。

• **分布**：軟和硬木樹林的落葉堆上。廣泛分布於北溫帶；歐洲極常見，北美少見。

• **相似種**：鹼性金錢菇（*Collybia alcalivirens*）和暗紫金錢菇（*C. fuscopurpurea*）兩者皆有較暗的蕈傘，蕈柄絨毛則不呈黃色。它們的味道都溫和。

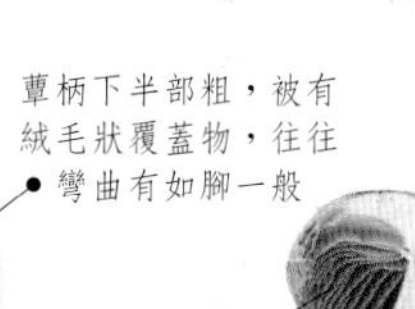

狹窄堅韌的蕈褶間隔相當分明
蕈柄下半部粗，被有絨毛狀覆蓋物，往往彎曲有如腳一般
黃褐色的蕈褶附著或幾乎離生
菌肉呈白至硫磺色
剖面

子實體：子實體集體或成小簇出現。

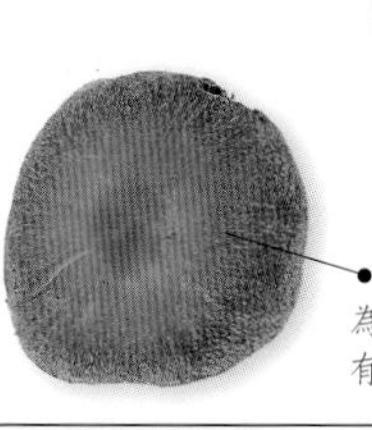

乾燥的蕈傘為皮褐色，具有較暗的條紋

尺寸：蕈傘 ⊕2.5-6公分	蕈柄 ↕ 4-8公分 ↔ 3-5公釐	孢子：淺奶油色	食用性

科：口蘑科	種：*Marasmius alliaceus*	季節：晚夏至秋季

蒜味小皮傘 (WOOD GARLIC MUMMY-CAP)

氣味刺激，令人想到惡臭的大蒜，蕈傘為淡皮褐色，蕈柄呈黑色，表面近乎平滑，這些皆可用來鑑別這種大型小皮傘。蕈傘凸圓或具臍突，表面可能有較暗的條紋，而條紋多位於邊緣，或有少數幾乎到達中央，且會隨著成熟而消失。雖然味道非常臭，但有些人在烹調中用它來取代大蒜。

• **分布**：在山毛櫸林地中掩埋的樹枝或樹幹上。廣泛分布於長有山毛櫸的歐洲及部分亞洲。

• **相似種**：蒜頭狀小皮傘(*Marasmius scorodonius*)體型較小且色較淺，但氣味相同。往往出現在草原當中。

淺皮褐色蕈傘上有暗色條紋
蕈褶附著
蕈柄中空
近乎黑色的蕈柄其頂端為淺褐色
蕈傘表面乾燥平滑
剖面
蕈柄平滑至稍具絨毛
米色至黃褐色的蕈褶相當緊密
纖毛狀蕈柄基部

子實體：單獨或集體出現在山毛櫸樹林中。

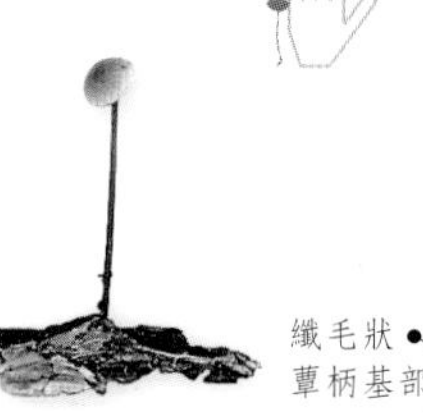

矮小型

尺寸：蕈傘 ⊕1.5-4公分	蕈柄 ↕7-15公分 ↔3-6公釐	孢子：米色	食用性 🍽

科：口蘑科	種：*Flammulina velutipes*	季節：晚秋至春季

金針菇 (VELVET-SHANK)

橙褐色蕈傘和被茸毛的暗褐色蕈柄令這種蕈很容易鑑別。它是極少數能耐霜的蘑菇之一。附著的蕈褶緊密，呈白色至淡黃色。薄的淡黃色菌肉味道溫和；日本人已栽植來烹調，而我國則自1960年代引進並推廣生產。

• **分布**：於硬木樹的殘枝，比較罕見於軟木樹上。分布廣且相當常見於北溫帶。

• **相似種**：芬蘭冬菇(*Flammulina fennae*)和歐諾冬菇(*F. ononidis*)數量較少且棲息地不同。

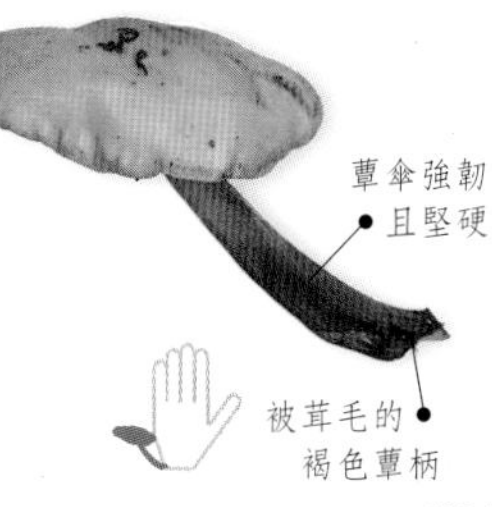

蕈傘強韌且堅硬
被茸毛的褐色蕈柄

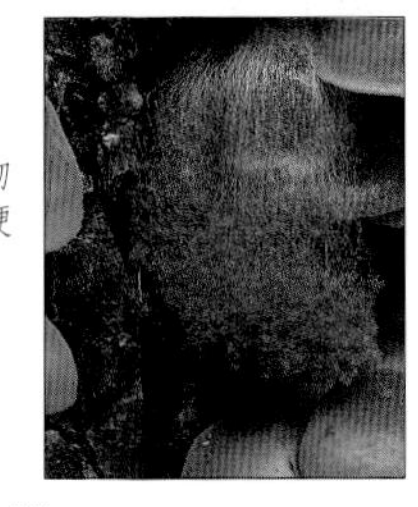

聯軛黴△
SYZYGITES MEGALOCARPUS
一種灰白色真菌，寄生在多種蘑菇上，包括冬菇屬蕈類。🍽

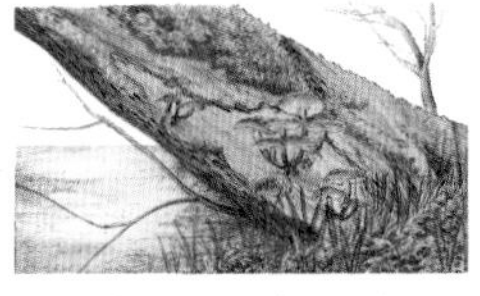

子實體：子實體密集成叢。

平滑的橙褐色蕈傘表面在潮溼時油潤

淺黃色蕈傘邊緣

尺寸：蕈傘 ⊕1-6公分	蕈柄 ↕2-7公分 ↔0.3-1公分	孢子：白色	食用性 🍽

科：齒腹菌科	種：*Laccaria amethystina*	季節：秋季

紫晶蠟蘑（AMETHYST DECEIVER）

在幼小時，這種十分常見的真菌很容易由其紫水晶般的色彩，加上厚的蕈褶來鑑別；不過該色彩會隨著成熟消褪，以致於較成熟的個體很難和較紅的蠟蘑區分。稍微覆有絨毛的乾燥蕈傘有個不顯眼的臍，邊緣則具條紋。間隔分明的厚蕈褶為該屬的特徵；從顯微鏡中可見到其孢子具刺（直徑9.5微米）。可以食用，沒有強烈的味道或氣味，但含有高濃度的砷。

• **分布**：與多種樹形成菌根，包括山毛櫸和軟木樹。廣泛分布於北溫帶，從數量豐富以至局部出現不等。

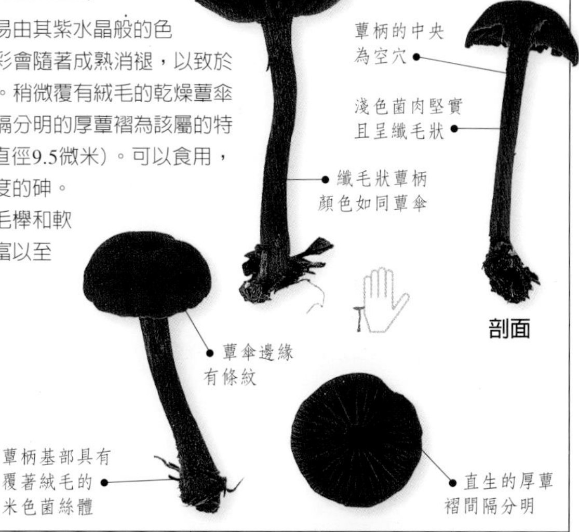
蕈柄的中央為空穴
淺色菌肉堅實且呈纖毛狀
纖毛狀蕈柄顏色如同蕈傘
剖面
蕈傘邊緣有條紋
蕈柄基部具有覆著絨毛的米色菌絲體
直生的厚蕈褶間隔分明

子實體：集體出現在潮溼林地落葉堆的土壤上。

尺寸：蕈傘 ⊕2-5公分	蕈柄 ↕3-7公分 ↔4-8公釐	孢子：淺藍紫至白色	食用性

科：齒腹菌科	種：*Laccaria laccata*	季節：夏至早冬

漆蠟蘑（COMMON DECEIVER）

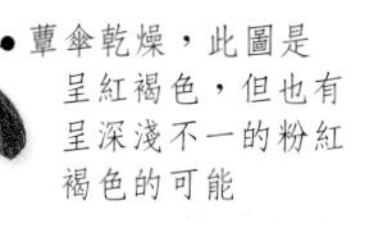
蕈傘乾燥，此圖是呈紅褐色，但也有呈深淺不一的粉紅褐色的可能
蕈傘邊緣具齒
強壯的蕈柄覆有濃密的纖毛

這種蕈的色彩變化極大，呈現深淺不一的粉紅褐色，且會隨著成熟而褪色。另外，它相當類似紫晶蠟蘑（上欄），蕈傘乾燥而稍覆絨毛或鱗片，邊緣往往具齒，中央凹陷，蕈柄覆有濃密的纖毛，厚的蕈褶間隔分明。它具有球形或近球形帶刺的9×8微米孢子，和4孢型的擔子。雖然可以食用，但紅褐色菌肉薄，沒有顯著的味道或氣味。

• **分布**：樹林和公園中與樹木形成菌根，也出現在泥沼區，特別是柳樹下。分布廣且富產於北溫帶。

• **相似種**：雙色蠟蘑（*Laccaria bicolor*）具有淺藍色蕈褶。兄弟蠟蘑（*L. fraterna*）具2孢型擔子。同樣也有2孢型擔子，但體型較小、孢子較大的短蠟蘑（*L. pumila*）。近基蠟蘑（*L. proxima*）較大，且蕈柄纖毛較多。紫紅蠟蘑（*L. purpureobadia*）呈較暗的紫褐色。海岸蠟蘑（*L. maritima*）生長在沙丘中，具有橢圓形且幾近平滑的孢子。

每片蕈褶都有個延生的齒
蕈傘中央稍微凹陷
剖面

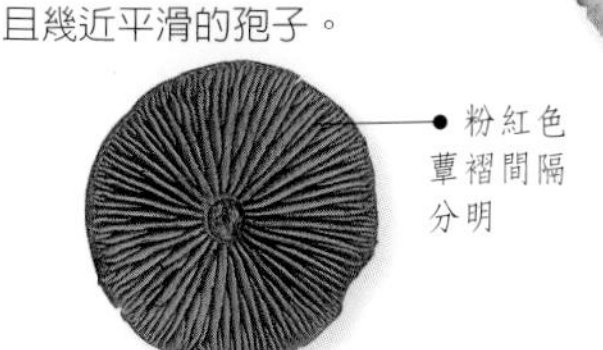
粉紅色蕈褶間隔分明

子實體：往往集體出現在潮溼的土壤上。

尺寸：蕈傘 ⊕1-5公分	蕈柄 ↕2-6公分 ↔2-6公釐	孢子：白色	食用性

科：口蘑科	種：*Calocybe carnea*	季節：中至晚秋

肉色麗傘（Pink Fair-head）

這種蕈很容易由其粉紅色蕈傘和蕈柄，對比著緊密波狀彎生的白色蕈褶來鑑定；然而它偏好草原棲息地，所以可能難以發現。沒有特殊氣味和味道，一般認為可以食用，但因體型太小，所以不值得費工夫去嘗試。

• **分布**：草原，包括施過肥的農田和草坪。廣泛分布於北溫帶；相當常見。

• **相似種**：桃色麗傘（*Calocybe persicolor*），或許為同一種，據說顏色較黯淡，蕈柄基部帶有毛，往往連結成簇。暗麗傘（*C. obscurissima*）顏色更黯淡，生長在林地中的鹼性土壤上。玫瑰紅粉褶蕈（*Entoloma rosea*）色調較鮮明，具有粉紅色孢子印。

△似紫羅蘭色麗傘
Calocybe ionides
可由淡紫色來確認這種蕈，蕈傘為具臍突至凹陷、有時邊緣呈波狀，棍棒形蕈柄和米色蕈褶。

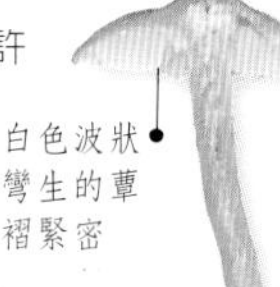
白色波狀彎生的蕈褶緊密
剖面
米色菌肉沒有氣味

凸圓至具臍突的蕈傘

粉紅色蕈傘平滑多肉

粉紅色蕈柄平滑多肉

子實體：子實體單獨或成小群出現。

尺寸：蕈傘 ⊕1-4公分	蕈柄 ↕2-4公分 ↔3-8公釐	孢子：奶油白色	食用性

科：口蘑科	種：*Mycena galericulata*	季節：夏至早冬

盔小菇（Common Bonnet）

這種常見但難以鑑別的蘑菇有兩項特徵：與其他小菇屬蕈類比起來，它顯得異常強韌；又其蕈褶顯然大都會隨著成熟而呈淡粉紅色調。蕈傘從鐘形至凸圓狀不等，可能為黃褐色或灰褐色。顏色相同的蕈柄是中空的，但十分強韌，即使加以扭曲也不致破裂。菌肉有種餿麥粉的氣息及味道。

• **分布**：林地中多種硬木樹的樹幹、殘株和掉落的樹枝上。廣泛分布且常見於北溫帶，擴及於南部。

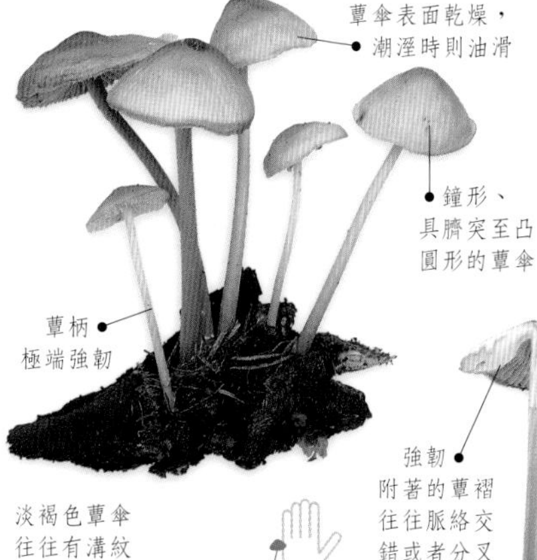
蕈傘表面乾燥，潮溼時則油滑
鐘形、具臍突至凸圓形的蕈傘
蕈柄極端強韌
強韌附著的蕈褶往往脈絡交錯或者分叉
淡褐色蕈傘往往有溝紋和皺紋

子實體：子實體成叢且集體出現。

中等間隔的白至灰色蕈褶會漸漸變成淡粉紅色

剖面

尺寸：蕈傘 ⊕1-6公分	蕈柄 ↕3-8公分 ↔2-7公釐	孢子：淡奶油色	食用性

科：口蘑科	種：*Marasmius oreades*	季節：早夏至中秋

硬柄小皮傘(Fairy Ring Champignon)

在草地上形成特殊的環狀分布，這種蕈有個鐘形至凸圓狀的蕈傘，隨著成熟會漸漸變平且帶個寬闊的臍突；起初呈黃褐色，而後從中央乾燥變為淺皮褐色。米色至淺黃色蕈柄強韌堅硬。味道不錯，氣味則像苦扁桃，但食用之前請參閱相似種。

• **分布**：草原中，包括草坪。分布廣且常見於北溫帶。

• **相似種**：有毒的白霜杯傘(34頁)見於相同的草原型棲息地。可由其延生的蕈褶加以區別。

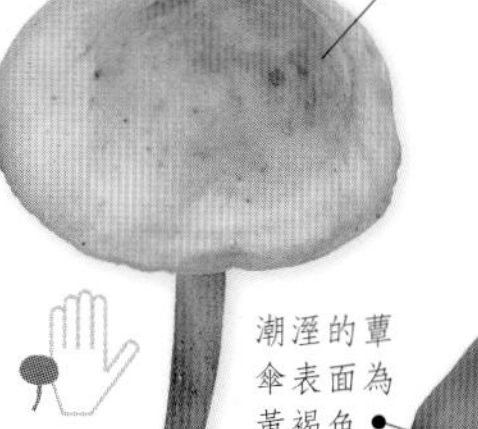
蕈傘表面乾燥
為淺皮褐色
潮溼的蕈
傘表面為
黃褐色
米色蕈柄
上端覆有
細絨毛或呈
粉狀
奶油至淺
皮褐色的蕈
褶間隔分明

附著或近乎
離生的蕈褶
奶油白
至皮褐色
的菌肉
剖面

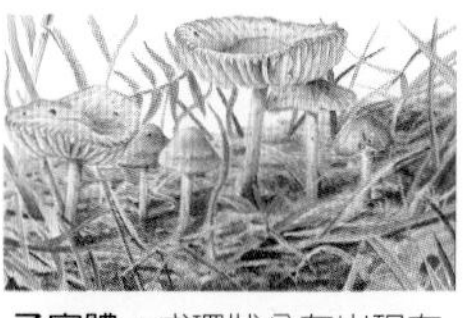
子實體：成環狀分布出現在草叢當中。

尺寸：蕈傘⊕1-5公分	蕈柄↕3-6公分↔3-7公釐	孢子：米色	食用性

科：口蘑科	種：*Oudemansiella radicata*	季節：夏至晚秋

長根小奧德菇(Rooting Shank)

這種蕈的蕈傘油滑，外型呈具臍突至平坦狀，顏色則為灰至黃褐色。蕈柄扭曲而具溝紋，上端為白色，越靠近基部顏色越褐。蕈柄伸入土壤及埋藏的木材基質中達5-15公分，與地面上的高度相等。這種蕈和某些絨毛更多的種類都沒有蕈環，有時候被歸在乾蘑屬(*Xerula*)中。

• **分布**：在公園和樹林中的樹木和殘株旁。廣泛分布於北溫帶和亞熱帶；常見於某些區域。

• **相似種**：淡紅小奧德菇(*Oudemansiella pudens*)和高斯小奧德菇(*O. caussei*)都具備乾燥的蕈傘及被有濃密茸毛的蕈柄。

子實體：單獨出現，或成群散布。

中等間隔的淺奶油色
蕈褶邊緣往往為褐色
直生的蕈褶，每片
有個延生的齒
油滑的
蕈傘表面
具有脈紋
淡灰褐色
蕈柄，其
上端為白色
米色
菌肉強韌
蕈柄扭曲
而有溝紋

剖面

尺寸：蕈傘⊕3-10公分	蕈柄↕5-15公分↔0.5-1公分	孢子：淡奶油色	食用性

科：口蘑科	種：*Mycena pelianthina*	季節：夏至秋季

黑藍小菇(SERRATED BONNET)

這是一種顏色暗淡的蘑菇，蕈傘較大部分小菇屬的蕈類都來得大。它的外型呈凸圓形至平坦狀，潮溼時為紫灰色，乾燥後則呈淺灰至淡紫色。邊緣的條紋在蕈傘潮溼時較為清楚。間隔中等的蕈褶寬闊，呈灰紫色，邊緣呈鋸齒狀，幾近黑色。蘿蔔般的氣味和潔小菇(下欄)相似。整體看起來像金錢菇(111-113頁)，但因其顯微特徵如澱粉質的孢子和含有彩色內容物的大型囊狀體，故置於小菇屬中。

• **分布**：大多在肥沃的鹼性樹林中，主要為山毛櫸的厚落葉堆上。廣泛分布但只在歐洲特定地區及部分亞洲出現。

著生窄的寬蕈褶
蕈傘乾燥後從紫灰色變為淺灰至淡紫色
中空的蕈柄為淺紫色或帶有紫色調
菌肉易碎而多水
剖面
蕈柄越近基部越粗
黑色蕈褶邊緣呈鋸齒狀

子實體：單獨或少數子實體聚集。

尺寸：蕈傘 ⊕ 3-6公分	蕈柄 ↕ 4-8公分 ↔ 4-8公釐	孢子：白色	食用性 ☠

科：口蘑科	種：*Mycena pura*	季節：晚夏至早冬

潔小菇(LILAC BONNET)

這種變異大的蕈類呈現多種不同色彩，通常是紫色調。當中有些被認為是不同種或變種，不過全都有蘿蔔氣味。大型的粉紅色種類玫瑰小菇(*Mycena rosea*)被認為與中毒有關。凸圓至具臍突的蕈傘其邊緣有條紋，潮溼時特別清晰。中空乾燥的蕈柄可能略帶黃色，也可能顏色較淺而帶有蕈傘的色調。

• **分布**：在樹木繁茂及開放棲息地中的腐植質土壤上。常見於北溫帶和暖溫帶。

• **相似種**：迪奧馬小菇(*M. diosma*)具備暗色蕈傘，其在乾燥時會變色，帶杉木氣味，生長在鹼性土壤上。

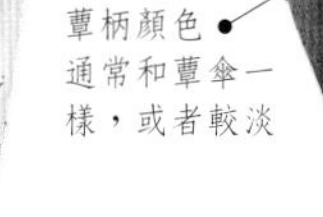

剖面
附著至直生的蕈褶可能為波狀彎生的
蕈柄是中空的
蕈柄顏色通常和蕈傘一樣，或者較淡
粉紅色類型又稱作玫瑰小菇

蕈褶相當緊密

子實體：單獨或成小群出現在肥沃土壤上。

尺寸：蕈傘 ⊕ 2-6公分	蕈柄 ↕ 3-9公分 ↔ 0.3-1公分	孢子：白色	食用性 ☠

科：口蘑科	種：*Mycena crocata*	季節：晚夏至秋季

杏黃色小菇（The Stainer）

此蕈的蕈傘呈褐灰色，外型呈圓錐至凸圓形，大致具臍突，邊緣顏色較淡並具條紋。蕈柄切開或破裂時會滲出番紅花般的橙色汁液，因此又有橙汁小菇之稱。蕈柄下端亦為番紅花般的橙色；上端顏色較淺。間隔分明的蕈褶為白色，染有黃色。

• **分布**：幾乎僅和山毛櫸共生，主要出現在掉落且通常半掩埋的枝條上或厚落葉堆中。廣泛分布於歐洲生長山毛櫸的區域，局部地方十分常見；日本也有出產。

• **相似種**：少數其他小菇受傷時產生有顏色或白色汁液。紅紫柄小菇（136頁）具有血紅色汁液，單寧酸小菇（*Mycena sanguinolenta*）亦同；乳柄小菇（137頁）滲出白色汁液。

蕈褶近乎離生

汁液主要存在蕈柄中

未成熟的子實體

圓錐至凸圓形蕈傘具有臍突

剖面

番紅花般的橙色汁液

基部有淺橙色硬毛

子實體：子實體少數聚集或集體出現。

尺寸：蕈傘 ⊕ 1-3公分	蕈柄 ↕ 5-12公分 ↔ 1-3公釐	孢子：淺奶油色	食用性

科：口蘑科	種：*Mycena polygramma*	季節：秋至早冬

溝柄小菇（Roof-nail Bonnet）

這種體型相當大且肉質強韌的小菇具有銀色蕈柄，上面則有顯著的縱向溝紋。淡灰至灰褐色的蕈傘具有臍突，乾燥的表面上帶著放射狀皺紋。米色菌肉幾乎沒有氣味。偶爾可以發現全白的類型。

• **分布**：樹林中，大都著生在掩埋的硬木樹和殘株周圍，但也見於活樹基部；偶爾出現在軟木樹上。廣泛分布且常見於歐洲和鄰近的亞洲部分；日本也出產。

• **相似種**：盤繞小菇（*Mycena vitilis*）體型較小，具有同樣強韌、平滑發亮的蕈柄。它產於相同的棲息地，而且更普遍。盔小菇（116頁）更為強韌，且蕈柄平滑。

具臍突的蕈傘為淡灰至灰褐色
剖面
蕈褶相當緊密
米色菌肉
附著的白至淡灰色蕈褶可能會漸漸染上粉紅色
乾燥蕈傘表面上有皺紋
沿著銀色蕈柄上的溝紋

子實體：單獨或成小群出現。

尺寸：蕈傘 ⊕ 1-4公分	蕈柄 ↕ 5-12公分 ↔ 2-4公釐	孢子：白色	食用性

具有易碎的菌肉

本節所介紹的蕈類全都屬於紅菇屬(*Russula*)。它們具備附著至直生的蕈褶，而且因為菌肉中的圓形細胞聚集成「巢」，所以菌肉易碎。紅菇的外貌非常像乳菇(43-55頁)，後者的菌肉也容易碎裂。不過兩者仍有差別：乳菇被切開時會滲出乳汁，而且大多具備延生的蕈褶，而紅菇的子實體色彩大都比乳菇來得鮮豔。

所有的紅菇都與樹木形成菌根關係(詳見第18-19頁)，或有少數情況是與灌木和草本植物。一般說來，味道溫和的紅菇可以食用，而味道辛辣者則有毒。

科：紅菇科	種：*Russula delica*	季節：夏至秋季

美味紅菇(MILK-WHITE RUSSULE)

這種大型蘑菇具備漏斗形蕈傘、肥胖的蕈柄和堅實的白色菌肉。土壤和落葉碎屑常會粘黏其上，而遮掩其奶油白的顏色。蕈褶為白色，可能帶有如綠松石般的光澤，間隔通常相當分明。

• **分布**：排水良好的土壤上，與硬木和軟木樹形成菌根。最高擴及於高山地區的樹線，分布廣且常見於北溫帶許多部分。

• **相似種**：似膽紅菇(*Russula choloroides*)蕈褶更緊密，往往有更濃的綠松石般光澤，蕈柄上端通常還有個綠松石色環帶。絨白乳菇(44頁)體型通常更大，蕈傘表面覆有絨毛，且具白色乳液。

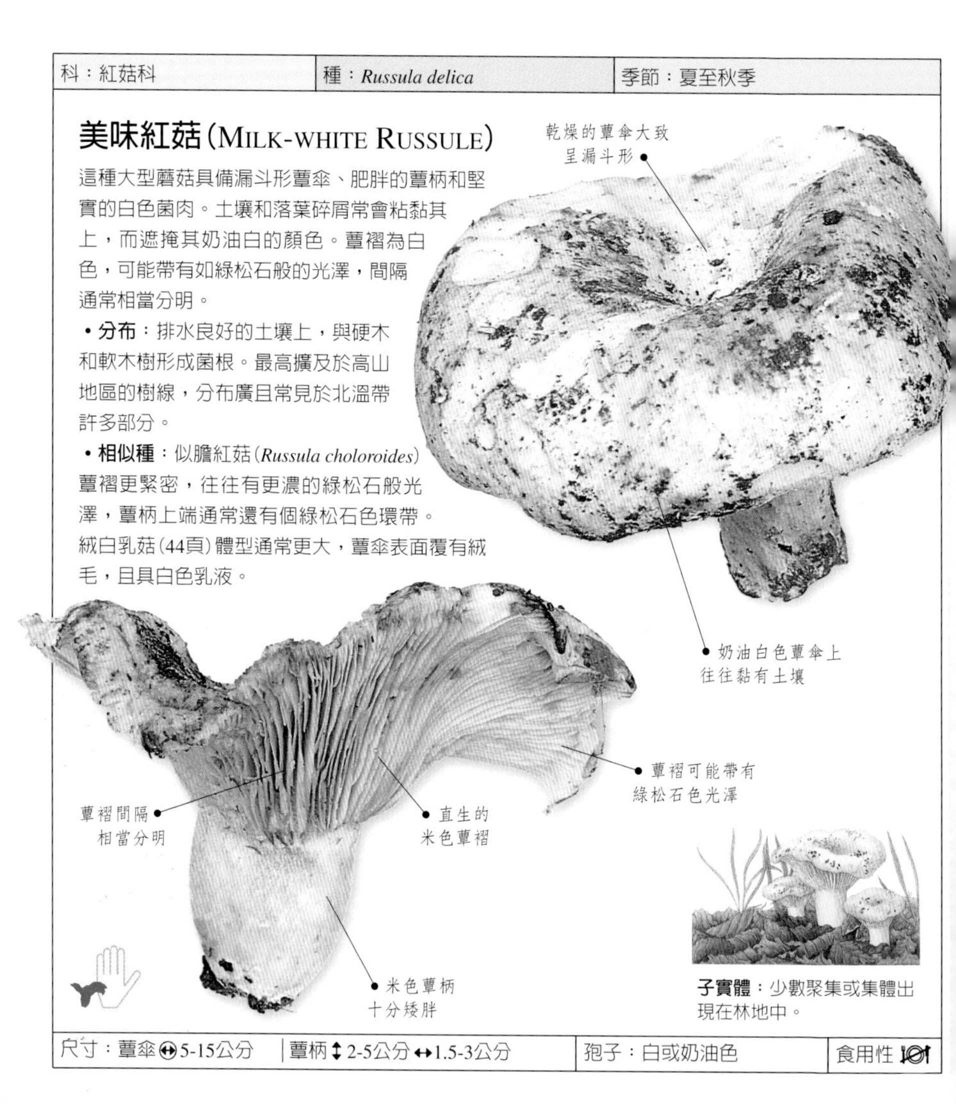
乾燥的蕈傘大致
呈漏斗形
奶油白色蕈傘上
往往黏有土壤
蕈褶可能帶有
綠松石色光澤
蕈褶間隔
相當分明
直生的
米色蕈褶
米色蕈柄
十分矮胖

子實體：少數聚集或集體出現在林地中。

尺寸：蕈傘 5-15公分	蕈柄 ↕ 2-5公分 ↔ 1.5-3公分	孢子：白或奶油色	食用性

科：紅菇科	種：*Russula foetens*	季節：夏至秋季

臭紅菇(FOETID RUSSULE)

這種具腐臭氣味的蘑菇，有個多肉的凸圓形橙褐色蕈傘，它的觸感油滑，邊緣帶著溝紋。白色蕈柄短且近乎圓桶形，基部呈褐色。易碎且味道非常辛辣的菌肉為米色，也可能染著為褐色。

• **分布**：在樹林中與軟木和硬木樹都形成菌根。分布廣且常見於北溫帶許多地區。

• **相似種**：月桂紅菇(*Russula laurocerasi*)帶有苦扁桃氣味。污穢紅菇(*R. illota*)有種腐臭而帶點扁桃的氣味，且蕈褶邊緣顏色暗。似毒紅菇(*R. subfoetens*)的菌肉會被氫氧化鉀(KOH)染為黃色(臭紅菇則無此反應)。

蕈傘表面油滑，特別是天氣潮溼時
菌肉為米色或染為褐色
邊緣有顯著的溝紋
蕈柄顏色較蕈傘淺，但基部呈褐色
剖面
桶形的短蕈柄中具有腔室
脆弱而附著的白至奶油色蕈褶往往染有褐色
蕈褶緊密

子實體：單獨或集體出現在林地中。

尺寸：蕈傘 ⊕ 8-15公分	蕈柄 ↕ 6-12公分 ↔ 1.5-3公分	孢子：奶油色	食用性

科：紅菇科	種：*Russula nigricans*	季節：夏至秋季

黑紅菇(BLACKENING RUSSULE)

這是一種大型蘑菇，白至煙黑褐色蕈傘的中央凹陷，蕈柄強壯。易碎但堅實的菌肉為米色，切開後會漸漸呈現紅色然後完全變黑。味道溫和至苦。跟大多數紅菇的不同之處，是它的蕈褶長短不一。完全乾燥的黑色子實體能一直殘留到翌年。

•分布：於排水良好的土壤上，主要與硬木樹形成菌根，但也出現在軟木樹下。分布廣且常見於北溫帶許多地區。

•相似種：黑白紅菇(*Russula albonigra*)會染成黑色；煙色紅菇(*R. adusta*)為略紅然後灰色，且味道溫和。煤黑紅菇(*R. anthracina*)和密褶紅菇(*R. densifolia*)蕈褶緊密且體型較小。辛辣紅菇(*R. acrifolia*)具有味道辛辣的蕈褶。

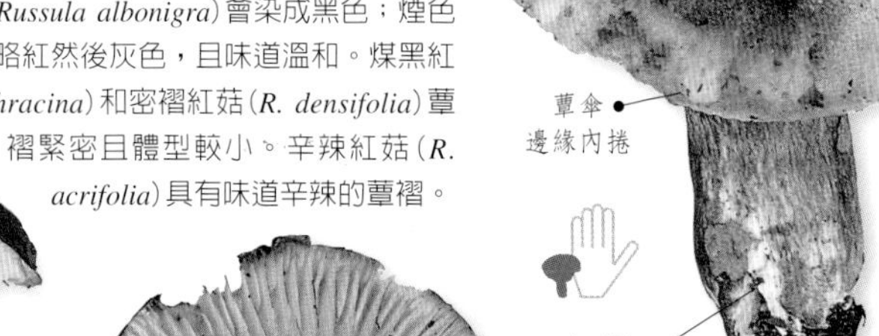

平滑乾燥的蕈傘
中央凹陷
蕈傘
邊緣內捲
短蕈柄
強壯且有脈紋
附著的
污黃色蕈褶
菌肉有水果氣味
剖面
切開後
易碎的菌肉
先變成櫻桃紅，
然後黑色
間隔
遠的厚蕈
褶長短不一

子實體：集體或成環狀分布出現。

尺寸：蕈傘 5-20公分	蕈柄 ↕3-8公分 ↔1-4公分	孢子：白色	食用性

科：紅菇科	種：*Russula fellea*	季節：夏至秋季

苦紅菇(BITTER RUSSULE)

這種十分普遍的赭土至淡橙黃色紅菇有個矮胖平滑的蕈柄，蕈柄會稍微朝基部擴展；凸圓形且菌肉堅實的蕈傘其邊緣帶有不明顯的溝紋；味道非常苦。蕈褶和蕈柄為較淺的赭土至淡黃色調。

•分布：在樹林中與硬木樹形成菌根，特別是山毛櫸，大多在排水良好的酸性土壤上。廣泛分布於歐洲；在北美則為其近親西米利紅菇(*Russula simillima*)所取代。

•相似種：粉柄紅菇(*R. farinipes*)蕈褶顏色較淺，邊緣溝紋較明顯，而蕈柄表面為粉狀。

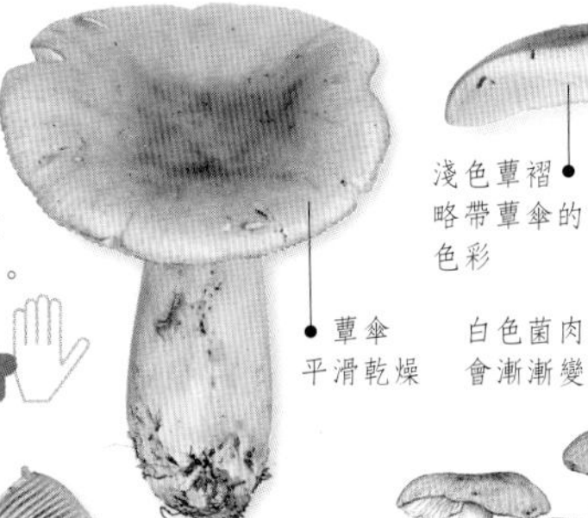

淺色蕈褶
略帶蕈傘的
色彩
蕈傘
平滑乾燥
白色菌肉
會漸漸變黃
附著的蕈褶
相當緊密

子實體：子實體單獨或成群出現。

尺寸：蕈傘 3-6公分	蕈柄 ↕3-7公分 ↔1-2公分	孢子：米色	食用性

科：紅菇科	種：*Russula claroflava*	季節：夏至秋季

紫紅黃紅菇（YELLOW SWAMP RUSSULE）

這種蘑菇具備凸圓至平坦的鮮黃色蕈傘，白色菌肉堅實且味道溫和，可供食用。它的蕈褶呈淡黃色，大概都為完全長度（均抵達蕈柄）。菌肉與圓柱至圓桶形的白色平滑蕈柄都會隨著成熟或受傷時變成灰色。

• **分布**：於非常潮溼或泥沼林地中與樺木形成菌根，該處的土壤可能潮溼到水蘚覆蓋地面的程度。分布廣且常見於北溫帶。

• **相似種**：黃白紅菇（下欄）。其他黃色的種類包括：沼澤生紅菇（*Russula helodes*）、勞爾紅菇（*R. raoultii*）、瑞奇紅菇（*R. risigallina*）和日光紅菇（*R. solaris*），大都具備較暗色的孢子，而且沒有色斑，有些則味道辛辣。紫羅蘭柄紅菇（*R. violeipes*）蕈柄上略帶淡紫色。

子實體：單獨或集體出現。

附著的蕈褶緊密

黃色蕈傘平滑乾燥

剖面

白色蕈柄會漸漸變灰

圓柱或圓桶形蕈柄

尺寸：蕈傘 ↔ 5-10公分	蕈柄 ↕ 4-10公分 ↔ 1-2公分	孢子：赭土色	食用性

科：紅菇科	種：*Russula ochroleuca*	季節：夏至秋季

黃白紅菇（YELLOW-OCHRE RUSSULE）

這是最常見的林地蘑菇之一，可由其無光澤的赭土至黃色凸圓形蕈傘以及白色蕈褶加以辨認。蕈傘有時會帶些綠色。圓桶形蕈柄為白色，基部則呈淡黃色，易碎的白色菌肉味道十分溫和。

• **分布**：樹林中排水良好的土壤上，與軟木和硬木樹都形成菌根。廣泛分布於北溫帶；常見於歐洲。

• **相似種**：苦紅菇（122頁）和紫紅黃紅菇（上欄）。

蕈傘平滑，呈無光澤的赭土至黃色

扯破時表皮會呈長條剝離

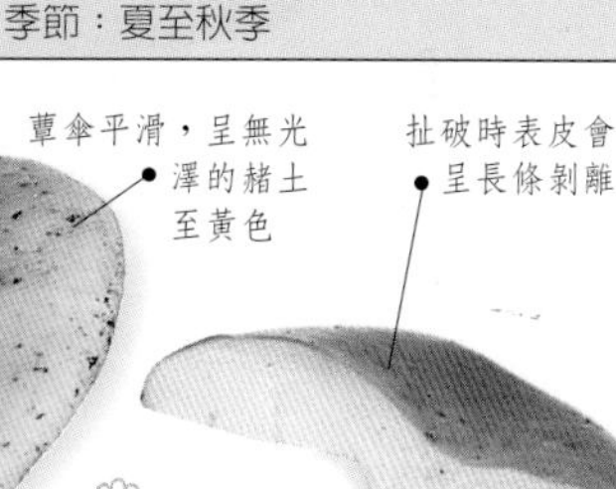

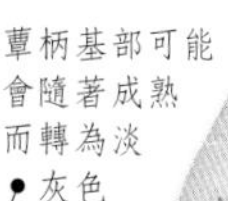

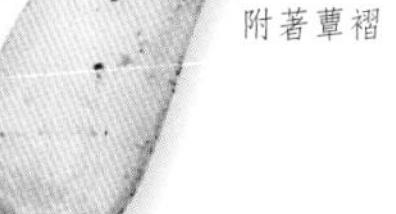

蕈柄基部可能會隨著成熟而轉為淡灰色

白色的附著蕈褶

子實體：單獨或集體出現，大多在林地中。

大部分的蕈褶長度完全

蕈褶相當緊密

尺寸：蕈傘 ↔ 5-12公分	蕈柄 ↕ 3-8公分 ↔ 1-2.5公分	孢子：白色	食用性

科：紅菇科	種：*Russula cyanoxantha*	季節：夏至秋季

藍黃紅菇
(CHARCOAL BURNER)

這是一種大型蘑菇，具備凸圓至平坦或凹陷的綠至酒紅色蕈傘、米色蕈褶和矮胖的米色蕈柄。菌肉堅實但易碎，而蕈褶並不像其他紅菇那麼脆弱。摸起來感覺油膩。食用價值高，而且可以生吃。

- **分布**：與硬木樹形成菌根，特別是山毛櫸，但也見於軟木樹下；喜好酸性土壤。分布廣且常見於北溫帶部分地區。
- **相似種**：全綠紅菇和暗葡酒紅色紅菇(右下二圖)。

蕈傘可能為綠至酒紅色或混雜兩者
蕈傘平滑且稍微油潤
矮胖的蕈柄呈米色

緊密的附著蕈褶為米色

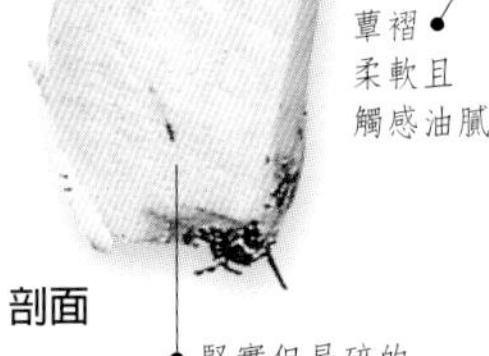

蕈褶柔軟且觸感油膩

剖面

堅實但易碎的菌肉味道好，可以生吃

△暗葡酒紅色紅菇
RUSSULA VINOSA
和松樹共生，酒紅色蕈傘有變化多端的褐色斑點。菌肉味道好，白色蕈柄切開時可能會隨著成熟而變灰色。而緊密的附著蕈褶呈奶油色，隨著成熟亦會略帶灰色。🍽

△全綠紅菇
RUSSULA INTEGRA
可由黃至淡黃色孢子印來區別這種軟木樹下顏色多變的蘑菇。它具備間隔分明幾乎離生的厚蕈褶。蕈柄為白色，漸漸會出現褐色斑點。堅實的白色菌肉有扁桃味道。🍽

子實體：單獨或集體出現在排水良好的林地中。

尺寸：蕈傘 ⊕5-15公分	蕈柄 ↕5-10公分 ↔1-3公分	孢子：白色	食用性 🍽

科：紅菇科 | 種：*Russula vesca* | 季節：夏至秋季

菱紅菇(BARE-TOOTHED RUSSULE)

這是一種獨特的菇，其蕈傘邊緣可清楚見到白色蕈褶，這就是其英文俗名(露齒紅菇)的由來。平坦、凸圓至凹陷的蕈傘為淺酒紅雜褐色；米色的削尖蕈柄飾有銹褐色斑點。可以食用的白色堅實菌肉有堅果味道，能夠生吃。

• **分布**：在排水良好的樹林中與軟木和硬木樹形成菌根。廣泛分布於北溫帶；常見於歐洲。

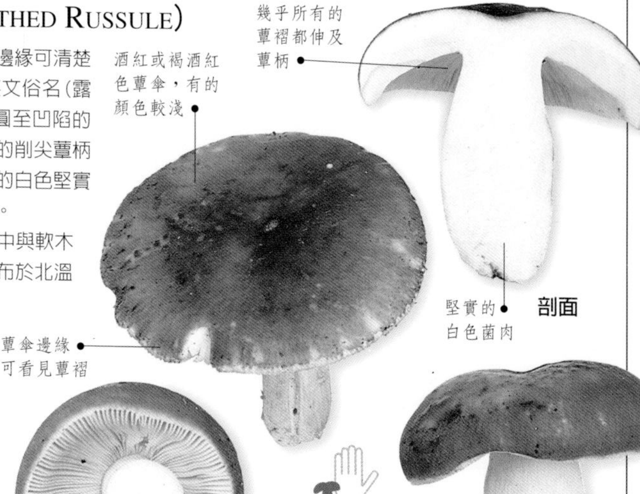

幾乎所有的蕈褶都伸及蕈柄
酒紅或褐酒紅色蕈傘，有的顏色較淺
堅實的白色菌肉
剖面
蕈傘邊緣可看見蕈褶
白色蕈褶易碎而且相當緊密
蕈柄基部的銹褐色斑點

子實體：子實體單獨或集體出現。

尺寸：蕈傘 ↔ 5-10公分 | 蕈柄 ↕ 3-6公分 ↔ 1.5-2.5公分 | 孢子：白色 | 食用性

科：紅菇科 | 種：*Russula aeruginea* | 季節：夏至秋季

銅綠紅菇(VERDIGRIS RUSSULE)

這種蘑菇具備凸圓至凹陷的綠色蕈傘，往往飾有赤褐色至紅褐色斑點，而且邊緣常有溝紋。緊密且幾乎離生的蕈褶為白色，圓柱形或錐形蕈柄顏色相同。白色菌肉堅實但易碎，味道有點辣，不過烹煮後辣味會消失。

• **分布**：往往在潮溼的樹林中與樺木形成菌根。偶爾可發現它生長在軟木樹之間。廣泛分布於北溫帶。

• **相似種**：異形褶紅菇(*Russula heterophylla*)菌肉更堅實。變綠紅菇(131頁)蕈傘上有小鱗片。兩者味道皆溫和。黃孢紅菇(127頁)有一種綠色型。

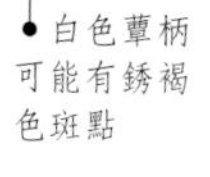

蕈傘中的白色菌肉因為蛞蝓啃食而暴露
蕈傘幼時可能平滑或有脈紋
閃亮的綠色蕈傘其中央較暗，往往帶有銹褐色斑點
白色蕈柄可能有銹褐色斑點
蕈褶呈白至奶油色

子實體：集體出現在草叢中或落葉堆間。

尺寸：蕈傘 ↔ 4-9公分 | 蕈柄 ↕ 4-7公分 ↔ 1-2.5公分 | 孢子：奶油色 | 食用性

科：紅菇科	種：*Russula puellaris*	季節：夏至秋季

美紅菇(YELLOW-STAINING RUSSULE)

這是一種脆弱的蘑菇，其凸圓至凹陷的蕈傘為紫褐至紅褐色，中央可能甚至近乎黑色，邊緣顏色較淺，成熟或受傷後會帶上赭土至黃色調。外皮可從蕈傘邊緣一直剝落到中央。雖可食用但白色薄菌肉淡而無味，故只能勉強稱得上是食物。

• **分布**：與軟木和硬木樹皆形成菌根。廣泛分布於大部分北溫帶，包括歐洲和北美西部。

• **相似種**：氣味紅菇(*Russula odorata*)有強烈的水果氣味，大都和櫟樹一起生長。變色紅菇(*R. versicolor*)味道辛辣，僅能染著淡淡顏色。

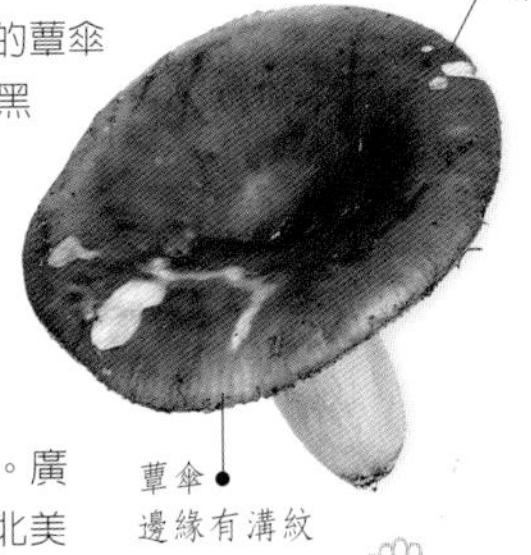
蕈傘發亮，稍微油滑
蕈傘邊緣有溝紋

附著至離生的蕈褶

蕈柄中央多孔，表面堅實

剖面

白色菌肉染有橙黃色

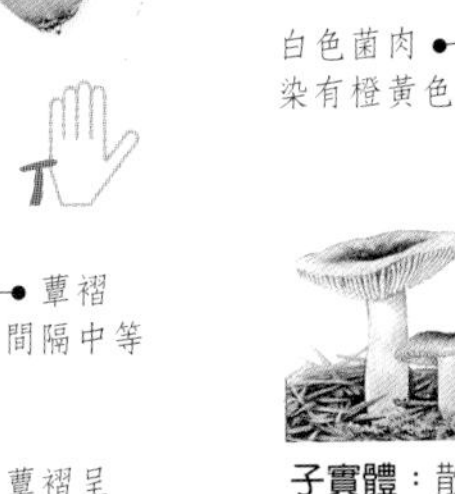
蕈褶間隔中等
蕈褶呈奶油至黃色

子實體：散布或集體出現在潮溼林地中。

尺寸：蕈傘 ⊕ 3-6公分	蕈柄 ↕ 3-6公分 ↔ 0.7-1.5公分	孢子：暗奶油色	食用性

科：紅菇科	種：*Russula rosea*	季節：夏至秋季

玫瑰紅菇(FIRM-FLESHED RUSSULE)

菌肉非常堅硬、蕈傘呈稀釋過的紅色、具有非常薄但不剝落的表皮，這些特徵使之很容易與其他眾多紅色紅菇區別。蕈柄相當短、呈圓柱至棍棒形，顏色為白色，或和呈凸圓至平坦狀的蕈傘同色。味道像鉛筆的木材。關於其學名仍有爭論，許多專家提議稱它作鱗蓋紅菇(*Russula lepida*)。

• **分布**：往往與山毛櫸形成菌根，出現在硬木樹林排水良好的土壤上。分布廣且常見於歐洲的山毛櫸樹林中；世界分布不詳。

• **相似種**：絲絨柄紅菇(*R. velutipes*)蕈傘表皮可剝除，菌肉較脆弱。

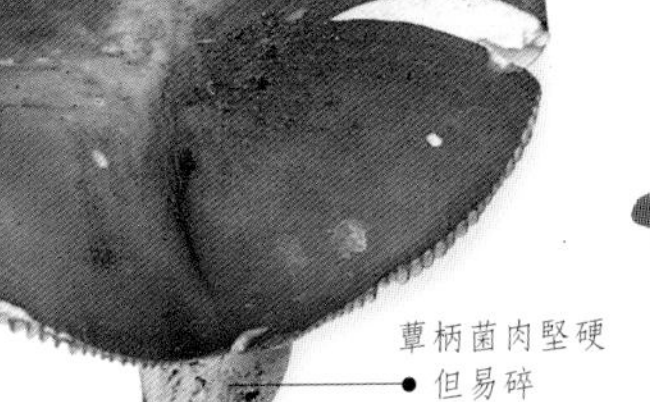
蕈傘乾燥，呈稀釋過的紅色，覆著不剝落的表皮
蕈柄菌肉堅硬但易碎

子實體：單獨或集體出現在林地土壤上。

易碎的蕈褶間隔中等

幾乎離生的淡奶油色蕈褶可能有粉紅色的邊

蕈柄或為米色，或與蕈傘同色

尺寸：蕈傘 ⊕ 4-12公分	蕈柄 ↕ 3-8公分 ↔ 1-3公分	孢子：淡奶油色	食用性

科：紅菇科	種：*Russula turci*	季節：夏至秋季

特希紅菇
(IODOFORM-SCENTED RUSSULE)

這種蘑菇的蕈傘中央凹陷，平滑的邊緣可能覆有細粉。顏色呈深淺不一的酒紅色，有時混有綠、黑或橙色。它可幫助鑑別的特徵有：顯著的碘氣味，特別是在棍棒形蕈柄基部；及淡赭土色的孢子印。易碎的白色菌肉味道溫和。

• **分布**：與松樹（主要為二葉松）形成菌根，也可能與雲杉共生。廣泛分布於歐洲，也可見於整個北美洲北部。

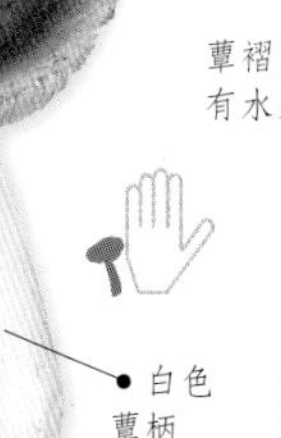

蕈傘有深淺不一的酒紅色和其他顏色構成的環帶
發亮的蕈傘乾燥後變得無光
白色蕈柄
棍棒形蕈柄基部的氣味像碘

附著的蕈褶為白色，而後呈赭土色
蕈褶間隔分明，有水果氣味

子實體：子實體集體或少數一起出現。

尺寸：蕈傘 ↔ 3-10公分	蕈柄 ↕ 3-7公分 ↔ 1-2.5公分	孢子：淡赭土色	食用性

科：紅菇科	種：*Russula xerampelina*	季節：夏至秋季

黃孢紅菇(CRAB RUSSULE)

雖然此處將黃孢紅菇歸納為一種，但其實還可進一步將之分成若干近緣種。它們都帶有甲殼類動物般的氣味，並隨著成熟而味道增強。菌肉在接觸硫酸鐵($FeSO_4$)時會變為暗綠色。平滑的蕈傘從暗紅至綠色變化不一。圓柱形蕈柄往往有銹褐色斑點。整個子實體會隨著成熟而可能漸染上褐色。新鮮時為上選食物，堅實但易碎的白色菌肉會漸漸會變成褐色。

• **分布**：不同物種產於不同的棲息地中，如林地和沙丘，與各種軟木和硬木樹形成共生的菌根。將之視為一近緣種群，則常見且廣泛分布於北溫帶。

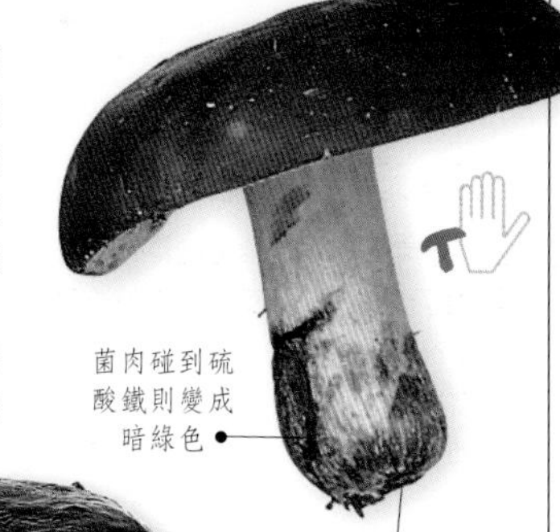

菌肉碰到硫酸鐵則變成暗綠色
膨大或圓柱形蕈柄

剖面

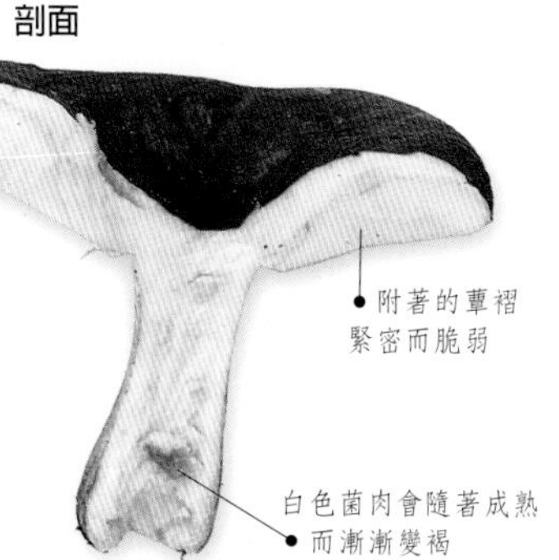

附著的蕈褶緊密而脆弱
白色菌肉會隨著成熟而漸漸變褐

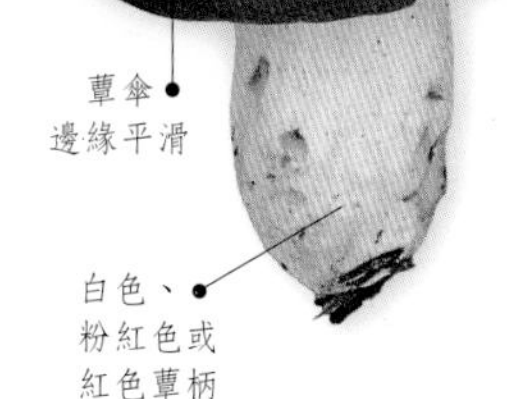

有些個體蕈傘中央凹陷
蕈傘可能為紅色(中央為黑色)、褐紫色或綠色
蕈傘邊緣平滑
白色、粉紅色或紅色蕈柄

子實體：在柳樹或松樹下集體出現。

尺寸：蕈傘 ↔ 6-15公分	蕈柄 ↕ 4-8公分 ↔ 1.5-3公分	孢子：赭土色	食用性

科：紅菇科	種：*Russula paludosa*	季節：夏至秋季

沼澤紅菇(TALL RUSSULE)

這種引人注目的大型蕈類比大部分紅菇都來得高，凸圓至凹陷的橙紅色蕈傘中央會變黃，在潮溼時表面會稍微黏稠；密集的附著蕈褶為淡金黃色，而蕈褶和蕈傘邊緣往往都呈紅色。圓柱形至窄棍棒形的蕈柄為白色略帶粉紅色，隨著成熟會變成淡灰色。堅實易碎、菌肉味道溫和味美，但請參閱相似種。

• **分布**：與軟木樹形成菌根，特別是松樹。分布廣且於北溫帶局部地區常見。

• **相似種**：有毒且味道辛辣的毒紅菇(下欄)，其蕈傘上不帶黃色色彩。

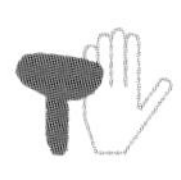

蕈傘表面在潮溼時稍微黏稠
緊密的淺金黃色蕈褶
蕈傘的中央變為黃色
蕈傘邊緣可能為紅色
白色蕈柄略帶粉紅色，隨著成熟而漸漸變灰

子實體：集體出現，或者子實體四處散布，一般見於沙質土壤上。

尺寸：蕈傘⊕8-16公分	蕈柄↕10-15公分↔1-3公分	孢子：淺赭土色	食用性

科：紅菇科	種：*Russula emetica*	季節：夏至秋季

毒紅菇(THE SICKENER)

這種蕈有個凸圓至稍微凹陷的猩紅色蕈傘，平滑的表面往往發亮，潮溼時則會變黏。白色蕈柄呈棍棒形，表皮具有鱗屑。易碎而沒有氣味的白色菌肉味道非常辛辣，能使不小心吃到的人馬上吐出來，但不管怎樣，它的毒性並不強。

• **分布**：在潮溼的地點，主要與軟木樹形成菌根。分布廣泛且常見於溫帶和亞熱帶。

• **相似種**：樺樹紅菇(*Russula betularum*)體型較小，隨著成熟會變成白色，生長在泥沼中的樺樹下。山毛櫸紅菇(*R. fageticola*)通常生長在山毛櫸樹下，味道也很辛辣。毒蠅傘(146頁)蕈傘上有蕈幕碎片，而且有蕈環和球莖。

凸圓至稍微凹陷的平滑蕈傘往往呈發亮的猩紅色

棍棒形蕈柄稍帶有鱗屑

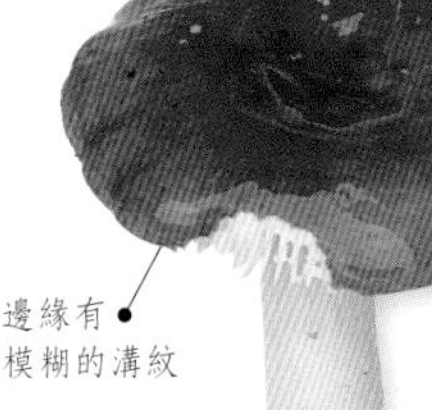

邊緣有模糊的溝紋

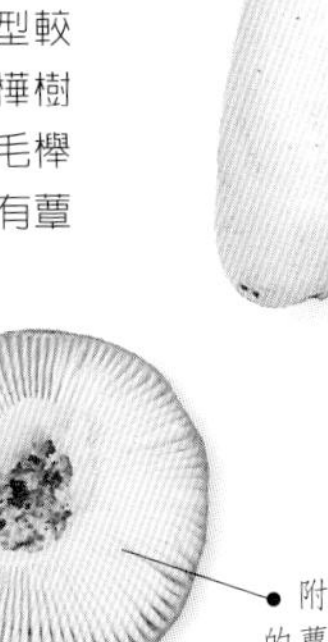

蕈褶間隔中等
附著至離生的蕈褶呈白至淡奶油色

子實體：集體或單獨出現在潮溼地區的軟木樹下。

尺寸：蕈傘⊕3-8公分	蕈柄↕5-8公分↔1-2公分	孢子：白色	食用性

科：紅菇科	種：*Russula mairei*	季節：夏至秋季

瑪莉紅菇（BEECHWOOD SICKENER）

平滑、無光澤、顏色為深猩紅色的蕈傘呈凸圓至平坦狀，潮溼時則黏稠。稍呈棍棒形的米色蕈柄表面平滑。易碎的白色菌肉堅實，帶點椰子或蜂蜜氣味。

• **分布**：在樹林地區與山毛櫸形成菌根。分布廣且常見於歐洲和鄰近的部分亞洲的山毛櫸林地區。

• **相似種**：毒紅菇（128頁）。細皮囊體紅菇（*Russula velenovskyi*）可以食用，體型較小，通常生長在樺木附近。

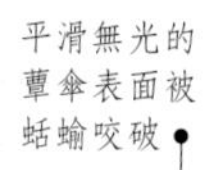
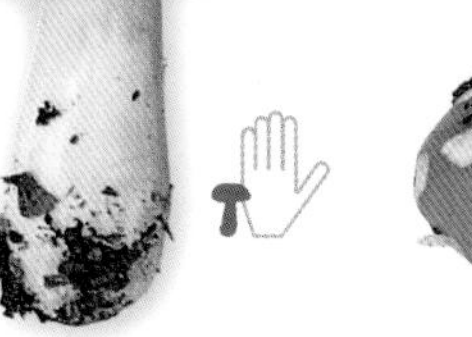
凸圓蕈傘
呈鮮猩紅色
平滑無光的
蕈傘表面被
蛞蝓咬破

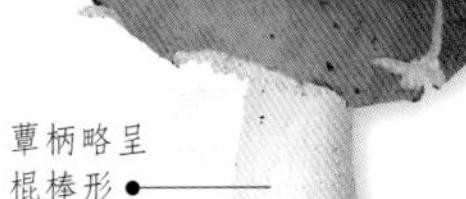
蕈柄略呈
棍棒形

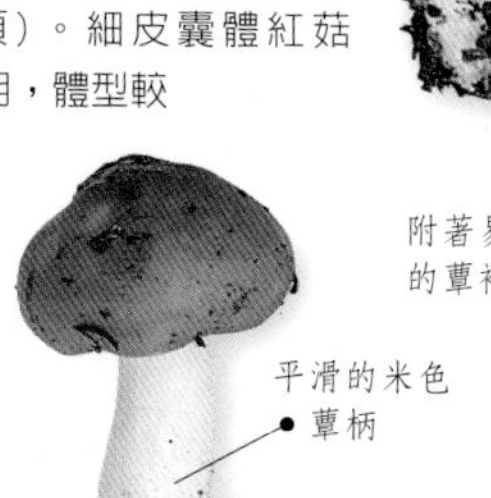
平滑的米色
蕈柄
附著易碎
的蕈褶
略帶淡灰藍
色調的白色，
蕈褶間隔中等

子實體：集體或單獨出現在排水良好的樹林中。

尺寸：蕈傘 ⊕3-7公分	蕈柄 ↕3-5公分 ↔0.7-2公分	孢子：白色	食用性 ☠

科：紅菇科	種：*Russula fragilis*	季節：夏至秋季

脆紅菇（FRAGILE RUSSULE）

最好拿著放大鏡來鑑別這種小型的脆紅菇，你將會看到其白至奶油色的蕈褶具有鋸齒狀的邊緣。凸圓至凹陷的蕈傘混合著紅和紫色，並略帶橄欖綠色，中央的顏色最深。稍呈棍棒形的蕈柄為白色。易碎的白色菌肉味道非常辣而且有毒。

• **分布**：在林地中與多種樹形成菌根，通常是樺木和櫟木。分布廣且常見於北溫帶局部地區。

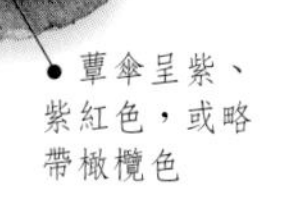
蕈褶邊緣
為鋸齒狀
蕈傘呈紫、
紫紅色，或略
帶橄欖色
暗色的蕈傘
中央凹陷
白至奶油色蕈褶
間隔中等
蕈褶附著
剖面
白色蕈柄
稍呈棍棒形

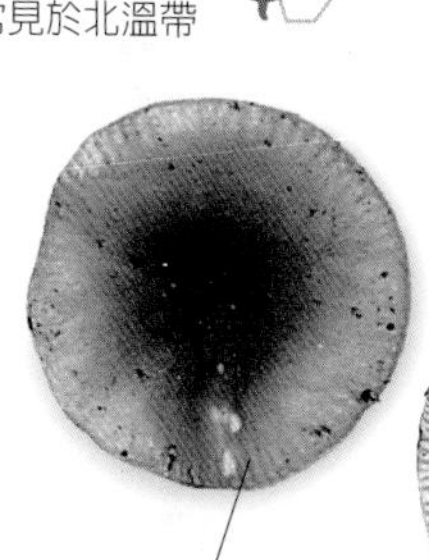
蕈傘邊緣
有少許溝紋

子實體：集體或成小群，很少單獨出現。

尺寸：蕈傘 ⊕2-5公分	蕈柄 ↕3-7公分 ↔0.5-2公分	孢子：白色	食用性 ☠

科：紅菇科	種：*Russula sanguinaria*	季節：夏至秋季

血紅菇(BLOOD-RED RUSSULE)

這種蘑菇稍具毒性，血紅色的蕈傘呈凸圓至凹陷狀，帶有條紋的蕈柄會隨著成熟而漸漸變成灰粉紅色，白色菌肉易碎。此蕈可由其適度的辣味及淺赭土色孢子印來鑑別。

• **分布**：與軟木樹，大多為松樹形成菌根。廣泛分布於北溫帶。

• **相似種**：沼澤生紅菇(*Russula helodes*)蕈柄的顏色較淺，隨著成熟會變成更顯著的灰色。大多見於水蘚中。

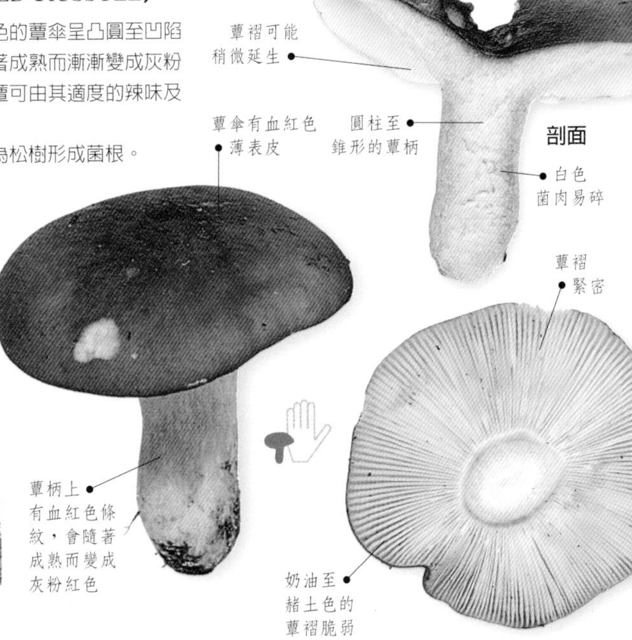
蕈褶可能稍微延生
蕈傘有血紅色薄表皮
圓柱至錐形的蕈柄
剖面
白色菌肉易碎
蕈褶緊密
蕈柄上有血紅色條紋，會隨著成熟而變成灰粉紅色
奶油至赭土色的蕈褶脆弱

子實體：單獨或集體出現在酸性土壤上。

尺寸：蕈傘 ⊕ 5-10公分	蕈柄 ↕ 4-7公分 ↔ 1-2公分	孢子：淺赭土色	食用性 ☠

科：紅菇科	種：*Russula undulata*	季節：夏至秋季

波狀紅菇(BLACKISH-PURPLE RUSSULE)

這種相當多肉的蘑菇有個凸圓形蕈傘，其表面為紫或藍紫色，中央通常呈凹陷狀且近黑色，往往散布著黃色斑點。這樣的色彩和呈白至奶油色的蕈柄和蕈褶形成強烈的對比。蕈柄相當短，呈棍棒形；附著的蕈褶緊密。白至灰色的菌肉味道稍辣而不能食用。

• **分布**：與櫟樹形成菌根，很少與其他樹共生。廣泛分布於北溫帶。

• **相似種**：褐紫紅菇(*Russula brunneoviolacea*)具有較暗的孢子印，羅梅爾紅菇(*R. romellii*)亦同。

蕈傘中央近乎黑色
紫或紫羅蘭色蕈傘可能有黃色斑點
白至奶油色蕈柄短
緊密而附著的蕈褶為白至奶油色

子實體：子實體集體出現在櫟樹下，大多在樹林地區的酸性土壤上。

尺寸：蕈傘 ⊕ 4-10公分	蕈柄 ↕ 3-6公分 ↔ 1-2.5公分	孢子：白色	食用性 🍴

科：紅菇科	種：*Russula sardonia*	季節：夏至秋季

辣紅菇 (LEMON-GILLED RUSSULE)

這是一種引人注目且外型較大的蕈類，它凸圓發亮的暗紫色蕈傘與檸檬黃色蕈褶形成對比；紫至酒紅色的蕈柄為棍棒形。略帶有水果氣味，味道則辛辣。蕈褶和白色菌肉在遇到氨氣時會變成粉紅色。

• **分布**：與松樹形成菌根。分布廣且常見於北溫帶地區。

• **相似種**：凱萊紅菇(*Russula queletii*)體型較小，蕈褶和孢子印的顏色都較淺。對氨氣沒有反應，但味道一樣辣。

蕈傘呈暗紫至濃酒紅色
平滑發亮的凸圓形蕈傘
蕈褶附著至稍微延生
緊密的蕈褶呈檸檬黃至檸檬至赭土色
紫至酒紅色蕈柄略帶灰色

子實體：子實體集體出現在松樹下。

尺寸：蕈傘 ⊕ 4-10公分	蕈柄 ↕ 4-10公分 ↔ 1-2.5公分	孢子：淺赭土色	食用性 ☠

科：紅菇科	種：*Russula virescens*	季節：夏至秋季

變綠紅菇 (GREEN RUSSULE)

要辨識這種菌肉堅實的蘑菇，最好的方式便是由其蕈傘來入手，因為它的蕈傘表面覆有茸毛、呈黃至藍綠色，且不久即會龜裂而形成鱗片狀外觀。蕈柄為白色，但基部表面長有褐色的鱗片。易碎的白色蕈褶附著且相當緊密。變綠紅菇接觸到硫酸鐵($FeSO_4$)時，會變成粉橙紅色。

• **分布**：與硬木樹，諸如山毛櫸形成菌根。分布廣且常見於北溫帶局部地區。

• **相似種**：碎皮紅菇(*Russula cutefracta*)為較暗的綠色，且從邊緣龜裂。它不和硫酸鐵反應。

凸圓至平坦的蕈傘感覺毛茸
蕈傘表面龜裂，形成鱗片
蕈傘表面呈黃至藍綠色
白色蕈柄的基部具有褐色鱗片

子實體：單獨或成小群出現在排水良好的土壤上。

尺寸：蕈傘 ⊕ 4-10公分	蕈柄 ↕ 4-8公分 ↔ 1-3公分	孢子：白色	食用性

極小型且蕈傘平滑

蕈傘平滑的極小型蘑菇種類繁多，它們分別被歸入很多的屬和科中，不過本書所介紹的是以體型小、具備白色孢子的口蘑科爲主。列舉於此處的蕈類其蕈傘上可能有微茸層，但絕無顯著的毛、粗糙的纖維或鱗片（詳見第142-144頁）。

科：口蘑科	種：*Lyophyllum palustre*	季節：夏至秋季

沼生離褶傘（Sphagnum Greyling）

其蕈柄纖細、呈淺灰褐色；灰褐色蕈傘由凸圓開展至平坦或稍微凹陷，並有條紋從邊緣延伸到中央。菌肉薄，帶有淡淡的麥粉味，不過並不好吃。白色至淺灰色蕈褶為附著的，間隔中等。

• **分布**：只在泥沼中的水蘚上生長，且最後會導致水蘚死亡。廣泛分布於整個北溫帶。

• **相似種**：其他和水蘚一起出現的蕈類有：沼澤盔孢傘（*Galerina paludosa*）、球頭囊狀體盔孢傘（*G. tibiicystis*）、泥炭蘚生亞臍菇（*Omphalina sphagnicola*）和喜背面亞臍菇（*O. philonotis*），通常擁有褐色孢子或延生的蕈褶。

凸圓至平坦或凹陷的蕈傘
長而紮根的蕈柄呈灰褐色
條紋從邊緣延伸到蕈傘中央

子實體：子實體集體或成環狀排列出現在泥沼地區的水蘚上。

尺寸：蕈傘 ⊕1-3公分	蕈柄 ↕4-8公分 ↔1-3公釐	孢子：白色	食用性

科：口蘑科	種：*Baeospora myosura*	季節：夏至秋季

鼠色小孔菌（小孢菌，Cone-cap）

這種淺褐色蕈類是屬於「小孔菌」這個小屬中的成員。它具備平坦至稍具臍突的乾燥蕈傘，以及覆有粉末的蕈柄。它聞起來有霉臭味，吃則沒什麼特殊味道。蕈褶近乎離生。

• **分布**：在公園和林地中各種軟木樹（包括雲杉和松樹）的球果和球果鱗片上。分布廣且常見於北溫帶。

• **相似種**：多葉小孔菌（*Baeospora myriadophylla*）為淺褐色，但具顏色較鮮明的淡紫色蕈褶。主要生長在倒地的軟木樹幹上，但極少見。其他生長在松球上的有可食球果菌（133頁）和具備醒目的淺酒粉紅色蕈傘和暗紅褐色邊緣的希尼小菇（*Mycena seyneii*）。

緊密且相當狹窄的淺灰色蕈褶
附著或離生的蕈褶
剖面
表面乾燥的淺褐色蕈傘

子實體：少數在球果上，或單獨在脫落的鱗片上。

尺寸：蕈傘 ⊕0.5-2公分	蕈柄 ↕1-4公分 ↔1-2公釐	孢子：白色	食用性

科：口蘑科	種：*Strobilurus esculentus*	季節：晚秋至春季

可食球果菌（SPRUCE-CONE TOADSTOOL）

蕈傘為褐色、凸圓形且邊緣較薄。蕈柄平滑，為橙黃色，靠近上端的地方則為白色。強韌的白色菌肉氣味好聞，可以食用但因體型太小而不值得嘗試。

• **分布**：只在埋於土中、或是潮溼地區地面上的雲杉球果上生長。分布廣且常見於歐洲雲杉生長區及附近的亞洲地區。

• **相似種**：冠囊體球果菌（*Strobilurus stephanocystis*）和稍堅韌球果菌（*S. tenacellus*）偏好松樹的球果。小型金錢菇屬的真菌（67, 111-113頁）則最好透過顯微鏡來區別。

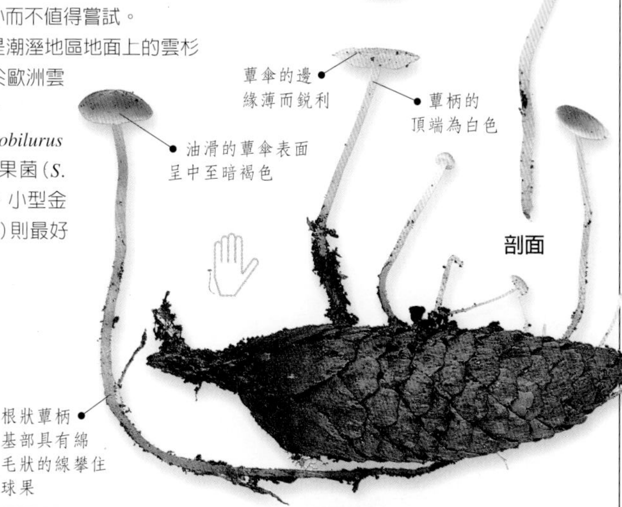

白色蕈褶的間隔中等
波狀附著的蕈褶
蕈傘的邊緣薄而銳利
蕈柄的頂端為白色
油滑的蕈傘表面呈中至暗褐色
剖面
根狀蕈柄基部具有綿毛狀的線攀住球果

子實體：子實體成小群出現在雲杉林中。

尺寸：蕈傘 ⊕0.5-3公分	蕈柄 ↕2-5公分 ↔1-2.5公釐	孢子：淺奶油色	食用性

科：口蘑科	種：*Mycena inclinata*	季節：秋至早冬

美柄小菇（CLUSTERED OAK-BONNET）

這種蕈的鐘形蕈傘具備獨特的鋸齒狀邊緣及放射狀條紋；強韌的蕈柄覆有白色粉末，基部為橙色。我們可根據其辛辣、腐臭的氣味來鑑別。

• **分布**：喜好生長在古老樹林的成熟樹木。大多見於殘株或是仍直立著的死亡櫟樹上；有時見於其他硬木樹如歐洲栗上。分布廣且常見於歐洲和北美。

• **相似種**：斑點小菇（*Mycena maculata*）帶有蘑菇的氣味，蕈傘邊緣平滑，蕈柄呈紫褐色。它比較罕見，大都會被忽視。

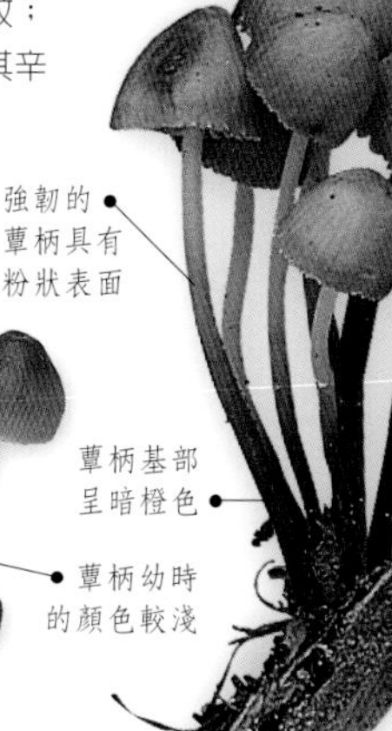

鉛灰至白灰色蕈傘上有紅色斑點
強韌的蕈柄具有粉狀表面
蕈柄基部呈暗橙色
蕈柄幼時的顏色較淺

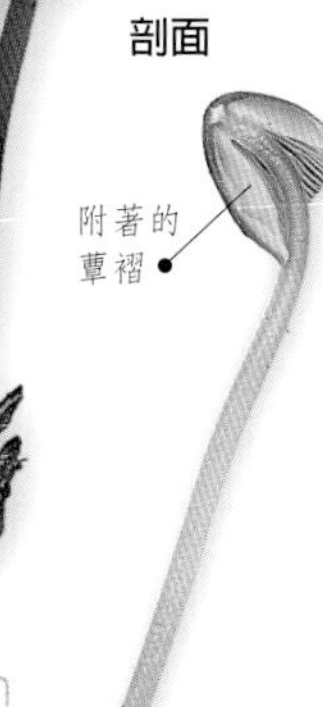

剖面
附著的蕈褶

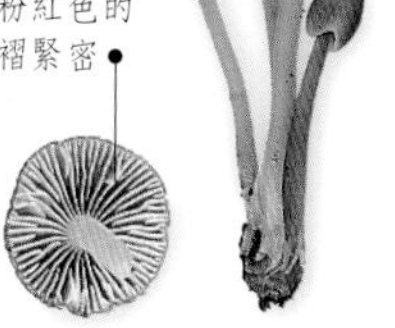

白至粉紅色的蕈褶緊密

子實體：子實體成簇出現在木頭上。

尺寸：蕈傘 ⊕1-4公分	蕈柄 ↕6-12公分 ↔2-3公釐	孢子：淺奶油色	食用性

科：口蘑科	種：*Mycena arcangeliana*	季節：秋至早冬

阿肯吉小菇（LATE-SEASON BONNET）

這種蕈在田野中並不易辨認，即使它的子實體在幼時通常有淡紫色的蕈柄。其蕈傘可能呈凸圓至鐘形不等的形狀，色彩則為深淺不一的暗灰色。如果放在密封的罐頭中，只需幾分鐘就能聞到有如碘仿防腐劑般的強烈氣味。

• **分布**：於花園、墓地、公園以及肥沃的樹林中，生長在喬木、灌木基部生苔的樹皮，或是像掉落的樹枝這樣的木材碎片上。分布廣且常見於歐洲；世界分布不詳。

凸圓蕈傘可能變化成鐘形

蕈褶為附著的

淺角灰色蕈柄有時帶著淡紫色調

剖面

蕈柄表面平滑

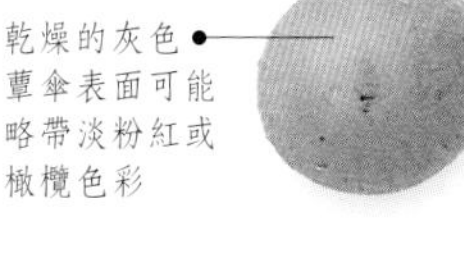
乾燥的灰色蕈傘表面可能略帶淡粉紅或橄欖色彩

白至粉紅色的蕈褶相當緊密

子實體：通常集體出現在各種木材碎片上。

尺寸：蕈傘 ⊕1-2.5公分	蕈柄 ↕3-7公分 ↔2-3公釐	孢子：白色	食用性

科：口蘑科	種：*Mycena olivaceomarginata*	季節：秋季

橄欖色緣小菇（FIELD BONNET）

蕈傘顏色變化多端，從灰褐色到黃色或深淺不一的粉紅色。這種小菇最容易用放大鏡來辨認，從中可看見直生的蕈褶有著獨特的橄欖褐色邊緣。蕈柄相當脆弱，菌肉薄，而且和許多小菇一樣，帶有淡淡的蘿蔔氣味；有些類型則有微弱的硝酸氣味。

• **分布**：生苔的公共草皮上，以及大多數經修割或放牧的草地，包括海岸。分布廣且常見於歐洲；世界分布不詳。

• **相似種**：其他具有彩色邊緣的小菇有：紅色的紅緣小菇（*Mycena rubromarginata*）見於木頭上；希尼小菇（*M. seyneii*）則見於球果上；黃色的橘青緣小菇（*M. citrinomarginata*）和變黃小菇（*M. flavescens*），生長在草叢或林地落葉堆中。

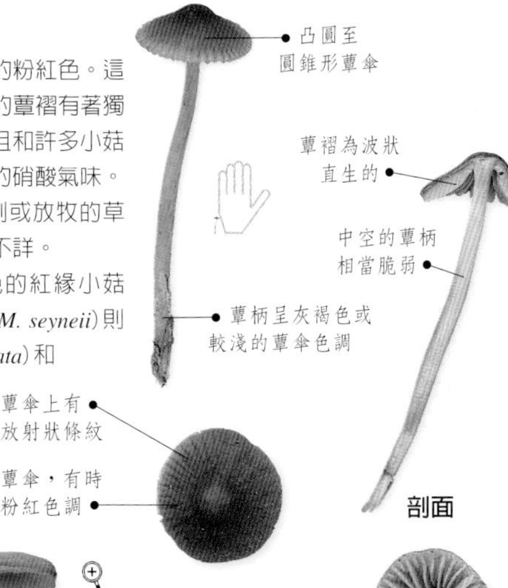
凸圓至圓錐形蕈傘
蕈褶為波狀直生的
中空的蕈柄相當脆弱
蕈柄呈灰褐色或較淺的蕈傘色調
剖面
蕈傘上有放射狀條紋
褐或灰色蕈傘，有時略帶黃或粉紅色調
淺灰至灰褐色蕈褶間隔中等

子實體：單獨或集體出現在矮草叢中。

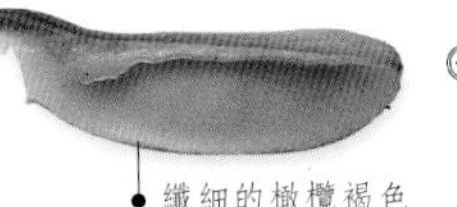
纖細的橄欖褐色的蕈褶邊緣

尺寸：蕈傘 ⊕0.7-1.5公分	蕈柄 ↕3-6公分 ↔1-2公釐	孢子：白色	食用性

科：口蘑科	種：*Mycena epipterygia*	季節：夏至早冬

小翼小菇(Yellow-stemmed Bonnet)

小翼小菇是相當稀少的黏稠小菇之一，其鮮黃色蕈柄通常略帶銹褐色，可由此加以辨認，然而在尺寸、形狀和色彩方面，它則相當多變。氣味大多有些像麥粉和臭油味。

• **分布**：在殘枝敗葉上。大多於軟木樹林中，但也見於較空曠且長有懸鉤子和歐洲蕨的酸性土壤上。分布廣且常見於北溫帶。

• **相似種**：其他黏稠的小菇有：濕狀小菇(*Mycena rorida*)最為黏稠，具備厚而黏的蕈柄覆蓋物，覆蓋物本身比蕈柄還厚；另外漂亮小菇(*M. belliae*)蕈柄稍黏，僅生長在蘆葦中，具有明顯延生的蕈褶。

蕈傘通常呈灰色條紋狀
直生的蕈褶寬
卵形蕈傘開展成凸圓或圓錐狀
黏稠的黃色蕈柄相當強韌
米色蕈褶間隔分明
菌肉薄而多汁
硬木材上的幼菌蕾
蕈柄基部略帶紅色
剖面

子實體：子實體集體或成小群出現。

尺寸：蕈傘 ⊖0.5-2.5公分	蕈柄 ↕3-8公分 ↔1-2.5公釐	孢子：奶油色	食用性

科：口蘑科	種：*Mycena leptocephala*	季節：夏至冬季

狹頭小菇(Nitrous Lawn-bonnet)

此蕈的蕈傘呈鐘形至圓錐狀，顏色為淺灰至鉛灰色，潮溼時表面則會出現顯著的條紋。因為菌肉多水，所以蕈柄相當脆弱。它在氣味類似硝酸或氯水的小菇類中，算是最為常見的一種。

• **分布**：於生苔的草坪、高草叢間、林地落葉堆或懸鉤子上。分布廣且常見於整個北溫帶。

• **相似種**：艾布拉小菇(*Mycena abramsii*)體型大都較大，且蕈傘較不油滑，它生長在硬木樹上。密集小菇(*M. stipata*)蕈傘較油滑，較強壯，生長在軟木樹殘株上。毛小菇(*M. capillaripes*)具有紅色蕈褶內襯(要用放大鏡看)，生長在針葉樹碎片上。它們全都有硝酸氣味。

淺灰至鉛灰色的蕈傘表面上有條紋
蕈柄上端覆有粉末
剖面
平滑的淺角灰色蕈柄
附著的蕈褶
脆弱而多水的菌肉有加氯水氣味
淺灰色蕈褶間隔中等

子實體：單獨或經常成群出現在苔地上。

尺寸：蕈傘 ⊖0.6-1.5公分	蕈柄 ↕3-7公分 ↔1-2公釐	孢子：白色	食用性

科：口蘑科	種：*Mycena filopes*	季節：秋季

似線小菇(Iodoform Bonnet)

要鑑別這種蕈的最佳方式，是用顯微鏡來觀察它具刺的隔胞和其他特徵，再加上脆弱的蕈柄、灰色外觀和碘仿防腐劑般的氣味即可辨認。蕈傘和蕈柄都覆有白色微茸層，蕈傘上還有條紋延伸至中央。

• **分布**：大多在硬木樹林中，於腐植質或殘枝敗葉上，但也見於軟木樹下的針葉床上。通常出現在林地步道旁的蕁麻之間。分布廣且常見於歐洲；世界分布不詳。

• **相似種**：阿肯吉小菇(134頁)。後生小菇(*Mycena metata*)大都為粉紅色，而且喜好酸性的環境和軟木樹林。兩者皆有碘仿氣味，顯微鏡下的特徵也非常相似。

蕈褶間隔
中等

子實體：單獨或集體出現。

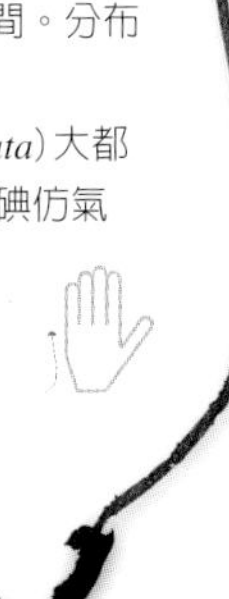
附著的
白色蕈褶
凸圓或具
臍突的蕈傘
蕈傘
表面有
白色微
茸層
灰色蕈傘
上有細條紋
剖面
菌肉
極薄
脆弱的
灰白色或
褐色蕈柄

尺寸：蕈傘 ↔ 0.8-2公分	蕈柄 ↕ 6-10公分 ↔ 1-2公釐	孢子：白色	食用性 🍽

科：口蘑科	種：*Mycena haematopus*	季節：夏至秋季

紅紫柄小菇(Bleeding Bonnet)

鐘形的紅褐色蕈傘表面覆有細粉，邊緣則呈鋸齒狀。脆弱的紅褐色蕈柄也覆有白色粉末。在受傷或破裂時，多水的薄菌肉會滲出暗血紅色液體。

• **分布**：在許多類型的樹林朽木上。分布廣且常見於北溫帶。

• **相似種**：杏黃色小菇(119頁)擁有橙色乳汁；美柄小菇(133頁)密集成簇生長，但沒有乳汁。單寧酸小菇(*Mycena sanguinolenta*)體型較小，較細長，且蕈褶邊緣為紅褐色。它具有紅色乳汁，一般生長在落葉堆上。

△紡捶孢傘菌黴
Spinellus fusiger
這種真菌常寄生在小菇上，外貌就像插著大頭針的針墊。它和黑麵包黴有親緣關係。🍽

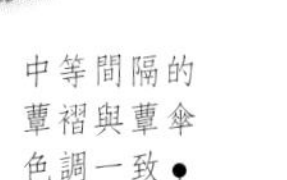
蕈傘大致
呈鐘形
中等間隔的
蕈褶與蕈傘
色調一致
血紅色液
體從斷裂的
蕈柄滲出
蕈傘邊緣
呈鋸齒狀
蕈柄一般
在基部結合

附著的蕈褶
剖面

子實體：子實體密集成簇出現。

尺寸：蕈傘 ↔ 0.5-3公分	蕈柄 ↕ 3-7公分 ↔ 2-4公釐	孢子：白奶油色	食用性 🍽

科：口蘑科	種：*Mycena galopus*	季節：晚夏至冬季

乳柄小菇(Milk-drop Bonnet)

附著的蕈褶
蕈傘表面乾燥平滑
通常為灰色的凸圓蕈傘飾有放射狀條紋
蕈柄平滑通常為灰色
剖面
白色液體從斷裂的蕈柄滲出
間隔寬的白色蕈褶

要辨認這種高度變異的蕈類，最容易的方式是觀察其蕈柄及蕈褶。此蕈大多數個體的蕈柄都含有豐富的白色液體(基部最顯著)，以及蕈褶間隔比大多數小菇來得分明。此處展示的為灰色類型，此外還有全白和全黑者；黑色類型有時會被歸為另外一種：黑小菇(*Mycena leucogala*)。它的清淡氣味有如蘿蔔，食用性則未知，但其尺寸顯然小得不值得實用。

• **分布**：各種林地中掉落的針葉上，和硬木樹的落葉堆上；也見於半空曠的棲息地中腐植質豐富的土壤上，包括草坪。分布廣且常見於歐洲；世界分布不詳。

• **相似種**：變紅小菇(*M. erubescens*)具有稀少的水狀白色「乳汁」，會漸漸變成褐紅色，菌肉味苦。

子實體：子實體單獨或集體出現。

尺寸：蕈傘 ⊕ 0.5-2公分	蕈柄 ↕ 3-7公分 ↔ 1-2公釐	孢子：淺奶油色	食用性

科：口蘑科	種：*Mycena acicula*	季節：春至早冬

針狀小菇(Orange-capped Bonnet)

鮮橙色蕈傘配上黃色邊緣，以及半透明的黃色蕈柄都有助於鑑別此菇；在喜好植物殘屑的小型小菇當中，它或許是最容易辨認的一種。細長的蕈柄和凸圓至鐘形的蕈傘表面都覆有粉末。附著且相當寬的淺黃色蕈褶間隔中等。

• **分布**：在樹林或樹籬中，於碎木堆的小碎片上，如樹皮薄片；或在潮溼地區，如蕁麻之下。分布廣且相當常見於北溫帶。

• **相似種**：絲狀里肯菇(36頁)有半圓形的延生蕈褶。

半透明的黃色蕈柄

橙色蕈傘配著黃橙色邊緣

蕈柄長而纖細

呈凸圓或鐘形的蕈傘上具有條紋

蕈傘表面有微茸層

蕈柄表面覆著細粉

子實體：子實體單獨或成小群出現，但隱藏巧妙。

尺寸：蕈傘 ⊕ 0.3-1公分	蕈柄 ↕ 2-6公分 ↔ 0.5-1公釐	孢子：米色	食用性

科：口蘑科	種：*Mycena flavoalba*	季節：秋季

黃白小菇
(YELLOW-WHITE BONNET)

這種蕈的獨特之處，是在於它有個外觀呈凸圓或圓錐形，顏色為淡黃色，表面可能有個暗色「眼點」及條紋模糊的蕈傘；蕈褶為白色。優雅的蕈柄呈半透明的黃白色。白色的薄菌肉帶點蘿蔔氣味和味道。

• **分布**：生苔的草原中；也見於軟木樹林中的落葉堆上。分布廣且常見於歐洲。世界分布不詳。

• **相似種**：它可能易被誤認成其他奶油色蕈類，例如半小菇屬(*Hemimycena*)中的蕈類。

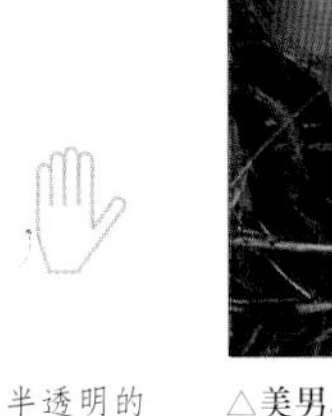

圓錐至凸圓形的蕈傘
半透明的黃白色蕈柄

附著且間隔分明的蕈褶上有個延生的齒
蕈傘邊緣薄，呈鋸齒狀
蕈傘中央的暗色「眼點」
蕈傘表面有模糊的條紋

△美男小菇
MYCENA ADONIS
會產生數量適度的子實體，珊瑚紅色的蕈傘隨著成熟而褪色，白色蕈柄為透明的。

子實體：成龐大的集團，數量往往上百。

尺寸：蕈傘⊕0.5-2公分	蕈柄↕3-5公分↔1-2公釐	孢子：米色	食用性

科：口蘑科	種：*Marasmius androsaceus*	季節：夏至晚秋

安絡小皮傘(HORSEHAIR MUMMY-CAP)

這種蕈有個非常細但極強韌的光澤蕈柄，以及凸圓、平頂、中央色暗、表面有放射狀溝紋、線條及皺紋的淺褐色蕈傘。蕈褶直接連著蕈柄，不像許多小皮傘是著生在蕈柄的一個小輪上。它會產生如馬鬃般強韌且緊密交織的菌絲以固著於新基質，以便能生長在荒涼的棲息地中。它的氣味清淡，味道溫和，並不值得食用。

• **分布**：松樹林中的松針或其他樹木殘堆的小碎片上；也出現在石南地上和沙丘中間。分布廣且常見於北溫帶。

• **相似種**：穿孔小假錢菌(*Micromphale perforans*)蕈柄上覆有細絨毛，氣味則像腐爛的捲心菜。

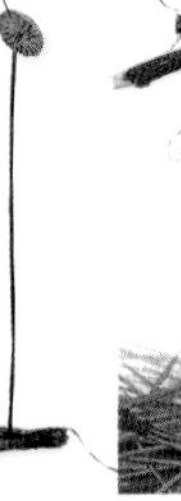

平滑發亮的蕈柄
馬鬃般的菌絲體線
蕈褶連接著蕈柄

蕈褶非常窄間隔分明

淺褐色的蕈傘表面上有放射狀溝紋

子實體：子實體集體出現在多種位置。

尺寸：蕈傘⊕0.3-1公分	蕈柄↕2.5-5公分↔0.3-0.5公釐	孢子：白色	食用性

科：口蘑科	種：*Micromphale foetidum*	季節：秋至晚秋

臭小假錢菌（FOETID MUMMY-CAP）

有時候光憑它如腐爛捲心菜般強烈的氣味，就可發現到這種相當小型的蕈類。它有個凸圓平滑的橙褐色蕈傘，中央色較暗，具條紋和溝紋，上翻的邊緣薄而銳利。中空的黑色蕈柄被有茸毛，頂端則加寬。

• **分布**：僅見於硬木樹林的落枝上，偏好肥沃的鹼性土壤地區。分布廣但只在北溫帶局部地區出現。

• **相似種**：巴西微臍菇（*Micromphale brassicolens*）生長在山毛櫸樹枝和樹葉上，蕈褶較密且顏色較淺。穿孔小假錢菌（*M. perforans*）較小且生長在松針上。兩者都有腐敗的氣味。

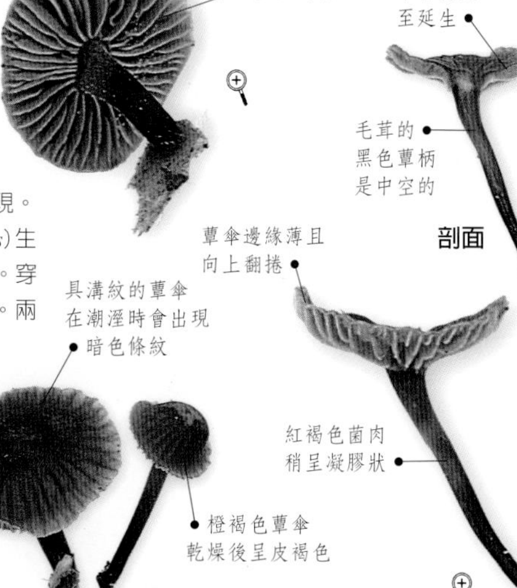
間隔分明、往往
分叉的蕈褶是由
菌脈連接
蕈褶直生
至延生
毛茸的
黑色蕈柄
是中空的
剖面
蕈傘邊緣薄且
向上翻捲
具溝紋的蕈傘
在潮溼時會出現
暗色條紋
紅褐色菌肉
稍呈凝膠狀
橙褐色蕈傘
乾燥後呈皮褐色
蕈傘中央
顏色較暗

子實體：密集成群出現。

尺寸：蕈傘 0.5-3公分	蕈柄 ↕1-4公分 ↔2-4公釐	孢子：米色	食用性

科：口蘑科	種：*Marasmiellus ramealis*	季節：夏至秋季

枝幹微皮傘（TWIG MUMMY-CAP）

這種極小型微皮傘的蕈傘呈奶油至淺皮褐色，外觀會由凸圓狀日漸變平，表面有細皺紋和溝紋。短而彎曲的淡黃褐色蕈柄在基部被覆著淺色鱗片。纖維質菌肉薄而堅韌，顏色與蕈柄一樣。蕈褶寬且間隔分明；平滑的孢子為9×3微米，呈紡錘至橢圓形。

• **分布**：於潮溼的樹林中，生長在枯死的枝條或黑莓（*Rubus*）莖上。它也能在相當乾燥的環境中生存。分布廣且常見於歐洲。世界分布不詳。

• **相似種**：絹白微皮傘（*Marasmiellus candidus*）蕈傘較白，蕈柄基部為黑色。范蘭微皮傘（*M. vaillantii*）最好從顯微鏡中隔胞和孢子的特徵來區別。

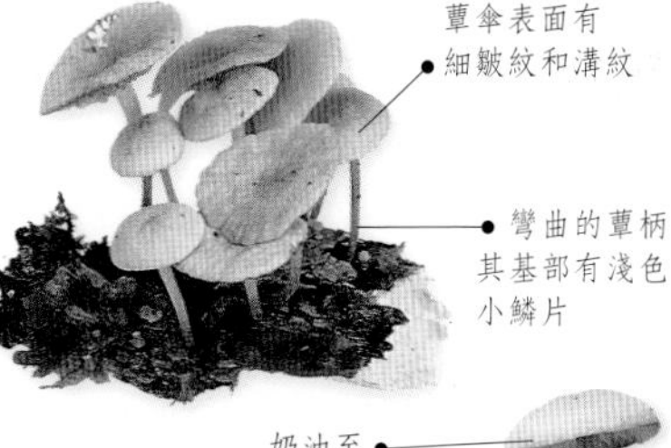
蕈傘表面有
細皺紋和溝紋
彎曲的蕈柄
其基部有淺色
小鱗片

奶油至
淺皮褐色蕈傘

直生的
米色至粉紅
奶油色蕈褶

淺黃褐色
蕈柄朝基部
漸漸變成紅
至黃褐色

剖面

子實體：子實體成群出現。

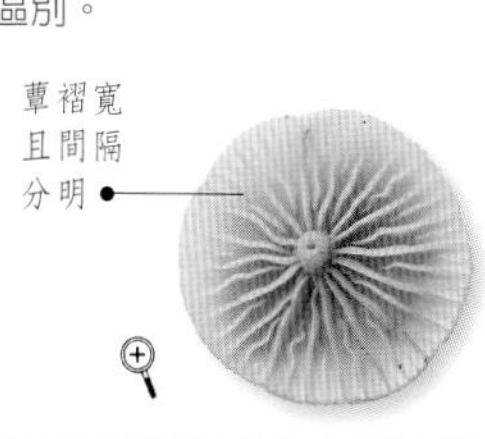
蕈褶寬
且間隔
分明

尺寸：蕈傘 0.3-1.5公分	蕈柄 ↕0.5-2公分 ↔0.5-1.5公釐	孢子：白色	食用性

科：絲膜菌科	種：*Galerina calyptrata*	季節：夏至秋季

蓋盔孢傘（Tiny Pixie Cap）

這種小而纖細的蜜褐色蘑菇，有個呈凸圓形、具條紋、乾燥後呈較淺的奶油褐色的蕈傘。淺褐色菌肉和蕈褶都很薄，通常帶穀物氣味。蕈柄細長而光滑。必須透過顯微鏡才能區別它和相似種。其孢子多疣，呈寬紡錘形，外壁寬鬆。

• **分布**：草坪上或潮溼的樹林中。分布廣泛但確實的世界分布不詳。

• **相似種**：硬皮盔孢傘（*Galerina hypnorum*）可由其不寬鬆的孢子外壁來區分。泥炭蘚盔孢傘（*G. sphagnorum*）只長在水蘚中，而且蕈柄上有蕈環。其他還有許多盔孢傘，大多與各種苔蘚或朽木共生。

子實體：子實體單獨或成小群出現。

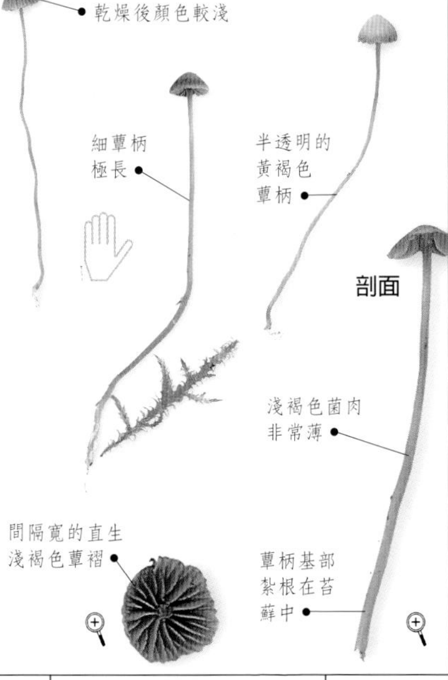
蕈傘呈蜂蜜褐色，
乾燥後顏色較淺
細蕈柄
極長
半透明的
黃褐色
蕈柄
剖面
淺褐色菌肉
非常薄
微小的凸圓
蕈傘上有顯
著的條紋
間隔寬的直生
淺褐色蕈褶
蕈柄基部
紮根在苔
蘚中

尺寸：蕈傘 ↔ 0.3-0.8公分	蕈柄 ↕ 3-5公分 ↔ 1-2公釐	孢子：赭土至褐色	食用性

科：糞傘科	種：*Conocybe lactea*	季節：夏至秋季

乳白錐蓋傘（Milky Cone-cap）

不像大多數的錐蓋傘蕈類，乳白錐蓋傘因其象牙白色的長形蕈傘，使它無須顯微鏡輔助就得以鑑別。平滑的蕈傘具有模糊的條紋，且會隨著成熟而稍微起皺；緊密的蕈褶為淺至銹褐色。蕈柄表面覆有粉末和模糊的線條。菌肉薄而脆弱。

• **分布**：草叢中，一般見於草坪的肥沃土壤上。分布廣泛，常見於北溫帶及其他地區。

• **相似種**：胡斯馬尼錐蓋傘（*Conocybe huijsmanii*）有個近乎圓形至凸圓的蕈傘。乳白糞傘（*Bolbitius lacteus*）蕈傘較黏，孢子較小，為9.5×5.5微米；而乳白錐蓋傘為12.5×8微米。盔孢菇屬蕈類（91, 140頁）的蕈褶一般間隔較寬且通常是直生的。

子實體：集體或少數子實體聚在一起。

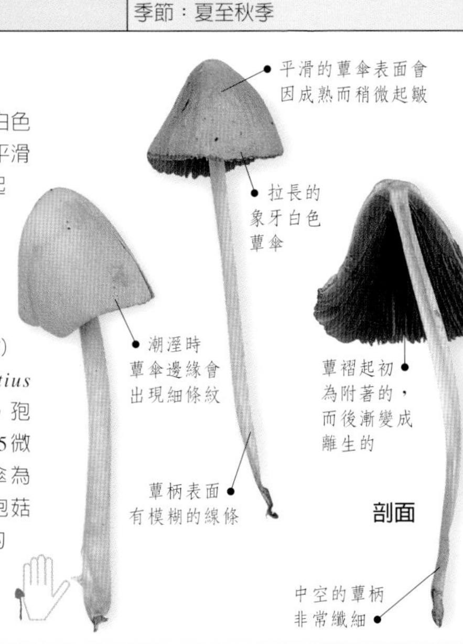
平滑的蕈傘表面會
因成熟而稍微起皺
拉長的
象牙白色
蕈傘
潮溼時
蕈傘邊緣會
出現細條紋
蕈褶起初
為附著的，
而後漸變成
離生的
蕈柄表面
有模糊的線條
剖面
中空的蕈柄
非常纖細

尺寸：蕈傘 ↔ 1-1.5公分	蕈柄 ↕ 5-11公分 ↔ 1-3公釐	孢子：橙褐色	食用性

科：球蓋菇科	種：*Psilocybe semilanceata*	季節：夏至秋季

裸蓋菇(LIBERTY CAP)

這種著名的致幻蘑菇有個優雅的圓錐形蕈傘，頂端有個顯著的疙瘩；幼小的個體具條紋且為灰橄欖色，但很快便會因乾燥而變成奶油色，條紋也會消失。纖細的蕈柄顏色如同蕈傘，但基部可能呈藍色。菌肉為奶油色或淺色，有種霉臭氣味。任何食用這種蕈的人都可能需要送醫治療。

• **分布**：於未經施肥的草原中，不是在大量放牧或經割刈的地區，就是深藏在草叢之間。分布廣且常見於北溫帶部分地區。

• **相似種**：糞堆裸蓋菇(*Psilocybe fimetaria*)邊緣有白色蕈幕，生長在馬糞中。

蕈傘在潮溼時具條紋且呈橄欖灰色，乾燥後則變成奶油色且不具條紋

附著至幾乎離生的蕈褶間隔中等

淺橄欖灰色蕈褶在潮溼時為紫黑色

蕈傘表面平滑通常油滑而黏稠

剖面

長而纖細的蕈柄往往呈波浪狀

蕈柄經常和蕈傘同色

蕈柄基部偶爾呈現藍色

子實體：子實體單獨或呈龐大集團出現。

尺寸：蕈傘 ⊕0.5-2公分	蕈柄 ↕4-10公分 ↔2-3公釐	孢子：紫黑色	食用性 ☠

科：鬼傘科	種：*Panaeolus foenisecii*	季節：晚春至秋季

佛尼西斑褶菇(HAY CAP)

這種十分普遍的草原蕈類，其蕈傘呈半球形至平坦狀，表面平滑，顏色呈紅褐色。蕈柄的顏色與蕈傘同，表面覆有淺色微茸層。當蕈傘乾燥後，它的色彩會形成環帶，而表面則可能裂為扁平的微小鱗片。離生的蕈褶間隔分明。和其他擁有黑色蕈褶和孢子的斑褶菇不同，佛尼西斑褶菇的蕈褶和孢子印為褐色；從顯微鏡中可見到其孢子多疣，而且有個小孔。菌肉有好聞的香料氣味。

• **分布**：於潮溼的草叢中。在歐洲極常見，廣泛分布於世界各地。

• **相似種**：黑斑褶菇(*Panaeolus ater*)具有黑色蕈褶和平滑的孢子。

乾燥後蕈傘表面出現環帶

紅褐色蕈傘在乾燥後呈淺褐色

蕈傘的表面會裂成小鱗片

紅褐色蕈柄的表面有微茸層

子實體：集體出現在土壤中，特別是營養豐富的土壤，見於各式各樣的草原，包括草坪。

尺寸：蕈傘 ⊕1-3公分	蕈柄 ↕4-6公分 ↔2-3公釐	孢子：暗褐色	食用性 ☠

極小型且蕈傘不平滑

本節中的蘑菇和上一節一樣(132-141頁)，具有非常小的子實體，但它們蕈傘的表面變化多端，且絕不平滑。它們也分別屬於許多不同的科和屬。蕈傘表面可能為纖維質，或具有鱗片，也可能覆著疏鬆的顆粒，例如簇生鬼傘(143頁)還擁有細毛。

科：口蘑科	種：*Crinipellis scabella*	季節：夏至秋季

鱗毛皮傘(SHAGGY-FOOT MUMMY-CAP)

這是一種強韌的蕈類，其蕈柄上覆有濃密的灰至褐色硬毛。外型凸圓至具臍突，有時凹陷的蕈傘長有絲般、往往排列成同心環帶的淺褐色毛，而且還有放射狀條紋。米色菌肉強韌；其氣味和味道都不顯著。

• **分布**：於乾燥草原中，例如未施肥的公共草坪以及沙丘上。分布廣且常見於北溫帶局部地區。

• **相似種**：溫帶地區只有少數幾種毛皮傘。產於熱帶的致命毛皮傘(*Crinipellis perniciosa*)會嚴重損害可可樹。

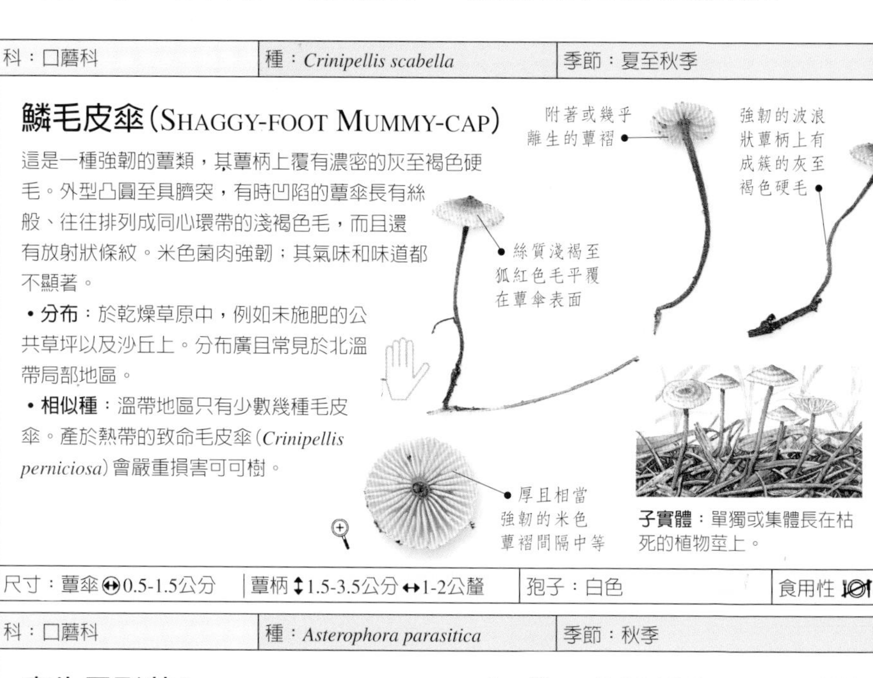
附著或幾乎離生的蕈褶
強韌的波浪狀蕈柄上有成簇的灰至褐色硬毛
絲質淺褐至狐紅色毛平覆在蕈傘表面
厚且相當強韌的米色蕈褶間隔中等

子實體：單獨或集體長在枯死的植物莖上。

尺寸：蕈傘 ↔ 0.5-1.5公分	蕈柄 ↕ 1.5-3.5公分 ↔ 1-2公釐	孢子：白色	食用性

科：口蘑科	種：*Asterophora parasitica*	季節：秋季

寄生星形菌(PICK-A-BACK TOADSTOOL)

這種蕈具備絲質至纖毛狀的灰色蕈傘和蕈柄，以及發達且間隔寬的厚蕈褶，其上有延生的齒。一般認為它並不值得食用。

• **分布**：於腐爛的紅菇和乳菇子實體上，一般為黑紅菇(122頁)類群，見於樹林地區。廣泛分布於北溫帶，相當常見。

• **相似種**：其他出現在腐爛蘑菇上的真菌包括類馬勃星形菌(*Asterophora lycoperdoides*)，其外貌類似直立小包腳菇(*Volvariella surrecta*)，它寄生在煙雲杯傘(40頁)及少數小型金錢菇(*Collybia* sp.)上。

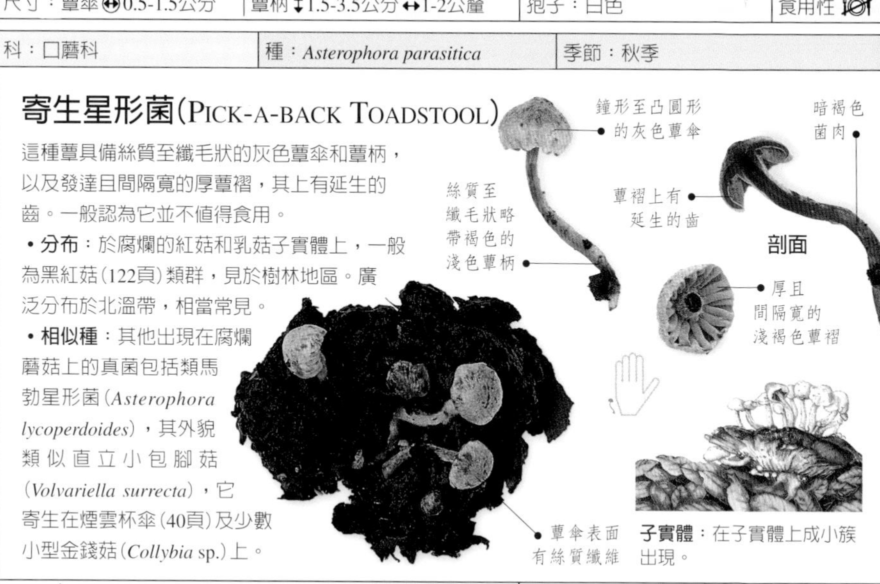
鐘形至凸圓形的灰色蕈傘
暗褐色菌肉
絲質至纖毛狀略帶褐色的淺色蕈柄
蕈褶上有延生的齒
剖面
厚且間隔寬的淺褐色蕈褶
蕈傘表面有絲質纖維

子實體：在子實體上成小簇出現。

尺寸：蕈傘 ↔ 0.5-1.5公分	蕈柄 ↕ 1-3公分 ↔ 2-4公釐	孢子：白色	食用性

科：鬼傘科	種：*Coprinus disseminatus*	季節：春至早秋

簇生鬼傘(Fairies' Bonnets)

幼時呈奶油白色，其褶狀(如降落傘)蕈傘會漸漸變灰，不像許多鬼傘，它只產生少量墨汁。用放大鏡可見到其表面上的細毛和顆粒。優雅的蕈柄為白色，菌肉非常薄，亦為白色。

• **分布**：在殘株和枯萎的硬木樹上或附近。世界分布廣且常見於北溫帶。

• **相似種**：矮小脆柄菇(*Psathyrella pygmaea*)在外貌和棲息地上皆相似，但蕈傘表面既沒有毛也沒有顆粒，而且褶較少。

蕈褶間隔中等至緊密

蕈傘中央顏色較暗

幼時蕈傘上的褶清晰可見

蕈傘表面有細毛和顆粒

離生的蕈褶為白至灰黑色

剖面

菌肉白而薄

寬卵形的蕈傘具備褶狀表面

優雅的米色蕈柄

呈大集團出現在殘株上或枯萎的樹旁

子實體：子實體呈龐大集團出現。

尺寸：蕈傘 ⊕0.5-1.5公分	蕈柄 ↕1-4公分 ↔1-2公釐	孢子：黑色	食用性

科：蠟傘科	種：*Hygrocybe miniata*	季節：秋季

朱紅濕傘(Vermilion Wax-cap)

為若干乾燥蕈傘上覆有濃密小鱗片的小型濕傘之一。如果不用顯微鏡檢視孢子，會很難區分它們：朱紅濕傘的孢子大多為梨形。它的子實體呈鮮猩紅色，凸圓形的蕈傘上有鱗片，蕈柄平滑發亮，蕈褶直生。紅橙色菌肉有種不明顯的氣味和味道。

• **分布**：於未耕種的草原上，往往和山柳菊(*Hieracium pilosella*)一起生長。廣泛分布於北溫帶，但確實分布不詳。

• **相似種**：早產孢的沼澤濕傘(*Hygrocybe helobia*)偏好較不酸性的環境，有大蒜氣味，孢子呈較規則的橢圓形。喜鈣濕傘(*H. calciphila*)也具備形狀較規則的孢子，且大多見於鹼性土壤上。

鮮猩紅色蕈傘的表面上覆有鱗屑

平滑發亮的鮮猩紅色蕈柄

直生的蕈褶為黃至淺紅色

子實體：大多集體出現在未經耕種的草地和石南地的微酸性土壤上。

尺寸：蕈傘 ⊕1-3公分	蕈柄 ↕1-6公分 ↔2-8公釐	孢子：白色	食用性

科：粉褶蕈科	種：*Entoloma serrulatum*	季節：晚夏至秋季

細齒粉褶蕈（Saw-gilled Blue-cap）

細齒粉褶蕈的凸圓形暗藍黑色蕈傘，表面乾燥後會出現直立的微小鱗片，中央則如肚臍般凹陷。蕈柄顏色和蕈傘一樣。附著的淡藍色蕈褶擁有鋸齒狀藍黑色邊緣。

• **分布**：於草原中，在稀疏的路旁植被間，或沙的露頭中。廣泛分布於歐洲和北美，或許其他地方也有分布。

• **相似種**：外型相似，或多或少呈藍色的粉褶蕈，其蕈褶邊緣為彩色者有：藍灰粉褶蕈（*Entoloma chalybaeum*）其藍色蕈褶具有褐邊，且鋸齒較少；帶藍灰粉褶蕈（*E. caesiocinctum*）其蕈傘較褐；以及蕈傘略帶橄欖色的貴格粉褶蕈（*E. querquedula*）。

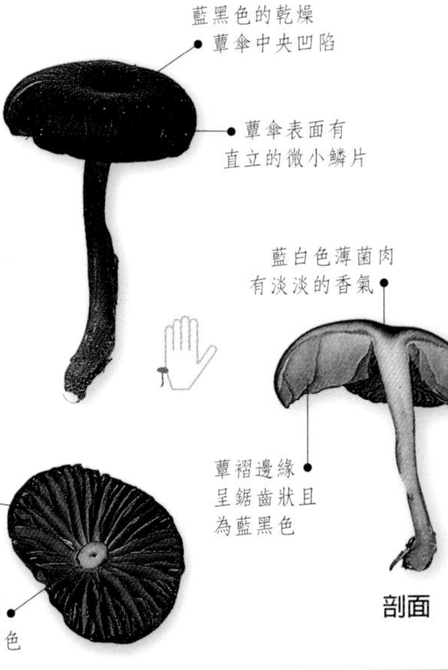

藍黑色的乾燥蕈傘中央凹陷
蕈傘表面有直立的微小鱗片
藍白色薄菌肉有淡淡的香氣
蕈褶邊緣呈鋸齒狀且為藍黑色
剖面
間隔中等的蕈褶為附著的
淺藍色蕈褶隨著成熟會變成粉紅藍色

子實體：成小群出現在大多數類型的土壤上。

尺寸：蕈傘 ⊕1-2.5公分	蕈柄 ↕2-6公分 ↔2-4公釐	孢子：淺粉紅色	食用性 ☠

科：粉褶蕈科	種：*Entoloma incanum*	季節：夏至早秋

綠色粉褶蕈（Green Pink-gill）

這種蕈大致呈綠或綠褐色，但菌肉瘀傷時會變成天藍色。蕈傘為凸圓形，中央稍微凹陷，蕈柄纖細且為中空。它可能有毒，而且氣味強烈，令人想到老鼠。雖然它或許是最顯眼的小型粉褶蕈，但它的色彩能將之巧妙地掩飾於草叢棲息地中。

• **分布**：鹼性草原的土壤上，或林地多草的邊緣。分布廣但在歐洲和北美不常見。

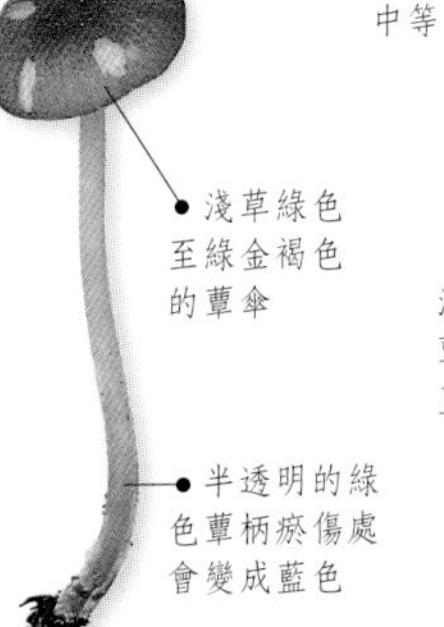

淺草綠色至綠金褐色的蕈傘
半透明的綠色蕈柄瘀傷處會變成藍色
蕈褶間隔中等
淺粉紅色的蕈褶可能為直生或附著的
中空的蕈柄
剖面

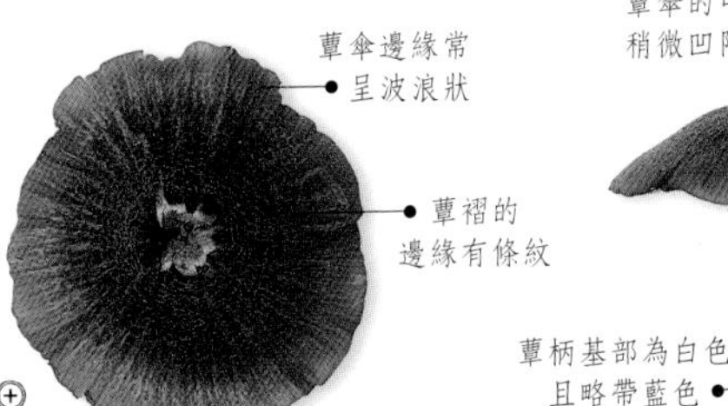

蕈傘邊緣常呈波浪狀
蕈褶的邊緣有條紋
蕈傘的中央稍微凹陷
蕈柄基部為白色且略帶藍色

子實體：子實體單獨或集體出現在草本植物之間。

尺寸：蕈傘 ⊕1-3公分	蕈柄 ↕2-6公分 ↔2-4公釐	孢子：淺粉紅色	食用性 ☠

蕈褶離生的傘菌

本章介紹以下三科傘菌：鵝膏科(傘菌科)、蘑菇科和光柄菇科。這些蕈類的蕈褶都沒有連到蕈柄上(即離生的)。蕈柄往往可從蕈傘菌肉上扭下而毫不傷及蕈褶。

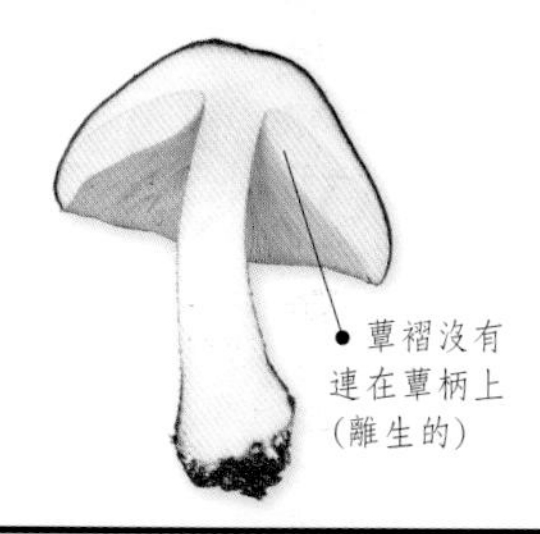
蕈褶沒有
連在蕈柄上
(離生的)

蕈傘具蕈托或蕈幕殘留物

這一類傘菌由鵝膏屬和小包腳菇屬中的蕈類構成。都相當大而多肉，且蕈幕顯著地殘留在蕈柄基部，並形成囊狀構造(蕈托)，同時(或)在蕈傘上形成鬆散的鱗片。有些在蕈柄上還繞有蕈環。

科：鵝膏科	種：*Amanita caesarea*	季節：秋季

白橙蓋鵝膏
(CAESAR'S MUSHROOM)

溫暖地區的傳奇，具備凸圓至平坦的金橙色蕈傘和橙色蕈柄，其基部有非常顯著而寬鬆的白色蕈托，寬達5公分。柔軟的蕈褶緊密，呈奶油金黃色。這是種上選食物，但除非經過專家確實辨認，否則不可食用(詳見相似種)。

• **分布**：與板栗和櫟木等硬木樹形成菌根，出現在沙質土壤上。廣泛分布但局限於北溫帶較溫暖的區域；也產於亞熱帶地區。

• **相似種**：毒蠅傘(146頁)有種黃橙色類型。

子實體：單獨或集體出現在沙質土壤上。

金橙色蕈傘

乾燥的蕈傘邊緣具有溝紋

蕈傘菌肉淺黃色

橙色蕈柄上的顯著蕈環

柔軟離生的蕈褶

蕈柄基部的大型囊狀蕈托

剖面

白色的蕈柄菌肉

尺寸：蕈傘 ↔ 8-20公分	蕈柄 ↕ 8-16公分 ↔ 2-3公分	孢子：米色	食用性

科：鵝膏科	種：*Amanita muscaria*	季節：夏至秋季

毒蠅傘(蛤蟆菌，FLY AGARIC)

傳統童話中的毒菌。具備凸圓至平坦的蕈傘，其邊緣平滑或有模糊的溝紋，表面上則有白色蕈幕鱗片。有若干種顏色不同的類型存在，包括黃橙色和橙色；而鮮紅色是我們最熟悉的。膨大的蕈柄基部缺乏其他鵝膏，如鱗柄鵝膏(150頁)，都擁有的寬鬆蕈托。然而食用毒蠅傘不一定會喪命，其毒性極強，吃下若干子實體可能導致昏眩、幻象與暈醉等症狀。

• **分布**：大多與樺木或雲杉形成菌根，通常出現在酸性土壤上。廣泛分布且常見於北溫帶。

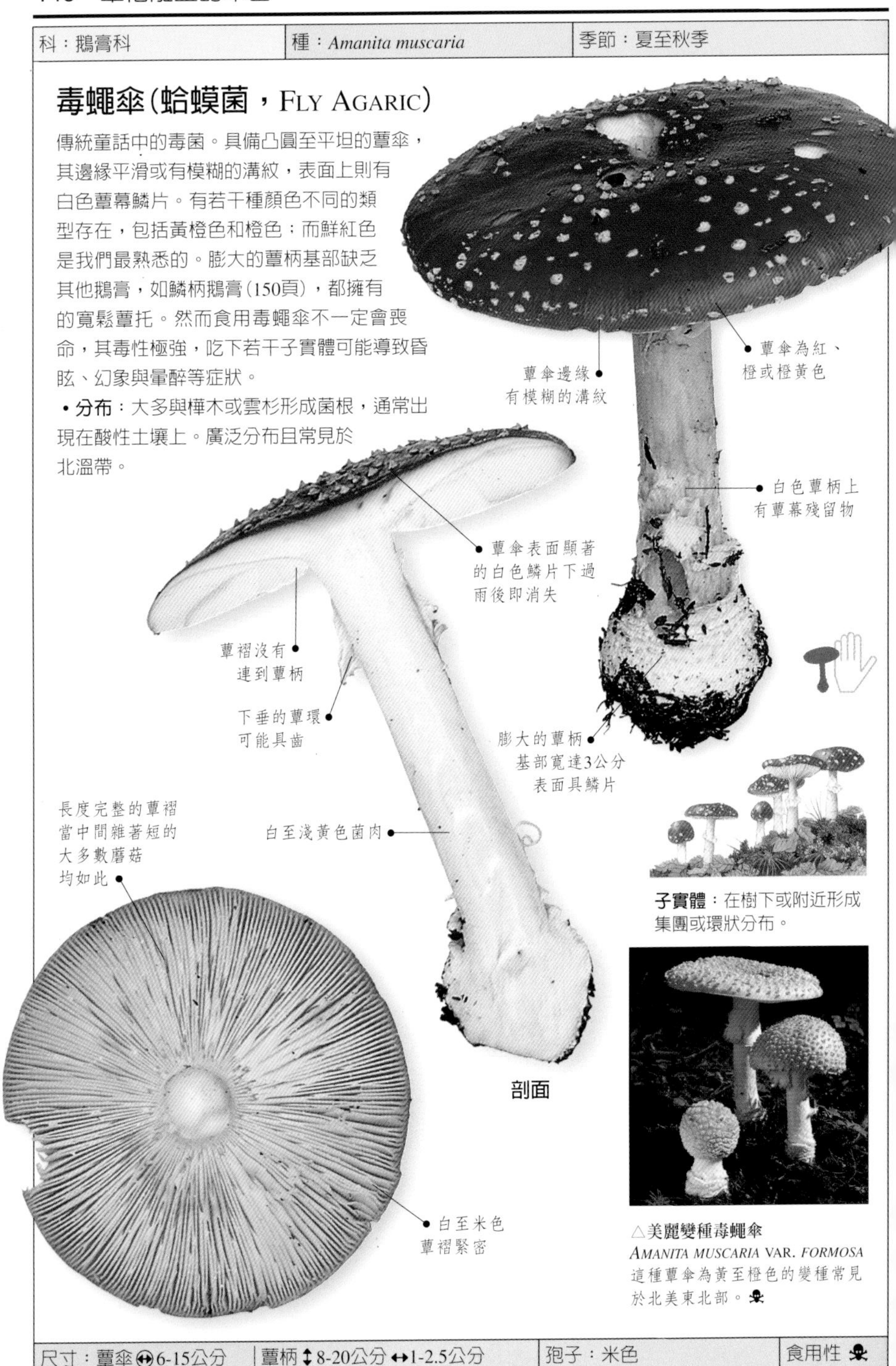

蕈傘邊緣有模糊的溝紋
蕈傘為紅、橙或橙黃色
白色蕈柄上有蕈幕殘留物
蕈傘表面顯著的白色鱗片下過雨後即消失
蕈褶沒有連到蕈柄
下垂的蕈環可能具齒
膨大的蕈柄基部寬達3公分表面具鱗片
長度完整的蕈褶當中間雜著短的大多數蘑菇均如此
白至淺黃色菌肉
剖面
白至米色蕈褶緊密

子實體：在樹下或附近形成集團或環狀分布。

△**美麗變種毒蠅傘**
AMANITA MUSCARIA VAR. *FORMOSA*
這種蕈傘為黃至橙色的變種常見於北美東北部。☠

尺寸：蕈傘 ↔ 6-15公分	蕈柄 ↕ 8-20公分 ↔ 1-2.5公分	孢子：米色	食用性 ☠

科：鵝膏科	種：*Amanita rubescens*	季節：夏至秋季

赭蓋鵝膏(THE BLUSHER)

凸圓形蕈傘呈粉紅褐色，並綴有灰至粉紅色蕈幕碎片。覆著短茸毛的灰、白或粉紅色蕈柄上附有顯著下垂的蕈環，其上表面具溝紋；基部膨大而且有環帶。小型昆蟲在子實體中產卵，受傷的菌肉轉變成粉紅色，這往往是鑑定時最好的線索。難以辨認，故必須由有經驗的採菇人摘取才能食用。

• **分布**：與諸如山毛櫸等硬木樹和軟木樹形成菌根。廣泛分布且常見於北溫帶。

蕈傘表面有
灰至粉紅色
蕈幕碎片
凸圓形蕈傘
為粉紅褐色
剖面
下垂的蕈環，
其上表面具有溝紋
膨大的蕈柄
基部寬達4公分，
環繞著蕈幕殘留物
覆著短茸毛的
蕈柄呈灰、白
或粉紅色
粉紅色
出現在受傷
部位
柔軟的白色菌肉
漸漸呈現粉紅色
蕈褶與
蕈柄離生
緊密柔軟的
白至米色蕈褶

△歪孢菌寄生
HYPOMYCES HYALINUS
白色核菌，寄生於北美東部的赭蓋鵝膏上。它也出現在鱗柄鵝膏(150頁)上。☠

子實體：單獨或成群，常在酸性土壤上。

尺寸：蕈傘 ↔ 6-18公分	蕈柄 ↕ 6-15公分 ↔ 1.5-4公分	孢子：白色	食用性 🍴

科：鵝膏科	種：*Amanita spissa*	季節：夏至秋季

塊鱗灰鵝膏（Stout Agaric）

具凸圓形、通常呈暗褐色的蕈傘，其平滑的邊緣綴著灰色蕈幕碎片。棍棒形蕈柄上的蕈環上表面有溝紋，帶有淡淡的油菜籽氣味。雖然塊鱗灰鵝膏在烹調後可以食用，但並不推薦；請詳見相似種。青鵝膏（*Amanita excelsa*）被某些真菌學家另外歸為一種，具有紮根的蕈柄，顏色較淺，而且沒有氣味。

• **分布**：在樹林中主要與山毛櫸或雲杉形成菌根。廣泛分布於北溫帶。

• **相似種**：有毒的豹斑鵝膏（149頁）。赭蓋鵝膏（147頁）帶粉紅色調。

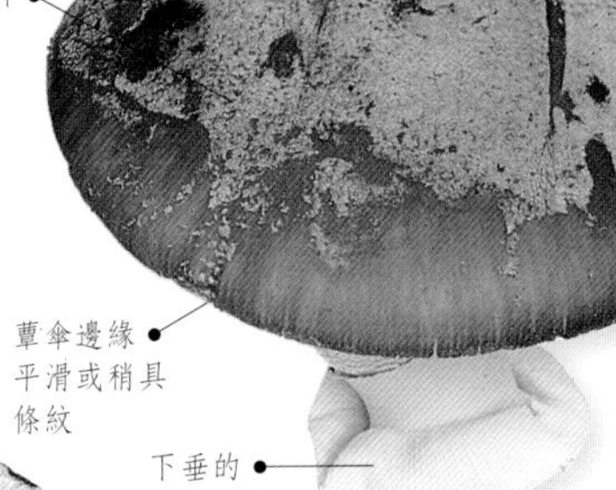

暗褐色蕈傘綴有淡灰色蕈幕碎片
蕈傘邊緣平滑或稍具條紋
下垂的蕈環上有界限清晰的溝紋
棍棒形蕈柄基部有褐至灰褐色蕈幕環帶

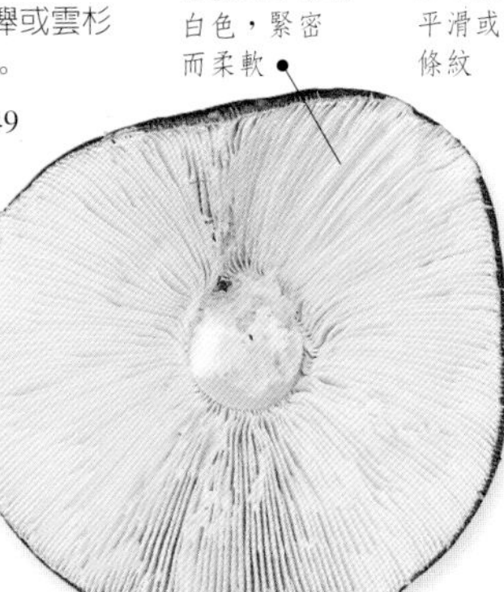

離生的蕈褶為白色，緊密而柔軟

子實體：單獨或少數子實體聚集出現。

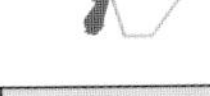

尺寸：蕈傘 ⊕ 7-15公分	蕈柄 ↕ 8-14公分 ↔ 2-4公分	孢子：白色	食用性

科：鵝膏科	種：*Amanita smithiana*	季節：秋季

史密斯鵝膏（Smith's Agaric）

凸圓至平坦的白色蕈傘上綴有圓錐形蕈幕碎片。平滑的蕈傘邊緣也可見到蕈幕細片。具鱗片的白色蕈柄上有道凹凸不平的蕈環，而且越近紮根的基部體積越大，基部的球莖可能寬達5公分。厚而白的菌肉稍帶辛辣味，可導致腎臟衰竭或肝臟疾病。

• **分布**：與軟木樹形成菌根。廣泛分布且常見於北美西北部太平洋沿岸。

• **相似種**：大環口蘑（81頁）有香料氣味和紮根的蕈柄。鱗柄鵝膏（150頁）蕈傘平滑，而且容易辨認。

平滑的蕈傘邊緣有蕈幕細片
離生的白色蕈褶緊密
具鱗片的白色蕈柄有道凹凸不平的蕈環

子實體：子實體單獨或成群散布在樹林中的軟木樹下。

尺寸：蕈傘 ⊕ 5-12.5公分	蕈柄 ↕ 10-20公分 ↔ 1-3公分	孢子：白色	食用性

科：鵝膏科	種：*Amanita pantherina*	季節：夏至秋季

豹斑鵝膏(THE PANTHER)

這種毒性強烈的蘑菇色彩多變，使鑑定變得複雜。平坦的蕈傘一般為淡褐色，表面上綴有許多蕈幕小鱗片，邊緣則有放射狀細溝。用得上的鑑別特徵有：球莖狀蕈柄基部，連同其顯著的邊，以及上面不具溝紋的蕈環。菌肉為白色。

• **分布**：樹林和公園中與多種硬木樹形成菌根，大多見於鹼性土壤上。廣泛分布，在北溫帶極常見。

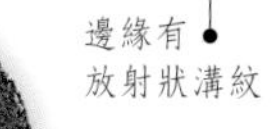

邊緣有放射狀溝紋
離生的白色蕈褶柔軟緊密
乾燥的淺褐色蕈傘綴有白色蕈幕鱗片
下垂的蕈環沒有溝紋
蕈柄基部的尖球莖
白色蕈柄的球莖邊緣之上可能出現環帶
蕈柄基部3公分寬

子實體：子實體單獨或成小群出現在樹下。

尺寸：蕈傘 ⊕ 5-12公分	蕈柄 ↕ 6-12公分 ↔ 0.5-1.5公分	孢子：米色	食用性 ☠

科：鵝膏科	種：*Amanita gemmata*	季節：夏至秋季

芽狀鵝膏(GEMMED AGARIC)

具有平坦的赭土至黃色蕈傘，邊緣帶著溝紋，表面綴有白色蕈幕碎片。米至淡黃色堅硬的蕈柄上有道不顯著的環帶(為壽命短暫的蕈環殘留物)、一些蕈幕環帶，以及邊緣狹窄、寬達2公分的基部球莖。北美有多種類型，使其難以正確地鑑別。

• **分布**：與軟木樹形成菌根；也出現在硬木樹林，見於沙質土壤上。分布廣但限於北溫帶。

• **相似種**：餐巾鵝膏(150頁)蕈傘上的鱗片較持久，而且聞起來有生馬鈴薯氣味。

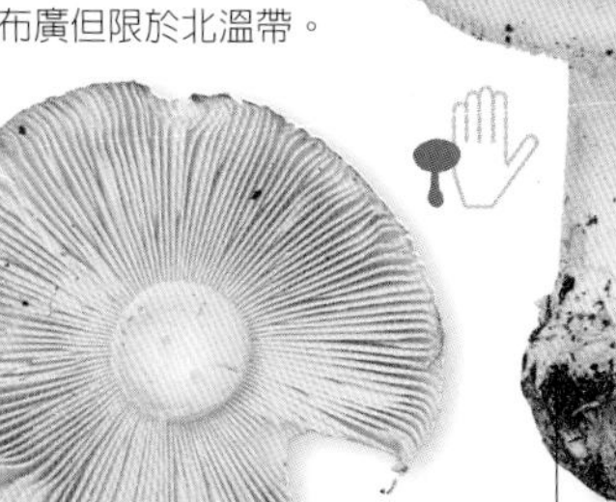

蕈褶緊密柔軟
球莖上狹窄的外緣
離生的白色蕈褶
剖面
白色菌肉柔軟，近表面處會漸漸變黃
赭土至黃色蕈傘邊緣有溝紋

子實體：成小群出現。

尺寸：蕈傘 ⊕ 3-10公分	蕈柄 ↕ 5-10公分 ↔ 0.5-1.5公分	孢子：白色	食用性 ☠

科：鵝膏科	種：*Amanita virosa*	季節：夏至秋季

鱗柄鵝膏（DESTROYING ANGEL）

其囊狀蕈托一般都埋在土壤中，故應小心地挖掘出來以便確實鑑別。發亮的白至象牙白蕈傘通常沒有蕈幕碎片，且為鐘形或圓錐形。不像其他許多鵝膏，其蕈環並不明顯，而且蕈柄大都有細纖維的環帶。其毒性強烈，任何採集食用蘑菇的人都必須熟悉這種蕈。

• **分布**：在硬和軟木樹林中與樹木形成菌根，特別是在歐洲越橘（*Vaccinium myrtillus*）和雲杉森林。廣泛分布於北溫帶。

• **相似種**：春生鵝膏（*Amanita verna*，也被視為毒鵝膏的白色類型）有個平坦的蕈傘，生長在較溫暖的地區。卵蓋鵝膏（*A. ovoidea*）有個球莖狀蕈托，以及壽命短暫的赭土至奶油色蕈環。

蕈幕碎片偶爾出現在蕈傘表面

發亮的白至象牙白色蕈傘

緊密而柔軟的白色蕈褶與蕈柄分離

蕈柄上有壽命短的蕈環和纖維質環帶

囊狀蕈托一般埋在土中

蕈托可能寬達3公分

子實體：單獨或成群出現在貧脊土壤上。

尺寸：蕈傘 ⟷ 6-11公分	蕈柄 ↕ 10-20公分 ↔ 1-2公分	孢子：白色	食用性 ☠

科：鵝膏科	種：*Amanita mappa*	季節：晚夏至秋季

餐巾鵝膏（FALSE DEATH CAP）

有兩個容易辨認的特徵：個體呈檸檬黃或白色，蕈柄基部有個膨大呈圓形的球莖，寬達3公分，且有道顯著的邊。蕈傘為凸圓形，邊緣平滑，往往還附有蕈幕殘留物，而靠近蕈柄上端則有一道大而下垂的蕈環。白色菌肉有種獨特且強烈的生馬鈴薯氣味。

• **分布**：與硬和軟木樹形成菌根，大多見於酸性土壤上。分布廣且常見於北溫帶。

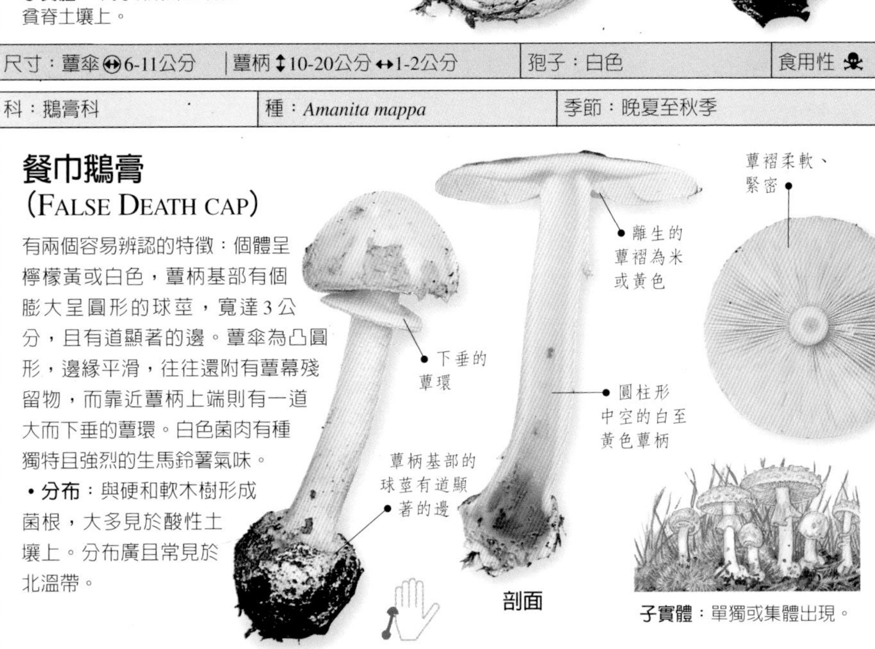
蕈褶柔軟、緊密
離生的蕈褶為米或黃色
下垂的蕈環
圓柱形中空的白至黃色蕈柄
蕈柄基部的球莖有道顯著的邊
剖面

子實體：單獨或集體出現。

尺寸：蕈傘 ⟷ 5-10公分	蕈柄 ↕ 6-13公分 ↔ 0.8-1.5公分	孢子：米色	食用性 🍴

科：鵝膏科	種：*Amanita phalloides*	季節：晚夏至秋季

毒鵝膏(DEATH CAP)

有凸圓至平坦的綠至灰色蕈傘，其邊緣平滑，表面為內生纖維質。蕈柄顏色可能相同，或為白色，具有顯著的白色蕈托，寬3-5公分。年幼的個體相當容易從其綠色調、離生蕈褶和顯著的白色蕈托加以辨認。通常有一道蕈環，但也可能不存在。較老的個體蕈傘可能為灰色(詳見相似種)。這是種毒性強烈的真菌。

• **分布**：與多種硬木樹形成菌根，如山毛櫸、櫟木和榛木等，多見於肥沃的土壤上。廣泛分布於歐洲；也見於整個北美。

• **相似種**：有些小包腳菇(154-155頁)外貌近似較老的毒鵝膏，可由淺粉紅色孢子印和缺少蕈環來加以區分。春生鵝膏(*Amanita verna*)為南方品種，整個呈白色。

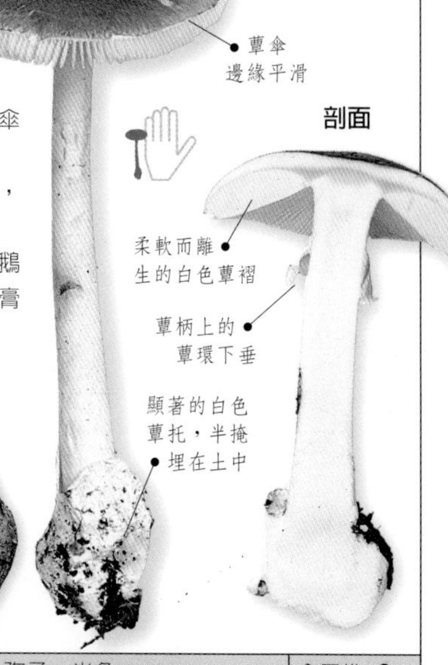
灰或綠色
蕈傘表面為
內生纖維質
蕈傘
邊緣平滑
剖面
柔軟而離
生的白色蕈褶
蕈柄上的
蕈環下垂
顯著的白色
蕈托，半掩
埋在土中
未成熟的
綠色蕈傘
子實體

子實體：子實體單獨或集體出現。

尺寸：蕈傘 ⊕ 8-15公分	蕈柄 ↕ 8-16公分 ↔ 1-2.5公分	孢子：米色	食用性 ☠

科：鵝膏科	種：*Amanita porphyria*	季節：夏至秋季

褐雲斑鵝膏 (PORPHYRY FALSE DEATH CAP)

凸圓至具臍突的蕈傘呈灰紫色，所以其英文俗名為斑岩鵝膏。其蕈柄上繞有下垂的灰色蕈環，基部則膨大如球莖，有個米色或淡灰色蕈托，寬達2.5公分。氣味類似剝皮的生馬鈴薯。雖然可能無害，或者頂多稍有毒性，但極易和其致命的親屬混淆，故最好避免食用。

• **分布**：與軟木樹形成菌根，見於酸性土壤上。廣泛分布於北溫帶。

• **相似種**：餐巾鵝膏(150頁)氣味相似，但其棲息地和色彩不同。塊鱗灰鵝膏(148頁)色彩相似，但沒有顯著的馬鈴薯氣味。

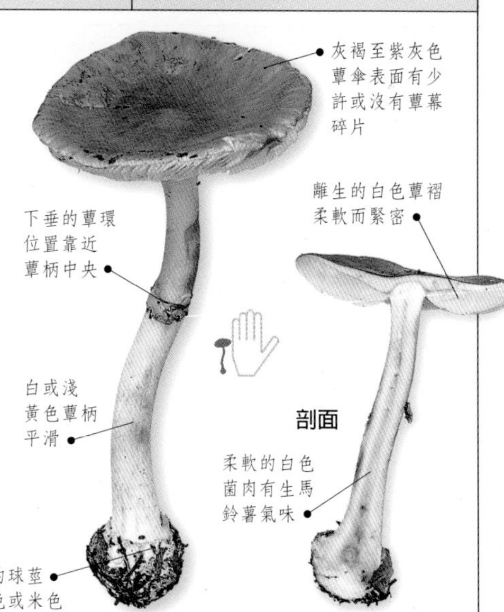
灰褐至紫灰色
蕈傘表面有少
許或沒有蕈幕
碎片
離生的白色蕈褶
柔軟而緊密
下垂的蕈環
位置靠近
蕈柄中央
白或淺
黃色蕈柄
平滑
剖面
柔軟的白色
菌肉有生馬
鈴薯氣味
蕈柄基部的球莖
為淡灰色或米色

子實體：子實體單獨或成小群出現。

尺寸：蕈傘 ⊕ 5-9公分	蕈柄 ↕ 8-13公分 ↔ 1-2公分	孢子：白色	食用性 🍽

科：鵝膏科	種：*Amanita fulva*	季節：夏至秋季

赤褐鵝膏(TAWNY GRISETTE)

有圓錐形至具臍突的平滑茶褐色蕈傘，和覆有短茸毛、稍呈纖毛狀且顏色相同的蕈柄。蕈傘邊緣有溝紋，而且缺少蕈環或環帶，顯示此蕈屬於擬鵝膏屬(*Amanitopsis*)。許多擬鵝膏屬的蕈類可能難以辨別：蕈托的顏色為重要特徵，而此蕈為米色至淡褐色。雖然赤褐鵝膏可以食用，但必須完全煮熟。柔軟多汁的菌肉為米色，接觸到酚時會變成深褐色。

• **分布**：在樹林地區與樺木形成菌根。廣泛分布於北溫帶。

• **相似種**：橘黃鵝膏(*Amanita crocea*)和灰鵝膏(153頁)。

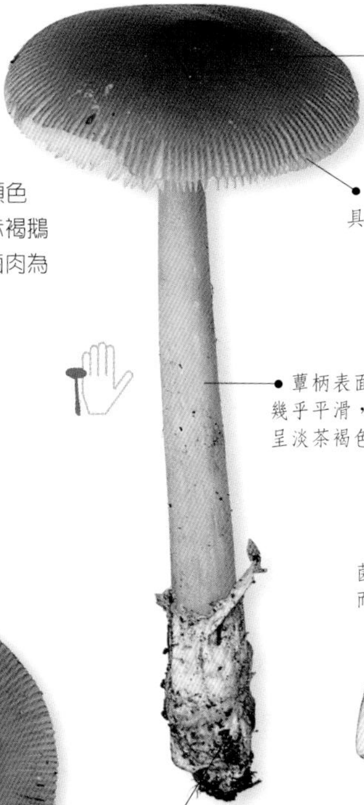

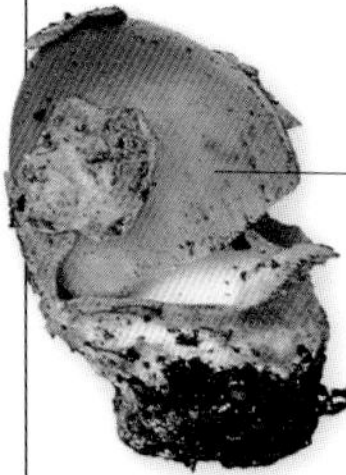

蕈傘表面為茶褐色

圓錐形至具臍突的蕈傘

蕈柄表面幾乎平滑，呈淡茶褐色

菌肉多汁而柔軟

昆蟲或蛞蝓的傷害

蕈傘中央可能呈較暗的褐色

米色至淡褐色的厚蕈托

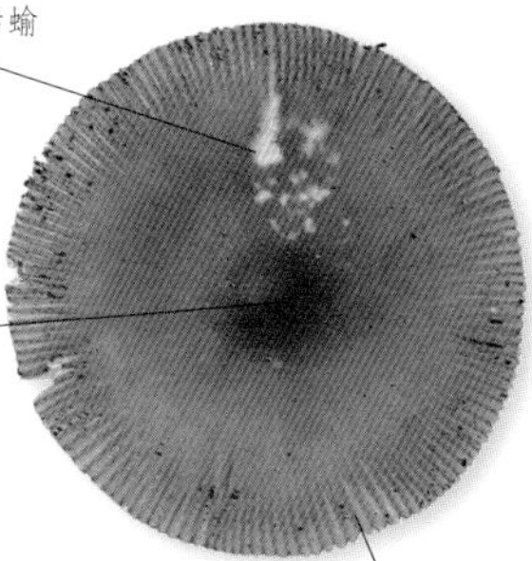

中空的蕈柄相當脆弱

蕈傘邊緣有溝紋

幼小子實體的外蕈幕裂開

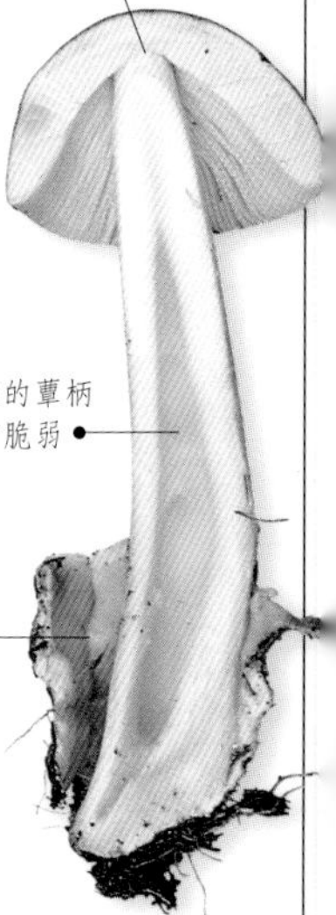

蕈托內側為米至褐色

蕈褶緊密

白至奶油色離生蕈褶

剖面

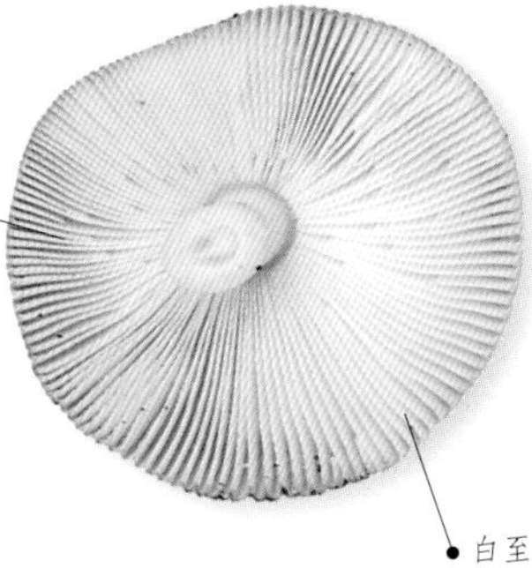

子實體：單獨或成小群出現。

尺寸：蕈傘 ↔ 3-8公分	蕈柄 ↕ 7-15公分 ↔ 0.7-1.2公分	孢子：米色	食用性

科：鵝膏科	種：*Amanita crocea*	季節：早夏至秋季

橘黃鵝膏(ORANGE GRISETTE)

這種醒目的蘑菇有個凸圓形至具臍突的發亮橙色蕈傘，其表面平滑，邊緣則有溝紋。蕈柄上沒有蕈環，但有些橙色細環帶，以及一個顯著而厚的白色蕈托。和赤褐鵝膏(152頁)一樣，它也屬於擬鵝膏屬(*Amanitopsis*)，雖然兩者通常都出現在樺木附近，但橘黃鵝膏偏好更肥沃的土壤。可以食用，米色的菌肉柔軟，但食用前必須完全煮熟。如果為了食用而採收，那麼子實體應該儘快利用，因為不易保存。

• **分布**：與樺木形成菌根，也可能和雲杉、山毛櫸和櫟木共生，見於低地區域和海拔較高接近樹線之處相當肥沃的土壤上。廣泛分布於歐洲和北美。

• **相似種**：赤褐鵝膏(152頁)米色菌肉接觸到酚時會變成深褐色，而橘黃鵝膏的菌肉則變成暗酒紅色。灰鵝膏(下圖)。

凸圓形至具臍突的平滑蕈傘為鮮橙色

蕈傘邊緣有溝紋

蕈褶為離生的

蕈柄沒有蕈環

柔軟的米色菌肉

厚的白色蕈托

中空的蕈柄相當脆弱

剖面

白至奶油色蕈褶緊密

蕈托內面為淺黃色

△灰鵝膏

AMANITA VAGINATA

這種灰色至近白色蘑菇有個凸圓形至具臍突的蕈傘，其邊緣具有溝紋。蕈柄表面呈粉狀，有個顯著的蕈托，較老時往往會出現橙色斑點。主要出現在硬木樹下肥沃的土壤上。

蕈褶柔軟

子實體：單獨或成小群出現在樺樹下。

尺寸：蕈傘 ↔ 6-12公分	蕈柄 ↕ 10-20公分 ↔ 1-2公分	孢子：米色	食用性

科：光柄菇科	種：*Volvariella bombycina*	季節：夏至秋季

絲蓋小包腳菇（SILKY VOLVAR）

容易辨認但不易發現，因其數量稀少，而且可能高高地長在樹上。絲蓋小包腳菇有個非常大的、圓錐形至具臍突的白至淡黃色蕈傘，表面覆著絲般的纖維，而白至黃奶油色蕈柄基部則有顯著的蕈托。氣味好聞，可以食用，但因難得一見故不推薦。

• **分布**：見於矗立的枯樹上（很少在倒地的樹幹上）、積存的木材上或建築物中。廣泛分布於北溫帶，但大都相當具地方性；也出現在更南方。

• **相似種**：染淡藍灰色小包腳菇（*Volvariella caesiotincta*）有相似的棲息地，但缺少絲般的蕈傘表面，而且較小、較暗。

蕈傘上的臍突寬

子實體：單獨或成簇，往往在榆樹上。

蕈托常分解或裂開

蕈傘表面有毛狀的白至淡黃褐色鱗片

顯著的褐色蕈托寬達 8 公分

圓錐至凸圓形或具臍突的蕈傘呈白至淺黃色

蕈柄平滑

緊密的蕈褶離生於蕈柄

剖面

堅硬但柔軟的米色菌肉

白至粉紅褐色的柔軟蕈褶

尺寸：蕈傘 ↔ 10-25公分	蕈柄 ↕ 8-20公分 ↔ 1-2.5公分	孢子：淡粉紅色	食用性

科：光柄菇科	種：*Volvariella gloiocephala*	季節：夏至秋季

黏頭小包腳菇（STUBBLE-FIELD VOLVAR）

這是生長在土壤上最大的一種小包腳菇；可由呈現白至鼠灰色不等，且平滑、黏稠、圓錐形或具臍突狀的蕈傘來辨別。蕈柄為米色至污灰黃色，基部有個白至淺灰色蕈托。米色菌肉的味道像黃瓜，聞起來可能有蘿蔔的味道。採摘之後，子實體很快就會變壞，所以如果要採來食用的話，最好趕快處理。

• **分布**：見於翻動過且營養豐富的土壤上，如收割後的田野、堆肥床、樹皮覆蓋物或乾草堆底下。廣泛分布且相當常見於北溫帶，擴及更南方。

• **相似種**：近緣親屬，草菇（*Volvariella volvacea*）在東南亞地區大量商業化栽培。其蕈柄較短，蕈托為暗灰色。蕈傘幼時呈較暗的灰褐色。

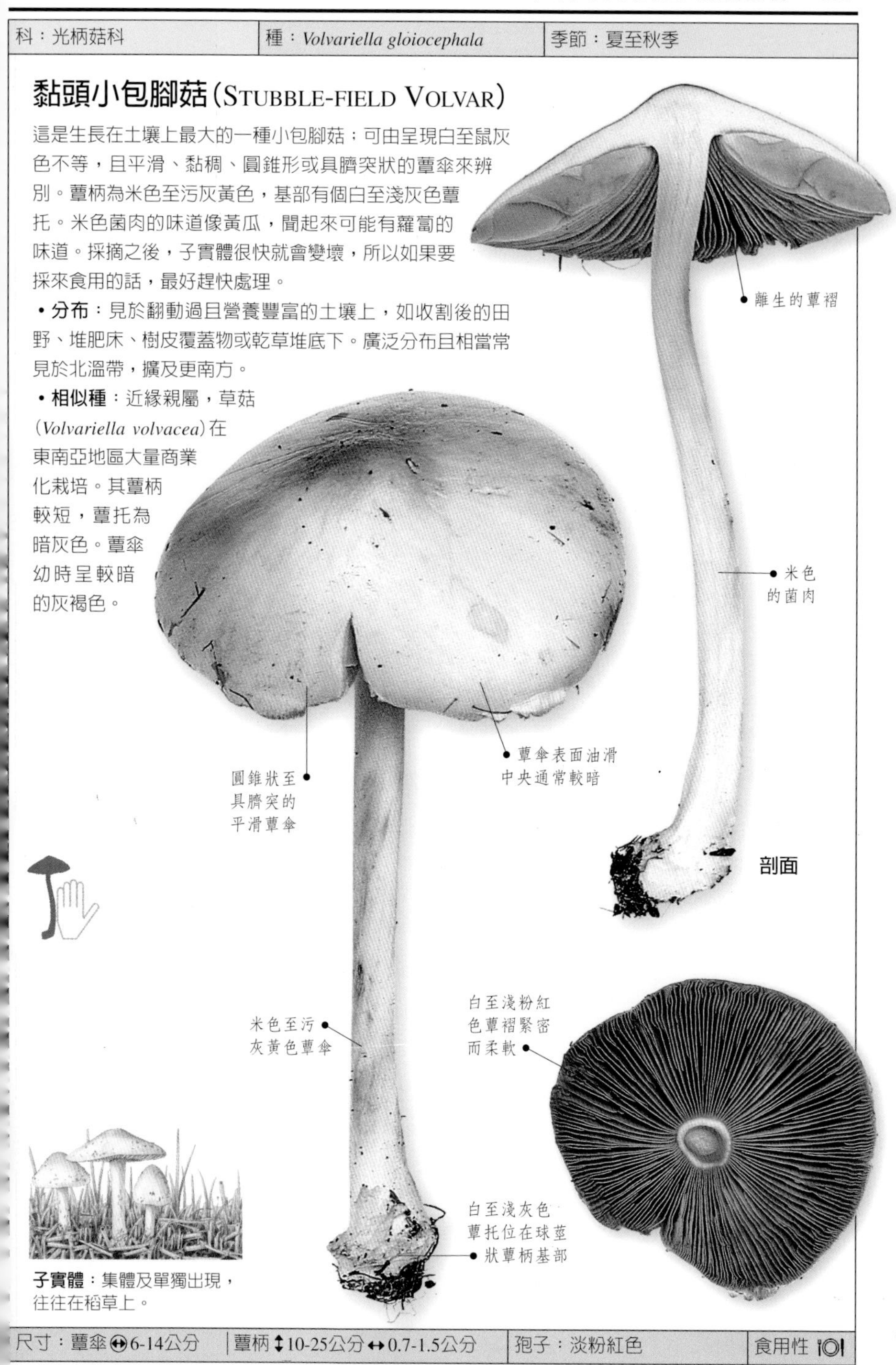
離生的蕈褶
米色的菌肉
剖面
圓錐狀至具臍突的平滑蕈傘
蕈傘表面油滑中央通常較暗
米色至污灰黃色蕈傘
白至淺粉紅色蕈褶緊密而柔軟
白至淺灰色蕈托位在球莖狀蕈柄基部

子實體：集體及單獨出現，往往在稻草上。

尺寸：蕈傘 ↔ 6-14公分	蕈柄 ↕ 10-25公分 ↔ 0.7-1.5公分	孢子：淡粉紅色	食用性

具有蕈環或蕈環帶

本節中的蕈類具備離生的蕈褶(詳見145頁)，且蕈柄上的內蕈幕殘留物清晰可見，或為蕈環，或為蕈環帶。蕈環的大小變化不一，且有的持久，有的則否。而不具蕈環者，在原為蕈環帶的部位，則呈現出線條或較暗的斑紋。在此處大部分列舉的蕈類都擁有白色或暗褐至黑色的孢子印，而且都屬於蘑菇科。

科：蘑菇科	種：*Agaricus sylvicola*	季節：夏至秋季

白林地蘑菇
(Wood Mushroom)

這是野蘑菇(157頁)的林地類型，但其蕈柄較苗條，通常在基部有個扁平的球莖。蕈傘凸圓至開展的，而後平坦，表面平滑，呈黃或米色至橙黃或淺赭土色。和野蘑菇一樣，帶有杏仁氣味，白色菌肉隨著成熟或受傷時會緩緩染為黃色。雖然是上選食物，但只宜少量食用，因為它含有鎘。

• **分布**：混有碎屑的肥沃林地土壤上，見於軟或硬木樹下。廣泛分布且常見於整個北溫帶。

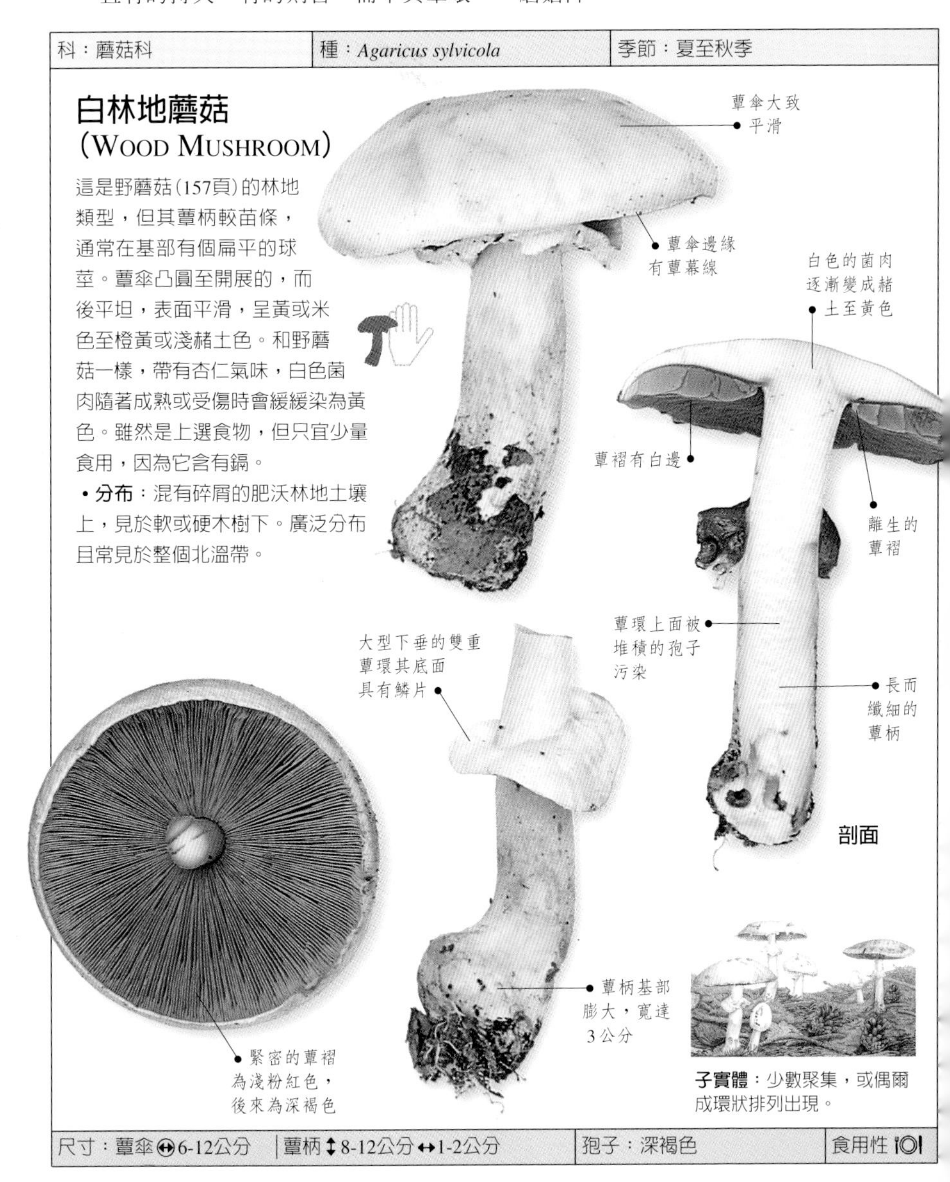

蕈傘大致平滑
蕈傘邊緣有蕈幕線
白色的菌肉逐漸變成赭土至黃色
蕈褶有白邊
離生的蕈褶
蕈環上面被堆積的孢子污染
大型下垂的雙重蕈環其底面具有鱗片
長而纖細的蕈柄
剖面
蕈柄基部膨大，寬達3公分
緊密的蕈褶為淺粉紅色，後來為深褐色

子實體：少數聚集，或偶爾成環狀排列出現。

尺寸：蕈傘 ↔ 6-12公分	蕈柄 ↕ 8-12公分 ↔ 1-2公分	孢子：深褐色	食用性

科：蘑菇科	種：*Agaricus arvensis*	季節：夏至秋季

野蘑菇(HORSE MUSHROOM)

具備圓球至凸圓形蕈傘，黃至米色表面平滑，會非常緩慢地染成橙黃至赭土色，特別是受傷之處。顏色相同的蕈柄愈近基部愈寬，有個下垂的蕈環，其底面有輪狀花紋。厚而堅實的白色菌肉也會非常緩慢地染上顏色。氣味類似杏仁，可食，但其鎘含量高。

• **分布**：通常出現在養馬牧場和公園的草坪上。廣泛分布且常見於北溫帶。

• **相似種**：有若干相似種存在。大紫菇(158頁)。大孢蘑菇(*Agaricus macrosporus*)非常多肉，蕈柄環帶具有鱗片。白林地蘑菇(156頁)為林地類型。黃斑蘑菇(159頁)。

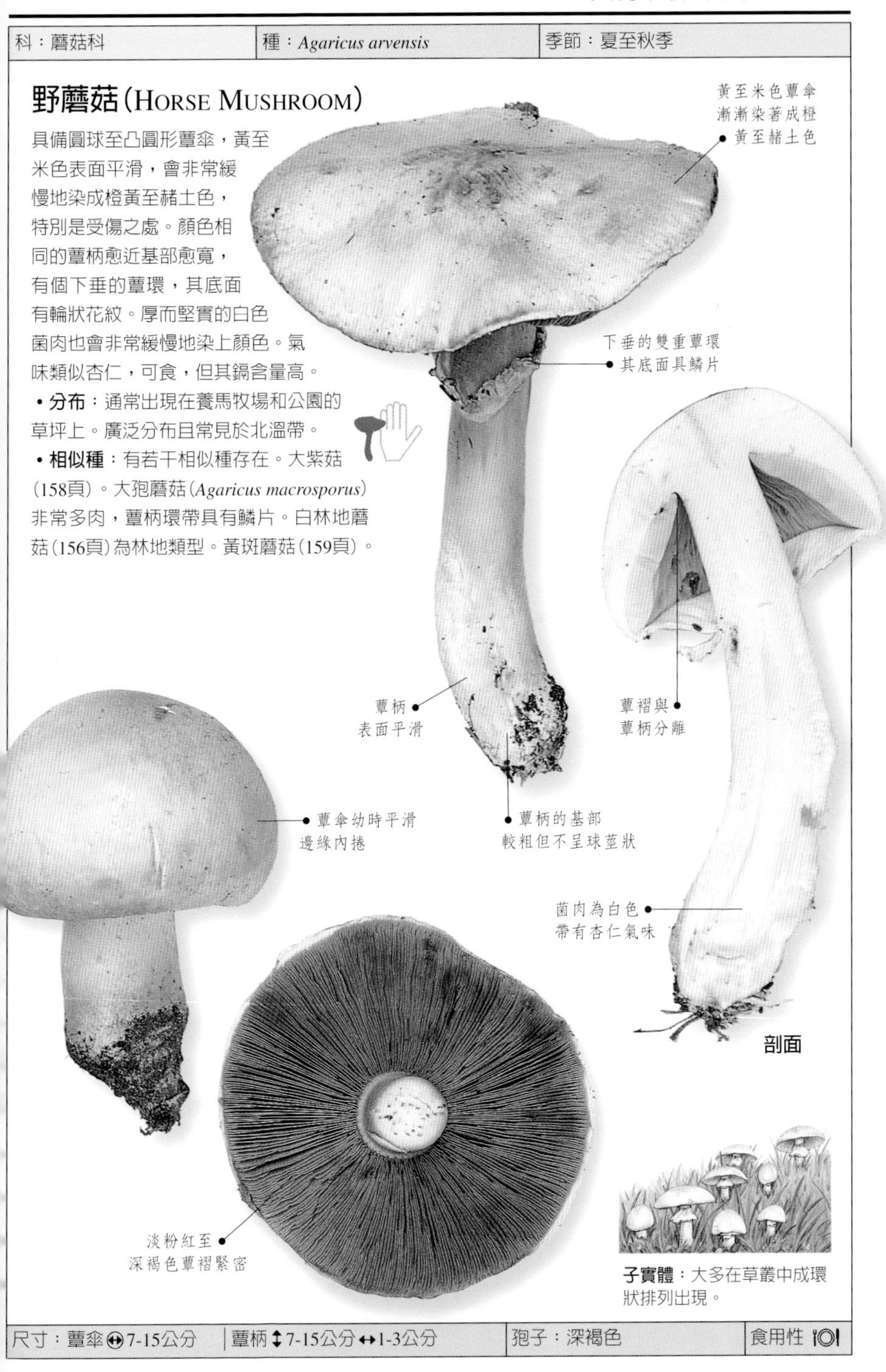
黃至米色蕈傘
漸漸染著成橙
黃至赭土色
下垂的雙重蕈環
其底面具鱗片
蕈柄
表面平滑
蕈褶與
蕈柄分離
蕈傘幼時平滑
邊緣內捲
蕈柄的基部
較粗但不呈球莖狀
菌肉為白色
帶有杏仁氣味
剖面
淡粉紅至
深褐色蕈褶緊密

子實體：大多在草叢中成環狀排列出現。

尺寸：蕈傘 ↔ 7-15公分	蕈柄 ↕ 7-15公分 ↔ 1-3公分	孢子：深褐色	食用性 🍽

科：蘑菇科	種：*Agaricus augustus*	季節：秋季

大紫菇（THE PRINCE）

鑑別此種真菌可利用其特徵：蕈傘和蕈柄表面都有橙褐色的鱗片，而染成黃色的菌肉則帶有杏仁氣味。鱗片在凸圓至開展的蕈傘上排成同心圓花紋，蕈柄上有個大型且下垂的蕈環。菌肉堅實飽滿，使其成為上選食物，但只能少量食取，因含有大量的鎘。

• **分布**：出現在各種林地和公園中的肥沃土壤和花園堆肥上。廣泛分布於北溫帶。

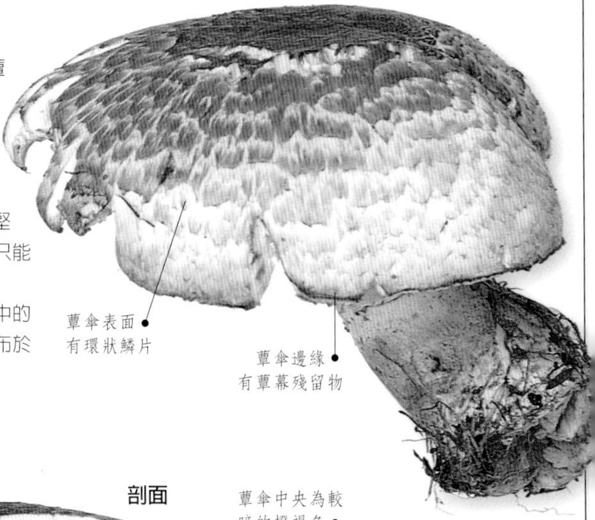

蕈傘表面有環狀鱗片

蕈傘邊緣有蕈幕殘留物

剖面

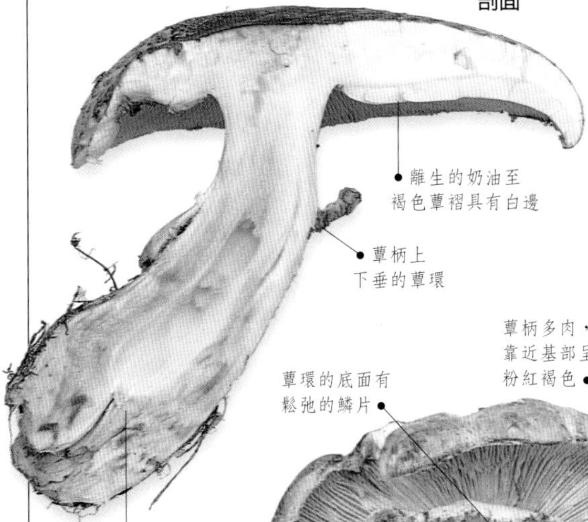

蕈傘中央為較暗的橙褐色

離生的奶油至褐色蕈褶具有白邊

蕈柄上下垂的蕈環

蕈柄多肉，靠近基部呈粉紅褐色

蕈環的底面有鬆弛的鱗片

米色菌肉帶有杏仁氣味，在受傷時會漸漸染著成黃色

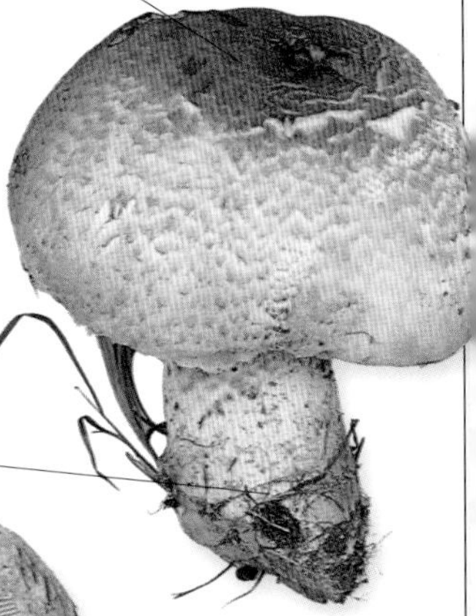

蕈褶非常緊密

子實體：少數聚集或成大集團出現在土壤上。

尺寸：蕈傘 ⊕ 8-15公分	蕈柄 ↕ 7-12公分 ↔ 1.5-3.5公分	孢子：深褐色	食用性

科：蘑菇科	種：*Agaricus xanthoderma*	季節：夏至秋季

黃斑蘑菇(YELLOW-STAINING MUSHROOM)

雖然表面和菌肉都有黃色斑塊，這種有毒的真菌和其他漸漸著色的蘑菇比起來仍顯得白，近乎白堊白。它最顯著的特徵在蕈柄基部，縱切之後可見其頂端呈非常鮮明的黃色，而氣味則非常類似墨水。

• **分布**：裸露的土壤上或公園、公墓和類似地方的草地中。廣泛分布於整個北溫帶和其他地方。

• **相似種**：野蘑菇(157頁)和白林地蘑菇(156頁)有獨特的杏仁氣味。它們染成黃色的時間較慢，而且可以食用。莫勒蘑菇(160頁)色彩較暗，而且有毒。

蕈褶與蕈柄分離

剖面

菌肉染有黃斑

蕈柄基部的菌肉變成非常鮮明的黃色

平滑的蕈傘朝中央漸呈白堊白或淺灰色

蕈傘側面往往近乎垂直，而頂部則平坦

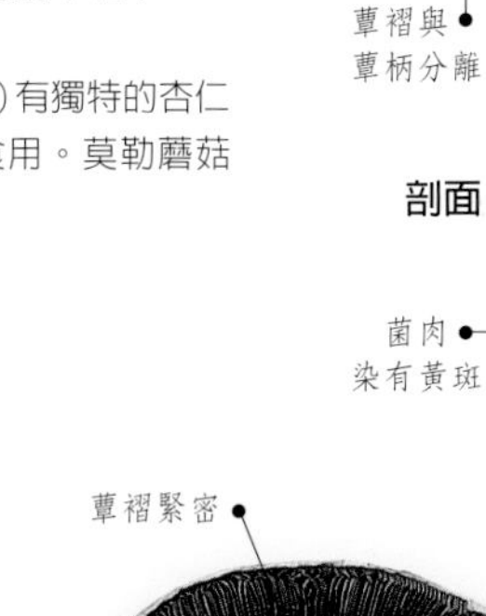

蕈褶緊密

下垂的雙重蕈環其底面具有鱗片

粉紅至灰或深褐色蕈褶

子實體：通常成大集團或環狀排列出現。

△加州蘑菇

AGARICUS CALIFORNICUS

產於加州，有白至淺褐色凸圓蕈傘，表面有鱗片，白色蕈柄上有下垂的蕈環，白色蕈褶先變成鮮粉紅色，再變成暗褐色。大部分都染成黃色。☠

△毛環蘑菇

AGARICUS HONDENSIS

產於北美太平洋沿岸，這種蕈沒有黃斑，但隨著成熟變暗。蕈傘呈白至粉紅灰色，而且有個展開至下垂的蕈環。蕈褶為灰粉紅色。☠

尺寸：蕈傘 ↔ 5-13公分	蕈柄 ↕ 5-10公分 ↔ 1-2公分	孢子：深褐色	食用性 ☠

科：蘑菇科	種：*Agaricus moelleri*	季節：晚夏至秋季

莫勒蘑菇(DARK-SCALED MUSHROOM)

其凸圓至平坦的蕈傘上有尖銳的灰褐至炭黑色鱗片，且氣味難聞。米色蕈柄會漸漸由黃而染成褐色，菌肉切開後則迅速由白色變成黃色。為黃斑蘑菇(159頁)的近親，具有相似的毒性；對有些人(非所有的)會引起相當嚴重的不適。

• **分布**：通常在鹼性林地或公園地的肥沃土壤上。廣泛分布於北溫帶，但局部地區罕見。

• **相似種**：暗鱗片蘑菇(*Agaricus phaeolepidotus*)蕈傘的鱗片顏色較為褐色，染成黃色的時間更慢。雙環菇(*A. placomyces*)為北美的同等種。兩者毒性相似。

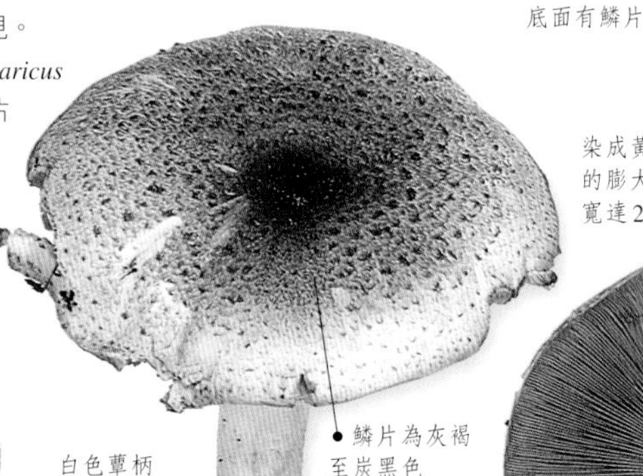
剖面
離生的蕈褶
蕈環的底面有鱗片
染成黃色的膨大基部寬達2.5公分
鱗片為灰褐至炭黑色
白色蕈柄先變成黃色而後褐色
緊密的粉紅灰至深褐色蕈褶

子實體：子實體成環狀排列或大集團出現。

尺寸：蕈傘 ⊕5-14公分	蕈柄 ↕6-10公分 ↔1-1.5公分	孢子：深褐色	食用性 ☠

科：蘑菇科	種：*Agaricus campestris*	季節：夏至秋季

蘑菇 (FIELD MUSHROOM)

這是一種眾所皆知的食用蕈類，具有略微變紅的白色子實體，凸圓至平坦的蕈傘表面為平滑至纖毛狀；較老的個體可能呈粉紅灰色。蕈褶為粉紅色，而後變成深褐色，不像其他大多數蘑菇屬蕈類，它們的蕈褶邊緣顏色較淺。小而平滑的蕈環只有一重。堅實的白色菌肉有「真菌般」的氣味和味道。台灣由1960年代開始大量栽培。

• **分布**：野生的幾乎僅見於空地中，通常為放牧牛馬而糞便多的肥沃草原。分布廣且常見於溫帶。

肉質的蕈傘表面平滑

蕈褶與蕈柄分離

剖面

白色菌肉隨著成熟或受傷時變成粉紅色

緊密的蕈褶初為粉紅色，而後整個呈深褐色

子實體：成大群或環狀排列出現。

尺寸：蕈傘 ⊕4-10公分	蕈柄 ↕3-7公分 ↔0.8-1.5公分	孢子：深褐色	食用性 🍴

科：蘑菇科	種：*Agaricus bitorquis*	季節：夏至秋季

大肥菇(PAVEMENT MUSHROOM)

這種蕈具備若干鑑別特徵：它有個顯著包覆且上翻的雙重蕈環；帶著酸氣味的堅實菌肉會漸漸變成粉紅色；「方形」的蕈傘邊緣內捲。雖然可以食用，但因為生長在路旁，令人不想去吃它。

• **分布**：大都見於都市地區，在土壤上或鋪路石塊之間。廣泛分布且常見於歐洲和北美。

• **相似種**：白鮮菇(162頁)氣味惡臭且蕈傘表面龜裂。見於相同的地點。

蕈傘有顯著的肩部
白至米色蕈傘平滑
蕈環為雙重且上翻的
蕈傘表面常粘有泥土
離生的粉紅色蕈褶會變成深褐色

子實體：少數聚集。它們可能出現在堅硬的土壤甚至柏油路面中。

尺寸：蕈傘 ⊕5-12公分	蕈柄 ↕4-8公分 ↔1-3.5公分	孢子：深褐色	食用性

科：蘑菇科	種：*Agaricus bisporus*	季節：晚夏至秋季

洋菇(CULTIVATED MUSHROOM)

這種蕈或許是所有可食真菌中最有名的。它被大規模栽培，其商業重要性只有草菇、蠔菇(178頁)和香菇堪與媲美。其凸圓形蕈傘從白至暗褐色變化不一，蕈柄上則有道上翻的蕈環。菌肉染著有極淡的紅色。

• **分布**：見於路旁、公墓中和其他土壤肥沃且翻動過的地方。廣泛分布於整個北溫帶。

剖面
緊密的蕈褶為離生的
蕈環幼時朝上翻
凸圓至平坦的蕈傘表面乾燥平滑
白至暗褐色蕈傘
邊緣有蕈幕殘留物
蕈柄上因觸摸或受傷而出現淡胡蘿蔔紅色斑塊
蕈褶成熟時為深褐色

子實體：子實體成集團或環狀排列出現。

尺寸：蕈傘 ⊕5-10公分	蕈柄 ↕3-6公分 ↔1-2公分	孢子：深褐色	食用性

科：蘑菇科	種：*Agaricus bernardii*	季節：夏至秋季

白鮮菇(SALT-LOVING MUSHROOM)

這種非常多肉的蘑菇能忍受鹽分含量極高的土壤。它有個平坦或凸圓形的白至灰白色蕈傘，其表面通常龜裂成鱗片狀花紋。在蕈柄最粗處，有道帶著上翻窄邊的包覆蕈環。氣味惡臭，白鮮菇堅實的菌肉隨著成熟會漸漸轉為粉紅色。雖然可以食用，但差勁的味道並不值得領教。

• **分布**：海岸地區的鹽沫帶或冬季撒鹽的道路旁邊。廣泛分布於歐洲。

• **相似種**：大肥菇(161頁)見於相同的位置。

白色菌肉受傷時變成粉紅色

剖面

凸圓或變平的蕈傘表面乾燥

白至灰或白色蕈傘極端多肉

包覆的蕈環有個上翻的窄邊

蕈傘可能有鱗片狀花紋

蕈傘邊緣平滑

蕈傘邊緣內捲

粉紅至深褐色蕈褶緊密且離生

子實體：子實體集體出現。

尺寸：蕈傘 ↔ 7-15公分	蕈柄 ↕ 5-10公分 ↔ 2-4公分	孢子：深褐色	食用性

科：蘑菇科	種：*Agaricus sylvaticus*	季節：夏至秋季

木生蘑菇
(Red-staining Mushroom)

凸圓至具臍突的蕈傘上覆有褐色細纖維。蕈柄上有道下垂的蕈環，表面可能呈纖維質至鱗片狀。又名松木蘑菇或具鱗木生蘑菇。這種上選的食物氣味好聞，米色菌肉在受傷後大都會染著成深紅色，然而該色彩反應不如其某些近親顯著。

• **分布**：林地、造林地和公園中的軟木樹碎片上。廣泛分布於北溫帶。

• **相似種**：蘭吉蘑菇(*Agaricus langei*)亦為佳餚，肉更多。且染著有更紅的斑塊。暗鱗片蘑菇(*A. phaeolepidotus*)具黃斑且有毒。

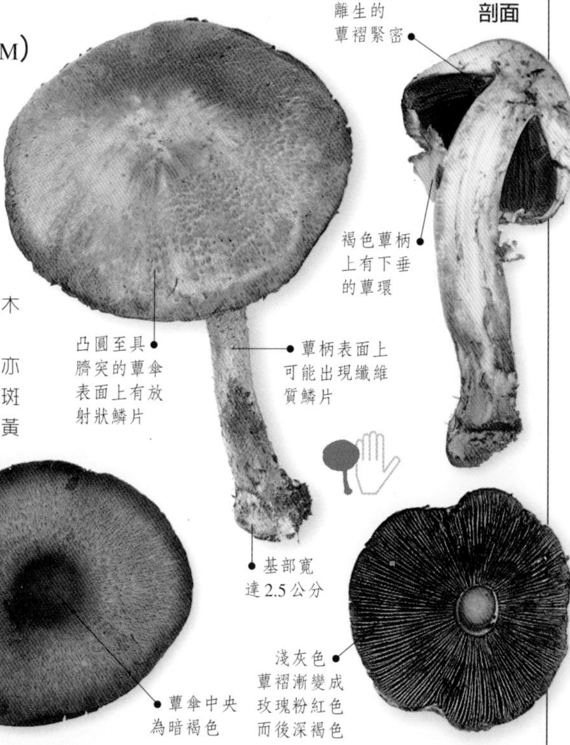
離生的
蕈褶緊密
剖面
褐色蕈柄
上有下垂
的蕈環
凸圓至具
臍突的蕈傘
表面上有放
射狀鱗片
蕈柄表面上
可能出現纖維
質鱗片
基部寬
達2.5公分
淺灰色
蕈褶漸變成
玫瑰粉紅色
而後深褐色
蕈傘中央
為暗褐色

子實體：集體或成蕈圈出現。

尺寸：蕈傘 ⊕5-10公分	蕈柄 ↕5-10公分 ↔0.5-1.5公分	孢子：深褐色	食用性

科：蘑菇科	種：*Agaricus porphyrizon*	季節：整個秋季

紫帶蘑菇(Porphyry Mushroom)

在稱作小蘑菇屬(*Minores*)，大多為小型蘑菇的類群中，這種蕈顯得不尋常地強壯而多肉。它們都有扁桃氣味、染著成黃色的菌肉，以及往往呈紫色的蕈傘。紫帶蘑菇的蕈傘為凸圓形，其較淡的底色上覆有淡紫色細纖維，白色蕈柄有個球莖狀黃至橙色基部，蕈環脆弱而狹窄。蕈褶為粉灰紅至紫黑色。白色菌肉可以食用，會漸漸變黃。

• **分布**：硬木樹林中的土壤和落葉堆上，也出現在軟木樹碎片上和花園中。廣泛分布但局部產於歐洲；世界分布不詳。

淡紫至紫色
細纖維
凸圓形蕈
傘色淺
離生的粉灰
紅色蕈褶

子實體：子實體單獨或少數一起出現在落葉堆間的肥沃土壤上。

尺寸：蕈傘 ⊕5-8公分	蕈柄 ↕4-6公分 ↔0.7-1公分	孢子：深褐色	食用性

科：蘑菇科	種：*Leucoagaricus leucothites*	季節：晚夏至秋季

白環蘑(SMOOTH PARASOL)

這是一種白色蘑菇，其凸圓形蕈傘的表面乾燥而平滑。蕈柄上有道可能鬆弛的細蕈環，基部呈棍棒狀。白色菌肉氣味好聞，有種「真菌般」的味道，但是有毒。細微的顏色差異使得某些專家將之分成一小群不同的種；它們全都不能食用。

• **分布**：沿著道路兩旁的草叢以及公園、花園和沙丘中。廣泛分布於歐洲和北美。

• **相似種**：若干蘑菇屬的蕈類外貌相似，但它們的孢子印和成熟的蕈褶為深褐色。

平滑的蕈傘表面如絲一般
白色的菌肉堅實
精巧的蕈環可以移動
蕈褶為離生的
整個呈白色
棍棒形蕈柄基部
剖面
蕈褶緊密
蕈褶為米色或略帶粉紅色

子實體：成小群或蕈圈，大多在草叢中。

尺寸：蕈傘 ↔ 5-8公分	蕈柄 ↕ 4-8公分 ↔ 0.8-2公分	孢子：白色	食用性 ☠

科：鵝膏科	種：*Limacella guttata*	季節：晚夏至秋季

斑黏傘(WEEPING SLIME-VEIL)

這種蘑菇的凸圓形蕈傘稍微油滑，為奶油赭土至極淺的紅褐色。蕈柄有個球莖般膨大的基部，以及顯著下垂的蕈環，會滲出清澈的液滴，乾燥後成為橄欖褐色斑點。白色蕈褶離生而緊密。雖然根據記錄，這種菌肉為白色且帶有麥粉氣味的真菌可以食用，但並不推薦。

• **分布**：硬或軟木樹林中厚落葉堆間的肥沃土壤上。廣泛分布但局部見於歐洲和北美。

• **相似種**：黏皮黏傘(*Limacella glioderma*)非常黏稠，蕈傘為橙褐色。有些鵝膏屬蕈類的外貌相似，但蕈傘表面乾燥，具有蕈幕殘留物，且蕈柄基部有個蕈托。

蕈傘為奶油赭土色，隨著成熟變暗
凸圓形油滑的蕈傘中央為淺紅褐色
緊密而離生的蕈褶呈白色
下垂的蕈環非常顯著

子實體：子實體集體或單獨出現在樹林地區中的肥沃土壤和殘枝敗葉中。

尺寸：蕈傘 ↔ 7-15公分	蕈柄 ↕ 8-14公分 ↔ 1-2.5公分	孢子：白色	食用性 🍴

科：蘑菇科	種：*Macrolepiota procera*	季節：夏至秋季

高大環柄菇(PARASOL MUSHROOM)

這種大型壯觀的蘑菇可由其蕈柄上的美麗蛇皮花紋來辨認，此外它還有個可移動的大蕈環。蕈傘為傘形至平坦，暗灰褐色的中央凸起，且附著有同心花紋的鱗片。淺色菌肉受傷時並不會變色。有些人認為這是最好吃的蘑菇之一。

• **分布**：沙丘、乾草原及樹林和公園中的小片草叢區中。世界分布廣泛且相當常見於歐洲和北美。

• **相似種**：混雜大環柄菇(*Macrolepiota permixta*)菌肉有紅斑。粗鱗大環柄菇(166頁)。綠褶菇(166頁)有毒。

蕈傘表面同心的褐色鱗片
蕈傘中央為暗灰褐色
十分長的蕈柄上有雅緻的蛇皮花紋
蕈環大且可移動
蕈傘起初呈卵形，而後漸漸變成傘形或平坦且中央有個突起
緊密而離生的蕈褶為白至奶油色
蕈柄基部稍呈球莖狀
蕈柄基部可能寬達4公分

子實體：在沙質草叢或土壤上成散佈的集團。

尺寸：蕈傘 ⊕10-30公分	蕈柄 ↕15-30公分 ↔0.8-2公分	孢子：白或淡粉紅色	食用性

科：蘑菇科	種：*Macrolepiota rhacodes*	季節：夏至秋季

粗鱗大環柄菇(SHAGGY PARASOL)

這是一種毛茸茸的蘑菇，其凸圓形蕈傘會隨著成熟而展平，表面覆著淡褐色鱗片；非常幼小的個體類似花球莖。蕈柄上有道明顯的雙重蕈環。其白色菌肉受傷時變成鮮胡蘿蔔紅色。雖然可以食用，但有些變種會引起反胃，所以只能食取少量(詳見相似種)。

• **分布**：大多生長在樹籬、公園和花園中肥沃的土壤上。分布廣且常見於整個歐洲和北美。

• **相似種**：混雜大環柄菇(*Macrolepiota permixta*)和高大環柄菇(165頁)體型較大，蕈柄上有蛇皮花紋。綠褶菇(右下圖)具備綠色孢子印，而且有毒。

年幼的個體已具備淺褐色鱗片

蕈傘表面有同心的鱗片

顯著而可移動的雙重蕈環

蕈褶緊密

離生的蕈褶為白至奶油色

剖面

未成熟的個體蕈傘為卵形

毛茸的蕈傘邊緣

基部球莖寬達4公分

白色的菌肉先染著為胡蘿蔔紅色，而後變成暗紅色

蕈柄平滑至纖毛狀

子實體：子實體集體或成環狀排列出現。

△綠褶菇
CHLOROPHYLLUM MOLYBDITES
如同大環柄菇，這種蕈傘覆有鱗片的蘑菇為淡褐色，受傷處呈紅褐色，具備雙重蕈環。可由孢子來辨認，其將白色蕈褶染成橄欖綠色。☠

尺寸：蕈傘⊕5-15公分	蕈柄↕10-15公分↔1-2公分	孢子：白色	食用性 101

科：蘑菇科	種：*Lepiota aspera*	季節：晚夏至秋季

粗糙環柄菇
(Sharp-scaled Parasol)

有個大型、凸圓形米色蕈傘，覆著圓錐或角錐狀褐色鱗片，會隨著成熟逐漸磨滅。褐色蕈柄上有個下垂且具邊的大蕈環，基部膨大；蕈環下的表面具鱗片或為纖維質。它的氣味難聞，可能有毒。

• **分布**：樹林中道路兩旁的肥沃鹼性土壤中。廣泛分布於北溫帶。

• **相似種**：豪豬環柄菇(*Lepiota hystrix*)的鱗片非常暗，會滲出褐色液體。混淆環柄菇(*L. perplexum*)大都較小，且蕈褶較不緊密。高大環柄菇(165頁)有個可移動的蕈環，而且氣味清淡好聞。

子實體：單獨或成小群出現。

米色蕈傘上有褐色鱗片
蕈環之下的蕈柄為褐色，具鱗片或纖維
下垂的大型蕈環
蕈柄基部膨大，寬達2公分
離生的白至淺奶油色蕈褶非常緊密
剖面

尺寸：蕈傘 ↔ 5-15公分	蕈柄 ↕ 5-12公分 ↔ 0.5-1.5公分	孢子：白色	食用性

科：蘑菇科	種：*Lepiota oreadiformis*	季節：秋季

山女神形環柄菇
(Grassland Parasol)

圓錐形蕈傘和緊密而離生的白色薄蕈褶使此蕈成為該屬的典型；然而和大多數環柄菇不同之處，即其蕈環很不明顯。整個子實體呈米色至奶油色，蕈傘中央顏色較褐。蕈柄環繞著蕈幕殘留物，蕈傘邊緣也帶有蕈幕殘留物。有些真菌學家將之分為三或更多不同的物種。

• **分布**：乾燥的空曠草原，通常在海岸地區諸如沙丘上。廣泛分布於歐洲；世界分布不完全明瞭。

• **相似種**：硬柄小皮傘(117頁)外表相似，但具備隔生的蕈褶、堅韌的菌肉，而且沒有任何蕈幕殘留物。

蕈環很不明顯
離生而緊密的蕈褶為淺奶油色
蕈傘為米色至奶油色，中央較暗

子實體：子實體集體出現在空曠草原和海岸地區的地衣或短草間。

尺寸：蕈傘 ↔ 2-6公分	蕈柄 ↕ 3-5公分 ↔ 0.8-1.2公分	孢子：白色	食用性

科：蘑菇科	種：*Lepiota ignivolvata*	季節：整個秋季

紅黃環環柄菇
(ORANGE-GIRDLED PARASOL)

這種環柄菇相當多肉，其白色蕈柄多少呈棍棒狀，且低處有道橙邊的蕈環，可輕易的辨認。凸圓形蕈傘上有同心的橙褐色細小鱗片，赭土至褐色中央凸起。米色菌肉有股難聞的化學氣味，令人想到冠狀環柄菇(169頁)，類似切割金屬所發出的氣味。

• **分布**：硬和軟木樹下的鹼性土壤上。廣泛分布於整個歐洲，但主要在中至南歐。

• **相似種**：腹鼓孢環柄菇(*Lepiota ventriosospora*)蕈幕和蕈柄基部沒有橙色。

子實體：集體或單獨出現在落葉堆中。

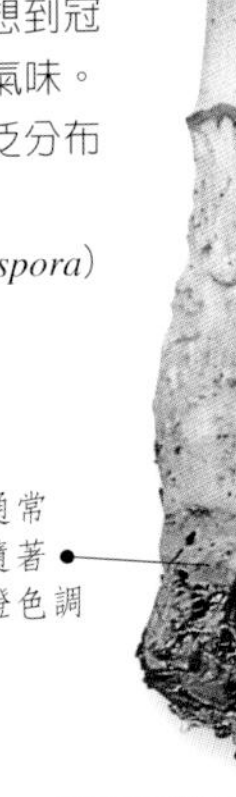

橙褐色的蕈傘表面裂為精緻的鱗片
蕈柄有一或更多的橙色蕈環或蕈幕環帶
蕈柄基部通常膨大而且隨著成熟變為橙色調

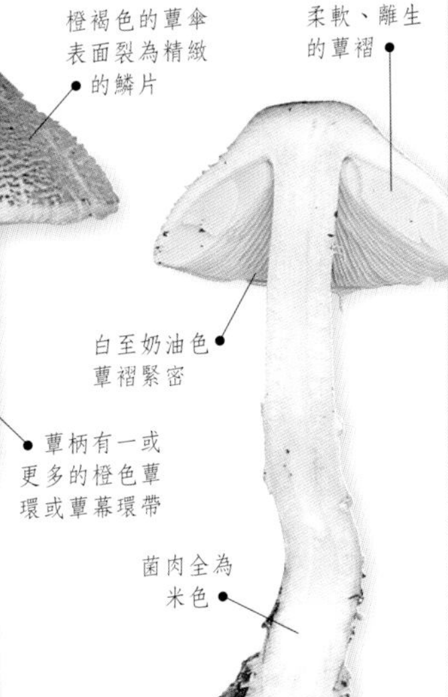

柔軟、離生的蕈褶
白至奶油色蕈褶緊密
菌肉全為米色
剖面

尺寸：蕈傘 ↔ 4-11公分	蕈柄 ↕ 5-15公分 ↔ 0.5-2公分	孢子：白色	食用性 ☠

科：蘑菇科	種：*Lepiota clypeolaria*	季節：整個秋季

盾形環柄菇
(SHAGGY-STALKED PARASOL)

這種相當大型但不十分多肉的蘑菇主要呈白色至奶油色，然而鐘形至平坦的蕈傘上可能略帶有褐色鱗片；示於此處的標本為褐色的例子。蕈傘邊緣和蕈柄上帶有清晰的純白色蕈幕殘留物，使幼小個體顯得毛茸。氣味清淡的菌肉為白至淺褐色。孢子呈紡錘形。

• **分布**：硬或軟木樹森林中落葉堆或針葉床之間的肥沃土壤上。廣泛分布於北溫帶。

• **相似種**：白環柄菇(*Lepiota alba*)長在較空曠的棲息地中，且蕈柄較平滑。腹鼓孢環柄菇(*L. ventriosospora*)蕈環和蕈傘略帶黃或黃褐色，孢子更接近紡錘形。

蕈傘表面覆有淺赭土至褐色鱗片
白色蕈幕的棉狀殘留物
蕈柄上的蕈幕環帶
棍棒形蕈柄基部
白至奶油色蕈褶緊密
離生的蕈褶
剖面
白至淡褐色菌肉薄

子實體：子實體單獨或成小群出現。

尺寸：蕈傘 ↔ 3-7公分	蕈柄 ↕ 5-12公分 ↔ 0.5-1公分	孢子：白色	食用性 ☠

科：蘑菇科	種：*Lepiota cristata*	季節：夏至秋季

冠狀環柄菇(Stinking Parasol)

這是在較小的環柄菇中最常見者。最明顯的鑑別特徵為其淺色凸圓形蕈傘上有扁平、橙褐色鱗片構成的同心花紋，以及有股難聞的化學氣味。蕈環壽命短，但在較年幼的個體上可見到如上翻的袖口。

• **分布**：草坪中、苔蘚間、草叢中或蕁麻附近，步道或道路邊緣，在相當肥沃的土壤上。分布廣且常見於北溫帶。

• **相似種**：毒性極強的淡紫環柄菇(*Lepiota lilacea*)罕見得多，形狀相似但呈現紫至紫褐色。

淺色蕈傘表面上有橙褐色鱗片
蕈傘表皮破裂處呈白色
米色蕈柄上的蕈環壽命短
蕈環之下的蕈柄平滑

中央通常較蕈傘其餘部分暗紅褐

離生的白色蕈褶緊密

子實體：成小群或集體出現在裸露的土壤上。

尺寸：蕈傘⊕1-4公分	蕈柄↕2.5-5公分↔2-4公釐	孢子：白色	食用性 ☠

科：蘑菇科	種：*Lepiota castanea*	季節：整個秋季

栗色環柄菇(Chestnut Parasol)

這是一種小型暗色的蕈類，其凸圓至平坦的蕈傘和蕈柄上都有暗褐色鱗片。它還有股強烈、相當難聞的氣味。蕈環壽命短。顯微特徵在鑑別小型環柄菇時相當重要；該屬的孢子形狀分成三種：炮彈形、卵形或紡錘形。在此例為炮彈形。

• **分布**：翻動過的肥沃土壤上，通常沿著林地溝渠或道路生長，廣泛分布，大多在北溫帶南部。

• **相似種**：微紅黃環柄菇(*Lepiota fulvella*)呈較淺的橙褐色，而且較大；假淡黃環柄菇(*L. pseudohelveola*)有個較明顯的蕈環，氣味則較淡。此外還有一些其他的相似種。

△肉褐環柄菇
Lepiota brunneoincarnata
這種強壯的蕈類其凸圓形蕈傘表面上有同心的暗粉紅褐色鱗片。略帶粉紅色的蕈柄在不明顯的蕈環帶之下覆有暗色鱗片。☠

淺色或赭土色菌肉

剖面

蕈傘表面有暗褐色鱗片

蕈環不久即消失

蕈柄上有暗褐色鱗片

離生的色蕈褶緊密

子實體：子實體大都少數聚在一起。

尺寸：蕈傘⊕2-4公分	蕈柄↕2-5公分↔2-4公釐	孢子：白色	食用性 ☠

科：蘑菇科	種：*Leucocoprinus badhamii*	季節：晚夏至晚秋

貝漢白鬼傘(RED-STAINING PARASOL)

起初幾乎呈白色，展平的蕈傘上有精緻的淺褐色鱗片花紋，這種蘑菇任何經觸摸之處都會轉為番紅花紅或深血紅色，最後變成近乎黑色。它屬於具備紅斑的類群，它們的數量稀少，而且被認為有毒。被茸毛的蕈柄上有道顯著但脆弱而上翻的蕈環。有些真菌學家提議將之置於白環蘑屬(*Leucoagaricus*)中。

• **分布**：生長在鹼性或營養豐富的土壤上，在落葉和花園殘屑堆間或針葉床上；特別是在紫杉下，但也見於硬木樹下。廣泛分布於歐洲較溫暖的地區；北美不詳。

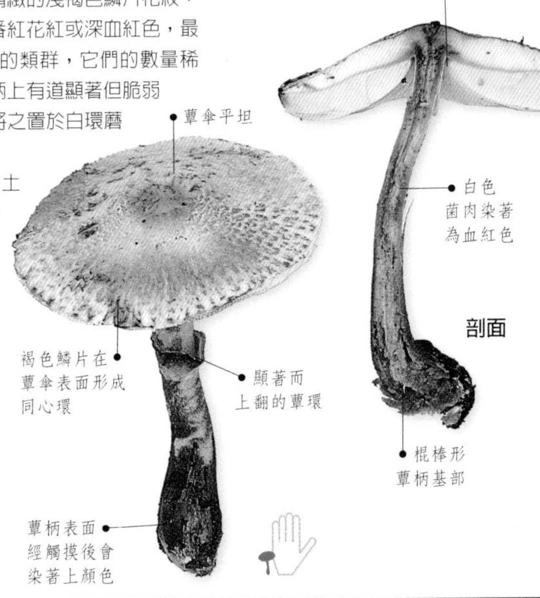
緊密而離生的白至奶油色蕈褶
蕈傘平坦
白色菌肉染著為血紅色
剖面
褐色鱗片在蕈傘表面形成同心環
顯著而上翻的蕈環
棍棒形蕈柄基部
蕈柄表面經觸摸後會染著上顏色

子實體：單獨或成小群出現在肥沃土壤上。

尺寸：蕈傘 ⊕ 3-8公分	蕈柄 ↕ 3-7公分 ↔ 4-8公釐	孢子：白色	食用性 ☠

科：蘑菇科	種：*Leucocoprinus luteus*	季節：全年

純黃白鬼傘 (YELLOW PARASOL)

這種蕈呈獨特的黃色。在硫磺底色的鐘形蕈傘表面上，有金黃至橙黃或黃褐色細小鱗片。蕈柄顏色相同，有個壽命短的蕈環，接近基部則變成棍棒形，其寬可達6公釐。蕈褶亦為黃色，緊密且離生。黃色的薄菌肉不可食用，可能有毒。子實體壽命短暫，就像鬼傘(174-176頁)一般；因為孢子印為白色，所以該屬稱為白鬼傘。

• **分布**：在北溫帶的花盆和溫室中，或在溫暖的亞熱帶或熱帶地區的野外；廣泛分布。

鐘形蕈傘上有金黃色小鱗片
黃色蕈環壽命大多短暫
棍棒形蕈柄基部呈黃色覆有粉末

子實體：子實體通常成簇生長在堆肥豐富的土壤上。

尺寸：蕈傘 ⊕ 1-5公分	蕈柄 ↕ 4-10公分 ↔ 2-4公釐	孢子：白色	食用性 🍴

不具蕈幕

本節只介紹光柄菇(*Pluteus*)這一屬，它們的蕈褶離生於蕈柄，而且完全沒有外蕈幕。該屬中所有的蕈都產生粉紅色孢子印，蕈褶則非常緊密。大部分種類都生長在腐朽的木材上，或者爲倒地樹幹，或者爲木頭碎片或鋸屑堆積床上。

小包腳菇屬(*Volvariella*)爲光柄菇屬的近親，但小包腳菇蕈類，如絲蓋小包腳菇(154頁)，具備包覆著未成熟子實體的外蕈幕，蕈幕裂開後在基部留下一個蕈托。

科：光柄菇科	種：*Pluteus cervinus*	季節：晚春至晚秋

灰光柄菇(FAWN SHIELD-CAP)

這種高度變異的蕈類一般具有暗褐色蕈傘和白色蕈柄，其棍棒形基部的暗色纖維顯得特別突出。蕈傘為凸圓至具臍突或平坦的；其表面的中央覆有絨毛，潮溼時變得油滑。可食用，但味道不特殊而且有腐臭氣味。

• **分布**：樹林、公園和花園中各式各樣腐朽的硬木材上；生長在鋸木屑或木頭碎片上者尤其壯碩。廣泛分布於北溫帶並擴及南部。

• **相似種**：保察瑞斯光柄菇(*Pluteus pouzarianus*)見於硬木材上，沒有氣味。可由顯微鏡中觀察其菌絲上的扣子體(詳見第11頁)來加以辨認。

蕈傘通常為暗褐色
蕈傘潮溼時油滑
蕈褶離生於蕈柄
白色蕈柄上有暗色纖維
白色菌肉厚
剖面
蕈褶緊密
蕈傘中央覆著絨毛
柔軟的蕈褶呈白至粉紅褐色
蕈柄基部寬達3公分

子實體：子實體單獨或成小群出現。

尺寸：蕈傘 ⊕ 4-10公分	蕈柄 ↕ 4-10公分 ↔ 0.5-1.5公分	孢子：淡粉紅色	食用性 🍽

科：光柄菇科	種：*Pluteus umbrosus*	季節：晚春至晚秋

蔭生光柄菇(VELVETY SHIELD-CAP)

這種光柄菇具有柔軟的的暗褐色蕈傘，又蕈柄表面和暗色的蕈褶邊緣，使之極容易辨認。其具臍突的蕈傘在表面上有放射狀脈紋，而淺色蕈柄上則散布著濃密的褐色鱗片。菌肉為白色至淡褐色，聞起來有酸味。其食用性不詳。

• **分布**：往往見於自然腐朽的粗大硬木樹幹上。通常和其他光柄菇一起出現。廣泛分布於北溫帶；多半不常見。

• **相似種**：灰光柄菇(171頁)較暗，蕈傘上沒有脈狀花紋。普勞塔斯光柄菇(*Pluteus plautus*)蕈褶邊緣為白色。

蕈傘邊緣有縫毛
蕈傘中央的臍突
蕈傘表面有放射狀脈紋
淺色蕈柄上有濃密的褐色斑點
生長在腐朽的硬木材上
有些地方看得見較淺色的菌肉
暗褐色蕈傘表面覆有絨毛
蕈褶為淺粉紅褐色
蕈褶邊緣具短絨毛且為褐色
剖面
蕈柄中的菌肉為白至淺褐色
蕈褶離生於蕈柄
柔軟的蕈褶緊密

子實體：子實體單獨或成小群出現。

尺寸：蕈傘 ↔4-11公分	蕈柄 ↕5-8公分 ↔0.4-2公分	孢子：淡粉紅色	食用性

科：光柄菇科	種：*Pluteus aurantiorugosus*	季節：夏至秋季

皺橘色光柄菇(FLAME SHIELD-CAP)

這種蕈有個鮮明的火紅色蕈傘，形狀從凸圓形至幾乎平坦變化不一；該種色彩使它很容易和近親區分。蕈傘表面由圓形細胞構成，看起來非常精緻，正好跟覆蓋著纖維的灰光柄菇(171頁)形成對比。淺而多少呈現黃色的蕈柄彎曲，使其子實體得以嵌在朽木的裂縫或空洞中。它沒有特殊的氣味或味道。

• **分布**：倒地的樹幹或圓木上，或者修剪過的樹如白楊、梣木和榆樹上。廣泛分布但不常見於北溫帶。

• **相似種**：極好光柄菇(*Pluteus admirabilis*)產於北美，色彩更為金黃。

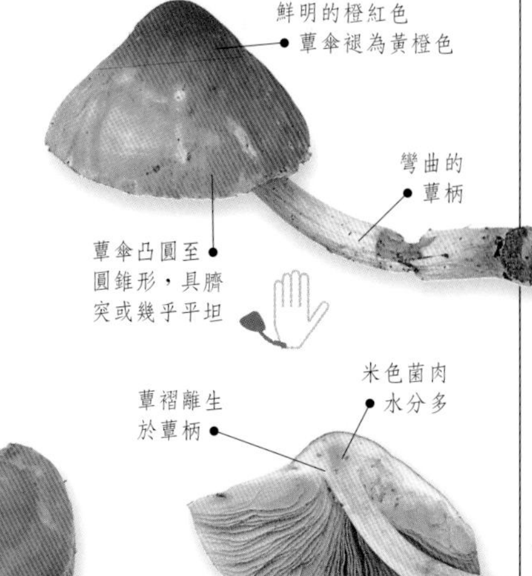
鮮明的橙紅色
蕈傘褪為黃橙色
彎曲的
蕈柄
蕈傘凸圓至
圓錐形，具臍
突或幾乎平坦
米色菌肉
水分多
蕈褶離生
於蕈柄
剖面
覆有細絨毛的
蕈傘表面薄而細緻
淡粉紅色蕈褶
緊密而柔軟

子實體：單獨或成小群出現在朽木上。

尺寸：蕈傘 ⊕2-5公分	蕈柄 ↕3-8公分 ↔3-6公釐	孢子：淡粉紅色	食用性

科：光柄菇科	種：*Pluteus chrysophaeus*	季節：夏至秋季

金褐光柄菇(GOLDEN-GREEN SHIELD-CAP)

這種顯眼的蘑菇有許多類型，有些專家則將之歸為不同的種。然而它們全都擁有黃色蕈傘和淺黃色蕈柄，只是色彩的分布和強度有所差異。凸圓形具臍突的蕈傘表面平滑，邊緣在潮溼時會出現條紋。蕈柄顏色較蕈傘淺，米色至黃色菌肉沒有氣味和味道。

• **分布**：在充分腐朽的硬木樹殘株和長有苔蘚的倒地樹幹上。廣泛分布於歐洲，但世界分布不詳。

• **相似種**：羅密里光柄菇(*Pluteus romellii*)蕈傘顏色較暗，黃色彩集中在蕈柄基部。大多生長在混合著土壤的木材上。

離生的
蕈褶
剖面

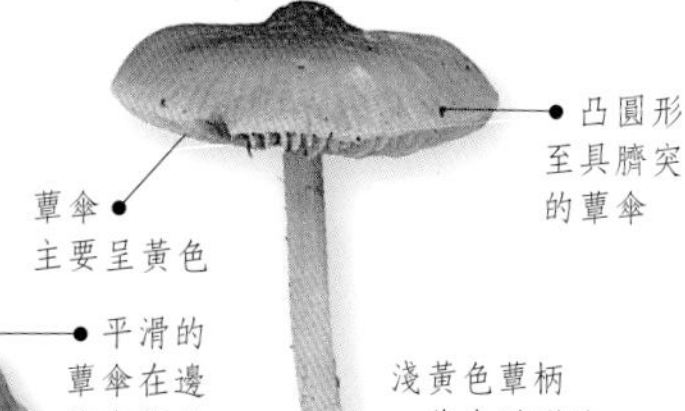
凸圓形
至具臍突
的蕈傘
蕈傘
主要呈黃色
淺黃色蕈柄
為半透明的

子實體：單獨或成小群出現在朽木上。

平滑的
蕈傘在邊
緣有條紋

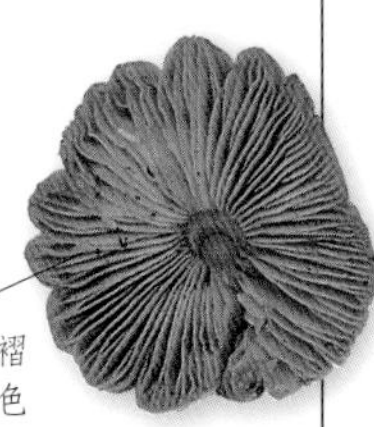
緊密而
柔軟的蕈褶
略帶粉紅色

尺寸：蕈傘 ⊕1-6公分	蕈柄 ↕3-8公分 ↔3-8公釐	孢子：淺粉紅色	食用性

隨著成熟而化為墨汁

本節全部都是由鬼傘(*Coprinus*)這個大屬中挑選出來的成員構成。大多數鬼傘的蕈褶會從邊緣向內逐漸溶解為墨汁般的液體，其中由於含有成熟的孢子而呈現黑色。在溶解作用尚未抵達之前，於其他位置的成熟孢子則射入空氣中。蕈褶通常遠較大多數蘑菇來得緊密。

鬼傘屬的蕈類往往體型細小且菌肉薄，許多都生長在草食性動物如鹿、馬、牛和兔子的糞便上。

科：鬼傘科	種：*Coprinus comatus*	季節：秋季

毛頭鬼傘(LAWYER'S WIG)

這種蕈的蕈傘呈長卵形或寬圓錐形。高5-20公分，米色至略帶粉紅色表面具長毛或鱗片，不久即從邊緣變成黑色。蕈柄有道特殊的蕈環，由於掉落的孢子而變成黑色。這種蕈會溶解迅速，而且菌肉較該屬大多數成員來得多。非常幼小的子實體因為質感和溫和的風味，很多人喜歡吃。應該在清晨採集要食用的蘑菇，而且立即烹調。

• **分布**：草坪上和道路、樹林步道兩旁翻動過的土壤上。廣泛分布且常見於北溫帶。

具鱗片的蕈傘表面從邊緣開始化為墨汁狀
剖面
非常緊密的離生蕈褶變成墨汁狀
位於中點的蕈環被孢子污染
蕈傘為長卵形或寬圓錐形
蘆筍般的蕈柄高且中空
蕈柄基部稍微加寬

子實體：成大集團出現。

尺寸：蕈傘 ↔ 2-6公分	蕈柄 ↕ 10-35公分 ↔ 1-2公分	孢子：黑色	食用性

科：鬼傘科	種：*Coprinus atramentarius*	季節：春至秋季

墨汁鬼傘(COMMON INK-CAP)

這是一種多肉的真菌，其蕈傘呈卵形，隨著成熟擴展而變成稍具臍突狀。灰至灰褐色，會從邊緣緩慢地溶解。又稱作酒精鬼傘，如果和酒精混合，它會引致心悸和反胃，即使在酒醉數天之後仍有作用。有種更紅褐且具鱗片的類型有時命名為羅馬鬼傘(*Coprinus romagnesianus*)。

• **分布**：樹林、公園和花園中，通常見於硬木樹殘株或死樹的土壤平面上。往往生長在不健康的都市樹木基部。世界分布廣泛且常見於北溫帶。

• **相似種**：尖頂鬼傘(*C. acuminatus*)具有尖的臍突。若配酒吃的話會引起相同症狀。禿頂鬼傘(*C. alopecia*)子實體生長得不那麼密集成簇，而且孢子多疣(墨汁鬼傘的孢子平滑)。

子實體：子實體密集成簇。

離生的蕈褶非常緊密
蕈褶邊緣為白色
剖面
灰至灰褐色蕈傘沒有顯著的蕈幕殘留物
蕈柄基部有紅褐色細纖維

尺寸：蕈傘 ⊕3-7公分	蕈柄 ↕5-12公分 ↔0.8-1.5公分	孢子：黑色	食用性 ☠

科：鬼傘科	種：*Coprinus picaceus*	季節：秋季

鵲鬼傘
(MAGPIE INK-CAP)

這種不致錯認的真菌其圓柱狀或鐘形蕈傘上有黑白相間的花紋，這是蕈傘擴展時蕈幕崩解為鱗片所致。蕈傘高5-10公分。蕈柄長，呈白色，被覆有細毛。它有種難聞的臭味，因此不建議作為食物。

• **分布**：硬木樹林中，鋸木屑或木頭碎片之間；偶爾大量出現在用木頭碎片作為護蓋物的花床上。廣泛分布但主要在歐洲山毛櫸生長之處。

蕈傘迅速地化為墨汁
蕈傘表面的白色蕈幕殘留物花紋
白色蕈柄長

非常緊密的蕈褶在未成熟時呈白色或粉紅灰褐色
蕈柄中空
幼小的子實體
剖面

子實體：子實體單獨或成小簇出現。

尺寸：蕈傘 ⊕2-6公分	蕈柄 ↕8-30公分 ↔0.6-2公分	孢子：黑色	食用性 🍴

科：鬼傘科	種：*Coprinus micaceus*	季節：晚春至早冬

晶粒鬼傘 (GLISTENING INK-CAP)

具卵形至稍微開展且具褶的茶褐色蕈傘，而粒狀蕈幕殘留物在其表面上造成一層光澤，其邊緣分裂或呈裂片狀。菌肉色淺。菌絲體在一季當中能產生許多子實體。

• **分布**：在都市地區和樹林當中數量都很多，出現在殘株或不健康的樹附近。分布廣且常見於北溫帶。

• **相似種**：有些近緣種在基質上產生橙至黃色的厚菌絲束。家園鬼傘（*Coprinus domesticus*）即其中之一，常出現在潮溼的地窖中。連同其他蕈類，它還出現在鬆脫的浴室瓷磚後面及其他潮溼之處。多角鬼傘（*C. truncorum*）蕈柄較平滑，孢子為非扁平的橢圓形，上面有個小孔；晶粒鬼傘的孢子則為扁平橢圓形，具有縮短的芽孔。

打褶的蕈傘因為粒狀蕈幕殘留物而閃閃發光

蕈傘高 1-3.5公分

白至褐色蕈褶隨著成熟縮攏且化為墨汁

剖面

脆弱的米色蕈柄為中空的

子實體：子實體密集成簇。

尺寸：蕈傘 ↔ 2-4公分	蕈柄 ↕ 4-10公分 ↔ 2-5公釐	孢子：黑色	食用性

科：鬼傘科	種：*Coprinus niveus*	季節：夏至秋季

雪白鬼傘 (SNOW-WHITE INK-CAP)

由其雪白的色彩，以及蕈傘表面鬆弛的粉狀蕈幕殘留物就可以辨認出這種小型、雖然不是最小的鬼傘。圓錐至鐘形蕈傘的邊緣上翻，緊密的蕈褶在幼時呈灰色，成熟時變黑，蕈柄基部稍微膨大。不能食用的淺色菌肉非常薄。

• **分布**：幾乎總是出現在溼草叢中相當新鮮的馬糞上。廣泛分布且常見於歐洲；世界分布不詳。

• **相似種**：絲膜鬼傘（*Coprinus cortinatus*）生長在土壤上。寇舍鬼傘（*C. cothurnatus*）其蕈傘中央往往有褐色鱗片。微小的費賴斯鬼傘（*C. friesii*）生長在腐爛的草上。糞鬼傘（*C. stercoreus*）有淡淡的臭味。

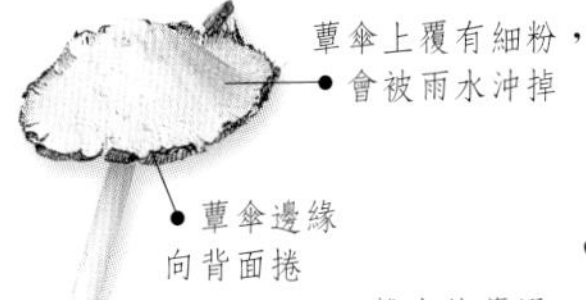

蕈傘上覆有細粉，會被雨水沖掉
蕈傘邊緣向背面捲

離生的蕈褶為黑色的，成熟時化為墨汁

蕈傘幼時為卵形

白粉狀的蕈柄

子實體：少數成群出現。

尺寸：蕈傘 ↔ 1-3公分	蕈柄 ↕ 5-8公分 ↔ 1-3公釐	孢子：黑色	食用性

蕈褶連著項圈

此節介紹的蕈類屬於一群蘑菇，它們的蕈褶附著在一個「輪」(項圈)上，而非與蕈柄連接或分離。此種排列方式就如同腳踏車車輪的輻條。又這群蕈類大多歸屬於小皮傘屬(*Marasmius*)，而且此屬的眞菌多生長在熱帶及亞熱帶。

科：口蘑科	種：*Marasmius rotula*	季節：仲夏至秋季

輪枝小皮傘(COMMON WHEEL MUMMY-CAP)

這種蕈的蕈褶係連在一個小「輪」(項圈)上，而非蕈柄頂端。凸圓形象牙白色蕈傘具有放射狀深溝，其肚臍狀的中央顏色較暗，米色菌肉薄而強韌。這種真菌完全乾燥之後還能復甦。

• **分布**：混生林中的硬木樹枝上。廣泛分布且常見於北溫帶。

• **相似種**：許多其他小皮傘都具備「輪」；大多產於熱帶雨林中，但少數微小品種也出現在溫帶地區：磚紅色的裘利小皮傘(*Marasmius curreyi*)生長在草叢中；淺褐色的布拉迪小皮傘(*M. bulliardii*)成群出現在潮溼樹林中的落葉堆上；淺色的泥生小皮傘(*M. limosus*)生長在蘆葦上。枝幹微皮傘(139頁)見於相似地點，缺少蕈褶「輪」和蕈傘溝紋。

象牙白的蕈褶附著在輪上

蕈傘表面有放射狀溝紋

蕈傘中央暗色肚臍顯著

蕈柄上端為米色

黑色蕈柄非常強韌

子實體：子實體集體出現。

尺寸：蕈傘 ⟷ 0.5-2公分	蕈柄 ↕2-4公分 ↔1公釐	孢子：米色	食用性

科：鬼傘科	種：*Coprinus plicatilis*	季節：早夏至秋季

褶紋鬼傘(LITTLE JAPANESE UMBRELLA)

完全展開時，這種小型真菌的蕈傘表面會出現褶紋，就如同日本傘。蕈傘平滑，沒有毛或蕈幕殘留物。蕈褶連接著「輪」，或項圈，間隔較疏遠，而且較不致像大多數鬼筆(174-176頁)那樣化為墨汁。

• **分布**：草坪中，下過雨後出現。廣泛分布且常見於北溫帶。

• **相似種**：鬚鬼傘(*Coprinus auricomus*)大都較大一點，而且蕈傘較褐。從顯微鏡中可看見厚壁的褐色毛而有助於確認。其他相似種還有庫能鬼傘(*C. kuehneri*)、裸鬼傘(*C. nudiceps*)和滑頭鬼傘(*C. leiocephalus*)。它們必須仔細測量孢子大小才能加以區別。

非常細的蕈柄纖弱而平滑
圓錐形至平坦的蕈傘平滑而有褶紋
間隔相當遠的蕈褶連接著項圈

子實體：子實體單獨或成小群出現一夜，隔日中午之前即凋萎。

尺寸：蕈傘 ⟷ 0.8-2公分	蕈柄 ↕4-8公分 ↔1-2公釐	孢子：黑色	食用性

蕈柄偏離中央或闕如的傘菌

在具備蕈褶的真菌當中，有些種類的蕈柄並不位於蕈柄的正中央，而可能著生在蕈傘的一側。有些種類的蕈柄可能非常小，而有些帶蕈褶的蕈類甚至完全沒有蕈柄。這些真菌大多數都稱作蠔菇(側耳)，但它們彼此之間未必全都有親緣關係。

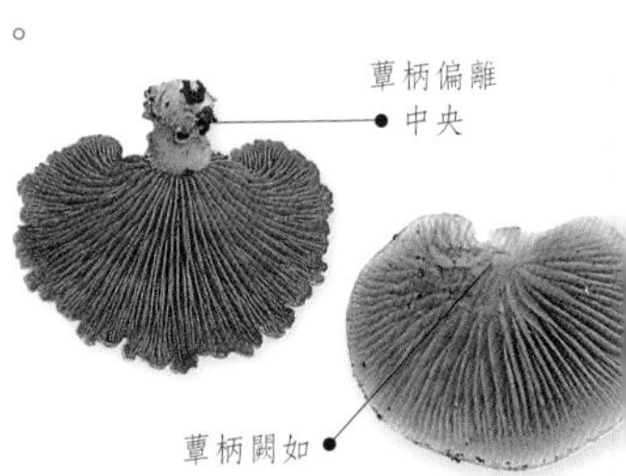
蕈柄偏離中央
蕈柄闕如

科：多孔菌科	種：*Pleurotus ostreatus*	季節：秋至冬季

蠔菇(糙皮側耳，COMMON OYSTER MUSHROOM)

蕈傘表面平滑

蕈傘為暗灰藍至褐色

蕈傘大致呈牡蠣形

這種真菌的蕈傘大致呈牡蠣形，幼時為藍灰色，然後逐漸變成暗灰藍至褐色。白色蕈柄位於蕈傘邊緣或可能闕如。白色菌肉味道好，但眾人是因為其結實的質地而食用之；它和一些近緣種被商業化的大量栽培。這種蕈喜好寒冷的天氣，出現季節較某些相似種來得晚(詳見下文)。台灣亦有野生蠔菇在山林裡普遍生長。

- **分布**：多種死亡或枯萎的硬木樹上；軟木樹上較罕見。世界分布廣泛。
- **相似種**：櫟側耳(*Pleurotus dryinus*)幼時在蕈柄上有蕈幕。肺形側耳(*P. pulmonarius*)為奶油至淺褐色；它出現的季節較早。

子實體：在硬木樹上成層和成列出現。

蕈柄位於蕈傘邊緣或者闕如
緊密延生的柔軟奶油色蕈褶

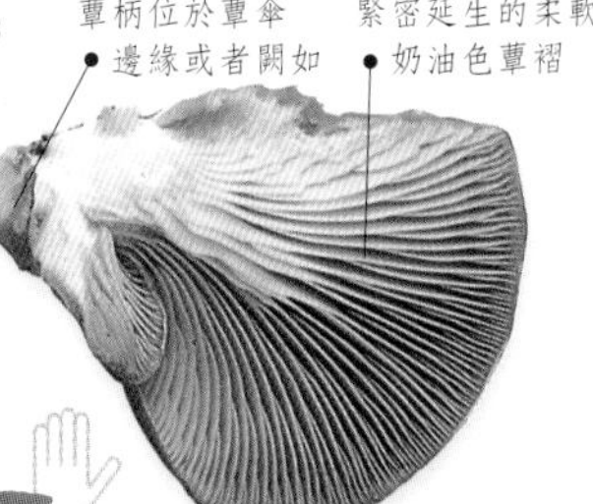

△北方小香菇
LENTINELLUS URSINUS
雖然可食，但味道苦。淺褐色蕈傘覆有濃密的毛，蕈褶邊緣呈鋸齒狀。🍽

尺寸：蕈傘 ⊕ 6-20公分	蕈柄 ↕ 0-5公分 ↔ 1-2公分	孢子：淺灰至淡紫色	食用性 🍽

科：多孔菌科	種：*Pleurotus cornucopiae*	季節：春至秋季

白黃側耳(TRUMPET OYSTER MUSHROOM)

這種蕈有個獨特的喇叭形淺皮褐色蕈傘，蕈柄相當接近中央，延生的蕈褶連在一起形成網狀。白色菌肉味道好，有麵粉氣味。

• **分布**：在硬木樹上形成白腐；通常偏好榆樹，在荷蘭榆樹病留下的大量基質處增殖。廣泛分布但主要在南歐；世界分布不詳。

• **相似種**：金頂側耳(*Pleurotus citrinopileatus*)產於東亞，呈黃色。肺形側耳(*P. pulmonarius*)蕈褶簡單，蕈柄較小。

蕈傘表面平滑
蕈傘呈喇叭形
米色蕈柄帶有蕈傘的顏色
子實體一般成簇出現
網狀的延生蕈褶

△艾倫奇側耳
PLEUROTUS ERYNGII
見於繖形花科植物如濱刺芹上，蕈傘色淺，表面呈仿麂皮狀，邊緣內捲。蕈柄偏離中央或闕如。

子實體：子實體密集成簇或單獨出現。

尺寸：蕈傘 ⊕4-12公分	蕈柄 ↕1-5公分 ↔0.5-2.5公分	孢子：淺紫色	食用性

科：耳匙菌科	種：*Lentinellus cochleatus*	季節：晚夏至秋季

螺殼狀小香菇 (COCKLESHELL FUNGUS)

這種蘑菇的紅褐色蕈傘平滑，大致呈海扇形，邊緣內捲。蕈柄著生於一側。白至淺褐色延生蕈褶和所有的小香菇一樣，邊緣為鋸齒狀。有些個體具有好聞的大茴香氣味；有些則沒有氣味。菌肉味道苦。

• **分布**：腐朽的硬木樹殘株上。廣泛分布於北溫帶，局部地方常見。

• **相似種**：海狸小香菇(*Lentinellus castoreus*)和狐狀小香菇(*L. vulpinus*)較多肉，且蕈傘具絨毛。米奇勒小香菇(*L. micheneri*)單獨生長。

蕈傘邊緣內捲
紅褐色表面平滑

子實體：子實體成層成簇地出現在腐朽的硬木樹殘株上。

尺寸：蕈傘 ⊕2-6公分	蕈柄 ↕2-5公分 ↔0.8-1.5公分	孢子：白色	食用性

科：口蘑科	種：*Pleurocybella porrigens*	季節：秋季

突伸小側耳（ANGEL'S WINGS）

這種可食的真菌從遠處即可輕易發覺，因其清淡的色彩和暗色的木材基質形成強烈的對比。無柄的扁形子實體潔淨，邊緣顯著內捲，蕈褶緊密。它呈白色，隨著成熟漸漸帶黃色。白色薄菌肉氣味和味道都很好。

• **分布**：諸如雲杉和杉等軟木樹腐朽的樹幹或殘株上。廣泛分布且局部常見於北溫帶。

• **相似種**：脆弱斑褶菇（*Panellus mitis*）外貌相似，但體型小多了，且生長在軟木樹的分枝和小枝上。

扁形的
蕈傘表面
平滑乾燥
蕈傘的邊緣
顯著內捲
白色蕈褶
緊密
子實體貌
似蠔菇
子實體
整個呈白色

子實體：子實體大簇出現在空曠或濃密樹林中腐朽的軟木樹上。

尺寸：子實體 ↕2-10公分 ↔2-7公分	孢子：白色	食用性

科：口蘑科	種：*Panellus serotinus*	季節：晚秋

晚生斑褶菇（OLIVE OYSTER）

形狀類似蠔菇（側耳178-179頁），為橄欖黃色，蕈傘表面覆有絨毛，蕈柄短而不顯著，容易辨認。不值得作為食物，白色菌肉多少帶點凝膠質，味道溫和至稍苦，有淡淡的「蘑菇般」的氣味。有些真菌學家提議將之歸入肉膠耳屬（*Sarcomyxa*）。

• **分布**：子實體通常出現在靠近水邊的硬木樹幹或掉落的樹枝上，軟木樹上罕見。廣泛分布於整個北溫帶。

• **相似種**：無柄且蕈褶呈赭土色的巢頂側耳（*Phyllotopsis nidulans*）類似其老熟或不定形的個體，但它具備赭土至粉紅色孢子印。

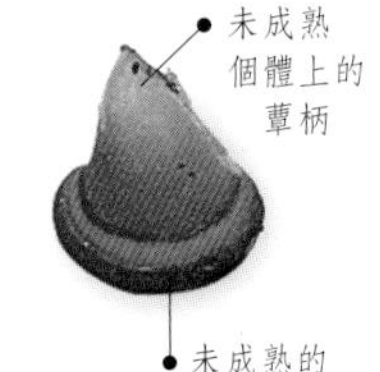
未成熟
個體上的
蕈柄
未成熟的
蕈褶

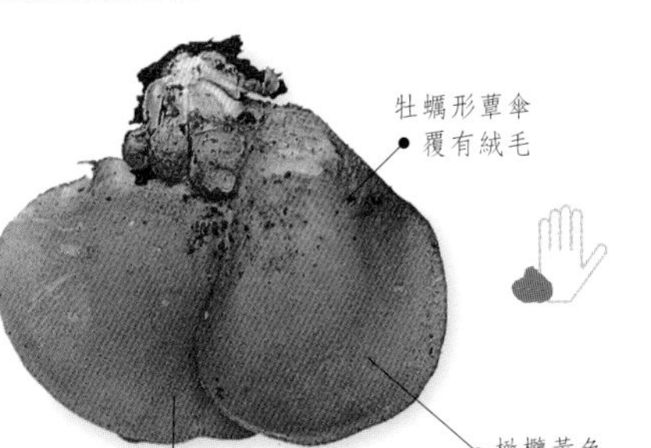
牡蠣形蕈傘
覆有絨毛
蕈傘表面在天氣
潮溼時顯得油滑
橄欖黃色
蕈傘隨著成熟
變成暗褐色

赭土黃色短柄上
有暗色斑點狀鱗片
蕈褶稍微
延生
緊密的
奶油色蕈褶

子實體：子實體通常密集成行出現。

尺寸：蕈傘 ⊕3-10公分	蕈柄 ↕0.8-1.5公分 ↔0.5-1公分	孢子：白色	食用性

科：口蘑科	種：*Panellus stypticus*	季節：秋至冬季

止血扇菇（False Oyster）

這種牡蠣形、淺皮褐色的小型蕈類具備強韌的子實體，通常可以存活到春天。蕈傘表面覆有粉末，蕈柄非常短。米至淺黃色菌肉有種芳香的水果氣味，但味道苦澀；不能食用。美洲種的蕈褶會在黑暗中閃爍，歐洲種則否。

• **分布**：林地中如山毛櫸和櫟木等硬木樹殘株上。廣泛分布於北溫帶。

• **相似種**：脆弱斑褶菇（*Panellus mitis*）較小、較白而且味道溫和。它在季末才會出現在軟木樹上。

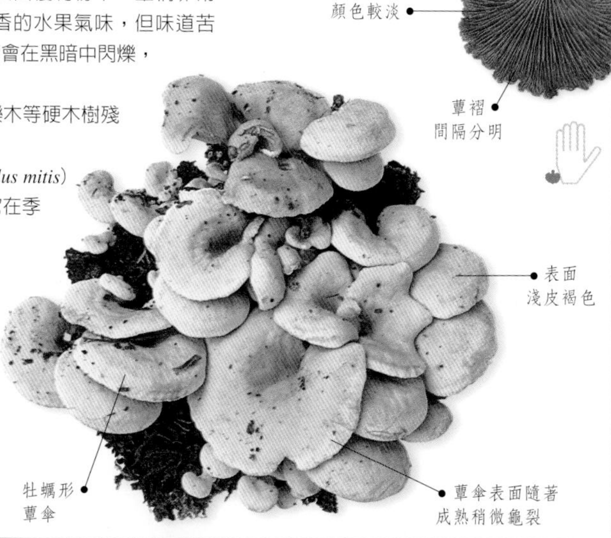
短柄位於
蕈傘邊緣
褐色蕈褶邊緣
顏色較淡
蕈褶
間隔分明
表面
淺皮褐色
牡蠣形
蕈傘
蕈傘表面隨著
成熟稍微龜裂

子實體：子實體緊密地成層、成排出現。

尺寸：蕈傘 ↔1-4公分	蕈柄 ↕0.1-1公分 ↔2-7公釐	孢子：米色	食用性

科：裂褶菌科	種：*Schizophyllum commune*	季節：全年

裂褶菌（Split-gill Fungus）

這種扇形真菌可由其縱向分裂的褶狀構造來鑑定，分裂的兩部分在環境乾燥時會向內捲，以保護產孢子實層。無柄，或有個短柄狀基部，覆蓋著灰白色絨毛。根據報告有某些部落民族取其強韌的淺色菌肉來當作口香糖般食用。容易在人工基質上栽培，這種蕈類在遺傳學和解剖學等研究領域被廣泛使用。

• **分布**：在多種木材基質上，也見於乾草包上，大多在暴露的地方：它能生長在太陽曬乾或風乾的木頭，甚至漂木上。在位置上，它可能有基質偏好性，如在北歐為山毛櫸。世界分布廣泛且常見於北溫帶；最北的區域則不存在。

粉紅灰褐色「褶」
從著生點輻射

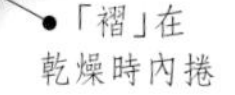
「褶」在
乾燥時內捲
具絨毛的
灰白色蕈傘表面
蕈傘邊緣
分裂或成裂
片狀

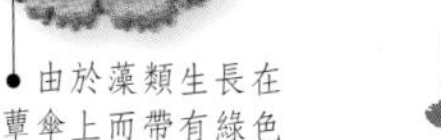
由於藻類生長在
蕈傘上而帶有綠色

子實體：往往緊密地成層出現。

尺寸：子實體 ↔1-5公分	孢子：白色	食用性

科：椿菇科	種：*Paxillus atrotomentosus*	季節：夏至秋季

黑毛椿菇
(VELVET ROLL-RIM)

這種非常多肉且覆著絨毛的蕈類有個暗褐色蕈傘，中央凹陷，邊緣內捲。其粗蕈柄通常著生在蕈傘的一側。奶油至褐色蕈褶柔軟而緊密，淺色菌肉味苦，沒有特殊氣味。子實體用於將羊毛染成灰色至綠灰色。

• **分布**：林地和造林地中的軟木樹殘株上及附近。廣泛分布於北溫帶。

• **相似種**：耳狀椿菇(*Paxillus panuoides*)較薄且顏色較淺，沒有真實的蕈柄，生長在室內或室外的軟木材上。此菇與黑毛椿菇有時被歸入小泰皮菌屬(*Tapinella*)。

蕈傘邊緣內捲
暗褐色蕈傘表面覆有細絨毛
延生的蕈褶可用刀刃除去
短蕈柄上有暗褐色或黑色「絨毛」
奶油、赭土或淡黃色菌肉

剖面

子實體：單獨或少數聚在殘株附近。

尺寸：蕈傘 ↔10-25公分	蕈柄 ↕5-10公分 ↔2-5公分	孢子：黃褐色	食用性

科：椿菇科	種：*Paxillus corrugatus*	季節：夏至秋季

無柄椿菇(CORRUGATED ROLL-RIM)

這是一種無柄、擱板形狀的黃褐至橄欖橙色蕈類，其最容易辨認的特徵是蕈褶有顯著的溝和脊。蕈傘呈牡蠣形，黃至橙色蕈褶間隔寬。食用性未知：堅實的黃色菌肉氣味難聞且味道苦。

• **分布**：生長在死亡的樹上，軟、硬木樹上皆可見。廣泛分布且常見於北美東部；歐洲不存在。

• **相似種**：耳狀椿菇(*Paxillus panuoides*)出現於歐洲、亞洲和日本，外貌相似但蕈褶多半平坦。

牡蠣形褐黃色蕈傘
蕈褶具粗脊或皺紋
蕈褶為黃至橙色

子實體：在林地或公園中的木頭上形成大簇擱架。

尺寸：子實體 ↔5-10公分	孢子：淡橄欖黃色	食用性

科：靴耳科	種：*Crepidotus mollis*	季節：秋季

軟靴耳(Soft Slipper)

這種蕈凝膠質的表面和菌肉有別於許多較小的靴耳屬蕈類。平滑的牡蠣至扇形蕈傘乾燥時，顏色會從灰褐色變成米色；潮溼時，邊緣上可清晰見到放射狀條紋。蕈柄非常退化或闕如。蕈傘表皮很容易從淺色蕈傘菌肉上剝落，菌肉氣味微弱。

• **分布**：死亡的硬木樹幹如榆、梣、白楊和山毛櫸等。廣泛分布於北溫帶。

• **相似種**：近緣的美鱗靴耳(*Crepidotus calolepis*)其蕈傘著生在硬木基質之點附近有淺褐色鱗片。

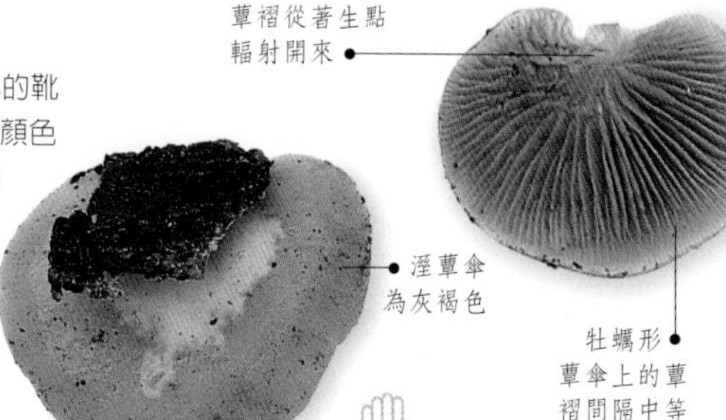
蕈褶從著生點輻射開來
溼蕈傘為灰褐色
牡蠣形蕈傘上的蕈褶間隔中等
溼蕈傘有清晰的邊緣條紋

淡灰褐色蕈褶

乾蕈傘為米色

子實體：子實體單獨或成層出現。

尺寸：蕈傘↔2-7公分	孢子：黃褐色	食用性

科：靴耳科	種：*Crepidotus variabilis*	季節：夏至早秋

雜色靴耳(Varied Slipper)

這種牡蠣形米色小型蕈類為若干相似、孢子全為黃褐色的真菌之一，可用顯微鏡觀察孢子特徵來區分之：其長橢圓形孢子上有細小的疣，6.5×3微米。蕈傘表面乾燥，有些細纖維。沒有蕈柄，或只有退化的一點點；蕈傘通常以背面著生於基質上，蕈褶面朝下。

• **分布**：潮溼林地中的硬木樹枯枝上，通常於灌木椿之間。廣泛分布且常見於北溫帶。

• **相似種**：凱塞靴耳(*Crepidotus cesatii*)孢子較圓，雜靴耳(*C. inhonestus*)孢子平滑。淡黃靴耳(*C. luteolus*)蕈傘發黃，偏好不同的棲息地，通常為草本植物的莖。

米色蕈傘

蕈褶從著生點輻射開來

乾燥的蕈傘表面有些細纖維

淺灰褐色至肉桂褐色蕈褶

牡蠣形蕈傘

蕈柄退化或闕如

子實體：單獨或成層出現在腐朽的硬木樹幹上。

尺寸：蕈傘↔0.5-3公分	孢子：黃褐色	食用性

具有管口的傘菌

本章介紹的真菌由擁擠的菌管中產生孢子。孢子穿過子實體底面的管口散逸出來。這些真菌有的外貌類似蘑菇(詳見第11頁)。牛肝菌擁有柔軟的菌肉(詳見下文)。多孔菌具備強韌的菌肉(詳見第202頁)。至於具有管口的托架菌則詳見第211頁。

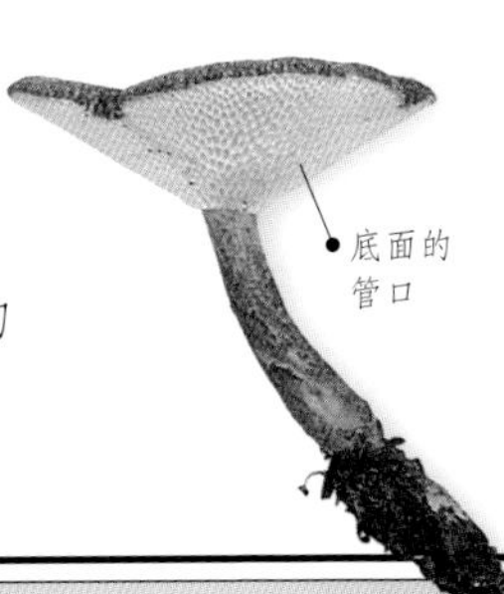
底面的管口

具有柔軟的菌肉

本節中的眞菌一般稱作牛肝菌。它們的子實體壽命都相當短。特徵爲菌肉柔軟但堅實，且蕈傘底面有管口。屬於此類的許多蕈類的子實體吸引廣泛的動物以之爲食，其中包括人類在內。

所有的牛肝菌都和樹木形成互利(菌根)的共生關係(詳見第18-19頁)。

科：松塔牛肝菌科	種：*Porphyrellus porphyrosporus*	季節：夏至秋季

紅孢紅牛肝菌
(Purple-black Bolete)

這種暗色牛肝菌巧妙地隱藏於其充滿殘屑的棲息地中。凸圓形蕈傘呈烏賊墨色，表面質感毛茸，可能龜裂為鱗片；蕈柄顏色相同，表面為絨毛至平滑狀。直生或彎生的菌管長1-2公分，有酒淡黃色管口，其碰傷或受傷時會變成藍綠色或黑色。淺色菌肉氣味和味道都不好；切開後會變成藍、綠、黑或有時紅色，根據報告有毒。

• **分布**：與山毛櫸等硬木樹及軟木樹形成菌根。廣泛分布於北溫帶，常見至局部不存在。

管口為酒淡黃色受傷時呈藍綠或黑色
蕈傘表面可能龜裂成鱗片
凸圓形蕈傘的表面覆有絨毛
淺色的菌肉轉變成藍、綠或黑色
蕈柄上具絨毛或為平滑狀，為烏賊墨色

子實體：子實體單獨或集體出現，往往見於樹林地區的深殘屑中。

尺寸：蕈傘 ↔ 5-15公分	蕈柄 ↕ 5-12公分 ↔ 1-3公分	孢子：紫褐色	食用性 ☠

科：松塔牛肝菌科	種：*Strobilomyces strobilaceus*	季節：夏至秋季

松塔牛肝菌 (OLD-MAN-OF-THE-WOODS)

這是一種不尋常的牛肝菌，凸圓形蕈傘上覆有鱗片，表面為灰黑和白色，看起來像個松球。強韌、纖維質且覆有鱗片的蕈柄亦呈灰黑色，強韌的菌肉切開後會由粉紅色轉為黑色。管口為圓形至三角形。可能有毒。

• **分布**：與硬或軟木樹一起生長，大多在肥沃的土壤上。廣泛分布但相當局部出現於北溫帶和亞熱帶。

• **相似種**：北美和日本類型，如混亂松塔牛肝菌(*Strobilomyces confusus*)鱗片較薄，但也染著有粉紅色。

子實體：子實體通常單獨或成小群出現。

凸圓形灰黑色蕈傘

蕈傘表面裂為鱗片

直生至近乎延生的菌管長1-1.5公分

管口為白色，漸漸變成灰色至灰橄欖褐色

纖維質灰至黑色蕈柄強韌且具鱗片

白至灰色菌肉轉為粉紅然後黑色

蕈柄基部往往生根

剖面

尺寸：蕈傘 5-10公分	蕈柄 ↕8-16公分 ↔1-2公分	孢子：紫黑色	食用性 ☠

科：牛肝菌科	種：*Chalciporus piperatus*	季節：夏至秋季

辣青銅孔菌 (PEPPERY BOLETE)

是一種非常小的牛肝菌，除了蕈柄菌肉為鉻黃色之外，整體呈肉桂褐色；受傷時不會染著成藍色。稍微油滑的蕈傘為凸圓形，蕈柄苗條；菌管長0.3-1公分。菌肉有強烈的辛辣和胡椒味，因而不可食，但可作為調味品。

• **分布**：與硬和軟木樹形成菌根。廣泛分布於整個北溫帶。

• **相似種**：苦青銅孔菌(*Chalciporus amarellus*)色彩較粉紅，味道較溫和而不辣。紅青銅孔菌(*C. rubinus*)管口大致呈猩紅色，較罕見，性喜溫暖，見於硬木樹下。

子實體：子實體大都少數聚集或單獨出現。

剖面

菌管為直生至延生的

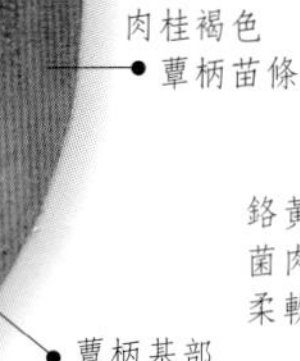

三角形肉桂至銹褐色管口

肉桂褐色蕈柄苗條

鉻黃色菌肉相當柔軟

蕈柄基部逐漸收隘

尺寸：蕈傘 3-5公分	蕈柄 ↕4-6公分 ↔0.3-1公分	孢子：銹褐色	食用性

科：松塔牛肝菌科 | 種：*Tylopilus felleus* | 季節：夏至秋季

苦粉孢牛肝菌（BITTER BOLETE）

在圓麵包形褐色蕈傘底面，有輕微至明顯的粉紅色管口，粗蕈柄上有暗色網紋，這些都是此種牛肝菌的特徵。白至奶油色傘肉柔軟，氣味難聞，味道太苦，不能作為食物（請參閱相似種）。

• **分布**：與軟和硬木樹形成菌根，出現在酸性土壤上。廣泛分布且常見於北溫帶。

• **相似種**：可食用的美味牛肝菌（187頁）和網狀牛肝菌（189頁）與幼時的苦粉孢牛肝相似。

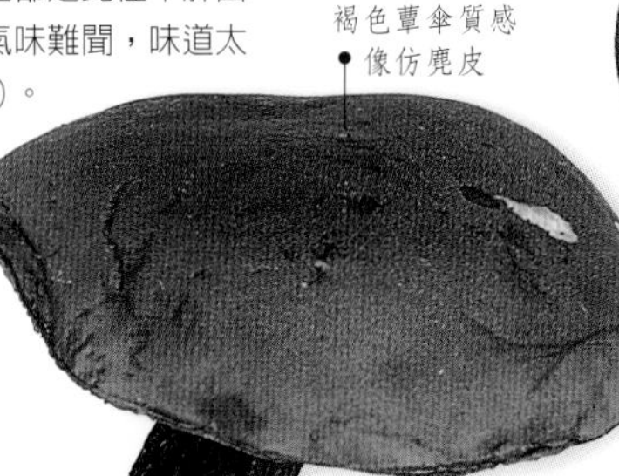
未成熟的管口為米色
褐色蕈傘質感像仿麂皮
彎生的菌管層長1-2.5公分，有細小的管口
蕈柄粗，具有突出而粗糙的暗色網紋
管口成熟後呈深粉紅色

子實體：單獨或集體出現在排水良好的酸性土壤上。

尺寸：蕈傘⊕6-15公分 | 蕈柄↕5-12公分↔2.5-5公分 | 孢子：污粉紅色 | 食用性

科：牛肝菌科 | 種：*Boletus barrowsii* | 季節：夏季

丘形牛肝菌（BARROW'S BOLETE）

這種蕈有個凸圓至扁平的蕈傘，呈白至灰或黃褐色，管口幼時為白色，而後漸漸變成黃綠色。菌管層2-3公分深，為直生至稍微凹陷地圍繞著棍棒形蕈柄，後者呈白色，飾有獨特的米色網紋。白色菌肉厚，味甜。

• **分布**：與軟和硬木樹都形成菌根。廣泛分布且常見於北美，歐洲沒有發現。

• **相似種**：美味牛肝菌（187頁）為近緣種，具有白色網紋，但蕈傘顏色較深。

白色管口隨著成熟變成黃綠色
蕈傘乾燥，為白至灰或黃褐色
凸圓形蕈傘會隨著成熟而展平
蕈柄上半部有獨特的網紋

子實體：子實體大群出現，或者散布在軟和硬木樹下。

尺寸：蕈傘⊕7.5-25公分 | 蕈柄↕10-25公分↔2-4公分 | 孢子：橄欖褐色 | 食用性

科：牛肝菌科	種：*Boletus edulis*	季節：夏至秋季

美味牛肝菌(PENNY BUN)

蕈柄上半部具有白色網紋，以及淺黃至橄欖褐色管口是這種蕈的明顯特點。它有個圓麵包形淺或暗褐色蕈傘，以及圓桶或棍棒形蕈柄。為最受人喜愛的可食蘑菇之一，這種牛肝菌的白色菌肉具有清淡而好聞的氣味，味道溫和且類似堅果，切開後不變色。

• **分布**：在苔蘚茂盛的樹林中與硬和軟木樹形成菌根。廣泛分布且常見於北溫帶。

• **相似種**：有若干相似牛肝菌，如銅色牛肝菌和網狀牛肝菌(皆在189頁)。

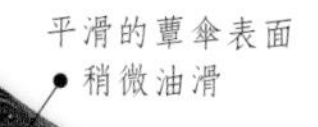

平滑的蕈傘表面稍微油滑
圓麵包形褐色蕈傘
表皮在蕈傘邊緣稍微垂懸
蕈柄上半部有白色網紋
圓形的白至黃色細微管口

彎生的菌管

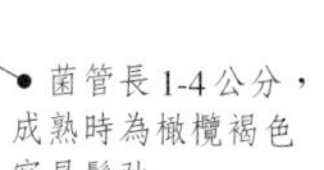

菌管長1-4公分，成熟時為橄欖褐色容易鬆弛
白色菌肉由於黃瘤孢(右下圖)寄生而可能有蛆孔或黃色斑塊

剖面

子實體：單獨或集體出現在排水良好的土壤上。

△松生牛肝菌
BOLETUS PINOPHILUS
這種濃褐色蕈類出現在松樹下，具有淺色蕈柄網紋。蕈傘表面稍黏；乾燥後出現絨毛或顆粒，通常有顯著的皺紋。

△黃瘤孢
SEPEDONIUM CHRYSOSPERMUM
為牛肝菌的一種寄生物，這種真菌在起先出現時似白色的霉，後來由於產生無性孢子而變成粉狀金黃色。

尺寸：蕈傘 ⊕10-25公分	蕈柄 ↕5-10公分 ↔2-5公分	孢子：橄欖褐色	食用性

科：牛肝菌科	種：*Boletus appendiculatus*	季節：夏至秋季

附屬牛肝菌（Spindle-stemmed Bolete）

這種蕈的菌管為鮮明的檸檬黃色，隨著成熟變成褐色且帶有藍斑；蕈柄網紋顏色相同。蕈柄呈尖錐形，往往紮根堅實。為上選食物，淺黃至銹色菌肉堅實，稍微染有藍色，氣味清淡好聞。

• **分布**：在樹林中與櫟等硬木樹形成菌根。廣泛分布但主要在南歐。

• **相似種**：假根牛肝菌（*Boletus radicans*）蕈傘顏色較淺，蕈柄較肥胖。

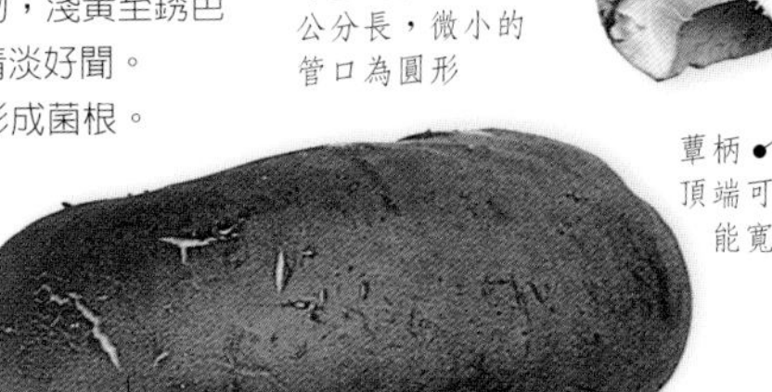
堅實的菌肉為淺黃色稍有些藍斑
彎生的菌管1-2.5公分長，微小的管口為圓形
蕈柄頂端可能寬
剖面
圓麵包形蕈傘上覆有細絨毛
檸檬黃色網紋
蕈柄朝基部尖銳地縮窄
檸檬至褐黃色管口染有藍色

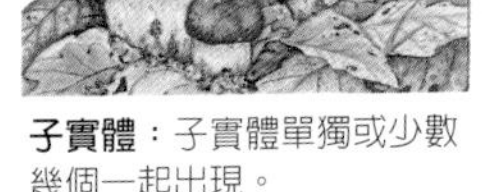

子實體：子實體單獨或少數幾個一起出現。

尺寸：蕈傘 ⟷ 8-20公分	蕈柄 ↕ 7-15公分 ↔ 2.5-6公分	孢子：橄欖褐色	食用性

科：牛肝菌科	種：*Boletus badius*	季節：晚秋

褐絨蓋牛肝菌（Bay Bolete）

圓麵包形的蕈傘平滑，相當油潤，呈暗板栗褐色，具有白至黃橄欖色管口，稍微染著藍斑。圓柱形蕈柄一致成褐色，沒有網紋。為受歡迎的食物，在其他牛肝菌較少的晚秋最容易尋獲。堅實的白色菌肉上的藍斑經烹煮後即消失。

• **分布**：與松樹形成菌根，也見於硬木樹下。分布廣泛且常見於局部北溫帶。

• **相似種**：美味牛肝菌（187頁）圓桶形蕈柄上有網紋。

波狀菌管0.6-1.5公分長
圓形細小管口為白至黃橄欖色菌管亦同
圓麵包形暗板栗褐色蕈傘
剖面
平滑的蕈傘相當油潤
褐色蕈柄較蕈傘淺，而且有細條紋

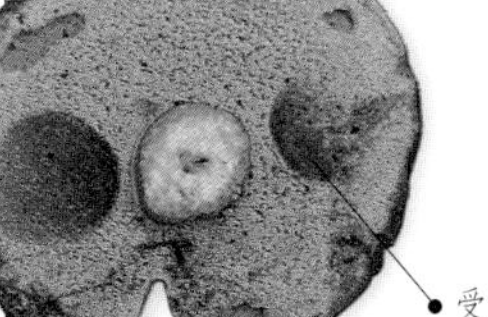
受傷的管口上出現藍斑

子實體：子實體單獨或成群散布在樹林中。

尺寸：蕈傘 ⟷ 4-15公分	蕈柄 ↕ 4-12公分 ↔ 1-4公分	孢子：橄欖褐色	食用性

科：牛肝菌科	種：*Boletus reticulatus*	季節：夏至秋季

網狀牛肝菌(SUMMER BOLETE)

圓麵包形蕈傘的無光粗糙表皮乾燥，大都會龜裂；呈暖橙褐色。淺褐色圓桶形蕈柄上覆有白至褐色網紋。為絕佳食物，白色堅實的菌肉有些堅果味，切開後不會變色。

• 分布：與山毛櫸和櫟木等硬木樹形成菌根；在某些區域與似黃褐牛肝菌(下欄)一起出現。廣泛分布於溫帶；北美不存在。

• 相似種：美味牛肝菌(187頁)蕈傘較暗，蕈柄網紋顏色較淺、較不擴展。

波狀彎生菌管長
1-1.5公分
菌管為白色
然後變成綠黃
至橄欖褐色
乾燥無光的
粗糙蕈傘上可
能有細龜裂紋
蕈傘表皮
大都突出邊緣
淺褐色蕈柄
表面上有白
至褐色網紋
剖面

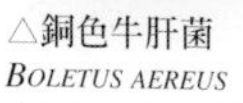

△銅色牛肝菌
BOLETUS AEREUS
產孢季節晚，這種板栗褐色蕈類蕈傘覆有絨毛，蕈柄網紋色淺。菌肉維持白色。

子實體：子實體集體或少數聚集在樹林中。

尺寸：蕈傘 7-15公分	蕈柄 ↕6-15公分 ↔2-5公分	孢子：橄欖褐色	食用性

科：牛肝菌科	種：*Boletus luridiformis*	季節：夏至秋季

似黃褐牛肝菌 (DOTTED-STEM BOLETE)

屬於一群菌肉切開後會變藍的牛肝菌群，這種上選食物具備圓麵包形暗褐色蕈傘，管口為深血紅色，菌管為黃色。黃色蕈柄佈滿紅色斑點而沒有網紋。

• 分布：與硬和軟木樹形成菌根，在排水良好、大多為酸性且苔蘚茂盛的林地土壤上。分布廣且常見於歐洲。

• 相似種：黃色的白柄黃蓋牛肝菌(*Boletus junquilleus*)。褐黃牛肝菌(*B. luridus*)蕈柄有網紋。紅腳牛肝菌(*B. queletii*)僅在蕈柄基部有斑點，且孢子為橙色。

黃色彎生菌管長1-3公分，染有藍黑色斑

剖面

蕈傘覆有絨毛至平滑的

暗濃褐色蕈傘

血紅色管口

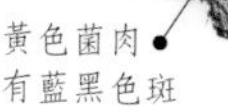

黃色菌肉有藍黑色斑

棍棒形蕈柄

子實體：子實體單獨或少數子實體聚集。

尺寸：蕈傘 5-20公分	蕈柄 ↕5-15公分 ↔2-6公分	孢子：橄欖褐色	食用性

科：牛肝菌科	種：*Boletus calopus*	季節：夏至秋季

美柄牛肝菌
(SCARLET-STEMMED BOLETE)

圓麵包形蕈傘的上表皮突出邊緣，並覆有絨毛，多少還有些脈紋，呈煙灰或灰褐色。圓柱、圓桶或錐形蕈柄在基部為紅色，朝頂端漸漸變黃。它具有淡黃色網紋，上端的呈淺黃色，愈近基部則愈暗愈紅。不能食用且可能稍微有毒的菌肉味苦，為淡黃色，帶有淺藍色斑。

- **分布**：與軟和硬木樹在酸性沙質土壤上形成菌根。廣泛分布但大都局部出現在北溫帶。
- **相似種**：其他淺色蕈傘和紅色蕈柄的牛肝菌如利格牛肝菌(191頁)，其管口也大都為紅色。強壯牛肝菌(*Boletus torosus*)管口為例外的黃色；它可由菌肉上的藍黑色斑以及溫和的味道來辨別。

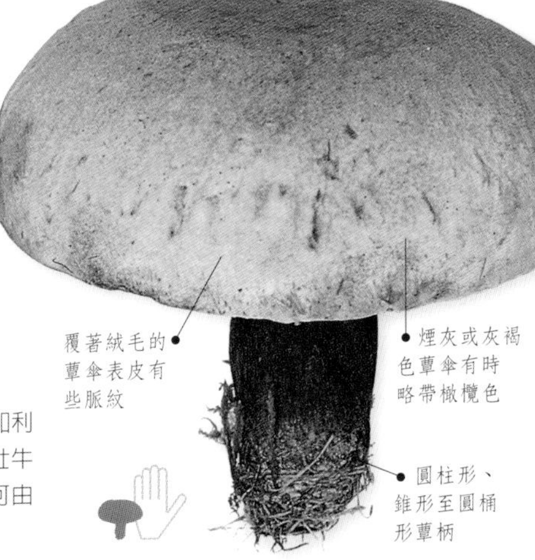
覆著絨毛的蕈傘表皮有些脈紋
煙灰或灰褐色蕈傘有時略帶橄欖色
圓柱形、錐形至圓桶形蕈柄

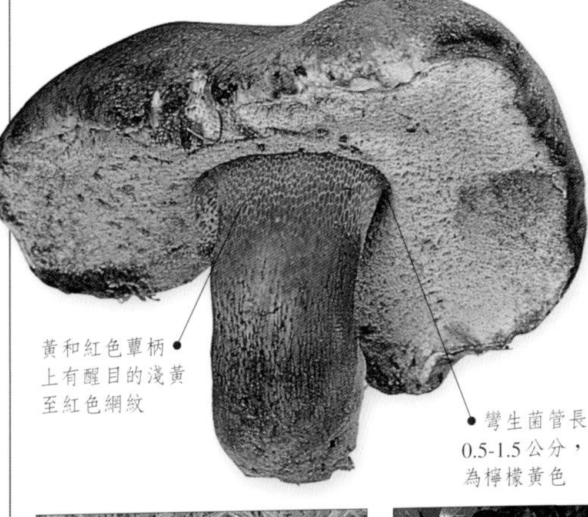
黃和紅色蕈柄上有醒目的淺黃至紅色網紋
彎生菌管長0.5-1.5公分，為檸檬黃色

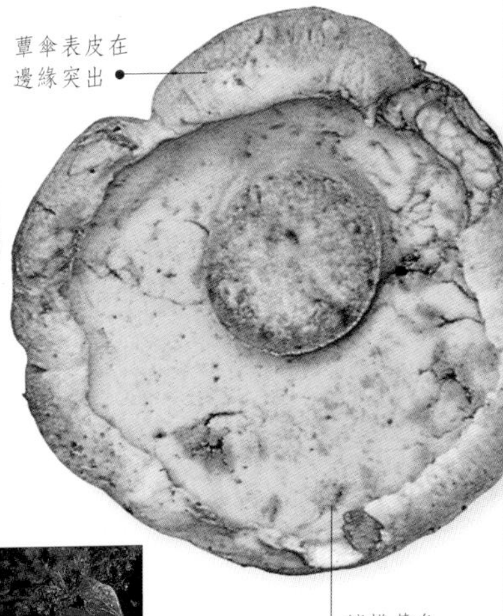
蕈傘表皮在邊緣突出
檸檬黃色管口染有淺藍色

△褐黃牛肝菌
BOLETUS LURIDUS
這種蕈具備顯著的橙紅色網紋蕈柄，菌肉為檸檬黃色，之後會變成藍黑色，橙色管口亦同。菌管層上有紅色線條。

△雙色牛肝菌
BOLETUS BICOLOR
北美東部常見的夏季蕈類，這種牛肝菌具備鮮玫瑰紅色蕈傘和蕈柄，以及黃色管口。其黃色厚菌肉受傷後會漸漸變藍。

子實體：子實體單獨或集體出現在樹下。

尺寸：蕈傘 ⊕6-14公分	蕈柄 ↕6-10公分 ↔3-5公分	孢子：橄欖褐色	食用性

科：牛肝菌科	種：*Boletus satanas*	季節：夏至早秋

魔牛肝菌(SATAN'S BOLETE)

一種多肉的蕈，具備圓麵包形且淺得近乎白色的平滑蕈傘，最容易由其特徵來辨認：橙至血紅色管口、黃至紅色肥蕈柄上有顯著的黃至血紅色網紋。黃至白色菌肉稍染有藍色，管口亦同。菌管彎生，1-3公分長，呈黃綠色。味道溫和，稍微有毒，偶爾引致嚴重的胃部不適。

• **分布**：與硬木樹形成菌根。廣泛分布，但大都在南歐，而且十分局部。

黃至紅色蕈柄具有網紋
平滑的蕈傘色淺近乎白色

子實體：子實體單獨、少數聚集或集體和山毛櫸及櫟樹共生。

尺寸：蕈傘 10-25公分	蕈柄 ↕5-15公分 ↔4-12公分	孢子：橄欖褐色	食用性 ☠

科：牛肝菌科	種：*Boletus pulcherrimus*	季節：晚夏至秋季

美麗牛肝菌(PRETTY POISON BOLETE)

這種色彩鮮明的蕈類很容易由以下的特徵來辨別：其血紅色管口在受傷時會變成藍黑色、紅至橄欖褐色蕈傘為圓麵包形且具絨毛、堅實的黃色菌肉在切開後會變藍和膨大但非陡然如球莖狀的紅褐色蕈柄，並在其上半部覆有暗紅色網紋。彎生的菌管長0.5-1.5公分，呈黃綠色。

• **分布**：在混合森林和樹林中與密花石櫟(*Lithocarpus*)和道格拉斯黃杉(*Pseudotsuga menziesii*)及大冷杉(*Abies grandis*)形成菌根。廣泛分布於北美西海岸和新墨西哥。歐洲沒有發現。

膨大的蕈柄為紅褐色
圓麵包形蕈傘被覆著絨毛

子實體：子實體單獨或集體出現在由多種樹混合的森林中。

尺寸：蕈傘 7.5-25公分	蕈柄 ↕7.5-15公分 ↔10公分	孢子：褐色	食用性 ☠

科：牛肝菌科	種：*Boletus legaliae*	季節：夏至早秋

利格牛肝菌(LE GAL'S BOLETE)

這種壯觀的蕈屬於一群難以區分、蕈柄具網紋的紅色牛肝菌。它具有粉紅橙色的平滑蕈傘和同樣顏色的蕈柄，後者頂端還有紅色網紋。管口為紅色，彎生的菌管長1-2公分。氣味清淡好聞，米色至淺黃色菌肉受傷後呈淺藍色；蕈柄基部染有淺粉紅色。它的味道溫和，但是有毒。

• **分布**：與硬木樹形成菌根，喜好鹼性土壤。廣泛分布於歐洲，但大都侷限在南部。

• **相似種**：赤黃牛肝菌(*Boletus rhodoxanthus*)的蕈傘為紫褐色。

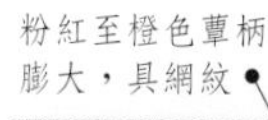

粉紅至橙色蕈柄膨大，具網紋
平滑的圓麵包形蕈傘為粉紅至橙色

子實體：子實體單獨或少數聚集出現，很少集體發生。

尺寸：蕈傘 5-15公分	蕈柄 ↕8-16公分 ↔2.5-5公分	孢子：橄欖褐色	食用性 ☠

科：牛肝菌科	種：*Boletus pulverulentus*	季節：夏至秋季

粉末牛肝菌（BLACKENING BOLETE）

一旦受傷，這種獨特的牛肝菌幾乎整個立即變黑。它有個凸圓形褐至紅褐色蕈傘，底面具備尖銳的暗黃色管口。佈有紅色斑點的黃色蕈柄相當細。稍微彎生至延生的菌管長0.5-1.5公分，呈淺黃至橄欖黃色；堅實的菌肉為黃色。雖然味道溫和，但還稱不上是精選食物。

• **分布**：與硬木樹，通常為櫟木，在肥沃土壤上形成菌根。廣泛分布於北溫帶，但相當具地方性。

• **相似種**：似黃褐牛肝菌（189頁）具有相似但一般較粗的柄，管口為紅色，其菌肉切開後會變藍。

凸圓形蕈傘為褐至紅褐色
淺黃色管口帶有黑斑
黃色蕈柄表面布有紅色斑點

子實體：單獨或少數子實體一起出現，偶爾也會集體發生。

尺寸：蕈傘 ⊕ 4-10公分	蕈柄 ↕ 4-10公分 ↔ 1-3公分	孢子：橄欖褐色	食用性

科：牛肝菌科	種：*Boletus pascuus*	季節：夏至秋季

牧草牛肝菌（RED-CRACKING BOLETE）

為體型較小，肉質較少的牛肝菌之一，這種蕈類具備凸圓形紅褐色蕈傘，表皮大都龜裂而露出紅色底層。細圓柱形黃至紅色蕈柄具有條紋，但缺乏顯著花紋。黃至橄欖色多角形管口受傷後呈淡藍色；白或淺黃色菌肉一點兒也不會變藍。可食用，但味道平淡。

• **分布**：與硬木樹，通常為山毛櫸形成菌根，見於排水良好且酸性、腐植質豐富的土壤上。廣泛分布且常見於北溫帶某些地方。

• **相似種**：微白蠟粉牛肝菌（*Boletus pruinatus*）蕈傘大都不龜裂。

蕈傘表面龜裂，露出紅色底層

凸圓形蕈傘為紅褐色，往往帶有紅邊

蕈柄上有黃色和紅色條紋

△孔孢牛肝菌
BOLETUS POROSPORUS
有個白色龜裂的褐色蕈傘以及染著藍色的檸檬黃色菌肉、管口和菌管。它最明顯的特徵是截頭的紡錘形孢子，13×5微米。

子實體：通常成大集團出現，但也有單獨的。

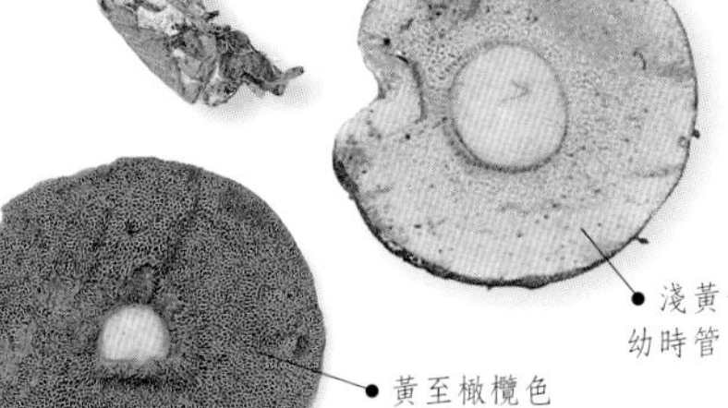
黃至橄欖色管口稍為染有藍色

淺黃色幼時管口
稍微彎生至延生的菌管長1公分
剖面

尺寸：蕈傘 ⊕ 3-10公分	蕈柄 ↕ 3-10公分 ↔ 0.5-2公分	孢子：橄欖褐色	食用性

科：牛肝菌科	種：*Boletus rubellus*	季節：夏至秋季

血紅牛肝菌（RED-CAPPED BOLETE）

一種小型蕈類，具備深紅色蕈傘和蕈柄。蕈傘為凸圓形；蕈柄基部可能明顯加粗。黃橄欖色管口受傷時染為藍色；黃色菌管長0.5-1公分。淺黃色菌肉會慢慢染上藍色。它和同樣顏色的蕈如牧草牛肝菌（192頁）往往被置於絨蓋牛肝屬（*Xerocomus*）中。

• **分布**：與硬木樹形成菌根，通長在多草區域、林間空地和公園中。廣泛分布但相當局部出現於北溫帶。

• **相似種**：雙色牛肝菌（190頁）。過敏牛肝菌（*Boletus sensibilis*）的菌肉會變成藍色。

黃色菌管為彎生至延生的
平滑的凸圓形蕈傘為暗紅色，隨著成熟會越來越為褐色
剖面
淺黃色菌肉
黃至橄欖色多角形管口稍染著為藍色
紅色蕈柄較蕈傘淺
蕈柄基部可能明顯加粗

子實體：大多數集體出現。

尺寸：蕈傘 ↔ 3-6公分	蕈柄 ↕ 3-8公分 ↔ 0.5-1公分	孢子：橄欖褐色	食用性

科：牛肝菌科	種：*Boletus subtomentosus*	季節：夏至秋季

似絨毛牛肝菌（YELLOW-CRACKING BOLETE）

具圓麵包形金褐色蕈傘，但很少像其英文俗名（黃裂牛肝菌）般地龜裂。蕈柄也呈金褐色，多角形管口和0.5-1.5公分長的菌管為黃色。管口受傷時稍微染為藍色。雖然可食，但柔軟的淺黃色菌肉味道平淡。

• **分布**：與硬和軟木樹都形成菌根。廣泛分布且相當常見於北溫帶，擴及亞北極和高山地區。

• **相似種**：微白蠟粉牛肝菌（*Boletus pruinatus*）較小。銹色牛肝菌（*B. ferrugineus*）可能只是似絨毛牛肝菌的一種類型，顏色較暗，且蕈柄上有顯然凸起的網紋。

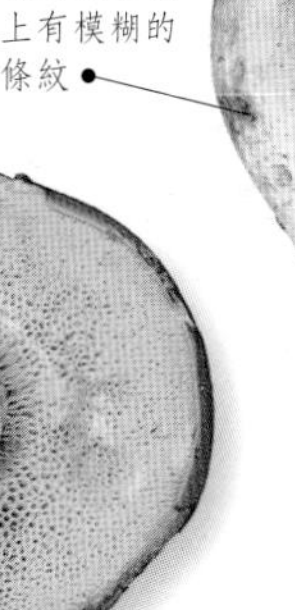

圓麵包形蕈傘表面覆有絨毛
金褐至橄欖褐色蕈傘
削尖的蕈柄上有模糊的條紋
金褐或淺黃色蕈柄

黃至橄欖色大管口受傷時稍微變藍

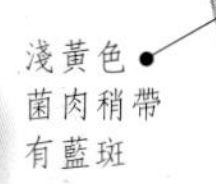
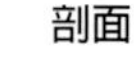

彎生的黃色菌管層
淺黃色菌肉稍帶有藍斑
剖面

子實體：單獨或少數子實體聚集。

尺寸：蕈傘 ↔ 6-10公分	蕈柄 ↕ 6-10公分 ↔ 1-2.5公分	孢子：橄欖褐色	食用性

科：牛肝菌科	種：*Boletus parasiticus*	季節：夏至秋季

寄生牛肝菌(PARASITIC BOLETE)

不尋常的棲息地有助於辨認此種小型牛肝菌(詳見分布)。整體呈相當一致的赭土褐色，沒有藍色染著反應，具備凸圓形蕈傘和相當細的蕈柄。黃至赭土色菌管長3-7公釐，為延生的。菌肉淺黃色。數量稀少且味道粗劣，並不建議食用。

• **分布**：與硬木樹形成菌根，並和橘青硬皮馬勃(256頁)共生，對其並不構成傷害。廣泛分布於歐洲以及至少北美東部。

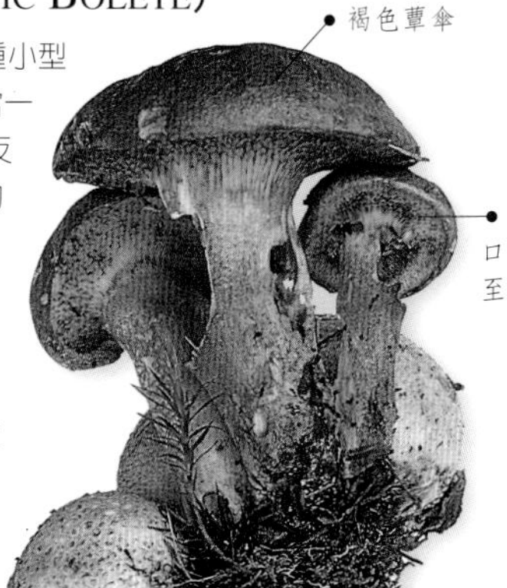
凸圓形赭土褐色蕈傘
粗糙的管口為檸檬黃至銹褐色

蕈傘表面稍有絨毛且有些油滑
生長在橘青硬皮馬勃的子實體上

子實體：成簇在橘青硬皮馬勃上。

尺寸：蕈傘 ⊕2-7公分	蕈柄 ↕3-6公分 ↔0.8-1.5公分	孢子：橄欖褐色	食用性

科：椿菇科	種：*Gyroporus castaneus*	季節：夏至秋季

褐圓孔牛肝菌(CHESTNUT BOLETE)

和所有的圓孔牛肝菌一樣，褐圓孔牛肝菌擁有淺色孢子、脆弱且具腔室的蕈柄，以及米色至淺褐色、3-6公釐長、近乎離生的菌管。凸圓形至平坦的蕈傘及平滑的蕈柄呈現獨特的濃橙至褐色。其菌肉有好吃的堅果味，切開後不會變色。

• **分布**：與硬木樹，特別是櫟樹，另外也和松樹形成菌根。通常見於沙質土壤。世界分布廣泛，且在一般地方相當常見。

• **相似種**：在葡萄牙海岸有一種顯然有毒的蕈類。

管口為米色至淺褐色

平滑的淺橙褐色蕈柄

易碎的米色菌肉不會變色

子實體：單獨或少數聚集在硬木樹下。

剖面

蕈傘表面覆有絨毛

濃橙褐色蕈傘為凸圓形至平坦的

尺寸：蕈傘 ⊕3-8公分	蕈柄 ↕4-7公分 ↔1-3公分	孢子：淡黃色	食用性

科：椿菇科	種：*Gyroporus cyanescens*	季節：夏至秋季

藍圓孔牛肝菌(CORNFLOWER BOLETE)

這種蕈最特殊的地方是在它被切開或菌管層被搓掉後，米色菌肉和菌管會明顯轉變成藍矢車菊色；其他帶有藍斑的牛肝菌(主要為牛肝菌屬蕈類)一般變成較暗的藍色，甚至藍黑色。此外，它還具備獨特而脆弱的菌肉、5-10公釐長幾乎離生的菌管，以及該屬具腔室的蕈柄。它的圓形管口小，膨大如球莖的蕈柄基部陡然縮窄成尖頭。為上選食物，有種好吃的堅果味。

• **分布**：在樹林中與軟和硬木樹形成菌根。分布廣泛，局部常見但罕見於於北溫帶大多數地區。

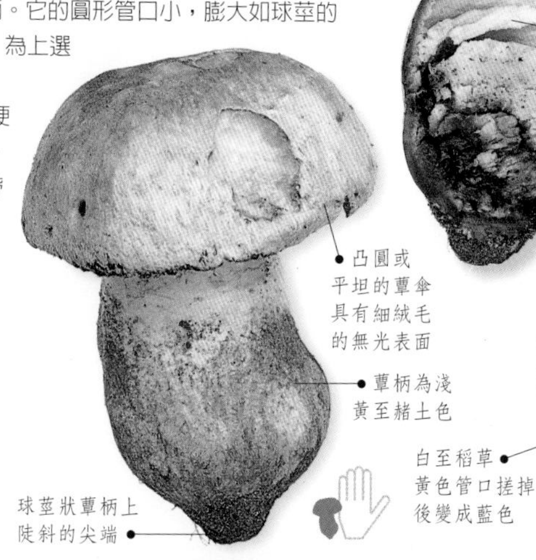
剖面
米色菌肉和菌管上有藍斑
凸圓或平坦的蕈傘具有細絨毛的無光表面
蕈柄為淺黃至赭土色
白至稻草黃色管口搓掉後變成藍色
球莖狀蕈柄上陡斜的尖端

子實體：單獨或少數聚集在沙質土壤上。

尺寸：蕈傘 ⟷ 5-8公分	蕈柄 ↕ 6-10公分 ↔ 2-3公分	孢子：淺黃色	食用性

科：牛肝菌科	種：*Leccinum tesselatum*	季節：夏至秋季

裂紋疣柄牛肝菌 (YELLOW-PORED SCABER-STALK)

這種真菌的龜裂、黃色蕈傘表皮在疣柄牛肝菌屬中顯得不尋常。管口為赭土至黃色，染有淡紫褐色；黃色蕈柄上有赭土黃色斑點，朝向基部漸漸變成網狀及褐色；圓麵包形蕈傘為黃至褐色，表面略有絨毛。淺黃色菌肉慢慢染著為酒紅至紫或黑色。它可以食用但味道不特殊。

• **分布**：與櫟樹形成菌根。大都在歐洲較溫暖的部分；世界分布不詳。

黃褐色蕈傘有時具有鱗片
彎生的檸檬黃色菌管1.5-2.5公分長
堅實的淺黃色菌肉染有酒紅至紫黑色
棍棒形蕈柄
剖面

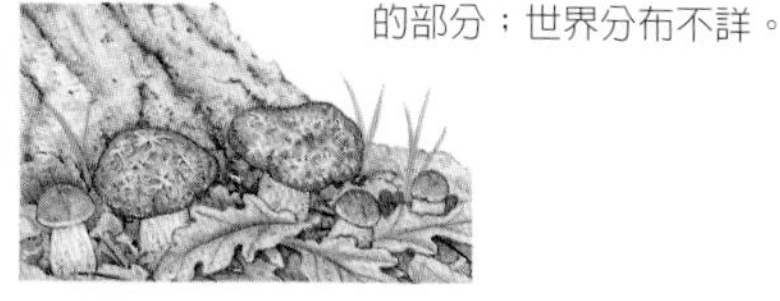

子實體：單獨或少數聚集，喜好肥沃土壤。

尺寸：蕈傘 ⟷ 4-10公分	蕈柄 ↕ 5-12公分 ↔ 1-3公分	孢子：橄欖赭土色	食用性

科：牛肝菌科	種：*Leccinum scabrum*	季節：夏至秋季

褐疣柄牛肝菌
(Brown Birch Scaber Stalk)

此蕈主要的鑑別特徵，是其褐色蕈傘具有灰白色管口，且白至灰色蕈柄覆有灰黑色鱗片。它還有一層廣義的含意：因為要區分它和近緣種很難，所以褐疣柄牛肝菌通常用來作為所有具備褐色蕈傘的疣柄牛肝菌的總稱（詳右下圖）。圓麵包形蕈傘的菌肉柔軟，棍棒形蕈柄中者為纖維質；和某些近緣種不同，它很少染著顏色。雖然可食，但非上選，而且採集之後不易保存。

• **分布**：與樺木形成菌根。通常見於潮溼的地面上。廣泛分布於北溫帶；世界分布不詳。

圓麵包形蕈傘呈褐色

蕈傘上的表皮略微垂懸

強壯的棍棒形蕈柄

灰至黑色鱗片覆蓋著蕈柄

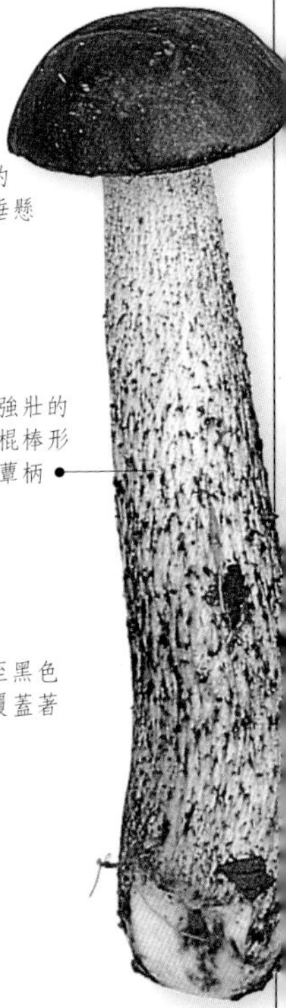

柔軟的灰白色彎生菌管長1.5-2.5公分

蕈柄中有堅實的纖維質菌肉

剖面

切開後菌肉的顏色幾乎不變

子實體：子實體單獨、少數聚集或集體出現。

△變色疣柄牛肝菌
Leccinum variicolor
具有斑駁的煙褐色蕈傘，管口為白奶油色。覆著灰色鱗片的白色蕈柄基部通常有淺藍色斑。白色蕈柄菌肉染有粉紅色和綠松石色；蕈傘菌肉為粉紅色，具灰白色菌管。

尺寸：蕈傘 ↔6-15公分	蕈柄 ↕10-20公分 ↔1-3公分	孢子：赭土褐色	食用性

科：牛肝菌科	種：*Leccinum versipelle*	季節：夏至秋季

多皮疣柄牛肝菌
(ORANGE BIRCH BOLETE)

是一種非常俊美的真菌，圓麵包形褐色蕈傘與覆著黑色鱗片的白色長柄形成對比；蕈傘表皮垂懸出邊緣，表面被有細絨毛。管口從淺灰至赭土至灰色不等，1-3公分長的彎生菌管為污白色。堅實的米色菌肉染著有灰黑色斑，味道不錯，但不及某些牛肝菌。

• **分布**：在潮溼林地中與樺樹形成菌根。廣泛分布且常見於北溫帶。

彎生的菌管呈污白色

米色菌肉上有灰黑色斑點

剖面

圓麵包形的成熟蕈傘

蕈傘表皮垂懸出邊緣

管口可能為淺灰至赭土灰色

長蕈柄上覆蓋著黑色鱗片

未成熟個體非常暗的蕈柄

鮮橙色蕈傘表面覆有細絨毛

子實體：子實體單獨或少數聚集出現。

尺寸：蕈傘 ↔ 8-15公分	蕈柄 ↕10-18公分 ↔1.5-4公分	孢子：赭土褐色	食用性

科：牛肝菌科	種：*Leccinum quercinum*	季節：夏至秋季

櫟生疣柄牛肝菌 (RED OAK BOLETE)

這種牛肝菌屬於一群具有紅色蕈傘的疣柄牛肝菌，可由其菌根夥伴（詳見分布）及蕈柄上的紅褐色鱗片與該群成員區分。圓麵包形蕈傘為橙褐色，管口為米色至灰或橄欖黃色，堅實的白色菌肉有近乎黑色的斑塊。它可製成佳餚。

• **分布**：在林地中與櫟樹形成菌根。廣泛分布且常見於北溫帶。

• **相似種**：橙黃疣柄牛肝菌（*Leccinum aurantiacum*）蕈傘更為橙色，且與白楊共生。皮契疣柄牛肝菌（*L. piccinum*）和狐狸疣柄牛肝菌（*L. vulpinum*）分別與雲杉和松樹一起生長。

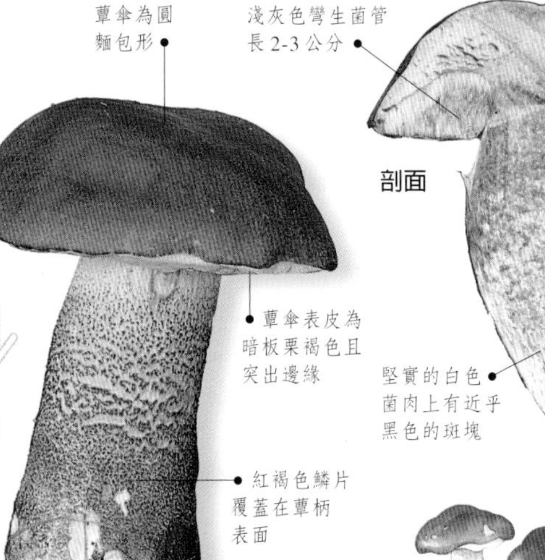
蕈傘為圓麵包形
淺灰色彎生菌管長 2-3 公分
剖面
蕈傘表皮為暗板栗褐色且突出邊緣
堅實的白色菌肉上有近乎黑色的斑塊
紅褐色鱗片覆蓋在蕈柄表面
近乎圓柱形的蕈柄在基部加寬

子實體：一般為少數子實體聚集出現。

尺寸：蕈傘 ⟷ 8-15公分	蕈柄 ↕ 10-15公分 ↔ 1.5-3公分	孢子：赭土褐色	食用性

科：銹釘菇科	種：*Suillus luteus*	季節：晚夏至秋季

褐環乳牛肝菌 (SLIPPERY JACK)

這種蕈有個凸圓形紫褐色蕈傘，柄短而黏糊，其表皮可輕易剝除。菌管直生至稍微延生，管口為檸檬黃色。蕈環底面呈暗紫色。其下的蕈柄為白色，隨著成熟會變紫；其上為淺黃色，佈有較暗的斑點。食用它要小心；有些人會產生過敏反應。

• **分布**：與松樹形成菌根。廣泛分布且常見於北溫帶。

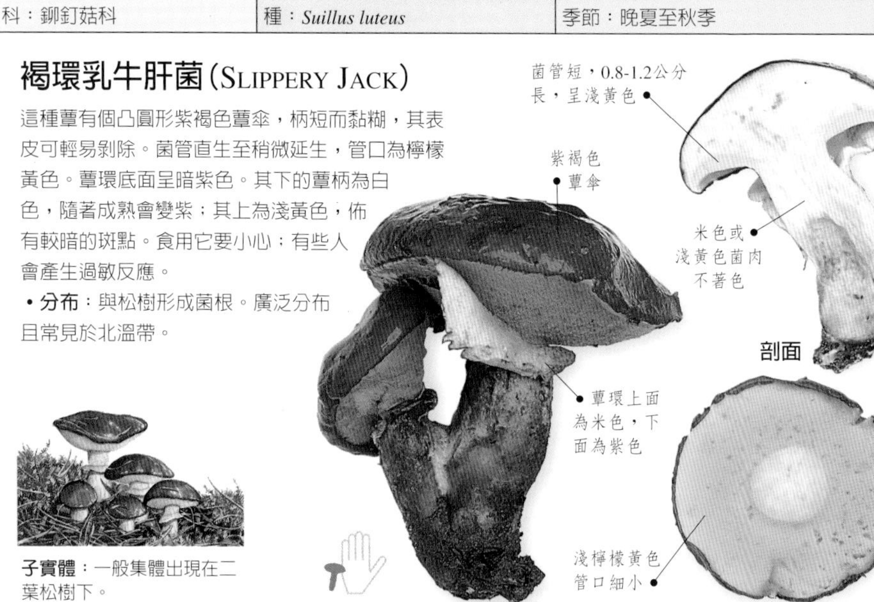
菌管短，0.8-1.2公分長，呈淺黃色
紫褐色蕈傘
米色或淺黃色菌肉不著色
剖面
蕈環上面為米色，下面為紫色
淺檸檬黃色管口細小

子實體：一般集體出現在二葉松樹下。

尺寸：蕈傘 ⟷ 5-10公分	蕈柄 ↕ 5-10公分 ↔ 1.5-3公分	孢子：赭土褐色	食用性

科：鉚釘菇科	種：*Suillus grevillei*	季節：秋季

厚環乳牛肝菌(LARCH BOLETE)

這種牛肝菌的顏色鮮豔，有個凸圓形且非常黏糊的鮮黃至黃橙色蕈傘，檸檬黃色管口受傷後呈肉桂褐色。靠近黃褐色蕈柄頂端的黃色蕈環也很黏糊。它可以食用，風味不獨特，幼時黃色的菌肉堅實且不變色；黏糊的蕈傘表皮在採來食用時最好剝除。

• **分布**：在樹林、造林地和花園與落葉松形成菌根，可能在距離寄主樹相當遠的地方發現。廣泛分布且常見於北溫帶。

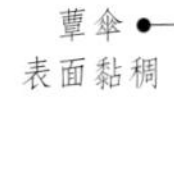
彎生至稍微延生的菌管短長1公分
黃色菌肉相當堅實
剖面

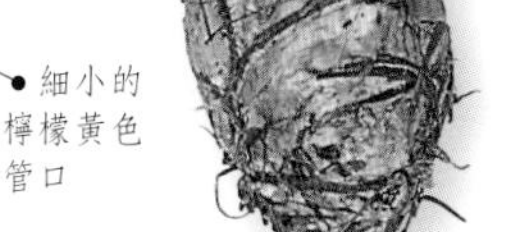
凸圓形鮮黃至黃橙色蕈傘
白和黃色蕈環靠近蕈柄上端，黏稠而顯著

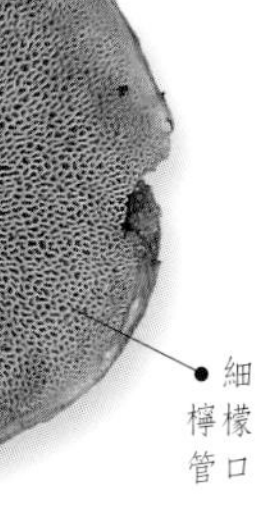
細小的檸檬黃色管口

蕈傘表面黏稠
菌蕾期的未成熟個體

△銅綠乳牛肝菌
SUILLUS AERUGINASCENS
這種污橄欖褐色蕈類與落葉松共生，黏稠的蕈傘上有白色蕈幕。其米色至灰褐色管口受傷時轉為橄欖綠色。

△保來乳牛肝菌
SUILLUS PLORANS
特徵為管口和蕈柄腺體會滲出乳狀小滴、佈有紅色斑點、蕈傘為黃褐色，和阿羅拉松(*Pinus cembra*)及其他五葉松共生。

子實體：集體出現在落葉松附近的草叢和殘枝敗葉中。

尺寸：蕈傘 ↔ 5-10公分	蕈柄 ↕ 4-10公分 ↔ 1-2公分	孢子：黃褐色	食用性

科：鉚釘菇科	種：*Suillus bovinus*	季節：晚夏至秋季

乳牛肝菌(Jersey Cow Bolete)

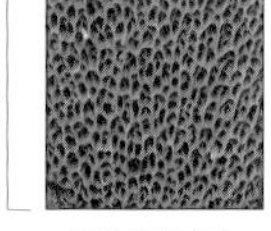
1公分

管口表面

這種通常小型的橙銹褐色牛肝菌具備凸圓至平坦的蕈傘，蕈柄短而無蕈環，且以其複合的管口而著名：橄欖綠色管口層擁有一個粗糙、多角形管口所組成的外層，以及一個細小管口組成的內層。往往在子實體掘出後才裸露出蕈柄。乳牛肝菌可食，帶有粉紅色至褐奶油色的菌肉柔軟，但沒什麼味道。

• **分布**：與二葉松形成菌根。常和彩斑狀乳牛肝菌(201頁)及玫瑰紅鉚釘菇(38頁)一起出現。分布廣且常見於歐洲和亞洲部分地區包括日本；北美則無。

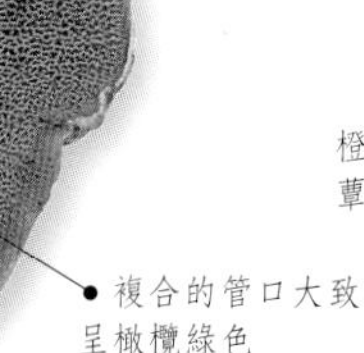
複合的管口大致呈橄欖綠色

蕈傘在潮溼時油滑
直生至延生的菌管長0.3-1公分呈黃至橄欖黃色

橙銹褐色蕈傘

子實體：集體，通常和苔蘚一起或在沙質土壤上出現。

尺寸：蕈傘 ⊕3-7公分	蕈柄 ↕3-6公分 ↔0.5-1公分	孢子：褐橄欖色	食用性 🍴

科：鉚釘菇科	種：*Suillus granulatus*	季節：晚夏至秋季

點柄乳牛肝菌(Dotted-stalk Bolete)

這種蕈的蕈柄上無蕈環，有獨特的黃色斑點(腺體)，基部明顯。蕈傘呈銹褐至黃橙色。子實體幼時，其細小的圓形管口會滲出乳狀小液滴，蕈柄腺體也一樣。白至淺黃色菌肉堅實，有種溫和的堅果味。

• **分布**：與二葉松共生，見於呈鹼性的土壤上。分布廣。

• **相似種**：黏(污點)乳牛肝菌(*Suillus collinitus*)具較暗的蕈傘和粉紅色蕈柄基部。褐環乳牛肝菌(197頁)。琥珀乳牛肝菌(*S. placidus*)和保來乳牛肝菌(199頁)見於五葉松下。

直生的淺黃或淺褐色菌管0.3-1公分長

剖面

蕈傘表面在潮溼天氣中變得油滑黏稠

淺黃色蕈柄具有黃色腺體

凸圓至平坦的蕈傘乾燥而發亮

細小的圓形黃色管口

子實體：集體或少數聚集在松樹附近。

尺寸：蕈傘 ⊕4-10公分	蕈柄 ↕4-8公分 ↔1-1.5公分	孢子：淺褐色	食用性 🍴

科：鉚釘菇科	種：*Suillus variegatus*	季節：夏至秋季

彩斑狀乳牛肝菌(VARIEGATED BOLETE)

彩斑狀乳牛肝菌的蕈柄相當長且多肉，但很少如其他乳牛肝菌屬一般黏稠。其凸圓形橙褐色蕈傘具有絨毛至細鱗片表面。小管口為褐至橄欖褐色，且和淺黃色菌肉一樣，受到壓擠時會染著為藍色。蕈柄為褐色，略帶橄欖綠或淺紅色。可以食用，但有股金屬氣味，且味道不好。

• **分布**：與二葉松形成菌根，往往和石南及其他嗜酸植物一起出現在沙質土壤上。廣泛分布且常見於歐洲和附近的亞洲地區。

• **相似種**：硬皮馬勃屬蕈類(256, 263頁)氣味像彩斑狀乳牛肝菌，但外貌不同。

彎生至稍微延生的褐色短菌管，長0.8-1.2公分
剖面
切開的淺黃色菌肉上有藍斑
凸圓形橙褐色蕈傘
蕈傘表面近乎乾燥，有小顆粒狀的鱗片
褐色蕈柄略帶紅色
管口直徑達1公釐
管口呈橄欖褐色，受壓迫時染著為藍色

子實體：子實體少數聚集或集體出現。

尺寸：蕈傘 ↔ 7-13公分	蕈柄 ↕ 6-10公分 ↔ 1.5-2公分	孢子：褐橄欖色	食用性

科：鉚釘菇科	種：*Suillus spraguei*	季節：夏至秋季

斯普雷格乳牛肝菌 (PAINTED BOLETE)

乾燥且具鱗片的紅色蕈傘、白色內蕈幕，以及黃色大管口，使這種蕈非常容易辨認。蕈傘為凸圓形，佈有紅色斑點的黃色蕈柄大致為棍棒形。內蕈幕起初覆蓋著未成熟管口，之後在蕈柄上半部留下蛛網狀的蕈環。菌管直生至稍微延生的。黃色菌肉暴露於空氣中變成粉紅色，質地堅實，味道溫和。

• **分布**：在樹林和公園中與北美喬松(*Pinus strobus*)形成菌根。廣泛分布且常見於北美東部北美喬松林。

紅色淺底的蕈傘呈乾燥凸圓形

蕈傘表面覆有鱗片

黃色蕈柄佈有紅色斑點

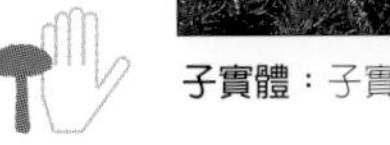

子實體：子實體四處散布或大群出現在北美喬松下。

尺寸：蕈傘 ↔ 3-12公分	蕈柄 ↕ 4-12公分 ↔ 1-2.5公分	孢子：橄欖褐色	食用性

具有強韌的菌肉

本節中的眞菌稱作多孔菌，其蕈傘底面具有管口，且菌肉強韌。此處所描述的多孔菌大致都有顯著的蕈柄(至於子實體呈托架狀、不具備蕈柄的多孔菌請參閱第211-233頁)。和牛肝菌(184-201頁)不同，多孔菌的菌管層不容易和菌肉分開。

科：白孔菌科	種：*Albatrellus ovinus*	季節：夏至秋季

羊白孔菌(SHEEP POLYPORE)

這種奶油至淺灰褐色多孔菌從上向下看就像個蘑菇(28頁)或猴頭菌(238頁)，但底面有細小的管口。染著成檸檬或綠黃色，特別是在管口上。凸圓形蕈傘的表皮常隨著成熟龜裂。蕈柄強壯，白色菌肉非常堅實，味道溫和至稍苦。

• **分布**：大都和雲杉在長有苔蘚的土壤上形成菌根。廣泛分布於整個北溫帶；局部常見。

• **相似種**：群生白孔菌(*Albatrellus confluens*)顏色更橙而且不染黃；味道苦。近變紅白孔菌(*A. subrubescens*)染著有橙色。

蕈傘邊緣常為波浪狀
多角形管口每公釐2-4個，位於底面
奶油至灰色蕈柄短而強壯
凸圓形蕈傘為奶油至淺灰褐色

子實體：集體或成群出現在雲杉樹林下。

尺寸：蕈傘 ↔ 7-18公分	蕈柄 ↕ 3-7公分 ↔ 1-3公分	孢子：白色	食用性

科：多孔菌科	種：*Polyporus umbellatus*	季節：夏至早秋

傘形多孔菌(UMBRELLA POLYPORE)

這種大型多肉的多孔菌有個單獨而多分枝的蕈柄，支撐著許多圓形淺灰色至灰色的小蕈傘，且柄皆在中央。底面有多角形管口，每公釐1-3個，呈白至淺黃色。為上選食物，白至奶油色菌肉堅實，味道溫和。和大多數多孔菌不同，這種蕈有個大型黑色假菌核，其內部混合著菌絲和土壤而呈黑白相間的花條紋狀。

• **分布**：硬木樹林間空地的地面上。散布於北溫帶。

• **相似種**：多葉奇果菌(216頁)各個托架不具中央蕈柄。

重疊的淺灰至灰色蕈傘
每頂蕈傘都有個位在中央的小蕈柄
成簇的子實體高達50公分

子實體：在地面上從假菌核長出，成大簇出現。

尺寸：蕈傘 ↔ 1-4公分	蕈柄 ↕ 5-7.5公分 ↔ 2-3公分	孢子：白色	食用性

科：多孔菌科	種：*Polyporus squamosus*	季節：晚春至夏季

鱗多孔菌(DRYAD'S SADDLE)

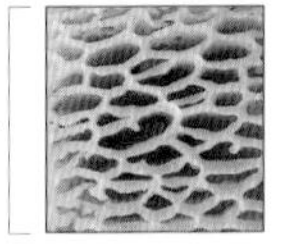
1公分

管口表面

這種蕈的圓形至扇形托架上覆蓋著褐色鱗片，黑色蕈柄位於一側，白色菌管層延生，厚0.5-1公分，使之絕不致誤認。產孢季節早，似乎從半死亡的樹或殘株上爆發出來；它可長得非常大，但不久即被大量昆蟲吃光，只留下一個乾枯的殘骸，而後被其他真菌崩解。白色菌肉柔軟，有強烈的麥粉氣味。鱗多孔菌在非常幼小時可食。

• **分布**：寄生或腐生於樹林、行道樹和公園中的硬木樹上。廣泛分布且常見於北溫帶。

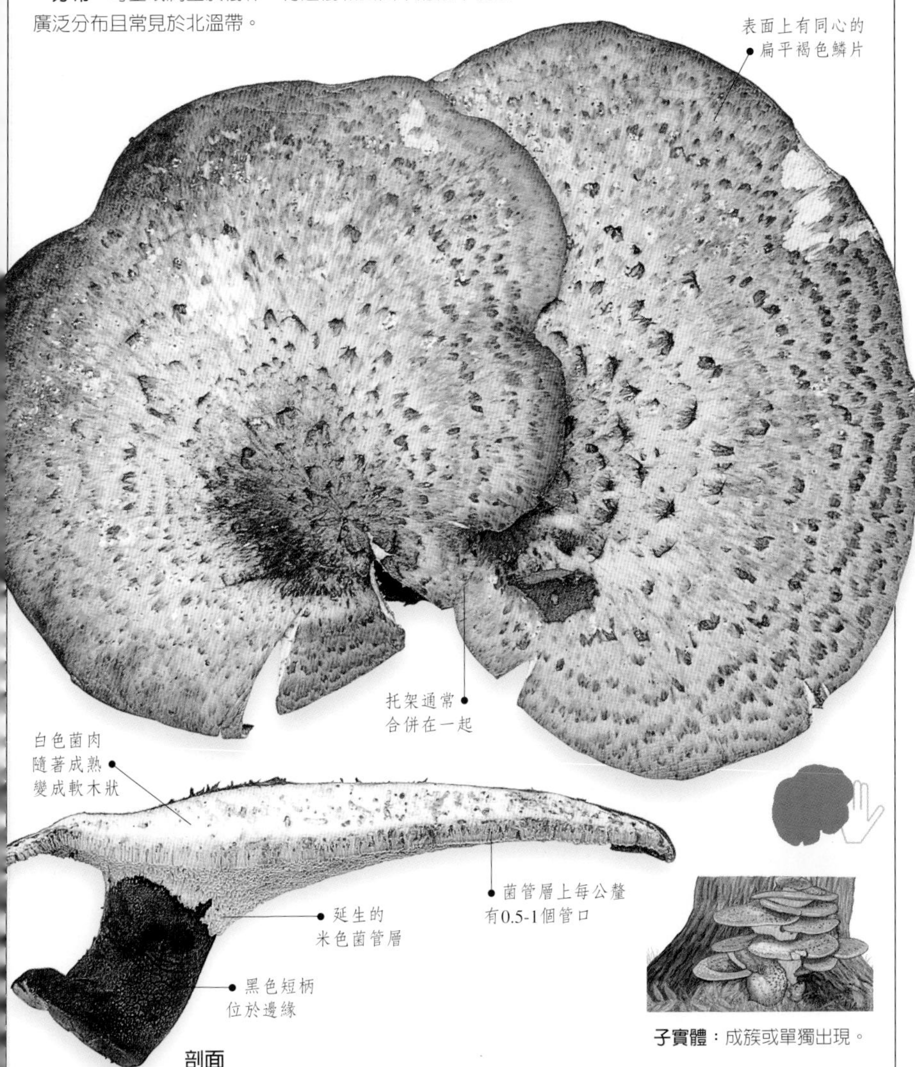
表面上有同心的扁平褐色鱗片
托架通常合併在一起
白色菌肉隨著成熟變成軟木狀
菌管層上每公釐有0.5-1個管口
延生的米色菌管層
黑色短柄位於邊緣
剖面

子實體：成簇或單獨出現。

尺寸：托架 ⇔10-60公分×10-30公分 ⇕至5公分	孢子：白色	食用性

科：多孔菌科	種：*Polyporus tuberaster*	季節：晚春至秋季

塊莖形多孔菌 (TUBEROUS POLYPORE)

這種蕈有個平坦的蕈傘，中央明顯凹陷，淡色的底上有凸起的褐色鱗片。居中的褐色蕈柄紮根於大型的地下儲存器官；也可發現不具此種器官的小型種類。菌肉可食但相當強韌。白色菌管長達5公釐。

• **分布**：硬木樹林中，常見於鹼性土壤上；造成木材腐朽。廣泛分布但局部出現在北溫帶。

• **相似種**：鱗多孔菌（203頁）其蕈柄偏離中央，蕈傘上有扁平的鱗片。

蕈傘表面有凸起的褐色鱗片

蕈傘邊緣粗糙

蕈柄位於蕈傘之下的中央

管口細長具放射狀花紋

子實體：單獨出現。常形成地下儲藏器官。

每公釐多達2個管口

蕈柄為褐色且可能紮根於地下儲藏器官

尺寸：蕈傘 ↔ 5-20公分	蕈柄 ↕ 至8公分 ↔ 1.5公分	孢子：白色	食用性

科：多孔菌科	種：*Polyporus badius*	季節：晚春至秋季

栗褐多孔菌 (LIVER-BROWN POLYPORE)

這種蕈具備平滑發亮的漏斗形蕈傘，幼時呈淺灰褐色，然後變成濃暗板栗色，邊緣為鮮橙褐色；天氣潮溼時顯得油滑。灰黑色短柄偏離中央或著生於邊緣。每公釐有4-8個管口，延生的菌管層0.5-2公釐厚。白色菌肉非常強韌而不可食。

• **分布**：潮溼林地的硬木樹上。廣泛分布於北溫帶，局部至常見。

• **相似種**：黑柄多孔菌（*Polyporus melanopus*）較罕見，蕈傘表面具絨毛。大都見於鹼性土壤的木材上。

1公分

管口表面

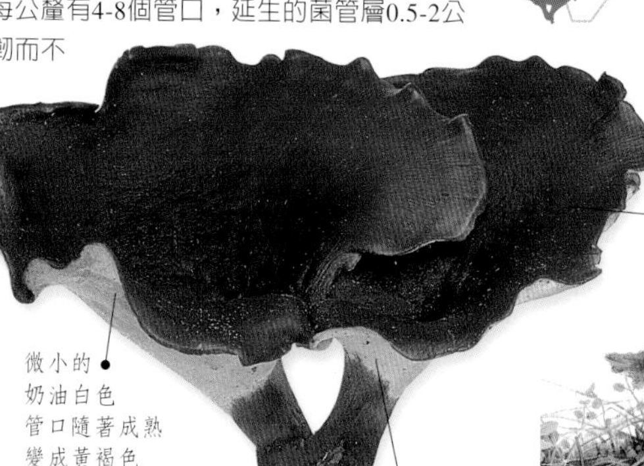
蕈傘邊緣波浪狀
平滑發亮的蕈傘表面隨著成熟變成暗板栗色
微小的奶油白色管口隨著成熟變成黃褐色
褐至黑色蕈柄短且偏離中央
延生的菌管層為白至奶油色

子實體：子實體單獨或少數聚集出現。

尺寸：蕈傘 ↔ 5-20公分	蕈柄 ↕ 2-4公分 ↔ 0.5-2公分	孢子：白色	食用性

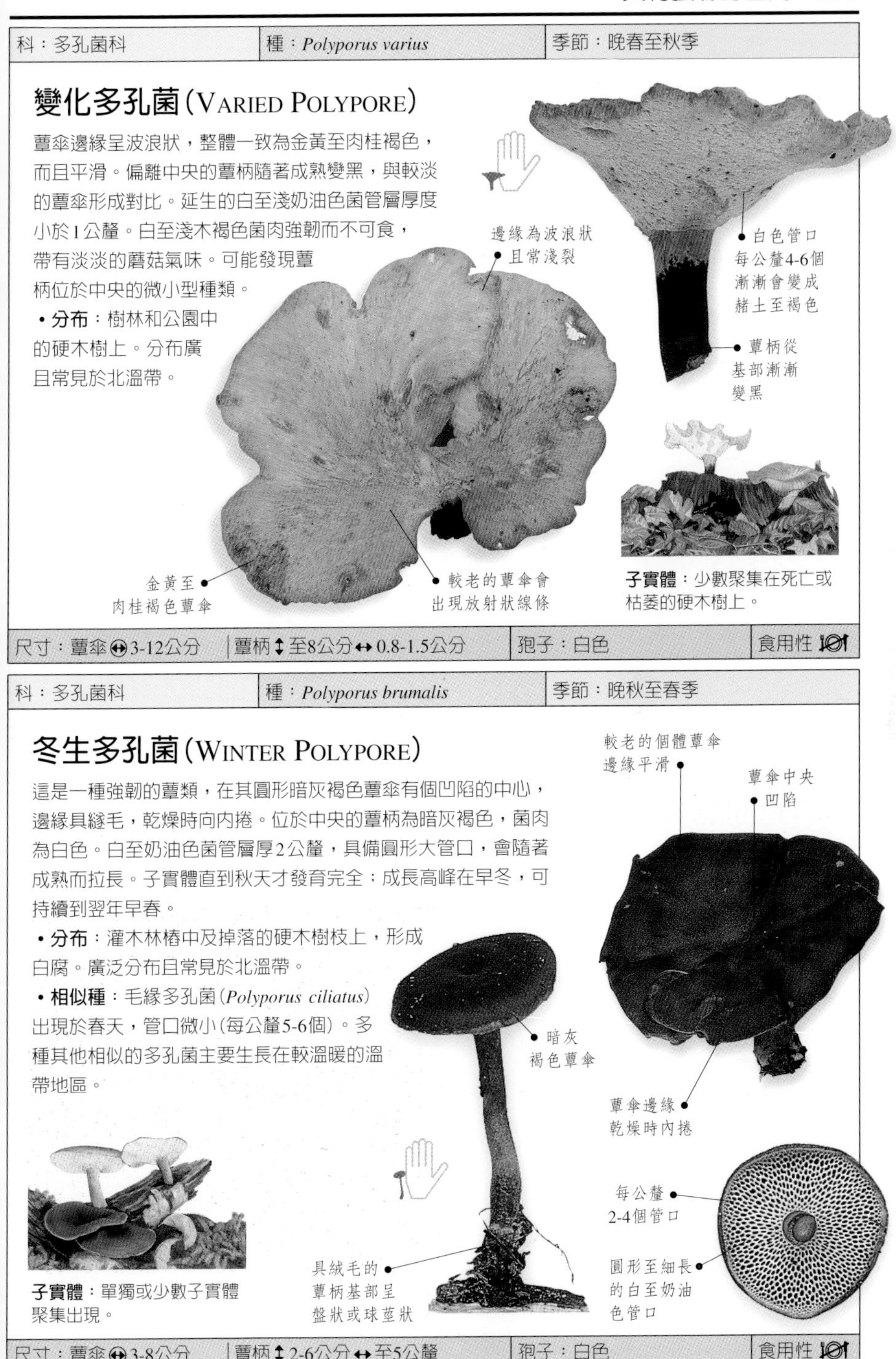
邊緣為波浪狀
且常淺裂
白色管口
每公釐4-6個
漸漸會變成
赭土至褐色
蕈柄從
基部漸漸
變黑
金黃至
肉桂褐色蕈傘
較老的蕈傘會
出現放射狀線條
較老的個體蕈傘
邊緣平滑
蕈傘中央
凹陷
暗灰
褐色蕈傘
蕈傘邊緣
乾燥時內捲
每公釐
2-4個管口
具絨毛的
蕈柄基部呈
盤狀或球莖狀
圓形至細長
的白至奶油
色管口

科：多孔菌科	種：*Polyporus varius*	季節：晚春至秋季

變化多孔菌(VARIED POLYPORE)

蕈傘邊緣呈波浪狀，整體一致為金黃至肉桂褐色，而且平滑。偏離中央的蕈柄隨著成熟變黑，與較淡的蕈傘形成對比。延生的白至淺奶油色菌管層厚度小於1公釐。白至淺木褐色菌肉強韌而不可食，帶有淡淡的蘑菇氣味。可能發現蕈柄位於中央的微小型種類。

• **分布**：樹林和公園中的硬木樹上。分布廣且常見於北溫帶。

子實體：少數聚集在死亡或枯萎的硬木樹上。

尺寸：蕈傘 ↔ 3-12公分	蕈柄 ↕ 至8公分 ↔ 0.8-1.5公分	孢子：白色	食用性

科：多孔菌科	種：*Polyporus brumalis*	季節：晚秋至春季

冬生多孔菌(WINTER POLYPORE)

這是一種強韌的蕈類，在其圓形暗灰褐色蕈傘有個凹陷的中心，邊緣具縫毛，乾燥時向內捲。位於中央的蕈柄為暗灰褐色，菌肉為白色。白至奶油色菌管層厚2公釐，具備圓形大管口，會隨著成熟而拉長。子實體直到秋天才發育完全；成長高峰在早冬，可持續到翌年早春。

• **分布**：灌木林椿中及掉落的硬木樹枝上，形成白腐。廣泛分布且常見於北溫帶。

• **相似種**：毛緣多孔菌(*Polyporus ciliatus*)出現於春天，管口微小(每公釐5-6個)。多種其他相似的多孔菌主要生長在較溫暖的溫帶地區。

子實體：單獨或少數子實體聚集出現。

尺寸：蕈傘 ↔ 3-8公分	蕈柄 ↕ 2-6公分 ↔ 至5公釐	孢子：白色	食用性

科：集毛菌科	種：*Coltricia perennis*	季節：夏至冬季

多年生集毛菌(FUNNEL POLYPORE)

這種一年生的多孔菌非常不尋常，它生長在土壤上而非死亡的木頭上。蕈傘大致呈漏斗形，銹褐色菌肉相當強韌。其發亮的上表面有深淺不一的金褐色同心環帶，此為許多集毛菌的特徵。菌管長2公釐，延生至具絨毛的短柄上。

• **分布**：大都在軟木樹林或造林地中沙質土壤的土面上，很少出現在硬木樹林間。廣泛分布且相當常見於北溫帶。

• **相似種**：若干齒菌(234-239頁)的上表面相似，但底面具刺。

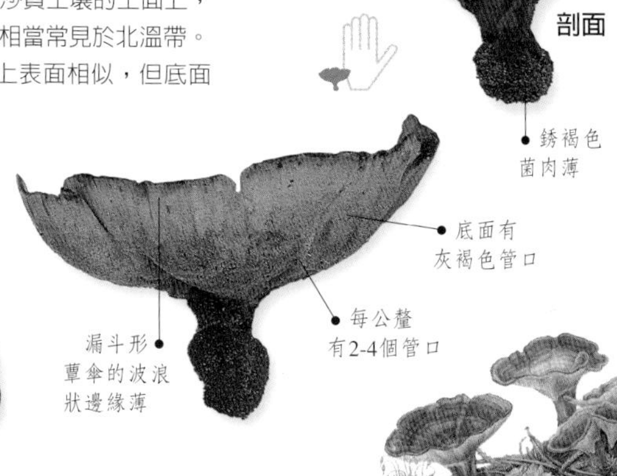
剖面
銹褐色
菌肉薄
底面有
灰褐色管口
每公釐
有2-4個管口
漏斗形
蕈傘的波浪
狀邊緣薄

同心環帶呈深淺不一的褐、赭土、黃和淺灰色

子實體：子實體成小群出現。

尺寸：蕈傘 ↔ 2-10公分	蕈柄 ↕ 2-6公分 ↔ 3-8公釐	孢子：金褐色	食用性

科：靈芝科	種：*Ganoderma lucidum*	季節：全年

靈芝(VARNISHED POLYPORE)

這種蕈具備一年生且發亮的牡蠣形紅至紫黑色托架狀蕈傘，上有同心的脊，邊緣顏色較淺；顯著塗漆般的暗褐色蕈柄位於一側。菌管層為褐色，具米色管口，每公釐3-4個。強韌的菌肉雖然起初為米色，也會轉為褐色。中國人用它作藥，但不可食。

• **分布**：在硬木樹殘株上，特別是在森林栽植較不密集的地方，會造成寄主死亡。世界分布廣泛但局部出現於北溫帶。

• **相似種**：有若干近緣種，包括肉質靈芝(*Ganoderma carnosum*)，其中有些生長在軟木樹上。

表面有
同心脊
牡蠣形蕈傘
表面發亮
蕈傘邊緣
顏色稍淡
托架狀蕈傘
呈深淺不一
的紫黑和
紅色
顯著塗漆般
的蕈柄

子實體：子實體單獨或成群圍繞著硬木樹殘株。

尺寸：蕈傘 ↔ 10-30公分 ↕ 至3公分厚	蕈柄 ↕ 5-20公分 ↔ 1-3公分	孢子：褐色	食用性

蕈傘呈蜂窩、腦或馬鞍狀

本章中的大部分蕈類一般認為係從盤菌(264頁)演化而來。它們的「杯」重重折疊而在蕈柄上鼓起。產孢表面(即子實層)平滑且位於皺褶中。可在此處找到具備蜂窩狀構造的上等可食羊肚菌。

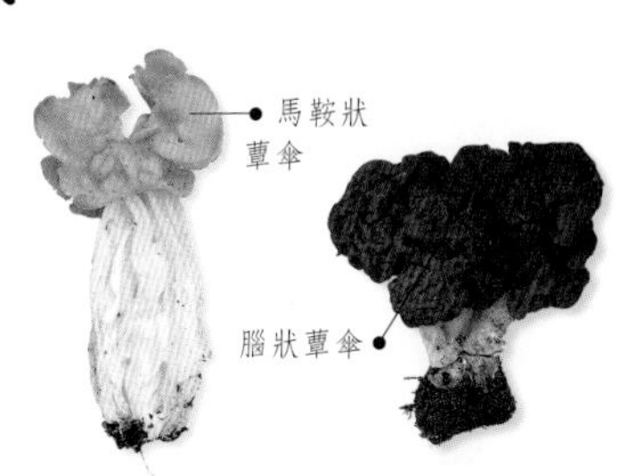

馬鞍狀蕈傘
腦狀蕈傘

科：馬鞍菌科	種：*Helvella crispa*	季節：夏至秋季

皺馬鞍菌 (COMMON WHITE SADDLE)

這種蕈類很容易由其中空且隔成腔室的蕈柄、馬鞍狀蕈傘以及淺奶油白的外表來鑑別。它的大小變化不一，但一般都是大型的。可以食用但並不推薦，菌肉相當薄，必須小心地等它乾燥到硬脆或在水中煮透後才可食用。

• **分布**：在硬或軟木樹林中的鹼性土壤上，通常沿著步道或馬路。它和其他數種馬鞍菌常常連同盤菌(266-267頁)及絲蓋傘(98-102頁)一起出現。廣泛分布且常見於大部分北溫帶。

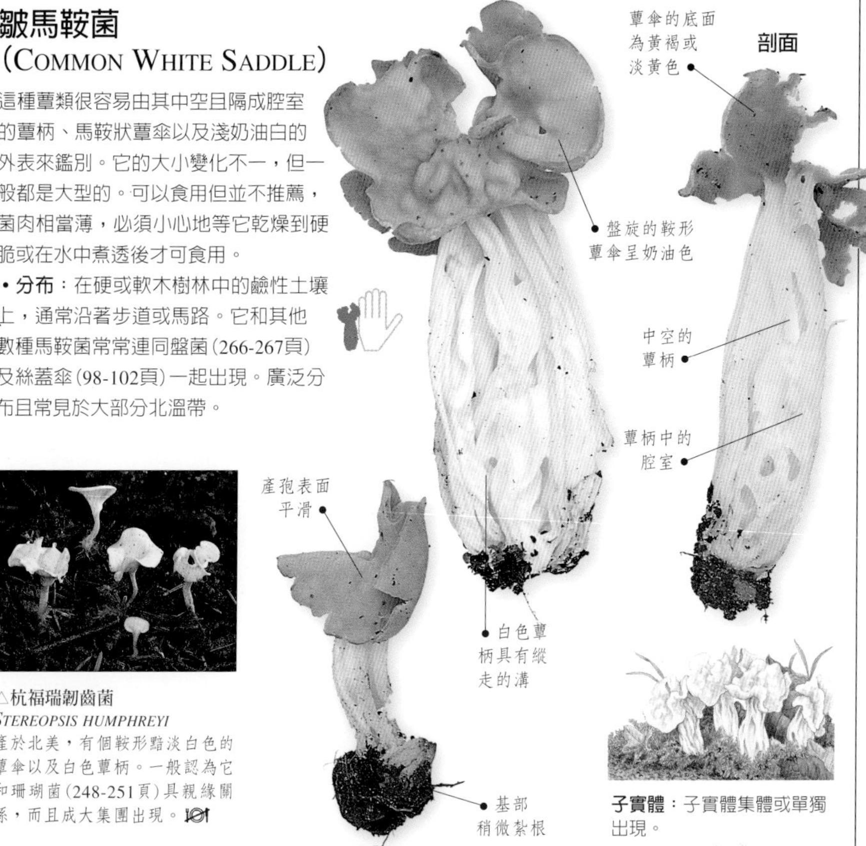

蕈傘的底面為黃褐或淡黃色
剖面
盤旋的鞍形蕈傘呈奶油色
中空的蕈柄
蕈柄中的腔室
產孢表面平滑
白色蕈柄具有縱走的溝
基部稍微紮根

△杭福瑞韌齒菌
STEREOPSIS HUMPHREYI
產於北美，有個鞍形黯淡白色的蕈傘以及白色蕈柄。一般認為它和珊瑚菌(248-251頁)具親緣關係，而且成大集團出現。

子實體：子實體集體或單獨出現。

尺寸：蕈傘 ↔ 2-6公分	蕈柄 ↕ 3-12公分 ↔ 0.5-2.5公分	孢子：白色	食用性

科：馬鞍菌科	種：*Helvella lacunosa*	季節：夏至秋季

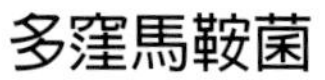

多窪馬鞍菌 (COMMON GREY SADDLE)

或許是最常見的馬鞍菌，這種真菌的大小、形狀和顏色變異極大。它可能呈現任何色調的灰色，蕈傘為馬鞍狀或盤旋淺裂狀。蕈柄外面有顯著溝紋，內部則隔成腔室。菌肉薄，灰至污白色；和皺馬鞍菌（207頁）一樣，它要完全乾燥和煮透之後才可食用。並不推薦。

• **分布**：林地中和較空曠地區的鹼性土壤和沙礫上。廣泛分布於南、北半球的溫帶和高山帶。

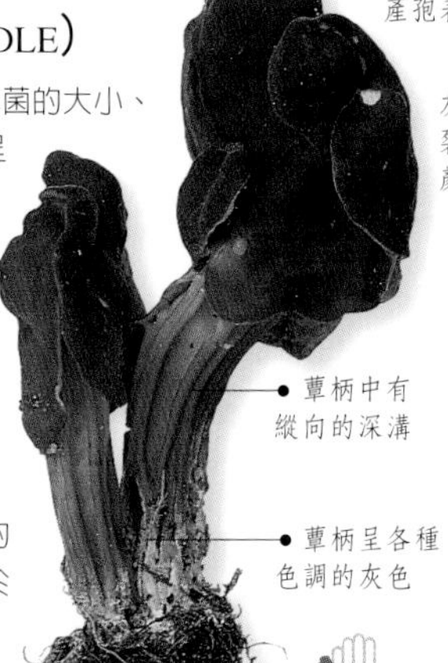
上端的產孢表面
蕈柄中有縱向的深溝
蕈柄呈各種色調的灰色

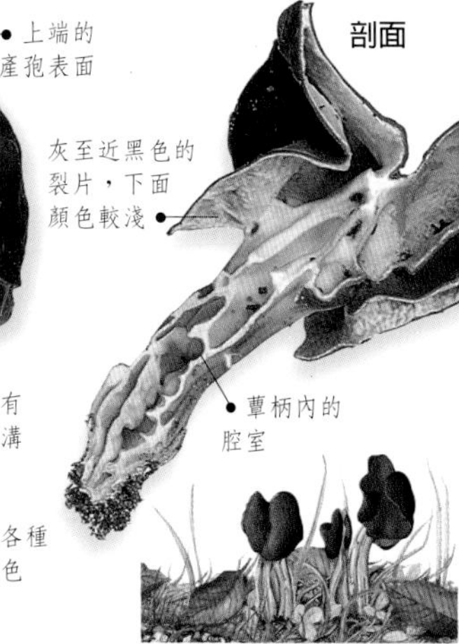
剖面
灰至近黑色的裂片，下面顏色較淺
蕈柄內的腔室

子實體：集體或單獨出現在翻動過的土壤上。

尺寸：蕈傘 ↔ 1-5公分	蕈柄 ↕ 2-8公分 ↔ 0.5-1.5公分	孢子：白色	食用性

科：馬鞍菌科	種：*Gyromitra esculenta*	季節：春季

鹿花菌 (FALSE MOREL)

此蕈有個極易辨認的特徵，即其暗褐色的腦狀蕈傘內部具腔室。白色短柄幾乎中空，菌肉為白色。雖然有毒，但歐洲部分地區的人細心地將它乾燥或以清水反覆煮過後食用。

• **分布**：軟木樹林附近的沙質軟土或木頭碎片上。廣泛分布於北溫帶，局部常見。

• **相似種**：巨大鹿花菌（*Gyromitra gigas*）、褐鹿花菌（*G. brunnea*）和卡羅來納鹿花菌（*G. caroliniana*）通常較大，且呈較鮮明的橙褐色；它們可能常見於北美部分地區。

△頭蓋鹿花菌
GYROMITRA INFULA
秋天出現，這種蕈具備淺裂的褐色蕈傘和隔成腔室的薄紫色至白色蕈柄。☠

蕈傘表面呈腦狀

白色短蕈柄表面稍有溝紋

蕈傘內部分隔為腔室

中空蕈柄中的白色菌肉

剖面

子實體：集體出現，往往在松樹附近經翻動的土壤上。

尺寸：蕈傘 ↔ 5-15公分	蕈柄 ↕ 1-5公分 ↔ 2-4公分	孢子：白色	食用性 ☠

科：羊肚菌科	種：*Verpa conica*	季節：春季

圓錐鐘菌（Thimble Cap）

平滑的頭巾狀蕈傘只著生在蕈柄的極頂端。它呈卵形，隨著成熟變成鐘形，暗褐色，內部顏色較淡。圓柱形蕈柄為米色，表面覆有粉末。雖然可食，但菌肉少；必須採集許多子實體才能滿足需要，而在某些區域它們的數量稀少，所以不鼓勵採摘，但另詳見相似種。

• **分布**：樹木繁茂的公有地中的白堊土壤上，及沙丘上。廣泛分布於北溫帶，局部相當常見；寒冷區域稀罕。

• **相似種**：波地鐘菌（*Verpa bohemica*）也可食，具有起皺的蕈傘，以及二孢型的子囊（圓錐鐘菌的子囊為八孢型）。它可能大量生長。

子實體：集體出現在落葉堆中，通常在樹籬下。

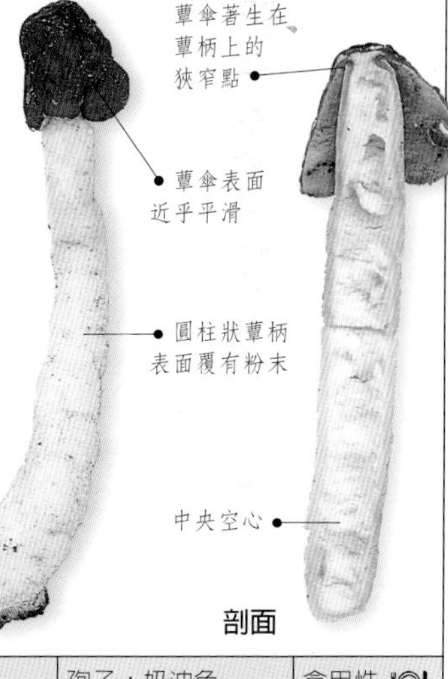
蕈傘著生在
蕈柄上的
狹窄點
蕈傘表面
近乎平滑
圓柱狀蕈柄
表面覆有粉末
中央空心
剖面

尺寸：蕈傘 ⊕ 2-3公分 ↕ 2-4公分	蕈柄 ↕ 3-10公分 ↔ 0.5-1.5公分	孢子：奶油色	食用性 🍽

科：羊肚菌科	種：*Morchella esculenta*	季節：春季

羊肚菌（Common Morel）

這種特殊的蕈類有個脊狀隆起如蜂窩般的蕈傘，形狀從卵形至圓形或圓錐形不等，隨著表面孢子成熟，它會從暗褐色褪為淡褐色。乳黃色蕈柄在基部處較寬，表面呈粉狀。米色至淺褐色菌肉味道和氣味均佳。尺寸和形狀變化很大。有些真菌學家將羊肚菌分成若干種。

• **分布**：通常在硬和軟木樹林中草本植物之間。幾乎遍布世界各地，但非常冷或暖至熱的區域較不常見。

• **相似種**：鹿花菌（208頁）具備腦狀的蕈傘，而且有毒。

卵形蕈傘
有不規則的
脊和凹陷
暗褐色
蕈傘隨著
成熟變淡
蕈柄表面
覆有粉末
蕈柄基部
較寬
蕈傘和
蕈柄內部
中空
剖面

子實體：單獨或集體出現在營養豐富的土壤上。

尺寸：蕈傘 ⊕ 2-10公分 ↕ 5-12公分	蕈柄 ↕ 3-15公分 ↔ 1-6公分	孢子：赭土褐色	食用性 🍽

科：羊肚菌科	種：*Morchella elata*	季節：春季

高羊肚菌(BLACK MOREL)

這種羊肚菌的蕈傘呈圓錐狀，表面有顯著的黑色脊和褐至煙灰色凹陷。蕈柄為白色，表面粗糙，呈粉狀或顆粒狀，中央空心。是一種受人喜歡的食物，質地脆，有堅果味，但有些人可能會引致胃部不適。

• **分布**：公園和林間空地中的地面上。另一類型可能在夏天出現於山區。廣泛分布於溫帶和熱帶。

• **相似種**：羊肚菌(209頁)為黃色，且蕈傘上有縱向、淺色的肋。鹿花菌(208頁)有毒，蕈傘上不具凹陷，蕈柄隔為腔室而非中空的。

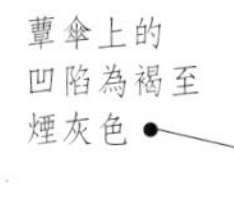

蕈傘上的凹陷為褐至煙灰色
圓錐形蕈傘頂端漸尖
褐至黑色蕈傘上有縱向的脊
白色蕈柄具備顆粒狀表面

子實體：子實體大量出現在硬和軟木樹下；特別是燒過的區域。

尺寸：蕈傘 ⊕5-10公分 ↕2.5-5公分	蕈柄 ↕5-10公分 ↔2.5-5公分	孢子：白至奶油色	食用性 🍴

科：羊肚菌科	種：*Morchella semilibera*	季節：春季

半離羊肚菌(HALF-FREE MOREL)

這是一種小型羊肚菌，其圓錐形、暗灰褐色蕈傘的邊緣是離生的，具有蜂窩狀的脊和凹陷。乳黃色蕈柄苗條中空，並具有粉狀表面。它可以食用，但奶油色菌肉太少，不值得選擇。

• **分布**：濃密樹林肥沃的土壤上，沿著潮溼地方的步道。廣泛分布；歐洲較溫暖的區域較常見。

• **相似種**：鐘菌屬真菌(209頁)具有頭巾般的小型蕈傘，只著生在蕈柄的極頂端。

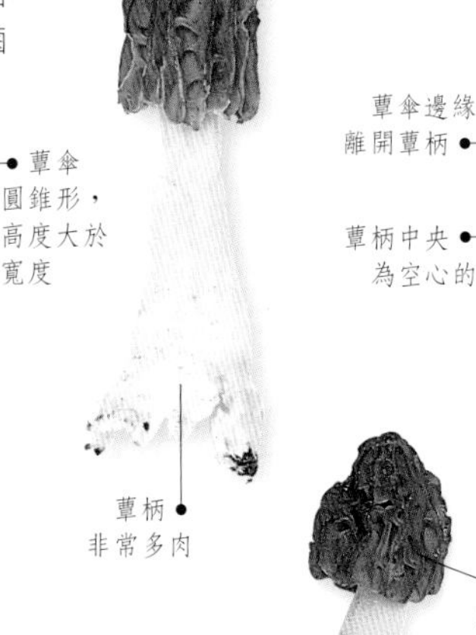
蕈傘表面有脊和凹陷
蕈傘圓錐形，高度大於寬度
蕈傘邊緣離開蕈柄
蕈柄中央為空心的
蕈柄為圓柱狀白至奶油色
蕈柄非常多肉
剖面

蕈傘為暗灰褐色

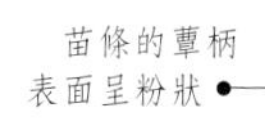
苗條的蕈柄表面呈粉狀

子實體：通常集體隱藏在密集的植被中。

尺寸：蕈傘 ⊕1-2.5公分 ↕1-4公分	蕈柄 ↕3-10公分 ↔1-2公分	孢子：奶油色	食用性 🍴

托架狀或皮狀

本章介紹的真菌具有擱板狀的子實體，它們有的從樹幹或樹枝上長出來；或平貼著木材基質生長(平伏的)，並形成皮狀的外殼。產孢表面(子實層)可能由菌管構成，表面上具有管口，或者為平滑至起皺的。

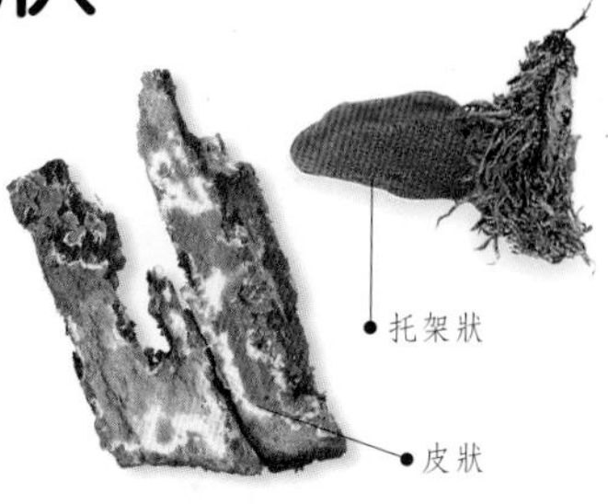
托架狀
皮狀

具有管口

本節中的蕈類稱作多孔菌。它們的孢子由位於底面的菌管中產生，從圓形、拉長或迷宮形的管口散出。有些子實體爲一年生，亦有持續隨基質的狀況而不斷生長。

科：暗孔菌科	種：*Tyromyces stipticus*	季節：主要在秋季

密集乾酪菌(Bitter Bracket)

這種蕈的最佳指標之一是其味道非常苦。它會產生半圓形至腎形米色的一年生托架。剖面顯然呈三角形，表面粗糙具疣，白色的菌肉柔軟。在潮溼天氣時，管口會滲出米色液體，乾燥後變成奶油白色。菌管層0.5-1公分厚，每公釐有4-6個管口。

- **分布**：林地和造林地中軟木樹的殘株或樹幹上；有時也出現在硬木樹上。廣泛分布且常見於北溫帶，特別是北方針葉林帶中。
- **相似種**：其他白色的乾酪菌味道較溫和；有些受傷時呈紅色，有些生長在硬木樹上。

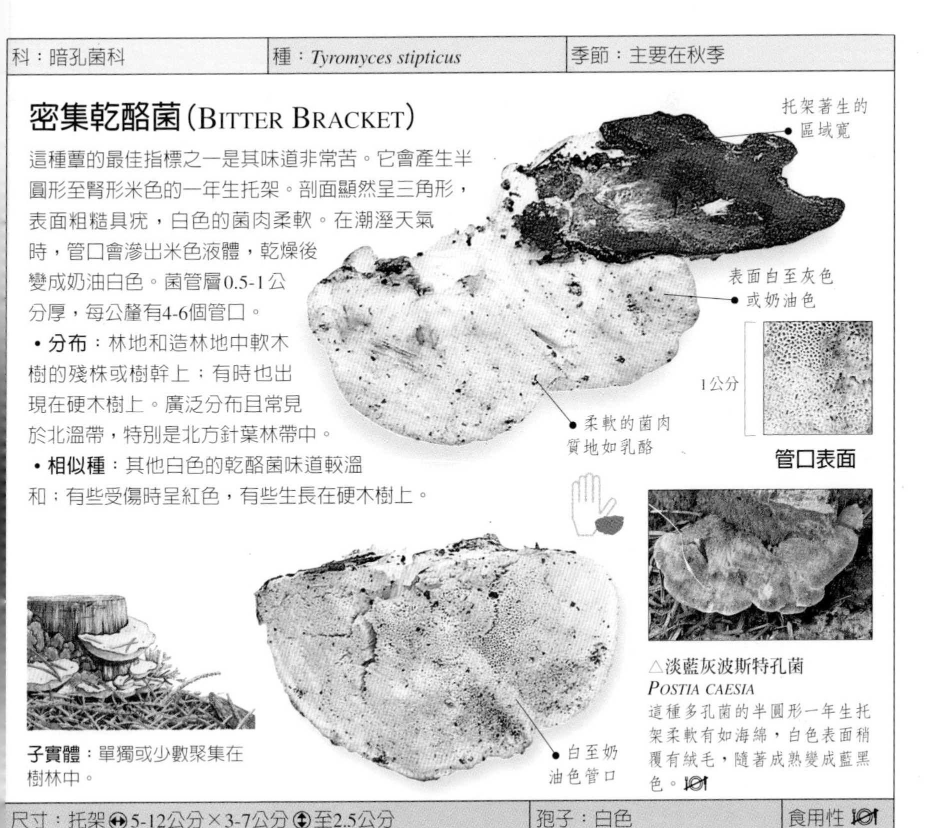
托架著生的區域寬
表面白至灰色或奶油色
1公分
柔軟的菌肉質地如乳酪
管口表面
白至奶油色管口

子實體：單獨或少數聚集在樹林中。

△淡藍灰波斯特孔菌 *Postia caesia*
這種多孔菌的半圓形一年生托架柔軟有如海綿，白色表面稍覆有絨毛，隨著成熟變成藍黑色。

尺寸：托架 ↔ 5-12公分×3-7公分 ↕ 至2.5公分	孢子：白色	食用性

科：擬層孔菌科	種：*Piptoporus betulinus*	季節：全年

樺滴孔菌
(RAZOR-STROP FUNGUS)

這是一種半圓形、一年生托架菌具有褐色的皮狀表面。它沒有蕈柄，但有個退化的柄狀著生物。白色菌肉氣柔軟但堅實，氣味好聞但不可食。它曾經被用來磨利剃刀，在鐘錶製造業中則作為磨光劑。長在樹上的托架常受到核菌：墊狀肉座菌(*Hypocrea pulvinata*)侵害；一旦樹或多孔菌倒地後，則換成被橙色的金黃菌寄生(*Hypomyces aurantius*)寄生。

• **分布**：在潮溼林地中常和木蹄層孔菌(219頁)並存。它寄生在樺樹上，大部分為較老的植株，會造成褐腐。該樹死亡之後，多孔菌仍留在原位繼續產孢一段時間。廣泛分布且常見於北溫帶。

著生點附近的
托架常膨大
褐色表面
會龜裂，露
出白色菌肉
剖面
白色菌管層
厚達 1 公分
白色菌肉
柔軟但強韌
白色管口
表面每公釐
有 3-4 個管口
邊緣圓滑

子實體：少數聚集在腐朽的樺木樹幹上。

尺寸：托架 ⟷ 5-30公分 × 5-20公分 ↕ 2-6公分	孢子：白色	食用性

科：煙管菌科	種：*Hapalopilus rutilans*	季節：全年

紅橙色彩孔菌 (PURPLE-DYE POLYPORE)

著生於基質的寬闊區域
幼時托架表面具短茸毛

這是一種扇形、一年生托架菌，所有部分均呈紅肉桂色，包括表面、菌肉和菌管層，後者厚達1公分。它對鹼性溶液會產生顯著反應，轉變為燦爛的紫色，故被用來染羊毛。質地相當柔軟的菌肉不可食。

• **分布**：在樹林中死亡的硬木樹上，造成白腐。廣泛分布於北溫帶，常見至局部出現。

• **相似種**：朱紅密孔菌(225頁)更強韌，且呈較鮮明的朱紅色。

子實體：單獨、成群、融合或成層出現在枯木上。

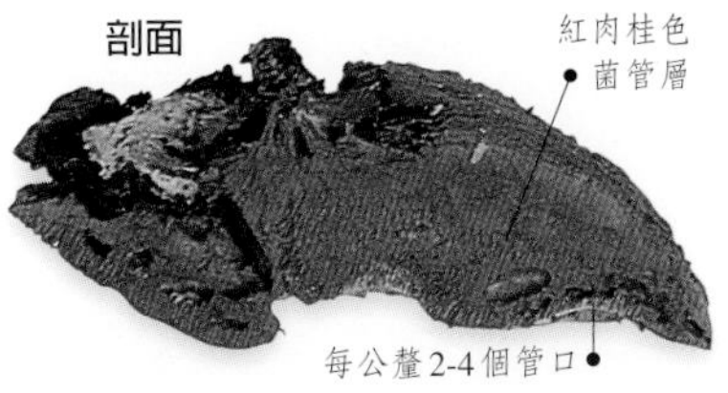

剖面
紅肉桂色菌管層
每公釐2-4個管口

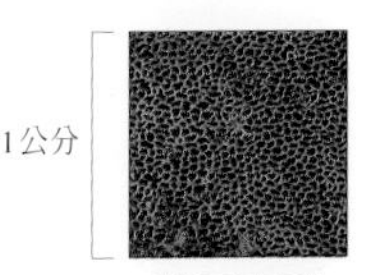

1公分

管口表面

尺寸：托架 ↔2-12公分×2-8公分 ↕1-4公分	孢子：白色	食用性

科：牛排菌科	種：*Fistulina hepatica*	季節：晚夏至秋季

肝色牛排菌(牛排菇，BEEFSTEAK FUNGUS)

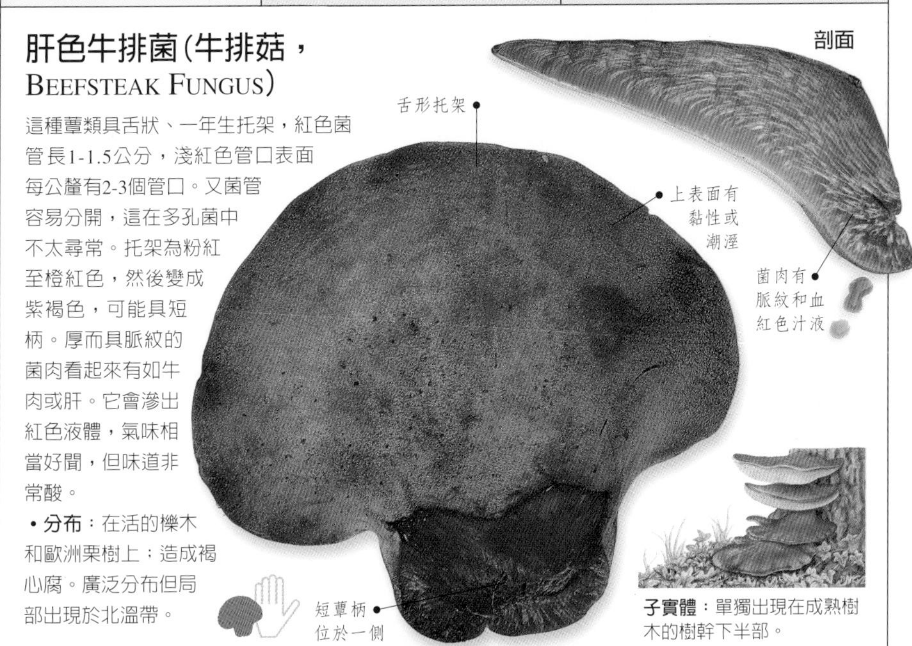

剖面
舌形托架
上表面有黏性或潮溼
菌肉有脈紋和血紅色汁液
短蕈柄位於一側

這種蕈類具舌狀、一年生托架，紅色菌管長1-1.5公分，淺紅色管口表面每公釐有2-3個管口。又菌管容易分開，這在多孔菌中不太尋常。托架為粉紅至橙紅色，然後變成紫褐色，可能具短柄。厚而具脈紋的菌肉看起來有如牛肉或肝。它會滲出紅色液體，氣味相當好聞，但味道非常酸。

• **分布**：在活的櫟木和歐洲栗樹上；造成褐心腐。廣泛分布但局部出現於北溫帶。

子實體：單獨出現在成熟樹木的樹幹下半部。

尺寸：托架 ↔10-25公分×10-20公分 ↕2-6公分	孢子：白色	食用性

科：煙管菌科	種：*Meripilus giganteus*	季節：秋季

大部分蓋菌
(Black-staining Polypore)

這是一種巨大的蕈類，由一根短柄上長出數枚密集成層的一年生托架；複合的子實體直徑可達1公尺。每個扇形的托架表面平滑，具有同心的金褐色環帶，邊緣為波浪形。白色菌肉氣味好聞，柔軟且具纖維；子實體幼時可食，在烹煮時會轉成灰至黑色，味道差。米色菌管層厚達1公分。

• **分布**：樹林和公園中，圍繞著死亡或枯萎的硬木樹，很少出現在軟木樹上。廣泛分布且相當常見於北溫帶。

觸摸後表面染著為鉛灰色

扁平的扇形托架密集成層

表面上金褐色環帶

托架邊緣顏色較淺

波浪狀托架邊緣

1公分

單一蕈柄支撐數枚托架

管口表面

奶油色管口每公釐3-5個有灰或褐色斑

子實體：層狀的子實體密集成叢。

尺寸：托架 ⟷10-30公分×10-30公分 ↕1-3公分	孢子：白色	食用性

科：暗孔菌科	種：*Laetiporus sulphureus*	季節：早夏至晚秋

硫色炮孔菌（硫磺菌，CHICKEN-OF-THE-WOODS）

這是一種壯觀的一年生托架菌，生長迅速，其黃或黃橙色大型子實體有種近乎發亮的光澤。厚而多肉的托架呈扇形或不規則半圓形，表面則凹凸不平有如仿麂皮。淺黃色菌肉質地脆，特別是老熟時，其檸檬氣味後來會變成老鼠味。為上選食物，必須完全煮透；有些人對它過敏。

• **分布**：有些地方在硬木樹上，有些則在軟木樹上；大都侵害心材。世界分布廣泛且常見於北溫帶。

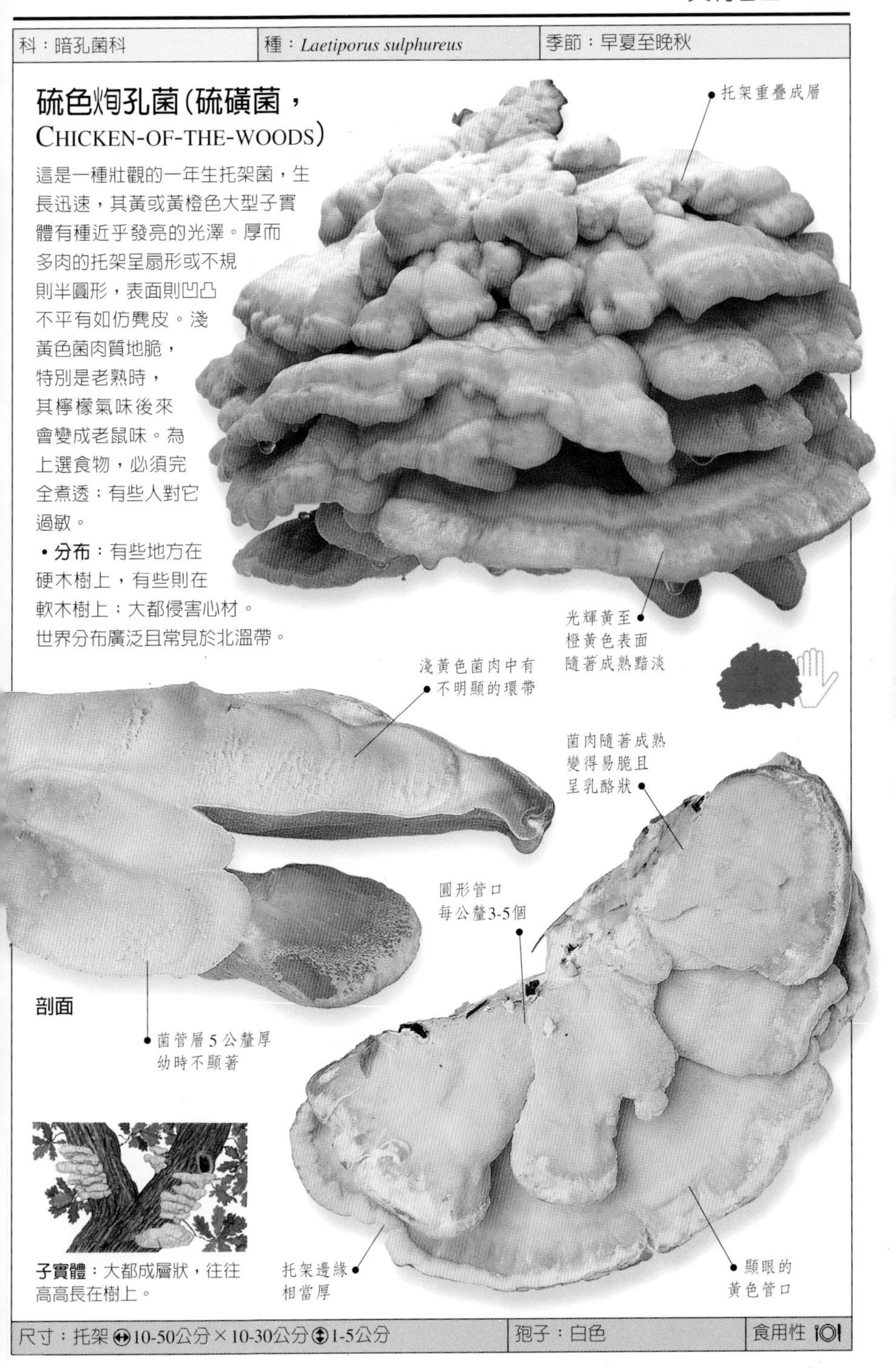
托架重疊成層
光輝黃至橙黃色表面隨著成熟黯淡
淺黃色菌肉中有不明顯的環帶
菌肉隨著成熟變得易脆且呈乳酪狀
圓形管口每公釐3-5個
剖面
菌管層5公釐厚幼時不顯著
托架邊緣相當厚
顯眼的黃色管口

子實體：大都成層狀，往往高高長在樹上。

尺寸：托架 ⊕10-50公分×10-30公分 ⊕1-5公分	孢子：白色	食用性

科：煙管菌科	種：*Grifola frondosa*	季節：夏至秋季

多葉奇果菌
(HEN-OF-THE-WOODS)

這種蕈長有一年生的子實體，其舌狀托架從中央蕈柄上分枝出來。革質，邊緣為波浪狀，灰色的上表面會隨著成熟而變成褐色。

延生的米色菌管層厚達5公釐，白色菌肉成熟時有老鼠氣味。幼時可以食用，但因為數量稀少，所以最好不要食用。

• **分布**：在櫟木和歐洲栗樹旁，造成白腐。廣泛分布但相當局部出現於北溫帶。

• **相似種**：大部分蓋菌(214頁)。

小型舌狀
托架
灰色上表面隨著
成熟變成褐色
上表面有
皺紋和條紋
複合子實體
寬達50公分

子實體：成簇的托架從樹木基部的一根中央粗柄上分歧出來。

尺寸：托架⇔2-6公分×至7公分⇕0.2-1公分	孢子：白色	食用性

科：靈芝科	種：*Ganoderma pfeifferi*	季節：全年

菲佛靈芝(COPPERY LACQUER BRACKET)

這種蹄形、多年生托架菌的上表面有同心的橙褐色脊，覆蓋著置於火燄上會熔化的銅色厚漆。褐色菌管層10公分厚，冬天時有一層厚的蠟質黃色物質保護著。木質褐色菌肉氣味好聞。

• **分布**：活的山毛櫸樹基部，其他寄主罕見，形成白腐。廣泛分布但侷限於中歐和南歐。

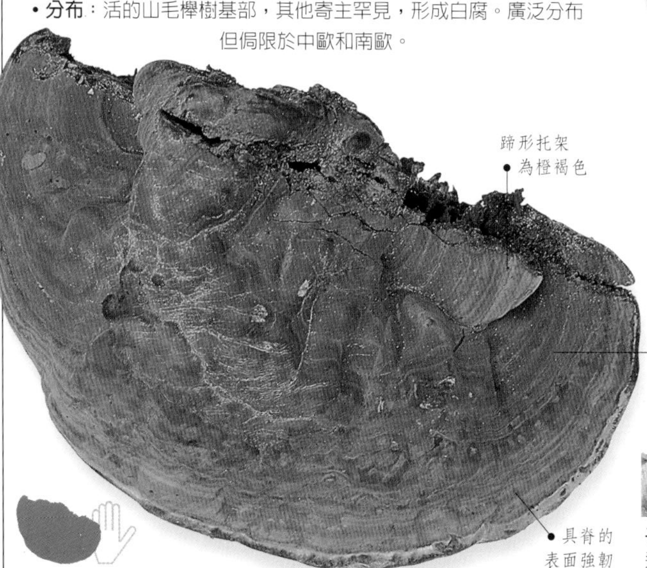
蹄形托架
為橙褐色
每公釐
5-6個管口
冬天時白色
管口上的黃色
蠟質覆蓋物
上表面
有厚漆
具脊的
表面強韌

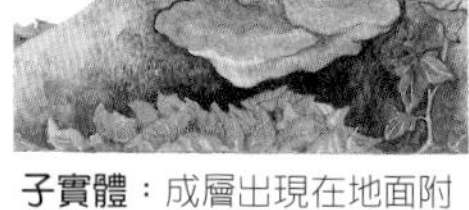

子實體：成層出現在地面附近或幾公尺以上。

尺寸：托架⇔20-50公分×至25公分⇕至15公分	孢子：褐色	食用性

科：靈芝科	種：*Ganoderma applanatum*	季節：全年

樹舌(平蓋靈芝，ARTIST'S FUNGUS)

這種半圓形、多年生托架菌的上表面凹凸不平，具有同心的脊，邊緣薄。起初為米色，而後漸漸變成淺赭土褐色，而且常覆蓋著褐色孢子堆積物。漆狀上表面容易破裂；奶油白色底面可以用銳利的尖頭擦劃，產生褐色的「藝術作品」，這就是其英文俗名的由來。褐色菌管層0.5-4公分深。暗褐色菌肉薄，往往具有白色組織的小囊，味道苦，氣味如「蘑菇」。

• **分布**：公園和林地中的樹木殘株和樹幹上。廣泛分布且常見於北溫帶。

• **相似種**：南方靈芝(*Ganoderma australe*)分布在稍南方，托架較強壯，上層殼較厚，菌肉較暗。

奶油白色管口，每公釐4-6個

托架圍著常春藤生長

托架表面凹凸不平而強韌

褐色孢子厚堆積層覆蓋了部分上表面

剖面

薄漆層恰好可見

菌肉為暗褐色，一般具有白色組織的小囊

褐色菌管

子實體：單獨或成群出現，大都在死樹上。

尺寸：托架↔10-60公分×至30公分↕2-8公分	孢子：褐色	食用性

科：刺革菌科	種：*Phellinus igniarius*	季節：全年

火木層孔菌（GREY FIRE BRACKET）

顏色為灰至近乎黑色，這種多年生托架菌呈蹄形，極端木質化，邊緣厚。托架可能存留在活寄主樹上許多年。硬的菌肉和菌管為銹褐色；而新生的菌管長1-5公釐，每年生長在前一年的菌管上。又子實層中隱藏著細毛，為該科特有，稱作剛毛。專家們對辨認此蕈仍有歧見，此處包含了多種類型。

• **分布**：寄生在多種硬木樹上，常見於樺木、柳樹和蘋果樹上，造成白腐。廣泛分布且相當常見於北溫帶。

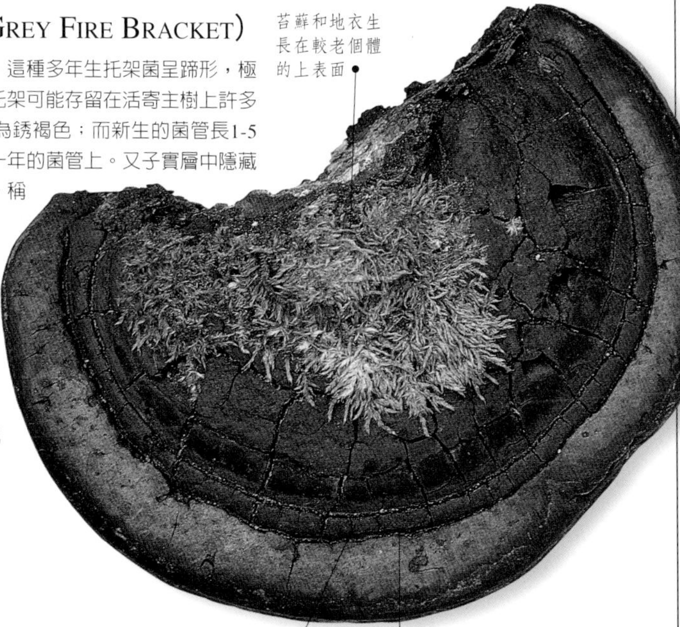

苔蘚和地衣生長在較老個體的上表面

灰至近黑色的表面常有些裂隙

同心脊隨著成熟出現

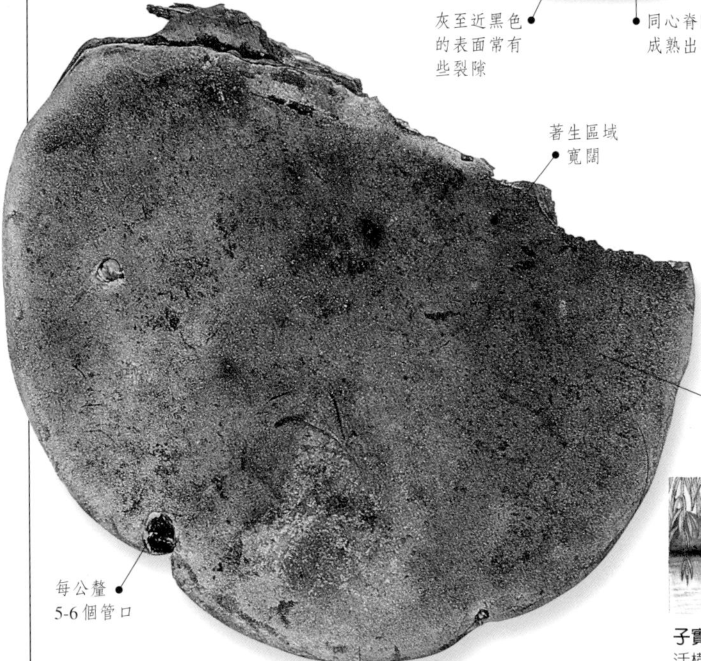

著生區域寬闊

1公分

管口表面

灰至灰褐色管口

每公釐5-6個管口

子實體：單獨或少數聚集在活樹上。

尺寸：托架 ⬌10-40公分×10-20公分 ⬍至20公分	孢子：白色	食用性

科：層孔菌科	種：*Fomes fomentarius*	季節：全年

木蹄層孔菌（TINDER FUNGUS）

這種多孔菌具備蹄形、木質、多年生的托架，其表面環帶從較老區域的暗褐色，到生長邊緣的淺褐色變化不一，邊緣覆有短茸毛或絨毛。每年都會新長出褐色菌管層。每年的菌管層5公釐厚。管口表面為灰至灰褐色。依據寄主的不同，有數種類型存在。這種蕈被用來作為火種，或者製成帽子及其他衣物。

• **分布**：寄生於硬木樹，特別是山毛櫸和樺木，並形成白腐。在倒地的木材上產生子實體。分布廣且常見於北溫帶。

• **相似種**：松生擬層孔菌（右上圖）。

△**松生擬層孔菌**
FOMITOPSIS PINICOLA
這種灰色、多年生蕈類的邊緣附近有鮮黃色和紅色環帶。托架表面質感如漆。置於火燄中會熔化。管口為淺黃色，堅硬的菌肉為白至黃色，有特殊的酸氣味。

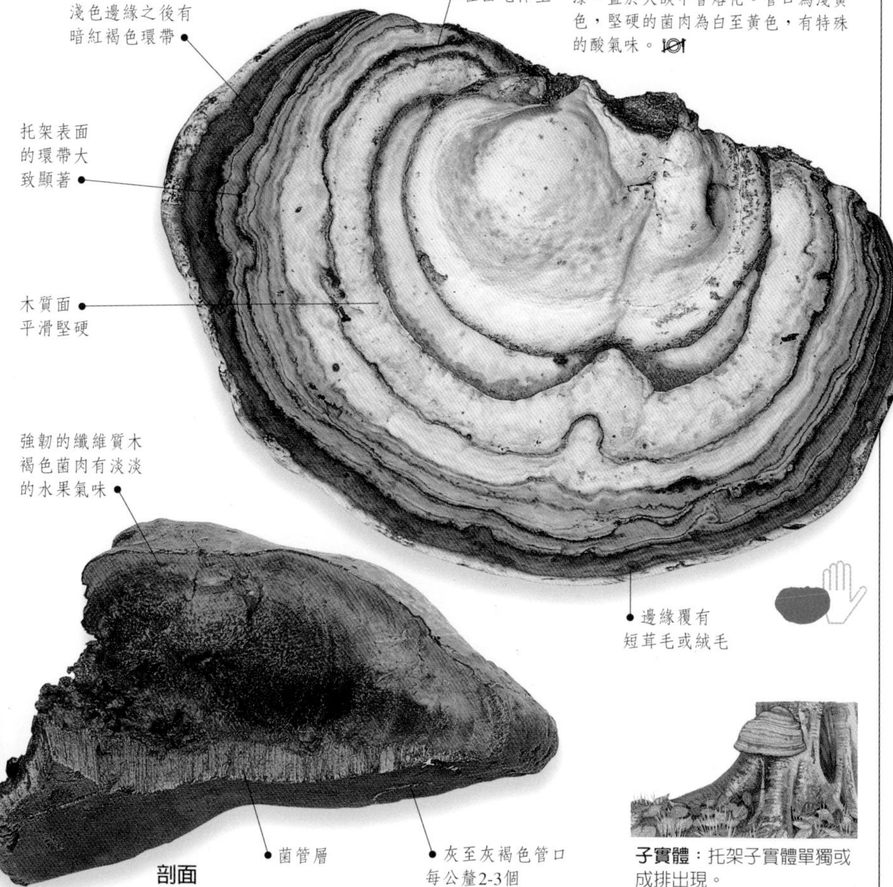
這個標本生長在山毛櫸上
淺色邊緣之後有暗紅褐色環帶
托架表面的環帶大致顯著
木質面平滑堅硬
強韌的纖維質木褐色菌肉有淡淡的水果氣味
邊緣覆有短茸毛或絨毛
菌管層
灰至灰褐色管口每公釐2-3個
剖面

子實體：托架子實體單獨或成排出現。

尺寸：托架 5-30公分×至25公分 5-30公分	孢子：白色	食用性

科：暗孔菌科	種：*Phaeolus schweinitzii*	季節：夏至冬季

松杉暗孔菌（PINE DYE PLOYPORE）

茂盛生長時令人印象深刻，這種一年生的托架菌出現在一根非常短、大致居中的褐色柄上，具有鮮明的硫磺色邊緣，圍繞著同心的銹褐色環帶。隨著托架的成長而變為污褐色，然後慢慢腐朽。硫磺色菌管層厚達1公分，管口直徑1-4公釐，它們小時候呈綠黃色，觸摸時轉成暗褐色。不可食的黃至褐色纖維質菌肉含有一種可用作染料的色素。

• **分布**：圍繞著活或死亡的軟木樹，特別是松樹，造成褐腐。廣泛分布且常見於北溫帶；遍布全世界。

硫磺色
年幼標本
表面凹凸不平
具彩色環帶
托架表面
十分毛茸
或多毛
老標本整個
呈暗褐色
1公分

管口表面

子實體：大都單獨從地面下的根部冒出。

尺寸：托架 ⊕15-30公分×10-25公分 ⊕1-4公分	孢子：白色	食用性

科：刺革菌科 | 種：*Inonotus hispidus* | 季節：夏至秋季

粗毛纖孔菌（SHAGGY POLYPORE）

這種肉厚的扇形、一年生托架菌可由其表面的粗毛來辨認。幼時呈火紅色，漸漸從子實體內部向外轉變成褐色；管口表面為白至淺褐色，隨著成熟變暗，而且往往顯得發亮。每公釐有2-3個管口。淺褐色菌管層1-3公分深。產孢組織（子實層）中散布有短粗毛（剛毛）。

• **分布**：寄生在梣木、梨、蘋果和胡桃等硬木樹上，造成白腐。廣泛分布於北溫帶，常見至罕見。

• **相似種**：薄皮纖孔菌（*Inonotus cuticularis*）托架較小，且長在山毛櫸和櫟木上。鳥狀纖孔菌（*I. rheades*）也較小，長在白楊上。

托架會由火焰紅色漸漸變成褐色
白至淺褐色管口表面隨著成熟變暗
托架表面有很多粗毛

子實體：托架單獨或融合成群出現在活的硬木樹上。

尺寸：托架 ⬌15-40公分×10-20公分 ⬍至10公分 | 孢子：黃色 | 食用性

科：刺革菌科 | 種：*Inonotus radiatus* | 季節：全年

輻射狀纖孔菌（ALDER BRACKET）

這種多孔菌的托架為半圓形，且邊緣呈波浪狀。上表面幼時呈鮮黃至橙紅色，漸漸變成深淺不一的銹褐色環帶。幼年和成長時，管口表面上常常有黃色液滴；隨著成熟它會出現「光輝」，發亮如銀一般。菌管長1公分，子實層包圍著小而短的彎毛（剛毛）。

• **分布**：大部分寄生在站立的赤楊樹幹或樺樹上。在倒地的樹幹上，它可能只在樹皮上長出菌管層（平伏的）。廣泛分布且常見於北溫帶。

• **相似種**：小節纖孔菌（*I. nodulosus*）托架較不顯著，且長在山毛櫸上。

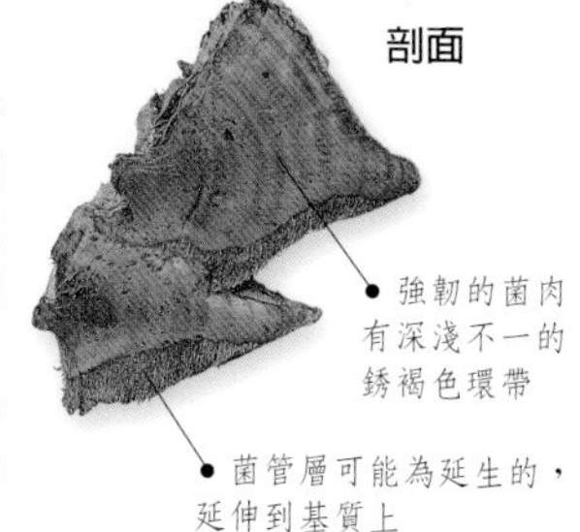
剖面
強韌的菌肉有深淺不一的銹褐色環帶
菌管層可能為延生的，延伸到基質上

半圓形托架具波浪狀邊緣

上表面幼時呈橙色

每公釐2-4個管口

管口表面從某些角度看呈現發亮的銀灰色

子實體：在枯木上成層和列出現。

尺寸：托架 ⬌3-8公分×1-3公分 ⬍至3公分 | 孢子：淺黃褐色 | 食用性

科：多年生多孔菌科	種：*Heterobasidion annosum*	季節：全年

異擔孔菌(Conifer-base Polypore)

這種蕈的多年生托架形狀不規則，表面十分不平，質地有如軟木一般。淺褐色殼隨著成熟變暗；邊緣為白色，其後方常毗鄰著橙色帶。白至奶油色菌管層厚達1公分以上，不可食的菌肉為淡黃色。偶爾這種蕈會平貼著基質生長而沒有托架(平伏的)。

• **分布**：軟木樹殘株上，很少出現在硬木樹上。在密集的軟木樹造林地，它能從地面下擴散而感染健康的樹。廣泛分布且常見於北溫帶。

白至奶油色管口，每公釐2-4個

正在生長的邊緣為白色

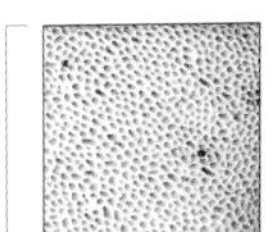
1公分

管口表面

淺褐色殼隨著成熟變暗

軟木狀淺黃色菌肉

剖面

子實體：托架子實體成群或單獨出現。

尺寸：托架 ⇔5-25公分×3-15公分 ⇕1-3公分	孢子：白色	食用性

科：擬層孔菌科	種：*Gloeophyllum odoratum*	季節：全年

香黏褶菌(Scented Bracket)

這種蕈會長出多年生托架，呈墊子狀，稍具絨毛。邊緣為金黃至橙色；較老的部分近乎黑色。每公釐有1-2個金黃色管口，菌管層厚達1公分。銹褐色菌肉有如軟木。雖然不可食，但這種多孔菌有好聞的茴香和柑桔氣味。

• **分布**：軟木樹上，通常為雲杉；造成褐腐。廣泛分布於北溫帶。

• **相似種**：分布廣且常見的冷杉黏褶菌(*Gloeophyllum abietinum*)和籬邊黏褶菌(*G. sepiarium*)具褶狀管口，一般出現在曬過太陽的軟木材上。

內部區域呈暗褐至黑色

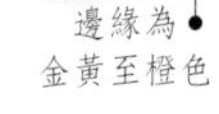

邊緣為金黃至橙色

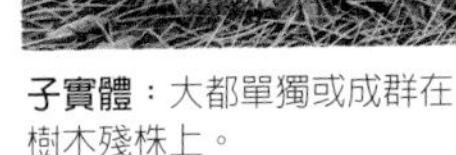

金黃色年幼標本

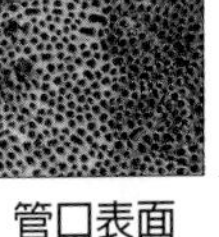
1公分

管口表面

子實體：大都單獨或成群在樹木殘株上。

尺寸：托架 ⇔5-20公分×5-20公分 ⇕2-5公分	孢子：白色	食用性

科：革蓋菌科	種：*Trametes gibbosa*	季節：全年

偏腫栓菌(BEECH BRACKET)

一年生或多年生，這種大型托架菌為半圓形，其上表面內側通常被藻類染為綠色。同心環帶出現在平滑的邊緣附近。幼成時呈白堊色，表面具短茸毛或微小的毛，隨著成熟漸漸平滑。白色菌肉強韌而不可食；菌管層厚4公釐，具拉長的奶油色管口。

• **分布**：林地中，一般在山毛櫸上形成白腐。廣泛分布且相當常見於北溫帶。

• **相似種**：硬毛栓菌(224頁)較薄且較多毛，較灰的管口不那麼長。

1公分

管口表面

綠色藻類生長在托架表面

托架著生在基質處特有的隆起

剖面

白色菌肉厚軟木狀

奶油色管口為拉長形

迷宮狀管口表面每公釐有1-2個管口

子實體：單獨或成層出現在硬木樹殘株上。

尺寸：托架 ⟷10-30公分×5-20公分 ↕1-4公分	孢子：白色	食用性

科：革蓋菌科	種：*Trametes hirsuta*	季節：全年

硬毛栓菌（HAIRY BRACKET）

這種蕈會產生一年生托架，表面的內側區域有硬且直立的毛。表面還有同心的脊以及米色至黃褐色環帶，隨著成熟會愈來愈暗。管口為多角形，白色菌管層1-4公釐厚。白色菌肉強韌。

• **分布**：出現在林地中由於森林工作或暴風損害而曬得到太陽的地方。會在多種硬木樹上造成白腐。世界分布廣泛且相當常見於北溫帶。

• **相似種**：絨毛栓菌（*T. pubescens*）為較北方的物種，管口較黃。單色下皮黑孔菌（*Cerrena unicolor*）也產於較北部，管口較不規則，且菌管層上有黑線。

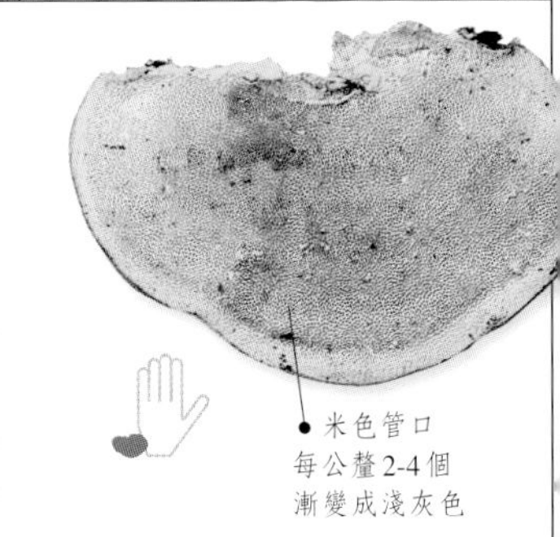
米色管口
每公釐2-4個
漸變成淺灰色

子實體：成排及層出現在倒地的硬木樹幹上。

短毛平貼
在光滑的
邊緣上
米色至
黃褐色環帶

尺寸：托架 ↔ 5-12公分×3-8公分 ↕ 0.3-1公分	孢子：白色	食用性

科：革蓋菌科	種：*Trametes versicolor*	季節：全年

彩絨栓菌（雲芝，MANY-ZONED BRACKET）

薄而多層的托架具有灰和褐色相間的環帶，是這種常見真菌的特徵。子實體為一年生，在春天會進一步發育。廣扇形托架狹窄地著生在基質上。菌管層3公釐厚，呈白色，漸漸乾燥為淺黃色，每公釐有3-4個管口。強韌的菌肉為白色。此處為典型的較小標本，具灰和暗藍灰色環帶。為中國藥用真菌。

• **分布**：林地、公園和花園中的硬木樹上，形成白腐。世界分布廣泛且十分常見於北溫帶。

• **相似種**：赭栓菌（*Trametes ochracea*）為較北方的物種，稍厚一點且顏色較褐，管口較大。

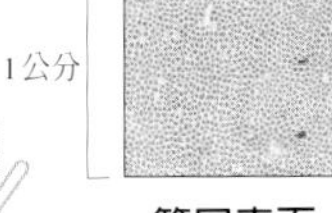
1公分

管口表面

著生
區域狹窄
不規則邊緣
呈波浪狀

子實體：密集成列和層出現在殘株頂端或側面。

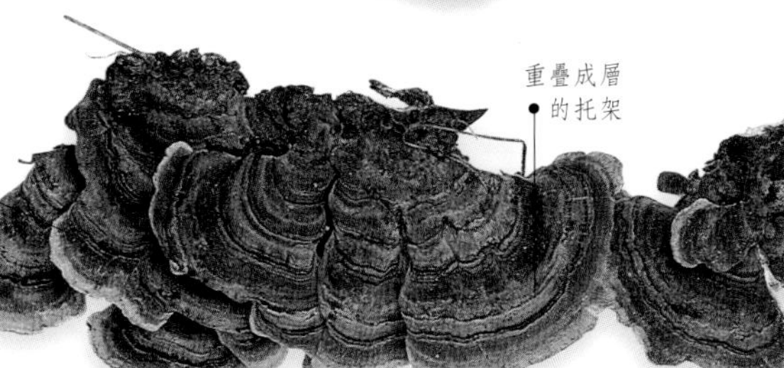
絲般的表面具
有灰褐相間的
密集環帶
重疊成層
的托架

尺寸：托架 ↔ 2-7公分×1-5公分 ↕ 至1-5公釐	孢子：白色	食用性

科：煙管菌科	種：*Bjerkandera adusta*	季節：全年

煙管菌(SMOKY POLYPORE)

在適合的棲息地中數量豐富，這種蕈會長出一年生的薄托架，具灰褐色環帶，覆著絨毛的表面為波浪狀，邊緣淺裂。菌管層厚達2公釐。具有獨特的灰色微小管口；在其剖面中，米色菌肉和菌管層之間可以看到一暗色薄層。它有強烈的「真菌」氣味。

• **分布**：寄生或腐生在林地中的硬木樹上，多為山毛櫸；形成白腐。分布廣且常見於北溫帶。

• **相似種**：煙色煙管菌(*Bjerkandera fumosa*)通常出現在柳樹或梣木上，數量較稀少。它的體型較大，管口亦較淡。

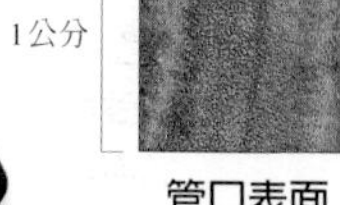
1公分

管口表面

老熟個體的邊緣色暗，幼時為白色
具絨毛的表面有灰褐色環帶
圓形管口，每公釐4-6個
淺灰褐色管口隨著成熟變成灰色

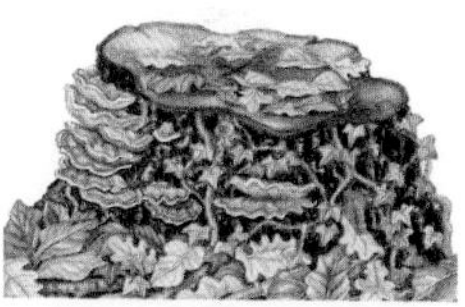

子實體：子實體成列或成層地生長。

尺寸：托架 ⬌3-7公分×1-5公分 ⬍至8公釐	孢子：奶油白色	食用性

科：革蓋菌科	種：*Pycnoporus cinnabarinus*	季節：全年

朱紅密孔菌 (CINNABAR BRACKET)

這種蕈一致呈鮮明朱紅色，很容易辨認。一年生托架為半圓形至扇形，上表面有絲般的纖毛。隨著成熟顏色漸淡，薄而銳利的邊緣近乎平滑。菌管層4-6公釐厚。菌肉乾燥時變成軟木狀。

• **分布**：在溫暖、向陽、暴露環境中的死亡硬木樹上；形成白腐。廣泛分布於北溫帶，常見至罕見。

• **相似種**：血紅密孔菌(*Pycnoporus sanguineus*)較薄，見於相似的地方但在較溫暖的氣候區中。

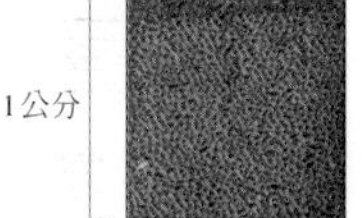
1公分

管口表面

表面大致平滑，成熟時稍微起皺
圓形至長形細微管口，每公釐2-3個
托架形狀可能近乎圓形

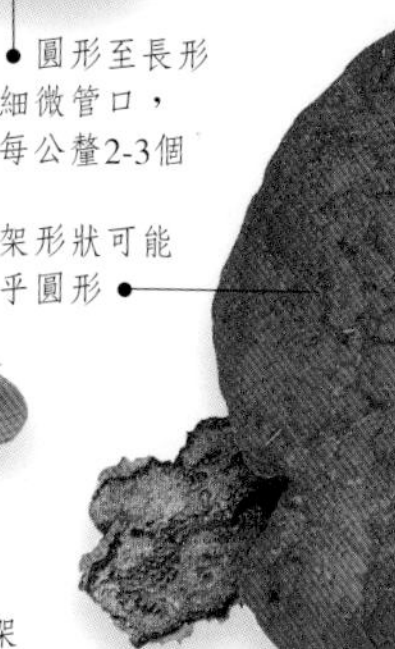

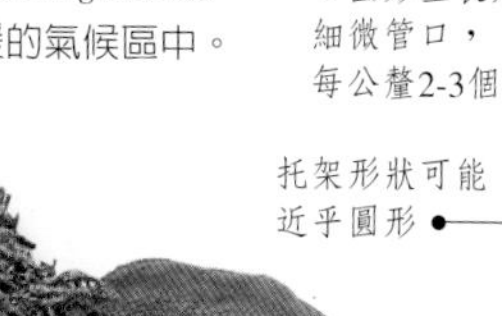
整個托架呈朱紅色

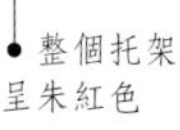

子實體：子實體單獨或少數聚集出現。

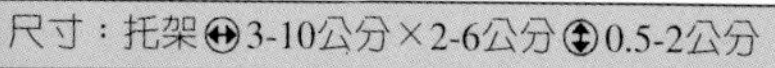

尺寸：托架 ⬌3-10公分×2-6公分 ⬍0.5-2公分	孢子：白色	食用性

科：齒耳科	種：*Trichaptum abietinum*	季節：全年

冷杉近毛菌
(Conifer Purple-pore)

這種廣扇形、一年生托架菌在產生處大都茂盛，淺灰色表面覆著絨毛，且通常被藻類染綠，有同心溝紋，紫色邊緣一般呈波浪狀且淺淺裂開。幼時的5公釐厚菌管層為紫色，而後漸漸變成紅褐色。角形管口通常隨著成熟而分裂。淺褐或紫色菌肉強韌。

• **分布**：在軟木樹上，大多數為雲杉，造成白腐。廣泛分布且常見於北溫帶。

• **相似種**：雙形近毛菌(*Trichaptum biforme*)托架較寬，較不平伏，且生長在硬木樹上。其他近毛菌蕈類見於軟木樹上，例如污褐紫羅蘭近菌毛菌(*T. fusco-violaceum*)在松樹上，可由其底面上的齒或褶來辨別。

淺灰色表面覆有絨毛

綠藻生長在托架上

同心的溝紋

波浪狀淺裂的托架邊緣

管口大都會隨著成熟而分裂

每公釐有3-6個角形管口

子實體：子實體成行和層，通常融合成群。

尺寸：托架 ↔ 2-4公分 × 2公分 ↕ 2-3公釐	孢子：白色	食用性

科：擬層孔菌科	種：*Daedalea quercina*	季節：全年

櫟迷孔菌
(Thick Mazegill)

這種蕈會產生一片半圓形多年生的厚托架，光滑但凹凸不平的表面為乳黃或暗赭土至褐或淺灰色。新鮮時稍具彈性，乾燥後硬如木頭。不可食的淺木褐色菌肉有淡淡的真菌氣味。年幼的管口靠近生長邊緣，呈圓形，後來則發展為迷宮般的厚板，從著生點放射開來；菌管層1-3公分厚，隔板壁1.5-2公釐厚。

• **分布**：寄生或腐生在林地和公園的櫟木和歐洲栗上；形成褐腐。分布廣且相當常見於北溫帶。

• **相似種**：其他具備迷宮般管口的多孔菌包括粗糙擬迷孔菌和樺革褶菌(皆在227頁)具備較厚的托架，而且不長在櫟木心材上。

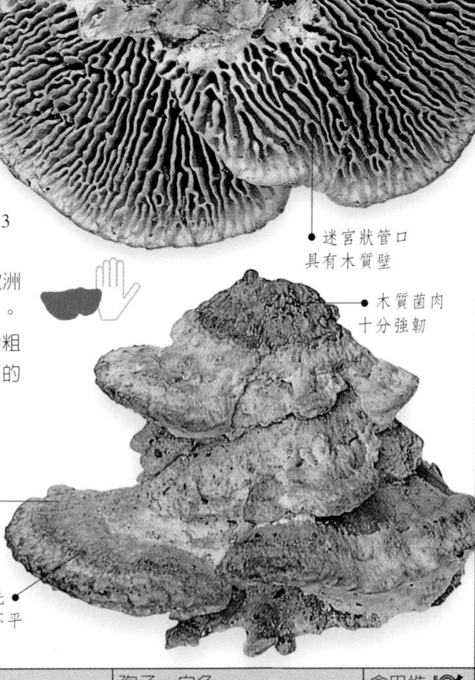
迷宮狀管口具有木質壁
木質菌肉十分強韌
托架為奶油黃至淺灰色
平滑至覆短毛的表面凹凸不平且有溝

子實體：單獨或成層；可能形成擱板群。

尺寸：托架 ↔ 10-30公分 × 5-20公分 ↕ 3-7公分	孢子：白色	食用性

科：革蓋菌科	種：*Daedaleopsis confragosa*	季節：全年

粗糙擬迷孔菌(THIN MAZEGILL)

這種蕈的一年生托架為薄、寬扇形、表面平滑至多疣，只有在著生區域附近漸漸加厚。表面的淺灰至黃色會隨成熟變成污紅褐色，形成一全面或成同心環帶。菌肉質地如軟木般，不能食用，呈淺木褐色；管口幼時為淺灰色，受傷時轉紅。菌管層0.5-1公分厚，為紅褐色。

• **分布**：有些區域出現在多種硬木樹上。其他區域則較受限制，偏好柳樹；形成白腐。廣泛分布且相當常見於北溫帶。

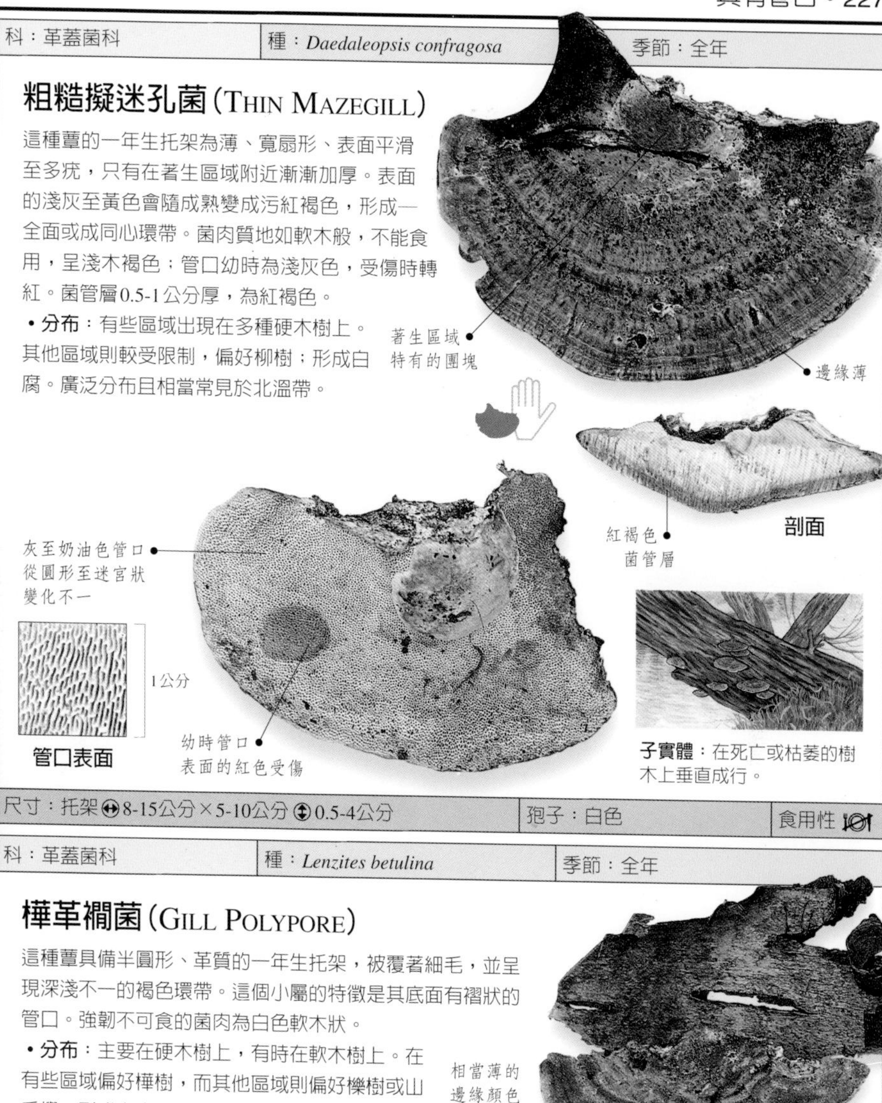

著生區域特有的團塊
邊緣薄
剖面
紅褐色菌管層
灰至奶油色管口從圓形至迷宮狀變化不一
1公分
管口表面
幼時管口表面的紅色受傷

子實體：在死亡或枯萎的樹木上垂直成行。

尺寸：托架 ⟷8-15公分×5-10公分 ↕0.5-4公分	孢子：白色	食用性

科：革蓋菌科	種：*Lenzites betulina*	季節：全年

樺革褶菌(GILL POLYPORE)

這種蕈具備半圓形、革質的一年生托架，被覆著細毛，並呈現深淺不一的褐色環帶。這個小屬的特徵是其底面有褶狀的管口。強韌不可食的菌肉為白色軟木狀。

• **分布**：主要在硬木樹上，有時在軟木樹上。在有些區域偏好樺樹，而其他區域則偏好櫟樹或山毛櫸；形成白腐。世界分布廣泛，相當常見於溫帶，熱帶較少。

• **相似種**：偏腫栓菌(223頁)管口為圓形至稍微拉長的。

子實體：子實體單獨或成排和層出現。

相當薄的邊緣顏色較淺
凹凸不平的托架表面有褐色環帶
褶狀奶油至淺灰色管口從著生區域輻射開來

尺寸：托架 ⟷3-10公分×1-5公分 ↕1-2公分	孢子：白色	食用性

底面起皺或平滑

並非所有托架菌的子實體底面都具有菌管層和管口(211-227頁)，有些在其起皺、呈脈狀、具疣、多刺或完全平滑的表面上具備產孢細胞(擔子)。在此節中便列舉了這類托架菌。而其中的其他具備菌管和管口的蕈類，偶爾會產生平貼著基質表面生長的(平伏的)子實體。這些蕈類擁有一層支持產孢組織的菌肉。

科：裂褶菌科	種：*Phlebia tremellosa*	季節：秋至早冬

銀耳狀射脈菌(JELLY BRACKET)

銀耳狀射脈菌具有發達而突出的一年生托架，為通常是扁平的射脈菌例外，然而部分產孢層延伸到樹皮上。頂面被有絨毛且近乎白色，而底面則為黃至橙色，覆蓋著密集的脊和脈。構造柔軟，呈凝膠狀。

• **分布**：在樺木和山毛櫸等硬木樹殘株上；極少出現在軟木樹上。廣泛分布且常見於北溫帶。

• **相似種**：近緣的射脈菌(*Phlebia radiata*)常見於相同基質上，但呈鮮橙色而且較薄；完全平伏，沒有托架，底面具放射狀脈紋和皺紋。

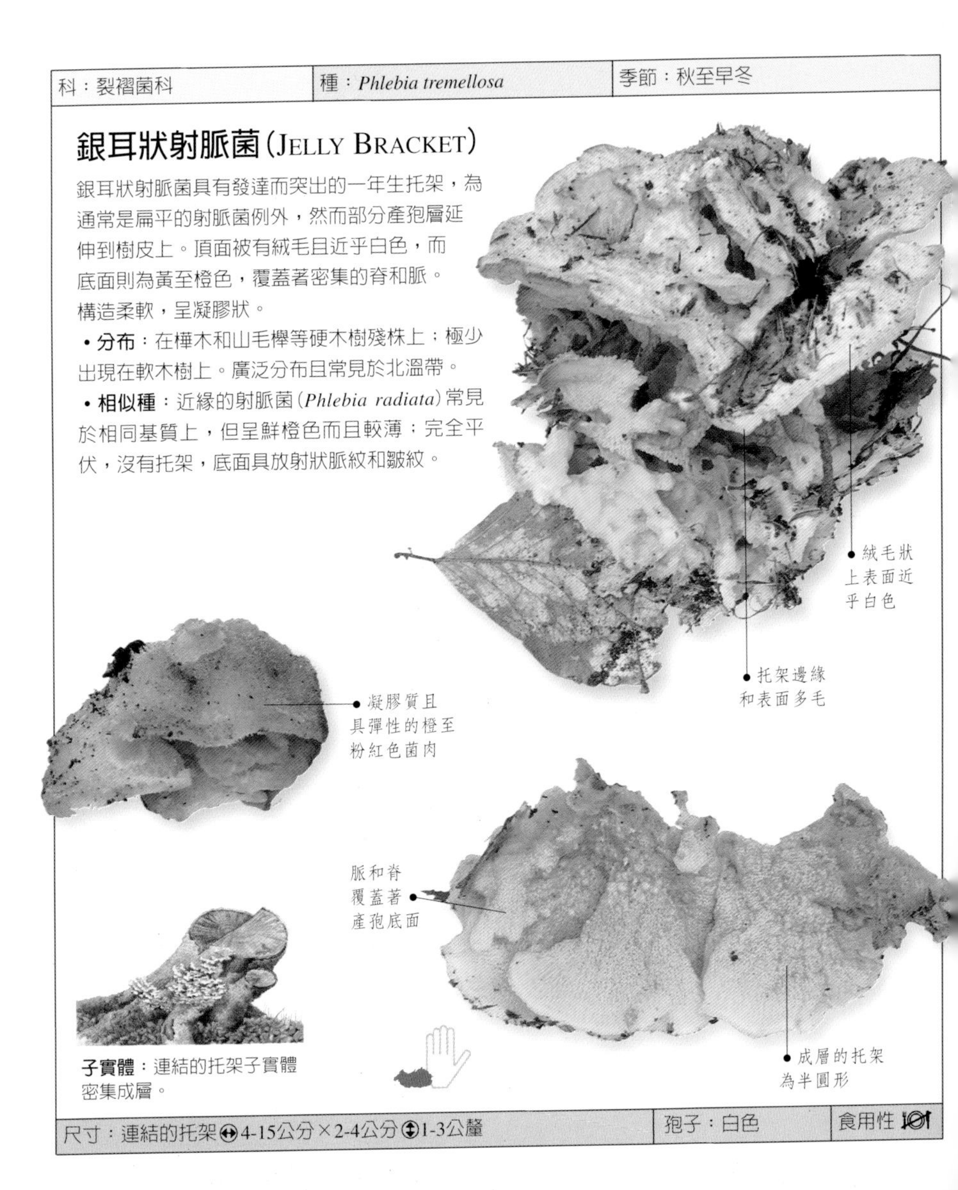

絨毛狀上表面近乎白色
托架邊緣和表面多毛
凝膠質且具彈性的橙至粉紅色菌肉
脈和脊覆蓋著產孢底面
成層的托架為半圓形

子實體：連結的托架子實體密集成層。

尺寸：連結的托架 ↔ 4-15公分×2-4公分 ↕ 1-3公釐	孢子：白色	食用性

科：革菌科	種：*Thelephora terrestris*	季節：全年

疣革菌(COMMON EARTH-FAN)

外貌類似某些地衣，這種真菌的扇形子實體具繸毛，由於顏色如土壤，偽裝得很巧妙。上表面凹凸不平，具纖維質；產孢底面多疣，且色彩稍淺一點。褐色菌肉薄而不可食。

• **分布**：在樹林中與樹木形成菌根；見於石南上、酸性土壤或腐朽的殘株上；通常出現在道路和軌道兩旁，也見於針葉樹的苗圃中。廣泛分布且常見於北溫帶。

• **相似種**：堅果褶革菌(*Thelephora caryophyllea*)為深漏斗形，表面絨毛較少。疣革菌有種不常見的平伏類型，其外貌近似絨毛蕈菌屬(*Tomentella*)蕈類。

底面顏色較頂面淺
產孢底面多疣
通常在土壤表面產孢

扇形托架層

凹凸不平的上表面具絨毛

白至淺褐色邊緣有繸毛

子實體上的顯著纖維質構造

子實體：連結的托架子實體成層出現。

尺寸：連結的托架 ⟷ 4-10公分×1-6公分 ↕ 2-3公釐	孢子：褐色	食用性

科：粉孢革菌科	種：*Serpula lacrymans*	季節：全年

干朽菌(DRY-ROT FUNGUS)

這種真菌以其所引起的褐腐病而著稱，會使室內木材嚴重受損。半圓形具脈紋的平伏或托架形子實體呈深淺不一的褐色，且從生長邊緣滲出酸性白色小液滴，觸摸後會染著成紅褐色，質地類似橡膠。該真菌也產生大量如經緯般的白色菌絲體。

• **分布**：在通風不良的建築物內蔓延，鹼性基質如灰泥，中和了其酸性的小滴，否則將會使其生長環境過酸。廣泛分布且常見於建築物內；野外已知出現在北美西海岸，和印度喜瑪拉雅山麓的小丘中。

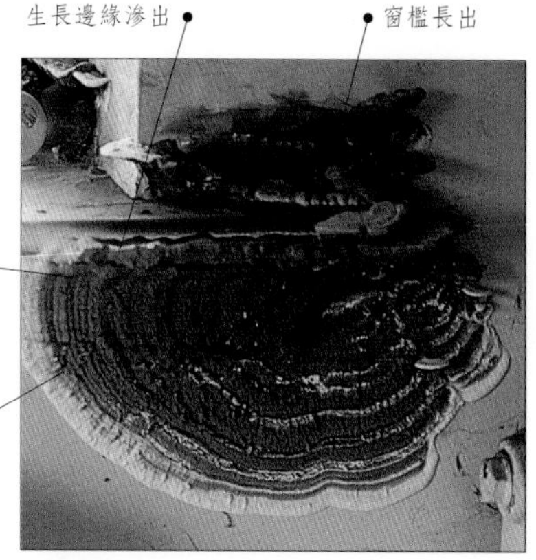
酸性白色小滴從生長邊緣滲出
托架從木頭窗檻長出
同心環帶呈深淺不一的褐色
伸展的子實體大都平伏

子實體：在室內木材、木板和牆壁上完全平伏或長出托架。

尺寸：子實體 ⟷ 至50公分×0-10公分 ↕ 0.5-2公分	孢子：黃至橄欖褐色	食用性

科：木耳科	種：*Auricularia mesenterica*	季節：全年

腸膜狀木耳(TRIPE FUNGUS)

乍看之下，這種一年生托架菌容易被誤認作栓菌屬(223-224頁)或韌革菌屬(232頁及下欄)蕈類，但它可由凝膠質菌肉等特徵加以區別。頂面的環帶是由於細絨毛所形成。產生孢子的托架底面有皺紋和脈紋。雖然可食，但不值得。

• **分布**：公園和樹林中幾乎限於榆樹上。數量較木耳(283頁)少，但在死亡的榆樹上非常茂盛，並與其他榆樹木材真菌並存。廣泛分布但局部出現在北溫帶；北部及熱帶地區罕見或不存在。

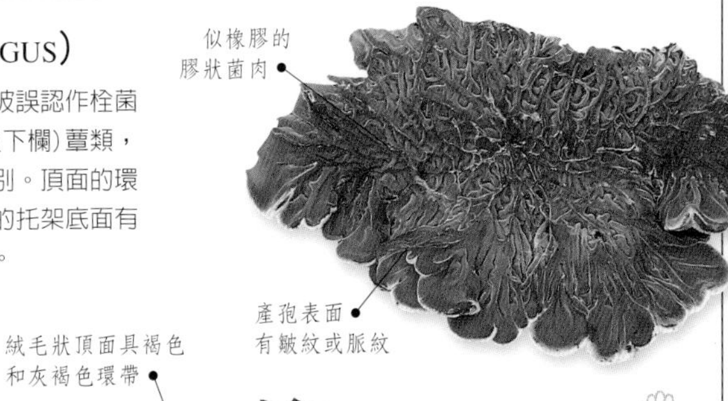
似橡膠的
膠狀菌肉
產孢表面
有皺紋或脈紋
絨毛狀頂面具褐色
和灰褐色環帶
由於藻類而
呈綠色

子實體：托架成層出現在樹幹和殘株上。

尺寸：托架⊕4-15公分×1-5公分⊕2-5公釐	孢子：白色	食用性

科：隔孢伏革菌科	種：*Stereum hirsutum*	季節：全年

毛韌革菌(HAIRY LEATHER-BRACKET)

這種蕈具有長壽的扇形鮮黃色至黃褐色托架，其平滑的產孢表面常常延伸到基質。上表面具毛，有不顯著的同心環帶；邊緣顏色較淺。顏色相近的菌肉薄但強韌且不著色。孢子為澱粉質的。

• **分布**：硬木樹上，特別是櫟木、樺木和山毛櫸；通常在樹皮上或庫存木材的切割面上。廣泛分布於北溫帶；常見。

• **相似種**：煙色韌革菌(*Stereum gausapatum*)和皺韌革菌(232頁)更平伏且著有紅色。赭黃韌革菌(*S. ochraceo-flavum*)較小，且底面較黯淡。似毛茸韌革菌(右下圖)。

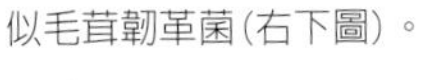

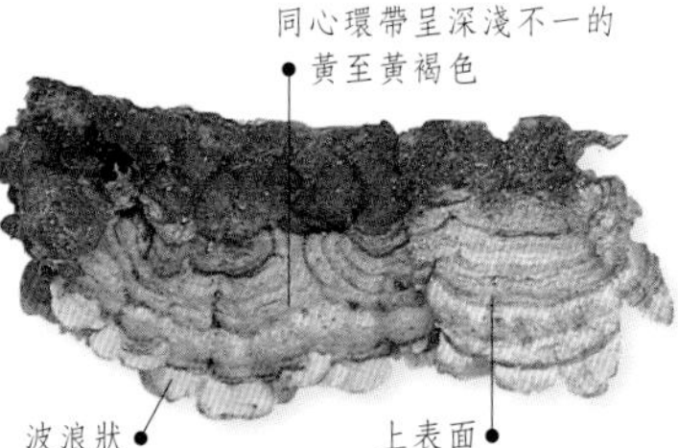
托架可
密集成層
產孢
底面平滑
同心環帶呈深淺不一的
黃至黃褐色
波浪狀
邊緣淺裂
上表面
具毛

子實體：茂盛的托架狀子實體連結出現。

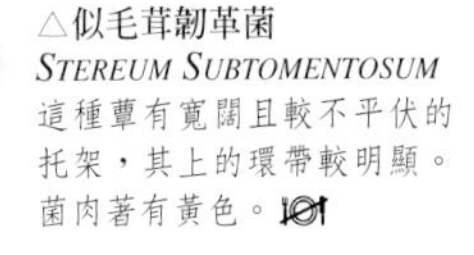

△似毛茸韌革菌
STEREUM SUBTOMENTOSUM
這種蕈有寬闊且較不平伏的托架，其上的環帶較明顯。菌肉著有黃色。

尺寸：托架⊕2-6公分×至3公分⊕1-2公釐	孢子：白色	食用性

科：裂褶菌科	種：*Chondrostereum purpureum*	季節：全年

紫色顆粒韌革菌
(PURPLE LEATHER-BRACKET)

這種真菌很容易辨認，因為它會產生許多邊緣呈波浪狀的托架，它們幼時呈紫色。上表面覆有白色長毛；底面平滑，呈紫褐色。乾燥時，它們的質地大都如角一般。菌肉為蠟質且帶幾分凝膠質。不同於一般韌革菌屬蕈類，其孢子在碘劑中不呈藍色反應。

• 分布：寄生或腐生於許多硬木樹上；在櫻桃和李樹上造成銀葉病，最後在木材中產生白腐。廣泛分布於北溫帶；常見於大部分區域。

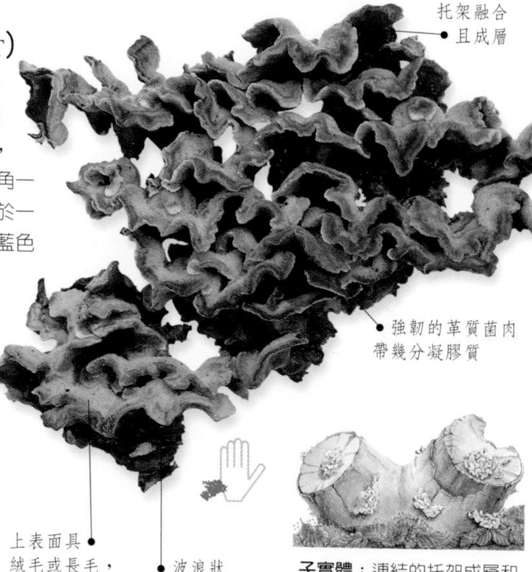
托架融合
且成層
強韌的革質菌肉
帶幾分凝膠質
平滑的產孢
表面為紫褐色
上表面具
絨毛或長毛，
外貌近乎白色
波浪狀
托架邊緣

子實體：連結的托架成層和成列出現。

尺寸：連結的托架 ↔ 2-5公分 × 至4公分 ↕ 1-2.5公釐	孢子：白色	食用性

科：刺革菌科	種：*Hymenochaete rubiginosa*	季節：全年

褐赤刺革菌
(RIGID LEATHER-BRACKET)

這是一種偽裝巧妙而僵硬的多年生托架菌，其邊緣呈波浪狀，茂盛地成層出現。頂面具顯著的褐色同心環帶，數量隨著成熟不斷增加，而且顏色變得非常暗；可可褐色底面似乎平滑，但用高倍放大鏡檢視即可見到被覆著微小的硬毛(剛毛)。菌肉非常強韌，肉少，呈可可褐色。

• 分布：生長在櫟木或歐洲栗樹的殘株或掉落樹枝上。廣泛分布於北溫帶。

環帶隨著
成熟增加
波浪狀邊緣
有時淺裂

微小的硬毛
覆著底面
可可褐色底面
底面
似乎平滑

褐色上表面
隨著成熟變
得非常暗

上表面有
暗褐色環帶

子實體：托架子實體密集成層出現。

尺寸：托架 ↔ 1-6公分 × 1-4公分 ↕ 約1公釐	孢子：奶油白色	食用性

皮狀、平展或殼狀

本節介紹幾種屬於生長在倒地木材的底面，並產生完全平伏的皮狀子實體眞菌。它們從白色至粉紅或深藍色變化不一。這些蕈類的產孢表面(子實層)有的平滑，或具疣、具刺或有脈紋花紋(詳見228-231頁)。

科：隔孢伏革菌科	種：*Stereum rugosum*	季節：全年

皺韌革菌(Common Leather-bracket)

這種茂盛的林地真菌會持續生長若干季節，在樹皮上形成厚而平且沒有什麼特色的一層淺灰色皮狀物；很少產生托架。刮掉真菌表面不久即產生血紅色斑點。孢子為澱粉質的。

• **分布**：硬木樹上，往往在站立的死亡樹幹上，最常出現在榛木、樺木和赤楊。廣泛分布且常見於歐洲；或許也出現於北溫帶更廣闊的區域。

• **相似種**：血痕韌革菌(*Stereum sanguinolentum*)受傷時也會著為紅色，但它出現在軟木樹皮上。而且有顯著的托架。

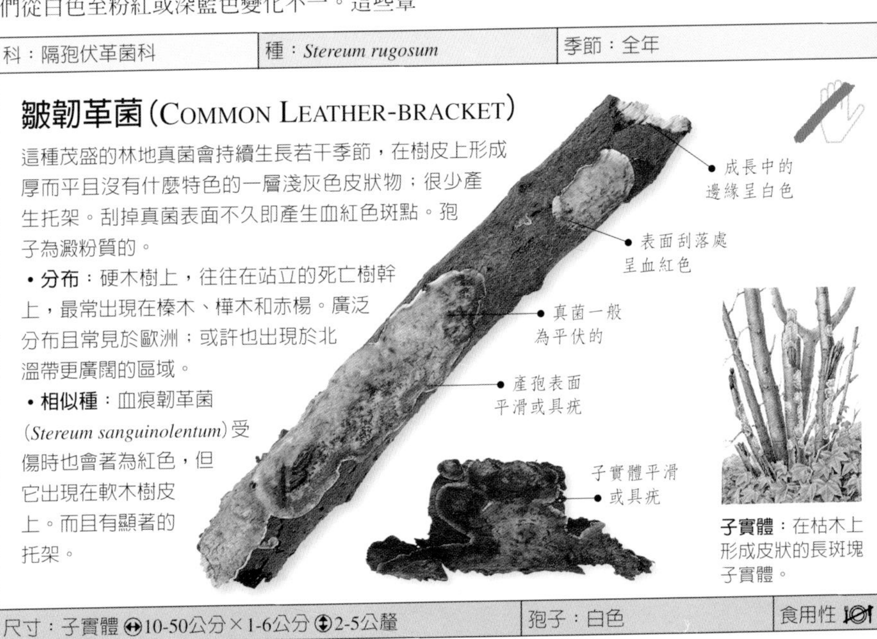
成長中的
邊緣呈白色
表面刮落處
呈血紅色
真菌一般
為平伏的
產孢表面
平滑或具疣
子實體平滑
或具疣

子實體：在枯木上形成皮狀的長斑塊子實體。

尺寸：子實體 ⊕10-50公分×1-6公分 ⊕2-5公釐	孢子：白色	食用性

科：背孔菌科	種：*Hyphodontia paradoxa*	季節：全年

擬多孔菌 (Deceiving Polypore)

這種真菌通常平伏生長，但在垂直表面上會產生微小的托架。它相當強韌，呈白至奶油褐色，邊緣為白色棉質，中央則有長達4公釐的齒。菌管層1-4公釐厚，每公釐有1-3個管口；用放大鏡檢視時，管口往往像扁平的齒。

• **分布**：主要生長在硬木樹上，特別是山毛櫸，見於樹林地區。廣泛分布且常見於北溫帶；遍布世界各地。

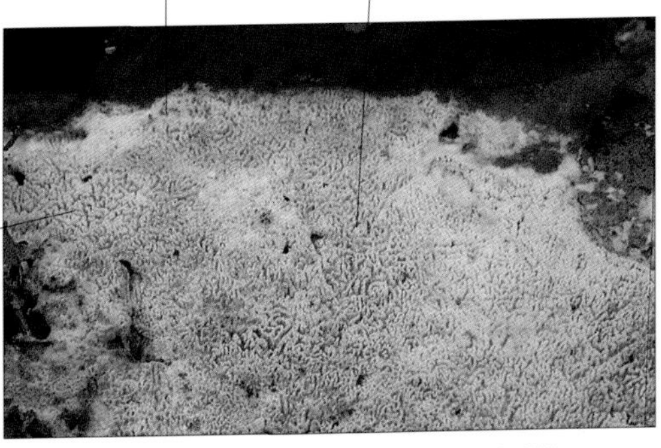
白色邊緣質
地如棉花
白至奶油褐色
中央具齒狀表面
子實體
通常平伏

子實體：成皮狀出現，在掉落的樹枝底面伸展成斑塊。

尺寸：子實體 ⊕5-50公分×2-10公分 ⊕3-7公釐	孢子：白色	食用性

科：粉孢革菌科	種：*Coniophora puteana*	季節：全年，主要在秋季

粉孢革菌（Cellar Fungus）

這種濕腐真菌的伸展子實體質地柔軟，平伏在基質上生長，從不形成托架。孢子的成熟使得中央的黃色變為橄欖褐色，然而邊緣呈白色且具縫毛。子實體表面一般會隨成熟變得起皺而多疣。不同於大多數平伏的真菌，它們都牢牢固定在基質上，粉孢革菌子實體則可輕易撬下來。

• **分布**：在潮溼的木板房屋內，造成濕褐腐，以及各種室外的木頭上。廣泛分布於野外和建築物中，見於溫帶、暖溫帶。

• **相似種**：干朽菌（229頁）滲出小液滴，且會形成托架。

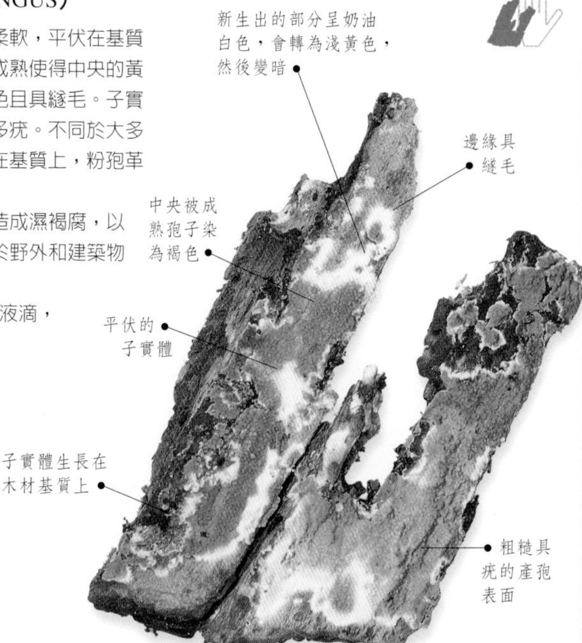
新生出的部分呈奶油白色，會轉為淺黃色，然後變暗
邊緣具縫毛
中央被成熟孢子染為褐色
平伏的子實體
子實體生長在木材基質上
粗糙具疣的產孢表面

子實體：子實體平伏伸展在基質上。

尺寸：子實體 ⬌5-100公分×2-20公分 ⬍0.5-1公釐	孢子：黃褐色	食用性

科：暗孔菌科	種：*Oligoporus rennyi*	季節：秋季

瑞尼少多孔菌（Powder-puff Polypore）

這種伸展的多孔菌最容易由其兩個生長期來辨認，它們幾乎同時發生，彼此緊鄰。在有性期時，平伏的殼狀邊緣為白色，中央為奶油白色，每公釐有2-3個管口。管口隨著成熟而分裂，釋放出白色孢子。而無性期起初呈馬勃狀，成熟時裂為碎片，露出大團粉狀的橄欖褐色孢子。

• **分布**：在軟木樹殘株或掉落樹枝上形成小斑塊；於木材中產生褐腐。廣泛分布於北溫帶，但通常會忽視。

馬勃狀的無性期
殼狀有性期
乳白色且中央有管口
外緣為毛絨絨的白色

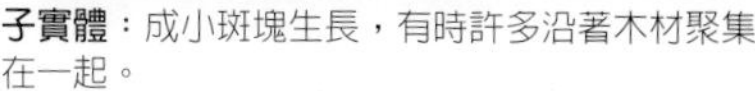

子實體：成小斑塊生長，有時許多沿著木材聚集在一起。

尺寸：鱗片狀碎片 ⬌至7.5公分 │「馬勃」⬍⬌2-4公分	孢子：橄欖褐色／白色	食用性

具刺的真菌

本章介紹的真菌彼此間並無密切的血緣關係，但在它們具齒或多刺的表面全都擁有產生孢子的細胞（擔子），這些刺位於蕈傘底下、托架菌底面，或者垂懸在珊瑚狀子實體的分枝上。有些平伏的蕈類（此處並未描述）整個表面佈滿了刺。

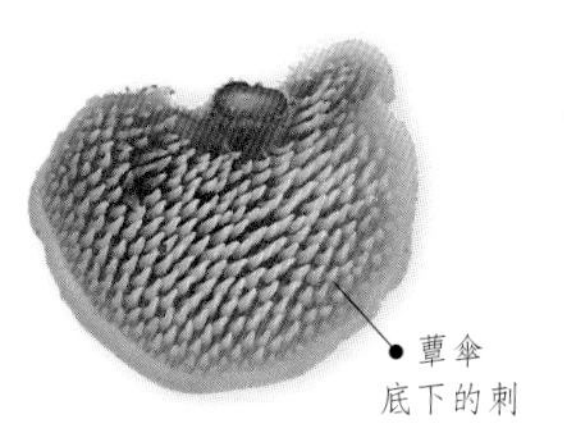
蕈傘
底下的刺

科：耳匙菌科	種：*Auriscalpium vulgare*	季節：全年

耳匙菌（Ear Pick-fungus）

是一種很最獨特的真菌，耳匙菌擁有特殊的腎臟形蕈傘，其表面呈毛皮或多毛狀，蕈柄著生一側。褐色蕈傘的邊緣顏色較淺，底面垂懸有灰色的長刺。褐色蕈柄較蕈傘暗，被覆有絨毛。它由被著絨毛的淺褐色菌絲體固定在基質中。雖然實際上它很普遍，但由於外觀呈褐色，所以不容易發現。它的菌肉堅韌，不能吃。

• **分布**：見於成熟的軟木樹林或造林地針葉堆中腐朽的松樹以及雲杉（數量較少）球果上。廣泛分布於北溫帶的松樹及雲杉森林中。

暗褐色蕈柄著生
在蕈傘邊緣
蕈傘邊緣
色淺
蕈柄上被覆有
褐色絨毛
蕈傘表面
有細毛
腎臟形
褐色蕈傘
蕈柄由覆著
絨毛的淺褐色
菌絲體固定在
球果上
子實體從掩
藏或半掩藏的
松球中冒出
蕈柄著
生點
蕈傘底面有
淺灰色的刺

子實體：子實體單獨或成對出現。

尺寸：蕈傘 ↔ 0.5-2公分	蕈柄 ↕ 3-10公分 ↔ 2-3公釐	孢子：白色	食用性

科：明木耳科	種：*Pseudohydnum gelatinosum*	季節：秋至冬季

白色膠偽齒菌（TOOTHED JELLY）

色彩變化不一，從近乎白色到暗灰褐色不等，這種托架狀的膠質菌蕈傘大致呈半圓形，表面粗糙或有絨毛；蕈柄短胖，通常著生在一側。底面覆有淺色的刺。雖然可以食用，但並不值得。

• **分布**：天然的軟木樹林地和造林地中的木材上，硬木樹上較罕見。廣泛分布於北溫帶，也產於南方較溫暖的區域。

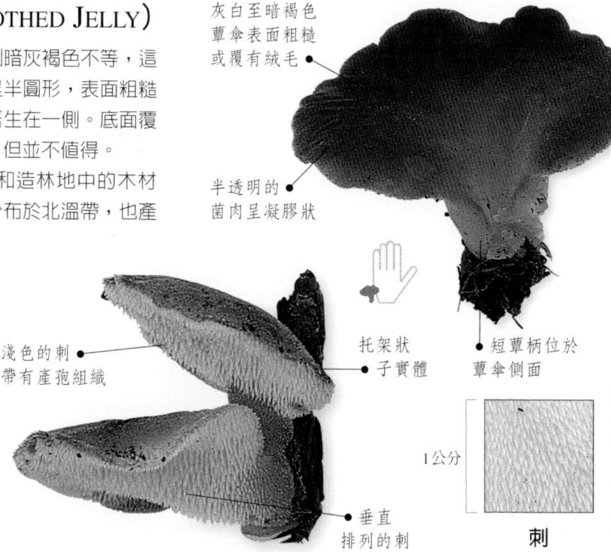

灰白至暗褐色
蕈傘表面粗糙
或覆有絨毛
半透明的
菌肉呈凝膠狀
淺色的刺
帶有產孢組織
托架狀
子實體
短蕈柄位於
蕈傘側面
1公分
垂直
排列的刺
刺

子實體：一般係成群或少數子實體聚集出現。

尺寸：蕈傘 ⊕1-8公分	蕈柄 ↕0.5-3公分 ↔0.5-1.5公分	孢子：白色	食用性

科：煙白齒菌科	種：*Bankera fuligineoalba*	季節：秋季

暗褐白煙白齒菌（BLUSHING FENUGREEK-TOOTH）

這種蕈的蕈傘往往殘缺不全，當它冒出時，大都會將部分基質一併托出。淺褐色蕈傘逐漸染成紅色；下方附帶孢子的刺濃密，呈灰白色。蕈柄越近頂部越白，基部為褐色。相對較軟且不具環帶的菌肉會漸漸變成淺粉紅色。

• **分布**：在乾燥的林地中與松樹形成菌根。廣泛分布但局部出現在北溫帶。

• **相似種**：紫煙白齒菌（*Bankera violascens*）具有清爽、形狀規則的蕈傘，略帶淡紫色，與雲杉長在一起。肉齒菌屬（*Sarcodon*）蕈類具有彩色孢子。

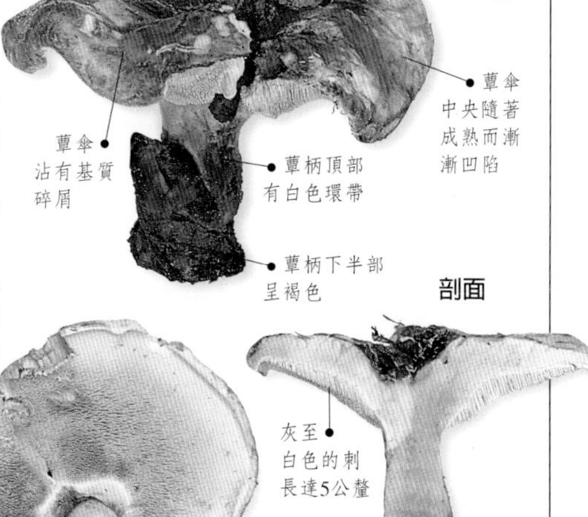

蕈傘
中央隨著
成熟而漸
漸凹陷
蕈傘
沾有基質
碎屑
蕈柄頂部
有白色環帶
蕈柄下半部
呈褐色
剖面
灰至
白色的刺
長達5公釐
蕈柄位在中央
或靠近邊緣

子實體：單獨或小簇出現在沙質土壤上。

尺寸：蕈傘 ⊕5-10公分	蕈柄 ↕2-6公分 ↔1-3公分	孢子：白色	食用性

科：煙白齒菌科	種：Phellodon niger	季節：晚夏至秋季

黑栓齒菌(BLACK TOOTH)

這種蕈的子實體往往融合在一起。蕈傘平坦或中央稍微凹陷，呈淺灰色至紫黑色；年幼個體的邊緣為明顯的淺藍色。刺起初為藍灰色，而後轉成灰色。蕈傘下的菌肉則為革質黑色，又乾燥時有葫蘆巴的氣味。

• **分布**：樹林或造林地中與軟木樹形成菌根，有時出現在鹼性土壤的硬木樹間。廣泛分布但局部見於北溫帶。

• **相似種**：黑白栓齒菌(*Phellodon melaleucus*)氣味相似，但菌肉較薄，較淡，絨毛也較少。見於樹林貧脊的酸性土壤上。亞齒菌屬(237頁)蕈類擁有褐色孢子。

蕈傘表面有模糊的環帶，且被覆著濃密的絨毛
藍灰色的刺長達3公釐，會漸漸變暗
刺為延生的
暗褐色蕈柄上有濃密的絨毛
融合的子實體

子實體：單獨或密集成簇出現在苔蘚中。

尺寸：蕈傘⊕3-10公分	蕈柄↕2-5公分↔0.5-2公分	孢子：白色	食用性

科：煙白齒菌科	種：*Phellodon tomentosus*	季節：晚夏至秋季

毛栓齒菌(FUNNEL TOOTH)

這種齒菌有個中央凹陷的蕈傘，表面有深淺不一的褐色環帶，垂直的刺位在底面，纖維質的蕈柄呈暗褐色。增生的蕈傘邊緣薄而白，往往融合在一起。褐色的薄菌肉堅韌而不能食用。乾燥的子實體有咖哩或葫蘆巴的氣味。

• **分布**：林地中或沙質土壤上，與軟木樹或極少與硬木樹形成菌根。廣泛分布但局部見於北溫帶。

• **相似種**：有些齒菌外貌相當類似，包括一些亞齒菌屬(237頁)蕈類，它們擁有褐色孢子。合生栓齒菌(*Phellodon confluens*)蕈傘表面絨毛更多，顏色較淺，而且形狀較不規則。

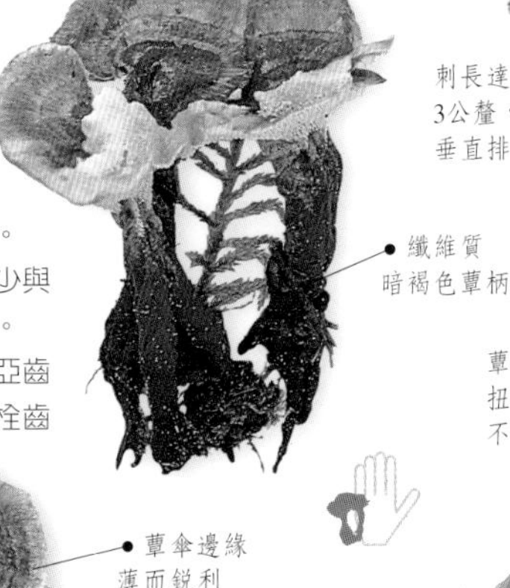

刺長達3公釐，垂直排列
纖維質暗褐色蕈柄
蕈柄稍微扭曲且凹凸不平
蕈傘邊緣薄而銳利
蕈傘菌肉薄而堅韌
蕈傘中央凹陷，環帶清晰

子實體：成群出現在苔蘚和地衣當中。

尺寸：蕈傘⊕2-6公分	蕈柄↕2-5公分↔4-7公釐	孢子：白色	食用性

科：煙白齒菌科	種：*Hydnellum peckii*	季節：秋季

派克亞齒菌(Bile Tooth)

這是一種多肉的蕈，其蕈傘平坦至凹陷，表面多瘤底面則具刺。它起初呈柔軟的白色，而後由於子實體成長時會滲出血紅色小滴液體使它顏色漸漸變暗，最後變成略帶酒紅色的褐色。

• **分布**：樹林和造林地中，包括植有松樹的沙丘，與松樹和雲杉形成菌根，廣泛分布但局部出現於北溫帶。

• **相似種**：銹色亞齒菌(*Hydnellum ferrugineum*)味道溫和。其他蕈類不會滲出紅色小液滴。

產孢表面具有長達3-4公釐的刺

血紅色小滴液體出現在成長中的年幼個體上

成熟的蕈傘表面色暗而多瘤

子實體：成小簇出現在苔蘚或地衣中。

尺寸：蕈傘 ↔ 3-7公分	蕈柄 ↕ 1-6公分 ↔ 0.5-2公分	孢子：褐色	食用性

科：煙白齒菌科	種：*Sarcodon scabrosus*	季節：秋季

粗糙肉齒菌(Blue-footed Scaly-tooth)

和所有該屬的成員一樣，這種蕈體型大且多肉。蕈傘中央往往凹陷，暗褐色表面凹凸不平且具鱗片，暗褐色蕈柄有個鋼藍色基部。淺色菌肉質地像乳酪，帶有麥片氣味。大多數肉齒菌嚐起來味苦，但用鹽醃過之後就可以吃；因為數量稀少所以不推薦。該屬的蕈類正逐漸減少，不少已瀕臨絕種。

• **分布**：在林地中與硬和軟木樹皆形成菌根。廣泛分布但局部乃至罕見於北溫帶。

• **相似種**：海綠柄肉齒菌(*Sarcodon glaucopus*)蕈傘較平滑，蕈柄基部呈藍色。翹鱗肉齒菌(*S. imbricatum*)蕈柄基部為色。

蕈傘表面有暗褐色鱗片

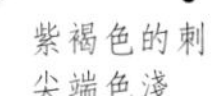
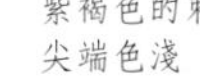

紫褐色的刺尖端色淺

粗短的蕈柄其基部呈鋼藍色

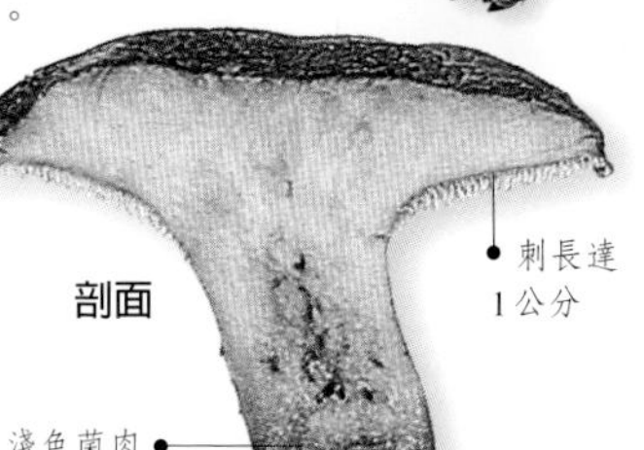
剖面
刺長達1公分
淺色菌肉在蕈柄基部略帶藍色

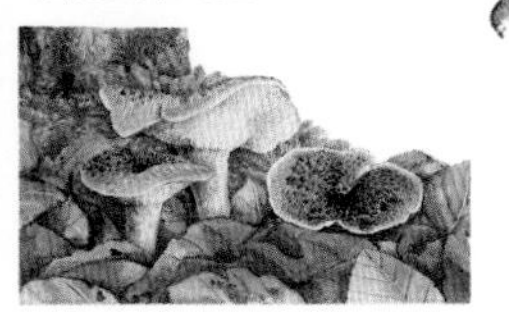

子實體：成簇或成圈出現。

△**翹鱗肉齒菌**
Sarcodon imbricatum
這種褐色的蕈其蕈柄基部不呈藍色。蕈傘具有鱗片，直徑達20公分。菌肉溫和至刺激不等。

尺寸：蕈傘 ↔ 4-14公分	蕈柄 ↕ 3-8公分 ↔ 1-3.5公分	孢子：褐色	食用性

科：齒菌科	種：*Hydnum repandum*	季節：秋季

卷緣齒菌（COMMON HEDGEHOG FUNGUS）

這種非常多肉的真菌有個厚重且稍微偏離中心的蕈柄，以及凸圓或中央凹陷的大型蕈傘，且形狀往往不規則。它的上表面平滑或稍覆有絨毛，底面則有脆弱的刺。顏色為淺奶油至赭土色，整株子實體隨著成熟或受傷時會變成橙色。這是一種上選食品，較老的蘑菇須徹底烹煮，因為菌肉會隨著成熟變苦。

• **分布**：在林地中與硬和軟木樹皆形成菌根。廣泛分布於北溫帶，包括寒冷區域。

• **相似種**：微白齒菌（*Hydnum albidum*）蕈傘為白色，孢子較小，且出現在鹼性土壤上。近緣的紅齒菌（*H. rufescens*）體型較小且為橙色。

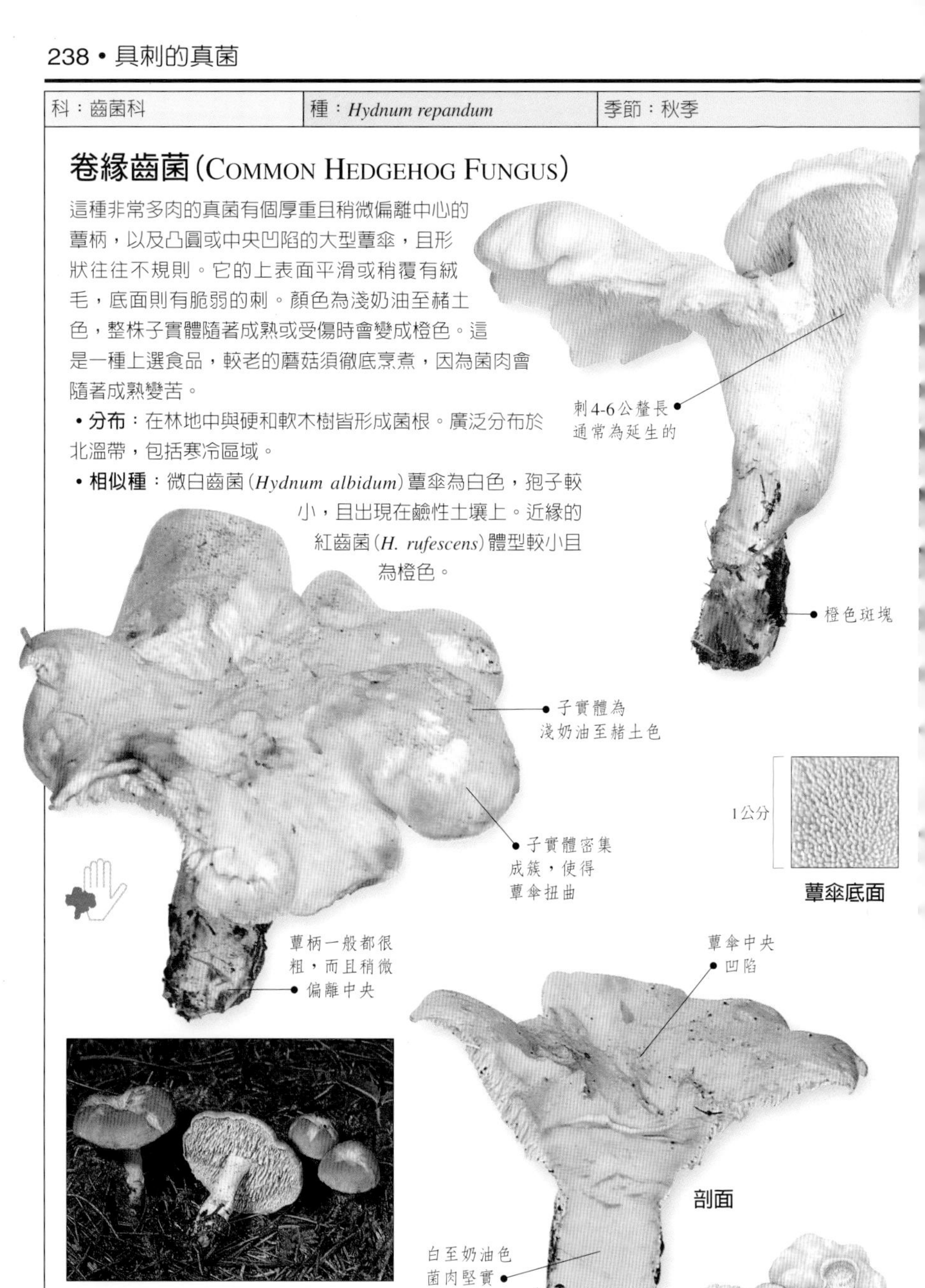

刺4-6公釐長
通常為延生的
橙色斑塊
子實體為
淺奶油至赭土色
1公分
子實體密集
成簇，使得
蕈傘扭曲
蕈傘底面
蕈柄一般都很
粗，而且稍微
偏離中央
蕈傘中央
凹陷
剖面
白至奶油色
菌肉堅實

△臍狀齒菌
HYDNUM UMBILICATUM
這種上選食品類似卷緣齒菌，但體型較瘦小；一般呈橙色，而且蕈傘中央有個洞或穴。廣泛分布於北美。

子實體：集體及成簇出現。

尺寸：蕈傘 ⊕5-15公分	蕈柄 ↕3-7公分 ↔1-3公分	孢子：白色	食用性

科：猴頭菌科	種：*Hericium coralloides*	季節：晚夏至晚秋

珊瑚狀猴頭菌 (CORAL TOOTH-FUNGUS)

乍看到這種沿著倒地樹幹或類似基質生長的真菌，真會讓人大吃一驚，其米色至污黃色子實體由無數易碎的珊瑚狀分枝構成，下表面密佈著垂懸的長刺。米色至奶油色菌肉味道像蘿蔔。雖然這種真菌可以吃，但因為數量稀少，所以並不推薦。

• **分布**：生長在倒地或站立的死亡硬木樹上，如山毛櫸或樺木。廣泛分布於北溫帶，局部相當常見。

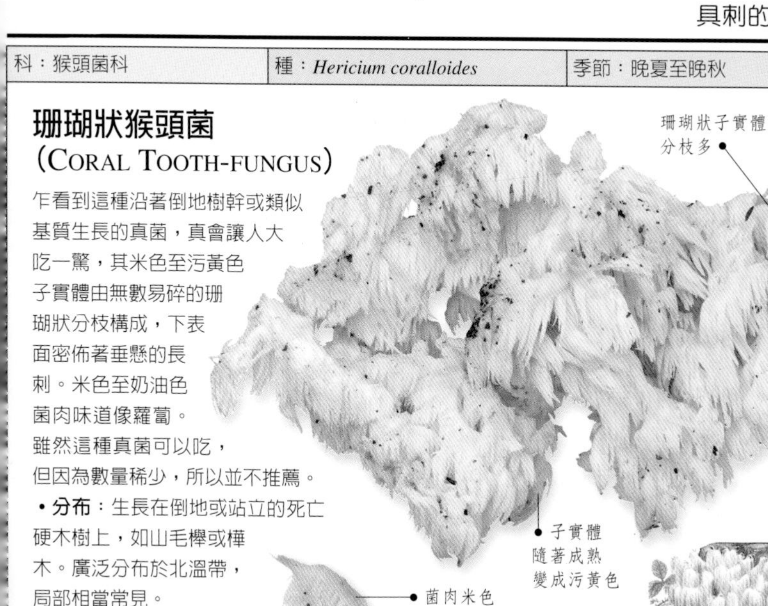
珊瑚狀子實體
分枝多
子實體
隨著成熟
變成污黃色
菌肉米色
至奶油色
下垂的刺呈米色
至污黃色

子實體：單獨或成群沿著死亡的樹幹出現。

尺寸：子實體 ⬌10-40公分×5-20公分 ⬍10-30公分厚	孢子：白色	食用性

科：猴頭菌科	種：*Creolophus cirrhatus*	季節：秋季

彎曲層齒菌 (LAYERED TOOTH-FUNGUS)

這種真菌具有層狀多肉的半圓形子實體，呈奶油白色，且一層層地發育。底面有下垂的長刺；上表面被覆著絨毛。雖然厚而軟的菌肉可以吃，而且氣味和味道都很好，但因為數量稀少，所以最好不要採集。它屬於一個非常小的屬，與猴頭菌屬(上欄)類似而且為近緣。

• **分布**：見於樹林中，主要在硬木樹上，廣泛分布於北溫帶。

• **相似種**：北方梭齒菌(*Climacodon septentrionalis*)體型巨大，托架較規則也較大，底面的刺則較纖細。出現在歐洲東北部、日本、西伯利亞及北美。

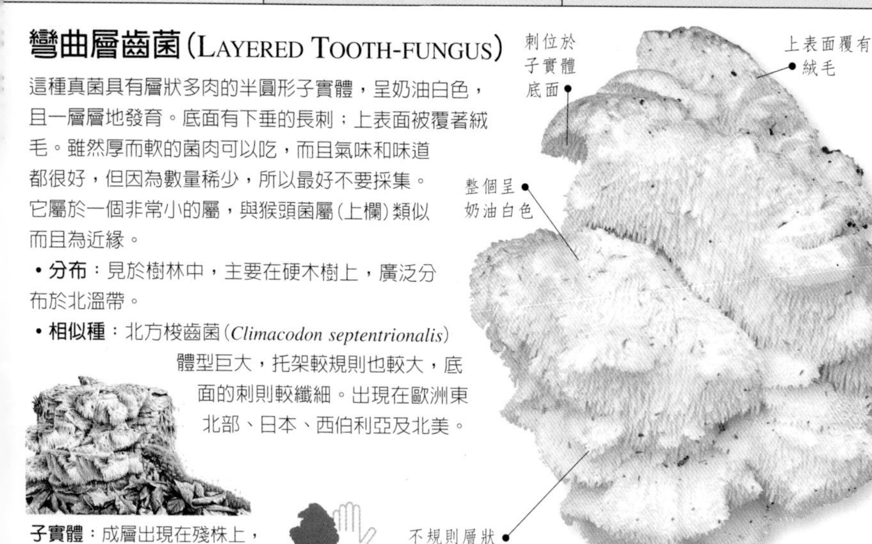
刺位於
子實體
底面
上表面覆有
絨毛
整個呈
奶油白色
不規則層狀
或托架狀子實體

子實體：成層出現在殘株上，樹幹上偶爾可見。

尺寸：子實體 ⬌10-20公分 ⬍至10公分厚	孢子：白色	食用性

棍棒狀的真菌

本章所介紹的蕈類都具有大致呈棍棒形的子實體。其中大多數子實體的整個表面都可產生孢子，或者只有基部是不孕的。至於核菌(詳見第244頁)的產孢表面(子實層)係位於埋藏在肉質棍棒形構造(子座)的微小瓶形子實體中。

棍棒狀
子實體

平滑或毛茸的

本節所描述的蕈類子實體爲棍棒形，表面平滑或多毛(至於表面呈疙瘩或粉狀的種類請參閱第244頁)。它們的體型從非常纖細的核瑚菌屬(*Typhula*)到粗壯的棒瑚菌(241頁)不等。有些，諸如潤滑錘舌菌(243頁)，具備界限清晰的產孢頭，但大多數種類的繁殖部分沒入蕈柄中。

科：珊瑚菌科	種：*Clavulinopsis helvola*	季節：秋季

微黃擬瑣瑚菌(YELLOW SPINDLES)

為該屬中數種棍棒形不分枝的黃色真菌之一，微黃擬瑣瑚菌唯有透過顯微鏡檢查孢子才能正確地鑑別：它們的孢子上有顯著的疣，不像其他成員的孢子那樣平滑。淡黃色菌肉相當脆弱，而且沒有氣味。

- **分布**：苔蘚茂盛的草地，成熟的草坪以及某些樹木多的棲息地。廣泛分布於溫暖的區域，包括東南亞；常見於歐洲。
- **相似種**：梭形擬瑣瑚菌(*Clavulinopsis fusiformis*)具有大型棍棒，而且大都密集成簇。灰色擬瑣瑚菌(*C. laeticolor*)沒有氣味，呈黃至橙黃色。黃白擬瑣瑚菌(*C. luteoalba*)為杏橙色，氣味難聞。土色珊瑚菌(*Clavaria angillacea*)為黯淡的黃褐色，生長在石南地上。

子實體：子實體單獨出現或少數聚成小群。

頂端的顏色
可能較暗
子實體有
幾分扁平
產孢
表面平滑
棍棒狀子實體
有縱向溝紋

△**蟲形珊瑚菌**
CLAVARIA VERMICULARIS
這種真菌會產生成叢不分枝的棍棒形白色子實體。棍棒頂端往往乾燥成黃色或黃褐色。菌肉易碎而脆弱，中空的子實體會漸漸變平。

尺寸：棍棒 ↕3-7公分 ↔2-4公釐	孢子：白色	食用性

科：棒瑚菌科	種：*Clavariadelphus pistillaris*	季節：秋季

棒瑚菌（GIANT CLUB）

其尺寸在珊瑚菌中相當驚人，幼時帶檸檬色，但隨著成熟，因為子實體表面的孢子成熟，會變成暗黃褐色。受傷時染著成紅褐色。起初堅實，之後漸漸變得柔軟而多孔，白色菌肉相當好聞，但味道苦。

• **分布**：見於林地中，通常在山毛櫸樹下。廣泛分布於北溫帶；局部但常見於適合的棲息地。

• **相似種**：短舌棒瑚菌（*Clavariadelphus ligula*）和色卡林棒瑚菌（*C. sachalinensis*）較小且棍棒形較不明顯；兩者皆出現在軟木樹下。平棒瑚菌（*C. truncatus*）具備平坦的頂端，而且生長在軟木樹林肥沃的土壤上。

大型子實體
顯著呈棍棒形
大部分表面
覆蓋著產孢
的子實層
幼時子實體
帶檸檬色，
而後漸漸變
成暗黃褐色

子實體：集體出現在鹼性林地落葉堆中的土壤上。

尺寸：棍棒 ↕10-20公分 ↔2-6公分	孢子：白至淡黃色	食用性

科：棒瑚菌科	種：*Macrotyphula fistulosa*	季節：晚秋

管狀大核瑚菌（PIPE CLUB）

發現時決不致誤認，管狀大核瑚菌具備纖細的棍棒形黃至茶褐色子實體；外觀類似葉柄，故很容易忽略。有種頗矮小而扭曲的類型較不容易鑑別，而有時被另外歸為一種：彎曲大核瑚菌（*Macrotyphula contorta*）。

• **分布**：樹林的潮溼落葉堆中被掩埋的硬木材上；特別是在山毛櫸之間。廣泛分布於北溫帶和亞北極區；常見於歐洲。

• **相似種**：近緣的似燈心草大核瑚菌（*M. juncea*），子實體更細。常見於潮溼的林地中，生長在落葉堆上。

棍棒的粗細不一

子實體頂端尖銳

除了蕈柄外整個表面都產生孢子

棍棒漸漸由黃色變暗為茶褐色

柄和產孢區域精巧地融合

棍棒看起來像葉柄

棍棒朝基部漸漸收隘

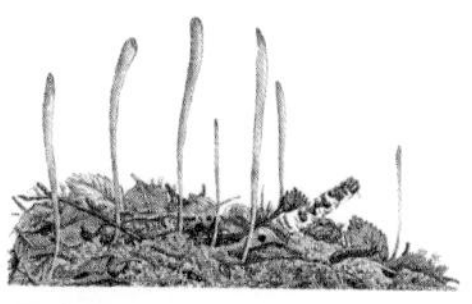

子實體：單獨出現在腐爛的樹枝上。

尺寸：棍棒 ↕5-20公分 ↔2-8公釐	孢子：白色	食用性

科：核瑚菌科	種：*Typhula erythropus*	季節：秋季至早冬

紅柄核瑚菌
(RED-STEMMED TUBER-CLUB)

這種微小的棒狀真菌具有白色的產孢頭和紅褐色的長蕈柄，其紅色的基部係從地面下一種稱作菌核的器官中冒出。核瑚菌屬真菌體型微小，因此往往會被忽略。大多出現在晚秋，從越冬的小菌核長出來。這種真菌通常著生在特殊的基質，如羊齒。有些會嚴重損害牧草和苜蓿等作物。

• **分布**：大多見於梣、楓和赤楊等潮溼的硬木林地中。長在落葉的主脈和葉柄上，廣泛分布於北溫帶，常見於歐洲。

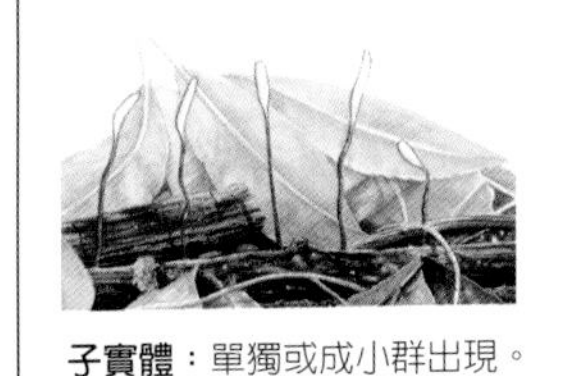

子實體：單獨或成小群出現。

菌核附著在葉柄上

產孢頭呈棍棒形或圓柱形

平滑的棍棒頭呈緞白色

紅褐色蕈柄長而細

菌核外面為褐色，裏面為白色

透鏡形的菌核從側面看是平的

紅色蕈柄基部被有細毛

尺寸：棍棒 ↕0.5-3公分 ↔1-2公釐	孢子：白色	食用性

科：地舌菌科	種：*Geoglossum fallax*	季節：秋季

假地舌菌(SCALY EARTH-TONGUE)

假地舌菌的棍棒形子實體為暗褐色，蕈柄上半部有鱗片狀花紋；大多數地舌菌的子實體都呈黑色。孢子從產孢的棍棒狀頭部產生，其中襯有子實層。

• **分布**：在未耕種過的草地上；使用肥料以及在貧脊土地上種植軟木樹正威脅著許多種地舌菌。廣泛分布且頗常見於整個歐洲和北美東部，然而很容易忽略。

• **相似種**：舌菌屬(*Trichoglossum*)的真菌可由其埋在菌肉中的硬毛來區辨，它們有如剛毛一般穿透表面。

棍棒形子實體為暗褐色

膨大的產孢頭含有孢子

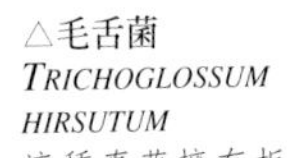

△毛舌菌 *TRICHOGLOSSUM HIRSUTUM*
這種真菌擁有板球棒狀、覆著剛毛的黑色子實體。上半部含有子囊，產生長型孢子；蕈柄是不育的。

蕈柄頂端可看到褐色的微小鱗片

剖面

褐色菌肉

子實體：成小群出現在苔蘚中，或隱藏在高草裏。

尺寸：棍棒 ↕3-7公分 ↔3-7公釐	孢子：暗褐色	食用性

科：錘舌菌科	種：*Leotia lubrica*	季節：秋季

潤滑錘舌菌(JELLY BABIES)

這種獨特的真菌長有杵形的小子實體，凝膠狀菌肉的質地有如橡膠。明確的凸圓、淺裂的頭部，呈綠黃色，邊緣顯然向後彎曲，含有產孢組織。橙黃色蕈柄覆有綠色小鱗片，通常是中空的。潤滑錘舌菌可能因為受到真菌感染而呈現黑綠色，但即使是健康的個體在完全成熟時也通常會轉成橄欖綠。

• **分布**：見於潮溼林地的落葉堆和苔蘚間。廣泛分布且常見於北溫帶大部分地區；存在世界各地。

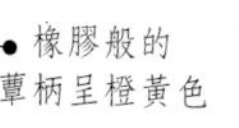

界限明確的
產孢頭具有
不顯著的裂片
蕈柄中的凝膠狀
菌肉是不育的
剖面
橡膠般的
蕈柄呈橙黃色
凸圓的頭部
含有產孢組織
蕈柄上覆有綠色
小鱗片或圓點
子實體
成簇出現

子實體：成簇出現，通常形成大集團。

尺寸：棍棒 ↕2-5公分 ↔0.3-1公分	孢子：白色	食用性

科：地舌菌科	種：*Mitrula paludosa*	季節：早夏至秋季

濕生地杖菌(BOG BEACON)

這種引人注目的棍棒形真菌看來就如其英文俗名(沼澤中的燈塔)一般，具有閃閃發光的橙色頭部加上圓柱形白色蕈柄。它的表面光滑，黃色的菌肉水分多且柔軟。棒狀頭部含有產孢的子實層；蕈柄不育。

• **分布**：在無污染且堆著落葉的淤積水中。偏好北部地區及北溫帶地勢較高之處。

• **相似種**：錘舌菌科(上欄，269, 271-273頁)的雷姆蘚舌菌(*Bryoglossum rehmii*)，見於較乾燥的區域。暗球孢屬(*Heyderia*)真菌體型較小且大都生長在針葉堆上。地匙菌(*Spathularia flavida*)也出現在針葉堆上，其頭部非常平坦且有些淺裂。

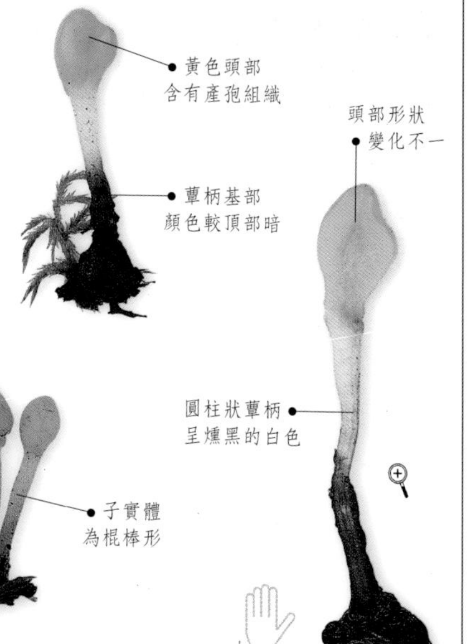

黃色頭部
含有產孢組織
頭部形狀
變化不一
蕈柄基部
顏色較頂部暗
圓柱狀蕈柄
呈燻黑的白色
子實體
為棍棒形

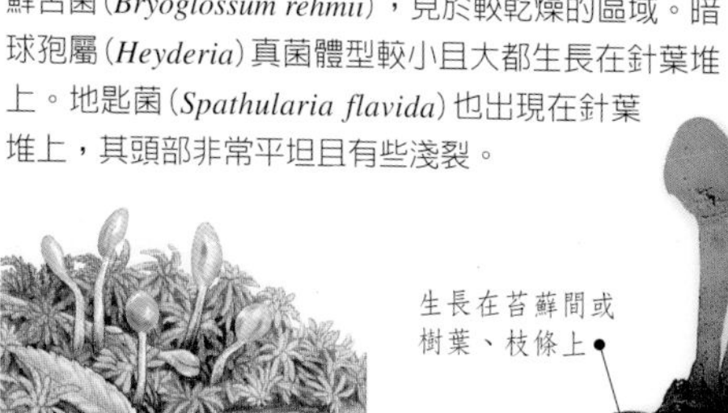

生長在苔蘚間或
樹葉、枝條上

子實體：子實體以或大或小的集團出現。

尺寸：棍棒 ↕2-5公分 ↔0.2-1公分	孢子：白色	食用性

表面有疙瘩或呈粉狀

本節主要介紹在表面有疙瘩的眞菌。這些疙瘩是埋在肉質組織(子座)中的瓶狀子實體造成的。如果從棍棒縱長一半處切開，就可以看到它們。此處還特別舉出粉粒擬青黴(下欄)，它的表面產生成團鬆散的無性孢子，使其外觀呈現粉狀。

科：麥角菌科	種：*Cordyceps militaris*	季節：夏至秋季

蛹蟲草
(ORANGE CATERPILLAR-FUNGUS)

這種寄生性核菌由其寄主冒出棍棒形橙至紅色混合的子實體，稱做子座。產孢小囊包在瓶狀子囊殼中，看來有如穿出棍棒上半面的長釘，棍棒稍為腫大。孢子本身為長圓柱形，會分裂成數段。蕈柄平滑，顏色較淺。

• **分布**：菌絲體侵入並殺死蛾類的幼蟲和蛹，也出現在林地或草地中。廣泛分布於北溫帶。其他蟲草寄生於昆蟲、蜘蛛或大團囊菌屬塊菌(259頁)上。主要出產於熱帶。

• **相似種**：雙紡錘孢蟲草(*Cordyceps bifusispora*)也寄生於蛾類上，顏色更黃，孢子具有棍棒形末端細胞。

產孢的棍棒狀頭腫大

棍棒下半部沒有瓶狀子囊殼因而平滑

變形的飛蛾幼蟲是寄主

瓶狀子囊殼以長釘或疙瘩的形式出現在棍棒上半部

寄主可能被深深地掩埋

子實體：子實體單獨或成小群出現。

尺寸：棍棒 ↕2-5公分 ↔3-8公釐	孢子：白色	食用性

科：髮菌科	種：*Paecilomyces farinosus*	季節：夏至秋季

粉粒擬青黴
(COTTON CATERPILLAR-FUNGUS)

這種真菌侵襲蛾類的幼蟲和蛹，在耗盡寄主之後，產生直立的棍棒形構造。它們可能呈橙或黃色，但其色彩會被成團膨鬆的白色無性孢子(分生孢子)遮蔽，後者很容易脫離該真菌。

• **分布**：在空曠的長草地區和林地中多少被掩埋的蛾類幼蟲或蛹上。廣泛分布且常見於北溫帶。

• **相似種**：蛹蟲草(上欄)表面有疙瘩。

真菌或分枝或不分枝
表面有白色的分生孢子
基部呈橙色、黃色或褐色

子實體：單獨或成小群地從蛾類幼蟲或蛹上冒出。

尺寸：棍棒 ↕2-5公分 ↔2-5公釐	孢子：白色	食用性

科：麥角菌科	種：*Cordyceps ophioglossoides*	季節：秋季至早冬

大團囊蟲草（SLENDER TRUFFLE-CLUB）

寄生在大團囊菌屬塊菌（259頁）上，這種核菌以黃色菌絲附著在地面下的寄主子實體上，菌絲冒出地面形成蕈柄。棍棒頭部，即子座，呈橄欖褐至黑色；其表面因為黃褐色菌肉埋有小瓶狀子囊殼而顯得粗糙，其中含有產生孢子的子囊。

• **分布**：寄生在軟和硬木林地中的圓刺大團囊菌（*Elaphomyces muricatus*）或粒狀大團囊菌（*E. granulatus*）上。廣泛分布且局部常見於北溫帶。

• **相似種**：長裂片蟲草（*C. longisegmentatis*）和頭狀蟲草（*Cordyceps capitata*）兩者頭部皆為圓形，也可能出現在和大團囊蟲草相同的寄主上。

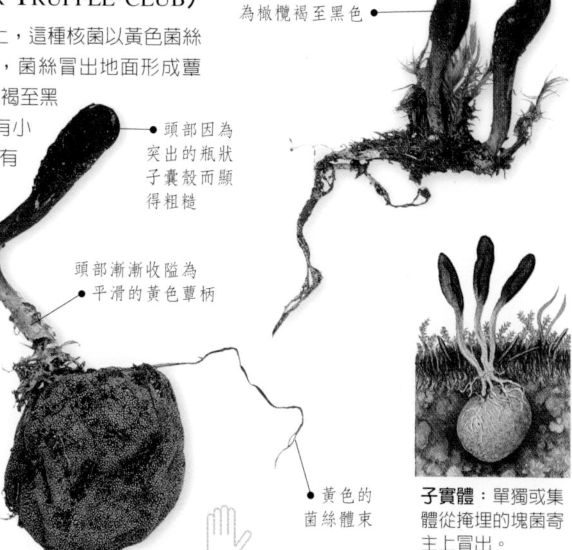
拉長的棍棒形產孢頭為橄欖褐至黑色
頭部因為突出的瓶狀子囊殼而顯得粗糙
頭部漸漸收隘為平滑的黃色蕈柄
黃色的菌絲體束

子實體：單獨或集體從掩埋的塊菌寄主上冒出。

尺寸：棍棒 ↕5-13公分包括根 ↔0.5-1公分	孢子：白色	食用性

科：炭角菌科	種：*Xylaria polymorpha*	季節：夏至冬季

多形炭角菌（DEAD-MAN'S FINGERS）

這種著名的核菌具有白色厚菌肉、呈棍棒形的複合子實體（子座）。圓柱狀蕈柄短，頂端圓鈍。含有產孢子囊的瓶形器官位於表面下的菌肉中。子囊會從瓶狀子囊殼頂部的小開口（即口孔）強迫成熟的長型孢子射出。

• **分布**：通常見於土壤表面著生於朽木諸如樹的殘株，特別是山毛櫸和榆樹，或者樺木和椴木上。廣泛分布於北溫帶，範圍擴及亞熱帶。

• **相似種**：長柄炭角菌（*Xylaria longipes*）較纖細，其孢子較短，大都侷限於北溫帶死亡的槭樹木材上。

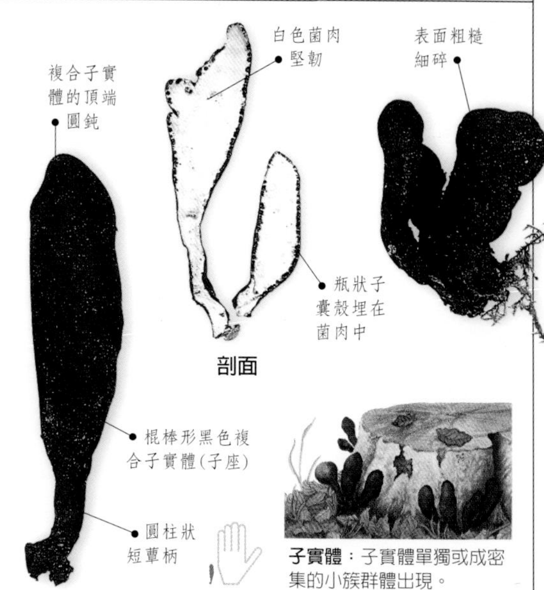
複合子實體的頂端圓鈍
白色菌肉堅韌
表面粗糙細碎
瓶狀子囊殼埋在菌肉中
剖面
棍棒形黑色複合子實體（子座）
圓柱狀短蕈柄

子實體：子實體單獨或成密集的小簇群體出現。

尺寸：棍棒 ↕3-10公分 ↔1-4公分	孢子：黑色	食用性

陰莖狀

本小節所介紹的眞菌，俗稱鬼筆(其英文俗名爲臭角)，歸屬於鬼傘屬和蛇頭菌屬，皆具有陰莖狀的子實體。它們將孢子產於稱作產孢組織的黏稠黏液中。鬼傘的產孢組織位在一種帽狀構造上；而蛇頭菌則構成蕈柄頂端。年幼的子實體呈卵形，包圍著稱作包被的皮囊狀構造。它具有凝膠狀、多汁的內層，用以保護成熟中的產孢組織。

此類群中的所有眞菌成熟時都有一種刺鼻的腐臭氣味，可吸引蠅類來幫忙傳播孢子。

科：鬼筆科	種：*Mutinus caninus*	季節：夏至秋季

狗蛇頭菌(Dog Stinkhorn)

這種具長柄、米色至污橙色子實體的真菌，是從覆著米色革質表皮的卵形構造中冒出。橙色的蕈柄頂端沒入蕈柄，覆蓋著黏糊的橄欖綠色孢子團，並發出腐物氣味以吸引昆蟲來為之散播。

• **分布**：硬和軟木樹林的厚落葉堆或松針堆上，常圍繞著腐朽的殘株。在歐洲相當常見，世界分布不詳。

• **相似種**：雷文蛇頭菌(*Mutinus ravenelii*)原產於北美，但歐洲也有分布，蕈柄呈紅色，在歐洲大多出現在花園和公園中。白鬼筆(247頁)及其近緣種在蕈柄頂端具備顯著的菌帽。

蕈柄頂端黏稠，且從橄欖綠色孢子團中放出惡臭
孢子團下的蕈柄頂端為橙色
蕈柄表面具窪點
蕈柄中空，質地像海綿
蕈柄在凝膠狀的「卵」中形成
蕈柄米色至污橙色
剖面
米色的「卵」高2-4公分、寬1-2公分
白色的索將「卵」固著在基質中
蕈柄頂端從「卵」中冒出
未成熟的子實體呈狹窄卵形
「卵」的皮殘留在蕈柄基部
子實體包在皮囊狀(包被)構造中
凝膠層位於外皮下，可供延長之用

子實體：子實體單獨或成小集團出現。

尺寸：子實體 ↕ 6-12公分 ↔ 1-1.5公分	孢子：橄欖綠色	食用性

科：鬼筆科	種：*Phallus impudicus*	季節：夏至秋季

白鬼筆(COMMON STINKHORN)

這種蕈往往未見其影先聞其臭；鬼筆科的成員均以其帶有腐物氣味的子實體而著稱，而這是其用以吸引昆蟲為之傳播孢子。成熟的個體很容易辨認，由白色蕈柄和黏糊的橄欖綠色菌帽構成其陰莖外形。幼小的子實體包藏在卵狀構造中，當蕈柄冒出時，即穿破其革質薄皮。稍後變成蕈柄的部分可以從「卵」中拔出來吃。

• **分布**：軟或硬木樹林地及沙丘中。廣泛分布且常見於北溫帶地區。

• **相似種**：哈德連鬼筆(*Phallus hadriani*)具備淡紫色卵皮，大多見於沙丘中。其他如相同鬼筆(*P. duplicatus*，右下圖)其菌帽垂懸有裙邊。

黏液之下的白色菌帽呈蜂窩狀

菌帽頂針形

孢子包含在覆蓋著菌帽的橄欖綠色黏液中

蕈柄剛要冒出「卵」

剖面

白色粗索將「卵」固著在基質中

海綿狀白色蕈柄具有孔窩構造且為中空的

完整的「卵」高7-4公分，寬3-5公分

△相同鬼筆
PHALLUS DUPLICATUS
這種蕈具備一種獨特而精巧的網狀白裙組織，從覆蓋著黏液的暗綠色菌帽基部向外展開。

子實體：單獨或成小集團出現在酸性土壤上。

圍著基部的紙質「卵」皮薄

尺寸：子實體 ↕15-20公分 ↔1.5-3公分	孢子：橄欖褐色	食用性

叉角至珊瑚狀的真菌

這些蕈類是棍棒形真菌(240-245頁)的精心之作。其中有些只擁有少數分枝，有些則較為複雜。在大多數例子中，分枝覆滿了產孢組織，然而繡球菌(252頁)的分枝僅一側為可育的，團炭角菌(下欄)則是一種核菌(詳見244頁)。

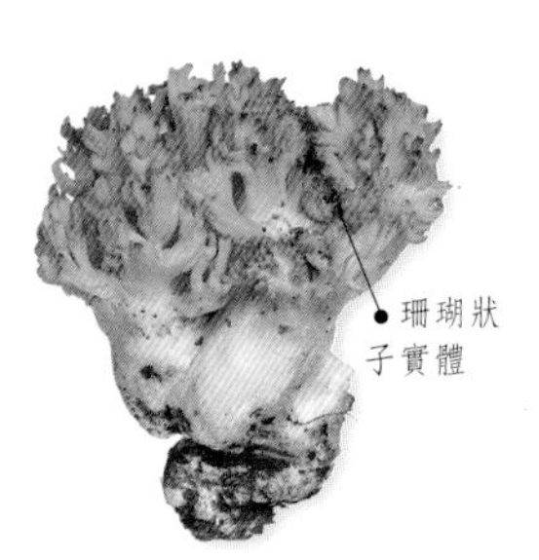
珊瑚狀
子實體

科：炭角菌科	種：*Xylaria hypoxylon*	季節：全年

團炭角菌(CANDLE-SNUFF FUNGUS)

這種核菌的幼小子座，或稱複合子實體，非常醒目。硬木樹殘株基質上的叉角狀外型覆著無性孢子(分生孢子)的白色粉末，將之搶眼地凸顯出來。有性孢子在子座外層的微小瓶形子實體內孕育，到了晚秋，子座轉變成煤黑色，頂端也隨之凋萎。菌肉為白色，這是大多數炭角菌共同的特性。

• **分布**：公園和林地的硬木樹，特別是殘株上。廣泛分布且常見於整個北溫帶。

• **相似種**：梅麗炭角菌(*Xylaria mellisii*)一般在成熟時分枝較多，或子座較平滑。它產於溫室及副熱帶氣候區。

瓶狀子囊殼埋在白色菌肉中

成熟子座為均一的黑色

成熟孢子從瓶狀子囊殼中激烈地射出

子實體的不育部分

剖面

柄狀構造中沒有瓶狀子囊殼

毛茸的暗褐色柄狀構造

未成熟個體上的分枝由於無性孢子而呈白色

無性階段

有性階段

子實體：成顯眼的小群出現。

尺寸：複合子實體 ↕1-6公分	分枝 ↔1-4公釐×0.5公釐	孢子：黑色	食用性

科：珊瑚菌科	種：*Clavulinopsis corniculata*	季節：晚秋

角擬瑣瑚菌(MEADOW CORAL-FUNGUS)

這是較常見的一種擬瑣瑚菌，一般具備許多叉角狀分枝，但其個體形狀隨棲息地而有很大的變化。子實體顏色從硫磺至橙或黃褐色不等；基部為白色，表面有絨毛，接觸到溶解的或固體硫酸鐵($FeSO_4$)會變成綠色。顏色較暗且相當脆弱的薄菌肉具麥片氣味。

• **分布**：大多在未經耕種而苔蘚茂盛的草地中，但也見於某些長著山楂(*Crataegus*)的海岸灌木林中，以及櫟木居優勢的潮溼樹林中。廣泛分布於溫帶。

• **相似種**：杏黃枝瑚菌(*Ramariopsis crocea*)頂端較尖，較金黃，且不與硫酸鐵反應；一般產於樹林中。

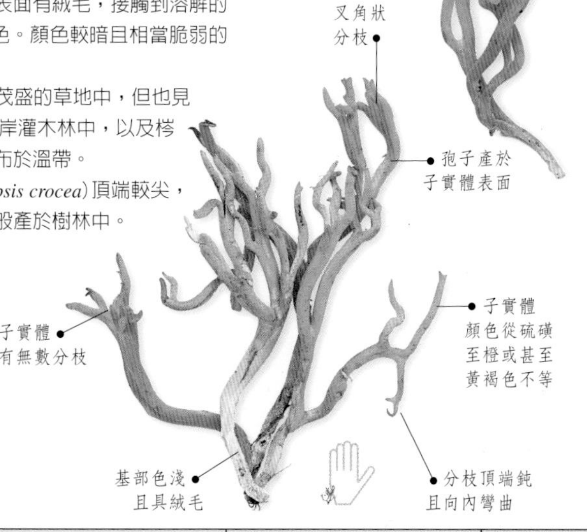

此標本顏色較一般的黯淡
叉角狀分枝
孢子產於子實體表面
子實體有無數分枝
子實體顏色從硫磺至橙或甚至黃褐色不等
基部色淺且具絨毛
分枝頂端鈍且向內彎曲

子實體：子實體單獨或成小群出現。

尺寸：子實體 ↕ 2-8公分	分枝 ↔ 0.5-2公分	孢子：白色	食用性

科：瑣瑚菌科	種：*Clavulina cristata*	季節：夏季至早冬

冠瑣瑚菌(CRESTED CORAL-FUNGUS)

這種普遍的真菌整體形狀和顏色變化很大，但卻容易辨認，因為它有許多相當粗但往往融合在一起的分枝，其頂端有獨特的冠毛。雖然有白色和灰色兩類型存在，但他們彼此間可能很難區分，因為也發現過中間色調者。白色菌肉相當易碎。這個非常小的瑣瑚菌科成員都具備相對較大的擔子，通常只產生2個擔子在強烈彎曲的角狀擔孢子梗上(詳見第10-11頁)。

• **分布**：見於潮溼的環境，諸如林地的溝渠或者道路兩旁。廣泛分布且常見於北溫帶。

• **相似種**：皺瑣瑚菌(*Clavulina rugosa*)一般較高，具皺紋，且分枝較少。孔策擬枝瑚菌(*Ramariopsis kunzei*)其分枝頂端沒有冠毛或縫毛。

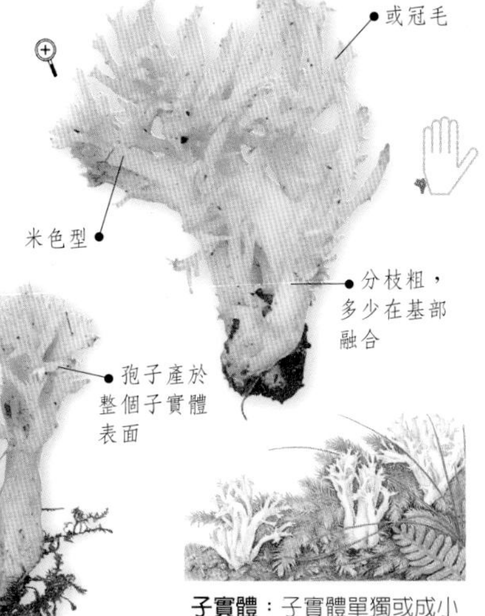

頂端具縫毛或冠毛
米色型
分枝粗，多少在基部融合
孢子產於整個子實體表面
下半部可能因為被真菌侵害而呈黑色天鵝絨狀

子實體：子實體單獨或成小群出現。

尺寸：子實體 ↕ 2-6公分 ↔ 0.5-3公分	孢子：白色	食用性

科：花耳科	種：*Calocera viscosa*	季節：秋至冬季

黏膠角耳(Jelly Antler)

這種鮮橙色膠質菌子實體多分枝，菌肉如橡膠般堅韌。花耳科成員係由顯微鏡下的「音叉」形擔子(詳見第10-11頁)來區別；孢子產在子實體的大部分表面。

• **分布**：造林地和林地腐朽的軟木樹上。廣泛分布且常見於北溫帶。

• **相似種**：膠角耳(*Calocera cornea*)具有小而不分枝的棍棒，主要長在軟木樹上。叉膠角耳(*C. furcata*)大多分叉且生長在硬木樹上。顏色較淺的蒼白匙形膠角耳(*C. pallido-spathulata*)扁平且不規則；它在局部地區常見。珊瑚形膠銹菌(*Gymnosporangium clavariiforme*)出現在杜松上，較不筆直，而且頂端不分枝。珊瑚菌(240-247頁)主要生長在地上，而且較脆弱。

菌肉有如橡膠，顏色如同表面

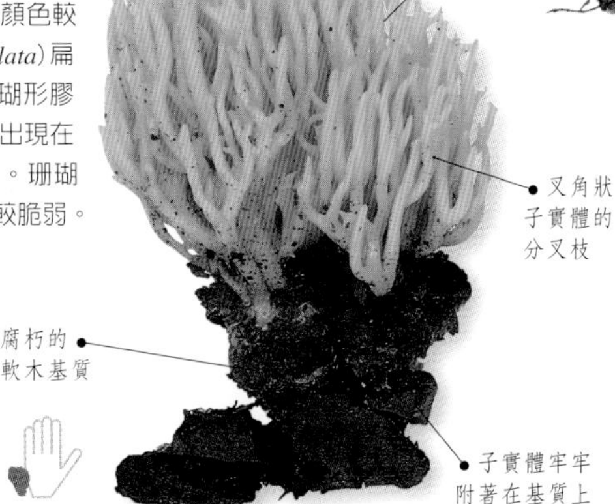
分枝為鮮橙色
叉角狀子實體的分叉枝
腐朽的軟木基質
子實體牢牢附著在基質上

子實體：子實體單獨或成小簇群出現。

尺寸：子實體 ↕3-10公分 ↔0.5-4公分	孢子：白色	食用性

科：枝瑚菌科	種：*Ramaria abietina*	季節：秋季

冷杉枝瑚菌(Greening Coral-fungus)

在小而少的枝瑚菌科中，這種真菌由於其子實體會隨著成長而染成銅綠色，使之很容易鑑別。分枝稠密，剛冒出時呈黯淡褐至橄欖褐色，而後漸漸轉為綠色。黯淡淡褐色菌肉相當堅韌。

• **分布**：軟木樹的厚針葉床上，特別是雲杉。廣泛分布於北溫帶；相當普遍。

• **相似種**：較大型的尖枝瑚菌(*Ramaria apiculata*)只在分枝頂端呈綠色。真形枝瑚菌(*R. eumorpha*)、萎垂白枝瑚菌(*R. flaccida*)和多絲枝瑚菌(*R. myceliosa*)等都近似但不染著綠色。

子實體上半部分枝稠密

淺色柄短且覆有絨毛

隨著成長而呈現出銅綠色

脫離的孢子堆積在分枝叉角中

子實體：子實體幾乎總是形成環狀分布。

尺寸：子實體 ↕3-8公分 ↔1.5-4公分	孢子：赭土色	食用性

科：枝瑚菌科	種：*Ramaria botrytis*	季節：秋季

紅頂枝瑚菌(葡萄狀枝瑚菌，PINK-TIPPED CORAL-FUNGUS)

稠密的白至淡褐色分枝和紫色頂端有助於鑑別這種真菌，其菌肉一般都非常多。蕈柄的下半部非常粗短。白色菌肉堅韌，有種好聞的水果氣味，但並不建議食用，因為數量稀少及鑑別問題之故(詳見相似種)。

• **分布**：成熟的林地中，軟木和硬木樹皆有。廣泛分布於北溫和暖溫帶；地方性至相當罕見。

• **相似種**：美麗枝瑚菌(*Ramaria formosa*)呈較富色彩的橙粉紅色，沒有對比的頂端，而且有毒。另有20多種相似種。

稠密的分枝頂端呈顯著的紫色

無數擁擠的分枝具有5-7叉

子實體白至淡褐色

蕈柄的下半部粗而短

△血紅枝瑚菌
RAMARIA SANGUINEA
較紅頂枝瑚菌稀罕，這種真菌具備黃色粗分枝，下半部表面隨著成熟或受傷時會呈現紅色斑點。

子實體：單獨或成環狀排狀或直線出現。

尺寸：子實體 ↕↔ 7-15公分	孢子：赭土色	食用性

科：枝瑚菌科	種：*Ramaria stricta*	季節：晚夏至冬季

枝瑚菌(STRAIGHT CORAL-FUNGUS)

這種多分枝的真菌一般直立，且高度大於寬度，但大小和形狀變異極大。其分枝為淺橙黃色，隨著成熟變成赭土褐色，而且具備淡黃色頂端。酒紅色的菌肉堅實，味道苦，具有香料氣味。子實體幼時可能整個呈柑橘黃色。

• **分布**：通常見於半掩埋的硬木樹上，往往為山毛櫸，但鋸木屑上也有出現。廣泛分布於北溫帶，多半普遍。

• **相似種**：纖細枝瑚菌(*Ramaria gracilis*)顏色較淺，有顯著的大茴香氣味。多半長在軟木樹殘枝敗葉上。

較老的個體可能呈現相當暗的紅至褐色

分枝頂端為淡黃色

脫離的孢子堆積在分枝叉角中

子實體直立

堅實的基部相對較細

白色菌索將子實體固著在基質上

子實體：單獨或成直線出現在朽枝上。

尺寸：子實體 ↕ 4-12公分 ↔ 3-8公分	孢子：赭土色	食用性

科：繡球菌科	種：*Sparassis crispa*	季節：晚夏至秋季

繡球菌(Cauliflower Fungus)

多肉、乳黃至淡黃褐色的子實體，是由眾多裂片形成，為此真菌的特徵。它長在粗短的根狀柄上。裂片分歧，呈扁平或緞帶狀，相當堅韌；和該小科的成員一樣，其產孢層僅位於一側。雖然清理困難，但好吃的味道和大型尺寸使得繡球菌成為非常受歡迎的食物。

• **分布**：多半在松樹上，於造林地和土生的樹林中造成褐腐病。廣泛分布於北溫帶；局部地方相當常見。

• **相似種**：短柄繡球菌(*Sparassis brevipes*)色較淺且較堅韌，大多生長在櫟木、山毛櫸和樅木上。北美的赫伯斯繡球菌(*S. herbstii*)非常相似，或為同種。

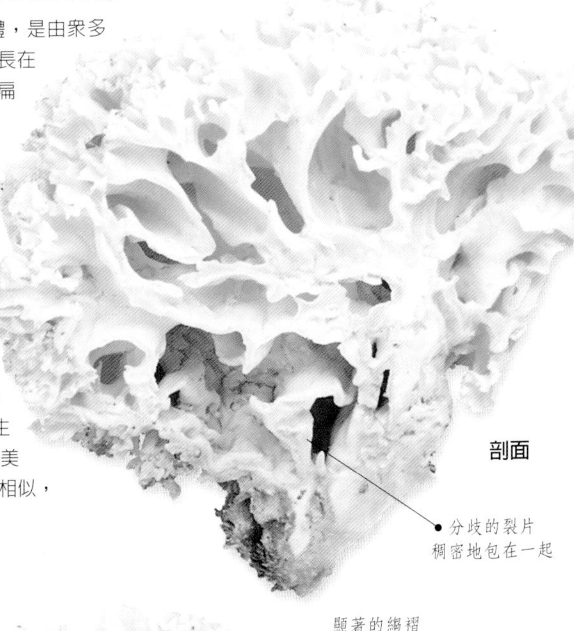
剖面
分歧的裂片
稠密地包在一起

顯著的縐褶
花椰菜狀
子實體
產孢層僅
位於一側
子實體可能
重達14公斤；
一般為1-9公斤

子實體：多半單獨出現在死亡或枯萎的軟木樹上。

尺寸：子實體↕↔10-40公分	孢子：白至淡黃色	食用性

圓球形的真菌

本章介紹的真菌變化很大，但全都長出圓球形的子實體。除了角孢粉褶蕈之外，出現於地面之上的有馬勃、硬皮馬勃和一些核菌(詳見第244頁)。長在地面之下的圓球形真菌為塊菌(258-259頁)，有些以其風味而著稱。

圓球形
子實體

在地面上

本節的眞菌特徵在於子實體無柄、呈圓球形(具柄的圓球形子實體詳見260-263頁)。有些種類屬於擔子菌綱(詳見第10-11頁)。它們在子實體內部產生孢子。孢子在其表皮隨著成熟而破裂時，或者其頂端因爲成熟而出現管口時釋出。其他特別描述於此處的還有核菌(244頁)，它們擁有微小的瓶狀子實體，埋在稱作子座的複合構造中。

科：粉褶蕈科	種：*Entoloma abortivum*	季節：秋季

角孢粉褶蕈
(Aborted Pink-gill)

這是一種上選的食物，一般會產生圓球形多瘤的白色子實體，這是角孢粉褶蕈寄生於蜜環菌(80頁)的結果。偶爾產生具蕈傘和蕈柄的子實體，蕈傘直徑達10公分，而蕈柄高10公分、寬1.5公分。它們呈灰色，帶有粉紅色延生蕈褶。白色菌肉有黃瓜或新鮮麥片氣味；發育不全類型者具粉紅色脈紋。

- **分布**：於林間空地的硬木樹上。廣泛分布且常見於北美東部。
- **相似種**：沒有其他真菌產生這樣的發育不全型，但子實體呈傘菌型者類似其他粉褶蕈。它們一般長在地面上，而且缺少延生的蕈褶。其中多有毒，因此最好不要去吃孤立而非發育不全型的角孢粉褶蕈。

凸圓形
蕈傘為灰
至灰褐色
延生的米色
蕈褶會漸漸
變成灰白色
或粉紅色
蕈柄不一定
位於蕈傘
中央
堅實的白色
發育不全型
呈不規則圓形
可能出現
淺色碎片

子實體：成簇的圓形類型之間散布著傘菌型子實體。

尺寸：發育不全型 ↕2.5-5公分 ↔2.5-10公分	孢子：粉紅至鮭魚粉紅色	食用性

科：馬勃科	種：*Calvatia gigantea*	季節：夏至秋季

大秃馬勃（GIANT PUFFBALL）

這是最有名的可食真菌之一。其白或奶油色子實體呈巨大的足球形狀，通常重達4公斤以上，發現記錄中有20公斤以上者。子實體裡面大部分由大量孢子構成；下面的不育部分大為減小。菌肉質地堅實，幼小時呈白色。

• **分布**：腐生在土壤營養豐富且翻動過的地點，如田地、樹籬、林地邊緣和公園等處。廣泛分布且局部常見於北溫帶，但北美西部除外。

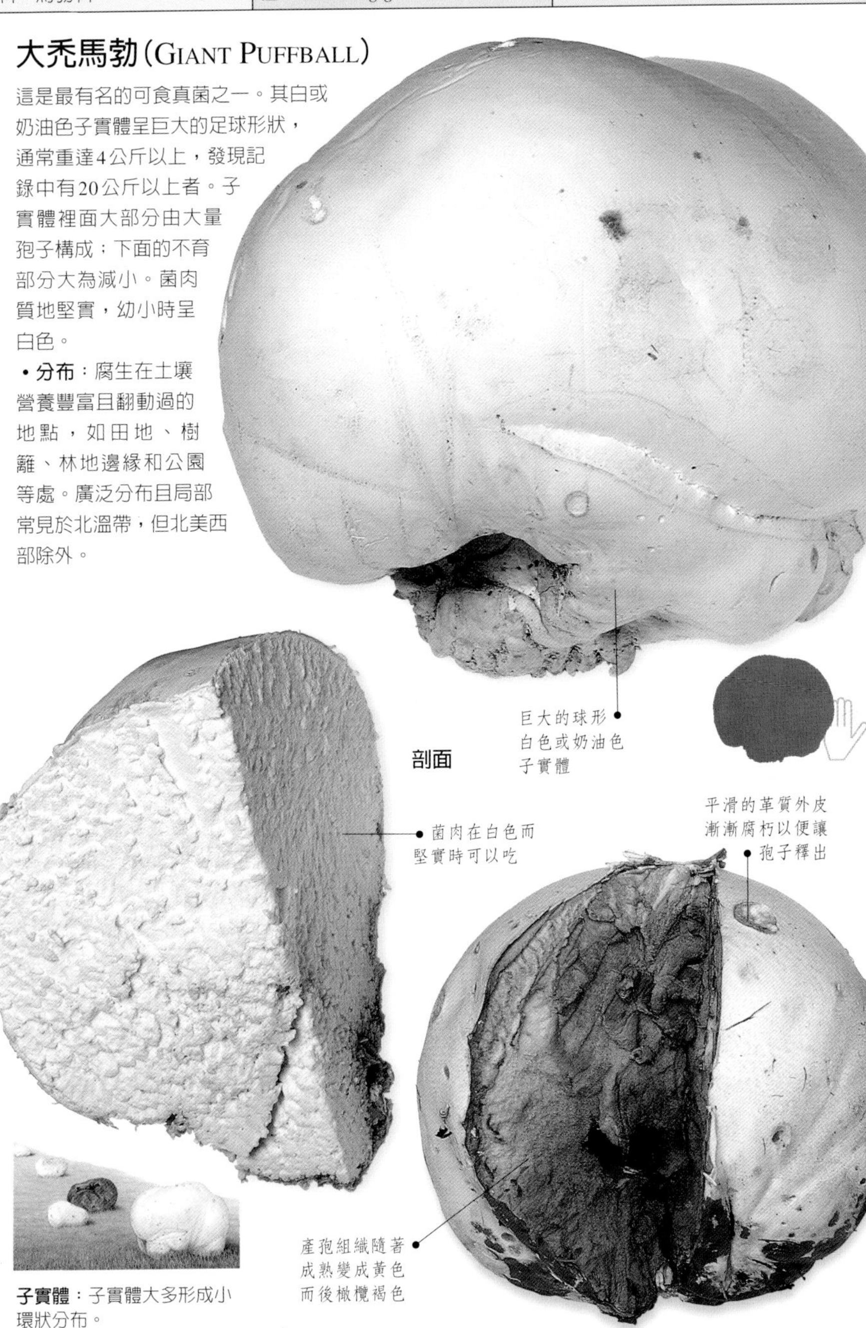
巨大的球形白色或奶油色子實體
剖面
菌肉在白色而堅實時可以吃
平滑的革質外皮漸漸腐朽以便讓孢子釋出
產孢組織隨著成熟變成黃色而後橄欖褐色

子實體：子實體大多形成小環狀分布。

尺寸：子實體 ↕↔ 20-50公分	孢子：橄欖褐色	食用性

科：馬勃科	種：*Bovista plumbea*	季節：夏至秋季

鉛色灰球菌（Lead-grey Bovist）

這種圓球形真菌的白色外皮在成熟時會剝落，就像個水煮蛋殼，披露出灰色的內層。球體內部為淡黃色組織，產生大量孢子。這種真菌和其他灰球菌子實體成熟時，往往各自分離而四處滾動，以增加孢子從頂端孔口散出的機會。雖然可以吃，但一般並不熱衷去烹調它。

• **分布**：腐生的，侷限於草原，特別是乾草原，且能耐受土壤中相當高的肥料濃度。遍佈世界各地，熱帶潮溼低地除外。

• **相似種**：黑灰球菌（*Bovista nigrescens*）體型較大且為暗褐色。

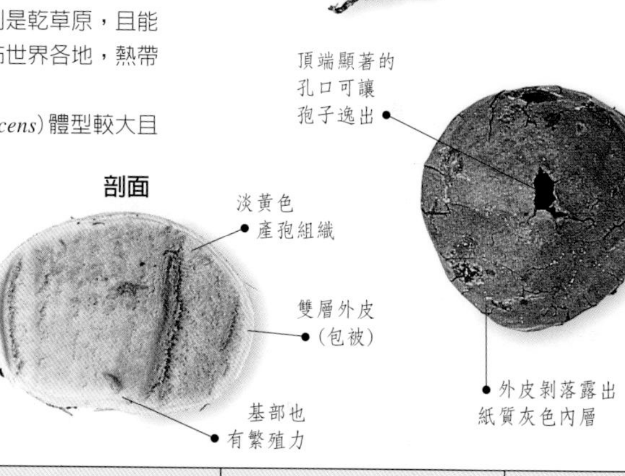
尺寸和
形狀像高
爾夫球
頂端顯著的
孔口可讓
孢子逸出
剖面
淡黃色
產孢組織
雙層外皮
（包被）
基部也
有繁殖力
外皮剝落露出
紙質灰色內層

子實體：大多成群或少數聚集出現。

尺寸：子實體 ↕↔1-3公分	孢子：橄欖至烏賊墨色	食用性

科：馬勃科	種：*Vascellum pratense*	季節：夏至秋季

革生瓦賽菌（Meadow Puffball）

這是一種具刺的白至淡褐色真菌，其主要特徵也許不容易觀察：它是一種膜，將產孢的球形頂部與不育的短柄隔開。子實體頂端通常相當平坦，有個大開口，孢子即從中逸出；不育部分往往殘留到第二年春天。堅實的新鮮個體可以吃，但味道平淡。

• **分布**：腐生的；生長在多草區域如溫帶草地、公園和草坪的土壤和腐植質上；也出現在石南地上。實際上遍佈全球，但熱帶低地除外。

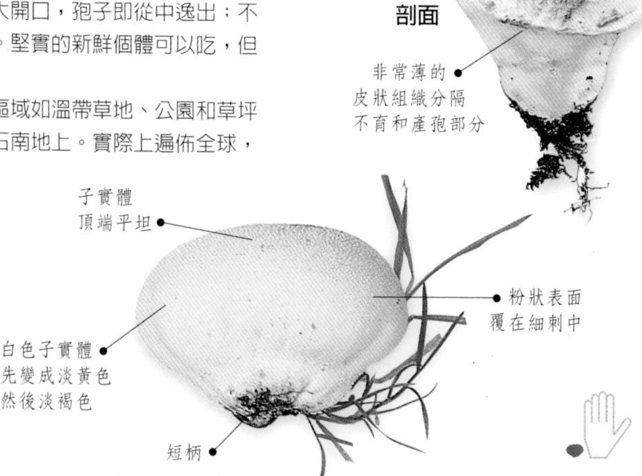
產孢組織
精密地封在
小室內
剖面
非常薄的
皮狀組織分隔
不育和產孢部分
子實體
頂端平坦
粉狀表面
覆在細刺中
白色子實體
先變成淡黃色
然後淡褐色
短柄

子實體：大多成小群出現。

尺寸：子實體 ↕1.5-3.5公分 ↔2-4.5公分	孢子：灰橄欖至橄欖褐色	食用性

科：硬皮馬勃科	種：*Scleroderma citrinum*	季節：夏至秋季

橘青硬皮馬勃（COMMON EARTHBALL）

常常可以在潮溼林地中看到這種堅硬的馬鈴薯狀真菌，其堅韌的淡黃色外皮厚2-5公釐，覆蓋著褐色鱗片。獨特而填充著孢子的黑色內部大致呈花條紋狀。不能食用而且有毒，它有強烈的金屬氣味。

• **分布**：與硬木樹形成菌根，大多出現在潮溼林地中；可能和寄生牛肝菌（194頁）一起出現。廣泛分布且常見於北溫帶地區。

• **相似種**：可以吃的馬勃（260-261頁）和塊菌（258-259頁）在整體形狀、色彩、氣味和孢子形狀各方面均有差異。

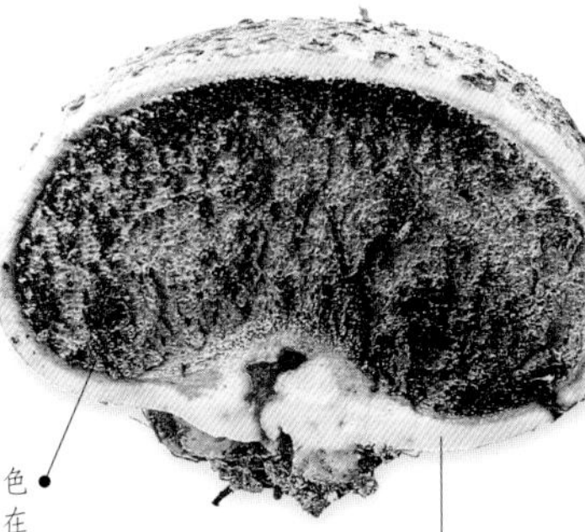
堅實的黑色產孢組織在成熟時呈粉狀
強韌的表皮厚2-5公釐
剖面

表面外皮腐朽之後暴露出孢子以便傳播

子實體像個馬鈴薯

褐色鱗片覆蓋在淡黃色厚表皮上

子實體：往往成簇出現在苔蘚中。

尺寸：子實體 ⟷ 4-10公分	孢子：紫黑色	食用性 ☠

科：紅菇科	種：*Zelleromyces cinnabarinus*	季節：夏至秋季

朱紅澤勒孔菌（CINNABAR MILK-CAP TRUFFLE）

看起來像個畸形馬勃，這種真菌具備乳菇屬（43-55頁）成員的顯微特徵，並像乳菇一樣，在切開時會產生白色「乳液」。乳液味道溫和，而且乾燥後顏色不變。孢子在肉桂至淡黃色菌肉中的小室中生成，隨著真菌腐朽而釋出，或由食用其圓形子實體的動物傳播。

• **分布**：在林間空地中與松樹形成菌根。廣泛分布且常見於北美東部，但在其棲息地中很容易被忽視。

表面平滑而黯淡
子實體不規則圓形至橢圓形
表面外皮腐朽之後暴露出孢子以便傳播
分隔成小室的產孢組織呈肉桂至淡黃色
子實體：散布或若干子實體聚集在松樹下，可能在土壤表面或土表之下。

尺寸：子實體 ⟷ 3-5公分	孢子：淡肉桂至淡黃色	食用性 🍴

科：炭角菌科	種：*Daldinia concentrica*	季節：全年

黑輪層炭殼菌（CRAMP BALLS）

這種銹褐色核菌的圓形複合子實體（或稱子座），體型大且菌肉具有明暗相間的環帶。當孢子成熟時，它們從位在表皮下的產孢小室或瓶狀子囊殼中的子囊強力射出。持久的子座最後轉為黑色而且質地變得易碎。

• **分布**：大多見於公園和樹林中仍直立的死亡或枯萎的樹上，主要為梣木，但也出現在樺木及多種其他硬木樹上。世界分布廣泛；常見於北溫帶。

• **相似種**：炭團菌屬蕈類（下欄）菌肉不具環帶。

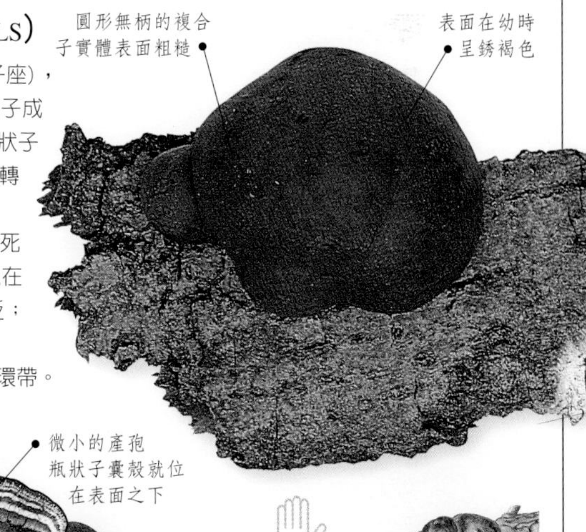
圓形無柄的複合子實體表面粗糙
表面在幼時呈銹褐色

微小的產孢瓶狀子囊殼就位在表面之下

子實體不規則圓形至橢圓形

剖面

子實體：單獨或成大或小群出現。

尺寸：複合子實體 ⟷ 2-10公分	孢子：黑色	食用性

科：炭角菌科	種：*Hypoxylon fragiforme*	季節：全年

裂形炭團菌（BEECH WOODWART）

這種核菌的半球形複合子實體（子座）不具柄且呈粉紅至磚紅色不等，過熟時則變黑。產孢的瓶形小室位在堅硬強韌的表面下。黑色菌肉堅硬。

• **分布**：樹林中剛剛倒下的山毛櫸樹皮上。廣泛分布且常見於北溫帶。

• **相似種**：豪伊炭團菌（*Hypoxylon howeianum*）出現在硬木樹上。赤褐炭團菌（*H. rubiginosum*）平坦而開展且為紅褐色。紫棕炭團菌（*H. fuscum*）主要於榛木和赤楊上，呈紫黑色。

半球形複合子實體（子座）

堆積的孢子使周圍樹皮變黑

過熟的黑色複合子實體

子實體：在樹皮上成擴散團狀出現。

尺寸：複合子實體 ⟷ 0.5-3公分	孢子：黑色	食用性

在地面下

這一小節介紹許多在地面下產生塊莖狀子實體的眞菌。產孢構造(子囊)包藏在子實體中。塊菌屬(*Tuber*)和盤菌屬(*Peziza*, 266-267頁)之間有親屬關係，而成熟時內部呈粉狀的大團囊菌屬(*Elaphomyces*)與其他屬之關係較曖昧。

科：塊菌科 | 種：*Tuber aestivum* | 季節：夏季

夏塊菌(SUMMER TRUFFLE)

夏塊菌是便宜且真正可食用的塊菌，其子實體大致呈圓形，表面粗糙，覆蓋有黑色角錐狀的疣。內部堅硬的菌肉呈灰褐色，帶有白色脈紋。它有種海藻枯萎的明顯香氣，淡淡的味道則像堅果。塊菌子實體能吸引蠅類，可幫助採集者指認其所在位置。

• **分布**：生長在山毛櫸、樺木和櫟木樹根之間。廣泛分布於南和中歐以及斯堪地那維亞南部。

白色脈紋橫貫堅硬的灰褐色菌肉

剖面

子實體
表面覆蓋著
黑色角錐狀疣

子實體：單獨或成群生長在樹根之間。

尺寸：子實體 ⊕2-5公分 | 孢子：黃褐色 | 食用性 🍽

科：塊菌科 | 種：*Tuber melanosporum* | 季節：晚秋至早春

黑孢塊菌(松露菌，PERIGORD TRUFFLE)

黑孢塊菌的形狀不規則，煤黑色粗糙表面係由許多微小的多角形疣構成。堅硬的菌肉因為孢子而呈褐色，並隨著成熟變黑；它具有白色脈紋和獨特的氣味和味道。松露菌係透過內行的採菇人役使受過專門訓練的狗或豬從野外採收，但現在商業上已經在寄主樹下接種菌苗。

• **分布**：在地中海櫟木及其寄主樹下的鹼性地中海紅土中。它性好溫暖，因此侷限於法國南部、義大利和西班牙，年產量約300公噸。

• **相似種**：冬塊菌(*Tuber brumale*)見於更北方，擴及不列顛群島。大孢塊菌(*T. macrosporum*)表面近乎平滑。

堅硬的褐色菌肉具白色脈紋

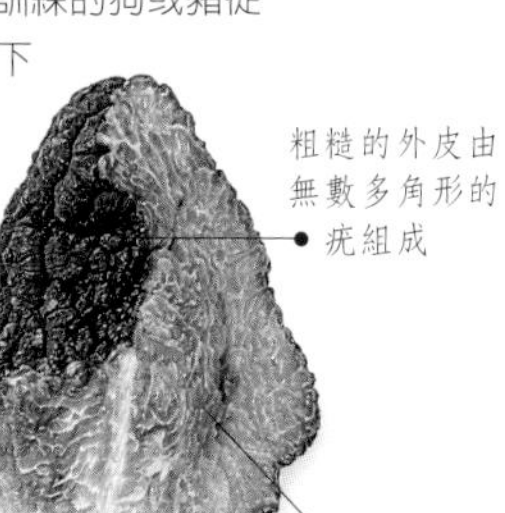
粗糙的外皮由
無數多角形的
疣組成
形狀不規則
的子實體表面
呈煤黑色
剖面

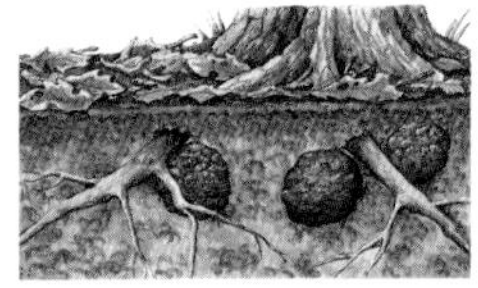
子實體：單獨生長，埋在樹根之間。

尺寸：子實體 ⊕2-7公分 | 孢子：暗褐色 | 食用性 🍽

科：塊菌科	種：*Tuber magnatum*	季節：秋至冬季

大塊菌(WHITE TRUFFLE)

這種上選食物具不規則圓形子實體，呈淺赭土至奶油色，表面平滑。其奶油色菌肉有種香料氣味和風味。在較暗的奶油至褐色菌肉中可以看見孢子。目前正嘗試在適合的寄主根部接種，並希望能大規模栽培該菌，如果成功的話，其普遍昂貴的價格可望下降。

• **分布**：埋藏在櫟木樹根之間的鹼性土壤中，但也常見於白楊和柳樹下。產於義大利西北部的皮耶蒙特區和法國境內。

• **相似種**：不規則塊菌(*Tuber gibbosum*)產於北美，具備淺色菌肉，而且可以吃。

△**溝紋塊菌**
TUBER CANALICULATUM
這是一種圓形至卵形的紅褐色多疣塊菌。其黃褐色菌肉帶有白色條紋。成熟時子實體冒出地面或被動物掘出。它是北美的上選食物。🍽

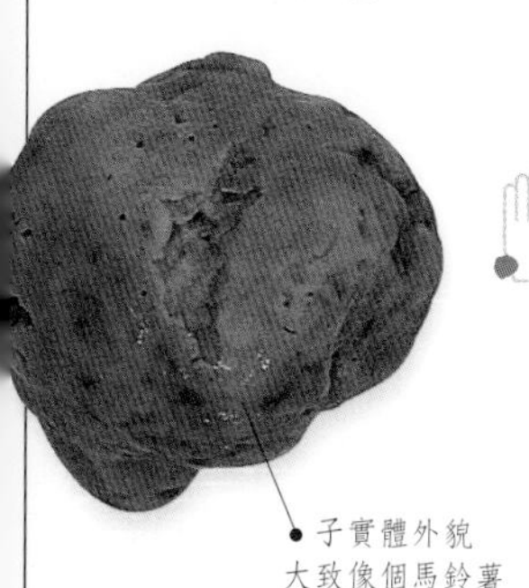

子實體外貌
大致像個馬鈴薯

奶油色菌肉飾
有白色脈紋

剖面

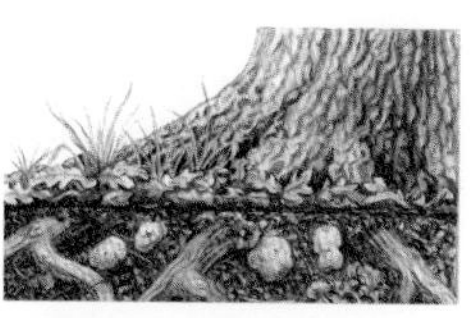

子實體：子實體單獨或成群長在樹根之間。

尺寸：子實體 ⊕2-8公分	孢子：褐色	食用性 🍽

科：大團囊菌科	種：*Elaphomyces granulatus*	季節：全年

粒狀大團囊菌
(GRANULATED HART'S TRUFFLE)

這種塊菌有個肉厚、具鱗片、多疣、均一的黃褐色表面。孢子產生於子實體內的一塊粉團中，表皮在成熟時破裂即得以傳播。

• **分布**：在樹林和公園中與多種軟和硬木樹形成菌根。大團囊蟲草(245頁)寄生其上，可用以找出它的下落。廣泛分布且常見於歐洲，也見於北美和日本。

• **相似種**：圓刺大團囊菌(*Elaphomyces muricatus*)外層具花條紋，就位在多疣的黃褐色外皮之下。

成熟時內部
呈黑粉狀

剖面

剖面

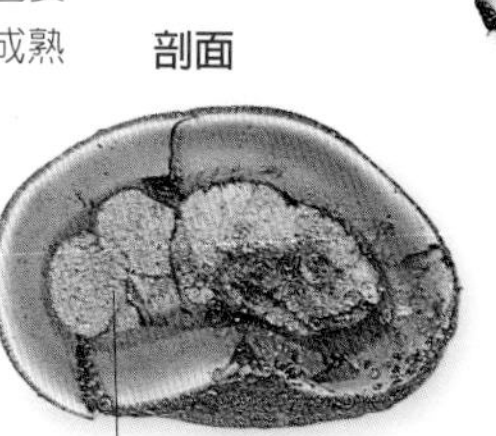

未成熟的產孢
組織為淡褐色

具鱗片的多疣
表面呈金褐色

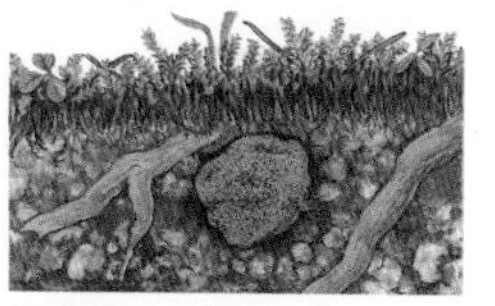

子實體：子實體在地面下成大或小群。

尺寸：子實體 ⊕1.5-4.5公分	孢子：黑褐色	食用性 🚫🍽

梨至杵形的真菌

本章介紹的馬勃和硬皮馬勃一般都有個短柄狀的基部支持著圓形的產孢頂部(請參閱253-257頁)。成熟時，孢子或從頂端的開口，或因外皮破壞而散逸出來。雨滴或其他對子實體的擾動都有助於傳播孢子。

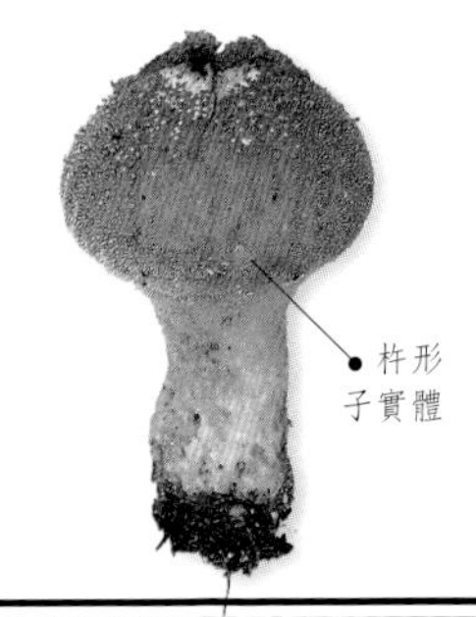

杵形子實體

科：馬勃科	種：*Lycoperdon pyriforme*	季節：秋至冬季

梨形馬勃(Stump Puffball)

這是較容易鑑別的馬勃之一：鑑別特徵包括其如拉長的梨形外貌、成熟時表面平滑、基部具白索，以及產於木材基質中，而該屬的其他種則生長在地面上。子實體幼時表面多疣乃至具刺。當菌肉呈白色且堅實時可以食用，但並非佳餚。

- **分布**：腐生的；在林地、公園和花園中腐朽的硬木材以及軟木材(較罕見)上出現。幾乎遍佈全球；氣候極端的區域除外。
- **相似種**：見於空曠、沙地的區域，帶藍馬勃(*Lycoperdon lividum*)也很平滑，但較灰且孢子多疣(梨形馬勃者則近乎平滑)。

個體幼時具備堅實的白色菌肉

剖面

表皮不久即從粒狀變得平滑

梨形子實體

幼小的子實體上有暗色的孢子

產孢組織成熟時呈橄欖褐色

基部中稠密的白色不育組織

剖面

成熟個體中的圓形口孔，孢子從中散逸出來

表皮在成熟時變成暗褐色且如紙質一般

子實體：一般成大簇群集。

尺寸：子實體↕1.5-5公分↔1-2.5公分	孢子：橄欖褐色	食用性

科：馬勃科	種：*Lycoperdon echinatum*	季節：秋季

長刺馬勃(HEDGEHOG PUFFBALL)

褐色長刺覆在基部逐漸縮窄的球形子實體表面，此即其英文俗名(豪豬馬勃)的由來。長刺於成熟時脫落，而在暗褐色表面上留下獨特的網狀花紋。產孢組織幼時為白色且堅實，成熟時變成褐色，因略帶淡紫色的深褐色孢子從頂端孔口散逸出來之故；不育的基部菌肉也會隨著成熟變暗。

• **分布**：腐生的；一般在山毛櫸林地中的鹼性土壤上。有時出現在較罕見的粉狀、略帶粉紅色的乳突狀馬勃(*Lycoperdon mammiforme*)旁邊。分布於歐洲較溫暖的地區及鄰近的亞洲地區。

• **相似種**：美國馬勃(*L. americanum*)非常相似，產於北美。

3或4根的長刺群於頂端交會

成熟子實體頂端的孔口

刺脫落之處留下網紋

球形子實體在基部漸漸縮窄

白色菌絲體將子實體固著在雜物上

子實體：通常少數聚集在溝渠兩岸。

尺寸：子實體 ↕ 3-7公分 ↔ 1-3公分	孢子：深褐色	食用性

科：馬勃科	種：*Lycoperdon perlatum*	季節：秋季

網紋馬勃(COMMON PUFFBALL)

這種白色至黃褐色、一般具有顯著柄的圓球形蕈類被覆著短刺，每根刺則圍有更小的粒狀鱗片。頂端的突起標示出即將形成孔口的所在，孢子即從中逸出。成熟時，刺會脫落，而在表皮上留下不規則花紋。幼時堅實的白色菌肉可以吃，而後隨著成熟變得較暗而且不好吃。

• **分布**：腐生的；主要在林地但也見於草原的土壤上。廣泛分布；常見於北溫帶。

• **相似種**：變黑馬勃(*Lycoperdon nigrescens*)具備較長且較暗的長刺群，如同刺極長的長刺馬勃(上欄)一般。在刺脫落之後，兩者表面的花紋相似。

孔口

孢子團成熟時呈暗褐色粉狀

圓錐形刺隨著成熟脫落

剖面

突起之處將形成孔口

產孢組織會漸漸變暗

剖面

粒狀刺圍繞著圓錐形刺

不育的蕈柄組織為海綿狀

子實體：密集成群，或偶爾單獨出現。

尺寸：子實體 ↕ 4-7公分 ↔ 2-4公分	孢子：淡黃至橄欖褐色	食用性

科：馬勃科	種：*Handkea excipuliformis*	季節：秋季

杯狀巾馬勃
(PESTLE-SHAPED PUFFBALL)

這種淡黃褐色真菌一般都具備長柄，上端有個圓形的產孢部分；短柄個體也時有所見。成熟時，外表皮裂開，其中的大量褐色孢子遂得以隨風雨而傳播。幼時堅實的子實體可以吃，但沒什麼味道。蕈柄部分在成熟時會變得非常堅韌，能存留到下一季。

• **分布**：腐生的；樹林中或野外的土壤或草地上。廣泛分布且常見於北溫帶大部分區域，並擴及亞北極和亞熱帶。

• **相似種**：莫爾馬勃(*Lycoperdon molle*)類似此真菌的短柄個體。其可透過顯微鏡加以區別。

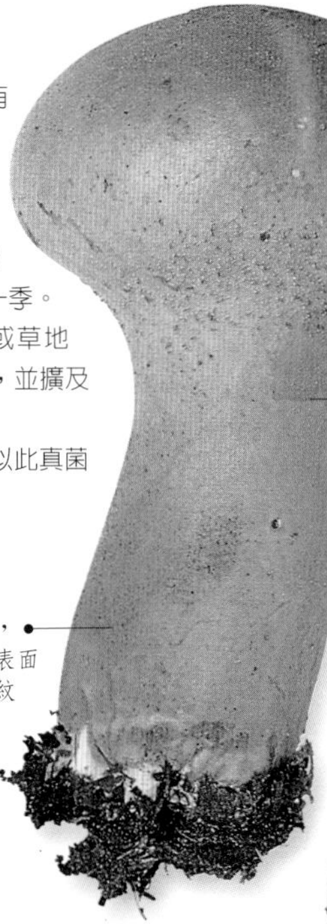

幼時上半部表面覆有小而尖的鱗片

未成熟子實體呈淡黃褐色

柄相當長，成熟時其表面會出現溝紋

外表皮在成熟時破裂，露出大團褐色孢子

幼時個體中的白色產孢組織頗堅實

剖面

蕈柄不產生孢子

出現在苔蘚或落葉堆當中

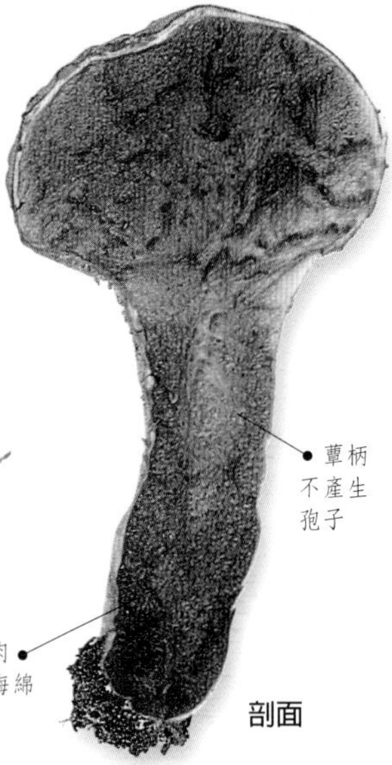

蕈柄菌肉質地如海綿

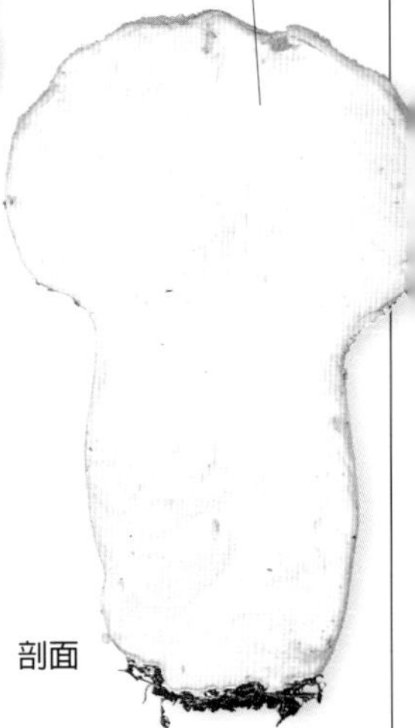

剖面

子實體：子實體大多形成小群出現。

尺寸：子實體 ↕ 5-20公分 ↔ 5-10公分	孢子：橄欖褐至褐色	食用性

科：馬勃科	種：*Handkea utriformis*	季節：夏至秋季

泡囊狀巾馬勃
(MOSAIC PUFFBALL)

高度決不會超過其寬度，這種大型巾馬勃的梨形子實體上具有相當粗糙的粉狀鱗片，其成熟時多少有些脫落。頂端表皮腐爛後露出有時帶點橄欖色的褐色粉狀孢子團。下半部的不育部分為白色，隨著成熟會變成褐色。非常幼小時可以吃，但沒有味道。

• **分布**：腐生的；生長在空地上，通常為沿岸地區。廣泛分布於北溫帶。

從頂端的洞口可以看到孢子團

粗糙的粉狀白色鱗片

梨形子實體頂端平坦

子實體：大多成小群出現在草叢、地衣和低矮草本植物之間。

尺寸：子實體 ↕ 5-10公分 ↔ 5-15公分	孢子：深褐色	食用性

科：硬皮馬勃科	種：*Scleroderma verrucosum*	季節：秋季

灰疣硬皮馬勃
(SCALY EARTHBALL)

這種相當大型的淡黃至褐色蕈覆有不規則的褐色鱗片，並具有柄狀突起和厚度1公釐的薄表皮。白色產孢組織有金屬氣味，隨著成熟不久轉變成暗紫褐色。孢子在子實體外表皮分解後藉由風力散播。

• **分布**：與櫟和山毛櫸之類的硬木樹形成菌根，生長在樹林地區和公園中。廣泛分布且常見於南、北溫帶。

圓形子實體上有褐色鱗片

部分掩埋的「柄」位在主要子實體下

白色菌索

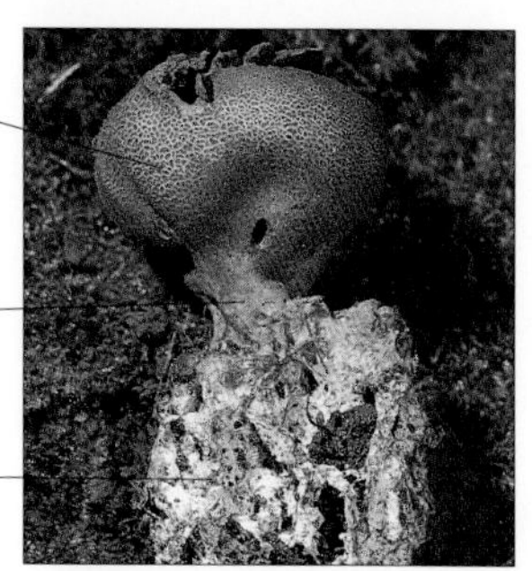

子實體：大都少數聚集或單獨出現，往往在裸露的土壤上。

尺寸：子實體 ↕ 5-10公分 ↔ 2-5公分	孢子：紫黑色	食用性

科：麗口包科	種：*Calostoma cinnabarina*	季節：晚夏至秋季

紅皮麗口包
(PUFFBALL-IN-ASPIC)

具有凝膠狀外層和紅色內層，在解體後，蕈柄被裹在一層綴著紅色碎片的厚膠狀物中。暴露的橢圓形頂部覆有紅色粉末，磨滅之後即露出一個具十字形孢子散逸開口的淡黃色圓球。

• **分布**：生長在林間空地的地面上。廣泛分布且常見於北美東部。

• **相似種**：變黃麗口包(*Calostoma lutescens*)外貌相似但呈黃色。雷文麗口包(*C. ravenelii*)為稻草黃色且非凝膠狀。

覆蓋著紅色粉末的未成熟孢子球

蕈柄裹在充滿紅色碎片的膠狀物中

紅色開口供孢子釋出

子實體：子實體成小群出現在林間空地的地面上。

尺寸：子實體 ↕ 2-5公分 ↔ 1-2公分	孢子：白至奶油色	食用性

杯至盤形

雖然都產生杯或圓盤形子實體，但本章中的真菌卻分別歸屬於兩個類群。第一個類群子實體大致為圓形，呈淺杯狀者平坦狀(264-273頁)；第二個類群具備深杯狀鳥巢般的子實體，其中含有微小的扁豆形構造(274頁)。

杯型
子實體

不具「卵球」

本節的眞菌其杯或圓盤形子實體具有平滑的產孢表面(子實層)，位在菌杯的內側，或位在圓盤上面。成熟時，孢子猛然排出(詳見16-17頁)。

羊肚菌(209-210頁)從簡單的盤菌演化而來，但具備顯著的柄，而且形狀較精巧。

科：肉杯菌科	種：*Sarcoscypha austriaca*	季節：晚秋至早夏

奧地利肉杯菌(Curly-haired Elf-cup)

這種真菌具耐久的杯形子實體，其外側覆有拔塞鑽般的白色細毛，與鮮猩紅色內側的對照下顯得蒼白。杯緣顏色也相當淺，而且可能有細齒。淺色蕈柄往往藏在基質中，淡紅色菌肉相當堅實但易碎，另也有純白色類型存在。

• **分布**：生長在硬木樹林區的木材基質上。廣泛分布於整個歐洲，北溫帶其他部分或許也有。

• **相似種**：緋紅肉杯菌(*Sarcoscypha coccinea*)其菌杯外側的毛是直立的，其他肉杯菌的分布較具地方性，而且孢子特性和萌發也不同。

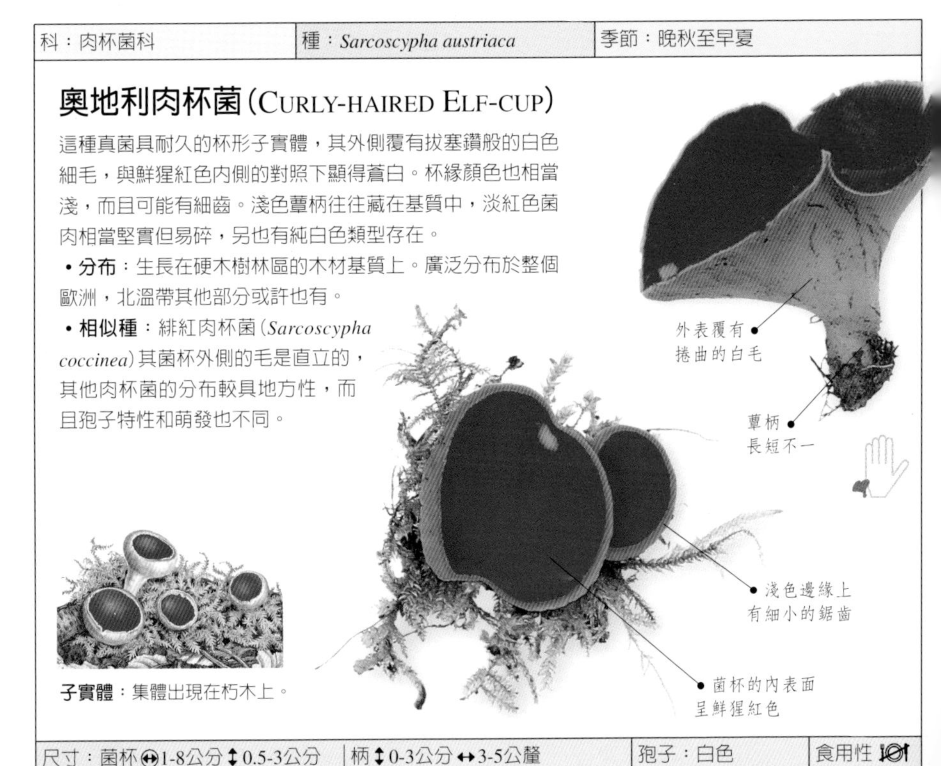
外表覆有
捲曲的白毛
蕈柄
長短不一
淺色邊緣上
有細小的鋸齒
菌杯的內表面
呈鮮猩紅色

子實體：集體出現在朽木上。

尺寸：菌杯 ↔1-8公分 ↕0.5-3公分	柄 ↕0-3公分 ↔3-5公釐	孢子：白色	食用性

科：側盤菌科	種：*Tarzetta cupularis*	季節：秋季

盤狀齒盤菌(DENTATE ELF-CUP)

盤狀齒盤菌的高腳酒杯形的子實體具短柄，其杯緣則具三角形小齒。不像其他盤菌會隨著成熟而開展，其子實體成熟時形狀仍維持不變；菌杯內側的產孢層(子實層)為灰奶油色。

• **分布**：生長在公園和樹林地區養份豐富的鹼性黏土上。廣泛分布且相當常見於北溫帶。

• **相似種**：這一小屬的成員生長在相同的棲息地中，尺寸為其主要的辨別依據：灰白齒盤菌(*Tarzetta caninus*)杯形最大，直徑達5公分。其他方面則很難加以分辨，雖然柄的發育和顯微特徵可能有幫助。

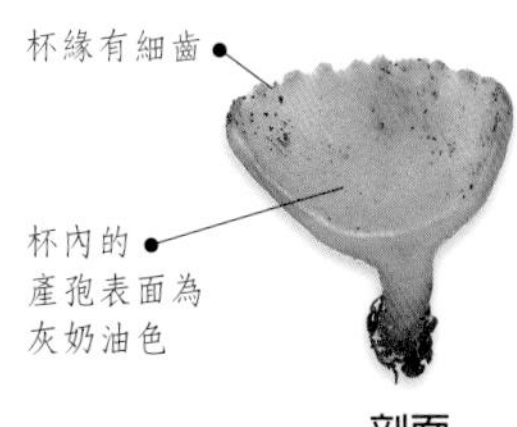
杯緣有細齒
杯內的產孢表面為灰奶油色
剖面

子實體：成小群出現，大都在裸露的土壤上。

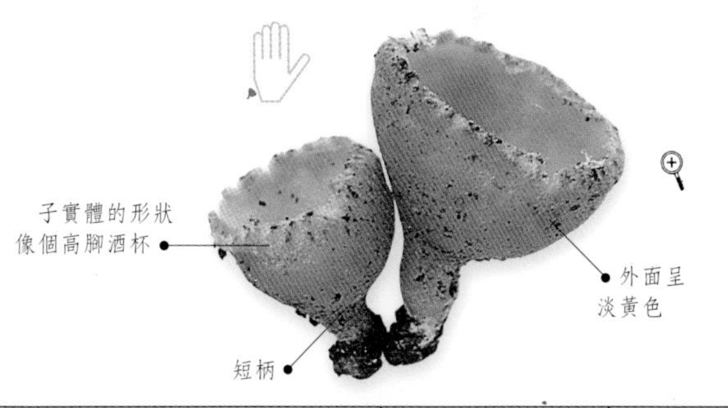
子實體的形狀像個高腳酒杯
外面呈淡黃色
短柄

尺寸：菌杯⟷0.5-1.5公分↕0.5-2.5公分	柄↕0.3-1公分↔2-4公釐	孢子：白色	食用性

科：羊肚菌科	種：*Disciotis venosa*	季節：秋季

肋狀皺盤菌(CUP-LIKE MOREL)

起初呈杯形，肋狀皺盤菌的暗褐色子實體會隨著成熟變得平坦甚至凸起。其表面有顯著的稜紋和溝紋，特別是較大的個體；底面為米色，具皮垢般的覆蓋物。大為縮減的米色柄粗短，淺色菌肉則厚而易碎。雖然氣味像氯，但可以食用；該氣味在烹調時會消失。

• **分布**：公園和樹林中，往往生長在半離羊肚菌(210頁)的旁邊。它經常和雜交款冬(*Petasites* sp.)共生。分布廣，但極地高山和熱帶區域除外；世界分布不詳。

菌肉帶有氯的氣味
菌杯的內表面為褐至暗褐色
淺色菌肉質地雖厚但易碎
這株成熟標本的表面上有稜紋和溝紋
子實體：單獨或成群出現在地面上，總是生長在營養豐富的土壤上。

尺寸：菌杯⟷4-10公分	柄↕↔2公釐	孢子：奶油色	食用性

科：盤菌科	種：*Peziza vesiculosa*	季節：全年

泡質盤菌(BLADDER CUP)

這種真菌的邊緣緊緊地捲收而彎曲，形狀則獨特有如膀胱。外表面為淡黃色，帶有顆粒；內部的產孢表面(子實層)則為淡黃至褐色。孢子逸出的開口小，而不像其他大多數盤菌，它幾乎不隨成熟而擴大。易碎的淡黃色厚菌肉為該屬中數一數二的。

• **分布**：公園、花園和農莊周圍營養豐富的基質上，諸如堆肥的糞便、花床中的護蓋物和腐爛的稻草等。它往往出現在其他盤菌和鬼傘(174-174頁)附近。廣泛分布且常見於北溫帶。

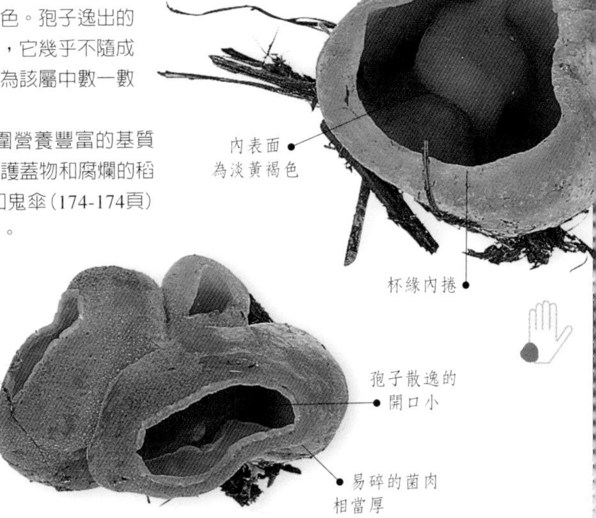
外表面上有粉狀、顆粒狀覆蓋物
內表面為淡黃褐色
杯緣內捲
孢子散逸的開口小
易碎的菌肉相當厚

子實體：子實體密集成簇或單獨出現。

尺寸：菌杯 ↔3-10公分 ↕1-4 公分	孢子：白色	食用性

科：盤菌科	種：*Peziza badia*	季節：夏至秋季

疣孢褐盤菌(PIG'S EARS)

肝褐色子實體內部會隨著成熟而變成較暗的橄欖褐色，此為疣孢褐盤菌的特徵，但唯有透過顯微鏡才能確實和其他褐色盤菌區分。從中可發現孢子上不完全的網狀花紋等。子實體無柄，紅褐色外表面呈顆粒狀，紅褐色菌肉薄。

• **分布**：軟木樹造林地步道旁的沙質土壤上，或者泥沼區中靠近樺樹的溝渠兩岸。世界分布廣泛且常見於溫帶至亞熱帶。

• **相似種**：較淺的褐色種類，諸如變化盤菌(*Peziza varia*)微柄盤菌(*P. micropus*)和波緣盤菌(*P. repanda*)，可能出現在腐朽的樹幹上。

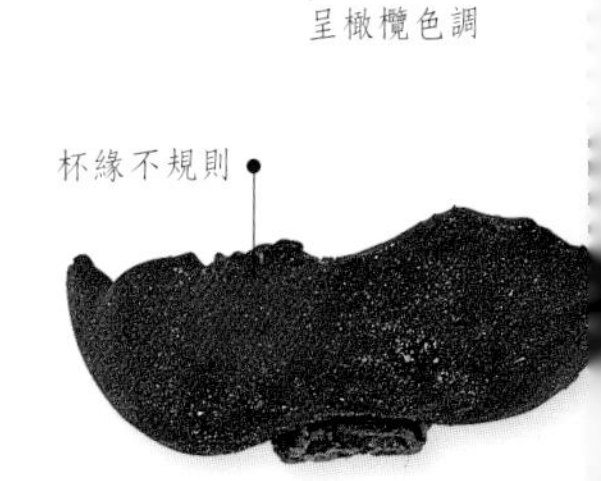
菌杯隨著成熟擴展
內表面為肝褐色，會逐漸變暗而呈橄欖色調
杯緣不規則

子實體：子實體成集團或小簇生長。

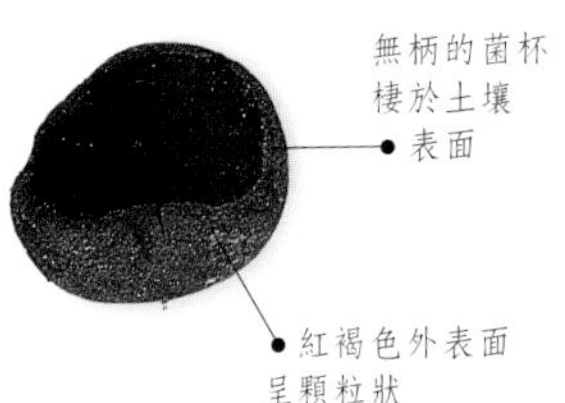
無柄的菌杯棲於土壤表面
紅褐色外表面呈顆粒狀

尺寸：菌杯 ↔1.5-7公分 ↕0.5-3公分	孢子：白色	食用性

科：盤菌科	種：*Peziza succosa*	季節：夏至秋季

多汁盤菌(YELLOW-MILK CUP)

杯形的黃至灰褐色多汁盤菌可由其切開時呈現的反應與其他多數盤菌區別：黃褐色薄菌肉會滲出乳狀黃色汁液，並且逐漸轉變成鮮黃色。隨著成熟菌杯逐漸擴展，形狀變得不規則。

• **分布**：硬木樹林地區中沿著道路兩旁；往往與馬鞍菌和絲蓋傘並存。廣泛分布且常見於歐洲；也出現在北美東部和中部。

• **相似種**：其他擁有黃色汁液的盤菌包括米歇爾盤菌(*Peziza michelii*)，其體型較小，略帶淡紫色；以及少汁盤菌(*P. succosella*)，其體型較小，具有綠黃色菌肉反應，孢子也較小。

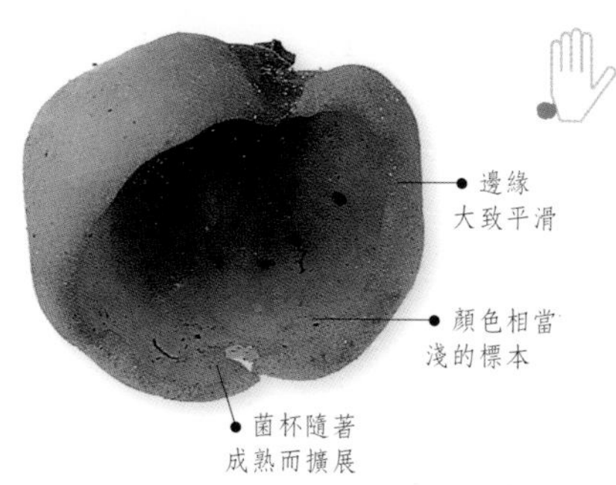
邊緣
大致平滑
顏色相當
淺的標本
菌杯隨著
成熟而擴展

子實體：單獨或集體出現在黏土多的土壤上。

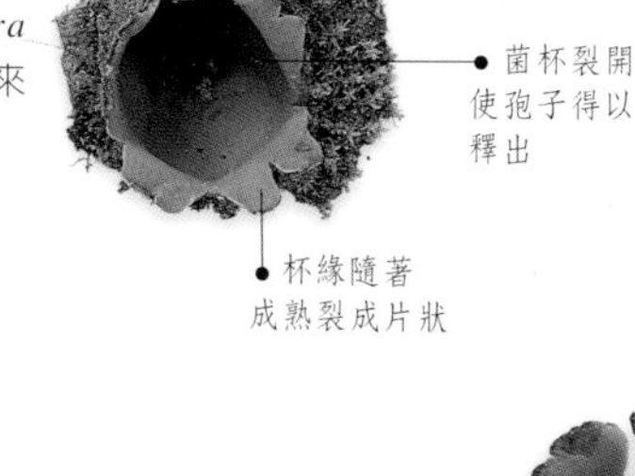
灰褐色
產孢表面
外表面
近乎光滑
菌肉在切開
或破裂時染著
為黃色

尺寸：菌杯 ⊕ 0.5-5公分 ↕ 0.5-2 公分	孢子：白色	食用性

科：側盤菌科	種：*Geopora arenicola*	季節：夏至秋季

沙質地孔菌(COMMON EARTH-CUP)

這種真菌會產生相當大的杯形褐色子實體，且外表面多毛。光滑的內部可能有微小的核菌短喙黑孢殼(*Melanospora brevirostris*)寄生。沙質地孔菌的孢子也比其他相似近親來得大。

• **分布**：埋藏在道路旁的碎石或沙粒中，或碎石凹窪中，由於其棲息地隱蔽，所以很容易忽視。廣泛分布且常見於歐洲，也出現在北美東北部和美國加州；世界分布不詳。

• **相似種**：所有的地孔菌都埋在土壤中，當完全成熟時，有些只產生一個小開口，有些則開裂成星狀。半球土盤菌(*Humaria hemisphaerica*)在土壤表面發育。其他還有許多非常相似的物種，它們彼此間難以區分。

菌杯裂開
使孢子得以
釋出

杯緣隨著
成熟裂成片狀

褐色菌肉
薄而易碎

平滑的內部
為奶油褐色

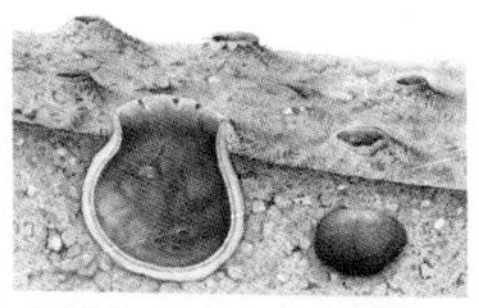

子實體：子實體集體穿破土壤表面。

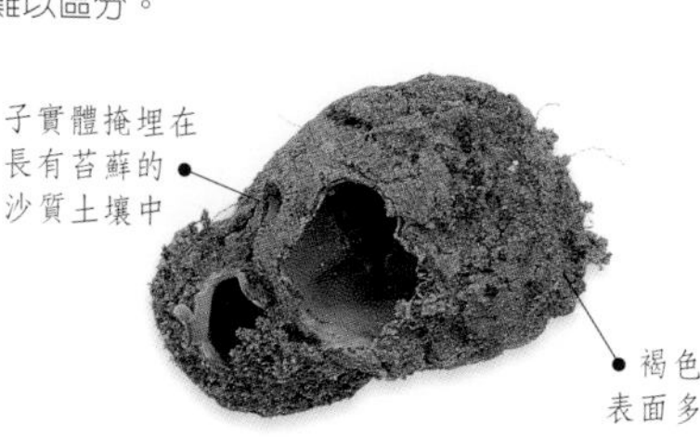
子實體掩埋在
長有苔蘚的
沙質土壤中
褐色外
表面多毛

尺寸：菌杯 ⊕ 0.5-2公分 ↕ 1-2 公分	孢子：白色	食用性

科：側盤菌科	種：*Aleuria aurantia*	季節：夏至秋季

橙黃網孢盤菌 (ORANGE-PEEL FUNGUS)

橙黃網孢盤菌具鮮橙的色彩，外面覆著短茸毛，可說是最有吸引力的盤菌之一。菌杯邊緣幼時內捲，而後變成波浪狀。菌杯隨著成熟而展平。偶爾被食用，它的菌肉薄而易碎，呈白至非常淺色。

• **分布**：見於翻動過且多碎石的土壤上，例如鋪路石塊之間，或者土壤道路的輪轍中以及新草坪上。有些盾盤菌屬蕈類(下欄)也會在同樣地方出現。廣泛分布且常見於整個北溫帶到亞熱帶。

• **相似種**：見於同樣地點，彎毛盤菌(*Melastiza chateri*)體型較小，紅橙色杯緣有非常短的淺褐色毛。其他網孢盤菌屬蕈類菌杯較小，也較罕見；正確的鑑定需要顯微鏡。

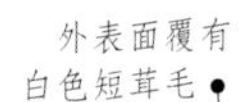

菌杯隨著成熟變得平坦且呈波浪狀

內表面呈鮮橙色

外表面覆有白色短茸毛

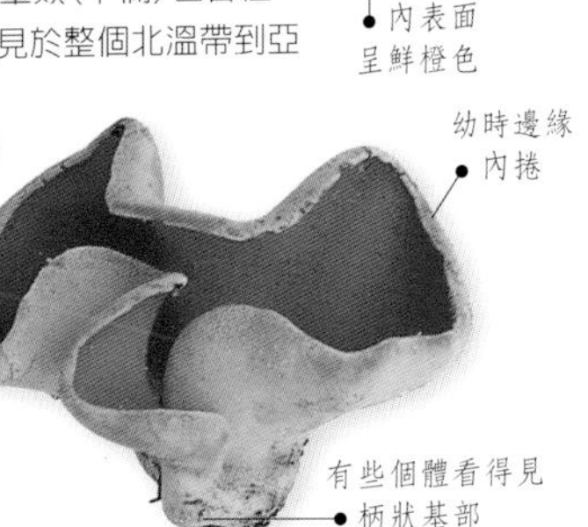

幼時邊緣內捲

有些個體看得見柄狀基部

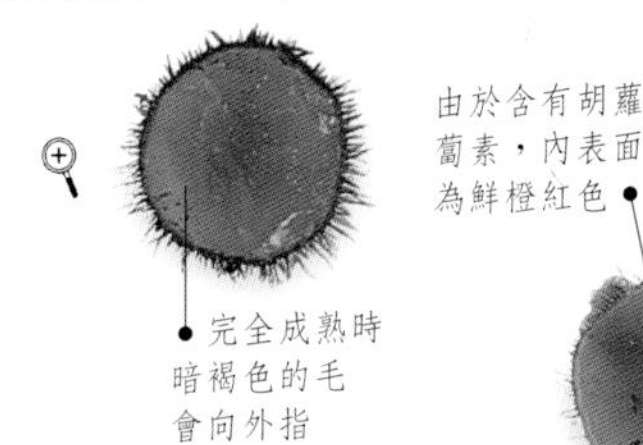

子實體：子實體成大群和大簇出現。

尺寸：菌杯 ↔ 2-10公分 ↕ 0.2-3公分	孢子：白色	食用性

科：側盤菌科	種：*Scutellinia scutellata*	季節：晚春至冬季

盾盤菌 (COMMON EYELASH-CUP)

這種極獨特的盤菌具有盤形、鮮橘紅色菌杯，在其邊緣有顯著的黑色長「睫毛」；外表面為淡橙至褐色。這個複雜的屬中有許多相似種；在顯微鏡下，孢子形狀和飾紋可為正確鑑別提供最好的線索。

• **分布**：靠近池塘邊潮溼生苔的木頭上，偶爾見於腐植質豐富的土壤上。常見於柳樹間的泥沼中，以及其他沼澤場所。該屬其他蕈類喜歡潮溼、通常為鹼性的土壤。廣泛分布且常見於北溫帶。

完全成熟時暗褐色的毛會向外指

由於含有胡蘿蔔素，內表面為鮮橙紅色

暗褐色毛幼時向內伸

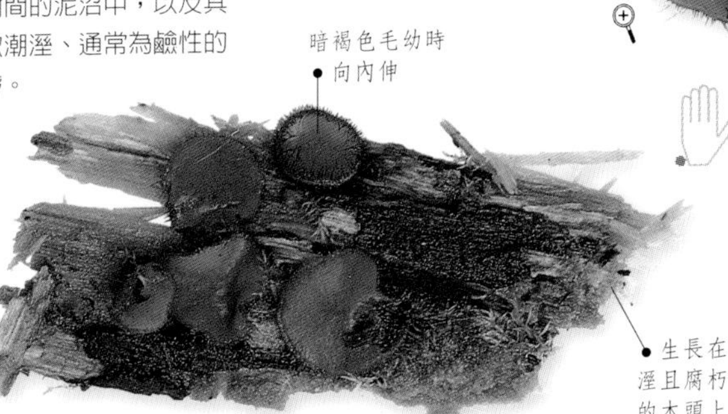

生長在溼且腐朽的木頭上

子實體：一般密集成群出現在木頭上。

尺寸：菌杯 ↔ 0.5-1公分 ↕ 2公釐	孢子：白色	食用性

科：側盤菌科	種：*Otidea onotica*	季節：秋季

驢耳狀側盤菌（Lemon-peel Fungus）

黃橙色子實體令人矚目，內表面通常呈粉紅色，使得此種真菌很容易辨認。耳朵般的菌杯在一側裂開，而且有個柄狀的米色基部。它具有非常薄的淺色菌肉，表面會隨著成熟出現銹色斑點。側盤菌屬蕈類據說可以吃，但無法推薦，因為數量稀少。

• **分布**：見於榛木和櫟木等硬木樹和軟木樹下，但和任何寄主沒有緊密的共生關係。廣泛分布但分散於北溫帶各處。

• **相似種**：杯側盤菌（*Otidea cantharella*）體型較小，沒有粉紅色澤。優雅側盤菌（*O. concinna*）檸檬黃色的子實體不那麼長。兔耳狀側盤菌（*O. leporina*）較小且較褐，主要出現在軟木樹林中。

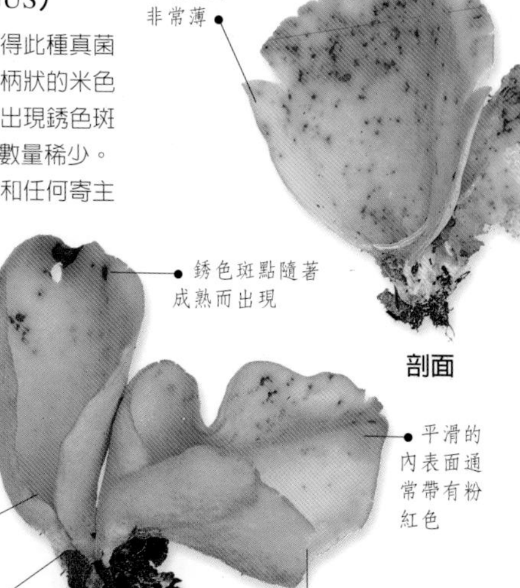

米色菌肉
非常薄
銹色斑點隨著
成熟而出現
剖面
平滑的
內表面通
常帶有粉
紅色
菌杯縱裂
至基部
米色
柄狀基部
波浪狀
邊緣

子實體：成小簇出現在落葉堆的土壤上。

尺寸：菌杯 ↔ 1-3公分 ↕ 3-10 公分	孢子：白色	食用性

科：錘舌菌科	種：*Chlorociboria aeruginascens*	季節：全年

變綠杯菌（Green Stain）

這種真菌會在其木材基質內部形成藍綠色斑跡。在理想狀態下，子實體周期性地產生。它們強韌且呈杯形，近似藍綠色的表面平滑，邊緣平滑或偶爾呈波浪形。底面和短柄藍綠色較淺。被著色的木頭稱作「綠櫟木」，有時用在木製品中。

• **分布**：硬木樹林中，通常在櫟木或榛木掉落的樹枝上。芯世界分布廣泛且相當常見於北溫帶。

• **相似種**：有些近緣種，特別是綠杯菌（*Chlorociboria aeruginosa*）也會產生綠色斑跡。孢子大小有助於鑑別：綠杯菌的為11.5×3微米，變綠杯菌的為7.5×2微米。

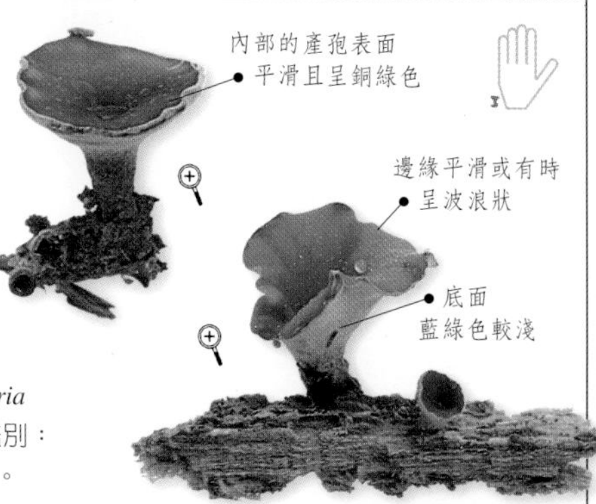

內部的產孢表面
平滑且呈銅綠色
邊緣平滑或有時
呈波浪狀
底面
藍綠色較淺

子實體：散布或成簇出現在枯木上。

子實體散布
在木頭上

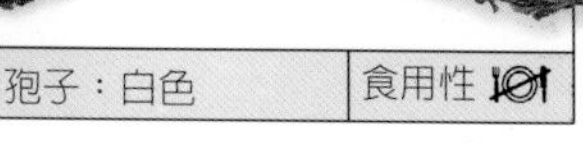

木材基質中的
綠色斑跡

尺寸：菌杯 ↔ 0.2-1公分	柄 ↕ 1-5公釐 ↔ 1-3公釐	孢子：白色	食用性

科：核盤菌科	種：*Dumontinia tuberosa*	季節：春季

塊狀迪蒙盤菌（ANEMONE CUP）

這種真菌具備板栗褐色子實體，從地面下稱作菌核的黑色器官中長出。呈杯形，邊緣平滑，菌杯的內、外表面都平滑。柄長而黑。這種蕈的子實體可能是該科中最大的。

• **分布**：寄生的；菌核形成於白頭翁的根狀莖中。廣泛分布；局部至十分常見於歐洲某些地區。

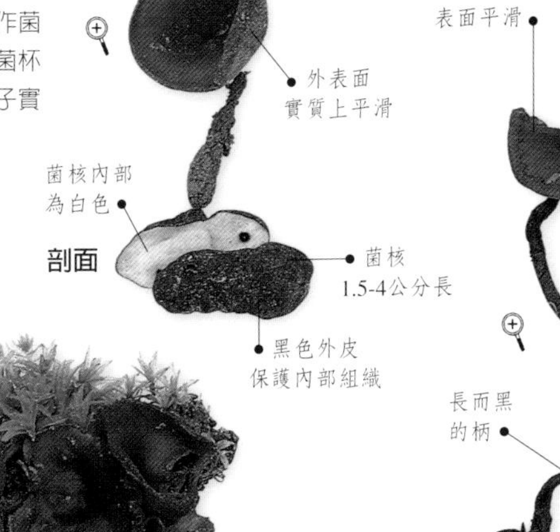
外表面
實質上平滑
產孢內
表面平滑
菌核內部
為白色
剖面
菌核
1.5-4公分長
黑色外皮
保護內部組織
長而黑
的柄
成團的
子實體

子實體：成小群出現在林地中裸露的土壤上。

尺寸：菌杯 0.5-3公分	柄 2-10公分 ↔ 2-4公釐	孢子：白色	食用性

科：核盤菌科	種：*Rutstroemia firma*	季節：秋季

強壯蠟盤菌（BROWN OAK-DISC）

這種蠟盤菌的杯形子實體為褐色，中央呈肚臍狀，邊緣平滑，菌盤底面有細皺紋。其柄將之固著在木材基質上。雖然這種真菌並不形成真正的菌核，它仍具備該科其他共有的特徵，例如，它偏好某一特定的寄主屬，此處為櫟樹。它較塊狀迪蒙盤菌（上欄）小，但仍是核盤菌科中體型較大者。

• **分布**：生長在掉落的櫟樹枝上，將該木材轉成黑色。廣泛分布且相當常見於歐洲。

• **相似種**：暗紅蠟盤菌（*Rutstroemia bolaris*）體型較小但孢子較寬（18×9微米，強壯蠟盤菌則為17×5.5微米）。貝斯奇杯盤菌（*Ciboria batschiana*）生長在櫟子上。

整個子實體呈
黃褐至褐色
產孢的上表面
中央凹陷如肚臍

子實體：單獨或成小群出現。

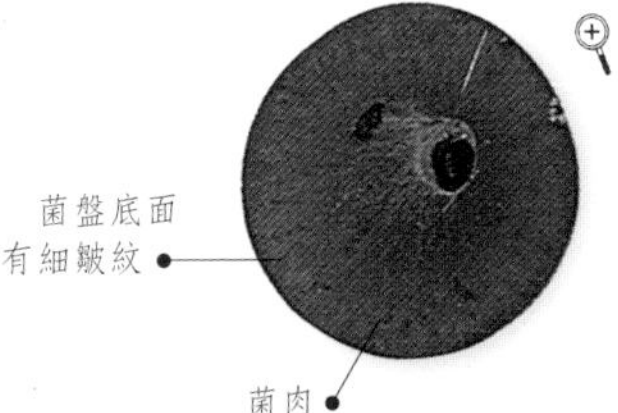
菌盤底面
有細皺紋
菌肉
相當堅實

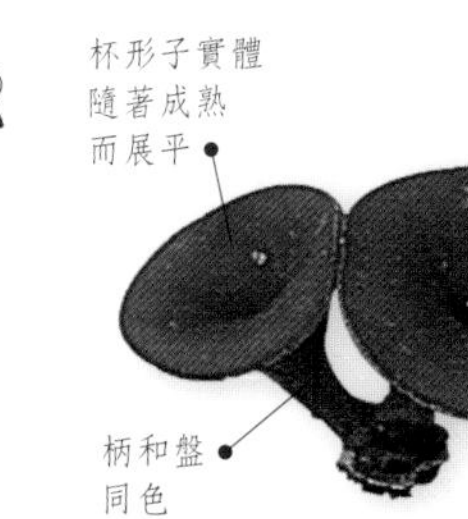
杯形子實體
隨著成熟
而展平
柄和盤
同色

尺寸：菌盤 0.5-1.5公分	柄 0.2-1公分 ↔ 0.2-2公分	孢子：白色	食用性

科：錘舌菌科	種：*Neobulgaria pura*	季節：晚秋

潔新膠鼓菌(BEECH JELLY-DISC)

這種真菌的子實體為淡粉紅色、半透明凝膠狀，具有平坦的產孢表面，邊緣有細齒。其剖面呈圓錐形，遽然向基部縮窄。剛冒出的個體非常堅實而有彈性。它們經過天候的風化終於坍塌而且變得更細，但將殘留到冬天。

• **分布**：倒地的山毛櫸樹幹或樹枝的新鮮樹皮上，往往緊鄰著裂形炭團菌(257頁)。見於北溫帶山毛櫸生長的大部分地區。

• **相似種**：污膠鼓菌(下欄)習性和棲息地相似，但較硬且呈較暗的褐至黑色。

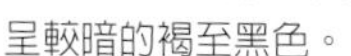

菌肉有如橡膠

圓錐形子實體

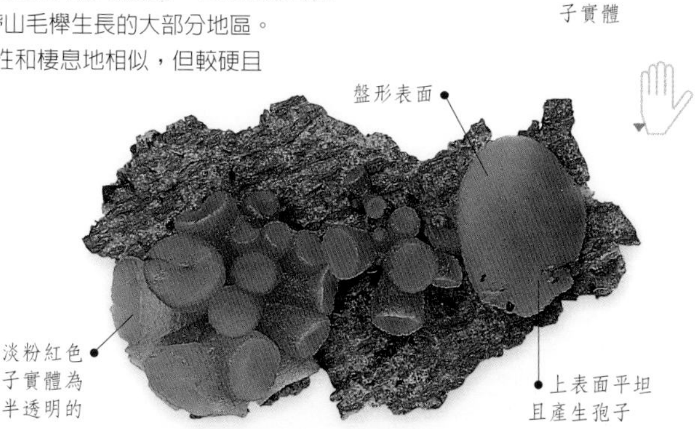
盤形表面
淡粉紅色子實體為半透明的
上表面平坦且產生孢子

子實體：在山毛櫸樹皮上密集成簇。

尺寸：菌盤 ↔ 0.5-3公分 ↕ 1公分	孢子：白色	食用性

科：錘舌菌科	種：*Bulgaria inquinans*	季節：秋至冬季

污膠鼓菌(POPE'S BUTTONS)

這種甘草般的真菌具黑色盤形的成熟子實體，有時候會出現藍色。漆黑的孢子極為顯眼，這在錘舌菌科中相當不尋常；附近的樹皮常會被射出的孢子染成黑色，觸摸子實體則會在手指上留下黑色污垢。每個子囊(詳見第10-11頁)形成8個孢子，只有上面4個呈暗色。孢子的著色特性曾用於羊毛染色。

• **分布**：剛倒地的山毛櫸或櫟木樹幹樹皮上；大多出現在上表面。世界分布廣泛且常見於北溫帶寄主樹生長之處。

• **相似種**：黑耳(283頁)和截形黑耳(*Exidia truncata*)更像凝膠，而且乾枯後還可復甦。

盤形黑色子實體

剖面

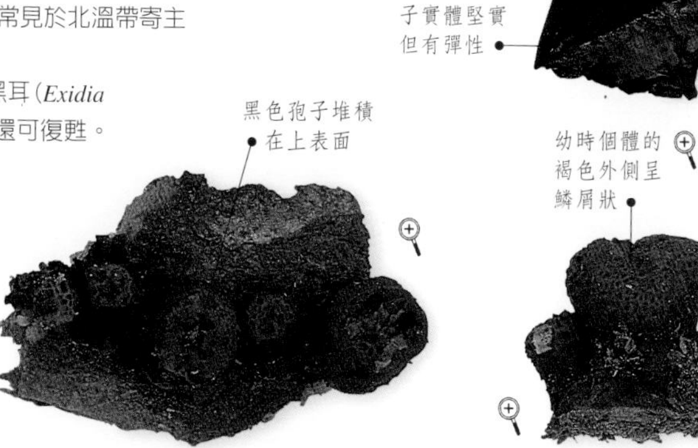
黑色孢子堆積在上表面
子實體堅實但有彈性

幼時個體的褐色外側呈鱗屑狀

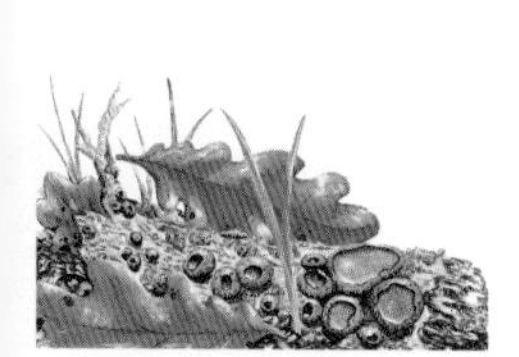

子實體：成群出現在山毛櫸或櫟木樹皮上。

尺寸：菌盤 ↔ 0.5-4公分 ↕ 0.5-2公分	孢子：漆黑色	食用性

科：錘舌菌科	種：*Ascocoryne cylichnium*	季節：秋至冬季

史利克膠盤菌(LARGE PURPLE-DROP)

這種真菌產生盤形、凝膠狀的紅紫色子實體，其產孢表面平滑發亮，邊緣通常呈不規則裂片狀。它有個短柄，使得子實體從側面看時呈圓錐形。

• **分布**：生長在硬木樹的樹皮和暴露的木材上。廣泛分布且相當常見於北溫帶。

• **相似種**：肉質膠盤菌(下欄)的菌盤較窄，且孢子較短。若干其他較小的蕈類產於北半球。區別它們最好的方法是用顯微鏡檢查孢子之類的特徵。

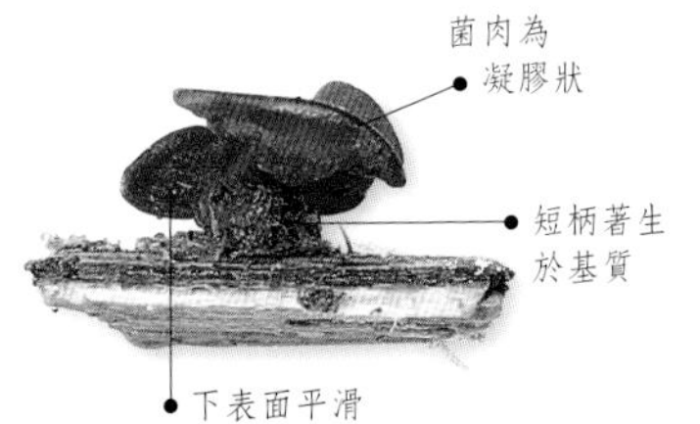
菌肉為凝膠狀
短柄著生於基質
下表面平滑

子實體：成群在樹木殘株和樹枝上。

平滑的產孢上表面
紅紫色
生長在暴露木材上的標本
子實體呈盤形

尺寸：菌杯 ↔ 0.5-2公分 ↕ 2-4公釐	柄 ↕ 0-5公釐 ↔ 0-2公釐	孢子：白色	食用性

科：錘舌菌科	種：*Ascocoryne sarcoides*	季節：秋至冬季

肉質膠盤菌 (BRAIN PURPLE-DROP)

盤形凝膠狀的紅紫色子實體可能有個發育不全的柄。腦狀無性生長物會與盤形子實體一起出現，它們顏色較淺且較灰。

• **分布**：大多見於裸露的硬木殘株或樹幹上。廣泛分布且常見於北溫帶部分地區，或許其他地方也有。

• **相似種**：史利克膠盤菌(上欄)最好透過顯微鏡來檢查區分。其孢子較大，而且成熟時隔膜通常有3個以上。山毛櫸膠膜菌(283頁)具備較大的腦狀子實體。

腦狀淡紅紫色無性狀態
盤形子實體內部為凝膠狀
子實體生長在沒有樹皮的硬木材上

子實體：成簇或單獨，往往無性與產孢狀態一起出現。

尺寸：菌盤 ↔ 0.2-1公分 ↕ 1-4公釐	孢子：白色	食用性

科：錘舌菌科	種：*Bisporella citrina*	季節：秋至早冬

橘色雙孢盤菌(LEMON DISC)

老遠就可望見這種微小、成簇的鮮黃色真菌。菌盤的上表面光滑、平坦或稍微凹陷，下表面顏色較淺。也可能出現白色菌盤。沒有真正的柄。

• **分布**：見於倒地的硬木樹上，通常為山毛櫸、櫟木和榛木；大多生長在沒有樹皮的木材上。廣泛分布且十分常見於整個北溫帶。

• **相似種**：有些雙孢盤菌的子實體長在稱作*Bispora*的黑色粉狀無性類型附近或上面。此外還有許多其他近緣的黃色盤菌。有些可能具備柄，或者僅在顯微特徵有所差別。

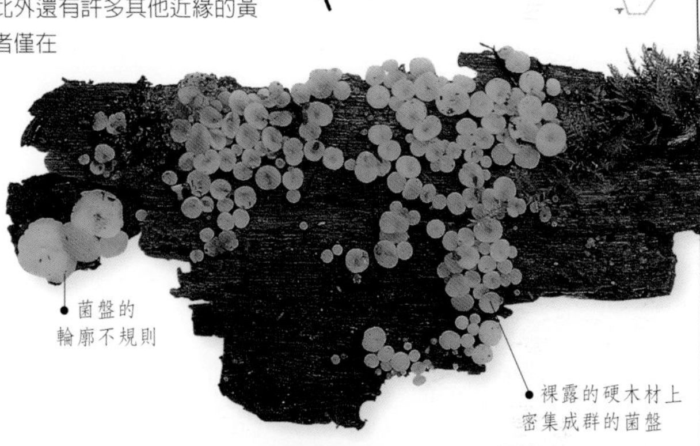

菌盤表面可能出現銹色斑點
從側面看像個釘頭
產孢上表面平滑
菌盤的輪廓不規則
裸露的硬木材上密集成群的菌盤

子實體：在木材上顯著成群出現。

尺寸：菌盤 1-3公釐 小於1公釐	孢子：白色	食用性

科：盤革菌科	種：*Aleurodiscus amorphus*	季節：全年

串球盤革菌(ORANGE DISC-SKIN)

雖然貌似盤菌，但這種革菌比許多盤菌還要堅韌而且更像皮革。粉紅橙色菌盤表面呈粉狀，邊緣則綴有白色縫毛。其中心點下面緊緊地附在基質上。凝膠狀半透明或白色的液滴表示它已經被單銀耳(*Tremella simplex*)之類的銀耳屬蕈類寄生。

• **分布**：在冷杉(*Abies*)或偶爾在雲杉(*Pieea*)上出現。廣泛分布且相當常見於整個北美北部和歐洲。

• **相似種**：極小微毛盤菌(*Lachnellula subtilissima*)縫毛較多，顏色較為鮮橙，且蕈柄較顯著。

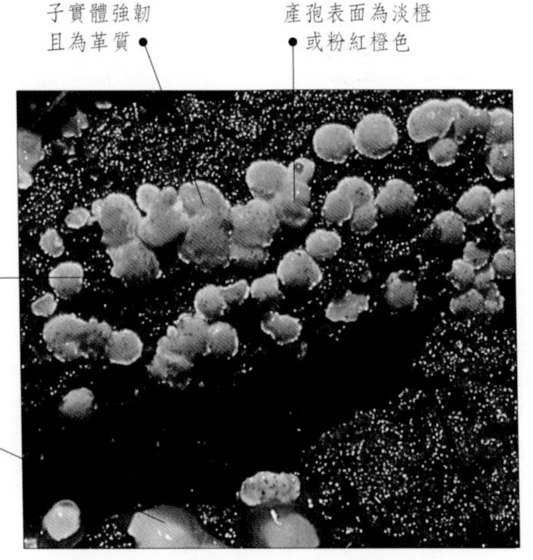

子實體強韌且為革質
產孢表面為淡橙或粉紅橙色
不育的白色邊緣內捲且帶有縫毛
凝膠狀液滴表示有寄生物存在

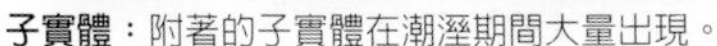

子實體：附著的子實體在潮溼期間大量出現。

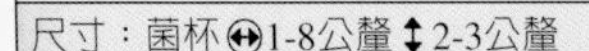

尺寸：菌杯 1-8公釐 2-3公釐	孢子：白色	食用性

杯形含有「卵球」

此處所介紹的眞菌具備一個由「菌杯」構成的獨特子實體，內部爲稱作小包的微小構造，其中含有產孢的子實層。起初，保護性表皮覆蓋著「杯」頂，到了成熟時才消失；小包則藉由雨滴散播。

科：鳥巢菌科	種：*Crucibulum crucibuliforme*	季節：秋季

白蛋巢菌
(WHITE EGG BIRD'S NEST)

這種真菌為白蛋巢菌屬中唯一的成員。它具備圓柱形、巢狀、赭土橙色的子實體，其中有10-15(最多20)個白色扁豆形且含有孢子的「卵」。每個「卵」由一條細索附在「巢」上。「巢」的外表面呈絨毛至平滑狀。未成熟的「巢」覆有保護性的赭土至橙色表皮；當這層皮凋謝後，「卵」便隨著雨滴四散。

內表面平滑

外皮包覆著
未成熟「巢」
的表面

• **分布**：樹林、公園和花園中的殘枝敗葉、覆蓋物和鋸木屑上。分布廣且相當常見於北溫帶。

• **相似種**：黑蛋巢菌屬(*Cyathus*)蕈類具備圓錐形子實體，其「卵」顏色較暗。

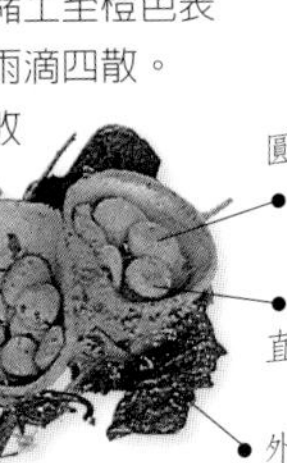
圓柱狀的「巢」
含有扁豆形的「卵」
白色的「卵」
直徑1.5-2公釐
外表面呈
絨毛至平滑狀

子實體：集體出現在腐朽的植被上。

尺寸：菌杯 ⊕5-8公釐 ↕0.5-1公分	孢子：白色	食用性

科：鳥巢菌科	種：*Cyathus striatus*	季節：整個秋季

隆紋黑蛋巢菌(FLUTED BIRD'S NEST)

隆紋黑蛋巢菌最獨特之處，是其巢狀子實體內部有溝狀的條紋。「巢」的外面被覆有褐色的毛，表面包著一層米色薄皮，在成熟時它會破裂，好讓「卵」隨著飛濺的雨水散播。同時它還會釋出黏質絲線，使「卵」得以附著在附近的植被上。

• **分布**：樹林中，通常深藏在殘枝敗葉中。廣泛分布且常見於北溫帶。

• **相似種**：壺黑蛋巢菌(*Cyathus olla*)不具條紋，而且大都出現在空曠的棲息地中。糞生黑蛋巢菌(*C. stercoreus*)生長在糞便上，「卵」非常暗而且沒有條紋。北美、日本和熱帶還有更多的種。

暗色毛覆蓋在「巢」的外面

圓錐形子實體

灰色內部有顯著的條紋

剖面

淺灰色
的「卵」
扁豆形「卵」，
直徑1-2公釐

子實體：成簇出現在半掩埋的硬木材上。

尺寸：菌杯 ⊕6-8公釐 ↕0.8-1.5公分	孢子：白色	食用性

喇叭形的真菌

本章介紹的真菌擁有喇叭形中空的子實體，其產孢子實層襯在大致平滑的外表面上。此處大多數種類都屬於雞油菌科(詳見第28和30頁)。子實體具備相當強韌的菌肉，可以持續存留數週。

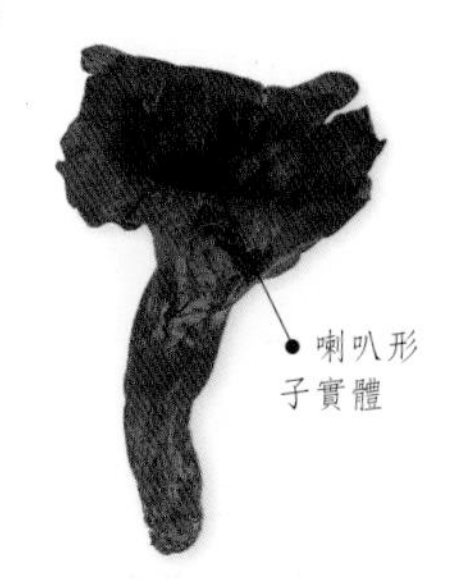
喇叭形
子實體

科：雞油菌科	種：*Craterellus cornucopioides*	季節：夏至秋季

喇叭菌(HORN OF PLENTY)

這種暗褐色真菌的子實體呈中空的喇叭形，越接近基部越尖。外面覆著較淡的灰色產孢層。灰色薄菌肉味道溫和好吃，而且氣味芳香。陰暗的色彩使之很難被發現，但在尋獲處通常都會出現一大堆。

• **分布**：在樹林中與硬木樹形成菌根，見於相當肥沃、往往為鹼性的土壤上；較少與軟木樹共生。廣泛分布於北溫帶；有些地區豐富，其他地區則幾乎沒有。

• **相似種**：幻覺喇叭菌(*C. fallax*)產於北美，氣味更芳香。

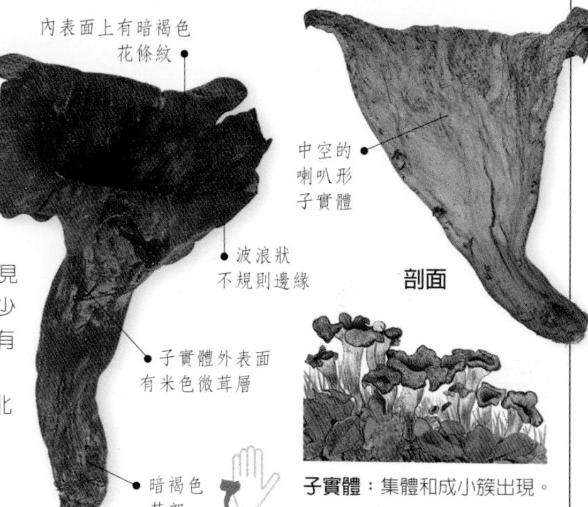
內表面上有暗褐色
花條紋
中空的
喇叭形
子實體
波浪狀
不規則邊緣
剖面
子實體外表面
有米色微茸層
暗褐色
基部

子實體：集體和成小簇出現。

尺寸：子實體 ⊕3-10公分 ↕5-12公分	基部 ↔0.5-2公分	孢子：白色	食用性

科：雞油菌科	種：*Cantharellus lutescens*	季節：早秋至早冬

變黃雞油菌(GOLDEN CHANTERELLE)

這種雞油菌有個大致呈喇叭形的黃褐色子實體。其黃至橙色基部中空，相當薄的淡黃色菌肉有水果氣味。外表面的淺色產孢層近乎平滑。和喇叭菌屬(上欄)的一樣。

• **分布**：在潮溼而佈滿苔蘚的林地中與硬和軟木樹形成菌根。廣泛分布但相當局部出現於溫帶和暖溫帶，包括北美、歐洲和亞洲。

• **相似種**：變種管形雞油菌(*C. tubaeformis* var. *lutescens*)外表面上有顯著的脈狀褶。

黃橙色的蕈柄

黃褐色的蕈傘

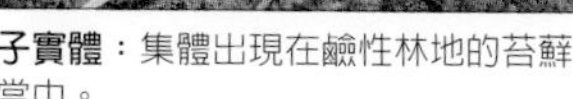

子實體：集體出現在鹼性林地的苔蘚當中。

尺寸：子實體 ⊕2-7公分 ↕3-7 公分	基部 ↔3-8公釐	孢子：淺奶油色	食用性

科：雞油菌科	種：*Cantharellus lateritius*	季節：夏至秋季

磚紅雞油菌 (SMOOTH CHANTERELLE)

這種橙黃色真菌呈喇叭形，波浪狀邊緣下垂，與雞油菌(28頁)有近緣關係，主要差別在於其外表面平滑至帶著些許脈紋。一般較密集且肥胖，但同樣芬芳，味道也相似。先前命名為小杯狀喇叭菌(*Craterellus cantharellus*)，因其外貌類似喇叭菌(275頁)，但具有雞油菌的色彩。

• **分布**：櫟樹下。廣泛分布且十分常見於北美東部。

• **相似種**：雞油菌(28頁)外表面上有發達且分叉的褶狀皺痕。香雞油菌(*Cantharellus odoratus*)密集成簇如花束般。

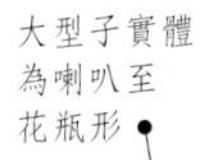

有時候會出現不發達的褶狀皺痕
波浪狀蕈傘邊緣下垂
喇叭形橙黃色子實體
下表面平滑或近乎平滑

子實體：單獨或大量出現在空疏林地和公園中櫟樹下的地面上。

尺寸：子實體 ↔ ↕ 2.5-10公分	基部 ↔ 0.5-2.5公分	孢子：淡黃橙色	食用性

科：釘菇科	種：*Gomphus floccosus*	季節：夏至秋季

毛釘菇 (ORANGE PIG'S EAR)

這種花瓶狀至喇叭形的大型蕈類色彩鮮明，在空疏的樹林中很容易發現它生長的地方。具鱗片的蕈傘變化不一。呈紅橙色或橙或黃色。菌肉的顏色也同樣強烈。延生的產孢表面為奶油白至赭土色，飾有脈紋。不建議食用，因為它很容易會引起反胃。

• **分布**：混合林中的軟木樹下。分布廣且常見於北美。

• **相似種**：考夫曼釘菇(*Gomphus kauffmanii*)較大，鱗片較粗糙，呈黃褐色。博納釘菇(*G. bonarii*)為鮮紅色，附帶乳白色產孢表面。

大型子實體為喇叭至花瓶形
蕈傘表面為紅橙至橙黃色
蕈傘表面的鱗片為紅至橙色
奶油白至赭土色產孢表面
逐漸縮窄的柄狀基部通常為橙至黃橙色

子實體：子實體單獨或成大群出現在混合林中軟木樹下的地面上。

尺寸：子實體 ↔ 5-15公分 ↕ 5-10 公分	基部 ↔ 1.5公分	孢子：赭土黃色	食用性

星形及籠狀的真菌

本章中的真菌稱作腹菌，因為它們的產孢組織被封在子實體內。兩種籠頭菌屬(*Clathrus*)中的蕈類(下欄及280頁)與鬼筆(246-247頁)有親緣關係。此外，地星的子實體分裂成星形，內部有個孢子球。

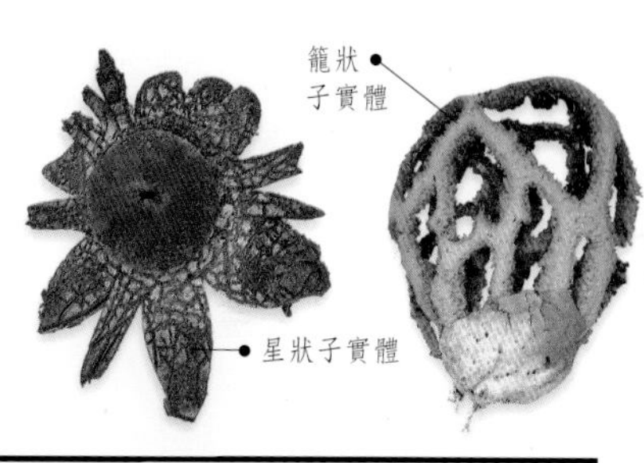
籠狀
子實體
星狀子實體

科：籠頭菌科	種：*Clathrus archeri*	季節：夏至秋季

弓形籠頭菌(DEVIL'S FINGERS)

這種真菌將孢子產在一種帶有腐物氣味的黏液中，以吸引昆蟲為之傳播。其子實體十分特殊，具有4至8個鮮紅色臂膀，從一個淡黃至淡粉紅色的「卵」伸出，孢子團即位於這些臂膀內。所有籠頭菌科的成員形狀都很醒目；幾乎全帶有紅色或為白至米色。

• **分布**：林地的殘枝敗葉中，或鋸木屑、木材碎片上；樹林、公園和花床中。不慎從澳洲或紐西蘭引進，現在則成功地在歐洲立足。

• **相似種**：北美的紡錘形假囊筆菌(*Pseudocolus fusiformis*)，只有3或4條臂膀。星頭鬼筆屬(*Aseroe*)如緋紅星頭鬼筆(*A. coccinea*)產於日本，具柄狀基部。

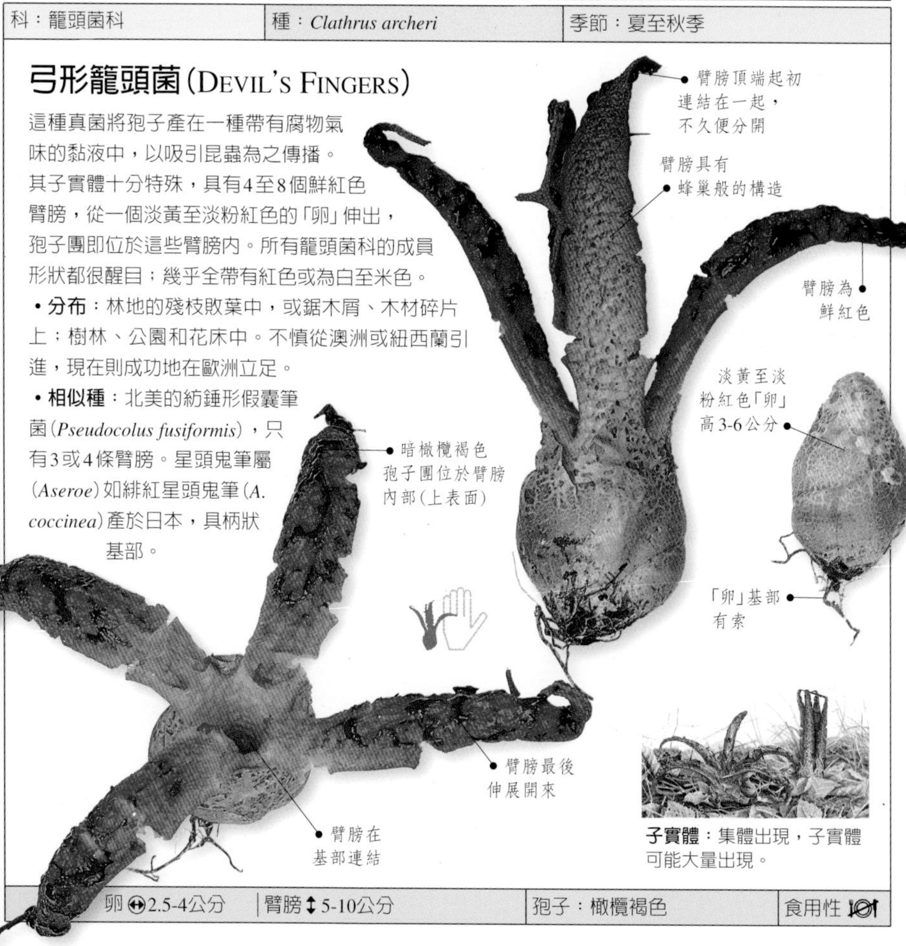
臂膀頂端起初
連結在一起，
不久便分開
臂膀具有
蜂巢般的構造
臂膀為
鮮紅色
淡黃至淡
粉紅色「卵」
高3-6公分
「卵」基部
有索
暗橄欖褐色
孢子團位於臂膀
內部(上表面)
臂膀最後
伸展開來
臂膀在
基部連結

子實體：集體出現，子實體可能大量出現。

卵 ⊕2.5-4公分	臂膀 ↕ 5-10公分	孢子：橄欖褐色	食用性

科：硬皮馬勃科	種：*Astraeus hygrometricus*	季節：全年

硬皮地星
(BAROMETER EARTHSTAR)

這種帶金屬氣味的圓形紅褐色未成熟子實體在成熟時裂開成星形，露出其中覆著表皮的灰褐色孢子球。具有驚人的吸溼特性，即使與菌絲體分離亦如此：在乾燥的天氣反捲成球狀，天氣潮溼時則展開其星芒。必須靠雨水飛濺才能從中央孔口散出孢子。

• **分布**：形成菌根；大多生長在乾燥空疏的林地中。實際上遍布世界各地，除了冷溫帶至北極區之外。

• **相似種**：地星屬蕈類(下欄，279-280頁)的顯微細節如孢子球中的彈性線等有差別。

灰至紅褐色星芒覆有白色鱗片

外表皮分裂為6-15瓣星芒

表皮強韌

中央孔口在潮溼的天氣中散出孢子

內部球的表面粗糙

子實體：成小群出現；喜好沙質土壤。

尺寸：子實體 5-9公分	內部球 1.5-3公分	孢子：褐色	食用性

科：地星科	種：*Geastrum triplex*	季節：秋季

尖頂地星(COLLARED EARTHSTAR)

分布最廣的地星屬蕈類之一，尖頂地星相當大且多肉。成熟時，其蕪菁或洋蔥形子實體裂開，通常圍繞著中央球形成為兩層，即外面的星形和裏面的囊領。球頂端的孔口可藉著雨水飛濺讓內部孢子逸出。

• **分布**：出現在花園、公園和林地中。分布廣且相當常見於北溫帶和亞熱帶，幾乎遍布世界各地。

• **相似種**：暗頭狀毛星菌(*Trichaster melanocephalus*)的內部球無表皮或孔口。鳥狀多口馬勃(*Myriostoma coliforme*)的球有許多洞讓孢子散逸出來。

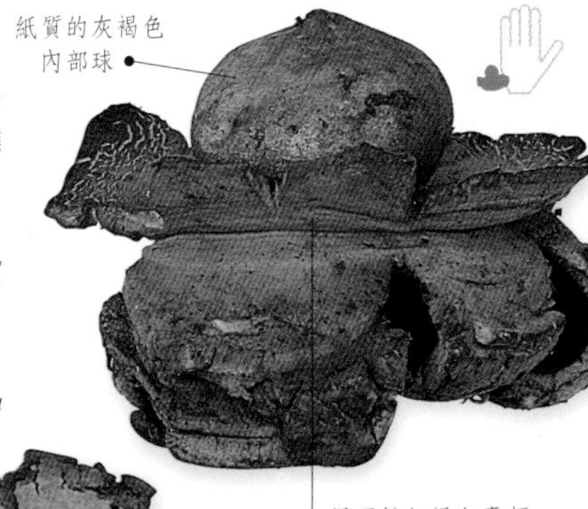

紙質的灰褐色內部球

褐至粉紅褐色囊領，乾燥時成紙質

肉質外皮向後弓，並分裂成星形構造物

環形淺凹陷中有細纖維狀的洞

幼時為蕪菁或洋蔥形

子實體內表面平滑

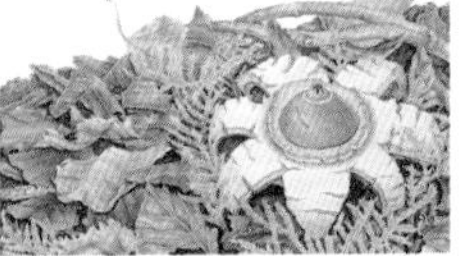

子實體：成群或環狀排列出現在肥沃土壤上。

尺寸：子實體 4-12公分	內部球 2-4公分	孢子：深褐色	食用性

科：地星科	種：*Geastrum fimbriatum*	季節：秋季

毛嘴地星 (SESSILE EARTHSTAR)

球形黃褐或淡褐色子實體在成熟時裂開，其外皮分裂成星形。裏面有一個淺灰至淡灰黃色球，其中含有孢子。飛濺的雨水落在球上使之收縮，孢子便從其頂端圍有細毛(流蘇狀)的洞中釋放出來。

• **分布**：大多出現在軟和硬木樹下鹼性土壤的殘枝敗葉上。廣泛分布於北溫帶，但確實分布不詳。

• **相似種**：尖頂地星(278頁)通常見於同樣位置；其外皮分別裂成一個星芒和一個圍繞著內部球的囊領。粉紅地星(*Geastrum rufescens*)呈粉紅色調，乾燥時內部球上會出現柄。

內部球為淺灰至淡灰黃色

球頂端流蘇狀的開口

5-9枚完全展開的外皮星芒

紙質球受到雨滴壓縮時釋出孢子

外皮為黃褐或淡褐色

子實體：成小群或成環狀分布出現。

尺寸：子實體 ⇔3-6公分	內部球 ⇕1-2.5公分	孢子：深褐色	食用性

科：地星科	種：*Geastrum schmidelii*	季節：秋季

史密迪地星 (DWARF EARTHSTAR)

這種地星可由其空曠多草的棲息地，以及大小來辨認。此外，當子實體裂開後，暴露出來的內部產孢球有個喙狀、帶溝和條紋的「口」。未成熟的褐色子實體近乎球形，通常覆著沙和碎屑；肉質外皮開裂形成5-8枚星芒，成熟時變似紙質。內部球為灰至褐色。

• **分布**：田野和沙丘中的鹼性沙上，或者軟木樹造林地中空地的沙質土壤上。廣泛分布於歐洲和鄰近的亞洲部分；更廣的世界分布不詳。

• **相似種**：美麗地星(*Geastrum elegans*)有個無柄的內部球。篦齒地星(*G. pectinatum*)一般和針葉樹一起生長，體型較大，其內部球表面上有顆粒，柄則較顯著。

喙狀暗褐色的「口」有顯著的溝和條紋

含有孢子的球幼時呈粉狀，長大後變得平滑

裂片幼時為肉質的，成熟時為紙質的

乾燥時，球被柄舉高1-2公釐

子實體：子實體成環狀或少數聚集成群。

裂片向後弓到子實體之下

展開的子實體形成5-8瓣裂片

裂片向後弓，露出內部球

尺寸：子實體 ⇔1.5-3.5公分	內部球 ⇕0.5-1.5公分	孢子：深褐色	食用性

科：地星科	種：*Geastrum striatum*	季節：秋季

條紋地星（Striated Earthstar）

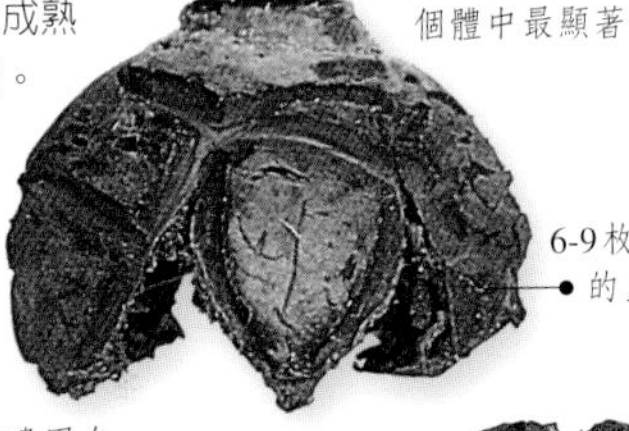

孢子球為淺灰色
柄在乾燥的個體中最顯著
6-9枚尖銳的星芒

和其他地星一樣，這種真菌的外皮會裂開以露出孢子球。條紋地星佈著細微顆粒的灰白色球有個短柄，並嵌在領狀邊中。未成熟子實體近乎球形至洋蔥形，且厚重地裹著周遭的土壤和碎屑。開裂之後，灰褐色肉質星芒不久質地即變得像紙一般。

• **分布**：在肥沃土壤上，通常見於花園和公園的軟木樹下；也出現在混合或軟木樹林中。廣泛分布於歐洲；世界分布不詳。

領狀邊圍在孢子球之下

具溝和條紋的喙狀暗褐色「口」

子實體：成行、環狀或少數聚集在混合殘屑堆上。

尺寸：子實體 ⊕3-6.5公	分內部球 ⊕1-2.5公分	孢子：深褐色	食用性

科：籠頭菌科	種：*Clathrus ruber*	季節：全年

紅籠頭菌（Red Cage Fungus）

這種真菌成熟時變為醒目的紅色，且長成球形的籠狀構造。它從一個白或淡黃的「卵」中冒出。「籠柵」內部粘著橄欖褐色孢子團，其腐物氣味吸引昆蟲來為之散播孢子。

• **分布**：落葉或木材碎屑堆上，見於公園和花園中；性喜溫暖。廣泛但四處散布；大多在地中海地區。

• **相似種**：籠頭菌屬中約有17種真菌，它們主要產於熱帶。有些為鮮紅色，有些為白色。

「籠」的內表面覆有黏黏的孢子團

鮮紅色的「籠」

淡黃或白色「卵」3-6公分高

「卵」殘留在基部

「籠」的質地如海綿一般

子實體：子實體成小群或集體出現。

尺寸：子實體 ⊕至9公分 ↕至12公分	孢子：橄欖褐色	食用性

耳或腦狀的膠質真菌

本章介紹的大多數真菌具備膠質的菌肉，其在乾燥的天氣中會脫水，潮溼時再吸水，而仍可繼續散出孢子。它們的形狀變化多端，從整個覆滿產孢組織(子實層)的腦狀子實體，到內部襯著子實層且面朝下的懸垂耳狀子實體不等。

腦狀
子實體
耳狀子實體

科：木耳科	種：*Auricularia auricula-judae*	季節：全年

木耳 (JEW'S EAR)

這種真菌的子實體呈獨特的耳形。新鮮時為膠質且平滑，但隨著成熟及乾枯而變得堅硬而皺折。外表面為茶褐色且覆有柔軟的毛，而內部的產孢表面顏色較灰而且有脈紋和皺紋。木耳在西方被視為平淡無味的食物，而在中國這種真菌及其近親則被用來作為食物和藥。

• **分布**：潮溼林地的硬木樹上，通常為淡黑接骨木。世界分布廣泛且常見於北溫帶較溫暖的地方。

• **相似種**：毛木耳(*Auricularia polytricha*)顏色相同或較暗，其上表面非常像天鵝絨，主要出現在熱帶。

緊緊附在
樹皮基質上
外表面上
柔軟的毛
產孢表面具
脈紋和皺紋且
面朝下
茶褐色子實體
顯然呈耳形
隨著子實體
成熟和乾枯會
出現皺褶
菌肉乾燥後
硬得如角

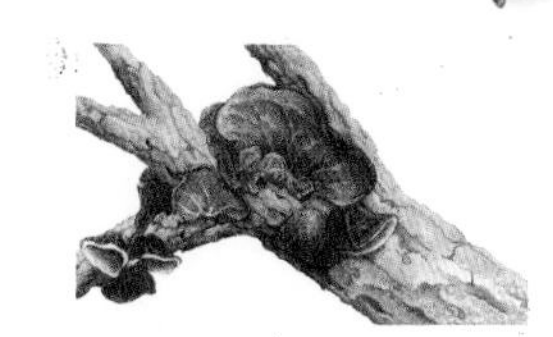

子實體：子實體單獨或擁擠成層和列。

尺寸：子實體↔4-12公分⇕至2公釐	孢子：白色	食用性

科：銀耳科	種：*Tremella mesenterica*	季節：大多在晚秋至冬季

黃金銀耳(YELLOW BRAIN-FUNGUS)

很容易發現醒目而幾乎透明的黃色黃金銀耳。長期下雨會使它變白，但偶爾它也會產生真正的白色類型。天氣乾燥時子實體收縮，但恢復潮溼時它會再吸水。雖然風味十分平淡，但可以吃，並用來煮湯。

• **分布**：寄生於伏革菌科蕈類上；生長在硬木樹枝上，通常在灌木樁中。世界分布廣泛且常見於北溫帶。

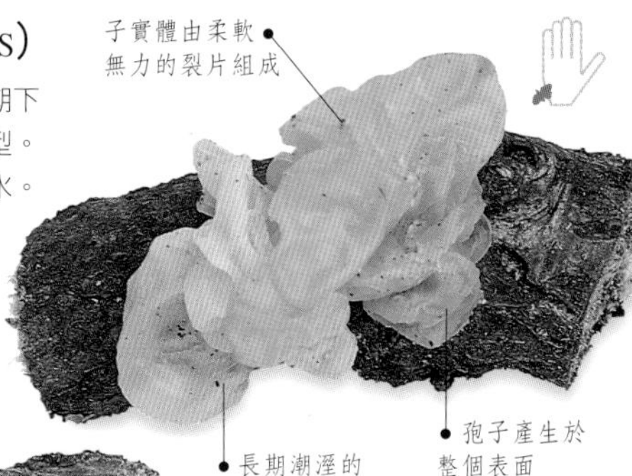

子實體由柔軟無力的裂片組成
長期潮溼的天氣使其褪色
孢子產生於整個表面

乾燥的菌肉脆弱

子實體乾燥成暗橙色

子實體：裂片狀子實體主要成小群出現。

尺寸：連結的子實體 ↔1-6公分 ⇕0.5-4公分	孢子：白色	食用性

科：銀耳科	種：*Tremella foliaceae*	季節：秋至冬季

茶銀耳(LEAFY BRAIN-FUNGUS)

這種真菌的褐色子實體非常皺且為高度凝膠質，直接附著在樹皮上而沒有柄，這些特徵使茶銀耳很容易鑑別。整個子實體表面都產生孢子。

• **分布**：公園和樹林中，寄生於長在硬木樹上的韌革菌屬和伏革菌科蕈類上，但也見於松樹上。廣泛分布於北溫帶。

• **相似種**：山毛櫸膠盤菌(283頁)和潔新膠鼓菌(271頁)的皺折類型與這種真菌相似；它們可由紫色調和較圓的腦狀裂片加以區別。

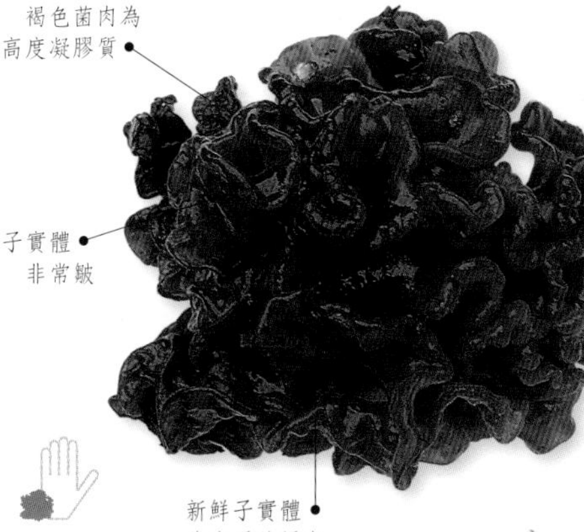

褐色菌肉為高度凝膠質
子實體非常皺
新鮮子實體為光滑的褐色

乾枯子實體縮小且呈黑色

水能使乾枯個體恢復原狀

子實體：子實體單獨或少數聚集出現。

尺寸：子實體 ↔4-12公分 ↕3-7公分	孢子：白色	食用性

科：黑耳科 | 種：*Exidia glandulosa* | 季節：晚秋至冬季

黑耳(BLACK BRAIN-FUNGUS)

外貌類似焦油滴，這種膠質菌相當堅實，摸起來不像黃金銀耳(282頁)那麼凝膠質。腦狀表面由無數皺褶組成，隨著成熟會變得更深且更皺。和大多數其他膠質菌一樣，潮溼天氣能使收縮乾燥的個體再吸水。

• **分布**：樹林中硬木樹死亡的木材上。世界分布廣泛且常見於溫帶。

• **相似種**：截形黑耳(*Exidia truncata*)也很常見，主要出現在櫟等硬木樹上。其子實體較接近紐釦型，且外表面覆有細絨毛，產孢表面有疙瘩。

黑色表面有
許多腦狀皺褶
成熟個體有更
顯著的皺褶和皺紋

整個暴露的表面
都產生孢子
擴展的
子實體會
融合在一起
收縮個體由於
潮溼而復甦

子實體：子實體連結出現。

尺寸：連結的子實體 ↔ 2-10公分 ⇕ 0.5-1.5公分 | 孢子：白色 | 食用性

科：錘舌菌科 | 種：*Ascrotremella faginea* | 季節：夏至秋季

山毛櫸膠膜菌 (BRAIN-LIKE JELLY-DISC)

這種污紫色真菌最常大群地以發亮膠狀物出現，直徑可達10公分。子實體由一團形狀不規則的凝膠質滴構成，整體看來有如腦。它由一柄狀短尖頭附在基質上。外貌類似膠質菌，但由顯微特徵如孢子在圓柱形子囊(詳見10-11頁)中產生等，確認其為盤菌。

• **分布**：一般在死亡的山毛櫸上，但也出現在其他硬木樹上。廣泛分布而局部常見於北美東北部和大部分歐洲。

污紫色的
子實體
子實體整個表面
都產生孢子
子實體具備
膠狀質地
腦般不規則
的子實體

子實體：大都單獨或少數聚集在死亡硬木樹枝幹上。

尺寸：子實體 ⇕ 1-2公分 ↔ 2-4公分 | 孢子：白色 | 食用性

孢子圖表

孢子的顏色、形狀、表面質地和尺寸變化多端，而爲物種的確認提供了重要線索。孢子顏色放在各個物種的主要辭條中；尺寸和形狀則列於下表中。孢子大小從2至500微米(μm)不等；此處示出平均尺寸。尺寸和形狀(詳見17頁)必須透過顯微鏡才能決定。下表中⊖表示直徑。

物種	大小(μm)	形狀
Agaricus arvensis 野蘑菇	7×5	寬橢圓形
Agaricus augustus 大紫菇	8.5×5	橢圓形
Agaricus bernardii 白鮮菇	6.5×5.5	寬橢圓形
Agaricus bisporus 洋菇	6×5	寬橢圓形
Agaricus bitorquis 大肥菇	6×4.5	寬橢圓形
Agaricus californicus 加州蘑菇	5.5×4.5	橢圓形
Agaricus campestris 蘑菇	8×4.5	橢圓形
Agaricus hondensis 毛環蘑菇	5×3.5	橢圓形
Agaricus moelleri 莫勒蘑菇	5.5×3.5	寬橢圓形
Agaricus porphyrizon 紫帶蘑菇	5×3.5	橢圓形
Agaricus sylvaticus 木生蘑菇	5.5×3.5	寬橢圓形
Agaricus sylvicola 白林地蘑菇	7×4.5	橢圓形
Agaricus xanthoderma 黃斑蘑菇	6×4	橢圓形
Agrocybe cylindracea 柱狀田頭菇	10×5.5	橢圓形且具一芽孔
Agrocybe pediades 平田頭菇	12×8	橢圓形且具一芽孔
Agrocybe praecox 早田頭菇	9×5.5	橢圓形且具一芽孔
Albatrellus ovinus 羊白孔菌	4×3.5	近球形、含類澱粉質
Aleuria aurantia 橙黃網孢盤菌	17.5×9	橢圓形、網狀、內含2個油滴
Aleurodiscus amorphus 串球盤革菌	28×23	近球形、針狀
Amanita caesarea 白橙蓋鵝膏	10×7	寬橢圓形
Amanita crocea 鵝黃橙膏	10 ⊖	近球形
Amanita fulva 赤褐鵝膏	11 ⊖	近球形
Amanita gemmata 芽狀鵝膏	10×7.5	寬橢圓形
Amanita muscaria and *A. m.* var. *formosa* 美麗變種毒蠅傘	9×6.5	橢圓形
Amanita mappa 餐巾鵝膏	9×8	近球形、含類澱粉質
Amanita pantherina 豹斑鵝膏	11×7.5	寬橢圓形
Amanita phalloides 毒鵝膏	8.5×7	近球形至寬橢圓形、含類澱粉質
Amanita porphyria 褐雲斑鵝膏	9 ⊖	近球形、含類澱粉質
Amanita rubescens 赭蓋鵝膏	8.5×6.5	寬橢圓形、含類澱粉質
Amanita smithiana 史密斯鵝膏	12×7.5	橢圓形、含類澱粉質
Amanita spissa 塊鱗灰鵝膏	9.5×7.5	近球形、含類澱粉質
Amanita vaginata 灰鵝膏	11 ⊖	近球形
Amanita virosa 鱗柄鵝膏	7.5 ⊖	近球形、含類澱粉質
Armillaria cepistipes 蔥柄蜜環菌	8.5×5.5	寬橢圓形
Armillaria mellea 蜜環菌	8.5×5.5	寬橢圓形
Armillaria tabescens 發光蜜環菌	8×6	寬橢圓形
Ascocoryne cylichnium 史利克膠盤菌	24×5	窄橢圓形、具5-7個隔板
Ascocoryne sarcoides 肉質膠盤菌	14×4	窄橢圓形
Ascrotremella faginea 山毛櫸膠蘑菌	8×4	橢圓形、具模糊條紋
Asterophora parasitica 寄生星形菌	5.5×3.5	寬橢圓形
Astraeus hygrometricus 硬皮地星	9 ⊖	球形、針狀
Auricularia auricula-judae 木耳	14×5.5	臘腸形
Auricularia mesenterica 腸膜狀木耳	16.5×6	寬臘腸形
Auriscalpium vulgare 耳匙菌	5×4	卵形、常爲針狀
Baeospora myosura 鼠色小孔菌(小孢菌)	3.5×1.5	橢圓形
Bankera fuligineoalba 暗褐白煙白孔菌	5×3	卵形、針狀
Bisporella citrina 橘色雙孢盤菌	12×4	橢圓形、具0-1個隔板
Bjerkandera adusta 煙管菌	5×3	橢圓形

物種	大小(μm)	形狀
Boletus aereus 銅色牛肝菌	15.5×5.5	紡錘狀
Boletus appendiculatus 附屬牛肝菌	14.5×4.5	紡錘狀
Boletus badius 褐絨蓋牛肝菌	14×5	紡錘狀
Boletus barrowsii 丘形牛肝菌	14×4.5	紡錘狀
Boletus bicolor 雙色牛肝菌	10×4.5	近紡錘狀
Boletus calopus 美柄牛肝菌	14×5.5	紡錘狀
Boletus edulis 美味牛肝菌	15.5×5.5	紡錘狀
Boletus legaliae 利格牛肝菌	13×6	紡錘狀
Boletus luridiformis 似黃褐牛肝菌	15×5	紡錘狀
Boletus luridus 褐黃牛肝菌	13×6	近紡錘狀
Boletus parasiticus 寄生牛肝菌	15×5	紡錘狀
Boletus pascuus 牧草牛肝菌	13×5	紡錘狀
Boletus pinophilus 松生牛肝菌	17×5	紡錘狀
Boletus porosporus 孔孢牛肝菌	13×5	紡錘狀、有些具一芽孔或截面
Boletus pulcherrimus 美麗牛肝菌	14.5×6	紡錘狀
Boletus pulverulentus 粉末牛肝菌	13×5	紡錘狀
Boletus reticulatus 網狀牛肝菌	15×5	紡錘狀
Boletus rubellus 血紅牛肝菌	12.5×5	紡錘狀
Boletus satanas 魔牛肝菌	13×6	近紡錘狀
Boletus subtomentosus 似絨毛牛肝菌	12.5×5	紡錘狀
Bovista plumbea 鉛色灰球菌	5.5×5	近紡錘狀並有一具疣的柄
Bulgaria inquinans 污膠鼓菌	12.5×6.5	腎形、囊內的上4個孢子爲褐色，之下稍小的4個孢子爲無色透明
Calocera viscosa 黏膠角耳	11.5×4	波浪狀並具圓底
Calocybe carnea 肉色麗傘	5.5×3	蛋形
Calocybe gambosa 大柄基麗傘	5.5×3.5	蛋形
Calocybe ionides 似紫羅藍色麗傘	6×3	蛋形
Calostoma cinnabarina 紅皮麗口包	17×8	橢圓形、有窪點的
Calvatia gigantea 大禿馬勃	4.5 ⊕	球形具疣
Cantharellus cibarius 雞油菌	8.5×5	橢圓形
Cantharellus cinnabarinus 紅雞油菌	9×5	橢圓形
Cantharellus lateritius 磚紅雞油菌	10×5.5	橢圓形
Cantharellus lutescens 變黃雞油菌	10.5×7	寬橢圓形
Cantharellus subalbidus 白雞油菌	8×5	橢圓形
Cantharellus tubaeformis 管形雞油菌	10×8	橢圓形
Chalciporus piperatus 辣青銅孔菌	9.5×4.5	矩圓形的
Chlorociboria aeruginascens 變綠杯菌	7.5×2	紡錘形
Chlorophyllum molybdites 綠褶菇	11×7.5	蛋形至橢圓形、具一芽孔
Chondrostereum purpureum 紫色顆粒韌革菌	7.5×3	橢圓形
Chroogomphus rutilus 淺紅釘色菇	19×6.5	紡錘狀
Clathrus archeri 弓形籠頭菌	6.5×3	窄圓柱狀
Clathrus ruber 紅籠頭菌	5×2.5	橢圓形至圓柱狀
Clavaria vermicularis 蟲形珊瑚菌	7×4.5	卵形
Clavariadelphus pistillaris 棒瑚菌	13.5×8	寬橢圓形
Clavulina cristata 冠瑣瑚菌	9×7.5	寬橢圓形
Clavulinopsis corniculata 角擬瑣瑚菌	6 ⊕	球形
Clavulinopsis helvola 微黃擬瑣瑚菌	6.5×5	球形至寬橢圓形、具長疣和不規則外形
Clitocybe clavipes 棒柄杯傘	8×4.5	橢圓形
Clitocybe dealbata 白霜杯傘	5×3	淚滴形
Clitocybe geotropa 肉色杯傘	8×6	淚滴形
Clitocybe gibba 中凸蓋杯傘	7×4.5	淚滴形
Clitocybe metachroa 變色杯傘	7×4.5	橢圓形
Clitocybe nebularis 煙雲杯傘	7.5×4	橢圓形
Clitocybe odora 香杯傘	7×4.5	橢圓形
Clitopilus prunulus 斜杯傘	10.5×5	蛋形至橢圓形、具縱長稜紋
Collybia butyracea 乳酪狀金錢菇	7×3.5	矩圓形至橢圓形
Collybia confluens 群生金錢菇	8×3.5	蛋形
Collybia dryophila 櫟金錢菇	5.5×2.5	蛋形至橢圓形
Collybia erythropus 紅柄金錢菇	7×3.5	橢圓形
Collybia fusipes 紡錘柄金錢菇	5×3.5	寬蛋形
Collybia maculata 斑蓋金錢菇	5×4.5	近球形

物種	大小(μm)	形狀
Collybia peronata 靴狀金錢菇	7.5×3.5	橢圓形
Coltricia perennis 多年生集毛菌	7×4.5	橢圓形
Coniophora puteana 粉孢革菌	13×7	橢圓形
Conocybe arrhenii 阿瑞尼錐蓋傘	8×4.5	橢圓形且具一芽孔
Conocybe lactea 乳白錐蓋傘	12.5×8	橢圓形且具一芽孔
Coprinus atramentarius 墨汁鬼傘	9×6	橢圓形且具一芽孔
Coprinus comatus 毛頭鬼傘	12×8	橢圓形且具一芽孔
Coprinus disseminatus 簇生鬼傘	8.5×4.5	橢圓形且具一芽孔
Coprinus micaceus 晶粒鬼傘	8.5×6×4.5	平緩橢圓形、具一截面芽孔
Coprinus niveus 雪白鬼傘	10×10.5×8	平緩橢圓形、稍成六角形、具一芽孔
Coprinus picaceus 鵲鬼傘	16×11.5×9.5	平緩橢圓形、具一芽孔
Coprinus plicatilis 褶紋鬼傘	12×9×5	扁平心形、具一芽孔
Cordyceps militaris 蛹蟲草	4.5×1.5	極長圓柱狀、孢子橫斷成小段
Cordyceps ophioglossoides 大團囊蟲草	4×2	極長圓柱狀、孢子橫斷成小段
Cortinarius alboviolaceus 白紫絲膜菌	8.5×5.5	橢圓形、具皺紋的
Cortinarius anserinus 似鵝絲膜菌	10×6.5	檸檬狀、具皺紋的
Cortinarius armillatus 環絲膜菌	10.5×6.5	杏仁狀、具皺紋的
Cortinarius bolaris 擲絲膜菌	6.5×4	近球形、具皺紋的
Cortinarius caerulescens 藍絲膜菌	10×5.5	橢圓形、具皺紋的
Cortinarius calochrous 托柄絲膜菌	10×6	橢圓形、具皺紋的
Cortinarius cinnamomeus 黃棕絲膜菌	7.5×4.5	杏仁狀、具皺紋的
Cortinarius elegantissimus 雅致絲膜菌	14×8.5	檸檬狀、具皺紋的
Cortinarius mucosus 黏絲膜菌	12.5×6.5	窄檸檬狀、具皺紋的
Cortinarius orellanus 山絲膜菌	10.5×6	橢圓形、具皺紋的
Cortinarius paleaceus 粗糠絲膜菌	8.5×5.5	橢圓形、具皺紋的
Cortinarius pholideus 鱗片絲膜菌	7.5×5.5	近球形、具皺紋的
Cortinarius rubellus 帶紅色絲膜菌	10×7.5	近球形至寬橢圓形、具皺紋的
Cortinarius rufoolivaceus 紫紅絲膜菌	13×7.5	杏仁至檸檬狀、具皺紋的
Cortinarius semisanguineus 半血紅絲膜菌	7×4.5	橢圓至檸檬狀、具皺紋的
Cortinarius sodagnitus 蘇打絲膜菌	11×6	橢圓至杏仁狀、具皺紋的

物種	大小(μm)	形狀
Cortinarius splendens 華美絲膜菌	9.5×5.5	杏仁狀、具皺紋的
Cortinarius torvus 野絲膜菌	9.5×6	寬橢圓至蛋形、具皺紋的
Cortinarius triumphans 勝利絲膜菌	12×6.5	杏仁狀、具皺紋的
Cortinarius violaceus 堇紫絲膜菌	12.5×8	近球形至杏仁狀、具皺紋的
Craterellus cornucopioides 喇叭菌	13×8	寬橢圓形
Creolophus cirrhatus 彎曲層齒菌	4×3	近球形、含類澱粉質、菌絲不含澱粉
Crepidotus mollis 軟靴耳	9×6	蛋形
Crepidotus variabilis 雜色靴耳	6.5×3	矩圓至橢圓形、具疣
Crinipellis scabella 鱗毛皮傘	7.5×5	寬橢圓形
Crucibulum crucibuliforme 白蛋巢菌	8×4.5	矩圓至橢圓形
Cyathus striatus 隆紋黑蛋巢菌	17×10	矩圓至橢圓形
Cystoderma amianthinum 皺蓋囊皮傘	6×3	蛋形、含類澱粉質
Cystoderma carcharias 鋸齒囊皮傘	5×4	近球形、含類澱粉質
Cystoderma terrei 棕灰囊皮傘	4.5×2.5	橢圓形
Daedalea quercina 櫟囊皮傘	6.5×3	橢圓形
Daedaleopsis confragosa 粗糙擬迷孔菌	7.5×2.5	圓柱狀、彎曲的
Daldinia concentrica 黑輪層炭殼菌	14.5×7	橢圓形至針狀、一邊平緩
Disciotis venosa 肋狀皺盤菌	22×13.5	寬橢圓形
Dumontinia tuberosa 塊狀迪蒙盤菌	15×7.5	橢圓形
Elaphomyces granulatus 粒狀大團囊菌	30 ⊕	球形、針狀
Entoloma abortivum 角孢粉褶菌	9×5	橢圓形、多角的
Entoloma cetratum 蜜色粉褶菌	12×8	角柱狀、具瘤
Entoloma clypeatum 晶蓋粉褶菌	10×9.5	角柱狀
Entoloma conferendum 星孢粉褶菌	10×9	十字形、多角的
Entoloma incanum 綠色粉褶菌	12.5×8.5	有角的
Entoloma nitidum 光亮粉褶菌	8×7	有角的
Entoloma porphyrophaeum 斑紅褐粉褶菌	11×7.5	有角的
Entoloma rhodopolium 赤灰粉褶菌	8.5×7.5	角柱狀
Entoloma sericeum 絹毛粉褶菌	9×8	有角的
Entoloma serrulatum 細齒粉褶菌	10.5×7.5	有角的

物種	大小(μm)	形狀
Entoloma sinuatum 波狀粉褶菌	10×9	有角的
Exidia glandulosa 黑耳	13×4	臘腸形
Fistulina hepatica 肝色牛排菌(牛排菇)	5.5×4	近球形
Flammulina velutipes 金針菇	8.5×4	橢圓形至圓柱狀
Fomes fomentarius 木蹄層孔菌	17×6	圓柱狀
Fomitopsis pinicola 松生擬層孔菌	7.5×4	細長橢圓形
Galerina calyptrata 蓋盔孢傘	11×6	寬針狀、具疣、外壁鬆散
Galerina unicolor 單色盔孢傘	12×6	杏仁狀、具皺紋的、外壁鬆散
Ganoderma applanatum 樹舌(平蓋靈芝)	7.5×5	橢圓形、具截面、具疣
Ganoderma lucidum 靈芝(赤芝)	10×7	橢圓形、具截面、具疣
Ganoderma pfeifferi 菲佛靈芝	10×7.5	橢圓形、具截面、具疣
Geastrum fimbriatum 毛嘴地星	3.5 ⊕	球形、具疣
Geastrum schmidelii 史密迪地星	5.2 ⊕	球形、具疣
Geastrum striatum 條紋地星	4.5 ⊕	球形、具疣
Geastrum triplex 尖頂地星	4 ⊕	球形、鈍針狀
Geoglossum fallax 假地舌菌	75×6	近圓柱狀、具0-7個隔板
Geopora arenicola 沙質地孔菌	25×15	橢圓形、內含1-2個油滴
Gloeophyllum odoratum 香黏褶菌	8.5×4	圓柱狀
Gomphidius glutinosus 黏鉚釘菇	19×5.5	近球形
Gomphidius roseus 玫瑰紅鉚釘菇	19×5.5	近球形
Gomphus floccosus 毛釘菇	13×7.5	橢圓形、有皺紋的
Grifola frondosa 多葉奇異果	5.5×4	寬橢圓形至近球形
Gymnopilus junonius 羅神(高貴)裸傘	9×5.5	橢圓形、有皺紋的
Gymnopilus penetrans 滲透裸傘	7.5×4.5	橢圓形、有皺紋的
Gyromitra esculenta 鹿花菌	20×10	橢圓形
Gyromitra infula 頂蓋鹿花菌	22×8.5	窄橢圓形
Gyroporus castaneus 褐圓孔牛肝菌	9.5×5.5	橢圓形
Gyroporus cyanescens 藍圓孔牛肝菌	10×5	橢圓形
Handkea excipuliformis 杯狀巾馬勃	5 ⊕	球形、具疣
Handkea utriformis 泡囊狀巾馬勃	4.5 ⊕	球形、近平滑
Hapalopilus rutilans 紅橙色彩孔菌	5×2.5	橢圓形
Hebeloma crustuliniforme 大毒黏滑菌	11×6	杏仁狀、有皺紋的
Hebeloma mesophaeum 中暗黏滑菇	9×5.5	橢圓形、具細碎的皺紋
Hebeloma radicosum 根黏滑菇	9×5.5	杏仁狀、有皺紋的
Helvella crispa 皺馬鞍菌	20×12	橢圓形
Helvella lacunosa 多窪馬鞍菌	19×12	橢圓形
Hericium coralloides 珊瑚狀猴頭菌	4×3	卵形、含類澱粉質
Heterobasidion annosum 異單孔菌	4.5×3.5	寬橢圓形至近球形、具疣
Hydnellum peckii 派克亞齒菌	5.5×4	卵形、具疣
Hydnum repandum 捲緣齒菌	7×6	卵形
Hydnum umbilicatum 臍狀齒菌	8.5×7	近球形
Hygrocybe calyptraeformis 帽形濕傘	7.5×5	寬橢圓形
Hygrocybe chlorophana 硫磺濕傘	8.5×5	卵形至橢圓形
Hygrocybe coccinea 緋紅濕傘	9×5	橢圓形至杏仁狀
Hygrocybe conica (4-spored) 變黑濕傘 (2-spored)	9.5×6 10.5×7	橢圓形至杏仁或豆狀
Hygrocybe miniata 朱紅濕傘	7.5×5.5	通常爲梨形
Hygrocybe pratensis 草地濕傘	6×4.5	近球形至橢圓形或淚滴形
Hygrocybe psittacina 鸚鵡濕傘	8.5×5.5	矩圓形至橢圓形
Hygrocybe punicea 紅紫濕傘	9.5×5	矩圓形至橢圓形
Hygrocybe virginea 潔白濕傘	8×5	窄橢圓形
Hygrophoropsis aurantiaca 枯黃擬蠟傘	6.5×4	矩圓形至橢圓形
Hygrophorus eburneus 象牙白蠟傘	8.5×4.5	橢圓形
Hygrophorus hypothejus 次硫蠟傘	8×4.5	橢圓形
Hymenochaete rubiginosa 褐赤刺革菌	5.5×3	矩圓形至橢圓形
Hyphodontia paradoxa 擬多孔菌	5.5×3.5	卵形
Hypholoma capnoides 煙色垂幕菇	8×4.5	橢圓形且具一芽孔
Hypholoma fasciculare 簇生垂幕菇	7×4.5	橢圓形且具一芽孔
Hypholoma sublateritium 紅垂幕菇	7×4	橢圓形且具一芽孔
Hypomyces hyalinus 歪孢菌寄生	19×5.5	紡錘狀、二細胞、具疣
Hypomyces lactifluorum 泌乳菌寄生	40×4.5	紡錘狀、二細胞、具疣

物種	大小(μm)	形狀
Hypoxylon fragiforme 裂形炭團菌	13×6	橢圓形至紡錘狀、扁平
Inocybe asterospora 星孢絲蓋傘	10.5×8.5	星形、具瘤
Inocybe erubescens 變紅絲蓋傘	12×6	橢圓形至豆形
Inocybe geophylla 土味絲蓋傘	9.5×5.5	橢圓形
Inocybe godeyi 哥迪絲蓋傘	10.5×6.5	杏仁狀
Inocybe griseolilacina 淡灰紫絲蓋傘	9×5.5	杏仁狀
Inocybe haemacta 血紅絲蓋傘	9×5.5	橢圓形至杏仁狀
Inocybe lacera 撕裂絲蓋傘	14×5.5	圓柱狀
Inocybe rimosa 裂絲絲蓋傘	12×6	橢圓形至豆形
Inonotus hispidus 粗毛纖孔菌	8.5×7	寬橢圓形
Inonotus radiatus 輻射狀纖孔菌	6×4.5	寬橢圓形
Kuehneromyces mutabilis 庫恩菇	7.5×5	橢圓形且具一芽孔
Laccaria amethystina 紫晶蠟蘑	9.5 ⊕	球形至近球形、針狀
Laccaria laccata 漆蠟蘑	9×8	球形至近球形、針狀
Lacrymaria velutina 絲絨狀垂齒菌	9.5×6	檸檬狀並具一大芽孔、具疣
Lactarius blennius 黏乳菇	7.5×6	近球形、具疣、脈狀、含類澱粉質
Lactarius camphoratus 濃香乳菇	8×7	近球形、針狀、具皺紋的、脈狀、含類澱粉質
Lactarius controversus 白楊乳菇	7×5	近球形、具皺紋的、脈狀、含類澱粉質
Lactarius deliciosus 松乳菇(美味乳菇)	8.5×7	近球形、具疣脈狀、含類澱粉質
Lactarius deterrimus 緩汁乳菇	9×7	近球形、具疣脈狀、含類澱粉質
Lactarius fuliginosus 暗褐乳菇	9 ⊕	球形、具網狀花紋和雞冠形突起、含類澱粉質
Lactarius glyciosmus 香乳菇	8.5×7.5	近球形、具皺紋的、脈狀、含類澱粉質
Lactarius helvus 淡黃乳菇	8×6	近球形、網狀脈絡、含類澱粉質
Lactarius hepaticus 肝色乳菇	8×6.5	近球形、網狀脈絡、含類澱粉質
Lactarius hortensis 花園乳菇	7×5.5	近球形、網狀脈絡、含類澱粉質
Lactarius hygrophoroides 濕乳菇	8.5×7	近球形、具疣脈狀、含類澱粉質
Lactarius mitissimus 細質乳菇	9×7	近球形、具皺紋的、含類澱粉質
Lactarius necator 致死乳菇	7×6	近球形、脈狀、含類澱粉質
Lactarius pallidus 蒼白乳菇	8×6.5	近球形、具皺紋的、脈狀、含類澱粉質
Lactarius piperatus 辣乳菇	8.5×6.5	近球形、具疣、具連接線、含類澱粉質
Lactarius quietus 油味乳菇	8.5×7.5	近球形、具皺紋的、脈狀、含類澱粉質
Lactarius rufus 噴紅乳菇	9×6.5	寬橢圓形、網狀脈絡、含類澱粉質
Lactarius sanguifluus 血紅乳菇	8.5×7	近球形、具疣脈狀
Lactarius subdulcis 微甜乳菇	7.5×6	近球形、具疣網狀、含類澱粉質
Lactarius theiogalus 硫磺汁乳菇	8.5×6.5	近球形、具皺紋的、脈狀、含類澱粉質
Lactarius torminosus 疝疼乳菇	8.5×7	近球形、具皺紋的、脈狀、含類澱粉質
Lactarius trivialis 常見乳菇	9.5×8	近球形、具皺紋的、脈狀、含類澱粉質
Lactarius vellereus 絨白乳菇	10.5×8.5	近球形、具疣、有連接脈絡、含類澱粉質
Lactarius volemus 多汁乳菇	8.5 ⊕	球形、網狀脈絡、含類澱粉質
Leccinum quercinum 櫟生疣柄牛肝菌	13.5×4.5	近紡錘狀
Leccinum scabrum 褐疣柄牛肝菌	17×5.5	近紡錘狀
Leccinum tesselatum 裂紋疣柄牛肝菌	15×6	近紡錘狀
Leccinum variicolor 變色疣柄牛肝菌	14.5×5	近紡錘狀
Leccinum versipelle 多皮疣柄牛肝菌	14.5×4.5	近紡錘狀
Lentinellus cochleatus 螺殼狀小香菇	4.5×4	近球形、針狀
Lentinellus ursinus 北方小香菇	4×2.5	蛋形、針狀、含類澱粉質
Lentinus tigrinus 虎皮香菇	7.5×3.5	圓柱狀
Lenzites betulina 樺革褶菌	5.5×2.5	多少有些橢圓形
Leotia lubrica 潤滑錘舌菌	23×6	近圓柱狀、有點彎曲、具4-5個隔板
Lepiota aspera 粗糙環柄菇	8×3	橢圓形
Lepiota brunneoincarnata 肉褐環柄菇	8×4.5	蛋形
Lepiota castanea 栗色環柄菇	11×4	砲彈形
Lepiota clypeolaria 盾形環柄菇	14×6	紡錘狀
Lepiota cristata 冠狀環柄菇	7×3.5	砲彈形
Lepiota ignivolvata 紅黃環環柄菇	12×6	寬紡錘狀
Lepiota oreadiformis 山女神形環柄菇	12.5×5	紡錘狀
Lepista gilva 淡黃香蘑	3-4.5 ⊕	近球形、纖細針狀
Lepista irina 彩虹香蘑	8×4.5	橢圓形、具皺紋的
Lepista nuda 紫丁香蘑	7×4.5	橢圓形、具皺紋的
Lepista personata 僞裝香蘑	7.5×5	橢圓形、具皺紋的

物種	大小(μm)	形狀
Leucoagaricus leucothites 白環蘑	8.5×5.5	寬蛋形至杏仁狀
Leucocoprinus badhamii 貝漢白鬼傘	6.5×4.5	橢圓形至紡錘狀
Leucocoprinus luteus 純黃白鬼傘	8.5×6	杏仁狀並具一芽孔
Leucopaxillus giganteus 大白樁菇	7×4	淚滴狀
Limacella guttata 斑黏傘	5.5×4.5	近球形
Lycoperdon echinatum 長刺馬勃	4.5 ⊕	球形、具疣
Lycoperdon perlatum 網紋馬勃	3.5 ⊕	球形、具疣
Lycoperdon pyriforme 梨形馬勃	4 ⊕	球形、近平滑
Lyophyllum connatum 合生離褶傘	6×3.5	橢圓形
Lyophyllum decastes 荷葉離褶傘	5.5 ⊕	球形
Lyophyllum palustre 沼生離褶傘	7×4	橢圓形
Macrocystidia cucumis 大囊傘	9×4.5	橢圓形
Macrolepiota procera 高大環柄菇(雨傘菇)	15×10	橢圓形且具一芽孔
Macrolepiota rhacodes 粗鱗大環柄菇	10×6.5	橢圓形且具一芽孔
Macrotyphula fistulosa 管狀大核瑚菌	13×6.5	橢圓形
Marasmiellus ramealis 枝幹微皮傘	9×3	紡錘狀至橢圓形
Marasmius alliaceus 蒜味小皮傘	9.5×7	寬橢圓形
Marasmius androsaceus 安絡小皮傘	8×4.5	橢圓形至淚滴形
Marasmius oreades 硬柄小皮傘	9×5.5	寬橢圓形
Marasmius rotula 輪枝小皮傘	8×4	橢圓形至淚滴形
Megacollybia platyphylla 寬褶大金錢菇	7.5×6.5	近球形
Melanoleuca cognata 黑囊蘑	9.5×6	橢圓形、纖細針狀、含類澱粉質
Melanoleuca polioleuca 灰白黑囊蘑	8×5.5	橢圓形、纖細針狀、含類澱粉質
Meripilus giganteus 大部分蓋菌	6×5	寬橢圓形至近球形
Micromphale foetidum 臭小假錢菌	9×4	橢圓形
Mitrula paludosa 濕生地杖菌	12.5×3	棒狀至圓柱狀
Morchella elata 高羊肚菌	25×14	橢圓形
Morchella esculenta 羊肚菌	20×12.5	橢圓形
Morchella semilibera 半離羊肚菌	26×16	橢圓形
Mutinus caninus 狗蛇頭菌	5.5×2.5	橢圓形

物種	大小(μm)	形狀
Mycena acicula 針狀小菇	11×3.5	近紡錘狀至近圓柱狀
Mycena adonis 美男小菇	8.5×5	橢圓形至矩圓形
Mycena arcangeliana 阿肯吉小菇	9×5.5	橢圓形
Mycena crocata 杏黃色小菇	8.5×5	寬橢圓形
Mycena epipterygia 變紅小菇	10×5	橢圓形
Mycena filopes 似線小菇	10×6	橢圓形
Mycena flavoalba 變黃小菇	7.5×3.5	橢圓形至近圓柱狀
Mycena galericulata 盔小菇	10×7.5	蛋形至矩圓形
Mycena galopus 乳柄小菇	12×6	橢圓形至近圓柱形
Mycena haematopus 紅紫柄小菇	8.5×6	橢圓形
Mycena inclinata 美柄小菇	10×6.5	蛋形至橢圓形
Mycena leptocephala 狹頭小菇	10×5	橢圓形至近圓柱形
Mycena olivaceomarginata 橄欖色緣小菇	10×5.5	橢圓形
Mycena pelianthina 黑藍小菇	6.5×3.5	橢圓形
Mycena polygramma 溝柄小菇	9.5×6.5	橢圓形
Mycena pura 潔小菇	7×3.5	橢圓形
Neobulgaria pura 潔新膠鼓菌	9×4	橢圓形、具縱長條紋
Oligoporus rennyi 瑞尼少多孔菌	4×2.5	矩圓形
Omphalina umbellifera 傘狀亞臍菇	8.5×6	近球形至蛋形
Omphalotus olearius 奧爾類臍菇	5.5×5	近球形
Otidea onotica 驢耳狀側盤菌	13×7	橢圓形、內含1-2個油滴
Oudemansiella mucida 霉狀小奧德菇	16×14	近球形至球形、具厚壁
Oudemansiella radicata 長根小奧德菇	13.5×10	寬橢圓形
Paecilomyces farinosus 粉粒擬青黴	2.5×1.5	橢圓形
Panaeolus foenisecii 佛尼西似斑褶菇	13.5×8	檸檬形並具一芽孔、具疣
Panaeolus papilionaceus 蝶形斑褶菇	16×9	檸檬形並具一芽孔
Panaeolus semiovatus 半卵形斑褶菇	18×10	寬橢圓形且具一芽孔
Panellus serotinus 晚生斑褶菇	5×1.5	臘腸形
Panellus stypticus 止血扇菇	4.5×2	蛋形
Paxillus atrotomentosus 黑毛樁菇	5×4	寬橢圓形

物種	大小(μm)	形狀
Paxillus corrugatus 無柄樁菇	3×1.75	橢圓形
Paxillus involutus 捲邊樁菇	9×5.5	橢圓形
Peziza badia 疣孢褐盤菌	18.5×8.5	橢圓形、內含2個油滴
Peziza succosa 多汁盤菌	20.5×11	橢圓形、內含2個油滴、具疣
Peziza vesiculosa 泡質盤菌	22×12	橢圓形但不具油滴
Phaeolepiota aurea 金褐傘	12×5	窄橢圓形
Phaeolus schweinitzii 松杉暗孔菌	7×4	橢圓形
Phallus duplicatus 相同鬼筆	4×2	橢圓形
Phallus impudicus 白鬼筆	5×2.5	橢圓形
Phellinus igniarius 火木層孔菌	6×5	近球形
Phellodon niger 黑栓齒菌	4×3	卵形、針狀
Phellodon tomentosus 毛栓齒菌	4×3	卵形至球形、針狀
Phlebia tremellosa 銀耳狀(膠質)射脈菌	4×1	臘腸形
Pholiota alnicola 赤楊鱗傘	9.5×5	橢圓形且具一芽孔
Pholiota aurivellus 金毛鱗傘	9×5.5	橢圓形且具一芽孔
Pholiota gummosa 樹膠鱗傘	7.5×4	橢圓形且具一芽孔
Pholiota highlandensis 蘇格蘭高地鱗傘	7×4.5	橢圓形且具一芽孔
Pholiota lenta 柔軟鱗傘	6.5×3.5	橢圓形且具一芽孔
Pholiota squarrosa 鱗傘	7×4	橢圓形且具一芽孔
Phylloporus rhodoxanthus 紅黃褶孔菌	12.5×4.5	橢圓形至紡錘形
Piptoporus betulinus 樺滴油菌	6×2	臘腸形
Pleurocybella porrigens 突伸側傘	7×5	近球形至寬橢圓形
Pleurotus cornucopiae 白黃側耳	10×4.5	修長橢圓形
Pleurotus eryngii 艾倫奇側耳	11×5	修長橢圓形
Pleurotus ostreatus 蠔菇(糙皮側耳)	9.5×3.5	修長橢圓形
Pluteus aurantiorugosus 皺橘色光柄菇	6×4	寬橢圓形
Pluteus cervinus 灰光柄菇	7.5×5.5	寬橢圓形
Pluteus chrysophaeus 金褐光柄菇	7×6	近球狀
Pluteus umbrosus 蔭生光柄菇	6.5×5	寬橢圓形
Polyporus badius 栗褐多孔菌	7.5×3.5	圓柱狀

物種	大小(μm)	形狀
Polyporus brumalis 冬生多孔菌	5.5×2.5	圓柱狀
Polyporus squamosus 鱗多孔菌	13×5	圓柱狀
Polyporus tuberaster 塊莖形多孔菌	13×5	圓柱狀
Polyporus umbellatus 傘形多孔菌	9×3	圓柱狀
Polyporus varius 變化多孔菌	8.5×3	圓柱狀
Porphyrellus porphyrosporus 紅孢紅牛肝菌	14×6	近紡錘狀
Postia caesia 淡藍灰波斯特孔菌	5×1.5	臘腸形、含類澱粉質
Postia stiptica 柄狀波斯特孔菌	4.5×2	橢圓形至圓柱狀
Psathyrella candolleana 黃蓋小脆柄菇	8×4.5	橢圓形且具一芽孔
Psathyrella conopilus 錐蓋小脆柄菇	15.5×7.5	橢圓形且具一芽孔
Psathyrella multipedata 多足小脆柄菇	7.5×4	橢圓形且具一芽孔
Psathyrella piluliformis 藥丸形小脆柄菇	6×3.5	橢圓形且具一芽孔
Pseudoclitocybe cyathiformis 假杯傘	9×5.5	橢圓形、含類澱粉質
Pseudohydnum gelatinosum 白色膠僞齒菌	6.5×5.5	近球形至寬橢圓形
Psilocybe cubensis 古巴裸蓋菇	14×9	橢圓形且具一芽孔
Psilocybe cyanescens 變暗藍裸蓋菇	11.5×7×6	橢圓形至杏仁狀並具一芽孔
Psilocybe semilanceata 裸蓋菇	13×8	卵形至橢圓形且具一芽孔
Psilocybe squamosa 鱗裸蓋菇	14×8	橢圓形且具一芽孔
Pycnoporus cinnabarinus 朱紅蜜孔菌	5×2.5	橢圓形
Ramaria abietina 冷杉枝瑚菌	8×4	橢圓形、短針狀
Ramaria botrytis 紅頂枝瑚菌	15×5.5	窄橢圓形、具條紋的
Ramaria sanguinea 血紅枝瑚菌	10×4.5	窄橢圓形、具疣
Ramaria stricta 枝瑚菌	9×4.5	橢圓形、具疣
Rickenella fibula 絲狀里肯菇	4.5×2.5	窄橢圓形
Rickenella setipes 剛毛里肯菇	5×3	橢圓形
Rozites caperatus 皺褶羅鱗傘	12.5×8	杏仁狀、具皺紋的
Russula aeruginea 銅綠紅菇	8×6	近球形、具疣脈狀、含類澱粉質
Russula claroflava 紫紅黃紅菇	8.5×7	近球形、具疣脈狀、含類澱粉質
Russula cyanoxantha 藍黃紅菇	8.5×7	近球形、具疣脈狀、含類澱粉質
Russula delica 美味紅菇	9.5×7.5	近球形、具皺紋的、含類澱粉質

物 種	大小(μm)	形 狀
Russula emetica 毒紅菇	9.5×8	近球形、具疣脈狀、含類澱粉質
Russula fellea 苦紅菇	8.5×6.5	近球形、脈狀、含類澱粉質
Russula foetens 臭紅菇	8.5×8	近球形、具疣、含類澱粉質
Russula fragilis 脆紅菇	8.5×7	近球形、具疣網狀、含類澱粉質
Russula integra 全綠紅菇	10.5×8.5	近球形、針狀、含類澱粉質
Russula mairei 瑪莉紅菇	7.5×6	近球形、具疣網狀、含類澱粉質
Russula nigricans 黑紅菇	7×6.5	近球形、網狀、含類澱粉質
Russula ochroleuca 黃白紅菇	9×7.5	近球形、部分網狀、具疣、含類澱粉質
Russula paludosa 沼澤紅菇	9.5×8	近球形、具疣、有連接脈絡、含類澱粉質
Russula puellaris 美紅菇	8×6	近球形、具疣針狀、含類澱粉質
Russula rosea 玫瑰紅菇	8.5×7.5	近球形、具疣網狀、含類澱粉質
Russula sanguinaria 血紅菇	8.5×7.5	近球形、具疣、有連接脈絡、含類澱粉質
Russula sardonia 辣紅菇	8×6.5	近球形、具疣或雞冠形突起、脈狀、含類澱粉質
Russula turci 特希紅菇	8×7	近球形、具疣或雞冠形突起、脈狀、含類澱粉質
Russula undulata 波狀紅菇	8×6.5	近球形、具疣、部分網狀、含類澱粉質
Russula vesca 菱紅菇	7×5.5	近球形、具疣、含類澱粉質
Russula vinosa 暗葡酒紅色紅菇	10×8	近球形、針狀、含類澱粉質
Russula virescens 變綠紅菇	8×6.5	近球形、具疣網狀、含類澱粉質
Russula xerampelina 黃孢紅菇	9×8	近球形、具疣、含類澱粉質
Rutstroemia firma 暗紅蠟盤菌	17×5.5	窄橢圓形、具3-5個隔板
Sarcodon imbricatum 翹鱗肉齒菌	7.5×5	近球形、具疣
Sarcodon scabrosus 粗糙肉齒菌	7.5×6	球形具粗糙疣
Sarcoscypha austriaca 奧地利肉杯菌	28×13	窄橢圓形
Schizophyllum commune 裂褶菌	5×2	圓柱狀或彎曲
Scleroderma citrinum 橘青硬皮馬勃	11.5 ⊕	球形、針狀、部分網狀
Scleroderma verrucosum 灰疣硬皮馬勃	10 ⊕	球形、針狀
Scutellinia scutellata 盾盤菌	19×12	橢圓形、具疣
Sepedonium chrysospermum 黃瘤孢	20 ⊕	球形、具疣
Serpula lacrymans 干朽菌	12×7	橢圓形
Sparassis crispa 繡球菌	7×4.5	橢圓形

物 種	大小(μm)	形 狀
Spinellus fusiger 紡錘孢傘菌黴	40×20	檸檬狀、多變的
Stereopsis humphreyi 杭福瑞韌齒菌	7.5×4.5	橢圓形至蛋形
Stereum hirsutum 毛韌革菌	6×2.5	橢圓形至圓柱狀、含類澱粉質
Stereum rugosum 皺韌革菌	7.5×4	橢圓形至圓柱狀、含類澱粉質
Stereum subtomentosum 似毛絨韌革菌	6×2.5	橢圓形至圓柱狀、含類澱粉質
Strobilomyces strobilaceus 松塔牛肝菌	11×10	近球形、具網狀花紋
Strobilurus esculentus 可食球果菌	5×2	橢圓形
Stropharia aurantiaca 橘黃球蓋菇	14×7	橢圓形且具一芽孔
Stropharia coronilla 冠狀球蓋菇	8.5×4.5	橢圓形且具一芽孔
Stropharia cyanea 暗藍球蓋菇	8.5×4.5	橢圓形且具一芽孔
Stropharia rugoso-annulata 皺環球蓋菇	11.5×8	橢圓形且具一芽孔
Stropharia semiglobata 半球蓋菇	18×9	橢圓形且具一芽孔
Suillus aeruginascens 銅綠乳牛肝菌	11.5×5	近紡錘形
Suillus bovinus 乳牛肝菌	9×3.5	近紡錘形
Suillus granulatus 點柄乳牛肝菌	9×3	近紡錘形
Suillus grevillei 厚環乳牛肝菌	9.5×3.5	近紡錘形
Suillus luteus 褐環乳牛肝菌	8.5×3.5	矩圓形至紡錘狀
Suillus plorans 保來乳牛肝菌	9×4.5	橢圓形
Suillus spraguei 斯普雷格乳牛肝菌	10×4	橢圓形
Suillus variegatus 彩斑狀乳牛肝菌	9×3.5	近紡錘狀
Syzygites megalocarpus 聯軛黴	25	球體
Tarzetta cupularis 盤狀齒盤菌	20×13	窄橢圓形
Thelephora terrestris 疣革菌	9×7	卵形至橢圓形、具疣針狀
Trametes gibbosa 偏腫栓菌	5×2.5	圓柱狀至彎曲
Trametes hirsuta 硬毛栓菌	6×2	圓柱狀
Trametes versicolor 彩絨栓菌	6.5×2	圓柱狀
Tremella foliacea 茶銀耳	9.5×8	卵形
Tremella mesenterica 黃金銀耳	12.5×8.5	卵形
Trichaptum abietinum 冷杉近毛菌	7.5×2.5	圓柱狀
Trichoglossum hirsutum 毛舌菌	125×7	近圓柱狀、一端尖細、具15個隔板

物種	大小(μm)	形狀
Tricholoma atrosquamosum 暗鱗口蘑	6.5×4	橢圓形
Tricholoma aurantium 橘黃口蘑	5.5×3.5	橢圓形
Tricholoma auratum 鍍金口蘑	7×4.5	橢圓形
Tricholoma caligatum 靴口蘑	7×5	橢圓形
Tricholoma fulvum 黃褐口蘑	6.5×4.5	寬橢圓形
Tricholoma lascivum 欲望口蘑	7×4	橢圓形至近紡錘狀
Tricholoma magnivelare 具大環口蘑	6×5	橢圓形至近球形
Tricholoma pardinum 豹斑口蘑	10×6.5	寬橢圓形
Tricholoma portentosum 灰口蘑	6.5×4.5	橢圓形
Tricholoma saponaceum 皂膩口蘑	6×4	橢圓形
Tricholoma scalpturatum 雕紋口蘑	5×3	橢圓形
Tricholoma sciodes 陰生口蘑	7×6	寬橢圓形
Tricholoma sejunctum 絲蓋口蘑	5.5×4	橢圓形
Tricholoma sulphureum 硫色口蘑	10×6	橢圓形至杏仁狀
Tricholoma terreum 棕灰口蘑	6.5×4.5	橢圓形
Tricholoma ustale 褐黑口蘑	7×5	橢圓形
Tricholomopsis rutilans 紅橙擬口蘑	6.5×5	寬橢圓形至近球形
Tuber aestivum 夏塊菌	30×24	蛋形、具網狀花紋、針狀
Tuber canaliculatum 溝紋塊菌	60×50	橢圓形至近球形、網狀
Tuber magnatum 大塊菌	40×35	蛋形、網狀
Tuber melanosporum 松露菌(黑孢塊菌)	35×25	橢圓形、彎曲針狀
Tylopilus felleus 苦孢粉牛肝菌	13×4.5	近紡錘狀
Typhula erythropus 紅柄核瑚菌	6×3	橢圓形
Vascellum pratense 草生瓦賽菌	3.5 ↔	球形、具疣
Verpa conica 圓錐鐘菌	22×13	橢圓形
Volvariella bombycina 絲蓋小包腳菇	9×6	橢圓形
Volvariella caesiotincta 染淡藍灰色小包腳菇	15×9	蛋形至橢圓形
Xylaria hypoxylon 團炭角菌	12.5×5.5	紡錘狀、扁平
Xylaria polymorpha 多形炭角菌	25×7	紡錘狀、扁平
Zelleromyces cinnabarinus 朱紅澤勒孔菌	15×12	橢圓形、網狀、含類澱粉質

名詞釋義

本頁所解釋的專有名詞在序論中(6-23頁)中可以找到圖例，文中的粗體字表示在本頁的其他地方下有定義。

• **口孔** Ostiole：**核菌**產**孢**器官的開口或頸部。

• **子座** Stroma(**複數為**Stromata)：一種保護性組織，由**核菌**等真菌形成，其中常含有微小的**子實體**。

• **子實體** Fruitbody：真菌中支持有性生殖細胞的構造。

• **子囊** Ascus(**複數為**Asci)：子囊菌(詳見第11頁)產生有性**孢子**的囊狀器官。

• **小梗** Pedicel：如鉛色灰球菌等真菌**孢子**上的圓柱狀或錐狀附加物。

• **內蕈幕** Partial veil：一種薄皮或絲狀組織，可保護未成熟**子實體**的**蕈褶**或**管口**。當子實體成熟時它會裂開，往往在蕈傘邊緣留下痕跡，或成爲蕈柄上的蕈環。

• **水漬狀的** Hygrophanous：通常指**傘菌**的蕈傘從中央開始直到完全乾燥所呈現的淺色帶狀。當潮溼時，暗色從邊緣向內重新再現。這類真菌的蕈傘邊緣一般都具有條紋。

• **牛肝菌** Bolete：牛肝菌具有肉質蕈傘和蕈柄的**子實體**，其蕈傘底面具有**管口**和柔軟的菌管。

• **北方的** Boreal：指北方的針葉林帶。

• **外蕈幕** Universal veil：覆蓋整個未成熟子實體的薄皮狀或蛛網狀組織。它在子實體成長時裂開，有時會在蕈柄基部留下**蕈托**，或在蕈傘上留下鬆散的鱗片。

• **平伏的** Resupinate：指真菌**子實體**完全貼著**基質**生長，而不產生蕈傘或分離的邊緣。

• **多皺的** Rugose：表面凹凸不平的。

• **具條紋的** Striate：指蕈傘上由底面的**蕈褶**所造成的線條。

• **具隔板的** Septate：指**菌絲**或**孢子**具有橫斷的隔板或壁。

• **延生的蕈褶** Decurrent gills：**蕈褶**延伸到蕈柄上。

• **波狀蕈褶** Sinuate gills：彎曲的**蕈褶**。

• **直生的蕈褶** Adnate gills：**蕈褶**寬廣地延伸至蕈柄上。

• **附著的蕈褶** Adnexed gills：**蕈褶**僅狹窄地連到蕈柄上。

• **孢子** Spores：真菌在繁殖時產生的微小細胞。

• **流蘇狀的** Fimbriate：蕈傘邊緣有顯著突出的毛。

• **剛毛** Seta(**複數為**Setea)：厚壁的毛(位於蕈傘、**蕈褶**、蕈柄上或菌肉中)。

• **核菌** Flask-fungus：具小型瓶狀**子實體**的真菌，有的包在保護性的**子座**中。

• **假根** Rhizoids：緊纏的長**菌絲**。

• **基質** Substrate：眞菌生長於其中的介質，例如土壤或樹皮。

• **氫氧化鉀** KOH：一種有助於鑑定的化學物質，可在某些眞菌的菌肉上產生反應，並有明顯顏色變化。

• **產孢組織** Gleba：存在馬勃、鬼筆、地星、硬皮馬勃和鳥巢菌等眞菌體內具繁殖力的組織。

• **透明的** Hyaline：無色的。

• **傘菌** Agaric：具備蕈傘和蕈柄的**子實體**，且蕈傘底面有**蕈褶**的眞菌。

• **絲膜** Cortina：一種網狀的**蕈幕**，見於絲膜菌上。

• **菌核** Sclerotium(**複數為**Slerotia)：某些眞菌所產生的儲存器官，其內部色淺而稠密，保護性外皮呈黑色。當環境有利時，它所含的養分可供眞菌生長。

• **菌根的** Mycorrhizal：植物和眞菌之間的一種互利共生關係。

• **菌絲** Hypha(**複數為**Hyphae)：構成眞菌(包括其**子實體**)的絲狀構造。

• **菌管** Tubes：諸如**牛肝菌**之類眞菌蕈傘下面的管狀構造，其中含有具繁殖力的產**孢**組織。因管口位於蕈傘下表面，故可由此看見菌管。

• **溶解的蕈褶** Deliquescent gills：**蕈褶**在成熟時會溶解，放出富含黑色**孢子**的污黑墨汁。這是鬼傘屬專有的特性。

• **隔胞** Cystidium(**複數為**Cystidia)：特殊的不育細胞，見於擔子菌**子實體**(詳見第8頁)的許多部位。在鑑別錐蓋傘和絲蓋傘屬的物種時，分布於**蕈褶**兩側和蕈柄上的隔胞是重要的檢索依據。

• **管口** Pores：爲**牛肝菌**之類眞菌釋放**孢子**的**菌管**開口。

• **網狀的** Reticulate：具有網般的花紋。

• **擔子柄** Basidium(**複數為**Basidia)：擔子菌(詳見第11頁)產生有性**孢子**的棍棒形構造。

• **澱粉質的** Amyloid：指可與碘劑造成藍色染著反應。

• **蕈托** Volva：**外蕈幕**殘留在蕈柄基部的囊狀物體。

• **蕈幕** Veil：一種薄皮狀或蛛網狀組織，可以保護整個**子實體**(**外蕈幕**)或只保護**蕈褶**或**管口**(**內蕈幕**)。

• **蕈褶** Gills：見於**傘菌**的蕈傘底面，承載**孢子**的刀刃狀構造。

• **黏的** Viscid：黏滑至黏稠的。

• **臍突** Umbo：蕈傘中央突起的疙瘩。

• **離生的蕈褶** Free gills：**蕈褶**沒有連到蕈柄上。

• **彎生的蕈褶** Notched gills：**蕈褶**在貼近蕈柄之處下凹。

• **纖毛狀的** Fibrillose：即線狀的纖維。

英漢對照索引

A

Aborted Pink-gill 角孢粉褶蕈 253
Agaricaceae 傘菌科(蘑菇科) 17, 21, 156-170
agarics 蘑菇 18
Agaricus arvensis 野蘑菇 23, 157
Agaricus augustus 大紫菇 158
Agaricus bernardii 白鮮菇 162
Agaricus bisporus 洋菇 7, 161
Agaricus bitorquis 大肥菇 161
Agaricus californicus 加州蘑菇 159
Agaricus campestris 蘑菇 21, 160
Agaricus hondensis 毛環蘑菇 159
Agaricus langei 蘭吉蘑菇 163
Agaricus macrosporus 大孢蘑菇 157
Agaricus moelleri 莫勒蘑菇 159, 160
Agaricus phaeolepidotus 暗鱗片蘑菇 160, 163
Agaricus placomyces 雙環菇 160
Agaricus porphyrizon 紫帶蘑菇 163
Agaricus praeclaresquamosus 亮鱗蘑菇 see *Agaricus moelleri*
Agaricus sylvaticus 木生蘑菇 163
Agaricus sylvicola 白林地蘑菇 156
Agaricus xanthoderma 黃斑蘑菇 23, 159
Agrocybe aegerita 柳松菇 see *Agrocybe cylindracea*
Agrocybe arvalis 野地田頭菇 106
Agrocybe cylindracea 柱狀田頭菇 85
Agrocybe dura 硬田頭菇 106
Agrocybe elatella 微高田頭菇 85
Agrocybe paludosa 沼澤田頭菇 see *Agrocybe elatella*
Agrocybe pediades 平田頭菇 106
Agrocybe praecox 早田頭菇 85
Albatrellaceae 白孔菌科 202
Albatrellus confluens 群生白孔菌 202
Albatrellus ovinus 羊白孔菌 202
Albatrellus subrubescens 近變紅白孔菌 202
Alder Bracket 輻射狀纖孔菌 221
Alder Scale-head 赤楊鱗傘 91
Aleuria aurantia 橙黃網孢盤菌 268
Aleurodiscaceae 盤革菌科 273
Aleurodiscus amorphus 串球盤革菌 273
Amanita caesarea 白橙蓋鵝膏 145
Amanita citrina 橙黃鵝膏 see *Amanita mappa*
Amanita crocea 橘黃鵝膏 153
Amanita excelsa 青鵝膏 see *Amanita spissa*
Amanita fulva 赤褐鵝膏 10, 152
Amanita gemmata 芽狀鵝膏 149
Amanita mappa 餐巾鵝膏 150
Amanita muscaria 毒蠅傘(蛤蟆菌) 6, 18, 146
Amanita muscaria var. *formosa* 美麗變種毒蠅傘 146
Amanita ovoidea 卵蓋鵝膏 150
Amanita pantherina 豹斑鵝膏 23, 149
Amanita phalloides 毒鵝膏 8, 23, 151
Amanita porphyria 褐雲斑鵝膏 151
Amanita rubescens 赭蓋鵝膏 23, 147
Amanita smithiana 史密斯鵝膏 148
Amanita spissa 塊鱗灰鵝膏 10, 148
Amanita vaginata 灰鵝膏 153
Amanita verna 春生鵝膏 150
Amanita virosa 鱗柄鵝膏 8, 23, 150
Amanitaceae 鵝膏科 145-153
Amanitopsis 擬鵝膏屬 152
Amethyst Deceiver 紫晶蠟蘑 115
Anemone Cup 塊狀迪蒙盤菌 270
Angel's Wings 突伸小側耳 180
Anthurus aseroiformis 星形尾花菌 see *Clathrus ruber*
Armillaria caligata 殘膜蜜環菌 see *Tricholoma caligatum*
Armillaria cepistipes 蔥柄蜜環菌 19, 80
Armillaria gallica 橡樹蜜環菌 80
Armillaria mellea 蜜環菌 19, 80
Armillaria ostoyae 歐斯特蜜環菌 80
Armillaria ponderosa 笨重蜜環菌 see *Tricholoma magnivelare*
Armillaria tabescens 發光蜜環菌 19, 42
Artist's Fungus 樹舌(平蓋靈芝) 217
Ascocoryne cylichnium 史利克膠盤菌 272

Ascocoryne sarcoides 肉質膠盤菌 272
Ascocoryne turficola 菌叢生膠盤菌 272
Ascrotremella faginea 山毛櫸膠膜菌 283
Aseroe coccinea 緋紅星頭鬼筆 277
Asterophora lycoperdoides 類馬勃星形菌 142
Asterophora parasitica 寄生星形菌 142
Astraeus hygrometricus 硬皮地星 278
Auricularia auricula-judae 木耳 281
Auricularia mesenterica 腸膜狀木耳 230
Auricularia polytricha 毛木耳 281
Auriculariaceae 木耳科 230, 281
Auriscalpiaceae 耳匙菌科 179, 234
Auriscalpium vulgare 耳匙菌 234

B

Baeospora myosura 鼠色小孔菌(小孢菌) 132
Baeospora myriadophylla 多葉小孔菌 132
Bankera fuligineoalba 暗褐白煙白齒菌 235
Bankera violascens 紫煙白齒菌 235
Bankeraceae 煙白齒菌科 235-237
Bare-toothed Russule 菱紅菇 125
Barometer Earthstar 硬皮地星 278
Barrow's Bolete 丘形牛肝菌 186
Bay Bolete 褐絨蓋牛肝菌 188
Beech Bracket 偏腫栓菌 223
Beech Jelly-disc 潔新膠鼓菌 271
Beech Woodwart 裂形炭團菌 257
Beech-litter Scale-head 柔軟鱗傘 92
Beechwood Sickener 瑪莉紅菇 129
Beefsteak Fungus 肝色牛排菌(牛排菇) 213
Bile Tooth 派克亞齒菌 237
Birch Knight-cap 黃褐口蘑 64
Bisporella citrina 橘色雙孢盤菌 273
Bitter Bolete 苦粉孢牛肝菌 186
Bitter Bracket 密集乾酪菌 211
Bitter Lilac Web-cap 蘇打絲膜菌 76
Bitter Russule 苦紅菇 122
Bjerkandera adusta 煙管菌 225
Bjerkandera fumosa 煙色煙管菌 225
Bjerkanderaceae 煙管菌科 213, 214, 216, 225
Black Brain-fungus 黑耳 283
Black Morel 高羊肚菌 210
Black Tooth 黑栓齒菌 236
Blackening Bolete 粉末牛肝菌 192
Blackening Russule 黑紅菇 122
Blackening Wax-cap 變黑濕傘 104
Blackish-purple Russule 波狀紅菇 130
Black-staining Polypore 大部分蓋菌 214
Bladder Cup 泡質盤菌 266
Bleeding Bonnet 紅紫柄小菇 136
Blood-red Russule 血紅菇 130
Blue Legs 僞裝香蘑 58
Blue-footed Scaly-tooth 粗糙肉齒菌 237
Blue-green Funnel-cap 香杯傘 39
Blue-green Slime-head 暗藍球蓋菇 88
Blue-rimmed Liberty-cap 變暗藍裸蓋菇 107
Blushing Fenugreek-tooth 暗褐白煙白齒菌 235
Bog Beacon 濕生地杖菌 243
Bolbitiaceae 糞傘科 85, 96, 106, 140
Bolbitius lacteus 乳白糞傘 140
Boletaceae 牛肝菌科 42, 185-198
Boletes 牛肝菌 7, 20
Boletus aereus 銅色牛肝菌 189
Boletus aestivalis 夏季牛肝菌
see *Boletus reticulatus*
Boletus appendiculatus 附屬牛肝菌 188
Boletus badius 褐絨蓋牛肝菌 188
Boletus barrowsii 丘形牛肝菌 186
Boletus bicolor 雙色牛肝菌 190
Boletus calopus 美柄牛肝菌 190
Boletus chrysenteron 紅牛肝菌
see *Boletus pascuus*
Boletus edulis 美味牛肝菌 187
Boletus erythropus 紅柄牛肝菌
see *Boletus luridiformis*
Boletus ferrugineus 銹色牛肝菌 193
Boletus junquilleus 白柄黃蓋牛肝菌 189
Boletus legaliae 利格牛肝菌 191
Boletus luridiformis 似黃褐牛肝菌 189, 192
Boletus luridus 褐黃牛肝菌 189, 190
Boletus parasiticus 寄生牛肝菌 194
Boletus pascuus 牧草牛肝菌 192
Boletus pinicola 松生牛肝菌
see *Boletus pinophilus*
Boletus pinophilus 松生牛肝菌 187
Boletus porosporus 孔孢牛肝菌 192

Boletus porphyrosporus 紅孢牛肝菌
see *Porphyrellus porphyrosporus*
Boletus pruinatus 微白蠟粉牛肝菌 192, 193
Boletus pulcherrimus 美麗牛肝菌 191
Boletus pulverulentus 粉末牛肝菌 192
Boletus queletii 紅腳牛肝菌 189
Boletus radicans 假根牛肝菌 188
Boletus reticulatus 網狀牛肝菌 189
Boletus rhodoxanthus 赤黃牛肝菌 191
Boletus rubellus 血紅牛肝菌 193
Boletus satanas 魔牛肝菌 191
Boletus sensibilis 過敏牛肝菌 193
Boletus spadiceus 棗紅牛肝菌
see *Boletus ferrugineus*
Boletus subtomentosus 似絨毛牛肝菌 193
Boletus torosus 強壯牛肝菌 190
Bovista nigrescens 黑灰球菌 255
Bovista plumbea 鉛色灰球菌 255
Brain Purple-drop 肉質膠盤菌 272
Brain-like Jelly-disc 山毛櫸膠膜菌 283
Brick Tuft 紅垂幕菇 87
Broad-gilled Agaric 寬褶大金錢菇 66
Brown Birch Scaber Stalk 褐疣柄牛肝菌 196
Brown Matsutake 靴口蘑 81
Brown Oak-disc 強壯蠟盤菌 270
Brown Roll-rim 卷邊樁菇 35
Bryoglossum rehmii 雷姆蘚舌菌 243
Buff Wax-cap 草地濕傘 38
Bulgaria inquinans 污膠鼓菌 271
Burgundy Slime-head 皺環球蓋菇 89
Burnt Knight-cap 褐黑口蘑 62
Buttery Tough-shank 乳酪狀金錢菇 112

C

Caesar's Mushroom 白橙蓋鵝膏 145
Calocera cornea 膠角耳 250
Calocera furcata 叉膠角耳 250
Calocera pallido-spathulata 蒼白匙形膠角耳 250
Calocera viscosa 黏膠角耳 250
Calocybe carnea 肉色麗傘 116
Calocybe gambosa 大柄基麗傘 58
Calocybe ionides 似紫羅蘭色麗傘 116
Calocybe obscurissima 暗麗傘 116
Calocybe persicolor 桃色麗傘 116
Calostoma cinnabarina 紅皮麗口包 263
Calostoma lutescens 變黃麗口包 263
Calostoma ravenelii 雷文麗口包 263
Calostomataceae 麗口包科 263
Calvatia caelata 浮雕禿馬勃
see *Handkea utriformis*
Calvatia excipuliformis 杯形(疣形)禿馬勃
see *Handkea excipuliformis*
Calvatia gigantea 大禿馬勃 254
Calvatia utriformis 泡囊形禿馬勃
see *Handkea utriformis*
Camphor-scented Milk-cap 濃香乳菇 53
Candle-snuff Fungus 團炭角菌 248
Cantharellaceae 雞油菌科 28-30, 275
Cantharellus cibarius 雞油菌 8, 28, 276
Cantharellus cinnabarinus 紅雞油菌 30
Cantharellus cornucopioides 多角狀雞油菌
see *Craterellus cornucopioides*
Cantharellus floccosus 軟毛雞油菌
see *Gomphus floccosus*
Cantharellus lateritius 磚紅雞油菌 276
Cantharellus lutescens 變黃雞油菌 275
Cantharellus odoratus 香雞油菌 276
Cantharellus subalbidus 白雞油菌 28
Cantharellus tubaeformis 管形雞油菌 30, 275
Cantharellus xanthopus 黃柄雞油菌
see *Cantharellus lutescens*
Cauliflower Fungus 繡球菌 252
Cellar Fungus 粉孢革菌 233
Cerrena unicolor 單色下皮黑孔菌 224
Chaetoporellaceae 背孔菌科 232
Chalciporus amarellus 苦青銅孔菌 185
Chalciporus piperatus 辣青銅孔菌 185
Chalciporus rubinus 紅青銅孔菌 185
chanterelles 雞油菌 7
Charcoal Burner 藍黃紅菇 124
Charcoal Scale-head 高地鱗傘 93
Chestnut Bolete 褐圓孔牛肝菌 194
Chestnut Parasol 栗色環柄菇 169
Chicken-of-the-Woods 硫色炯孔菌 215
Chlorociboria aeruginascens 變綠杯菌 269

Chlorociboria aeruginosa 綠杯菌 269
Chlorophyllum molybdites 綠褶菇 17, 166
Chloroscypha aeruginascens 變綠杯菌
see *Chlorociboria aeruginascens*
Chlorosplenium aeruginascens 變綠盤菌
see *Chlorociboria aeruginascens*
Chondrostereum purpureum 紫色顆粒韌革菌 231
Christiansenia tumefaciens 突米菲利克斯菌 111
Chroogomphus rutilus 淺紅釘色菇 37
Ciboria batschiana 貝斯奇杯盤菌 270
Cinnabar Bracket 朱紅密孔菌 225
Cinnabar Chanterelle 紅雞油菌 30
Cinnabar Milk-cap Truffle 朱紅澤勒孔菌 256
Cinnabar Powder-cap 棕灰囊皮傘 96
Clathraceae 籠頭菌科 277
Clathrus archeri 弓形籠頭菌 277
Clathrus ruber 紅籠頭菌 280
Clavaria angillacea 土色珊瑚菌 240
Clavaria corniculata 角珊瑚菌
see *Clavulinopsis corniculata*
Clavaria erythropus 紅柄珊瑚菌
see *Typhula erythropus*
Clavaria fistulosa 管狀珊瑚菌
see *Macrotyphula fistulosa*
Clavaria helvola 微黃珊瑚菌
see *Clavulinopsis helvola*
Clavaria pistillaris 杵狀珊瑚菌
see *Clavariadelphus pistillaris*
Clavaria vermicularis 蟲形珊瑚菌 240
Clavariaceae 珊瑚菌科 21, 240, 249
Clavariadelphaceae 棒瑚菌科 241
Clavariadelphus fistulosus 管狀棒瑚菌
see *Macrotyphula fistulosa*
Clavariadelphus ligula 短舌棒瑚菌 241
Clavariadelphus pistillaris 棒瑚菌 241
Clavariadelphus sachalinensis 色卡林棒瑚菌 241
Clavariadelphus truncatus 平棒瑚菌 241
Clavicipitaceae 麥角菌科 244, 245
Clavulina cristata 冠瑣瑚菌 249
Clavulina rugosa 皺瑣瑚菌 249
Clavulinaceae 瑣瑚菌科 249
Clavulinopsis corniculata 角擬瑣瑚菌 249
Clavulinopsis fusiformis 梭形擬瑣瑚菌 240
Clavulinopsis helvola 微黃擬瑣瑚菌 240
Clavulinopsis laeticolor 灰色擬瑣瑚菌 240
Clavulinopsis luteoalba 黃白擬瑣瑚菌 240
Climacodon septentrionalis 北方(梯傘)梭齒菌 239
Clitocybe clavipes 棒柄杯傘 40
Clitocybe dealbata 白霜杯傘 34
Clitocybe dicolor 雙色杯傘
see *Clitocybe metachroa*
Clitocybe fragrans 芳香杯傘 39
Clitocybe geotropa 肉色杯傘 33
Clitocybe gibba 中凸蓋杯傘 31
Clitocybe gigantea 巨大杯傘
see *Leucopaxillus giganteus*
Clitocybe metachroa 變色杯傘 34
Clitocybe nebularis 煙雲杯傘 40
Clitocybe odora 香杯傘 39
Clitocybe rivulosa 環帶杯傘
see *Clitocybe dealbata*
Clitocybe vibecina 受傷杯傘 34
Clitopilus prunulus 斜蓋傘 41
Clouded Funnel-cap 煙雲杯傘 40
Club-footed Funnel-cap 棒柄杯傘 40
Clustered Grey-gill 荷葉離褶傘 41
Clustered Oak-bonnet 美柄小菇 133
Cockleshell Fungus 螺殼狀小香菇 179
Coconut-scented Milk-cap 香乳菇 54
Coffin Web-cap 山絲膜菌 73
Collared Earthstar 尖頂地星 278
Collybia acervata 堆金錢菇 112, 113
Collybia alcalivirens 鹼性金錢菇 113
Collybia aquosa 濕性金錢菇 111
Collybia asema 阿斯馬金錢菇
see *Collybia butyracea*
Collybia butyracea 乳酪狀金錢菇 112
Collybia confluens 群生金錢菇 113
Collybia distorta 扭柄金錢菇 67
Collybia dryophila 櫟金錢菇 111
Collybia erythropus 紅柄金錢菇 112
Collybia filamentosa 線狀金錢菇 112
Collybia fuscopurpurea 暗紫金錢菇 113

Collybia fusipes 紡錘柄金錢菇 111
Collybia maculata 斑蓋金錢菇 67
Collybia ocior 歐色金錢菇 111
Collybia peronata 靴狀金錢菇 113
Collybia prolixa 長金錢菇 67
Coltricia perennis 多年生集毛菌 206
Coltriciaceae 集毛菌科 206
Common Bonnet 盔小菇 116
Common Cavalier 灰白黑囊蘑 65
Common Chanterelle 雞油菌 28
Common Deceiver 漆蠟蘑 115
Common Earthball 橘青硬皮馬勃 256
Common Earth-cup 沙質地孔菌 267
Common Earth-fan 疣革菌 229
Common Eyelash-cup 盾盤菌 268
Common Field-cap 平田頭菇 106
Common Funnel-cap 中凸蓋杯傘 31
Common Grey Saddle 多窪馬鞍菌 208
Common Hedgehog Fungus 卷緣齒菌 9, 238
Common Ink-cap 尖頂鬼傘 175
Common Leather-bracket 皺韌革菌 232
Common Morel 羊肚菌 7, 11, 209
Common Oyster Mushroom 蠔菇(糙皮側耳) 7, 178
Common Puffball 網紋馬勃 11, 261
Common Stinkhorn 白鬼筆 247
Common Stump Brittle-head 藥丸形小脆柄菇 94
Common Wheel Mummy-cap 輪枝小皮傘 177
Common White Saddle 皺馬鞍菌 207
Cone Brittle-head 錐蓋小脆柄菇 109
Cone-cap 鼠色小孔菌(小孢菇) 132
Conifer Purple-pore 冷杉近毛菌 226
Conifer Tuft 煙色垂幕菇 86
Conifer-base Polypore 異擔孔菌 222
Coniophora puteana 粉孢革菌 17, 233
Coniophoraceae 粉孢革菌科 229, 233
Conocybe arrhenii 阿瑞尼錐蓋傘 96
Conocybe blattaria 鐘形錐蓋傘 96
Conocybe huijsmanii 胡斯馬尼錐蓋傘 140
Conocybe lactea 乳白錐蓋傘 140
Conocybe percincta 密生錐蓋傘 96
Coppery Lacquer Bracket 菲佛靈芝 216
Coprinaceae 鬼傘科 21, 94-95, 102, 107-109, 141, 143, 174-177
Coprinus acuminatus 尖頂鬼傘 175
Coprinus alopecia 禿頂鬼傘 175
Coprinus atramentarius 墨汁鬼傘 17, 175
Coprinus auricomus 鬚鬼傘 177
Coprinus comatus 毛頭鬼傘 174
Coprinus cothurnatus 寇舍鬼傘 176
Coprinus cortinatus 絲膜鬼傘 176
Coprinus disseminatus 簇生鬼傘 143
Coprinus domesticus 家園鬼傘 176
Coprinus friesii 費賴斯鬼傘 176
Coprinus kuehneri 庫能鬼傘 177
Coprinus leiocephalus 滑頭鬼傘 177
Coprinus micaceus 晶粒鬼傘 176
Coprinus niveus 雪白鬼傘 176
Coprinus nudiceps 裸鬼傘 177
Coprinus picaceus 鵲鬼傘 175
Coprinus plicatilis 褶紋鬼傘 177
Coprinus romagnesianus 羅馬鬼傘 175
Coprinus stercoreus 糞鬼傘 176
Coprinus truncorum 多角鬼傘 176
Coral Tooth-fungus 珊瑚狀猴頭菌 239
Cordyceps bifusispora 雙紡錘孢蟲草 244
Cordyceps capitata 頭狀蟲草 245
Cordyceps longisegmentatis 長裂片蟲草 245
Cordyceps militaris 蛹蟲草 244
Cordyceps ophioglossoides 大團囊蟲草 245
Coriolaceae 革蓋菌科 223-225, 227
Coriolus hirsutus 毛革蓋菌 see *Trametes hirsuta*
Coriolus versicolor 彩絨革蓋菌(雲芝) see *Trametes versicolor*
Cornflower Bolete 藍圓孔牛肝菌 195
Corrugated Roll-rim 黑毛樁菇 182
Cortinariaceae 絲膜菌科 67, 69-77, 83, 87, 91, 93-94, 98-102, 140
Cortinarius alboviolaceus 白紫絲膜菌 73
Cortinarius anserinus 似鵝絲膜菌 74
Cortinarius armillatus 環絲膜菌 72
Cortinarius atrovirens 暗黃綠絲膜菌 76
Cortinarius aurantioturbinatus 橙陀螺形絲膜菌 see *Cortinarius elegantissimus*
Cortinarius aureofulvus 金黃絲膜菌 77

Cortinarius bolaris 擲絲膜菌 69
Cortinarius caerulescens 藍絲膜菌 76
Cortinarius calochrous 托柄絲膜菌 74
Cortinarius camphoratus 樟絲膜菌 73
Cortinarius cinnamomeus 黃棕絲膜菌 70
Cortinarius citrinus 橘黃絲膜菌 77
Cortinarius cliduchus 克利度絲膜菌 75
Cortinarius collinitus 黏柄絲膜菌 75
Cortinarius crocolitus 污橘黃色絲膜菌
see *Cortinarius triumphans*
Cortinarius dibaphus 雙染色絲膜菌 76
Cortinarius elegantissimus 雅緻絲膜菌 77
Cortinarius haematochelis 血色絲膜菌
see *Cortinarius paragaudis*
Cortinarius hercynicus 荷西尼絲膜菌 71
Cortinarius limonius 檸檬形絲膜菌 72
Cortinarius malachius 圓孢絲膜菌 73
Cortinarius mucosus 黏絲膜菌 75
Cortinarius olidus 臭絲膜菌 75
Cortinarius orellanus 山絲膜菌 23, 73
Cortinarius osmophorus 香柄絲膜菌 77
Cortinarius paleaceus 粗糠絲膜菌 71
Cortinarius paleifer 淡絲膜菌 71
Cortinarius paragaudis 近俗麗絲膜菌 72
Cortinarius phoeniceus 緋紅絲膜菌 70
Cortinarius pholideus 鱗片絲膜菌 70
Cortinarius rubellus 帶紅色絲膜菌 23, 72
Cortinarius rufoolivaceus 紫紅絲膜菌 76
Cortinarius saginus 大絲膜菌 75
Cortinarius semisanguineus 半血紅絲膜菌 70
Cortinarius sodagnitus 蘇打絲膜菌 76
Cortinarius speciosissimus 不實絲膜菌
see *Cortinarius rubellus*
Cortinarius splendens 華美絲膜菌 77
Cortinarius subtorvus 似野絲膜菌 74
Cortinarius torvus 野絲膜菌 74
Cortinarius traganus 山羊絲膜菌 73
Cortinarius triumphans 勝利絲膜菌 75
Cortinarius violaceus 堇紫絲膜菌 71
Cotton Caterpillar-fungus 粉粒擬青黴 244
Crab Russule 黃孢紅菇 127
Cramp Balls 黑輪層炭殼 257
Craterellus cantharellus 小杯狀喇叭菌
see *Cantharellus lateritius*
Craterellus cornucopioides 喇叭菌 275
Craterellus fallax 幻覺(欺騙)喇叭菌 275
Craterellus humphreyi 絨蓋喇叭菌
see *Stereopsis humphreyi*
Creolophus cirrhatus 彎曲層齒菌 239
Crepidotaceae 靴耳科 183
Crepidotus calolepis 美鱗靴耳 183
Crepidotus cesatii 凱塞靴耳 183
Crepidotus inhonestus 雜靴耳 183
Crepidotus luteolus 淡黃靴耳 183
Crepidotus mollis 軟靴耳 183
Crepidotus variabilis 雜色靴耳 183
Crested Coral-fungus 冠瑣瑚菌 249
Crimson Wax-cap 紅紫蠟傘 56
Crinipellis perniciosa 致命毛皮傘 142
Crinipellis scabella 鱗毛皮傘 142
Crinipellis stipitaria 柄毛皮傘
see *Crinipellis scabella*
Crucibulum crucibuliforme 白蛋巢菌 274
Crucibulum laeve 平滑白蛋巢菌
see *Crucibulum crucibuliforme*
Crucibulum vulgare 白蛋巢菌
see *Crucibulum crucibuliforme*
Cucumber-scented Toadstool 大囊傘 108
Cultivated Mushroom 洋菇 161
Cup-like Morel 肋狀皺盤菌 265
Cuphophyllus 杯褶菌屬 38
Curly-haired Elf-cup 奧地利肉杯菌 264
Cyathus olla 壺黑蛋巢菌 274
Cyathus stercoreus 糞生黑蛋巢菌 274
Cyathus striatus 隆紋黑蛋巢菌 274
Cystoderma adnatifolium 合葉囊皮傘 96
Cystoderma ambrosii 蟲道囊皮傘 97
Cystoderma amianthinum 皺蓋囊皮傘 97
Cystoderma carcharias 鋸齒囊皮傘 97
Cystoderma cinnabarinum 朱紅囊皮傘
see *Cystoderma terrei*
Cystoderma fallax 幻覺囊皮傘 97
Cystoderma granulosum 顆粒囊皮傘 96
Cystoderma jasonis 傑生囊皮傘 97
Cystoderma terrei 棕灰囊皮傘 96
Cystolepiota aspera 粗糙囊小傘

see *Lepiota aspera*

D

Dacryomycetaceae 花耳科 250
Daedalea quercina 櫟迷孔菌 226
Daedaleopsis confragosa 粗糙擬迷孔菌 227
Daldinia concentrica 黑輪層炭殼菌 257
Dark-scaled Knight-cap 暗鱗口蘑 60
Dark-scaled Mushroom 莫勒蘑菇 160
Dead-man's Fingers 多形炭角菌 245
Death Cap 毒鵝膏 151
Deceiving Knight-cap 絲蓋口蘑 63
Deceiving Polypore 擬多孔菌 232
Delicious Milk-cap 松乳菇(美味乳菇) 46
Dendropolyporus umbellatus 傘形樹孔菌
see *Polyporus umbellatus*
Dentate Elf-cup 盤狀齒盤菌 265
Dermocybe semisanguineus 半血紅皮蓋傘
see *Cortinarius semisanguineus*
Destroying Angel 鱗柄鵝膏 150
Devil's Fingers 弓形籠頭菌 277
Dictyophora duplicata 短裙竹蓀
see *Phallus duplicatus*
Discina brunnea 褐平盤菌
see *Gyromitra brunnea*
Discina caroliniana 卡羅來納平盤菌
see *Gyromitra caroliniana*
Discina gigas 巨大平盤菌 see *Gyromitra gigas*
Disciotis venosa 肋狀皺盤菌 265
Distant-gilled Milk-cap 濕乳菇 52
Dog Stinkhorn 狗蛇頭菌 246
Dotted-stalk Bolete 點柄乳牛肝菌 200
Dotted-stem Bolete 似黃褐牛肝菌 189
Dryad's Saddle 鱗多孔菌 203
Dry-rot Fungus 干朽菌 229
Dull Milk-cap 微甜乳菇 51
Dumontinia tuberosa 塊狀油蒙盤菌 270
Dung Slime-head 半球蓋菇 90
Dwarf Earthstar 史密迪地星 279

E

Ear Pick-Fungus 耳匙菌 234
Echinoderma aspera 粗糙刺皮菌
see *Lepiota aspera*
Elaphomyces granulatus 粒狀大團囊菌 245, 259
Elaphomyces muricatus 圓刺大團囊菌 245, 259
Elaphomycetaceae 大團囊菌科 259
Elegant Web-cap 雅緻絲膜菌 77
Entoloma abortivum 角孢粉褶蕈 253
Entoloma bloxamii 博拉斯粉褶蕈 110
Entoloma caesiosinctum 藍灰粉褶蕈 144
Entoloma cetratum 蜜色粉褶蕈 109
Entoloma chalybaeum 帶藍灰粉褶蕈 144
Entoloma clypeatum 晶蓋粉褶蕈 68
Entoloma conferendum 星孢粉褶蕈
17, 110
Entoloma euchroum 本色粉褶蕈 110
Entoloma eulividum 眞藍粉褶蕈
see *Entoloma sinuatum*
Entoloma incanum 綠色粉褶蕈 144
Entoloma lanuginosipes 毛柄粉褶蕈 109
Entoloma lividum 毒粉褶蕈
see *Entoloma eulividum*
Entoloma nidorosum 臭粉褶菌 68
Entoloma nitidum 光亮粉褶蕈 110
Entoloma pallescens 蒼白粉褶蕈 109
Entoloma porphyrophaeum 斑紅褐粉褶蕈 69
Entoloma querquedula 貴格粉褶蕈 144
Entoloma rhodopolium 赤灰粉褶蕈 68
Entoloma rosea 玫瑰紅粉褶蕈 116
Entoloma sericeum 絹毛粉褶蕈 110
Entoloma serrulatum 細齒粉褶蕈 144
Entoloma sinuatum 波狀粉褶蕈 68
Entoloma staurosporum 星孢粉褶蕈
see *Entoloma conferendum*
Entolomataceae 粉褶蕈科 17, 21, 41, 68-69,
109-110, 144, 253
Exidia glandulosa 黑耳 271, 283
Exidia truncata 截形黑耳 271, 283
Exidiaceae 黑耳科 283

F

Fairies' Bonnets 簇生鬼傘 143
Fairy Ring Champignon 硬柄小皮傘 117
False Chanterelle 枯黃擬蠟傘 29
False Death Cap 餐巾鵝膏 150

False Morel 鹿花菌 208
False Oyster 止血扇菇 181
Fawn Shield-cap 灰光柄菇 171
Field Bonnet 橄欖色緣小菇 134
Field Mushroom 蘑菇 160
Fine-scaly Honey Fungus 蔥柄蜜環菌 80
Firm-fleshed Russule 玫瑰紅菇 126
Fistulina hepatica 肝色牛排菌(牛排菇) 20, 213
Fistulinaceae 牛排菌科 20, 213
Flame Shield-cap 皺橘色光柄菇 173
Flammulina fennae 芬蘭冬菇 114
Flammulina ononidis 歐諾冬菇 114
Flammulina velutipes 金針菇 114
Fleck-gill Knight-cap 陰生口蘑 60
Fleecy Milk-cap 絨白乳菇 44
Fluted Bird's Nest 隆紋黑蛋巢菌 274
Fly Agaric 毒蠅傘(蛤蟆菌) 6, 146
Foetid Mummy-cap 臭小假錢菌 139
Foetid Russule 臭紅菇 121
Fomes annosum 多年層孔菌
see *Heterobasidium annosum*
Fomes fomentarius 木蹄層孔菌 19, 219
Fomitaceae 層孔菌科 219
Fomitopsidaceae 擬層孔菌科 212, 222, 226
Foxy-orange Web-cap 帶紅色絲膜菌 72
Fomitopsis pinicola 松生擬層孔菌 219
Fragile Russule 脆紅菇 129
Freckled Flame-cap 滲透裸傘 94
Fringed Mottle-gill 蝶形斑褶菇 107
Funnel Polypore 多年生集毛菌 206
Funnel Tooth 毛栓齒菌 236

G

Galerina calyptrata 蓋盔孢傘 140
Galerina hypnorum 硬皮(苔蘚)盔孢傘 140
Galerina marginata 具緣盔孢傘 90
Galerina mutabilis 善變盔孢傘
see *Kuehneromyces mutabilis*
Galerina paludosa 沼澤盔孢傘 132
Galerina sphagnorum 泥炭蘚盔孢傘 140
Galerina tibiicystis 球頭囊狀體盔孢傘 132
Galerina unicolor 單色盔孢傘 91
Ganoderma applanatum 樹舌(平蓋靈芝)
17, 217
Ganoderma australe 南方靈芝 217
Ganoderma carnosum 肉質靈芝 206
Ganoderma lucidum 靈芝(赤芝) 206
Ganoderma pfeifferi 菲佛靈芝 216
Ganodermataceae 靈芝科 206, 216, 217
Garland Slime-head 冠狀球蓋菇 89
Gasworks Knight-cap 硫色口蘑 64
Geastraceae 地星科 278-280
Geastrum bryantii 布賴地星
see *Geastrum striatum*
Geastrum elegans 美麗地星 279
Geastrum fimbriatum 毛嘴地星 279
Geastrum hygrometricus 重濕地星
see *Astraeus hygrometricus*
Geastrum nanum 矮地星
see *Geastrum schmidelii*
Geastrum pectinatum 篦齒地星 279
Geastrum rufescens 粉紅地星 279
Geastrum schmidelii 史密迪地星 279
Geastrum sessile 無柄地星
see *Geastrum fimbriatum*
Geastrum striatum 條紋地星 280
Geastrum triplex 尖頂地星 278
Gemmed Agaric 芽狀鵝膏 149
Geoglossaceae 地舌菌科 242, 243
Geoglossum fallax 假地舌菌 242
Geopora arenicola 沙質地孔菌 267
Giant Club 棒瑚菌 241
Giant Flame-cap 羅神(高貴)裸傘 83
Giant Funnel-cap 大白樁菇 32
Giant Puffball 大禿馬勃 254
Gill Polypore 樺革襉菌 227
Gilled Bolete 紅黃褶孔菌 42
Glistening Ink-cap 晶粒鬼傘 176
Gloeophyllum abietinum 冷杉黏褶菌 222
Gloeophyllum odoratum 香黏褶菌 222
Gloeophyllum sepiarium 籬邊黏褶菌 222
Golden Cap 金褐傘 83
Golden Chanterelle 變黃雞油菌 275
Golden Scale-head 金毛鱗傘 78
Golden Wax-cap 硫磺濕傘 104
Golden-green Shield-cap 金褐光柄菇 173

Gomphaceae 釘菇科 276
Gomphidiaceae 鉚釘菇科 37, 38, 198-201
Gomphidius glutinosus 黏鉚釘菇 38
Gomphidius roseus 玫瑰紅鉚釘菇 38
Gomphus bonarii 博納鉚釘菇 276
Gomphus floccosus 毛釘菇 276
Gomphus kauffmanii 考夫曼釘菇 276
Granulated Hart's Truffle 粒狀大團囊菌 259
Grassland Parasol 山女神形環柄菇 167
Green and Pink Fibre-cap 血紅絲蓋傘 98
Green Pink-gill 綠色粉褶蕈 144
Green Russule 變綠紅菇 131
Green Stain 變綠杯菌 269
Greening Coral-fungus 冷杉枝瑚菌 250
Grey and Lilac Fibre-cap 淡灰紫絲蓋傘 101
Grey and Yellow Knight-cap 灰口蘑 61
Grey Fire Bracket 火木層孔菌 218
Grey Knight-cap 棕灰口蘑 59
Grey-brown Funnel-cap 變色杯傘 34
Grifola frondosa 多葉奇果菌 216
Grifola gigantea 大奇果菌
see *Meripilus giganteus*
Gymnopilus hybridus 雜裸傘 94
Gymnopilus junonius 羅神(高貴)裸傘 83
Gymnopilus penetrans 滲透裸傘 94
Gymnopilus picreus 毒裸傘 94
Gymnopilus sapineus 樅裸傘 94
Gymnopilus spectabilis 橘黃裸傘
see *Gymnopilus junonius*
Gymnosporangium clavariiforme 珊瑚形膠銹菌 250
Gypsy 縐褶羅鱗傘 87
Gyromitra brunnea 褐鹿花菌 208
Gyromitra caroliniana 卡羅來納鹿花菌 208
Gyromitra esculenta 鹿花菌 208
Gyromitra gigas 巨大鹿花菌 208
Gyromitra infula 頭蓋鹿花菌 208
Gyroporus castaneus 褐圓孔牛肝菌 194
Gyroporus cyanescens 藍圓孔牛肝菌 195

H

Hairy Bracket 硬毛栓菌 224
Hairy Leather-bracket 毛韌革菌 230
Half-free Morel 半離羊肚菌 210
Handkea excipuliformis 杯狀巾馬勃 262
Handkea utriformis 泡囊狀巾馬勃 263
Hapalopilus nidulans 彩孔菌
see *Hapalopilus rutilans*
Hapalopilus rutilans 紅橙色彩孔菌 213
Hay Cap 佛尼西斑褶菇 141
Hazel Milk-cap 花園乳菇 48
Hebeloma candidipes 絹白黏滑菇 93
Hebeloma crustuliniforme 大毒黏滑菇 67
Hebeloma edurum 可食黏滑菇 67
Hebeloma leucosarx 白肉黏滑菇 67
Hebeloma mesophaeum 中暗黏滑菇 93
Hebeloma pallidoluctuosum 淡色黏滑菇 82
Hebeloma radicosum 根黏滑菇 82
Hebeloma sinapizans 大黏滑菇 67
Hedgehog Puffball 長刺馬勃 261
Helvella crispa 皺馬鞍菌 207
Helvella lacunosa 多窪馬鞍菌 208
Helvellaceae 馬鞍菌科 207-208
Hemipholiota myosotis 毋忘我草半鱗傘
see *Hypholoma myosotis*
Hemimycena 半小菇屬 138
Hen-of-the-Woods 多葉奇果菌 216
Herald of Winter 次硫蠟傘 37
Hericiaceae 猴頭菌科 239
Hericium coralloides 珊瑚狀猴頭菌 239
Heterobasidion annosum 異擔孔菌 19, 222
Heyderia 暗球孢屬 243
Honey Fungus 蜜環菌 80
Honey-coloured Pink-gill 蜜色粉褶蕈 109
Horn of Plenty 喇叭菌 275
Horse Mushroom 野蘑菇 157
Horsehair Mummy-cap 安絡小皮傘 138
Humaria hemisphaerica 半球土盤菌 267
Hyaloriaceae 明木耳科 235
Hydnaceae 齒菌科 238
Hydnangiaceae 齒腹菌科 115
Hydnellum ferrugineum 銹色亞齒菌 237
Hydnellum peckii 派克亞齒菌 237
Hydnum albidum 微白齒菌 238
Hydnum auriscalpium 松球齒菌
see *Auriscalpium vulgare*

Hydnum fuligineoalba 黑褐白齒菌
see *Bankera fuligineoalba*
Hydnum repandum 卷緣齒菌 238
Hydnum rufescens 紅齒菌 238
Hydnum umbilicatum 臍狀齒菌 9, 238
Hydnum vulgare 普遍齒菌
see *Auriscalpium vulgare*
Hygrocybe acutoconica 尖錐形濕傘
see *Hygrocybe persistens*
Hygrocybe calciphila 喜鈣濕傘 143
Hygrocybe calyptraeformis 帽形濕傘 103
Hygrocybe cantharellus 舟濕傘 30
Hygrocybe ceracea 蠟質濕傘 104
Hygrocybe chlorophana 硫磺濕傘 104
Hygrocybe citrinovirens 檸檬綠濕傘 103
Hygrocybe coccinea 緋紅濕傘 105
Hygrocybe conica 變黑濕傘 104
Hygrocybe glutinipes 黏濕傘 104
Hygrocybe helobia 沼澤濕傘 143
Hygrocybe langei 林格濕傘
see *Hygrocybe persistens*
Hygrocybe miniata 朱紅濕傘 143
Hygrocybe nivea 雪白濕傘
see *Hygrocybe virginea*
Hygrocybe persistens 持久濕傘 104
Hygrocybe pratensis 草地濕傘 38
Hygrocybe psittacina 鸚鵡濕傘 105
Hygrocybe punicea 紅紫濕傘 21, 56, 105
Hygrocybe russocoriacea 紅革質濕傘 39
Hygrocybe spadicea 棗褐色濕傘 103
Hygrocybe splendidissima 閃亮濕傘 56, 105
Hygrocybe virginea 潔白濕傘 39
Hygrocybe virginea var. *fuscescens*
變暗變種潔白濕傘 39
Hygrocybe virginea var. *ochraceopallida*
淡赭變種潔白濕傘 39
Hygrophoraceae 蠟傘科 37, 38, 56, 103-106
Hygrophoropsis aurantiaca 枯黃擬蠟傘 29
Hygrophorus aureus 金蠟傘 37
Hygrophorus cossus 鑽木蟲蠟傘
see *Hygrophorus discoxanthus*
Hygrophorus discoxanthus 黃盤蠟傘 106
Hygrophorus eburneus 象牙白蠟傘 106
Hygrophorus hypothejus 次硫蠟傘 37
Hygrophorus lucorum 木蠟傘 37
Hygrophorus nemoreus 谷生蠟傘 38
Hymenochaetaceae 刺革菌科 218, 221, 231
Hymenochaete rubiginosa 褐赤刺革菌 231
Hyphodontia paradoxa 擬多孔菌 232
Hypholoma capnoides 煙色垂幕菇 86
Hypholoma elongatum 長垂幕菇 87
Hypholoma fasciculare 簇生垂幕菇 86
Hypholoma marginata 緣垂幕菇 87
Hypholoma myosotis 毋忘我草垂幕菇 107
Hypholoma radicosum 多根垂幕菇 86
Hypholoma sublateritium 紅垂幕菇 87
Hypholoma udum 濕垂幕菇 87
Hypocrea pulvinata 墊狀肉座菌 212
Hypomyces aurantius 金黃菌寄生 212
Hypomyces hyalinus 歪孢菌寄生 147
Hypomyces lactifluorum 泌乳菌寄生 43
Hypoxylon fragiforme 裂形炭團菌 257
Hypoxylon fuscum 紫棕炭團菌 257
Hypoxylon howeianum 豪伊炭團菌 257
Hypoxylon rubiginosum 赤褐炭團菌 257

I

Inocybe asterospora 星孢絲蓋傘 102
Inocybe cincinnata 卷曲絲蓋傘 101
Inocybe corydalina 角絲蓋傘 98
Inocybe erubescens 變紅絲蓋傘 99
Inocybe fastigiata 黃絲蓋傘 see *Inocybe rimosa*
Inocybe geophylla 土味絲蓋傘 100
Inocybe godeyi 哥迪絲蓋傘 99
Inocybe griseolilacina 淡灰紫絲蓋傘 101
Inocybe haemacta 血紅絲蓋傘 98
Inocybe lacera 撕裂絲蓋傘 101
Inocybe lanuginosa 棉毛絲蓋傘 101
Inocybe maculata 斑點絲蓋傘 100
Inocybe margaritispora 珍珠孢絲蓋傘 102
Inocybe napipes 耐比絲蓋傘 102
Inocybe patouillardii 帕都拉絲蓋傘
see *Inocybe erubescens*
Inocybe pudica 薔薇色絲蓋傘 99
Inocybe pusio 葡西絲蓋傘 101
Inocybe rimosa 裂絲絲蓋傘 100

Inocybe sindonia 薄棉絲蓋傘 100
Inonotus cuticularis 薄皮纖孔菌 221
Inonotus hispidus 粗毛纖孔菌 221
Inonotus nodulosus 小節纖孔菌 221
Inonotus radiatus 輻射狀纖孔菌 221
Inonotus rheades 鳥狀纖孔菌 221
Iodoform Bonnet 似線小菇 136
Iodoform-scented Russule 特希紅菇 127

J

Jack O'Lantern 奧爾類臍菇 29
Jelly Antler 黏膠角耳 250
Jelly Babies 潤滑錘舌菌 243
Jelly Bracket 銀耳狀(膠質)射脈菌 228
Jersey Cow Bolete 乳牛肝菌 200
Jew's Ear 木耳 281

K

Kuehneromyces mutabilis 庫恩菇 90

L

Laccaria amethystina 紫晶蠟蘑 115
Laccaria bicolor 雙色蠟蘑 115
Laccaria fraterna 兄弟蠟蘑 115
Laccaria laccata 漆蠟蘑 115
Laccaria maritima 海岸蠟蘑 115
Laccaria proxima 近基蠟蘑 115
Laccaria pumila 短蠟蘑 115
Laccaria purpureobadia 紫紅蠟蘑 115
Lachnellula subtilissima 極小微毛盤菌 273
Lacrymaria glareosa 礫生垂齒菌 102
Lacrymaria pyrotricha 火毛垂齒菌 102
Lacrymaria velutina 絲絨狀垂齒菌 102
Lactarius acris 頂乳菇 48
Lactarius aquifluus 水汁乳菇 55
Lactarius badiosanguineus 栗褐血紅乳菇 51
Lactarius bertillonii 貝迪羅乳菇 44
Lactarius blennius 黏乳菇 47
Lactarius camphoratus 濃香乳菇 53
Lactarius chrysorrheus 黃汁乳菇 52
Lactarius circellatus 小環乳菇 47, 48
Lactarius controversus 白楊乳菇 45
Lactarius corrugis 皺皮乳菇 52
Lactarius curtus 短乳菇 49
Lactarius deliciosus 松乳菇(美味乳菇) 46
Lactarius deterrimus 緩汁乳菇 46
Lactarius flexuosus 波緣乳菇 49
Lactarius fluens 液汁乳菇 47
Lactarius fuliginosus 暗褐乳菇 48
Lactarius fuscus 暗乳菇
see *Lactarius mammosus*
Lactarius glaucescens 變綠乳菇 43
Lactarius glyciosmus 香乳菇 54
Lactarius helvus 淡黃乳菇 55
Lactarius hemicyaneus 半藍乳菇 46
Lactarius hepaticus 肝色乳菇 51
Lactarius hortensis 花園乳菇 48
Lactarius hygrophoroides 濕乳菇 52
Lactarius hysginus 鮮紅乳菇
see *Lactarius curtus*
Lactarius ichoratus 靈液乳菇 50
Lactarius lacunarum 坑狀乳菇 50
Lactarius lignyotus 黑乳菇 48
Lactarius mammosus 乳突乳菇 54
Lactarius mitissimus 細質乳菇 50
Lactarius musteus 霉臭乳菇 49
Lactarius necator 致死乳菇 47
Lactarius pallidus 蒼白乳菇 49
Lactarius piperatus 辣乳菇 43
Lactarius pterosporus 翼孢乳菇 48
Lactarius pubescens 絨邊乳菇 45
Lactarius pyrogalus 灰褐乳菇
see *Lactarius hortensis*
Lactarius quietus 油味乳菇 52
Lactarius rufus 噴紅乳菇 53
Lactarius salmonicolor 橙紅乳菇 46
Lactarius sanguifluus 血紅乳菇 46
Lactarius scoticus 暗色乳菇 45
Lactarius serifluus 水液乳菇 52
Lactarius subdulcis 微甜乳菇 51
Lactarius tabidus 易爛乳菇 50
Lactarius theiogalus 硫磺汁乳菇 50
Lactarius torminosus 疝疼乳菇 45
Lactarius trivialis 常見乳菇 49
Lactarius vellereus 絨白乳菇 44
Lactarius vietus 凋萎狀乳菇 48

Lactarius volemus 多汁乳菇 54
Laetiporus sulphureus 硫色炯孔菌 215
Larch Bolete 厚環乳牛肝菌 199
Large Purple-drop 史利克膠盤菌 272
Lasiophaera gigantea 大毛球殼
see *Calvatia gigantea*
Late-season Bonnet 阿肯吉小菇 134
Lawn Funnel-cap 白霜杯傘 34
Lawyer's Wig 毛頭鬼傘 174
Layered Tooth-fungus 彎曲層齒菌 239
Lead Poisoner 波狀粉褶蕈 68
Lead-grey Bovist 鉛色灰球菌 255
Leafy Brain-fungus 茶銀耳 282
Leccinum aurantiacum 橙黃疣柄牛肝菌 198
Leccinum nigrescens 黑疣柄牛肝菌
see *Leccinum tesselatum*
Leccinum piccinum 皮契疣柄牛肝菌 198
Leccinum quercinum 櫟生疣柄牛肝菌 198
Leccinum scabrum 褐疣柄牛肝菌 196
Leccinum tesselatum 裂紋疣柄牛肝菌 195
Leccinum testaceoscabrum 硬殼鱗疣柄牛肝菌
see *Leccinum versipelle*
Leccinum variicolor 變色疣柄牛肝菌 196
Leccinum versipelle 多皮疣柄牛肝菌 197
Leccinum vulpinum 狐狸疣柄牛肝菌 198
Le Gal's Bolete 利格牛肝菌 191
Lemon Disc 橘色雙孢盤菌 273
Lemon-gilled Russule 辣紅菇 131
Lemon-peel Fungus 驢耳狀側盤菌 269
Lentinellus castoreus 海狸小香菇 179
Lentinellus cochleatus 螺殼狀小香菇 179
Lentinellus micheneri 米奇勒小香菇 179
Lentinellus ursinus 北方小香菇 178
Lentinellus vulpinus 狐狀小香菇 179
Lentinula edodes 香菇 7
Lentinus lepideus 潔麗香菇 35
Lentinus tigrinus 虎皮香菇 35
Lenzites betulina 樺革褶菌 227
Leotia lubrica 潤滑錘舌菌 243
Leotiaceae 錘舌菌科 20, 243, 269, 271-273, 283
Lepiota acutesquamosa 銳鱗環柄菇
see *Lepiota aspera*
Lepiota alba 白環柄菇 168
Lepiota aspera 粗糙環柄菇 167
Lepiota brunneoincarnata 肉褐環柄菇 169
Lepiota castanea 栗色環柄菇 169
Lepiota clypeolaria 盾形環柄菇 168
Lepiota cristata 冠狀環柄菇 169
Lepiota fulvella 微紅黃環柄菇 169
Lepiota hystrix 豪豬環柄菇 167
Lepiota ignivolvata 紅黃環環柄菇 168
Lepiota laevigata 光滑環柄菇
see *Lepiota oreadiformis*
Lepiota lilacea 淡紫環柄菇 169
Lepiota oreadiformis 山女神形環柄菇 167
Lepiota perplexum 混淆環柄菇 167
Lepiota pseudohelveola 假淡黃環柄菇 169
Lepiota ventriosospora 腹鼓孢環柄菇 168
Lepista flaccida 柔弱香蘑 31
Lepista gilva 淡黃香蘑 31
Lepista irina 彩虹香蘑 57
Lepista nuda 紫丁香蘑 57
Lepista personata 僞裝(面具)香蘑 58
Lepista sordida 污色香蘑 57
Leucoagaricus leucothites 白環蘑 164
Leucoagaricus naucinus 栗殼色白環蘑
see *Leucoagaricus leucothites*
Leucocoprinus badhamii 貝漢白鬼傘 170
Leucocoprinus birnbaumii 貝爾白鬼傘
see *Leucocoprinus luteus*
Leucocoprinus flos-sulfuris 硫華白鬼傘
see *Leucocprinus luteus*
Leucocoprinus luteus 純黃白鬼傘 170
Leucopaxillus giganteus 大白樁菇 32
Liberty Cap 裸蓋菇 141
Lilac Bonnet 潔小菇 118
Limacella glioderma 黏皮黏傘 164
Limacella guttata 斑黏傘 164
Limacella lenticularis 凸鏡棱形黏傘
see *Limacella guttata*
Liquorice Milk-cap 淡黃乳菇 55
Little Japanese Umbrella 褶紋鬼傘 177
Liver Milk-cap 肝色乳菇 51
Liver-brown Polypore 栗褐多孔菌 204
Lophodermium piceae 雲杉散斑殼 19
Lycoperdaceae 馬勃科 16, 254-55, 260-63

Lycoperdon americanum 美國馬勃 261
Lycoperdon depressum 凹陷馬勃
see *Vascellum pratense*
Lycoperdon echinatum 長刺馬勃 261
Lycoperdon giganteum 大馬勃
see *Calvatia gigantea*
Lycoperdon hiemale 冬季馬勃
see *Vascellum pratense*
Lycoperdon lividum 帶藍馬勃 260
Lycoperdon mammiforme 乳突狀馬勃 261
Lycoperdon molle 莫爾馬勃 262
Lycoperdon nigrescens 變黑馬勃 261
Lycoperdon perlatum 網紋馬勃 11, 261
Lycoperdon pyriforme 梨形馬勃 260
Lyophyllum connatum 合生離褶傘 42
Lyophyllum decastes 荷葉離褶傘 41
Lyophyllum fumosum 煙色離褶傘 41
Lyophyllum palustre 沼生離褶傘 132

M

Macrocystidia cucumis 大囊傘 108
Macrolepiota permixta 混雜大環柄菇 165
Macrolepiota procera 高大環柄菇(雨傘菇) 165
Macrolepiota rhacodes 粗鱗大環柄菇 166
Macrotyphula contorta 彎曲大核瑚菌 241
Macrotyphula fistulosa 管狀大核瑚菌 241
Macrotyphula juncea 似燈心草大核瑚菌 241
Magpie Ink-cap 鵲鬼傘 175
Many-zoned Bracket 彩絨栓菌(雲芝) 224
Marasmiellus candidus 絹白微皮傘 139
Marasmiellus ramealis 枝幹微皮傘 139
Marasmiellus vaillantii 范蘭微皮傘 139
Marasmius alliaceus 蒜味小皮傘 114
Marasmius androsaceus 安絡小皮傘 138
Marasmius bulliardii 布拉迪小皮傘 177
Marasmius curreyi 袞利小皮傘 177
Marasmius limosus 泥生小皮傘 177
Marasmius oreades 硬柄小皮傘 117
Marasmius rotula 輪枝小皮傘 177
Marasmius scorodonius 蒜頭狀小皮傘 114
Meadow Coral-fungus 角擬瑣瑚菌 249
Meadow Puffball 革生瓦賽菌 255
Megacollybia platyphylla 寬褶大金錢菇 66
Melanoleuca cognata 黑囊蘑 65
Melanoleuca melaleuca 黑白黑囊蘑 65
Melanoleuca polioleuca 灰白黑囊蘑 65
Melanospora brevirostris 短喙黑孢殼 267
Melastiza chateri 彎毛盤菌 268
Meripilus giganteus 大部分蓋菌 214
Merulius lacrymans 伏果幹朽菌
see *Serpula lacrymans*
Merulius tremellosus 膠質幹朽菌
see *Phlebia tremellosa*
Micromphale brassicolens 巴西微臍菇 139
Micromphale foetidum 臭小假錢菌 139
Micromphale perforans 穿孔小假錢菌 139
Mild Milk-cap 細質乳菇 50
Milk-drop Bonnet 乳柄小菇 137
Milk-white Russule 美味紅菇 120
Milky Cone-cap 乳白錐蓋傘 140
Minores 小蘑菇屬 163
Mitrophora semilibera 半離法冠柄菌
see *Morchella semilibera*
Mitrula paludosa 濕生地杖菌 243
Morchella elata 高羊肚菌 210
Morchella esculenta 羊肚菌 11, 209
Morchella rimosipes 裂柄羊肚菌
see *Morchella semilibera*
Morchella semilibera 半離羊肚菌 210
Morchellaceae 羊肚菌科 209-210, 265
Mosaic Puffball 泡囊狀巾馬勃 263
Mutinus caninus 狗蛇頭菌 246
Mutinus ravenelii 雷文蛇頭菌 246
Mycena abramsii 艾布拉小菇 135
Mycena acicula 針狀小菇 137
Mycena adonis 美男小菇 138
Mycena alcalina 鹼性小菇 see *Mycena stipata*
Mycena arcangeliana 阿肯吉小菇 134
Mycena avenacea 無脈小菇
see *Mycena olivaceo-marginata*
Mycena belliae 漂亮小菇 135
Mycena capillaripes 毛小菇 135
Mycena chlorinella 淡綠黃色小菇
see *Mycena leptocephala*
Mycena citrinomarginata 橘青緣小菇 134
Mycena crocata 杏黃色小菇 119, 136

Mycena diosma 迪奧馬小菇 118
Mycena epipterygia 小翼小菇 135
Mycena erubescens 變紅小菇 137
Mycena fibula 腓骨小菇 see *Rickenella fibula*
Mycena filopes 似線小菇 136
Mycena flavescens 變黃小菇 134
Mycena flavoalba 黃白小菇 138
Mycena galericulata 盔小菇 116
Mycena galopus 乳柄小菇 137
Mycena haematopus 紅紫柄小菇 136
Mycena inclinata 美柄小菇 133, 136
Mycena leptocephala 狹頭小菇 135
Mycena leucogala 黑小菇 137
Mycena maculata 斑點小菇 133
Mycena metata 後生小菇 136
Mycena olivaceomarginata 橄欖色緣小菇 134
Mycena oortiana 奧爾特小菇
see *Mycena arcangeliana*
Mycena pelianthina 黑藍小菇 118
Mycena polygramma 溝柄小菇 119
Mycena pura 潔小菇 118
Mycena rorida 濕狀小菇 135
Mycena rosea 玫瑰小菇 118
Mycena rubromarginata 紅緣小菇 134
Mycena sanguinolenta 單寧酸小菇 119, 136
Mycena seyneii 希尼小菇 132, 134
Mycena stipata 密集小菇 135
Mycena vitilis 盤繞小菇 119
Myriostoma coliforme 鳥狀多口馬勃 278
Myxomphalia maura 暗黏臍菇 93

N

Neobulgaria pura 潔新膠鼓菌 271
Nidulariaceae 鳥巢菌科 274
Nitrous Lawn-Bonnet 狹頭小菇 135
Nolanea cetrata 蜜色丘傘
see *Entoloma cetratum*
Nolanea staurospora 星狀孢丘傘
see *Entoloma conferendum*
Nyctalis parasitica 寄生菇
see *Asterophora parasitica*

O

Oak Knight-cap 慾望口蘑 62
Oak Milk-cap 油味乳菇 52
Ochre-gilled Cavalier 黑囊蘑 65
Ochre-green Scale-head 樹膠鱗傘 92
Old-Man-of-the-Woods 松塔牛肝菌 185
Oligoporus rennyi 瑞尼少多孔菌 233
Oligoporus stipticus 止血少多孔菌
see *Tyromyces stipticus*
Olive Oyster 晚生斑褶菇 180
Omphalina alpina 高山亞臍菇 36
Omphalina ericetorum 革質亞臍菇
see *Omphalina umbellifera*
Omphalina fibula 針亞臍菇 see *Rickenella fibula*
Omphalina philonotis 喜背面亞臍菇 132
Omphalina sphagnicola 泥炭蘚生亞臍菇 132
Omphalina umbellifera 傘狀亞臍菇 36
Omphalotus olearius 奧爾類臍菇 29
Orange Birch Bolete 多皮疣柄牛肝菌 197
Orange Caterpillar-fungus 蛹蟲草 244
Orange Disc-skin 串球盤革菌 273
Orange Grisette 橘黃鵝膏 153
Orange Navel-cap 絲狀里肯菇 36
Orange Pig's Ear 毛釘菇 276
Orange Slime Web-cap 黏絲膜菌 75
Orange Slime-head 橘黃球蓋菇 88
Orange-capped Bonnet 針狀小菇 137
Orange-girdled Parasol 紅黃環環柄菇 168
Orange-peel Fungus 橙黃網孢盤菌 268
Otidea onotica 驢耳狀側盤菌 269
Otideaceae 側盤菌科 265, 267-269
Otidia cantharella 杯側盤菌 269
Otidia concinna 優雅側盤菌 269
Otidia leporina 兔耳狀側盤菌 269
Oudemansiella caussei 高斯小奧德菇 117
Oudemansiella longipes 長柄小奧德菇
see *Oudemansiella pudens*
Oudemansiella mucida 霉狀小奧德菇 79
Oudemansiella nigra 黑小奧德菇
see *Oudemansiella caussei*
Oudemansiella platyphylla 寬褶小奧德菇
see *Megacollybia platyphylla*
Oudemansiella pudens 淡紅小奧德菇 117
Oudemansiella radicata 長根小奧德菇 117

P

Padistraw Mushroom 草菇 161
Paecilomyces farinosus 粉粒擬青黴 244
Painted Bolete 斯普雷格乳牛肝菌 201
Pallid Milk-cap 蒼白乳菇 49
Panaeolina foenisecii 佛尼西似斑褶菇
see *Panaeolus foenisecii*
Panaeolus antillarum 安替列斯斑褶菇 95
Panaeolus ater 黑斑褶菇 141
Panaeolus foenisecii 佛尼西斑褶菇 141
Panaeolus papilionaceus 蝶形斑褶菇 107
Panaeolus retirugis 粗網斑褶菇 107
Panaeolus semiovatus 半卵形斑褶菇 95
Panaeolus sphinctrinus 緊束斑褶菇
see *Panaeolus papilionaceus*
Panellus mitis 脆弱斑褶菇 180, 181
Panellus serotinus 晚生斑褶菇 180
Panellus stypticus 止血扇菇 181
Parasitic Bolete 寄生牛肝菌 194
Parasol Mushroom 高大環柄菇(雨傘菇) 165
Parrot Wax-cap 鸚鵡濕傘 105
Pavement Mushroom 大肥菇 161
Paxillaceae 椿菇科 29, 35, 182, 194-195
Paxillus atrotomentosus 黑毛椿菇 182
Paxillus corrugatus 無柄椿菇 182
Paxillus curtisii 波紋椿菇
see *Paxillus atrotomentosus*
Paxillus filamentosus 絲狀椿菇 35
Paxillus involutus 卷邊椿菇 35
Paxillus panuoides 耳狀椿菇 182
Pelargonium Web-cap 粗糠絲膜菌 71
Peniophoraceae 隔孢伏革菌科 230, 232
Penny Bun 美味牛肝菌 187
Peppery Bolete 辣青銅孔菌 185
Peppery Milk-cap 辣乳菇 43
Perenniporiaceae 多年生多孔菌科 222
Perigord Truffle 黑孢塊菌(松露菌) 258
Pestle-shaped Puffball 杯狀巾馬勃 262
Peziza badia 疣孢褐盤菌(土耳) 266
Peziza michelii 米歇爾盤菌 267
Peziza micropus 微柄盤菌 266
Peziza repanda 波緣盤菌 266
Peziza succosa 多汁盤菌 267
Peziza succosella 少汁盤菌 267
Peziza varia 變化盤菌 266
Peziza vesiculosa 泡質盤菌 266
Pezizaceae 盤菌科 20, 266-67
Phaeolaceae 暗孔菌科 211, 215, 220, 233
Phaeolepiota aurea 金褐傘 83
Phaeolus schweinitzii 松杉暗孔菌 220
Phallaceae 鬼筆科 16, 246-247
Phallus duplicatus 相同鬼筆 247
Phallus hadriani 哈德連鬼筆 247
Phallus impudicus 白鬼筆 247
Phellinus igniarius 火木層孔菌 218
Phellodon confluens 合生栓齒菌 236
Phellodon melaleucus 黑白栓齒菌 236
Phellodon niger 黑栓齒菌 236
Phellodon tomentosus 毛栓齒菌 236
Phlebia radiata 射脈菌 228
Phlebia tremellosa 銀耳狀(膠質)射脈菌 228
Phlegmacium 黏絲膜菌亞屬 76
Pholiota aegerita 白楊鱗傘
see *Agrocybe cylindracea*
Pholiota alnicola 赤楊鱗傘 91
Pholiota aurivellus 金毛鱗傘 78
Pholiota carbonaria 炭質鱗傘
see *Pholiota highlandensis*
Pholiota cerifera 蠟質鱗傘
see *Pholiota aurivellus*
Pholiota flavida 黃鱗傘 91
Pholiota gummosa 樹膠鱗傘 92
Pholiota highlandensis 蘇格蘭高地鱗傘 93
Pholiota jahnii 約翰鱗傘 78
Pholiota lenta 柔軟鱗傘 92
Pholiota limonella 檸檬黃鱗傘 78
Pholiota mutabilis 毛柄鱗傘
see *Kuehneromyces mutabilis*
Pholiota pinicola 松生鱗傘 91
Pholiota salicicola 柳生鱗傘 91
Pholiota scamba 曲柄鱗傘 92
Pholiota squarrosa 鱗傘 79
Pholiota squarrosoides 尖鱗傘 79
Phylloporus leucomycelinus 白絲褶孔菌 42
Phylloporus rhodoxanthus 紅黃褶孔菌 42
Phyllotopsis nidulans 巢頂側耳 180

Pick-a-back Toadstool 寄生星形菌 142
Pickle Milk-cap 常見乳菇 49
Pig's Ears 疣孢褐盤菌(土耳) 266
Pine Dye Polypore 松杉暗孔菌 220
Pine Spike-cap 淺紅釘色菇 37
Pink Fair-head 肉色麗傘 116
Pink Wax-cap 帽形濕傘 103
Pink-grey Powder-cap 鋸齒囊皮傘 97
Pink-tipped Coral-fungus 紅頂枝瑚菌 251
Pipe Club 管狀大核瑚菌 241
Piptoporus betulinus 樺滴孔菌 212
Pleurocybella porrigens 突伸小側耳 180
Pleurotellus porrigens 突伸小側耳
see *Pleurocybella porrigens*
Pleurotus citrinopileatus 金頂側耳 179
Pleurotus cornucopiae 白黃側耳 179
Pleurotus dryinus 櫟側耳 178
Pleurotus eryngii 艾倫奇側耳 179
Pleurotus ostreatus 蠔菇(糙皮側耳) 178
Pleurotus pulmonarius 肺形側耳 178
Plums-and-Custard 紅橙擬口蘑 66
Plum-scented Web-cap 似鵝絲膜菌 74
Pluteaceae 光柄菇科 154-155, 171-173
Pluteus admirabilis 極好光柄菇 173
Pluteus aurantiorugosus 皺橘色光柄菇 173
Pluteus cervinus 灰光柄菇 171
Pluteus chrysophaeus 金褐光柄菇 173
Pluteus plautus 普勞塔斯光柄菇 172
Pluteus pouzarianus 保察瑞斯光柄菇 171
Pluteus romellii 羅密里光柄菇 173
Pluteus umbrosus 蔭生光柄菇 172
Polyporaceae 多孔菌科 35, 178-179, 202-205
polypores 多孔菌 202
Polyporus adustus 煙色多孔菌
see *Bjerkandera adusta*
Polyporus badius 栗褐多孔菌 204
Polyporus betulinus 樺多孔菌
see *Piptoporus betulinus*
Polyporus brumalis 冬生多孔菌 205
Polyporus ciliatus 毛緣多孔菌 205
Polyporus cinnabarina 朱紅多孔菌
see *Pycnoporus cinnabarinus*
Polyporus giganteus 巨多孔菌
see *Meripilus giganteus*
Polyporus melanopus 黑柄多孔菌 204
Polyporus picipes 青柄多孔菌
see *Polyporus varius*
Polyporus squamosus 鱗多孔菌 203
Polyporus sulphureus 硫色多孔菌
see *Laetiporus sulphureus*
Polyporus tuberaster 塊莖形多孔菌 204
Polyporus umbellatus 傘形多孔菌 202
Polyporus varius 變化多孔菌 205
Pope's Buttons 污膠鼓菌 271
Poplar Field-cap 杜狀田頭菇 85
Porcelain Fungus 霉狀小奧德菇 79
Porphyrellus porphyrosporus 紅孢紅牛肝菌 184
Porphyrellus pseudoscaber 假糙紅牛肝菌
see *Porphyrellus porphyrosporus*
Porphyry False Death Cap 褐雲斑鵝膏 151
Porphyry Mushroom 紫帶蘑菇 163
Porphyry Pink-gill 斑紅褐粉褶蕈 69
Postia caesia 淡藍灰波斯特孔菌 211
Postia stiptica 柄狀波斯特孔菌
see *Tyromyces stipticus*
Powder-puff Polypore 瑞尼少多孔菌 233
Pretty Poison Bolete 美麗牛肝菌 191
Psathyrella ammophila 不定形小脆柄菇 109
Psathyrella candolleana 黃蓋小脆柄菇 95
Psathyrella conopilus 錐蓋小脆柄菇 109
Psathyrella disseminata 簇生小脆柄菇
see *Coprinus disseminatus*
Psathyrella hydrophila 喜濕小脆柄菇
see *Psathyrella piluliformis*
Psathyrella lacrymabunda 富滲水小脆柄菇
see *Lacrymaria velutina*
Psathyrella multipedata 多足小脆柄菇 108
Psathyrella piluliformis 藥丸形小脆柄菇 94
Psathyrella pygmaea 矮小脆柄菇 143
Psathyrella spadiceogrisea 棗褐灰小脆柄菇 95
Psathyrella stipatissima 最密集小脆柄菇
see *Psathyrella multipedata*
Pseudoclitocybe cyathiformis 假杯傘 32
Pseudocolus fusiformis 紡錘形假囊筆菌 277
Pseudohydnum gelatinosum 白色膠僞齒菌 235
Pseudomerulius curtisii 柯提假幹朽菌

see *Paxillus atrotomentosus*
Pseudotrametes gibbosa 側隆假栓菌
see *Trametes gibbosa*
Psilocybe caerulipes 天藍蓋裸蓋菇 107
Psilocybe cubensis 古巴裸蓋菇 84
Psilocybe cyanescens 變暗藍裸蓋菇 107
Psilocybe fimetaria 糞堆裸蓋菇 141
Psilocybe semilanceata 裸蓋菇 141
Psilocybe squamosa 鱗裸蓋菇 84
Puffball 馬勃 16
Puffball-in-Aspic 紅皮麗口包 263
Purple Leather-bracket 紫色顆粒韌革菌 231
Purple-black Bolete 紅孢紅牛肝菌 184
Purple-dye Polypore 紅橙色彩孔菌 213
Pycnoporus cinnabarinus 朱紅密孔菌 213, 225
Pycnoporus sanguineus 血紅密孔菌 225

R

Ramaria abietina 冷杉枝瑚菌 250
Ramaria apiculata 尖枝瑚菌 250
Ramaria botrytis 紅頂枝瑚菌 251
Ramaria eumorpha 眞形枝瑚菌 250
Ramaria flaccida 萎垂白枝瑚菌 250
Ramaria formosa 美麗枝瑚菌 251
Ramaria gracilis 纖細枝瑚菌 251
Ramaria myceliosa 多絲枝瑚菌 250
Ramaria ochraceovirens 赭綠枝瑚菌
see *Ramaria abietina*
Ramaria sanguinea 血紅枝瑚菌 251
Ramaria stricta 枝瑚菌 251
Ramariaceae 枝瑚菌科 250-251
Ramariopsis crocea 杏黃枝瑚菌 249
Ramariopsis kunzei 孔策擬枝瑚菌 249
Razor-strop Fungus 樺滴孔菌 212
Red and Olive Web-cap 紫紅絲膜菌 76
Red Cage Fungus 紅籠頭菌 280
Red Oak Bolete 櫟生疣柄牛肝菌 198
Red-banded Web-cap 環絲膜菌 72
Red-capped Bolete 血紅牛肝菌 193
Red-cracking Bolete 牧草牛肝菌 192
Red-dappled Web-cap 擲絲膜菌 69
Reddish Fibre-cap 變紅絲蓋傘 99
Red-gilled Web-cap 半血紅絲膜菌 70
Red-staining Mushroom 木生蘑菇 163
Red-staining Parasol 貝漢白鬼傘 170
Red-stemmed Tough-shank 紅柄金錢菇 112
Red-stemmed Tuber-club 紅柄核瑚菌 242
Rhodocollybia 紅金錢菇屬 67
Rickenella fibula 絲狀里肯菇 36, 137
Rickenella setipes 剛毛里肯菇 36
Rickstone Funnel-cap 肉色杯傘 33
Rigid Leather-bracket 褐赤刺革菌 231
Ringed Cone-cap 阿瑞尼錐蓋傘 96
Ringless Honey Fungus 發光蜜環菌 42
Roof-nail Bonnet 溝柄小菇 119
Rooting Fairy Cake 根黏滑菇 82
Rooting Shank 長根小奧德菇 117
Rosy Spike-cap 玫瑰紅鉚釘菇 38
Rozites caperatus 皺褶羅鱗傘 87
Rufous Milk-cap 噴紅乳菇 53
Russet Tough-shank 櫟金錢菇 111
Russula acrifolia 辛辣紅菇 122
Russula adusta 煙色紅菇 122
Russula aeruginea 銅綠紅菇 125
Russula albonigra 黑白紅菇 122
Russula anthracina 煤黑紅菇 122
Russula atropurpurea 黑紫紅菇
see *Russula undulata*
Russula aurora 金黃紅菇 see *Russula velutipes*
Russula betularum 樺樹紅菇 128
Russula brunneoviolacea 褐紫紅菇 130
Russula choloroides 似膽紅菇 120
Russula claroflava 紫紅黃紅菇 123
Russula cutefracta 碎皮紅菇 131
Russula cyanoxantha 藍黃紅菇 124
Russula delica 美味紅菇 120
Russula densifolia 密褶紅菇 122
Russula drimeia 刺鼻紅菇 see *Russula sardonia*
Russula emetica 毒紅菇 128
Russula fageticola 山毛櫸紅菇 128
Russula farinipes 粉柄紅菇 122
Russula fellea 苦紅菇 122
Russula foetens 臭紅菇 121
Russula fragilis 脆紅菇 129
Russula helodes 沼澤生紅菇 123, 130
Russula heterophylla 異形褶紅菇 125

Russula illota 污穢紅菇 121
Russula integra 全綠紅菇 124
Russula krombholzii 克羅姆紅菇 see *Russula undulata*
Russula laurocerasi 月桂紅菇 121
Russula lepida 鱗蓋紅菇 see *Russula rosea*
Russula mairei 瑪莉紅菇 23, 129
Russula nigricans 黑紅菇 122
Russula obscura 暗紅菇 see *Russula vinosa*
Russula ochroleuca 黃白紅菇 123
Russula odorata 氣味紅菇 126
Russula paludosa 沼澤紅菇 128
Russula puellaris 美紅菇 126
Russula queletii 凱萊紅菇 131
Russula raoultii 勞爾紅菇 123
Russula risigallina 瑞奇紅菇 123
Russula romellii 羅梅爾紅菇 130
Russula rosacea 玫瑰紅菇 see *Russula rosea*
Russula rosea 玫瑰紅菇 126
Russula sanguinaria 血紅菇 130
Russula sardonia 辣紅菇 131
Russula simillima 西米利紅菇 122
Russula solaris 日光紅菇 123
Russula subfoetens 似毒紅菇 121
Russula turci 特希紅菇 127
Russula undulata 波狀紅菇 130
Russula velenovskyi 細皮囊體紅菇 129
Russula velutipes 絲絨柄紅菇 126
Russula versicolor 變色紅菇 126
Russula vesca 菱紅菇 125
Russula vinosa 暗葡酒紅色紅菇 124
Russula violeipes 紫羅蘭柄紅菇 123
Russula virescens 變綠紅菇 131
Russula xerampelina 黃孢紅菇 23, 127
Russulaceae 紅菇科 17, 20, 43-55, 120-231, 256
russules 紅菇 17
Rutstroemia bolaris 暗紅蠟盤菌 270
Rutstroemia firma 強壯蠟盤菌 270

S

Saffron Powder-cap 皺蓋囊皮傘 97
Salt-loving Mushroom 白鮮菇 162
San Isidro Liberty-cap 古巴裸蓋菇 84
Sandy Knight-cap 鍍金口蘑 63
Sarcodon glaucopus 海綠柄肉齒菌 237
Sarcodon imbricatum 翹鱗肉齒菌 237
Sarcodon scabrosus 粗糙肉齒菌 237
Sarcomyxa 肉膠耳屬 180
Sarcoscypha austriaca 奧地利肉杯菌 264
Sarcoscypha coccinea 緋紅肉杯菌 264
Sarcoscyphaceae 肉杯菌科 264
Satan's Bolete 魔牛肝菌 191
Satin Wax-cap 象牙白蠟傘 106
Saw-gilled Blue-cap 細齒粉褶蕈 144
Scaly Earthball 灰疣硬皮馬勃 263
Scaly Earth-tongue 假地舌菌 242
Scaly Web-cap 鱗片絲膜菌 70
Scaly-stalked Psilocybe 鱗裸蓋菇 84
Scarlet Wax-cap 緋紅濕傘 105
Scarlet-stemmed Bolete 美柄牛肝菌 190
Scented Bracket 香黏褶菌 222
Schizophyllaceae 裂褶菌科 181, 228, 231
Schizophyllum commune 裂褶菌 181
Schizopora paradoxa 等麗裂孔菌 see *Hyphodontia paradoza*
Scleroderma citrinum 橘青硬皮馬勃 256
Scleroderma verrucosum 灰疣硬皮馬勃 263
Scleroderma vulgare 普通硬皮馬勃 see *Scloroderma citrinum*
Sclerodermataceae 硬皮馬勃科 256, 278
Sclerotiniaceae 核盤菌科 270
Scutellinia scutellata 盾盤菌 268
Sepedonium chrysospermum 黃瘤孢 187
Sepultaria arenicola 沙丘生理盤菌 see *Geopora arenicola*
Serpula lacrymans 干朽菌 229
Serrated Bonnet 黑藍小菇 118
Sessile Earthstar 毛嘴地星 279
Shaggy Parasol 粗鱗大環柄菇 166
Shaggy Polypore 粗毛纖孔菌 221
Shaggy Scale-head 鱗傘 79
Shaggy-foot Mummy-cap 鱗毛皮傘 142
Shaggy-stalked Parasol 盾形環柄菇 168
Sharp-scaled Parasol 粗糙環柄菇 167
Sheathed Web-cap 野絲膜菌 74
Sheep Polypore 羊白孔菌 202

Shii-Take Mushrooms 香菇 7
Shiny Mottle-gill 半卵形斑褶菇 95
Silky Volvar 絲蓋小包腳菇 154
Silvery Violet Web-cap 白紫絲膜菌 73
Slender Truffle-club 大團囊蟲草 245
Slimy Milk-cap 黏乳菇 47
Slippery Jack 褐環乳牛肝菌 198
Smith's Agaric 史密斯鵝膏 148
Smoky Polypore 煙管菌 225
Smooth Chanterelle 磚紅雞油菌 276
Smooth Parasol 白環蘑 164
Snow-white Ink-cap 雪白鬼傘 176
Snowy Wax-cap 潔白濕傘 39
Soap-scented Knight-cap 皂膩口蘑 61
Soft Slipper 軟靴耳 183
Sooty Milk-cap 暗褐乳菇 48
Sparassidaceae 繡球菌科 252
Sparassis brevipes 短柄繡球菌 252
Sparassis crispa 繡球菌 252
Sparassis herbstii 赫伯斯繡球菌 252
Spathularia flavida 地匙菌 243
Sphagnum Greyling 沼生離褶傘 132
Spindle-shank 紡錘柄金錢菇 111
Spindle-stemmed Bolete 附屬牛肝菌 188
Spinellus fusiger 紡錘孢傘菌黴 11, 136
Splendid Web-cap 華美絲膜菌 77
Split-gill Fungus 裂褶菌 181
Spotted Tough-shank 斑蓋金錢菇 67
Spring Field-cap 早田頭菇 85
Spruce-cone Toadstool 可食球果菌 133
St George's Mushroom 大柄基麗傘 58
Star-spored Fibre-cap 星孢絲蓋傘 102
Star-spored Pink-gill 星孢粉褶蕈 110
Steccherinaceae 齒耳科 226
Steel-blue Pink-gill 光亮粉褶蕈 110
Stereopsis humphreyi 杭福瑞韌齒菌 207
Stereum gausapatum 煙色韌革菌 230
Stereum hirsutum 毛韌革菌 230
Stereum ochraceo-flavum 赭黃韌革菌 230
Stereum purpureum 紫韌革菌
see *Chondrostereum purpureum*
Stereum rugosum 皺韌革菌 232
Stereum sanguinolentum 血痕韌革菌 232
Stereum subtomentosum 似毛茸韌革菌 230
Stinking Parasol 冠狀環柄菇 169
Stout Agaric 塊鱗灰鵝膏 148
Straight Coral-fungus 枝瑚菌 251
Straw-coloured Fibre-cap 裂絲絲蓋傘 100
Striated Earthstar 條紋地星 280
Strobilomyces confusus 混亂松塔牛肝菌 185
Strobilomyces floccopus 線柄松塔牛肝菌
see *Strobilomyces strobilaceus*
Strobilomyces strobilaceus 松塔牛肝菌 185
Strobilomycetaceae 松塔牛肝菌科 184, 185, 186
Strobilurus esculentus 可食球果菌 19, 133
Strobilurus stephanocystis 冠囊體球果菌 133
Strobilurus tenacellus 稍堅韌球果菌 133
Strong-scented Blewit 彩虹香蘑 57
Stropharia aeruginosa 銅綠球蓋菇 88
Stropharia aurantiaca 橘黃球蓋菇 88
Stropharia coronilla 冠狀球蓋菇 89
Stropharia cyanea 暗藍球蓋菇 88
Stropharia halophila 喜鹽球蓋菇 89
Stropharia melasperma 黑孢球蓋菇 89
Stropharia pseudocyanea 假暗藍球蓋菇 88
Stropharia rugoso-annulata 皺環球蓋菇 89
Stropharia semiglobata 半球蓋菇 90
Stropharia squamosa 鱗球蓋菇
see *Psilocybe squamosa*
Stropharia umbonatescens 近臍突球蓋菇 90
Strophariaceae 球蓋菇科 78-79, 84, 86-93, 107, 141
Stubble-field Volvar 黏頭小包腳菇 155
Stump Puffball 梨形馬勃 260
Suillus aeruginascens 銅綠乳牛肝菌 199
Suillus bovinus 乳牛肝菌 20, 200
Suillus collinitus 黏(污點)乳牛肝菌 200
Suillus elegans 雅緻乳牛肝菌
see *Suillus grevillei*
Suillus granulatus 點柄乳牛肝菌 200
Suillus grevillei 厚環乳牛肝菌 199
Suillus laricinus 落葉松乳牛肝菌
see *Suillus aeruginascens*
Suillus luteus 褐環乳牛肝菌 198
Suillus pictus 著色(條紋)乳牛肝菌
see *Suillus spraguei*

Suillus placidus 琥珀乳牛肝菌 200
Suillus plorans 保來乳牛肝菌 199
Suillus spraguei 斯普雷格乳牛肝菌 201
Suillus variegatus 彩斑狀乳牛肝菌 201
Suillus viscidus 黏乳牛肝菌
see *Suillus aeruginascens*
Sulphur Tuft 簇生垂幕菇 86
Summer Bolete 網狀牛肝菌 189
Summer Truffle 夏塊菌 258
Syzygites megalocarpus 聯軛黴 114

T

Tall Russule 沼澤紅菇 128
Tapinella 小泰皮菌屬 182
Tarzetta caninus 灰白齒盤菌 265
Tarzetta cupularis 盤狀齒盤菌 265
Tawny Funnel-cap 柔弱香蘑 31
Tawny Grisette 赤褐鵝膏 152
Tawny Milk-cap 多汁乳菇 54
Tephrocybe anthracophilum 喜火燒生灰傘 93
Tephrocybe palustris 沼生灰傘
see *Lyophyllum palustre*
The Blusher 赭蓋鵝膏 147
The Goblet 假杯傘 32
The Miller 斜蓋傘 41
The Panther 豹斑鵝膏 149
The Prince 大紫菇 158
The Sickener 毒紅菇 128
The Stainer 杏黃色小菇 119
Thelephora caryophyllea 堅果褶革菌 229
Thelephora terrestris 疣革菌 229
Thelephoraceae 革菌科 229
Thick Mazegill 櫟迷孔菌 226
Thimble Cap 圓錐鐘菌 209
Thin Mazegill 粗糙擬迷孔菌 227
Tiger Saw-gill 虎皮香菇 35
Tinder Fungus 木蹄層孔菌 219
Tiny Pixie Cap 蓋盔孢菇 140
Tomentella 茸毛革菌屬 229
Toothed Jelly 白色膠僞齒菌 235
Torn Fibre-cap 撕裂絲蓋傘 101
Trametes cinnabarinus 朱紅栓菌
see *Pycnoporus cinnabarinus*
Trametes gibbosa 偏腫栓菌 223, 227
Trametes hirsuta 硬毛栓菌 224
Trametes multicolor 多色栓菌
see *Trametes ochracea*
Trametes ochracea 赭栓菌 224
Trametes pubescens 絨毛栓菌 224
Trametes quercina 櫟栓菌
see *Daedalea quercina*
Trametes rubescens 變紅栓菌
see *Daedaleopsis confragosa*
Trametes versicolor 彩絨栓菌(雲芝) 224
Trametes zonatella 微環帶栓菌
see *Trametes ochracea*
Tremella foliacea 茶銀耳 282
Tremella mesenterica 黃金銀耳 282
Tremella simplex 單銀耳 273
Tremellaceae 銀耳科 282
Tremelledon gelatinosum 膠質刺銀耳
see *Pseudohydnum gelatinosum*
Trichaptum abietinum 冷杉近毛菌 226
Trichaptum biforme 雙形近毛菌 226
Trichaptum fusco-violaceum 污褐紫羅蘭近毛菌 226
Trichaster melanocephalus 暗頭狀毛星菌 278
Trichocomaceae 髮菌科 244
Trichoglossum hirsutum 毛舌菌 242
Tricholoma albobrunneum 白棕口蘑 64
Tricholoma album 白口蘑 62, 67
Tricholoma argyraceum 銀蓋口蘑
see *Tricholoma scalpturatum*
Tricholoma atrosquamosum 暗鱗口蘑 60
Tricholoma aurantium 橘黃口蘑 62
Tricholoma auratum 鍍金口蘑 63
Tricholoma bufonium 蟾蜍口蘑 64
Tricholoma caligatum 靴口蘑 81
Tricholoma equestre 油口蘑
see *Tricholoma auratum*
Tricholoma flavobrunneum 黃褐口蘑
see *Tricholoma fulvum*
Tricholoma flavovirens 黃綠口蘑
see *Tricholoma auratum*
Tricholoma fulvum 黃褐口蘑 64
Tricholoma gambosum 口蘑

see *Calocybe gambosa*
Tricholoma lascivum 慾望口蘑 62
Tricholoma magnivelare 具大環口蘑 81
Tricholoma orirubens 歐瑞倫口蘑 60
Tricholoma pardinum 豹斑口蘑 60
Tricholoma populinum 黃楊口蘑 62
Tricholoma portentosum 灰口蘑 61
Tricholoma saponaceum 皂膩口蘑 61
Tricholoma scalpturatum 雕紋口蘑 59
Tricholoma sciodes 陰生口蘑 60
Tricholoma sejunctum 絲蓋口蘑 63
Tricholoma squarrulosum 翹鱗口蘑 60
Tricholoma sulphureum 硫色口蘑 64
Tricholoma terreum 棕灰口蘑 59
Tricholoma ustale 褐黑口蘑 62
Tricholoma ustaloides 似褐黑口蘑 62
Tricholoma virgatum 條紋口蘑 60
Tricholomataceae 口蘑科 31-34, 36, 40-42, 57-67, 79-81, 96-97, 108, 111-114, 116-119, 132-139, 142, 177, 180-181, 185
Tricholomopsis decora 漂亮擬口蘑 66
Tricholomopsis platyphylla 寬褶擬口蘑 see *Megacollybia platyphylla*
Tricholomopsis rutilans 紅橙擬口蘑 66
Tripe Fungus 腸膜狀木耳 230
Trumpet Chanterelle 管形雞油菌 30
Trumpet Oyster Mushroom 白黃側耳 179
Tuber aestivum 夏塊菌 258
Tuber brumale 冬塊菌 258
Tuber canaliculatum 溝紋塊菌 259
Tuber gibbosum 不規則塊菌 259
Tuber macrosporum 大孢塊菌 258
Tuber magnatum 大塊菌 259
Tuber melanosporum 黑孢塊菌(松露菌) 258
Tuberaceae 塊菌科 258-259
Tuberous Polypore 塊莖形多孔菌 204
Tufted Brittle-head 多足小脆柄菇 108
Tufted Tough-shank 群生金錢菇 113
Turf Navel-cap 傘狀亞臍菇 36
Twig Mummy-cap 枝幹微皮傘 139
Two-toned Wood-tuft 庫恩菇 90
Tylopilus felleus 苦粉孢牛肝菌 186
Typhula erythropus 紅柄核瑚菌 242
Typhulaceae 核瑚菌科 242
Tyromyces caesia 藍灰乾酪菌 see *Postia caesia*
Tyromyces stipticus 密集乾酪菌 211

U

Ugly Milk-cap 致死乳菇 47
Umbrella Polypore 傘形多孔菌 202

V

Varied Polypore 變化多孔菌 205
Varied Slipper 雜色靴耳 183
Variegated Bolete 彩斑狀乳牛肝菌 201
Varnished Polypore 靈芝(赤芝) 206
Vascellum depressum 凹陷瓦賽菌 see *Vascellum pratense*
Vascellum pratense 革生瓦賽菌 255
Veiled Fairy Cake 中暗黏滑菇 93
Velvet Roll-rim 黑毛樁菇 182
Velvet-Shank 金針菇 114
Velvety Shield-cap 蔭生光柄菇 172
Verdigris Russule 銅綠紅菇 125
Vermilion Wax-cap 朱紅濕傘 143
Verpa bohemica 波地鐘菌 209
Verpa conica 圓錐鐘菌 209
Verpa digitaliformis 指狀鐘菌 see *Verpa conica*
Violet Web-cap 堇紫絲膜菌 71
Volvariella bombycina 絲蓋小包腳菇 154
Volvariella caesiotincta 染淡藍灰色小包腳菇 154
Volvariella gloiocephala 黏頭小包腳菇 155
Volvariella speciosa 美麗小包腳菇 see *Volvariella gloiocephala*
Volvariella surrecta 直立小包腳菇 142
Volvariella volvacea 草菇 155

W

Weeping Fairy Cake 大毒黏滑菇 67
Weeping Slime-veil 斑黏傘 164
Weeping Widow 絲絨狀垂齒菌 102
White and Red Fibre-cap 哥迪絲蓋傘 99
White Brittle-head 黃蓋小脆柄菇 95
White Egg Bird's Nest 白蛋巢菌 274
White Fibre-cap 土味絲蓋傘 100

White Grey-gill 合生離褶傘 42
White Matsutake 具大環口蘑 81
White Truffle 大塊菌 259
Willow Milk-cap 白楊乳菇 45
Winter Polypore 冬生多孔菌 205
Wood Blewit 紫丁香蘑 57
Wood Garlic Mummy-cap 蒜味小皮傘 114
Wood Mushroom 白林地蘑菇 156
Wood Woolly-foot 靴狀金錢菇 113
Woodland Pink-gill 赤灰粉褶蕈 68
Wood-loving Pixie-cap 單色盔孢菇 91
Woolly Milk-cap 疝疼乳菇 45

X

Xanthoria parietina 黃鱗地衣 6
Xerocomus badius 褐絨蓋牛肝
see *Boletus badius*
Xerocomus chrysenteron 紅絨蓋牛肝
see *Boletus pascuus*
Xerocomus parasiticus 寄生絨蓋牛肝
see *Boletus parasiticus*
Xerocomus porosporus 孔孢絨蓋牛肝
see *Boletus porosporus*
Xerocomus rubellus 血紅絨蓋牛肝
see *Boletus rubellus*
Xerula radicata 長根乾蘑
see *Oudemansiella radicata*
Xylaria hypoxylon 團炭角菌 248
Xylaria longipes 長柄炭角菌 245
Xylaria mellisii 梅麗炭角菌 248
Xylaria polymorpha 多形炭角菌 245
Xylariaceae 炭角菌科 16, 245, 248, 257

Y

Yellow Brain-fungus 黃金銀耳 282
Yellow Parasol 純黃白鬼傘 170
Yellow Scales 黃鱗地衣 6
Yellow Spindles 微黃擬瑣瑚菌 240
Yellow Swamp Russule 紫紅黃紅菇 123
Yellow-cracking Bolete 似絨毛牛肝菌 193
Yellow-girdled Web-cap 勝利絲膜菌 75
Yellow-milk Cup 多汁盤菌 267
Yellow-ochre Russule 黃白紅菇 123
Yellow-pored Scaber-stalk 裂紋疣柄牛肝菌 195
Yellow-staining Knight-cap 雕紋口蘑 59
Yellow-staining Milk-cap 硫磺汁乳菇 50
Yellow-staining Mushroom 黃斑蘑菇 159
Yellow-staining Russule 美紅菇 126
Yellow-stemmed Bonnet 小翼小菇 135
Yellow-white Bonnet 黃白小菇 138

Z

Zelleromyces cinnabarinus 朱紅澤勒孔菌 256

中文索引

三劃

叉膠角耳 *Calocera furcata* 250
口蘑科 Tricholomataceae 31-34, 36, 40-42, 57-67, 79-81, 96-97, 108, 111-114, 116-119, 132-139, 142, 177, 180-181, 185
土色珊瑚菌 *Clavaria angillacea* 240
土味絲蓋傘 *Inocybe geophylla* 100
土味絲蓋傘 White Fibre-cap 100
大白樁菇 *Giant Funnel-cap* 32
大白樁菇 *Leucopaxillus giganteus* 32
大禿馬勃 *Calvatia gigantea* 254
大禿馬勃 Giant Puffball 254
大肥菇 *Agaricus bitorquis* 161
大肥菇 Pavement Mushroom 161
大孢塊菌 *Tuber macrosporum* 258
大孢蘑菇 *Agaricus macrosporus* 157
大柄基麗傘 *Calocybe gambosa* 58
大柄基麗傘 St George's Mushroom 58
大毒黏滑菇 *Hebeloma crustuliniforme* 67
大毒黏滑菇 Weeping Fairy Cake 67
大部分蓋菌 Black-staining Polypore 214
大部分蓋菌 *Meripilus giganteus* 214
大紫菇 *Agaricus augustus* 158
大紫菇 The Prince 158
大絲膜菌 *Cortinarius saginus* 75
大塊菌 *Tuber magnatum* 259
大塊菌 White Truffle 259
大團囊菌科 Elaphomycetaceae 259
大團囊蟲草 *Cordyceps ophioglossoides* 245
大團囊蟲草 Slender Truffle-club 245
大黏滑菇 *Hebeloma sinapizans* 67
大囊傘 Cucumber-scented Toadstool 108
大囊傘 *Macrocystidia cucumis* 108
小泰皮菌屬 *Tapinella* 182
小節纖孔菌 *Inonotus nodulosus* 221
小環乳菇 *Lactarius circellatus* 47, 48
小翼小菇 *Mycena epipterygia* 135
小翼小菇 Yellow-stemmed Bonnet 135
小蘑菇屬 *Minores* 163
山女神形環柄菇 Grassland Parasol 167
山女神形環柄菇 *Lepiota oreadiformis* 167
山毛櫸紅菇 *Russula fageticola* 128
山毛櫸膠膜菌 *Ascrotremella faginea* 283
山毛櫸膠膜菌 Brain-like Jelly-disc 283
山羊絲膜菌 Cortinarius traganus 73
山絲膜菌 Coffin Web-cap 73
山絲膜菌 *Cortinarius orellanus* 23, 73
干朽菌 Dry-rot Fungus 229
干朽菌 *Serpula lacrymans* 229
弓形籠頭菌 *Clathrus archeri* 277
弓形籠頭菌 Devil's Fingers 277

四劃

不定形小脆柄菇 *Psathyrella ammophila* 109
不規則塊菌 *Tuber gibbosum* 259
中凸蓋杯傘 *Clitocybe gibba* 31
中凸蓋杯傘 Common Funnel-cap 31
中暗黏滑菇 *Hebeloma mesophaeum* 93
中暗黏滑菇 Veiled Fairy Cake 93
天藍蓋裸蓋菇 *Psilocybe caerulipes* 107
孔孢牛肝菌 *Boletus porosporus* 192
孔策擬枝瑚菌 *Ramariopsis kunzei* 249
少汁盤菌 *Peziza succosella* 267
巴西微臍菇 *Micromphale brassicolens* 139
幻覺(欺騙)喇叭菌 *Craterellus fallax* 275
幻覺囊皮傘 *Cystoderma fallax* 97
日光紅菇 *Russula solaris* 123
月桂紅菇 *Russula laurocerasi* 121
木生蘑菇 *Agaricus sylvaticus* 163
木生蘑菇 Red-staining Mushroom 163
木耳 *Auricularia auricula-judae* 281
木耳 Jew's Ear 281
木耳科 Auriculariaceae 230, 281
木蹄層孔菌 *Fomes fomentarius* 19, 219
木蹄層孔菌 Tinder Fungus 219
木蠟傘 *Hygrophorus lucorum* 37
止血扇菇 False Oyster 181
止血扇菇 *Panellus stypticus* 181
毋忘我草垂幕菇 *Hypholoma myosotis* 107
毛小菇 *Mycena capillaripes* 135

毛木耳 *Auricularia polytricha* 281
毛舌菌 *Trichoglossum hirsutum* 242
毛柄粉褶蕈 *Entoloma lanuginosipes* 109
毛栓齒菌 Funnel Tooth 236
毛栓齒菌 *Phellodon tomentosus* 236
毛釘菇 *Gomphus floccosus* 276
毛釘菇 Orange Pig's Ear 276
毛韌革菌 Hairy Leather-bracket 230
毛韌革菌 *Stereum hirsutum* 230
毛嘴地星 *Geastrum fimbriatum* 279
毛嘴地星 Sessile Earthstar 279
毛緣多孔菌 *Polyporus ciliatus* 205
毛頭鬼傘 *Coprinus comatus* 174
毛頭鬼傘 Lawyer's Wig 174
毛環蘑菇 *Agaricus hondensis* 159
水汁乳菇 *Lactarius aquifluus* 55
水液乳菇 *Lactarius serifluus* 52
火木層孔菌 Grey Fire Bracket 218
火木層孔菌 *Phellinus igniarius* 218
火毛垂齒菌 *Lacrymaria pyrotricha* 102
牛肝菌科 Boletaceae 42, 185-198
牛排菌科 Fistulinaceae 20, 213

五劃

丘形牛肝菌 Barrow's Bolete 186
丘形牛肝菌 *Boletus barrowsii* 186
兄弟蠟蘑 *Laccaria fraterna* 115
冬生多孔菌 *Polyporus brumalis* 205
冬生多孔菌 Winter Polypore 205
冬塊菌 *Tuber brumale* 258
加州蘑菇 *Agaricus californicus* 159
北方(梯傘)梭齒菌 *Climacodon septentrionalis* 239
北方小香菇 *Lentinellus ursinus* 178
半小菇屬 *Hemimycena* 138
半血紅絲膜菌 *Cortinarius semisanguineus* 70
半血紅絲膜菌 Red-gilled Web-cap 70
半卵形斑褶菇 *Panaeolus semiovatus* 95
半卵形斑褶菇 Shiny Mottle-gill 95
半球土盤菌 *Humaria hemisphaerica* 267
半球蓋菇 Dung Slime-head 90
半球蓋菇 *Stropharia semiglobata* 90
半藍乳菇 *Lactarius hemicyaneus* 46
半離羊肚菌 Half-free Morel 210
半離羊肚菌 *Morchella semilibera* 210
卡羅來納鹿花菌 *Gyromitra caroliniana* 208
可食球果菌 Spruce-cone Toadstool 133
可食球果菌 *Strobilurus esculentus* 19, 133
可食黏滑菇 *Hebeloma edurum* 67
古巴裸蓋菇 *Psilocybe cubensis* 84
古巴裸蓋菇 San Isidro Liberty-cap 84
史利克膠盤菌 *Ascocoryne cylichnium* 272
史利克膠盤菌 Large Purple-drop 272
史密迪地星 Dwarf Earthstar 279
史密迪地星 *Geastrum schmidelii* 279
史密斯鵝膏 *Amanita smithiana* 148
史密斯鵝膏 Smith's Agaric 148
巨大鹿花菌 *Gyromitra gigas* 208
布拉迪小皮傘 *Marasmius bulliardii* 177
平田頭菇 *Agrocybe pediades* 106
平田頭菇 Common Field-cap 106
平棒瑚菌 *Clavariadelphus truncatus* 241
本色粉褶蕈 *Entoloma euchroum* 110
白口蘑 *Tricholoma album* 62, 67
白孔菌科 Albatrellaceae 202
白肉黏滑菇 *Hebeloma leucosarx* 67
白色膠僞齒菌 *Pseudohydnum gelatinosum* 235
白色膠僞齒菌 Toothed Jelly 235
白林地蘑菇 *Agaricus sylvicola* 156
白林地蘑菇 Wood Mushroom 156
白柄黃蓋牛肝菌 *Boletus junquilleus* 189
白鬼筆 *Common Stinkhorn* 247
白鬼筆 *Phallus impudicus* 247
白蛋巢菌 *Crucibulum crucibuliforme* 274
白蛋巢菌 White Egg Bird's Nest 274
白棕口蘑 *Tricholoma albobrunneum* 64
白紫絲膜菌 *Cortinarius alboviolaceus* 73
白紫絲膜菌 Silvery Violet Web-cap 73
白絲褶孔菌 *Phylloporus leucomycelinus* 42
白黃側耳 *Pleurotus cornucopiae* 179
白黃側耳 Trumpet Oyster Mushroom 179
白楊乳菇 *Lactarius controversus* 45
白楊乳菇 Willow Milk-cap 45
白橙蓋鵝膏 *Amanita caesarea* 145
白橙蓋鵝膏 Caesar's Mushroom 145
白環柄菇 *Lepiota alba* 168

白環蘑 *Leucoagaricus leucothites* 164
白環蘑 Smooth Parasol 164
白霜杯傘 *Clitocybe dealbata* 34
白霜杯傘 Lawn Funnel-cap 34
白鮮菇 *Agaricus bernardii* 162
白鮮菇 Salt-loving Mushroom 162
白雞油菌 *Cantharellus subalbidus* 28
皮契疣柄牛肝菌 *Leccinum piccinum* 198

六劃

光亮粉褶蕈 *Entoloma nitidum* 110
光亮粉褶蕈 Steel-blue Pink-gill 110
光柄菇科 Pluteaceae 154-155, 171-173
全綠紅菇 *Russula integra* 124
合生栓齒菌 *Phellodon confluens* 236
合生離褶傘 *Lyophyllum connatum* 42
合生離褶傘 White Grey-gill 42
合葉囊皮傘 *Cystoderma adnatifolium* 96
地舌菌科 Geoglossaceae 242, 243
地星科 Geastraceae 278-280
地匙菌 *Spathularia flavida* 243
多孔菌 polypores 202
多孔菌科 Polyporaceae 35, 178-179, 202-205
多汁乳菇 *Lactarius volemus* 54
多汁乳菇 Tawny Milk-cap 54
多汁盤菌 *Peziza succosa* 267
多汁盤菌 Yellow-milk Cup 267
多皮疣柄牛肝菌 *Leccinum versipelle* 197
多皮疣柄牛肝菌 Orange Birch Bolete 197
多年生多孔菌科 Perenniporiaceae 222
多年生集毛菌 *Coltricia perennis* 206
多年生集毛菌 Funnel Polypore 206
多形炭角菌 Dead-man's Fingers 245
多形炭角菌 *Xylaria polymorpha* 245
多角鬼傘 *Coprinus truncorum* 176
多足小脆柄菇 *Psathyrella multipedata* 108
多足小脆柄菇 Tufted Brittle-head 108
多根垂幕菇 *Hypholoma radicosum* 86
多絲枝瑚菌 *Ramaria myceliosa* 250
多葉小孔菌 *Baeospora myriadophylla* 132
多葉奇果菌 *Grifola frondosa* 216
多葉奇果菌 Hen-of-the-Woods 216
多窪馬鞍菌 Common Grey Saddle 208
多窪馬鞍菌 *Helvella lacunosa* 208
安替列斯斑褶菇 *Panaeolus antillarum* 95
安絡小皮傘 Horsehair Mummy-cap 138
安絡小皮傘 *Marasmius androsaceus* 138
尖枝瑚菌 *Ramaria apiculata* 250
尖頂地星 Collared Earthstar 278
尖頂地星 *Geastrum triplex* 278
尖頂鬼傘 Common Ink-cap 175
尖頂鬼傘 *Coprinus acuminatus* 175
尖鱗傘 *Pholiota squarrosoides* 79
托柄絲膜菌 *Cortinarius calochrous* 74
早田頭菇 *Agrocybe praecox* 85
早田頭菇 Spring Field-cap 85
曲柄鱗傘 *Pholiota scamba* 92
朱紅密孔菌 Cinnabar Bracket 225
朱紅密孔菌 *Pycnoporus cinnabarinus* 213, 225
朱紅澤勒孔菌 Cinnabar Milk-cap Truffle 256
朱紅澤勒孔菌 *Zelleromyces cinnabarinus* 256
朱紅濕傘 *Hygrocybe miniata* 143
朱紅濕傘 Vermilion Wax-cap 143
次硫蠟傘 Herald of Winter 37
次硫蠟傘 *Hygrophorus hypothejus* 37
污色香蘑 *Lepista sordida* 57
污膠鼓菌 *Bulgaria inquinans* 271
污膠鼓菌 Pope's Buttons 271
污褐紫羅蘭近毛菌 *Trichaptum fusco-violaceum* 226
污穢紅菇 *Russula illota* 121
灰口蘑 Grey and Yellow Knight-cap 61
灰口蘑 *Tricholoma portentosum* 61
灰白黑囊蘑 Common Cavalier 65
灰白黑囊蘑 *Melanoleuca polioleuca* 65
灰白齒盤菌 *Tarzetta caninus* 265
灰光柄菇 Fawn Shield-cap 171
灰光柄菇 *Pluteus cervinus* 171
灰色擬瑣瑚菌 *Clavulinopsis laeticolor* 240
灰疣硬皮馬勃 Scaly Earthball 263
灰疣硬皮馬勃 *Scleroderma verrucosum* 263
灰鵝膏 *Amanita vaginata* 153
米奇勒小香菇 *Lentinellus micheneri* 179
米歇爾盤菌 *Peziza michelii* 267
羊白孔菌 *Albatrellus ovinus* 202
羊白孔菌 Sheep Polypore 202

羊肚菌 Common Morel 7, 11, 209
羊肚菌 *Morchella esculenta* 11, 209
羊肚菌科 Morchellaceae 209-210, 265
考夫曼釘菇 *Gomphus kauffmanii* 276
耳狀椿菇 *Paxillus panuoides* 182
耳匙菌 *Auriscalpium vulgare* 234
耳匙菌 Ear Pick-Fungus 234
耳匙菌科 Auriscalpiaceae 179, 234
肉色杯傘 *Clitocybe geotropa* 33
肉色杯傘 Rickstone Funnel-cap 33
肉色麗傘 *Calocybe carnea* 116
肉色麗傘 Pink Fair-head 116
肉杯菌科 Sarcoscyphaceae 264
肉膠耳屬 *Sarcomyxa* 180
肉褐環柄菇 *Lepiota brunneoincarnata* 169
肉質膠盤菌 *Ascocoryne sarcoides* 272
肉質膠盤菌 Brain Purple-drop 272
肉質靈芝 *Ganoderma carnosum* 206
肋狀皺盤菌 Cup-like Morel 265
肋狀皺盤菌 *Disciotis venosa* 265
舟濕傘 *Hygrocybe cantharellus* 30
色卡林棒瑚菌 *Clavariadelphus sachalinensis* 241
艾布拉小菇 *Mycena abramsii* 135
艾倫奇側耳 *Pleurotus eryngii* 179
血紅牛肝菌 *Boletus rubellus* 193
血紅牛肝菌 Red-capped Bolete 193
血紅乳菇 *Lactarius sanguifluus* 46
血紅枝瑚菌 *Ramaria sanguinea* 251
血紅密孔菌 *Pycnoporus sanguineus* 225
血紅絲蓋傘 Green and Pink Fibre-cap 98
血紅絲蓋傘 *Inocybe haemacta* 98
血紅菇 Blood-red Russule 130
血紅菇 *Russula sanguinaria* 130
血痕韌革菌 *Stereum sanguinolentum* 232
西米利紅菇 *Russula simillima* 122

七劃

串球盤革菌 *Aleurodiscus amorphus* 273
串球盤革菌 Orange Disc-skin 273
佛尼西斑褶菇 Hay Cap 141
佛尼西斑褶菇 *Panaeolus foenisecii* 141
似毛茸韌革菌 *Stereum subtomentosum* 230
似毒紅菇 *Russula subfoetens* 121
似野絲膜菌 *Cortinarius subtorvus* 74
似絨毛牛肝菌 *Boletus subtomentosus* 193
似絨毛牛肝菌 Yellow-cracking Bolete 193
似紫羅蘭色麗傘 *Calocybe ionides* 116
似黃褐牛肝菌 *Boletus luridiformis* 189, 192
似黃褐牛肝菌 Dotted-stem Bolete 189
似線小菇 Iodoform Bonnet 136
似線小菇 *Mycena filopes* 136
似褐黑口蘑 *Tricholoma ustaloides* 62
似燈心草大核瑚菌 *Macrotyphula juncea* 241
似膽紅菇 *Russula choloroides* 120
似鵝絲膜菌 *Cortinarius anserinus* 74
似鵝絲膜菌 Plum-scented Web-cap 74
克利度絲膜菌 *Cortinarius cliduchus* 75
冷杉枝瑚菌 Greening Coral-fungus 250
冷杉枝瑚菌 *Ramaria abietina* 250
冷杉近毛菌 Conifer Purple-pore 226
冷杉近毛菌 *Trichaptum abietinum* 226
冷杉黏褶菌 *Gloeophyllum abietinum* 222
利格牛肝菌 *Boletus legaliae* 191
利格牛肝菌 Le Gal's Bolete 191
卵蓋鵝膏 *Amanita ovoidea* 150
坑狀乳菇 *Lactarius lacunarum* 50
希尼小菇 *Mycena seyneii* 132, 134
扭柄金錢菇 *Collybia distorta* 67
杏黃色小菇 *Mycena crocata* 119, 136
杏黃色小菇 The Stainer 119
杏黃枝瑚菌 *Ramariopsis crocea* 249
沙質地孔菌 Common Earth-cup 267
沙質地孔菌 *Geopora arenicola* 267
皂膩口蘑 Soap-scented Knight-cap 61
皂膩口蘑 *Tricholoma saponaceum* 61
禿頂鬼傘 *Coprinus alopecia* 175
肝色牛排菌(牛排菇) Beefsteak Fungus 213
肝色牛排菌(牛排菇) *Fistulina hepatica* 20, 213
肝色乳菇 *Lactarius hepaticus* 51
肝色乳菇 Liver Milk-cap 51
角孢粉褶蕈 *Entoloma abortivum* 253
角絲蓋傘 *Inocybe corydalina* 98
角擬瑣瑚菌 *Clavulinopsis corniculata* 249
角擬瑣瑚菌 Meadow Coral-fungus 249
谷生蠟傘 *Hygrophorus nemoreus* 38

貝迪羅乳菇 *Lactarius bertillonii* 44
貝斯奇杯盤菌 *Ciboria batschiana* 270
貝漢白鬼傘 *Leucocoprinus badhamii* 170
貝漢白鬼傘 Red-staining Parasol 170
赤灰粉褶蕈 *Entoloma rhodopolium* 68
赤灰粉褶蕈 Woodland Pink-gill 68
赤黃牛肝菌 *Boletus rhodoxanthus* 191
赤楊鱗傘 Alder Scale-head 91
赤楊鱗傘 *Pholiota alnicola* 91
赤褐炭團菌 *Hypoxylon rubiginosum* 257
赤褐鵝膏 *Amanita fulva* 10, 152
赤褐鵝膏 Tawny Grisette 152
辛辣紅菇 *Russula acrifolia* 122

八劃

乳牛肝菌 Jersey Cow Bolete 200
乳牛肝菌 *Suillus bovinus* 20, 200
乳白錐蓋傘 *Conocybe lactea* 140
乳白錐蓋傘 Milky Cone-cap 140
乳白糞傘 *Bolbitius lacteus* 140
乳柄小菇 Milk-drop Bonnet 137
乳柄小菇 *Mycena galopus* 137
乳突乳菇 *Lactarius mammosus* 54
乳突狀馬勃 *Lycoperdon mammiforme* 261
乳酪狀金錢菇 Buttery Tough-shank 112
乳酪狀金錢菇 *Collybia butyracea* 112
兔耳狀側盤菌 *Otidia leporina* 269
具大環口蘑 *Tricholoma magnivelare* 81
具大環口蘑 White Matsutake 81
具緣盔孢傘 *Galerina marginata* 90
刺革菌科 Hymenochaetaceae 218, 221, 231
卷曲絲蓋傘 *Inocybe cincinnata* 101
卷緣齒菌 Common Hedgehog Fungus 9, 238
卷緣齒菌 *Hydnum repandum* 238
卷邊樁菇 Brown Roll-rim 35
卷邊樁菇 *Paxillus involutus* 35
受傷杯傘 *Clitocybe vibecina* 34
易爛乳菇 *Lactarius tabidus* 50
明木耳科 Hyaloriaceae 235
杭福瑞韌齒菌 *Stereopsis humphreyi* 207
枝幹微皮傘 *Marasmiellus ramealis* 139
枝幹微皮傘 Twig Mummy-cap 139
枝瑚菌 *Ramaria stricta* 251
枝瑚菌 Straight Coral-fungus 251
枝瑚菌科 Ramariaceae 250-251
杯狀巾馬勃 *Handkea excipuliformis* 262
杯狀巾馬勃 Pestle-shaped Puffball 262
杯側盤菌 *Otidia cantharella* 269
杯褶菌屬 *Cuphophyllus* 38
松生牛肝菌 *Boletus pinophilus* 187
松生擬層孔菌 *Fomitopsis pinicola* 219
松生鱗傘 *Pholiota pinicola* 91
松杉暗孔菌 *Phaeolus schweinitzii* 220
松杉暗孔菌 Pine Dye Polypore 220
松乳菇(美味乳菇) Delicious Milk-cap 46
松乳菇(美味乳菇) *Lactarius deliciosus* 46
松塔牛肝菌 Old-Man-of-the-Woods 185
松塔牛肝菌 *Strobilomyces strobilaceus* 185
松塔牛肝菌科 Strobilomycetaceae 184, 185, 186
泌乳菌寄生 *Hypomyces lactifluorum* 43
泥生小皮傘 *Marasmius limosus* 177
泥炭蘚生亞臍菇 *Omphalina sphagnicola* 132
泥炭蘚盔孢傘 *Galerina sphagnorum* 140
沼生離褶傘 *Lyophyllum palustre* 132
沼生離褶傘 Sphagnum Greyling 132
沼澤生紅菇 *Russula helodes* 123, 130
沼澤紅菇 *Russula paludosa* 128
沼澤紅菇 Tall Russule 128
沼澤盔孢傘 *Galerina paludosa* 132
沼澤濕傘 *Hygrocybe helobia* 143
波地鐘菌 *Verpa bohemica* 209
波狀紅菇 Blackish-purple Russule 130
波狀紅菇 *Russula undulata* 130
波狀粉褶蕈 *Entoloma sinuatum* 68
波狀粉褶蕈 Lead Poisoner 68
波緣乳菇 *Lactarius flexuosus* 49
波緣盤菌 *Peziza repanda* 266
油味乳菇 *Lactarius quietus* 52
油味乳菇 Oak Milk-cap 52
泡質盤菌 Bladder Cup 266
泡質盤菌 *Peziza vesiculosa* 266
泡囊狀巾馬勃 *Handkea utriformis* 263
泡囊狀巾馬勃 Mosaic Puffball 263
牧草牛肝菌 *Boletus pascuus* 192
牧草牛肝菌 Red-cracking Bolete 192
狗蛇頭菌 Dog Stinkhorn 246

狗蛇頭菌 *Mutinus caninus* 246
狐狀小香菇 *Lentinellus vulpinus* 179
狐狸疣柄牛肝菌 *Leccinum vulpinum* 198
玫瑰小菇 *Mycena rosea* 118
玫瑰紅粉褶蕈 *Entoloma rosea* 116
玫瑰紅菇 Firm-fleshed Russule 126
玫瑰紅菇 *Russula rosea* 126
玫瑰紅鉚釘菇 *Gomphidius roseus* 38
玫瑰紅鉚釘菇 Rosy Spike-cap 38
疝疼乳菇 *Lactarius torminosus* 45
疝疼乳菇 Woolly Milk-cap 45
直立小包腳菇 *Volvariella surrecta* 142
肺形側耳 *Pleurotus pulmonarius* 178
芳香杯傘 *Clitocybe fragrans* 39
芽狀鵝膏 *Amanita gemmata* 149
芽狀鵝膏 Gemmed Agaric 149
花耳科 *Dacryomycetaceae* 250
花園乳菇 Hazel Milk-cap 48
花園乳菇 *Lactarius hortensis* 48
芬蘭冬菇 *Flammulina fennae* 114
虎皮香菇 *Lentinus tigrinus* 35
虎皮香菇 Tiger Saw-gill 35
近俗麗絲膜菌 *Cortinarius paragaudis* 72
近基蠟蘑 *Laccaria proxima* 115
近臍突球蓋菇 *Stropharia umbonatescens* 90
近變紅白孔菌 *Albatrellus subrubescens* 202
金毛鱗傘 Golden Scale-head 78
金毛鱗傘 *Pholiota aurivellus* 78
金針菇 *Flammulina velutipes* 114
金針菇 Velvet-Shank 114
金頂側耳 *Pleurotus citrinopileatus* 179
金黃絲膜菌 *Cortinarius aureofulvus* 77
金黃菌寄生 *Hypomyces aurantius* 212
金褐光柄菇 Golden-green Shield-cap 173
金褐光柄菇 *Pluteus chrysophaeus* 173
金褐傘 Golden Cap 83
金褐傘 *Phaeolepiota aurea* 83
金蠟傘 *Hygrophorus aureus* 37
長刺馬勃 Hedgehog Puffball 261
長刺馬勃 *Lycoperdon echinatum* 261
長金錢菇 *Collybia prolixa* 67
長垂幕菇 *Hypholoma elongatum* 87
長柄炭角菌 *Xylaria longipes* 245
長根小奧德菇 *Oudemansiella radicata* 117
長根小奧德菇 Rooting Shank 117
長裂片蟲草 *Cordyceps longisegmentatis* 245
阿肯吉小菇 Late-season Bonnet 134
阿肯吉小菇 *Mycena arcangeliana* 134
阿瑞尼錐蓋傘 *Conocybe arrhenii* 96
阿瑞尼錐蓋傘 Ringed Cone-cap 96
附屬牛肝菌 *Boletus appendiculatus* 188
附屬牛肝菌 Spindle-stemmed Bolete 188

九劃

保來乳牛肝菌 *Suillus plorans* 199
保察瑞斯光柄菇 *Pluteus pouzarianus* 171
冠狀球蓋菇 Garland Slime-head 89
冠狀球蓋菇 *Stropharia coronilla* 89
冠狀環柄菇 *Lepiota cristata* 169
冠狀環柄菇 Stinking Parasol 169
冠瑣瑚菌 *Clavulina cristata* 249
冠瑣瑚菌 Crested Coral-fungus 249
冠囊體球果菌 *Strobilurus stephanocystis* 133
南方靈芝 *Ganoderma australe* 217
厚環乳牛肝菌 Larch Bolete 199
厚環乳牛肝菌 *Suillus grevillei* 199
哈德連鬼筆 *Phallus hadriani* 247
後生小菇 *Mycena metata* 136
持久濕傘 *Hygrocybe persistens* 104
春生鵝膏 *Amanita verna* 150
星孢粉褶蕈 *Entoloma conferendum* 17, 110
星孢粉褶蕈 Star-spored Pink-gill 110
星孢絲蓋傘 *Inocybe asterospora* 102
星孢絲蓋傘 Star-spored Fibre-cap 102
染淡藍灰色小包腳菇 *Volvariella caesiotincta* 154
杜狀田頭菇 *Agrocybe cylindracea* 85
杜狀田頭菇 Poplar Field-cap 85
柔弱香蘑 *Lepista flaccida* 31
柔弱香蘑 Tawny Funnel-cap 31
柔軟鱗傘 Beech-litter Scale-head 92
柔軟鱗傘 *Pholiota lenta* 92
枯黃擬蠟傘 False Chanterelle 29
枯黃擬蠟傘 *Hygrophoropsis aurantiaca* 29
柳生鱗傘 *Pholiota salicicola* 91
歪孢菌寄生 *Hypomyces hyalinus* 147

毒紅菇 *Russula emetica* 128
毒紅菇 The Sickener 128
毒裸傘 *Gymnopilus picreus* 94
毒鵝膏 *Amanita phalloides* 8, 23, 151
毒鵝膏 Death Cap 151
毒蠅傘(蛤蟆菌) *Amanita muscaria* 6, 18, 146
毒蠅傘(蛤蟆菌) Fly Agaric 6, 146
洋菇 *Agaricus bisporus* 7, 161
洋菇 Cultivated Mushroom 161
派克亞齒菌 Bile Tooth 237
派克亞齒菌 *Hydnellum peckii* 237
炭角菌科 Xylariaceae 16, 245, 248, 257
珊瑚形膠銹菌 *Gymnosporangium clavariiforme* 250
珊瑚狀猴頭菌 Coral Tooth-fungus 239
珊瑚狀猴頭菌 *Hericium coralloides* 239
珊瑚菌科 Clavariaceae 21, 240, 249
珍珠孢絲蓋傘 *Inocybe margaritispora* 102
疣孢褐盤菌(土耳) *Peziza badia* 266
疣孢褐盤菌(土耳) Pig's Ears 266
疣革菌 Common Earth-fan 229
疣革菌 *Thelephora terrestris* 229
相同鬼筆 *Phallus duplicatus* 247
盾形環柄菇 *Lepiota clypeolaria* 168
盾形環柄菇 Shaggy-stalked Parasol 168
盾盤菌 Common Eyelash-cup 268
盾盤菌 *Scutellinia scutellata* 268
穿孔小假錢菌 *Micromphale perforans* 139
突米菲利克斯菌 *Christiansenia tumefaciens* 111
突伸小側耳 Angel's Wings 180
突伸小側耳 *Pleurocybella porrigens* 180
紅皮麗口包 *Calostoma cinnabarina* 263
紅皮麗口包 Puffball-in-Aspic 263
紅金錢菇屬 *Rhodocollybia* 67
紅青銅孔菌 *Chalciporus rubinus* 185
紅孢紅牛肝菌 *Porphyrellus porphyrosporus* 184
紅孢紅牛肝菌 Purple-black Bolete 184
紅垂幕菇 Brick Tuft 87
紅垂幕菇 *Hypholoma sublateritium* 87
紅柄金錢菇 *Collybia erythropus* 112
紅柄金錢菇 Red-stemmed Tough-shank 112
紅柄核瑚菌 Red-stemmed Tuber-club 242
紅柄核瑚菌 *Typhula erythropus* 242
紅革質濕傘 *Hygrocybe russocoriacea* 39
紅頂枝瑚菌 Pink-tipped Coral-fungus 251
紅頂枝瑚菌 *Ramaria botrytis* 251
紅紫柄小菇 Bleeding Bonnet 136
紅紫柄小菇 *Mycena haematopus* 136
紅紫濕傘 *Hygrocybe punicea* 21, 56, 105
紅紫蠟傘 Crimson Wax-cap 56
紅黃環環柄菇 *Lepiota ignivolvata* 168
紅黃環環柄菇 Orange-girdled Parasol 168
紅黃褶孔菌 Gilled Bolete 42
紅黃褶孔菌 *Phylloporus rhodoxanthus* 42
紅菇 russules 17
紅菇科 Russulaceae 17, 20, 43-55, 120-231, 256
紅腳牛肝菌 *Boletus queletii* 189
紅緣小菇 *Mycena rubromarginata* 134
紅齒菌 *Hydnum rufescens* 238
紅橙色彩孔菌 *Hapalopilus rutilans* 213
紅橙色彩孔菌 Purple-dye Polypore 213
紅橙擬口蘑 Plums-and-Custard 66
紅橙擬口蘑 *Tricholomopsis rutilans* 66
紅雞油菌 *Cantharellus cinnabarinus* 30
紅雞油菌 Cinnabar Chanterelle 30
紅籠頭菌 *Clathrus ruber* 280
紅籠頭菌 Red Cage Fungus 280
約翰鱗傘 *Pholiota jahnii* 78
美男小菇 *Mycena adonis* 138
美味牛肝菌 *Boletus edulis* 187
美味牛肝菌 Penny Bun 187
美味紅菇 Milk-white Russule 120
美味紅菇 *Russula delica* 120
美柄小菇 Clustered Oak-bonnet 133
美柄小菇 *Mycena inclinata* 133, 136
美柄牛肝菌 *Boletus calopus* 190
美柄牛肝菌 Scarlet-stemmed Bolete 190
美紅菇 *Russula puellaris* 126
美紅菇 Yellow-staining Russule 126
美國馬勃 *Lycoperdon americanum* 261
美麗牛肝菌 *Boletus pulcherrimus* 191
美麗牛肝菌 Pretty Poison Bolete 191
美麗地星 *Geastrum elegans* 279
美麗枝瑚菌 *Ramaria formosa* 251
美麗變種毒蠅傘 *Amanita muscaria* var. *formosa* 146

美鱗靴耳 *Crepidotus calolepis* 183
耐比絲蓋傘 *Inocybe napipes* 102
背孔菌科 Chaetoporellaceae 232
胡斯馬尼錐蓋傘 *Conocybe huijsmanii* 140
致死乳菇 *Lactarius necator* 47
致死乳菇 Ugly Milk-cap 47
致命毛皮傘 *Crinipellis perniciosa* 142
范蘭微皮傘 *Marasmiellus vaillantii* 139
苦青銅孔菌 *Chalciporus amarellus* 185
苦紅菇 Bitter Russule 122
苦紅菇 *Russula fellea* 122
苦粉孢牛肝菌 Bitter Bolete 186
苦粉孢牛肝菌 *Tylopilus felleus* 186
迪奧馬小菇 *Mycena diosma* 118
革生瓦賽菌 Meadow Puffball 255
革生瓦賽菌 *Vascellum pratense* 255
革菌科 Thelephoraceae 229
革蓋菌科 Coriolaceae 223-225, 227
香乳菇 Coconut-scented Milk-cap 54
香乳菇 *Lactarius glyciosmus* 54
香杯傘 Blue-green Funnel-cap 39
香杯傘 *Clitocybe odora* 39
香柄絲膜菌 *Cortinarius osmophorus* 77
香菇 *Lentinula edodes* 7
香菇 Shii-Take Mushrooms 7
香黏褶菌 *Gloeophyllum odoratum* 222
香黏褶菌 Scented Bracket 222
香雞油菌 *Cantharellus odoratus* 276

十劃

凋萎狀乳菇 *Lactarius vietus* 48
剛毛里肯菇 *Rickenella setipes* 36
哥迪絲蓋傘 *Inocybe godeyi* 99
哥迪絲蓋傘 White and Red Fibre-cap 99
夏塊菌 Summer Truffle 258
夏塊菌 *Tuber aestivum* 258
家園鬼傘 *Coprinus domesticus* 176
射脈菌 *Phlebia radiata* 228
庫恩菇 *Kuehneromyces mutabilis* 90
庫恩菇 Two-toned Wood-tuft 90
庫能鬼傘 *Coprinus kuehneri* 177
核瑚菌科 Typhulaceae 242
核盤菌科 Sclerotiniaceae 270
根黏滑菇 *Hebeloma radicosum* 82
根黏滑菇 Rooting Fairy Cake 82
栗色環柄菇 Chestnut Parasol 169
栗色環柄菇 *Lepiota castanea* 169
栗褐多孔菌 Liver-brown Polypore 204
栗褐多孔菌 *Polyporus badius* 204
栗褐血紅乳菇 *Lactarius badiosanguineus* 51
桃色麗傘 *Calocybe persicolor* 116
氣味紅菇 *Russula odorata* 126
海岸蠟蘑 *Laccaria maritima* 115
海狸小香菇 *Lentinellus castoreus* 179
海綠柄肉齒菌 *Sarcodon glaucopus* 237
特希紅菇 Iodoform-scented Russule 127
特希紅菇 *Russula turci* 127
狹頭小菇 *Mycena leptocephala* 135
狹頭小菇 Nitrous Lawn-Bonnet 135
眞形枝瑚菌 *Ramaria eumorpha* 250
粉末牛肝菌 Blackening Bolete 192
粉末牛肝菌 *Boletus pulverulentus* 192
粉孢革菌 Cellar Fungus 233
粉孢革菌 *Coniophora puteana* 17, 233
粉孢革菌科 Coniophoraceae 229, 233
粉柄紅菇 *Russula farinipes* 122
粉紅地星 *Geastrum rufescens* 279
粉粒擬青黴 Cotton Caterpillar-fungus 244
粉粒擬青黴 *Paecilomyces farinosus* 244
粉褶蕈科 Entolomataceae 17, 21, 41, 68-69, 109-110, 144, 253
紡錘形假囊筆菌 *Pseudocolus fusiformis* 277
紡錘孢傘菌黴 *Spinellus fusiger* 11, 136
紡錘柄金錢菇 *Collybia fusipes* 111
紡錘柄金錢菇 Spindle-shank 111
純黃白鬼傘 *Leucocoprinus luteus* 170
純黃白鬼傘 Yellow Parasol 170
脆紅菇 Fragile Russule 129
脆紅菇 *Russula fragilis* 129
脆弱斑褶菇 *Panellus mitis* 180, 181
臭小假錢菌 Foetid Mummy-cap 139
臭小假錢菌 *Micromphale foetidum* 139
臭紅菇 Foetid Russule 121
臭紅菇 *Russula foetens* 121
臭粉褶菌 *Entoloma nidorosum* 68
臭絲膜菌 *Cortinarius olidus* 75

茸毛革菌屬 *Tomentella* 229
草地濕傘 Buff Wax-cap 38
草地濕傘 *Hygrocybe pratensis* 38
草菇 Padistraw Mushroom 161
草菇 *Volvariella volvacea* 155
茶銀耳 Leafy Brain-fungus 282
茶銀耳 *Tremella foliacea* 282
豹斑口蘑 *Tricholoma pardinum* 60
豹斑鵝膏 *Amanita pantherina* 23, 149
豹斑鵝膏 The Panther 149
釘菇科 Gomphaceae 276
針狀小菇 *Mycena acicula* 137
針狀小菇 Orange-capped Bonnet 137
閃亮濕傘 *Hygrocybe splendidissima* 56, 105
馬勃 Puffball 16
馬勃科 Lycoperdaceae 16, 254-55, 260-63
馬鞍菌科 Helvellaceae 207-208
高大環柄菇(雨傘菇) *Macrolepiota procera* 165
高大環柄菇(雨傘菇) Parasol Mushroom 165
高山亞臍菇 *Omphalina alpina* 36
高地鱗傘 Charcoal Scale-head 93
高羊肚菌 Black Morel 210
高羊肚菌 *Morchella elata* 210
高斯小奧德菇 *Oudemansiella caussei* 117
鬼傘科 Coprinaceae 21, 94-95, 102, 107-109, 141, 143, 174-177
鬼筆科 Phallaceae 16, 246-247

十一劃

僞裝(面具)香蘑 *Lepista personata* 58
僞裝香蘑 Blue Legs 58
假地舌菌 *Geoglossum fallax* 242
假地舌菌 Scaly Earth-tongue 242
假杯傘 *Pseudoclitocybe cyathiformis* 32
假杯傘 The Goblet 32
假根牛肝菌 *Boletus radicans* 188
假淡黃環柄菇 *Lepiota pseudohelveola* 169
假暗藍球蓋菇 *Stropharia pseudocyanea* 88
側盤菌科 Otideaceae 265, 267-269
偏腫栓菌 Beech Bracket 223
偏腫栓菌 *Trametes gibbosa* 223, 227
堅果褶革菌 *Thelephora caryophyllea* 229
堆金錢菇 *Collybia acervata* 112, 113
寇舍鬼傘 *Coprinus cothurnatus* 176
寄生牛肝菌 *Boletus parasiticus* 194
寄生牛肝菌 Parasitic Bolete 194
寄生星形菌 *Asterophora parasitica* 142
寄生星形菌 Pick-a-back Toadstool 142
密生錐蓋傘 *Conocybe percincta* 96
密集小菇 *Mycena stipata* 135
密集乾酪菌 Bitter Bracket 211
密集乾酪菌 *Tyromyces stipticus* 211
密褶紅菇 *Russula densifolia* 122
巢頂側耳 *Phyllotopsis nidulans* 180
常見乳菇 *Lactarius trivialis* 49
常見乳菇 Pickle Milk-cap 49
帶紅色絲膜菌 *Cortinarius rubellus* 23, 72
帶紅色絲膜菌 Foxy-orange Web-cap 72
帶藍灰粉褶蕈 *Entoloma chalybaeum* 144
帶藍馬勃 *Lycoperdon lividum* 260
強壯牛肝菌 *Boletus torosus* 190
強壯蠟盤菌 Brown Oak-disc 270
強壯蠟盤菌 *Rutstroemia firma* 270
彩虹香蘑 *Lepista irina* 57
彩虹香蘑 Strong-scented Blewit 57
彩斑狀乳牛肝菌 *Suillus variegatus* 201
彩斑狀乳牛肝菌 Variegated Bolete 201
彩絨栓菌(雲芝) Many-zoned Bracket 224
彩絨栓菌(雲芝) *Trametes versicolor* 224
斜蓋傘 *Clitopilus prunulus* 41
斜蓋傘 The Miller 41
晚生斑褶菇 Olive Oyster 180
晚生斑褶菇 *Panellus serotinus* 180
梭形擬瑣瑚菌 *Clavulinopsis fusiformis* 240
梅麗炭角菌 *Xylaria mellisii* 248
條紋口蘑 *Tricholoma virgatum* 60
條紋地星 *Geastrum striatum* 280
條紋地星 Striated Earthstar 280
梨形馬勃 *Lycoperdon pyriforme* 260
梨形馬勃 Stump Puffball 260
液汁乳菇 *Lactarius fluens* 47
淡灰紫絲蓋傘 Grey and Lilac Fibre-cap 101
淡灰紫絲蓋傘 *Inocybe griseolilacina* 101
淡色黏滑菇 *Hebeloma pallidoluctuosum* 82
淡紅小奧德菇 *Oudemansiella pudens* 117
淡紫環柄菇 *Lepiota lilacea* 169

淡絲膜菌 *Cortinarius paleifer* 71
淡黃乳菇 *Lactarius helvus* 55
淡黃乳菇 Liquorice Milk-cap 55
淡黃香蘑 *Lepista gilva* 31
淡黃靴耳 *Crepidotus luteolus* 183
淡赭變種潔白濕傘 *Hygrocybe virginea* var. *ochraceopallida* 39
淡藍灰波斯特孔菌 *Postia caesia* 211
淺紅釘色菇 *Chroogomphus rutilus* 37
淺紅釘色菇 Pine Spike-cap 37
混淆環柄菇 *Lepiota perplexum* 167
混亂松塔牛肝菌 *Strobilomyces confusus* 185
混雜大環柄菇 *Macrolepiota permixta* 165
球蓋菇科 Strophariaceae 78-79, 84, 86-93, 107, 141
球頭囊狀體盔孢傘 *Galerina tibiicystis* 132
異形褶紅菇 *Russula heterophylla* 125
異擔孔菌 Conifer-base Polypore 222
異擔孔菌 *Heterobasidion annosum* 19, 222
盔小菇 Common Bonnet 116
盔小菇 *Mycena galericulata* 116
硫色口蘑 Gasworks Knight-cap 64
硫色口蘑 *Tricholoma sulphureum* 64
硫色烔孔菌 Chicken-of-the-Woods 215
硫色烔孔菌 *Laetiporus sulphureus* 215
硫磺汁乳菇 *Lactarius theiogalus* 50
硫磺汁乳菇 Yellow-staining Milk-cap 50
硫磺濕傘 Golden Wax-cap 104
硫磺濕傘 *Hygrocybe chlorophana* 104
粒狀大團囊菌 *Elaphomyces granulatus* 245, 259
粒狀大團囊菌 Granulated Hart's Truffle 259
粗毛纖孔菌 *Inonotus hispidus* 221
粗毛纖孔菌 Shaggy Polypore 221
粗網斑褶菇 *Panaeolus retirugis* 107
粗糠絲膜菌 *Cortinarius paleaceus* 71
粗糠絲膜菌 Pelargonium Web-cap 71
粗糙肉齒菌 Blue-footed Scaly-tooth 237
粗糙肉齒菌 *Sarcodon scabrosus* 237
粗糙擬迷孔菌 *Daedaleopsis confragosa* 227
粗糙擬迷孔菌 Thin Mazegill 227
粗糙環柄菇 *Lepiota aspera* 167
粗糙環柄菇 Sharp-scaled Parasol 167
粗鱗大環柄菇 *Macrolepiota rhacodes* 166
粗鱗大環柄菇 Shaggy Parasol 166
細皮囊體紅菇 *Russula velenovskyi* 129
細質乳菇 *Lactarius mitissimus* 50
細質乳菇 Mild Milk-cap 50
細齒粉褶蕈 *Entoloma serrulatum* 144
細齒粉褶蕈 Saw-gilled Blue-cap 144
莫勒蘑菇 *Agaricus moelleri* 159, 160
莫勒蘑菇 Dark-scaled Mushroom 160
莫爾馬勃 *Lycoperdon molle* 262
荷西尼絲膜菌 *Cortinarius hercynicus* 71
荷葉離褶傘 Clustered Grey-gill 41
荷葉離褶傘 *Lyophyllum decastes* 41
軟靴耳 *Crepidotus mollis* 183
軟靴耳 Soft Slipper 183
野地田頭菇 *Agrocybe arvalis* 106
野絲膜菌 *Cortinarius torvus* 74
野絲膜菌 Sheathed Web-cap 74
野蘑菇 *Agaricus arvensis* 23, 157
野蘑菇 Horse Mushroom 157
陰生口蘑 Fleck-gill Knight-cap 60
陰生口蘑 *Tricholoma sciodes* 60
雪白鬼傘 *Coprinus niveus* 176
雪白鬼傘 Snow-white Ink-cap 176
頂乳菇 *Lactarius acris* 48
鳥狀多口馬勃 *Myriostoma coliforme* 278
鳥狀纖孔菌 *Inonotus rheades* 221
鳥巢菌科 Nidulariaceae 274
鹿花菌 False Morel 208
鹿花菌 *Gyromitra esculenta* 208
麥角菌科 Clavicipitaceae 244, 245
堇紫絲膜菌 *Cortinarius violaceus* 71
堇紫絲膜菌 Violet Web-cap 71

十二劃

傑生囊皮傘 *Cystoderma jasonis* 97
傘形多孔菌 *Polyporus umbellatus* 202
傘形多孔菌 Umbrella Polypore 202
傘狀亞臍菇 *Omphalina umbellifera* 36
傘狀亞臍菇 Turf Navel-cap 36
傘菌科(蘑菇科) Agaricaceae 17, 21, 156-170
凱萊紅菇 *Russula queletii* 131
凱塞靴耳 *Crepidotus cesatii* 183
勞爾紅菇 *Russula raoultii* 123

勝利絲膜菌 *Cortinarius triumphans* 75
勝利絲膜菌 Yellow-girdled Web-cap 75
博拉斯粉褶蕈 *Entoloma bloxamii* 110
博納鉚釘菇 *Gomphus bonarii* 276
喜火燒生灰傘 *Tephrocybe anthracophilum* 93
喜背面亞臍菇 *Omphalina philonotis* 132
喜鈣濕傘 *Hygrocybe calciphila* 143
喜鹽球蓋菇 *Stropharia halophila* 89
喇叭菌 *Craterellus cornucopioides* 275
喇叭菌 Horn of Plenty 275
單色下皮黑孔菌 *Cerrena unicolor* 224
單色盔孢傘 *Galerina unicolor* 91
單色盔孢菇 Wood-loving Pixie-cap 91
單寧酸小菇 *Mycena sanguinolenta* 119, 136
單銀耳 *Tremella simplex* 273
壺黑蛋巢菌 *Cyathus olla* 274
帽形濕傘 *Hygrocybe calyptraeformis* 103
帽形濕傘 Pink Wax-cap 103
斑紅褐粉褶蕈 *Entoloma porphyrophaeum* 69
斑紅褐粉褶蕈 Porphyry Pink-gill 69
斑蓋金錢菇 *Collybia maculata* 67
斑蓋金錢菇 Spotted Tough-shank 67
斑黏傘 *Limacella guttata* 164
斑黏傘 Weeping Slime-veil 164
斑點小菇 *Mycena maculata* 133
斑點絲蓋傘 *Inocybe maculata* 100
斯普雷格乳牛肝菌 Painted Bolete 201
斯普雷格乳牛肝菌 *Suillus spraguei* 201
普勞塔斯光柄菇 *Pluteus plautus* 172
晶粒鬼傘 *Coprinus micaceus* 176
晶粒鬼傘 Glistening Ink-cap 176
晶蓋粉褶蕈 *Entoloma clypeatum* 68
棕灰口蘑 Grey Knight-cap 59
棕灰口蘑 *Tricholoma terreum* 59
棕灰囊皮傘 Cinnabar Powder-cap 96
棕灰囊皮傘 *Cystoderma terrei* 96
棗褐灰小脆柄菇 *Psathyrella spadiceogrisea* 95
棗褐色濕傘 *Hygrocybe spadicea* 103
棒柄杯傘 *Clitocybe clavipes* 40
棒柄杯傘 Club-footed Funnel-cap 40
棒瑚菌 *Clavariadelphus pistillaris* 241
棒瑚菌 Giant Club 241
棒瑚菌科 Clavariadelphaceae 241
棉毛絲蓋傘 *Inocybe lanuginosa* 101
無柄椿菇 *Paxillus corrugatus* 182
猴頭菌科 Hericiaceae 239
琥珀乳牛肝菌 *Suillus placidus* 200
發光蜜環菌 *Armillaria tabescens* 19, 42
發光蜜環菌 Ringless Honey Fungus 42
短舌棒瑚菌 *Clavariadelphus ligula* 241
短乳菇 *Lactarius curtus* 49
短柄繡球菌 *Sparassis brevipes* 252
短喙黑孢殼 *Melanospora brevirostris* 267
短蠟蘑 *Laccaria pumila* 115
硬毛栓菌 Hairy Bracket 224
硬毛栓菌 *Trametes hirsuta* 224
硬田頭菇 *Agrocybe dura* 106
硬皮(苔蘚)盔孢傘 *Galerina hypnorum* 140
硬皮地星 *Astraeus hygrometricus* 278
硬皮地星 Barometer Earthstar 278
硬皮馬勃科 Sclerodermataceae 256, 278
硬柄小皮傘 Fairy Ring Champignon 117
硬柄小皮傘 *Marasmius oreades* 117
稍堅韌球果菌 *Strobilurus tenacellus* 133
絨毛栓菌 *Trametes pubescens* 224
絨白乳菇 Fleecy Milk-cap 44
絨白乳菇 *Lactarius vellereus* 44
絨邊乳菇 *Lactarius pubescens* 45
紫丁香蘑 *Lepista nuda* 57
紫丁香蘑 Wood Blewit 57
紫色顆粒韌革菌 *Chondrostereum purpureum* 231
紫色顆粒韌革菌 Purple Leather-bracket 231
紫紅絲膜菌 *Cortinarius rufoolivaceus* 76
紫紅絲膜菌 Red and Olive Web-cap 76
紫紅黃紅菇 *Russula claroflava* 123
紫紅黃紅菇 Yellow Swamp Russule 123
紫紅蠟蘑 *Laccaria purpureobadia* 115
紫帶蘑菇 *Agaricus porphyrizon* 163
紫帶蘑菇 Porphyry Mushroom 163
紫晶蠟蘑 Amethyst Deceiver 115
紫晶蠟蘑 *Laccaria amethystina* 115
紫棕炭團菌 *Hypoxylon fuscum* 257
紫煙白齒菌 *Bankera violascens* 235
紫羅蘭柄紅菇 *Russula violeipes* 123
絲狀里肯菇 Orange Navel-cap 36

絲狀里肯菇 *Rickenella fibula* 36, 137
絲狀椿菇 *Paxillus filamentosus* 35
絲絨狀垂齒菌 *Lacrymaria velutina* 102
絲絨狀垂齒菌 Weeping Widow 102
絲絨柄紅菇 *Russula velutipes* 126
絲蓋口蘑 Deceiving Knight-cap 63
絲蓋口蘑 *Tricholoma sejunctum* 63
絲蓋小包腳菇 Silky Volvar 154
絲蓋小包腳菇 *Volvariella bombycina* 154
絲膜鬼傘 *Coprinus cortinatus* 176
絲膜菌科 Cortinariaceae 67, 69-77, 83, 87, 91, 93-94, 98-102, 140
華美絲膜菌 *Cortinarius splendens* 77
華美絲膜菌 Splendid Web-cap 77
菱紅菇 Bare-toothed Russule 125
菱紅菇 *Russula vesca* 125
菌叢生膠盤菌 *Ascocoryne turficola* 272
菲佛靈芝 Coppery Lacquer Bracket 216
菲佛靈芝 *Ganoderma pfeifferi* 216
萎垂白枝瑚菌 *Ramaria flaccida* 250
裂形炭團菌 Beech Woodwart 257
裂形炭團菌 *Hypoxylon fragiforme* 257
裂紋疣柄牛肝菌 *Leccinum tesselatum* 195
裂紋疣柄牛肝菌 Yellow-pored Scaber-stalk 195
裂絲絲蓋傘 *Inocybe rimosa* 100
裂絲絲蓋傘 Straw-coloured Fibre-cap 100
裂褶菌 *Schizophyllum commune* 181
裂褶菌 Split-gill Fungus 181
裂褶菌科 Schizophyllaceae 181, 228, 231
象牙白蠟傘 *Hygrophorus eburneus* 106
象牙白蠟傘 Satin Wax-cap 106
費賴斯鬼傘 *Coprinus friesii* 176
貴格粉褶蕈 *Entoloma querquedula* 144
隆紋黑蛋巢菌 *Cyathus striatus* 274
隆紋黑蛋巢菌 Fluted Bird's Nest 274
雅緻絲膜菌 *Cortinarius elegantissimus* 77
雅緻絲膜菌 Elegant Web-cap 77
集毛菌科 Coltriciaceae 206
雲杉散斑殼 *Lophodermium piceae* 19
黃汁乳菇 *Lactarius chrysorrheus* 52
黃白小菇 *Mycena flavoalba* 138
黃白小菇 Yellow-white Bonnet 138
黃白紅菇 *Russula ochroleuca* 123
黃白紅菇 Yellow-ochre Russule 123
黃白擬瑣瑚菌 *Clavulinopsis luteoalba* 240
黃金銀耳 *Tremella mesenterica* 282
黃金銀耳 Yellow Brain-fungus 282
黃孢紅菇 Crab Russule 127
黃孢紅菇 *Russula xerampelina* 23, 127
黃斑蘑菇 *Agaricus xanthoderma* 23, 159
黃斑蘑菇 Yellow-staining Mushroom 159
黃棕絲膜菌 *Cortinarius cinnamomeus* 70
黃楊口蘑 *Tricholoma populinum* 62
黃蓋小脆柄菇 *Psathyrella candolleana* 95
黃蓋小脆柄菇 White Brittle-head 95
黃瘤孢 *Sepedonium chrysospermum* 187
黃盤蠟傘 *Hygrophorus discoxanthus* 106
黃褐口蘑 Birch Knight-cap 64
黃褐口蘑 *Tricholoma fulvum* 64
黃鱗地衣 *Xanthoria parietina* 6
黃鱗地衣 Yellow Scales 6
黃鱗傘 *Pholiota flavida* 91
黑小菇 *Mycena leucogala* 137
黑毛椿菇 Corrugated Roll-rim 182
黑毛椿菇 *Paxillus atrotomentosus* 182
黑毛椿菇 Velvet Roll-rim 182
黑白紅菇 *Russula albonigra* 122
黑白栓齒菌 *Phellodon melaleucus* 236
黑白黑囊蘑 *Melanoleuca melaleuca* 65
黑灰球菌 *Bovista nigrescens* 255
黑耳 Black Brain-fungus 283
黑耳 *Exidia glandulosa* 271, 283
黑耳科 Exidiaceae 283
黑乳菇 *Lactarius lignyotus* 48
黑孢球蓋菇 *Stropharia melasperma* 89
黑孢塊菌(松露菌) Perigord Truffle 258
黑孢塊菌(松露菌) *Tuber melanosporum* 258
黑柄多孔菌 *Polyporus melanopus* 204
黑紅菇 Blackening Russule 122
黑紅菇 *Russula nigricans* 122
黑栓齒菌 Black Tooth 236
黑栓齒菌 *Phellodon niger* 236
黑斑褶菇 *Panaeolus ater* 141
黑輪層炭殼 Cramp Balls 257
黑輪層炭殼 *Daldinia concentrica* 257
黑藍小菇 *Mycena pelianthina* 118

黑藍小菇 Serrated Bonnet 118
黑囊蘑 *Melanoleuca cognata* 65
黑囊蘑 Ochre-gilled Cavalier 65

十三劃

圓刺大團囊菌 *Elaphomyces muricatus* 245, 259
圓孢絲膜菌 *Cortinarius malachius* 73
圓錐鐘菌 Thimble Cap 209
圓錐鐘菌 *Verpa conica* 209
塊狀迪蒙盤菌 Anemone Cup 270
塊狀迪蒙盤菌 *Dumontinia tuberosa* 270
塊莖形多孔菌 *Polyporus tuberaster* 204
塊莖形多孔菌 Tuberous Polypore 204
塊菌科 Tuberaceae 258-259
塊鱗灰鵝膏 *Amanita spissa* 10, 148
塊鱗灰鵝膏 Stout Agaric 148
奧地利肉杯菌 Curly-haired Elf-cup 264
奧地利肉杯菌 *Sarcoscypha austriaca* 264
奧爾類臍菇 Jack O'Lantern 29
奧爾類臍菇 *Omphalotus olearius* 29
微白齒菌 *Hydnum albidum* 238
微白蠟粉牛肝菌 *Boletus pruinatus* 192, 193
微柄盤菌 *Peziza micropus* 266
微紅黃環柄菇 *Lepiota fulvella* 169
微高田頭菇 *Agrocybe elatella* 85
微甜乳菇 Dull Milk-cap 51
微甜乳菇 *Lactarius subdulcis* 51
微黃擬瑣瑚菌 *Clavulinopsis helvola* 240
微黃擬瑣瑚菌 Yellow Spindles 240
暗孔菌科 Phaeolaceae 211, 215, 220, 233
暗色乳菇 *Lactarius scoticus* 45
暗紅蠟盤菌 *Rutstroemia bolaris* 270
暗球孢屬 *Heyderia* 243
暗紫金錢菇 *Collybia fuscopurpurea* 113
暗黃綠絲膜菌 *Cortinarius atrovirens* 76
暗葡酒紅色紅菇 *Russula vinosa* 124
暗褐白煙白齒菌 *Bankera fuligineoalba* 235
暗褐白煙白齒菌 Blushing Fenugreek-tooth 235
暗褐乳菇 *Lactarius fuliginosus* 48
暗褐乳菇 Sooty Milk-cap 48
暗頭狀毛星菌 *Trichaster melanocephalus* 278
暗黏臍菇 *Myxomphalia maura* 93
暗藍球蓋菇 Blue-green Slime-head 88
暗藍球蓋菇 *Stropharia cyanea* 88
暗麗傘 *Calocybe obscurissima* 116
暗鱗口蘑 Dark-scaled Knight-cap 60
暗鱗口蘑 *Tricholoma atrosquamosum* 60
暗鱗片蘑菇 *Agaricus phaeolepidotus* 160, 163
極小微毛盤菌 *Lachnellula subtilissima* 273
極好光柄菇 *Pluteus admirabilis* 173
溝柄小菇 *Mycena polygramma* 119
溝柄小菇 Roof-nail Bonnet 119
溝紋塊菌 *Tuber canaliculatum* 259
滑頭鬼傘 *Coprinus leiocephalus* 177
煙白齒菌科 Bankeraceae 235-237
煙色垂幕菇 Conifer Tuft 86
煙色垂幕菇 *Hypholoma capnoides* 86
煙色紅菇 *Russula adusta* 122
煙色韌革菌 *Stereum gausapatum* 230
煙色煙管菌 *Bjerkandera fumosa* 225
煙色離褶傘 *Lyophyllum fumosum* 41
煙雲杯傘 *Clitocybe nebularis* 40
煙雲杯傘 Clouded Funnel-cap 40
煙管菌 *Bjerkandera adusta* 225
煙管菌 Smoky Polypore 225
煙管菌科 Bjerkanderaceae 213, 214, 216, 225
煤黑紅菇 *Russula anthracina* 122
瑞尼少多孔菌 *Oligoporus rennyi* 233
瑞尼少多孔菌 Powder-puff Polypore 233
瑞奇紅菇 *Russula risigallina* 123
矮小脆柄菇 *Psathyrella pygmaea* 143
碎皮紅菇 *Russula cutefracta* 131
絹毛粉褶蕈 *Entoloma sericeum* 110
絹白微皮傘 *Marasmiellus candidus* 139
絹白黏滑菇 *Hebeloma candidipes* 93
群生白孔菌 *Albatrellus confluens* 202
群生金錢菇 *Collybia confluens* 113
群生金錢菇 Tufted Tough-shank 113
腸膜狀木耳 *Auricularia mesenterica* 230
腸膜狀木耳 Tripe Fungus 230
腹鼓孢環柄菇 *Lepiota ventriosospora* 168
葡西絲蓋傘 *Inocybe pusio* 101
蛹蟲草 *Cordyceps militaris* 244
蛹蟲草 Orange Caterpillar-fungus 244
裘利小皮傘 *Marasmius curreyi* 177
過敏牛肝菌 *Boletus sensibilis* 193

鉛色灰球菌 *Bovista plumbea* 255
鉛色灰球菌 Lead-grey Bovist 255
鉚釘菇科 Gomphidiaceae 37, 38, 198-201
隔孢伏革菌科 Peniophoraceae 230, 232
雷文蛇頭菌 *Mutinus ravenelii* 246
雷文麗口包 *Calostoma ravenelii* 263
雷姆蘚舌菌 *Bryoglossum rehmii* 243
靴口蘑 Brown Matsutake 81
靴口蘑 *Tricholoma caligatum* 81
靴耳科 Crepidotaceae 183
靴狀金錢菇 *Collybia peronata* 113
靴狀金錢菇 Wood Woolly-foot 113
鼠色小孔菌(小孢菌) *Baeospora myosura* 132
鼠色小孔菌(小孢菇) Cone-cap 132

十四劃

團炭角菌 Candle-snuff Fungus 248
團炭角菌 *Xylaria hypoxylon* 248
墊狀肉座菌 *Hypocrea pulvinata* 212
截形黑耳 *Exidia truncata* 271, 283
漂亮小菇 *Mycena belliae* 135
漂亮擬口蘑 *Tricholomopsis decora* 66
漆蠟蘑 Common Deceiver 115
漆蠟蘑 *Laccaria laccata* 115
滲透裸傘 Freckled Flame-cap 94
滲透裸傘 *Gymnopilus penetrans* 94
瑣瑚菌科 Clavulinaceae 249
瑪莉紅菇 Beechwood Sickener 129
瑪莉紅菇 *Russula mairei* 23, 129
管形雞油菌 *Cantharellus tubaeformis* 30, 275
管形雞油菌 Trumpet Chanterelle 30
管狀大核瑚菌 *Macrotyphula fistulosa* 241
管狀大核瑚菌 Pipe Club 241
綠色粉褶蕈 *Entoloma incanum* 144
綠色粉褶蕈 Green Pink-gill 144
綠杯菌 *Chlorociboria aeruginosa* 269
綠褶菇 *Chlorophyllum molybdites* 17, 166
網狀牛肝菌 *Boletus reticulatus* 189
網狀牛肝菌 Summer Bolete 189
網紋馬勃 Common Puffball 11, 261
網紋馬勃 *Lycoperdon perlatum* 11, 261
蒜味小皮傘 *Marasmius alliaceus* 114
蒜味小皮傘 Wood Garlic Mummy-cap 114
蒜頭狀小皮傘 *Marasmius scorodonius* 114
蓋盔孢傘 *Galerina calyptrata* 140
蓋盔孢菇 Tiny Pixie Cap 140
蒼白乳菇 *Lactarius pallidus* 49
蒼白乳菇 Pallid Milk-cap 49
蒼白粉褶蕈 *Entoloma pallescens* 109
蒼白匙形膠角耳 *Calocera pallido-spathulata* 250
蜜色粉褶蕈 *Entoloma cetratum* 109
蜜色粉褶蕈 Honey-coloured Pink-gill 109
蜜環菌 *Armillaria mellea* 19, 80
蜜環菌 Honey Fungus 80
裸鬼傘 *Coprinus nudiceps* 177
裸蓋菇 Liberty Cap 141
裸蓋菇 *Psilocybe semilanceata* 141
豪伊炭團菌 *Hypoxylon howeianum* 257
豪豬環柄菇 *Lepiota hystrix* 167
赫伯斯繡球菌 *Sparassis herbstii* 252
辣乳菇 *Lactarius piperatus* 43
辣乳菇 Peppery Milk-cap 43
辣青銅孔菌 *Chalciporus piperatus* 185
辣青銅孔菌 Peppery Bolete 185
辣紅菇 Lemon-gilled Russule 131
辣紅菇 *Russula sardonia* 131
銀耳狀(膠質)射脈菌 Jelly Bracket 228
銀耳狀(膠質)射脈菌 *Phlebia tremellosa* 228
銀耳科 Tremellaceae 282
銅色牛肝菌 *Boletus aereus* 189
銅綠乳牛肝菌 *Suillus aeruginascens* 199
銅綠紅菇 *Russula aeruginea* 125
銅綠紅菇 Verdigris Russule 125
銅綠球蓋菇 *Stropharia aeruginosa* 88
緋紅肉杯菌 *Sarcoscypha coccinea* 264
緋紅星頭鬼筆 *Aseroe coccinea* 277
緋紅絲膜菌 *Cortinarius phoeniceus* 70
緋紅濕傘 *Hygrocybe coccinea* 105
緋紅濕傘 Scarlet Wax-cap 105

十五劃

噴紅乳菇 *Lactarius rufus* 53
噴紅乳菇 Rufous Milk-cap 53
寬褶大金錢菇 Broad-gilled Agaric 66
寬褶大金錢菇 *Megacollybia platyphylla* 66

層孔菌科 Fomitaceae 219
慾望口蘑 Oak Knight-cap 62
慾望口蘑 *Tricholoma lascivum* 62
撕裂絲蓋傘 *Inocybe lacera* 101
撕裂絲蓋傘 Torn Fibre-cap 101
樟絲膜菌 *Cortinarius camphoratus* 73
樁菇科 Paxillaceae 29, 35, 182, 194-195
樅裸傘 *Gymnopilus sapineus* 94
歐色金錢菇 *Collybia ocior* 111
歐斯特蜜環菌 *Armillaria ostoyae* 80
歐瑞倫口蘑 *Tricholoma orirubens* 60
歐諾冬菇 *Flammulina ononidis* 114
潔小菇 Lilac Bonnet 118
潔小菇 *Mycena pura* 118
潔白濕傘 *Hygrocybe virginea* 39
潔白濕傘 Snowy Wax-cap 39
潔新膠鼓菌 Beech Jelly-disc 271
潔新膠鼓菌 *Neobulgaria pura* 271
潔麗香菇 *Lentinus lepideus* 35
潤滑錘舌菌 Jelly Babies 243
潤滑錘舌菌 *Leotia lubrica* 243
皺皮乳菇 *Lactarius corrugis* 52
皺馬鞍菌 Common White Saddle 207
皺馬鞍菌 *Helvella crispa* 207
皺韌革菌 Common Leather-bracket 232
皺韌革菌 *Stereum rugosum* 232
皺瑣瑚菌 *Clavulina rugosa* 249
皺蓋囊皮傘 *Cystoderma amianthinum* 97
皺蓋囊皮傘 Saffron Powder-cap 97
皺橘色光柄菇 Flame Shield-cap 173
皺橘色光柄菇 *Pluteus aurantiorugosus* 173
皺環球蓋菇 Burgundy Slime-head 89
皺環球蓋菇 *Stropharia rugoso-annulata* 89
皺褶羅鱗傘 *Rozites caperatus* 87
盤狀齒盤菌 Dentate Elf-cup 265
盤狀齒盤菌 *Tarzetta cupularis* 265
盤革菌科 Aleurodiscaceae 273
盤菌科 Pezizaceae 20, 266-67
盤繞小菇 *Mycena vitilis* 119
緣垂幕菇 *Hypholoma marginata* 87
線狀金錢菇 *Collybia filamentosa* 112
緩汁乳菇 *Lactarius deterrimus* 46
膠角耳 *Calocera cornea* 250
蔭生光柄菇 *Pluteus umbrosus* 172
蔭生光柄菇 Velvety Shield-cap 172
蔥柄蜜環菌 *Armillaria cepistipes* 19, 80
蔥柄蜜環菌 Fine-scaly Honey Fungus 80
蝶形斑褶菇 Fringed Mottle-gill 107
蝶形斑褶菇 *Panaeolus papilionaceus* 107
褐赤刺革菌 *Hymenochaete rubiginosa* 231
褐赤刺革菌 Rigid Leather-bracket 231
褐疣柄牛肝菌 Brown Birch Scaber Stalk 196
褐疣柄牛肝菌 *Leccinum scabrum* 196
褐鹿花菌 *Gyromitra brunnea* 208
褐絨蓋牛肝菌 Bay Bolete 188
褐絨蓋牛肝菌 *Boletus badius* 188
褐紫紅菇 *Russula brunneoviolacea* 130
褐雲斑鵝膏 *Amanita porphyria* 151
褐雲斑鵝膏 Porphyry False Death Cap 151
褐黃牛肝菌 *Boletus luridus* 189, 190
褐黑口蘑 Burnt Knight-cap 62
褐黑口蘑 *Tricholoma ustale* 62
褐圓孔牛肝菌 Chestnut Bolete 194
褐圓孔牛肝菌 *Gyroporus castaneus* 194
褐環乳牛肝菌 Slippery Jack 198
褐環乳牛肝菌 *Suillus luteus* 198
赭栓菌 *Trametes ochracea* 224
赭黃韌革菌 *Stereum ochraceo-flavum* 230
赭蓋鵝膏 *Amanita rubescens* 23, 147
赭蓋鵝膏 The Blusher 147
輪枝小皮傘 Common Wheel Mummy-cap 177
輪枝小皮傘 *Marasmius rotula* 177
霉狀(粘)小奧德菇 *Oudemansiella mucida* 79
霉狀小奧德菇 Porcelain Fungus 79
霉臭乳菇 *Lactarius musteus* 49
髮菌科 Trichocomaceae 244
墨汁鬼傘 *Coprinus atramentarius* 17, 175
齒耳科 Steccherinaceae 226
齒菌科 Hydnaceae 238
齒腹菌科 Hydnangiaceae 115

十六劃

樺革褶菌 Gill Polypore 227
樺革褶菌 *Lenzites betulina* 227
樺滴孔菌 *Piptoporus betulinus* 212
樺滴孔菌 Razor-strop Fungus 212

樺樹紅菇 *Russula betularum* 128
橙紅乳菇 *Lactarius salmonicolor* 46
橙黃疣柄牛肝菌 *Leccinum aurantiacum* 198
橙黃網孢盤菌 *Aleuria aurantia* 268
橙黃網孢盤菌 Orange-peel Fungus 268
橘色雙孢盤菌 *Bisporella citrina* 273
橘色雙孢盤菌 Lemon Disc 273
橘青硬皮馬勃 Common Earthball 256
橘青硬皮馬勃 *Scleroderma citrinum* 256
橘青緣小菇 *Mycena citrinomarginata* 134
橘黃口蘑 *Tricholoma aurantium* 62
橘黃球蓋菇 Orange Slime-head 88
橘黃球蓋菇 *Stropharia aurantiaca* 88
橘黃絲膜菌 *Cortinarius citrinus* 77
橘黃鵝膏 *Amanita crocea* 153
橘黃鵝膏 Orange Grisette 153
樹舌(平蓋靈芝) Artist's Fungus 217
樹舌(平蓋靈芝) *Ganoderma applanatum* 17, 217
樹膠鱗傘 Ochre-green Scale-head 92
樹膠鱗傘 *Pholiota gummosa* 92
橄欖色緣小菇 Field Bonnet 134
橄欖色緣小菇 *Mycena olivaceomarginata* 134
橡樹蜜環菌 *Armillaria gallica* 80
濃香乳菇 Camphor-scented Milk-cap 53
濃香乳菇 *Lactarius camphoratus* 53
磚紅雞油菌 *Cantharellus lateritius* 276
磚紅雞油菌 Smooth Chanterelle 276
篦齒地星 *Geastrum pectinatum* 279
縐褶羅鱗傘 Gypsy 87
輻射狀纖孔菌 Alder Bracket 221
輻射狀纖孔菌 *Inonotus radiatus* 221
鋸齒囊皮傘 *Cystoderma carcharias* 97
鋸齒囊皮傘 Pink-grey Powder-cap 97
錐蓋小脆柄菇 Cone Brittle-head 109
錐蓋小脆柄菇 *Psathyrella conopilus* 109
雕紋口蘑 *Tricholoma scalpturatum* 59
雕紋口蘑 Yellow-staining Knight-cap 59
頭狀蟲草 *Cordyceps capitata* 245
頭蓋鹿花菌 *Gyromitra infula* 208
餐巾鵝膏 *Amanita mappa* 150
餐巾鵝膏 False Death Cap 150
銹色牛肝菌 *Boletus ferrugineus* 193
銹色亞齒菌 *Hydnellum ferrugineum* 237

十七劃

優雅側盤菌 *Otidia concinna* 269
擬多孔菌 Deceiving Polypore 232
擬多孔菌 *Hyphodontia paradoxa* 232
擬層孔菌科 Fomitopsidaceae 212, 222, 226
擬鵝膏屬 *Amanitopsis* 152
濕生地杖菌 Bog Beacon 243
濕生地杖菌 *Mitrula paludosa* 243
濕乳菇 Distant-gilled Milk-cap 52
濕乳菇 *Lactarius hygrophoroides* 52
濕性金錢菇 *Collybia aquosa* 111
濕狀小菇 *Mycena rorida* 135
濕垂幕菇 *Hypholoma udum* 87
環絲膜菌 *Cortinarius armillatus* 72
環絲膜菌 Red-banded Web-cap 72
簇生垂幕菇 *Hypholoma fasciculare* 86
簇生垂幕菇 Sulphur Tuft 86
簇生鬼傘 *Coprinus disseminatus* 143
簇生鬼傘 Fairies' Bonnets 143
糞生黑蛋巢菌 *Cyathus stercoreus* 274
糞鬼傘 *Coprinus stercoreus* 176
糞堆裸蓋菇 *Psilocybe fimetaria* 141
糞傘科 Bolbitiaceae 85, 96, 106, 140
翼孢乳菇 *Lactarius pterosporus* 48
聯軛黴 *Syzygites megalocarpus* 114
薄皮纖孔菌 *Inonotus cuticularis* 221
薄棉絲蓋傘 *Inocybe sindonia* 100
薔薇色絲蓋傘 *Inocybe pudica* 99
螺殼狀小香菇 Cockleshell Fungus 179
螺殼狀小香菇 *Lentinellus cochleatus* 179
褶紋鬼傘 *Coprinus plicatilis* 177
褶紋鬼傘 Little Japanese Umbrella 177
鍍金口蘑 Sandy Knight-cap 63
鍍金口蘑 *Tricholoma auratum* 63
錘舌菌科 Leotiaceae 20, 243, 269, 271-273, 283
顆粒囊皮傘 *Cystoderma granulosum* 96
黏(污點)乳牛肝菌 *Suillus collinitus* 200
黏皮黏傘 *Limacella glioderma* 164
黏乳菇 *Lactarius blennius* 47
黏乳菇 Slimy Milk-cap 47
黏柄絲膜菌 *Cortinarius collinitus* 75

黏絲膜菌 *Cortinarius mucosus* 75
黏絲膜菌 Orange Slime Web-cap 75
黏絲膜菌亞屬 *Phlegmacium* 76
黏鉚釘菇 *Gomphidius glutinosus* 38
黏膠角耳 *Calocera viscosa* 250
黏膠角耳 Jelly Antler 250
黏頭小包腳菇 Stubble-field Volvar 155
黏頭小包腳菇 *Volvariella gloiocephala* 155
黏濕傘 *Hygrocybe glutinipes* 104
點柄乳牛肝菌 Dotted-stalk Bolete 200
點柄乳牛肝菌 *Suillus granulatus* 200

十八劃

擲絲膜菌 *Cortinarius bolaris* 69
擲絲膜菌 Red-dappled Web-cap 69
檸檬形絲膜菌 *Cortinarius limonius* 72
檸檬黃鱗傘 *Pholiota limonella* 78
檸檬綠濕傘 *Hygrocybe citrinovirens* 103
繡球菌 Cauliflower Fungus 252
繡球菌 *Sparassis crispa* 252
繡球菌科 Sparassidaceae 252
翹鱗口蘑 *Tricholoma squarrulosum* 60
翹鱗肉齒菌 *Sarcodon imbricatum* 237
臍狀齒菌 *Hydnum umbilicatum* 9, 238
藍灰粉褶蕈 *Entoloma caesiosinctum* 144
藍絲膜菌 *Cortinarius caerulescens* 76
藍黃紅菇 Charcoal Burner 124
藍黃紅菇 *Russula cyanoxantha* 124
藍圓孔牛肝菌 Cornflower Bolete 195
藍圓孔牛肝菌 *Gyroporus cyanescens* 195
蟲形珊瑚菌 *Clavaria vermicularis* 240
蟲道囊皮傘 *Cystoderma ambrosii* 97
雜色靴耳 *Crepidotus variabilis* 183
雜色靴耳 Varied Slipper 183
雜靴耳 *Crepidotus inhonestus* 183
雜裸傘 *Gymnopilus hybridus* 94
雙色牛肝菌 *Boletus bicolor* 190
雙色蠟蘑 *Laccaria bicolor* 115
雙形近毛菌 *Trichaptum biforme* 226
雙染色絲膜菌 *Cortinarius dibaphus* 76
雙紡錘孢蟲草 *Cordyceps bifusispora* 244
雙環菇 *Agaricus placomyces* 160
雞油菌 *Cantharellus cibarius* 8, 28, 276
雞油菌 chanterelles 7
雞油菌 Common Chanterelle 28
雞油菌科 Cantharellaceae 28-30, 275
鵝膏科 Amanitaceae 145-153

十九劃

羅神(高貴)裸傘 Giant Flame-cap 83
羅神(高貴)裸傘 *Gymnopilus junonius* 83
羅馬鬼傘 *Coprinus romagnesianus* 175
羅密里光柄菇 *Pluteus romellii* 173
羅梅爾紅菇 *Russula romellii* 130
藥丸形小脆柄菇 Common Stump Brittle-head 94
藥丸形小脆柄菇 *Psathyrella piluliformis* 94
蟾蜍口蘑 *Tricholoma bufonium* 64
類馬勃星形菌 *Asterophora lycoperdoides* 142
鵲鬼傘 *Coprinus picaceus* 175
鵲鬼傘 Magpie Ink-cap 175
麗口包科 Calostomataceae 263
櫟生疣柄牛肝菌 *Leccinum quercinum* 198
櫟生疣柄牛肝菌 Red Oak Bolete 198
櫟金錢菇 *Collybia dryophila* 111
櫟金錢菇 Russet Tough-shank 111
櫟迷孔菌 *Daedalea quercina* 226
櫟迷孔菌 Thick Mazegill 226
櫟側耳 *Pleurotus dryinus* 178

二十劃

礫生垂齒菌 *Lacrymaria glareosa* 102
蘑菇 agarics 18
蘑菇 *Agaricus campestris* 21, 160
蘑菇 Field Mushroom 160
蘇打絲膜菌 Bitter Lilac Web-cap 76
蘇打絲膜菌 *Cortinarius sodagnitus* 76
蘇格蘭高地鱗傘 *Pholiota highlandensis* 93
蠔菇(糙皮側耳) Common Oyster Mushroom 7, 178
蠔菇(糙皮側耳) *Pleurotus ostreatus* 178
鐘形錐蓋傘 *Conocybe blattaria* 96

二十一劃

蘭吉蘑菇 *Agaricus langei* 163
蠟傘科 Hygrophoraceae 37, 38, 56, 103-106

蠟質濕傘 *Hygrocybe ceracea* 104
魔牛肝菌 Satan's Bolete 191
魔牛肝菌 *Boletus satanas* 191

二十二劃

彎毛盤菌 *Melastiza chateri* 268
彎曲大核瑚菌 *Macrotyphula contorta* 241
彎曲層齒菌 *Creolophus cirrhatus* 239
彎曲層齒菌 Layered Tooth-fungus 239
籠頭菌科 Clathraceae 277
鬚鬼傘 *Coprinus auricomus* 177

二十三劃

纖細枝瑚菌 *Ramaria gracilis* 251
變化多孔菌 *Polyporus varius* 205
變化多孔菌 Varied Polypore 205
變化盤菌 *Peziza varia* 266
變色杯傘 *Clitocybe metachroa* 34
變色杯傘 Grey-brown Funnel-cap 34
變色疣柄牛肝菌 *Leccinum variicolor* 196
變色紅菇 *Russula versicolor* 126
變紅小菇 *Mycena erubescens* 137
變紅絲蓋傘 *Inocybe erubescens* 99
變紅絲蓋傘 Reddish Fibre-cap 99
變黃小菇 *Mycena flavescens* 134
變黃雞油菌 *Cantharellus lutescens* 275
變黃雞油菌 Golden Chanterelle 275
變黃麗口包 *Calostoma lutescens* 263
變黑馬勃 *Lycoperdon nigrescens* 261
變黑濕傘 Blackening Wax-cap 104
變黑濕傘 *Hygrocybe conica* 104
變暗藍裸蓋菇 Blue-rimmed Liberty-cap 107
變暗藍裸蓋菇 *Psilocybe cyanescens* 107
變暗變種潔白濕傘 *Hygrocybe virginea* var. *fuscescens* 39
變綠乳菇 *Lactarius glaucescens* 43
變綠杯菌 *Chlorociboria aeruginascens* 269
變綠杯菌 Green Stain 269
變綠紅菇 Green Russule 131
變綠紅菇 *Russula virescens* 131
鱗毛皮傘 *Crinipellis scabella* 142
鱗毛皮傘 Shaggy-foot Mummy-cap 142
鱗片絲膜菌 *Cortinarius pholideus* 70
鱗片絲膜菌 Scaly Web-cap 70
鱗多孔菌 Dryad's Saddle 203
鱗多孔菌 *Polyporus squamosus* 203
鱗柄鵝膏 *Amanita virosa* 8, 23, 150
鱗柄鵝膏 Destroying Angel 150
鱗傘 *Pholiota squarrosa* 79
鱗傘 Shaggy Scale-head 79
鱗裸蓋菇 *Psilocybe squamosa* 84
鱗裸蓋菇 Scaly-stalked Psilocybe 84

二十四劃

靈芝（赤芝） *Ganoderma lucidum* 206
靈芝（赤芝） Varnished Polypore 206
靈芝科 Ganodermataceae 206, 216, 217
靈液乳菇 *Lactarius ichoratus* 50
鹼性金錢菇 *Collybia alcalivirens* 113

二十五劃

籬邊黏褶菌 *Gloeophyllum sepiarium* 222

二十六劃

驢耳狀側盤菌 Lemon-peel Fungus 269
驢耳狀側盤菌 *Otidea onotica* 269
鸚鵡濕傘 *Hygrocybe psittacina* 105
鸚鵡濕傘 Parrot Wax-cap 105

致謝

THE AUTHOR would like to thank Colin Walton and Jo Weeks for their work on this book, as well as all those involved in *The Mushroom Book*, who did much of the groundwork for this project, including Paul Copsey, Neil Fletcher, Sharon Moore, Joyce Pitt, Bella Pringle, and Jo Weightman.

DORLING KINDERSLEY would like to thank: Margaret Cornell for the index, Peter Frances for additional editorial support, Chris Turner for proofreading, and Martin Lewy of Mycologue for supplying the equipment on p.22.

圖片提供
All photographs are by Neil Fletcher with the exception of those listed below. Dorling Kindersley would like to thank the following illustrators and photographers for their kind permission to reproduce their artworks and photographs.

插圖 by Pauline Bayne, Evelyn Binns, Caroline Church, Angela Hargreaves, Christine Hart-Davies, Sarah Kensington, Vanessa Luff, David More, Leighton Moses, Sue Oldfield, Liz Pepperell, Valerie Price, Sallie Reason, Elizabeth Rice, Michelle Ross, Helen Senior, Gill Tomblin, Barbara Walker, Debra Woodward.

攝影 by A-Z Botanical Collection Ltd 97tr (J M Staples), 20cl, 38tr, 187bc, 210tr, 219tr (Bjorn Svensson); Harley Barnhart 42cr, 81br, 84tr, 159crb, 237br; Kit Skates Barnhart 28crb, 35br, 43br, 81tr, 146br, 148br, 159bc, 170br, 186br, 191cr, 202cr, 207clb, 208cr; Biofotos 229br (Heather Angel), 32br, 110br, 138tr, 180tr, 272br (Gordon Dickson); Morten Christensen 187br, 275br; Bruce Coleman Collection 216tr (Adrian Davies); Dr Ewald Gerhardt 36crb, 97br, 192tr, 199bc; Jacob Heilmann-Clausen 163br; Emily Johnson 89tr, 147bl, 178br, 244br, 253br, 263br, 276tr; Peter Katsaros 114crb, 136crb; Thomas Læssøe 11br, 16c, 42tr, 60cra, 62cla, 63br, 72br, 96tr, 110tr, 110c, 128tr, 131br, 132cra, 141br, 150tr, 164br, 167br, 179br, 206br, 221tr, 232br, 242crb, 263tr, 265br, 283br; N W Legon 46bl, 230br; Natural History Photographic Agency 16cr (Stephen Dalton), 19c (Martin Garwood), 179cl, 184br (Yves Lanceau), 21tr (David Woodfall); Natural Image 68bl, 240crb, 263cr (John Roberts), 17c (courtesy of Olympus Microscopes), Alan R Outen 68tr; Jens H Petersen 11tr, 11cra, 11cr, 16cl, 17bl, 17bcl, 17bcr, 17br, 18br, 19bc, 124bc, 251tr; Planet Earth Pictures 18c (Wayne Harris); Erik Rald 169crb, 191br; Samuel Ristich 233br, 273br; William Roody 30tr, 42br, 52tr, 54br, 166br, 182br, 190bc, 202br, 238bl, 247br, 256br, 259tr, 276br; Royal Botanic Gardens Kew 8tc; A Sloth 11crb; Ulrik Søchting 6br, 20cra; Paul Stamets 84tr; Walter Sturgeon 201br; Jan Vesterholt 21cl, 46bc, 70br, 73tr, 74br, 76crb, 80tr, 102br, 116tr, 124crb, 130br, 143br, 153bl, 161tr, 177br, 189cla, 190bl, 191tr, 192cr, 196br, 199bl, 211br, 241tr.

（a =上；b =下；c =中
l =左；r =右；t =頂）

蕈類剪影 by Colin Walton

封面設計 by Nathalie Godwin

(英文版工作人員)

Project Editor Jo Weeks
Project Art Editor Colin Walton
Picture Research Mollie Gillard and Sean Hunter
Production Controller Michelle Thomas
Managing Editor Jonathan Metcalf
Managing Art Editor Peter Cross